U0384232

《中国环境规划与政策》（第十八卷）编委会

主　编：王金南　陆　军　万　军　严　刚

编　委：（按姓氏笔画排序）

丁贞玉　于　淼　于　雷　万　军　马乐宽　王　东

王金南　王夏晖　公滨南　田仁生　冯　燕　宁　淼

任雅娟　刘　宁　刘桂环　刘楚彤　齐　霁　许开鹏

孙　宁　严　刚　杨小兰　何　军　余向勇　宋志刚

张　伟　张　箫　张红振　张丽荣　张战胜　张鸿宇

陆　军　周　颖　周云峰　周劲松　於　方　赵　越

郝春旭　饶　胜　秦昌波　徐　敏　曹　东　曹国志

葛察忠　董战峰　蒋洪强　程　亮　雷　宇　蔡博峰

臧宏宽　管鹤卿

执行编辑：杨小兰　田仁生

中国环境规划与政策

Chinese Environmental Planning and Policy Research

（第十八卷）

生 态 环 境 部 环 境 规 划 院

王金南 陆 军 万 军 严 刚 主编

中国环境出版集团·北京

图书在版编目（CIP）数据

中国环境规划与政策. 第十八卷/王金南等主编. —北京：
中国环境出版集团，2022.9
ISBN 978-7-5111-5287-9

Ⅰ. ①中… Ⅱ. ①王… Ⅲ. ①环境规划—研究—
中国②环境政策—研究—中国 Ⅳ. ①X32②X-012

中国版本图书馆 CIP 数据核字（2022）第 158907 号

出 版 人 武德凯
责任编辑 宾银平 陈金华
责任校对 薄军霞
封面设计 岳 帅

出版发行 中国环境出版集团
（100062 北京市东城区广渠门内大街 16 号）
网 址：http://www.cesp.com.cn
电子邮箱：bjgl@cesp.com.cn
联系电话：010-67112765（编辑管理部）
010-67113412（第二分社）
发行热线：010-67125803，010-67113405（传真）
印 刷 北京建宏印刷有限公司
经 销 各地新华书店
版 次 2022 年 9 月第 1 版
印 次 2022 年 9 月第 1 次印刷
开 本 787×1092 1/16
印 张 36.5
字 数 880 千字
定 价 198.00 元

【版权所有。未经许可，请勿翻印、转载，违者必究。】
如有缺页、破损、倒装等印装质量问题，请寄回本集团更换

中国环境出版集团郑重承诺：
中国环境出版集团合作的印刷单位、材料单位均具有中国环境标志产品认证。

序

　　生态环境部环境规划院是中国政府环境保护规划与政策的主要研究机构和决策智库，其主要任务是根据国家社会经济发展战略，专门从事生态文明、绿色发展、环境战略、环境规划、环境政策、环境经济、环境风险、环境项目咨询等方面的研究，为国家环境规划编制、环境政策制定、重大环境工程决策和环境风险与损害鉴定评估提供科学支撑。建院二十年来，生态环境部环境规划院完成了一大批国家环境规划任务和环境政策研究课题，同时承担完成了一批世界银行、联合国环境规划署、亚洲开发银行以及经济合作与发展组织等的国际合作项目，并取得了丰硕的研究成果。

　　根据美国宾夕法尼亚大学发布的《2020 年全球智库报告》，生态环境部环境规划院在全球环境类顶级智库中排第 25 名，在入选的中国环境类智库中排名第一。另外，根据中国社会科学评价研究院发布的《中国智库综合评价 AMI 研究报告（2017）》，生态环境部环境规划院在全国生态环境类智库中排名第一。为了让研究成果发挥更大的作用，生态环境部环境规划院将这些课题研究的成果汇集编写成《重要环境决策参考》，供全国人大、全国政协、国务院有关部门、地方政府以及公共政策研究机构等参阅。二十年来，生态环境部环境规划院已经编辑了 320 多期《重要环境决策参考》。这些研究报告得到了国务院政策研究部门和国家有关部委的高度评价和重视，而且许多建议和政策方案已被相关政府部门采纳。这也是我们持续做好这项工作的动力所在。

　　为了加强对国家环境规划、重要环境政策和重大环境工程决策的技术支持，让更多的政府公共决策官员、环境管理人员、环境科技工作者分享这些研究成果，生态环境部环境规划院对这些专题研究报告进行了分类整理，编辑成《中国环境政策》一书，已经分十卷公开出版。从第十一卷开始，更名为《中国环境规划与政策》。相信《中国环境规划与政策》的出版，对有关政府和部门研究制定环境规划与政策具有较好的参考价值。在此，感谢社会各界一直以来对生态环境部环境规划院的支持，同时也热忱欢迎大家发表不同的观点，共同探索新时期习近平生态文明思想指导下的中国生态环境保护，助力实现碳达峰碳中和目标，推动中国生态环境保护事业蓬勃发展。

生态环境部环境规划院院长

中国工程院院士

2022 年 9 月 8 日

目 录

环境规划与战略政策

环境核算与环境绩效

环境质量改善与污染防治

碳达峰与碳中和

环境规划与战略政策

国土空间规划体系下生态环境空间管控改革框架研究

Research on the Framework of Eco-environmental Space Management and Control Reform under the Territorial Space Planning System

王金南[①]　万军　秦昌波　熊善高　吕红迪

摘　要　当前国土空间规划体系顶层设计已初步完成，生态环境空间管控作为推动完善生态环境治理体系建设的重要内容，与国土空间规划发展紧密相关。因此，有必要厘清国土空间规划体系下生态环境空间管控的地位、作用和改革方向。本文分析了生态环境空间管控改革的紧迫性；回顾了国土空间规划和生态环境空间管控改革进展的历史和现状；提出了国土空间规划和生态环境空间管控需在评价规划技术方法、规划实施过程环节、"三区三线"管控内容等三个方面融合；提出了应坚持生态环境空间在国土空间治理中的前置性，明确生态环境分区管控改革方向，实施区域空间生态环境评价和生态环境规划两项战略，建设"三大"平台和"五大"体系，最终建立适应国土空间规划的生态环境空间管控体系。

关键词　国土空间规划　生态环境空间管控　生态环境治理体系　生态环境评价

Abstract　The current top-level design of the territorial space planning system has been initially completed. As an important part of promoting the improvement of the ecological environment governance system, the ecological environment space management and control is closely related to the development of territorial space planning. It is necessary to clarify the status, role and reform direction of the ecological environment space management and control under the territorial space planning system. This paper analyzed the urgency of the eco-environmental space management and control reform, reviewed the history and current situation of the progress of the land space planning and the eco-environmental space management and control reform, and proposed that the land space planning and the ecological environment space management and control need to be evaluated in the planning technical methods, planning implementation process links, convergence of three areas, three-line control content and other three aspects. It proposed that the advancement of ecological environment space in the governance of land

---

[①] 本书凡不标注作者单位的均为生态环境部环境规划院（北京，100012）。

space should be adhered to，the direction of ecological environment zoning management and control reform should be clarified，the two strategies of regional spatial ecological environment evaluation and ecological environment planning should be implemented，and the "three major" platforms and the "five major" systems should be built，and finally an ecological environment space management and control system that adapts to national land and space planning should be established.

Keywords　territorial space planning，eco-environmental space management and control，ecological environment governance system，ecological environment assessment

建立国土空间规划体系和改革完善生态环境治理体系是新时代生态文明体制改革的重大议题，也是基本实现 2035 年美丽中国目标的重要途径和手段。建立生态环境空间管控制度是推动完善生态环境治理体系的重要内容。在当前国土空间规划体系下，积极探讨并加快建立生态环境空间管控体系，充分落实生态优先、绿色发展的理念，推动建立生态文明和美丽中国建设的新格局，是新时代生态环境保护工作的重要职责和使命。为此，本文阐述了生态环境空间管控的必要性，回顾评述了我国国土空间规划和生态环境空间管控的进展，分析了国土空间规划下生态环境空间管控面临的机遇和挑战，结合国土空间规划中"三区三线"划定的核心任务和国土空间规划的实施管控，提出了新时期背景下国土空间规划体系下的生态环境空间管控改革的基本思路、基本要求和主要任务。

1　生态环境空间管控改革的紧迫性

生态环境空间管控是指综合考虑自然、环境、生态以及经济社会等多方面因素，对国土空间进行生态环境分区管控。生态环境空间管控的基础是划定生态环境功能分区，其核心是制定不同生态环境功能分区的目标和管控措施，其目的是实施差异化政策制度。通过约束和引导区域开发布局，控制和改善建设开发活动的生态环境行为，维护区域生态环境安全。

1.1　生态环境管控的空间差异化显著

我国区域间经济发展差异较大，东部地区经济密度是中部地区、西部地区、东北地区的 2.81 倍、18.80 倍、5.34 倍，同时也存在传统产业、能源、房地产拉动，核心竞争力缺失，产业低质同构，部分产业产能过剩等情况。区域环境压力不平衡，东部地区前期工业基础好，总体进入工业化后期，生态环境压力相对缓解；中部地区和西部地区处于工业化中后期，承接了大量相对落后产业，环境压力有所加大。自然条件差异较大，西北干旱半干旱区和青藏高寒区污染物排放总量较小，但是自然条件相对恶劣，生态环境极其脆弱敏感，部分地区生态系统功能退化明显。东部地区环境污染物排放总量大，部分重点流域和海域水污染严重，京津冀地区等部分区域大气环境问题突出。城乡发展和环境治理不平衡，农村饮用水水源保护滞后，生活污水、垃圾处理率低，农村人居环境"脏乱差"现象明显。生态环境问题的这些空间异质性决定了需要构建差异化的环境管理机制。

1.2　发展空间挤占生态空间问题突出

自 1978 年以来，我国城镇化快速发展，城镇建设一方面以大中型城市为中心向外扩张，另一方面沿着交通干线发展，区域自然生态系统趋于破碎，区域城乡格局由以大片农田、自然景观为主的"农村包围城市"很快发展为以钢筋混凝土为主的"城镇包围农村"，农田、湿地、山林等生态空间支离破碎。2010—2015 年，全国城镇建设和工矿交通用地增加，挤占大量生态空间，森林、灌丛、草地和湿地自然生态空间减少 1.5%。1949—2019 年洞庭湖湖面缩小 38%，减少蓄洪量 80 亿 m³（图 1）。生物多样性保护优先区域受到人类活动威胁，局部地区森林呈退化趋势，局部草地生态退化严重，西部地区生态系统受全球气候变化影响明显，自然岸线及滨海湿地明显减少。

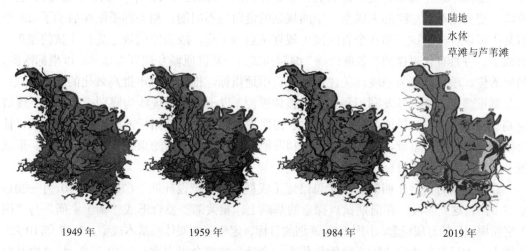

图 1　1949—2019 年洞庭湖生态系统演变情况

1.3　国土空间资源环境超载现象普遍

经济产业布局与环境空间格局不匹配。比如济南工业园区布局于城市静风、小风高发或城市上风向区域。2017 年，济南 11 个市级以上工业园区和 5 个工业集聚区（不含高新区）中，约 43% 的工业园区和集聚区位于大气扩散条件差的区域；31 个大气重点污染源中，约 67% 的重点污染源位于大气扩散条件差的区域。宜昌市产业布局、工业园区布局与城市风场风道、水系统回流冲突，导致逆流建设和顶风发展的问题。天津港风险布局与居民区布局不相协调，安全距离、风险距离和卫生距离布局不科学，环境风险隐患突出。

国土空间资源环境超载现象突出。根据环境保护部环境规划院 2013 年全国环境综合承载力评估结果：全国 31 个省份有 22 个省份超载，有 5 个省份处于临界超载，4 个省份不超载（西藏、海南、广西、宁夏）。京津冀区域 108 个区县均超载，长江经济带 1 070 个区县有 805 个区县超载。这些格局性、布局性、结构性问题，使得生态环境质量改善往往"事倍功半"，所以应深刻认识生态环境空间管控在生态环境保护中的前置性、引导性和基础性作用，有必要建立系统成套的生态环境空间管控体系。

2　国土空间规划与生态环境空间管控改革进展

2.1　国土空间规划改革历程

党的十八大以来，国土空间规划改革正式启动并不断推进。从改革历程来看，大致可分为三个阶段：

一是改革思路探索、处于试水的"策划评估期"（2012 年 10 月—2017 年 9 月）。这一阶段，空间改革的思路尚未成型，空间规划的走向尚不明朗，相关部委陆续启动了 28 个市县"多规合一"试点和 9 个省区国土规划试点等工作，成为空间规划先行先试的雏形。形成了三种具有代表性的"多规合一"编制模式：一是以原城乡规划为蓝本，以坐标落图、指标落位、项目落地为手段，关注盘活建设用地指标，推动项目审批高效化的整合模式；二是侧重强化对资源开发利用和保护的整体管控，以土地利用现状为底图，自上而下逐级控制建设用地规模、耕地保有量和基本农田保护面积等约束性指标的整合模式；三是以社会经济发展规划为基础，强化资源利用和发展指标与环境保护约束性指标的协调性，形成统一规划时限、统一目标约束的整合模式。

二是改革方向逐步明朗、框架思路逐步成型的"决策设计期"（2017 年 10 月—2019 年 5 月）。这一阶段，在前期试点探索的基础上，相关部委整合形成"国土空间"与"国土空间规划"的专属概念，国土空间规划的目标、定位等框架体系基本成型。2017 年 10 月，党的十九大报告首次将"国土空间"作为一个独立的概念提出来。2018 年 2 月，《中共中央关于深化党和国家机构改革的决定》最终确定了国土空间规划的改革目标，提出"强化国土空间规划对各专项规划的指导约束作用，推进'多规合一'"。2018 年 4 月，自然资源部正式挂牌，成为统管国土空间规划的行政主体。2018 年 12 月，《中共中央　国务院关于统一规划体系更好发挥国家发展规划战略导向作用的意见》出台，成为国土空间规划具体操作实施的第一个指导文件。2019 年 5 月，《中共中央　国务院关于建立国土空间规划体系并监督实施的若干意见》出台，成为国土空间规划治理改革的指导方针，确定了国土空间规划"五级三类四体系"的顶层设计，明确以资源环境承载能力评价与国土空间开发适宜性评价（简称"双评价"）为基础的"三区三线"划定的国土空间规划编制主线。

三是国土空间规划技术体系与管理体系不断完善，规划编制全面启动的"施工建设期"（2019 年 6 月至今）。这一阶段，国土空间规划在上述技术探索与理论研究的基础上，不断搭建其技术规范体系与审批实施等监管体系，"全国国土空间规划纲要"正在编制，国土空间规划编制工作同步在全国、省、市层面全面铺开。2019 年 11 月，中共中央办公厅、国务院办公厅印发了《关于在国土空间规划中统筹划定落实三条控制线的指导意见》，将三条控制线作为经济结构调整、规划产业发展、推进城镇化不可逾越的红线。同期，国土空间规划法、国土空间规划编制审批管理办法、国土空间规划实施监督办法、"双评价"技术指南、省市县各级国土空间规划编制指南、规划分区与用途分类技术指南等法制化建设与技术标准体系建设迅速推进。2021 年 12 月，自然资源部、国家标准化管理委员会制定《国土空间规划技术标准体系建设三年行动计划（2021—2023 年）》，明确了将加强并完善国土空间规划技术标准体系建设的顶层设计，给出了各项标准制（修）订的整体安排和路线图。

2.2　生态环境空间管控进展

近 30 年来，相关部委从自身职能出发，陆续开展了生态环境分区管控等相关工作，为生态环境空间管控打下了扎实的基础。从生态环境空间管控的要素类型与管控目的来看，我国生态环境空间管控总体分为以下三种类型模式：

一是以生态环境功能维护或环境质量标准为基础，形成单一生态环境要素管理的生态环境空间管控模式，是生态环境空间管控的探索阶段。起步于"八五"时期的大气环境功能区划，后续的水环境功能区划、水功能区划、生态功能区划和土壤环境功能区划等工作，均属于此类管控模式。其中，大气、土壤环境功能区划，以及水（环境）功能区划的划定，均以国家发布的环境质量标准为依据，具有一定的效力，是我国生态环境空间管控的基础。

二是以集成管理为导向，多种生态环境要素综合管控的生态环境空间管控模式，是生态环境空间管控的发展阶段。国家发展改革委组织的主体功能区划以及生态环境部开展的综合环境功能区划等工作，均属于此种类型。2006 年，国家"十一五"规划纲要将"推进形成主体功能区"作为"促进区域协调发展"的重要内容，主体功能区划在指引区域空间战略布局等方面发挥了重要作用。综合环境功能区划工作经过多年的摸索，形成了相对完善的管控思路。2008 年，环境保护部和中国科学院联合编制了《全国生态功能区划》。在此基础上，2012 年，环境保护部发布了《全国环境功能区划编制技术指南（试行）》，并先后在河南、湖北等 13 个省（区）分两批开展了环境功能区划编制试点。在区域、流域和城市层面也分别进行了实践应用，如国家发展改革委发布了《京津冀协同发展生态环境保护规划》，提出基于主体功能区的生态环境分区管控方案和要求。

三是回归生态环境客观规律表征，以区域生态环境结构、功能、承载特征维护为主线的生态环境空间管控模式，是生态环境空间管控的完善阶段。有关学者在 2003 年将该思想探索应用于珠江三角洲生态环境保护战略研究工作，提出了"红线调控、绿线提升、蓝线建设"的生态环境空间管控战略，提出区域生态保护分级管控思路，促进了珠江三角洲社会经济与生态环境保护的协调发展。2011 年开始，相关部委将该理论思想在城市层面进一步进行实践，开展了城市环境总体规划工作，形成了一套相对完善的大气、水、生态环境分区管控划定技术，相关管控成果已经成为地方生态环境系统管理的重要依据。在此基础上，2018 年开始在全国范围内开展以"三线一单"（生态保护红线、环境质量底线、资源利用上线，生态环境准入清单）为核心的区域空间生态环境评价工作，主要目的是基于对区域空间生态环境基础状况与结构功能属性进行系统评价，形成以"三线一单"为核心的生态环境分区管控体系，提高生态环境参与综合决策的能力，推动生态环境高水平保护。截至 2021 年年底，全国省、市两级"三线一单"生态环境分区管控成果均完成政府发布，基本建立了覆盖全国的生态环境分区管控体系。

但是，新时代下生态环境空间管控总体上滞后于生态文明建设和国土空间改革形势，主要表现在：一是生态环境空间管控偏软，被视为"橡皮筋"，部分地区和领域"尊重自然、顺应自然和保护自然"停留在口头，不落地、不前置，环境无底线，基础性作用无法体现；二是生态环境空间管控偏散，缺乏统一有力的管理平台和工作抓手，规划体系尚在建立中，管理碎片化；三是管控期短，难以应对 10～20 年中长期开发建设活动控制要求；四是管控偏窄，全域管控不完善，基于宜居发展的规模、密度、布局和结构管控缺失，制约美丽中国建设。

2.3 生态环境空间管控改革的机遇

改革开放以来，我国经济发展取得巨大成就，但也发生了严重的生态环境问题，成为美丽中国建设的明显短板。生态环境作为一种"稀有资源"，应是国土空间规划编制过程中需要优先考虑的要素。新形势下，加快推进生态环境空间管控，全面支撑国土空间规划编制实施，迎来了历史机遇。

一是理念层面，生态优先、绿色发展的价值观得以进一步强化，生态文明建设为生态环境空间管控支撑国土空间规划编制提供了时代背景。生态文明建设已经融入"五位一体"总体布局的突出位置，推进绿色发展已经成为促进美丽中国建设、实现人与自然和谐共生的重要手段。国土空间规划体系构建是文明演替和时代变迁背景下的重大变革，在当前我国从工业文明步入生态文明的时代背景下，国土空间规划的终极目的就是为生态文明建设提供空间保障。因此，国土空间规划与生态环境空间管控的价值导向与目标指向一致，无论是国土空间规划中的"三区三线"，还是生态环境空间管控中的"三线一单"，最终指向的都是构建和谐、有序、科学、合理的国土空间布局。生态环境空间管控的相关工作，可以全方位支撑国土空间规划的编制实施。

二是技术层面，国土空间规划中"双评价"技术难以涵盖生态环境全要素、全领域，生态环境空间管控系统完整的技术链条可以为国土空间规划编制实施提供技术保障。"双评价"是国土空间规划编制的基础与前提，是划定"三区三线"、优化空间格局的基本依据。其重点围绕三大功能导向、六种要素指标开展海陆全覆盖的评价，并结合地方特色构建差异化、特色化的指标体系，在过程中把握承载力评价和适宜性评价串联递进的关系，依次开展资源环境要素单项评价—资源环境承载能力集成评价—国土空间开发适宜性评价。这种按照指标评价的技术方法，一方面，受指标适宜性程度、数据精准性、参数合理性等多种因素影响，划分成果的客观性难以保障；另一方面，生态环境自身在结构、功能、传输等方面的空间差异性特征没有得到充分和系统的考虑。近年来，相关学者对生态环境空间管控理论与实践展开了大量研究，建立了大气环境高精度三维流场模拟、空气质量模拟、水环境"源-汇"传输关系模拟、生态环境系统评估等技术体系，形成了一系列成熟的技术方法，可为国土空间规划编制提供强有力的支撑。

三是实践层面，生态环境空间管控在省、市层面不断实践，为优化构建合理的国土空间布局打下了扎实基础。长江经济带及青海省等 12 个省（市）"三线一单"编制工作基本完成，另有 18 个省（区、市）以及新疆生产建设兵团的"三线一单"编制工作正逐步展开。浙江、江苏等省份环境功能区划已经实践应用。宜昌、福州、广州、青岛等全国 30余个城市编制完成了城市环境总体规划并已开始实施。宜昌、广州等陆续开展了各区县环境控制性详细规划的编制工作。全国各省（区、市）及部分城市生态系统格局以及大气、水环境的结构、功能等空间分异特征已基本掌握，形成了一批生态环境空间管控成果，可为国土空间规划编制提供有力支撑。

四是管理层面，生态环境空间管控相关准入要求可为国土空间用途管制制度提供基础依据。在对国土空间实施分区分类用途管制过程中，由于空间功能的多样性和重叠性，需要生态环境空间管控提供基础依据。例如，生态空间涉及水源地保护区、水源涵养区、湿地保护区等发挥重要生态系统功能维护区域的管控；农业空间涉及农用地污染地块的修复治理与使用权流转管控；城市空间面临着建设用地涉风险地块环境风险防范，大气与水环境高污染、高排放区治理，大气、水环境高敏感性、高脆弱性区域的产业准入管控要求等内容。

2.4　生态环境空间管控改革的挑战

多年来，生态环境空间管控体系不断探索和完善，而在当前国土空间规划体系下，生态环境空间管控在空间上呈现出从属国土空间规划的态势，其体系呈现破碎和割裂的趋势，面临较为严峻的挑战。

一是国土空间规划空间底盘强，要求生态环境空间管控落地更加精准。国土空间规划以自然资源调查监测数据为基础，采用国家统一的测绘基准和测绘系统，整合各类空间关联数据，建立县级以上国土空间基础信息平台，从而实现主体功能区战略和各类空间管控要素的精准落地，进而对生态环境空间管控精准化程度提出了较高要求。受制于生态环境空间管控探索起步较晚等因素，生态环境空间基础数据的规范化与精准化程度较低，信息化建设与应用较为滞后，区县层级更缺乏数据和能力支撑，生态环境空间管控从理论技术方法向落地应用手段的转化路径尚在探索过程中，其精细化落地应用的技术难度与管理障碍较大。

二是国土空间规划体系的建立，需要生态环境空间管控从属，生态环境系统管控遭遇挑战。生态环境是统一的自然系统，是相互依存、紧密联系的有机整体。生态环境治理体系改革要用系统论的思想方法看问题，从系统工程和全局角度寻求新的治理之道。《中共中央　国务院关于建立国土空间规划体系并监督实施的若干意见》确定了国家发展规划、国土空间规划、相关专项规划的国家规划体系。其中，生态环境保护规划作为国土空间总体规划支撑的专项规划，要服从于总体规划，不得违背其强制性内容。生态环境保护规划作为生态环境系统维护与管控的主要平台，已初步确定为国土空间规划编制的专项规划，处于相对从属的地位，难以保障生态环境保护与管理的系统性。如果运用不当，甚至可能造成生态优先的理念在国土空间规划中落空。

三是生态环境空间管控体系与国土空间规划体系相互独立，二者缺乏交流对话的平台。长期以来，生态环境、自然资源等相关管理部门在技术与管理上的交流、互通甚少，生态环境空间管控参与国土空间规划的制度政策桥梁相对缺失。在上一轮市县级"多规合一"试点编制的过程中，生态环境空间管控大部分是以生态保护红线为主要内容参与"多规合一"，涉及大气、水、土壤等生态环境空间管控内容相对较少。生态环境空间管控强调生态环境空间的统一性和不可分割性，在此次国土空间规划"五级三类"体系构建过程中，生态环境空间管控内容迫切需要落实到"五级"空间要求中，但是缺乏对话交流的平台。

四是生态环境空间管控多线推进，自身技术体系尚未形成真正完整的逻辑闭环。近年来，生态环境空间管控呈现出不同的管控模式，单要素、多要素交织，管控的方向、目标、途径各不相同，且相互之间协调程度有待加强。例如，在水环境管控中，水功能区划制度与水控制单元管理制度并行，水控制单元监测、管理尚未形成统一方案。多要素综合管控中，综合环境功能区划、"三线一单"等工作并行，管控的思路与路径差异较大，且与单要素管控的环境功能区划、水控制单元管理、土壤环境分类管理等内容交叉。生态环境空间管控作为一个独立的概念与管控手段，尚未形成统一的认识，亟须进一步整合，形成对内统一、对外一致的系统化的生态环境空间管控制度。

3　国土空间规划与生态环境空间管控融合

国土空间规划治理改革主要包括评价规划技术方法衔接、规划实施过程管控、"三区三线"内容管控三个主要过程与环节。实际上，这个过程和环节与传统的生态环境空间区划基本相同。一旦国土空间规划这三个环节坚持生态优先的基本原则，那么融入生态环境空间管控要求也就基本上落地。所以，这三个环节的国土空间规划与生态环境空间管控融入非常关键。

3.1　评价规划技术方法融合

（1）强化生态环境空间管控精细化技术

国土空间规划编制评价技术在第三次全国国土调查数据的基础上，立足于国土空间，识别生态保护空间，明确农业生产和城镇建设的合理规模和适宜空间，其评价技术的最大优势是拥有强大的空间底盘、完备的空间数据和高精度的空间信息。在国土空间规划发挥基础效力的国家规划体系下，生态环境空间管控需要在解决生态环境空间底盘"弱"、环境基础"薄"、数据精度"粗"等关键问题的前提下，将"尊重自然、顺应自然、保护自然"的生态文明理念转化为国土三大功能空间中可落地和量化的生态环境空间管控要求，实现在一个空间平台上与国土空间规划进行对话。国土空间规划"双评价"技术和生态环境空间管控技术比较见表1。

表1　国土空间规划"双评价"技术和生态环境空间管控技术比较

	"双评价"	生态环境空间管控			
		环境功能区划		城市环境总体规划	"三线一单"
		单要素	综合要素		
探索历程	2017年前后	水：1990年 大气：1995年 近岸海域：1990年 声：1994年 土壤：2010年 生态：2000年	2009年	2011年	2016年
评价对象	生态系统重要性和生态敏感性、土地资源、水资源、气候资源、环境（土壤环境容量、大气环境容量、水环境容量）、灾害、区位	针对单要素进行评价，分别形成水、大气、声、土壤、生态、近岸海域环境功能区划类别、管理要求	生态系统功能重要性和生态环境敏感性；人口集聚度；经济发展水平；环境容量；环境质量；污染物排放；可利用土地资源；可利用水资源	生态：生态系统重要性、生态环境脆弱敏感性；环境质量：大气、水、土壤；环境容量：大气、水；资源环境承载力：土地资源、水资源；环境风险	生态（生态系统功能重要性、生态环境脆弱敏感性）；环境质量（大气、水、土壤）；允许排放量（大气、水）；环境风险（土壤）；资源（生态需水量、土地、基于大气环境质量改善测算煤炭上线）
评价精度	省级（区域）层面，单项评价精度采用25 m×25 m～50 m×50 m栅格。以县级行政单元计算承载规模。市级层面单项评价，优先使用矢量数据，使用的栅格数据采用25 m×25 m或30 m×30 m计算精度，以乡（镇）行政单元计算承载规模	水、大气、近岸海域评价精度无要求。声：根据城镇建设用地类型进行评价。生态评价精度要求：省级层面250 m×250 m栅格	以县（区、市）等行政单元为评价单元	市级生态评价采用100 m×100 m栅格，水环境评价采用控制单元，大气、风险等评价采用千米网格，资源评价采用行政单元	市级生态评价采用100 m×100 m栅格，水环境评价采用控制单元，大气、风险等评价采用千米网格，资源评价采用行政单元，土地评价采用矢量斑块
技术内容	分析区域资源环境禀赋条件，研判国土空间开发利用问题和风险，识别生态系统服务功能极重要和生态环境极敏感空间，明确农业生产、城镇建设的最大合理规模和适宜空间	水：综合水域环境容量和社会经济发展需要，以及污染物排放总量控制的要求，划定水域分类管理功能区；大气：根据区域生产生活功能划定；土壤：根据土地利用类型、土壤功能及相关规划、土壤环境质量评价和土壤污染区分析结果划定；近岸海域：根据海水水质类别，划定分界线，制定管理内容；生态：生态系统重要性、生态环境敏感性	建立环境功能综合评价指标体系和环境功能综合评价指数体系，划定为自然生态保留区、生态功能保育区、食物环境安全保障区、聚居环境维护区、资源开发环境引导区	以空间结构、过程和功能特征为出发点，以空间管制为主要手段，确定"格局红线"和"风险红线"；依据环境功能的空间分异特征，建立客观反映环境使用功能和价值的环境功能区划体系，划定"质量基线"	以改善环境质量为核心，以生态保护红线、环境质量底线、资源利用上线为基础，将行政区域划分为若干环境管控单元，在一张图上落实生态保护、环境质量目标管理、资源利用管控要求，按照环境管控单元编制生态环境准入清单，构建环境分区管控体系

"双评价"	生态环境空间管控			
	环境功能区划		城市环境总体规划	"三线一单"
	单要素	综合要素		
主要特征	重点围绕三大功能导向、六种要素指标开展海陆全覆盖的评价	围绕环境质量标准和生态环境主导功能进行功能区划分	以主体功能区规划等相关区划和规划为依据，提出环境功能区划方案、环境管理目标，制定环境质量要求和污染物总量控制、工业布局与产业结构调整等环境管理要求	根据城市生态环境系统本身在空间结构、过程和功能方面特征，明确空间环境管制要求方案（包括功能区划、生态红线、承载能力、质量基线等）	将生态保护红线、环境质量底线、资源利用上线等管控要求进行空间落地，用"三线一单"划框子、定规则，用"线"框住空间和开发强度，用"单"规范行为

（2）充分体现生态优先的价值观和方法论

国土空间规划融合了主体功能区规划、土地利用规划、城乡规划等内容，没有涵盖生态环境相关规划内容。根据以往综合性规划、专项规划、指导性规划的编制要求来看，对生态环境保护内容的考虑主要是通过针对"一地三域十专项"开展规划环境影响评价工作，分析、预测和评估规划实施后可能造成的环境影响，是围绕规划方案作出规划修改建议和提出加强生态环境保护的措施，其不足以从源头预防环境污染和生态破坏。国土空间规划的使命之一是为践行生态文明建设提供空间保障，其"生态优先，绿色发展"的理念如何遵循、如何体现、如何实施，首先就需要在规划编制及其方法中予以融合体现。

一是在"五级三类"的国土空间规划体系中，国土空间总体规划统筹和综合平衡各相关专项领域的空间需求。相关专项规划和详细规划需遵循国土空间总体规划强制性内容。因此，国土空间规划需要上下级政府之间、各部门之前的刚性传递与动态反馈，需要各类利益主体充分博弈、沟通协调，建立协调的程序、规则、标准和机制就显得非常必要。在国土空间规划编制过程中，可以采取建立动态信息交互的部门间协调决策方法，实现生态环境空间管控要求与国土空间规划编制内容充分融合。

二是在国土空间规划编制方法中，需关注生态环境对空间结构布局的诉求。例如，湖北省宜昌市自然生态环境遵循"风往西吹、水往东流"的自然规律，形成了水、土壤、大气、矿产资源"空间错配"的自然格局。受其自然生态环境的影响，宜昌市面临磷矿产业发展与总磷污染、城区水源地保护的结构性难题和东部工业园区集中布局与大气环境污染的布局性难题。因此，在构建城市空间结构、产业发展布局等时需要充分考虑哪些地方适合发展，哪些地方需要严格保护。北京市根据区域大气环境流场特征和传输关系，从提升城市的空气流动性、缓解热岛效应和改善空气质量的角度，谋划打造了五条城市通风廊道，提出在通风廊道规划范围内的建筑物的高度、密度等都将受到严格控制。

3.2 规划实施过程环节融合

（1）遵守绿色发展规矩，明确生态环境空间管控规则

2018 年 5 月，习近平总书记在全国生态环境保护大会上提到："生态环境问题归根结底是发展方式和生活方式问题，要从根本上解决生态环境问题，必须贯彻创新、协调、绿色、开放、共享的发展理念，加快形成节约资源和保护环境的空间格局、产业结构、生产方式、生活方式，把经济活动、人的行为限制在自然资源和生态环境能够承受的限度内，给自然生态留下休养生息的时间和空间。"这就需要立下生态优先的规矩，明确生态环境空间管控规则，强化生态环境保护的底线思维和空间约束，将哪些能干、哪些不能干的生态环境空间管控要求系统性地立在经济社会发展的前端，明确引导构建绿色发展格局，实现科学发展、有序发展和高质量发展。

（2）建立国土空间规划实施管控的协调机构和专家咨询机构，强化对国土空间用途管制与生态环境空间管控统筹决策协调

在国土空间分区分类实施用途管制过程中，生态环境空间管控需要坚持生态优先的总基调，强调源头预防的总思路，系统涵盖各类生态环境要素，实现国土空间全覆盖的生态环境空间分区管控。在国家、省等宏观层面，明确生态环境空间管控的总体格局、管控原则和管控重点；在市级等中观层面，强调生态环境空间管控的主导功能、空间结构和总体要求；在区（县）、乡（镇）等微观层面，重点强化管控要求的空间落地。各层级实现"权、责、利"对等的横向到边、纵向到底的"质量改善—空间要求—差异政策—考核评估—奖惩机制"等闭环的生态环境空间管控制度。此外，2018 年成立的生态环境部的基本职责定位是统一行使生态环境监管，重点强化生态环境制度制定、监测评估、监督执法和督察问责四大职能，坚持所有者与监管者分离，污染防治与生态保护实施统一监管执法，污染治理实施城乡统一监管。推进落实生态环境空间评价和分区分类管控，加强生态环境空间监管，已经成为生态环境保护的基础性工作。因此，生态环境部门在前期生态环境空间管控相关工作的基础上，应逐步建立生态环境空间管控制度，强化生态环境空间管控的前置引导地位，作为国土空间"双评价"的前提或基础，为区域开发、资源利用、城乡建设、空间规划和产业准入提供依据。因此，建立国土空间规划实施管控的协调机构和专家咨询机构，强化对国土空间用途管制与生态环境空间管控的统筹决策协调显得尤为重要。

3.3 "三区三线"管控内容融合

（1）生态空间与生态保护红线：管控数量规模与空间格局

经济社会发展对生产、生活空间需求的不断增长，导致生态空间无序开发，不断被挤压侵占，引起生态功能破坏、生态系统退化、生态环境恶化等生态安全问题。生态空间的缺失，将会导致空间秩序的紊乱。作为一种为人类生存和经济社会发展提供生态服务产品的重要空间形态，生态空间的数量规模和空间格局会直接影响国土空间的生态安全。从保

障区域生态系统健康的角度出发，生态空间的管控应围绕数量规模和空间格局两个方面（图2）。

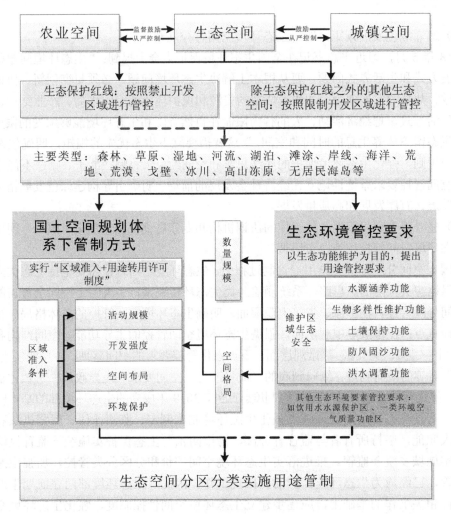

图2　生态空间中的生态环境空间管控

　　坚守生态空间的优先位序，从严控制生态空间转为城镇空间和农业空间，加强对农业空间转为生态空间的监督鼓励，鼓励城镇空间和符合国家生态退耕条件的农业空间转为生态空间，保障生态空间面积不减少。其中，生态保护红线按照禁止开发区域进行管控，通过制定生态环境准入正面清单，实行刚性约束管控；生态保护红线之外的其他生态空间原则上按照限制开发区域进行管控，通过制定生态环境准入负面清单，实行弹性调节管控。生态空间中生态环境准入正面+负面清单应作为国土空间中生态空间用途管制制度实施的重要依据。

　　生态空间的空间格局管控，主要是在既有生态空间面积不减少的前提下，保障生态空间的功能质量不降低甚至提升。通过严格管控国土空间开发保护行为，避免对生态空间关键空间节点、格局和功能的侵占和干扰。通过建立生态空间开发保护监管制度，建设生态空间监测网络与监管平台，定期开展生态保护红线、生态空间面积规模与质量效益、生态产品供给能力的监测评估及生态环境承载能力预警分析，识别重点区域、重点问题，提出生态保护修复重点任务，强化国土空间规划的监督实施。

（2）农业空间与生态环境安全：管控农业生产结构和土地使用方式

土壤是经济社会可持续发展的物质基础，保护好土壤环境是推进生态文明建设和维护国家生态环境安全的重要组成部分。当前部分地区土壤环境污染较为严重，已成为全面建成小康社会的突出短板之一。由于土壤环境是一个开放的复杂生态系统，土壤环境质量受多重因素的叠加影响。农业空间中的土壤污染是地表水污染、地下水污染、固体废物污染、大气沉降污染交叉叠加的复合型污染，是生态环境污染管控中一个污染底数不清、技术储备不足、治理成本昂贵的领域。同时，与大气、水等流动性环境要素污染防治不同，土壤环境污染具有显著的时空累积特征，污染物难以迁移、扩散和稀释。

农业空间中土壤环境管控以"吃得放心"为主要标准，其管控遵循"预防为主，保护优先、风险管控"的基本思路，根据土壤污染状况调查结构，在农业空间中划定土壤环境质量类别，重点针对农用地和林-草-园地两种类型，管控农业生产结构和土地使用方式两个方面，并将其作为农业空间"约束指标+分区准入"用途管制方式的重要前置性依据（图3）。

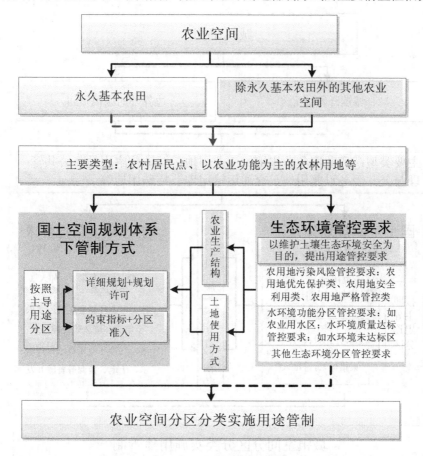

图3　农业空间中的生态环境空间管控

土壤环境质量类别为未污染和轻微污染的农用地，属于农用地优先保护类，应重点管控其在农业空间中是否已划入永久基本农田，要求面积不减少，土壤环境质量不下降，严格控制相关产业布局和风险防控要求。轻度和中度污染的农用地，属于安全利用类，应重点管控农艺调控、替代种植等利用方式。重度污染的农用地，属于严格管控类，应从农-林-草土地利用类型转换、农业种植结构调整和环境风险防控等方面，实施功能用途管控。对重度污染的牧草地、林地和园地，主要管控种植结构调整方式和农业生产使用行为。

（3）城镇空间与生态环境质量：管控产业空间布局和开发建设行为

城镇空间是资源能源消耗、污染物排放最为集中的区域，除了提供生产和生活功能外，需要满足最基本的生态环境质量要求。城镇空间内优质生态产品供给不足、生态环境破坏、环境污染形势严峻已成为城镇空间高品质生活建设的重要短板。究其原因是城镇发展定位、空间开发、人口集聚和产业结构等不符合自然环境客观规律，未充分考虑资源环境承载能力，缺乏对环境风险的全面考虑。

城镇空间中生态环境空间管控以水、大气、噪声、生态、污染场地等生态环境要素为主要考虑对象，严格生态环境质量管理，遵循生态环境质量只能更好、不能变坏的基本要求，重点对产业空间布局和开发建设行为进行管控（图4）。

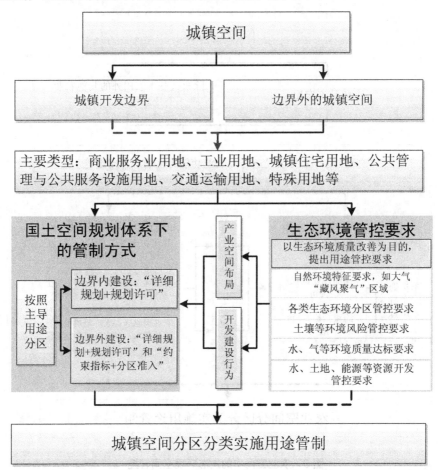

图4　城镇空间中的生态环境空间管控

产业空间布局管控在分析城镇空间资源环境禀赋和自然环境特征规律的基础上，识别"藏风聚气"区域，明晰水流源-汇关系，辨明"功能节点—关键廊道"的城镇生态网格格局，划定城镇空间生态系统重要区、生态环境敏感脆弱区和污染场地环境高风险区，重点提出这些区域允许、限制、禁止的产业布局类型清单。根据生态环境质量分阶段改善和达标要求，提出开发建设行为下污染物排放管控、环境风险防控、资源利用效率、绿色环境基础设施建设等管控策略与环境准入要求，作为城镇空间用途管制制度实施的重要依据。

4　国土空间规划体系下生态环境空间管控的改革方向和任务

基于当前我国国土空间规划体系下生态环境空间管控现状与问题，为了促进国土空间规划与生态环境空间管控有机融合，建议围绕评价规划技术方法、规划实施过程和"三区三线"管控内容三个方面，构建"1123"的生态环境空间管控体系，以5个"一套"服务国土空间规划治理与生态环境治理体系改革。

4.1　改革基本思路

立足生态文明体制改革要求，尊重自然规律，与基于"三区三线"的国土空间规划治理改革方向相协同，整合当前各项生态环境空间管控工作，探索建立"1123"的生态环境空间管控体系。

第1个"1"是明确基础前置性的定位。生态环境空间管控应坚守生态环境保护的"规矩"地位，充分发挥好其基础性、引导性、前置性作用，为国土空间规划与生态环境治理体系改革做好提供定规模、优结构、落空间的依据。

第2个"1"是认准实施管控分区的方向。生态环境各要素在质量、结构、功能等方面存在较大的空间差异性。尊重自然环境客观规律，实施生态环境分区管控，指导各区域按照生态环境要素空间差异性特征合理开展经济建设活动与生态环境保护，是生态环境空间管控的改革方向。

"2"是实施区域空间生态环境评价与生态环境规划两项基本战略。深入开展区域空间生态环境调查与评估工作，摸清生态环境结构、功能、承载和质量，系统掌握区域空间生态、水、大气、土壤等各要素和生态环境保护、环境质量管理、污染物排放控制、资源开发利用等领域的基础状况，形成覆盖全域、属性完备的区域空间生态环境基础底图，作为生态环境空间管控的基础。以生态环境规划为抓手，与国土空间规划层级体系相匹配，建立"国家—省—市—县"四级的生态环境规划层级体系，关注生态环境品质提升的改善性、建设性与高阶需求，"保底线、提品质"并重，做好与国土空间规划层级体系的衔接。

"3"是构建数据、技术、制度三个平台。一是生态环境空间管控应"强身健体"，注重生态环境基础数据的积累与规范化处理，构建一套适应空间管理的生态环境空间管控技术数据；二是尽快统一思想，整合当前各项技术方法，构建各层级区域生态环境调查评估、分区划定、规划编制的技术规范体系；三是探索建立生态环境空间管控的政策机制体系，积极推进生态环境空间管控的法制化进程。

4.2 改革基本要求

一是坚守生态环境空间管控的"规矩"地位。生态环境是中华民族永续发展的基础，保护生态环境是一切开发建设行为必须坚守的底线。生态环境空间管控具有协调开发与保护的关系、促进高质量发展的属性。因此，生态环境空间管控应强化"规矩"意识，推动发挥参与综合决策的基础性、引导性作用。

二是适应国土空间规划和治理体系改革。区域空间是生态环境空间管控的基础，无论是生态环境质量标准还是污染物排放标准以及环境执法监督，都需要首先落在区域空间上。生态环境空间管控要立足现有空间管控基础和生态、城镇、农业三大空间的国土空间用途管制改革方向，在国土空间规划"五级三类"体系中得到落实。

三是坚持要素管理为主的管控主线不动摇。生态、水、大气、土壤、海洋等生态环境要素在功能、结构、承载、质量等方面的空间差异性，是生态环境空间管控的构建基点。进一步做强做实各生态环境单要素空间管控，深入开展各生态环境要素的调查评估，建立精细化落地、全域覆盖的各生态环境要素管控分区体系，明确各要素空间差异化的生态环境功能属性和管控要求，是生态环境空间管控的重要基础工作。

四是落脚生态环境质量改善与生态环境功能维护。生态环境系统性特征决定了生态环境治理体制机制建设应是一个系统工程。生态环境空间管控应坚持以生态环境质量和生态安全为核心，以分区管控为手段，建立"功能—质量—排放—标准—管控"等闭路循环的生态环境分区管控体系，推动完善生态环境治理体系。后续排放标准、准入要求等均可随之优化完善，形成一套相对完善的管理体系。

4.3 改革主要任务

一是构建一套生态环境基础数据体系。生态环境调查是《中华人民共和国环境保护法》赋予生态环境部门的重要职能。以"三线一单"工作为载体，通过深入、系统地开展区域空间生态环境评价，对区域生态环境的结构、功能、承载、质量等进行系统评估，形成体现自然环境规律、协调行政管理边界、空间位置准确、边界范围清晰、高精度、区域全覆盖的生态、水、大气、土壤、海洋等管控分区体系数据，构建一套适应全国的全覆盖、同口径、信息化、可监测、定期更新、涵盖各类生态环境要素和质量管理、污染物排放和管控要求等生态环境权属信息的生态环境基础数据。

二是整合一套"整装成套"的技术方法体系。系统梳理、整合当前国土空间分区分类管理的技术路径与技术方法，对"双评价"技术、"三线一单"编制技术、生态保护红线划定技术、大气和水环境容量确定技术、生态环境功能区划技术、资源环境承载力评价监测预警技术、水功能区划技术等技术方法体系进行对比、衔接、整合，改变当前生态环境分区管控体系的"碎片化"现状，打造一套技术标准统一、功能定位协调、"整装成套"的生态环境空间管控技术方法体系。

三是构建一套层级清晰、功能错位的规划体系。重构新型生态环境规划体系，按照生态环境要素统筹监管的思路，建立系统完整的"国家—省—市—区县"四级生态环境规划体系。国家与省级规划做好顶层设计，提出区域生态环境保护生态保护红线、环境质量底线等管控要求，合理引导城市规模与布局。市级及区（县）规划落实上位规划基本底线要求，提升城市生态环境品质的高阶要求，通过生态空间用途管控、生态补偿等政策，夯实生态空间管控；深化城镇空间中各生态环境要素功能维护要求，质量标准、准入标准、排放标准等管控要求；加强农业空间内水资源、湿地资源、草地、林地等资源的生态功能维护，强化土壤环境安全管控。有条件和有必要的乡镇规划可在上述各级规划的基础上，进一步提出国土生态环境整治、生态修复与保护等要求。

四是探索一套分区分类管控的管理政策体系。生态环境空间管控体系构建要紧密依托综合环境功能区划、单要素功能区划、生态空间划定、环境质量底线划定等已有的工作基础，以国土三大空间功能维护为主线，以分区分类管控为抓手，将环境影响评价、排污许可、生态补偿、污染物排放标准、总量控制等管理制度有机融合，配以开发强度、环境质量、排放限制、环境管理、监督执法、经济政策等，形成一套分区分类管控的闭环管理政策体系。

五是探索一套生态环境空间监测监管制度体系。依托互联网、大数据和现代观测技术，发挥遥感和无人机等技术力量，构架基于生态环境空间管控分区的天地一体化生态环境监测监管评估体系，开展统一建设、统一监管、统一分析评估的生态环境质量监测工作。开展生态环境空间管控监督政策制度研究，明确各类生态环境空间管控的责任主体，探索生态环境空间管控的衔接协调、组织应用、监督实施、评估考核、动态更新等管理制度，推动生态环境空间管控制度法制化建设。

参考文献

[1] 习近平. 决胜全面建成小康社会　夺取新时代中国特色社会主义伟大胜利——在中国共产党第十九次全国代表大会上的报告[R]. 2017.

[2] 万军，王倩，李新，等. 基于美丽中国的生态环境保护战略初步研究[J]. 环境保护，2018，46（22）：7-11.

[3] 黄贤金. 美丽中国与国土空间用途管制[J]. 中国地质大学学报（社会科学版），2018，18（6）：1.

[4] 陆大道. 关于国土（整治）规划的类型及基本职能[J]. 经济地理，1984（41）：3-9.

[5] 樊杰. 主体功能区战略与优化国土空间开发格局[J]. 中国科学院院刊，2013（2）：193-206.

[6] 焦思颖. 国土空间规划体系"四梁八柱"基本形成——《中共中央　国务院关于建立国土空间规划体系并监督实施的若干意见》解读[N]. 中国自然资源报，2019-05-29.

[7] 林坚，吴宇翔，吴佳雨，等. 论空间规划体系的构建——兼析空间规划、国土空间用途管制与自然资源监管的关系[J]. 城市规划，2018（5）：9-17.

[8] 祁帆，高延利，贾克敬. 浅析国土空间的用途管制制度改革[J]. 中国土地，2018（2）：30-32.

[9] 《党的十九大报告辅导读本》编写组. 党的十九大报告辅导读本[M]. 北京：人民出版社，2017.

[10] 中共中央　国务院关于建立国土空间规划体系并监督实施的若干意见[EB/OL].（2019-05-23）. http://www.gov.cn/zhengce/2019-05/23/content_5394187.htm?trs=1.

[11] 国家发展改革委，国土资源部，环境保护部，等. 关于开展市县"多规合一"试点工作的通知[Z]. 2014.

[12] 中共中央办公厅　国务院办公厅印发《省级空间规划试点方案》[EB/OL].（2017-01-09）. http://www.gov.cn/zhengce/2017-01/09/content_5158211.htm.

[13] 高国力. 我国市县开展"多规合一"试点的成效、制约及对策[J]. 经济纵横，2017（10）：41-46.

[14] 环境保护部环境规划院. 市县"多规合一"试点经验研究报告[R]. 2016.

[15] 郝庆，封志明，邓玲. 基于人文-经济地理学视角的空间规划理论体系[J]. 经济地理，2018，38（8）：6-10.

[16] 袁媛，何冬华. 国土空间规划编制内容的"取"与"舍"——基于国家、部委对市县空间规划编制要求的分析[J]. 规划师，2019，35（13）：14-20.

[17] 翁诗发，祝昌健. 广州市大气环境功能区的划分[J]. 广州环境科学，1995，10（3）：5-8.

[18] 李志艺，温晴，陈然，等. 南京市土壤环境功能区划研究[J]. 水土保持通报，2011，31（4）：160-162.

[19] 杨伟民. 推进形成主体功能区优化国土开发格局[J]. 经济纵横，2008（5）：17-21.

[20] 王金南，许开鹏，迟妍妍，等. 我国环境功能评价与区划方案[J]. 生态学报，2014，34（1）：129-135.

[21] 吴舜泽，王金南，邹首民，等. 珠江三角洲环境保护战略研究[M]. 北京：中国环境科学出版社，2006.

[22] 万军，于雷，吴舜泽，等. 城镇化：要速度更要健康——建立城市生态环境保护总体规划制度探究[J]. 环境保护，2012（11）：29-31.

[23] 万军，秦昌波，于雷，等. 关于加快建立"三线一单"的构想与建议[J]. 环境保护，2017，45（20）：7-9.

[24] 杨保军，陈鹏，董珂，等. 生态文明背景下的国土空间规划体系构建[EB/OL].（2019-08-18）. http://www.sohu.com/a/334529987_365037.

[25] 关于新时代中国特色社会主义生态文明建设：建设美丽中国[EB/OL].（2019-08-08）. http://news.sina.com.cn/gov/xlxw/2019-08-08/doc-ihytcitm7715042.shtml.

[26] 自然资源部国土空间规划局. 资源环境承载能力和国土空间开发适宜性评价技术指南（试行）[R]. 2019.

[27] 张南南，万军，苑魁魁，等. 空气资源评估方法及其在城市环境总体规划中的应用[J]. 环境科学学报，2014，34（6）：1572-1578.

[28] 王泳璇，赵玉强，张南南，等. 空间视角下基于模型的城市大气环境分区研究——以沈阳市为例[J]. 生态经济，2018，34（12）：142-147.

[29] 熊善高，秦昌波，于雷，等. 基于生态系统服务功能和生态敏感性的生态空间划定研究——以南宁市为例[J]. 生态学报，2018，38（22）：7899-7911.

[30] 习近平. 推动我国生态文明建设迈上新台阶[EB/OL].（2019-01-31）. http://www.qstheory.cn/dukan/qs/2019-01/31/c_1124054331.htm.

[31] 吕红迪，万军，秦昌波，等. 环境保护系统参与空间规划的思考与建议[J]. 环境保护科学，2017，43（1）：6-8.

[32] 朱坦，吴婧. 当前规划环境影响评价遇到的问题和几点建议[J]. 环境保护，2005，33（4）：50-54.

[33] 吴次芳. 国土空间规划"破"与"立"[N]. 中国自然资源报,2019-08-07（5）.

[34] 环境保护部环境规划院. 宜昌市城市环境总体规划[R]. 2015.

[35] 三问北京打造五条城市通风廊道[EB/OL].（2016-02-23）. http://www.xinhuanet.com//politics/2016-02/23/c_1118133617.htm.

[36] 王伟,芮元鹏,江河. 国家治理体系现代化中生态环境保护规划的使命与定位[J]. 环境保护,2019,47（13）:37-43.

[37] 纪涛,杜雯翠,江河. 推进城镇、农业、生态空间的科学分区和管治的思考[J]. 环境保护,2017,45（21）:70-71.

[38] 陈永林,谢炳庚,钟典,等. 基于微粒群-马尔科夫复合模型的生态空间预测模拟——以长株潭城市群为例[J]. 生态学报,2018,38（1）:55-64.

[39] 王夏晖. 我国土壤环境风险管控制度体系构建路径[J]. 环境保护,2017,45（10）:9-11.

[40] 陈樯. 双线共举 管控并重——中国土壤环境质量标准解读[J]. 中国生态文明,2019（1）:43-44.

[41] 刘贵利,郭健,江河. 国土空间规划体系中的生态环境保护规划研究[J]. 环境保护,2019,47（10）:33-38.

[42] 蒋洪强,刘年磊,胡溪,等. 我国生态环境空间管控制度研究与实践进展[J]. 环境保护,2019,47（13）:33-36.

[43] 王金南,蒋洪强,刘年磊,等. 国家环境承载力评估监测预警机制研究[R]. 2017.

"十四五"期间我国新污染物治理思路建议

Suggestions for the Governance of Emerging Pollutants during the 14th Five-Year Plan Period

李秋爽　於方　曹国志　只艳　张衍燊　张志宏　王旭豪[①]

摘　要　随着工业快速发展和各类化学品的大量生产使用，一些新污染物对公众健康和生态环境的危害正逐步显现。党的十九届五中全会明确提出"重视新污染物治理"。本文基于现有工作基础，结合文献调研和专家意见，梳理新污染物概念与特征，总结国际先进经验，分析我国管理现状和问题，提出新污染物防控管理思路和重点。"十四五"期间，建议制订新污染物治理行动计划，开展重点物质、重点区域、重点行业调查评估和精准管控示范，同时围绕顶层设计、法律制度、调查评估、基础研究、能力建设等环节，构建和提升化学物质环境风险管理体系，促进生态环境治理体系和治理能力建设。

关键词　"十四五"　新污染物　化学物质

Abstract　With the rapid development of industry and the mass production and use of various chemicals, the harm of some emerging pollutants to public health and the ecological environment is gradually emerging. The Fifth Plenary Session of the 19th Central Committee of CPC clearly stated that "attach importance to the management of new pollutants". Based on the existing work foundation, combining with literature research and expert opinions, this paper sorted out the concepts and characteristics of emerging pollutants, summarized advanced international experience, analyzed the current management status and problems in China, and proposed ideas and priorities of emerging pollutants governance. During the 14th Five-Year Plan Period, it was recommended to formulate a new pollutant control action plan, carry out investigation and evaluation of key substances, key regions, and key industries, and conduct precise control demonstrations, and at the same time, construct and improve the environmental risk management system of chemical substances, and promote the construction of ecological environment governance system and governance capacity, focusing on top-level design, legal systems, investigation and evaluation, basic research, and capacity building.

Keywords　14th Five-Year Plan Period, emerging pollutants, chemicals

---

① 美国环保协会北京代表处（北京，100007）。

1　新污染物的概念与特征

1.1　新污染物的概念

"新污染物"在科学界和管理界尚无明确定义，其概念可理解为两个层次，一是"污染物"，是指人类活动造成的、环境中存在的、危害生态环境或人体健康的物质；二是"新"，从不同角度出发可以有不同理解。从科学角度，普遍认为是新出现或者受关注较晚的物质，即生产使用历史相对较短或发现危害较晚的物质，更关注这些物质的危害作用、迁移转化、综合毒性、减排等关键技术和科学问题。从管理角度，将"新污染物"与管理体系较为完善的"常规污染物"对应，主要考虑尚无法律法规和标准予以规定或规定不完善的物质，更关注如何降低和管控风险，保障生态环境和公众健康。所以，科学界的定义比管理界更前沿，管理界的定义比科学界更实际。本文的讨论从管理角度出发，将新污染物定义为：新近发现或被关注，对生态环境或人体健康存在风险，尚未纳入管理或者现有管理措施不足以有效防控其风险的污染物。

1.2　新污染物的类型

从国内外科学界[1]、管理界[2]、企业和公众界的观点来看，近些年新生态环境问题包括新生态问题和新污染问题两类（图1）。新生态问题包括生境（栖息地）碎片化、永久冻土泥炭地不断缩减、气候变化适应不良、基因工程产物可能产生交叉污染和意外后果等。新污染问题包括新污染物、氮污染、臭氧污染、固体废物跨境转移等。关注度较高的新污染物包括环境激素、抗生素、新型POPs等新化学物质和微塑料等颗粒物。环境激素类典型物质有邻苯二甲酸酯、双酚A、多溴二苯醚等；抗生素类典型物质有大环内酯、四环内酯、喹诺酮、磺酰亚胺、氯霉素等；典型新型POPs有全氟/多氟烷基物质、中短链氯代烃等[3]；微塑料指直径小于5 mm的塑料碎片和颗粒。

《国际化学品管理战略方针》（SAICM）识别的8个新出现的新兴政策问题为：产品中的化学品、内分泌干扰物（环境激素）、环境持久性制药污染物、电子电气产品生命周期中的危险物质、高危害农药、油漆中的铅、纳米技术和人造纳米材料以及全氟和多氟烷基物质。[4]《关于持久性有机污染物的斯德哥尔摩公约》（以下简称《斯德哥尔摩公约》）陆续增列全氟辛烷磺酸（PFOS）、全氟辛酸（PFOA）等全氟化合物，短链氯化石蜡等中短链氯代烃，多溴二苯醚等。欧盟于2006年宣布所有成员国全面停止使用促生长类抗生素，美国国家环境保护局（EPA）发布PFOS和PFOA饮用水健康指导，美国、加拿大出台法律法规禁止生产、进口与销售含塑料微珠的化妆品等。

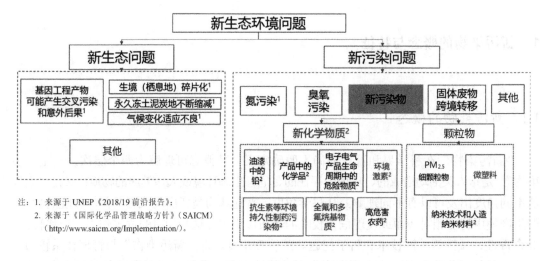

图1 新生态环境问题、新生态问题和新污染问题的关系

注：1. 来源于 UNEP《2018/19 前沿报告》；
　　2. 来源于《国际化学品管理战略方针》（SAICM）
　　　（http://www.saicm.org/Implementation/）。

1.3 新污染物的危害

新污染物具有多种生物毒性，体现在器官毒性、神经毒性、生殖和发育毒性、免疫毒性、内分泌干扰效应、遗传毒性等多个方面。例如，环境激素可与人体和野生动物的内分泌系统发生交互作用，干扰其雌激素、睾酮、甲状腺素等正常功能，表现出甲状腺毒性、生殖毒性、遗传毒性、子代畸形等。[5-10] 抗生素除对藻类产生直接毒性破坏水体生态平衡外，还会诱导环境中的微生物产生耐药性，产生高抗药性微生物，威胁人类健康。[11-13] 全氟化合物可以穿过胎盘屏障和通过母乳传递，孕期暴露对新生儿的出生身高及体重、肢体发育和认知行为能力等产生影响。[14-18] 微塑料除了本身可能具有的刺激免疫等毒性效应，作为其他污染物的载体，其作用机制更为复杂。[19-22] 同时，由于新污染物具有较强的环境持久性和生物累积性，在环境中即使浓度较低，也可能具有显著的环境与健康风险，与常规污染物相比，其危害更为长期、潜在和隐蔽。

1.4 新污染物的来源和分布

新污染物的主要来源是化学物质的生产和使用，化学物质的全生命周期各阶段均有排放风险。新污染物种类繁多、涉及行业广泛，涵盖工业生产、生活消费、军事消防等众多领域，医药、化工、农业种植、水产养殖、纺织、建筑、塑料加工、汽车、航空航天、电子电气、消防泡沫、垃圾焚烧等众多行业。我国是化学物质生产使用大国，大部分新污染物涉及的化学物质产量和使用量均位于世界前列。研究显示，新污染物在我国水体和沉积物[23-27]、土壤和地下水[28, 29]、室内外空气[30-33]中均有分布，在一些水源地、饮用水中也有发现[34-36]，在蔬菜、鱼类、蛋类等生物介质[37-39]和血液、尿液、母乳等人体样本[17, 40-43]中也被大量检出。例如，我国各大水系均受到邻苯二甲酸酯等环境激素污染[26]，室内灰尘中邻苯二甲酸酯平均浓度远超发达国家水平。[33] 我国大部分城市的自来水均含有 PFOS 和 PFOA 等全氟化合物[35]，部分城市母乳样本中检测出较高浓度的全氟化合物，部分地区的摄入量相当于欧盟每周耐受量标准值的 48 倍。[44, 45]

典型新污染物在我国的分布规律如下：一是呈现明显的区域聚集性，与工业化、城市化等人类活动程度密切相关，如在京津冀、长三角和珠三角等经济发达地区分布更多；二是不同物质的重点分布区域差别较大，与不同行业类型的分布密切相关；三是地表水体和地下水介质是重要载体，珠江流域三条支流中的双酚基丙烷含量与美国所有河流中该污染物含量总和相当；四是室内空气、饮用水污染值得关注，我国室内灰尘中邻苯二甲酸酯平均浓度及河流中抗生素平均浓度远超发达国家水平[46]，大部分城市的自来水均含有 PFOS 和 PFOA 等全氟化合物；五是生物富集和累积效应明显，各类物质在人体中均有检出。

1.5　新污染物的防控和管理难点

新污染物有别于以往管理的常规污染物，因其自身特性，在防控和管理上存在很多共性挑战：一是新污染物不易降解、易生物累积富集，其危害性短时间内不易显现，毒性、迁移、转化机理研究难度大；二是种类多、数量大、分布广，涉及行业广泛、产业链长，但单位产品使用量小，在环境中含量低、分布分散、隐蔽性强，其生产使用和环境污染底数不易摸清；三是可以远距离迁移，其管理需要宏微结合、粗细结合，既要大尺度区域协同防控，又要有的放矢，精准管理；四是部分人类新合成的物质，具有优良的产品特性，其替代品和替代技术不易研发；五是部分无意产生的物质或代谢产物，生成机理和减排技术研究难度大。

同时，新污染物也各具特性，需分类分级、分阶段、分区域管理：第一，危害程度、暴露程度不同，需识别优先管控物质；第二，研究和管控基础不同，替代和减排技术发展水平不同，管控产生的经济社会代价不同，需结合实际分阶段部署管控；第三，重点分布地区差别较大，应识别重点管控地区；第四，相关重点行业差异较大，需识别重点管控行业；第五，产生环节和机理不同，有些来自原料和产品的生产使用，有些来自过程的产生和排放，需识别重点管控环节；第六，在环境介质中的归趋不尽相同，需识别重点管控环境介质，完善环境质量管理。

2　新污染物和化学品管理国际经验

欧盟、美国、日本、加拿大等发达国家和地区化学物质管理起步较早，已形成较为成熟和完善的化学品管理体系。[47] 同时，国际社会和发达国家 2020 年针对环境激素、抗生素、新型 POPs 和微塑料等新污染物，基于"风险管理"理念，在制度机制、评估监测、基础研究等方面开展了大量工作。

2.1　发达国家和地区化学物质总体管理体系

欧盟是当前世界上对化学物质控制和管理体系最为完善的地区，其化学物质管理体系涵盖了生产/进口、转移释放、存储运输、事故应急、履行国际公约等各个方面。其中《关于化学品注册、评估、授权与限制的法规》（REACH）是欧盟内部统一管控化学物质的法规，该法规对欧盟境内生产和进口的化学品实施全面注册、评估、许可和限制。对于不适用 REACH 法规的化妆品、农作物保护产品、食品添加剂、兽药、药品等将分别参照专项法令进行管理。在全过程管理方面，有一系列配套法规对化学品生产、上市销售及使用之外的运输、废弃物处理处置等其他过程进行管理。

美国化学物质管理法规体系比较完善，以《有毒物质控制法》（TSCA）为基本法，管理工业化学物质的生产、进出口、评价与测试，要求对化学品实行全生命周期管理，制定了新化学物质生产或进口事前申报制度、现有化学物质数据通报（CDR）制度和高风险 PCB 类物质管理制度。并不断完善和配套相关法律法规，规定化学品的分类标签、运输、职业安全、废弃物排放与处理、事故应急、信息公开等方面的要求。2016 年，对 TSCA 法规进行修订，赋予 EPA 更多权限，从本质上提高了化学品管理要求，强化了企业的主体责任。

加拿大化学品管理法规体系完整，基本涵盖了化学品管理的各个领域。《加拿大环境保护法》基本发挥了集安全管理和环境危害控制于一体的综合性化学品基本法的作用。此外，制定了 140 多部法规或条例，对化学品管理的特定领域或过程提出具体要求。确立了包括分类管理和名录制度，化学物质标签制度，安全评价和安全数据说明书制度，新物质、新行为的申报制度，危险物质信息审核制度，工作场所有害物质的重点防控制度，数据分享制度，信息披露豁免制度，以及公众知情制度等在内的化学品管理制度体系。

日本化学物质立法起步较早，目前形成了以《化学物质审查与生产控制法》为核心，辅之以《化学物质管理促进法》等 6 部普通工业化学品法律、约 30 部特定用途化学物质的法律、限制化学物质排放和废弃的法律、保护消费者安全和大气污染防治的法律，以及近百项政令和省令补充构成的日本化学物质法律法规基本框架，基本覆盖了化学物质生产、使用、排放和废弃的全过程。

总体来看，发达国家和地区的化学物质管理体系虽存在差异，但也有共性：一是基本体现了基于"风险"的全生命周期理念、分级评估和管理的理念；二是建立了较为完善的管理制度，如新物质登记、危害分类、标签及名录管理制度、暴露评估与风险评价制度、化学品优先测试评估制度、有害物质的职业卫生管理制度、污染物排放与转移登记制度、事故应急响应制度、公众知情和利益相关者参与制度；三是构建各层面协调机制；四是开展评估与监测；五是重视科学技术研究。

2.2　发达国家和地区针对新污染物的管理举措

发达国家和地区的化学物质管理体系较为完整，一般将新出现的物质或新关注的物质纳入现有的化学物质管理体系，逐步实施管控措施。总体来看，环境激素、新型 POPs 等新污染物，欧盟、美国、日本的管理走在我国前面，抗生素、微塑料等新污染物的研究和管控，我国与发达国家未拉开较大差距。

针对新出现或有毒的物质，欧盟、美国、日本、加拿大都建立了登记制度，要求企业作为主体对新物质进行风险评估，最大限度规避高风险的新物质进入生命周期。针对现有的，发现新危害、新问题的新关注物质，发达国家和地区基本遵循风险管理的思路进行管理。具体措施包括以下几个方面。

（1）开展风险识别和优先级筛选

通过行业调查、监测、危害数据收集，发现现有物质的新风险、新问题，发现风险的主体可能是政府、科学界、企业、公众。在此基础上，政府主导确定优先评估物质名单。如美国 EPA 于 2019 年 3 月启动现有物质优先级筛选工作，公布了 20 个高优先级候选物质，包括邻苯二甲酸酯、四溴双酚 A 等环境激素类物质。

（2）开展多级风险评估和社会经济影响评估

发达国家和地区针对新化学物质实施管控前，先由政府主导，与科学界、企业界合作，对优先评估物质开展风险评估和社会经济影响评估。一方面对环境风险是否可控做出回答，另一方面对是否已有替代品和管控产生的社会经济代价是否可接受做出回答，同时对大类中的物质进行风险分级，对区域进行风险分级，并识别出相关重点行业。如欧盟实行 5 级环境激素评估框架，日本提出"筛选—测试"两级环境激素评估框架。

（3）开展生命周期各环节的风险管控

在上述评估的基础上，利用化学物质管理框架中的各项制度，进行源头、过程和末端环节管控。

1）源头管控：采用淘汰、限制、授权等手段（如欧盟 REACH 和美国 TSCA 规定的手段）。欧盟委员会根据欧洲化学品管理局下的风险评估委员会和社会经济分析委员会的评估报告，已于 2017 年将 PFOA 列入 REACH 附件 XVII，禁止 PFOA 生产，限制其使用。

2）过程管控：采用全球和地区分类标签（如 GHS 和 C&L 分类标签）、行业组织标签（如欧盟 RoHS 认证）、绿色标签等标签制度，产品质量标准、环境表现准则等产品标准制度，污染源排放许可制度（如美国 NPDES 许可证制度）、释放源登记制度（如美国 TRI 清单、PRTR 排放转移登记）等排放管理制度。如欧盟于 2006 年宣布所有成员国全面停止使用促生长类抗生素，且在《兽医药品法典》中对广泛使用抗生素的兽药做出严格的环境管理规定。美国药监局（FDA）将 3 种全氟化合物列入食品接触材料禁止清单。美国、加拿大等分别出台《无微珠水域法案》与《化妆品中塑料微珠法规》，禁止生产、进口与销售含塑料微珠的化妆品。

3）末端管控：按照环境质量标准以及废弃物处理处置、事故处理处置、污染场地修复和环境责任法等相关内容进行管控。如日本于 2015 年修订饮用水水质标准，在水质指标中新增 5 种环境激素物质，做出限值规定。欧盟于 2018 年修订生物农药环境激素标准，升级对环境激素的判定和使用要求。

（4）重视专项科技和管理能力建设

第一，建设专项协调机制。构建国家间合作机制，2014 年，联合国环境规划署（UNEP）成立了由政府和非政府组织共同参与的环境激素环境暴露与影响咨询组，开展 EDCs 跨国防控的战略与政策研究。构建国家层面协调机制，美国 EPA 于 1996 年成立了环境激素筛选和监测顾问委员会，成员主要来自美国 EPA 及其他联邦机构、各州相关部门、工业界代表、环境团体、公共健康团体和学术界等，以统筹协调环境激素筛选与监测工作。第二，加大研究和技术支撑。长期开展环境激素、持久性有毒物质等新污染物的生态毒理、健康危害、生态风险、形成机理、迁移转化以及减排、控制、处置和替代技术等研究，并不断提出新的关注物质。制订专项支持计划，如欧盟制订环境激素研究的分阶段计划，成立了专门的环境激素咨询委员会进行研究。日本提出《关于环境内分泌干扰物的战略计划》。第三，开展长期环境监测。如欧洲监测及评估项目（EMEP）框架下，43 个成员国中已有 24 个设立了 100 个新型 POPs 监测点。日本在应对环境激素的第一个五年计划内，在约 100 条河流、湖泊和池塘监测了 18 种相关物质，在约 20 个样点分析了空气样品中 13 种化学物质的浓度；在第二个五年计划内，进一步掌握了 257 种（类）相关化学物质在环境中的存在情况。[48]

3 我国新污染物和化学品管理现状与问题

3.1 管理现状

近年来，我国在包括新污染物在内的化学物质环境管理制度建设、体制机制、监测与评估、科学研究、人才队伍建设等方面取得了明显进展。制定了与新污染物风险防范相关的一系列法规、规划、标准、政策，在生产、运输、销售、使用、进出口等环节对风险防范做出规定。建立了新物质登记制度、严格限制有毒化学品进出口环境管理登记制度、优先控制化学物质的环境管控制度、危险化学品登记制度、农药管理制度等。构建了国家《斯德哥尔摩公约》协调机制、危险化学品管理协调机制。在有毒有害化学物质淘汰、减排、替代和治理方面，均取得一定进展。

2001 年，国家"863"项目"环境内分泌干扰物的筛选与控制技术"立项，标志着新污染物风险防范相关工作的开端，同年，我国签署《斯德哥尔摩公约》。通过制定产品、行业标准、产品监测标准、环境质量标准、环境监测标准，将部分环境激素列入了危险化学品名录、环保综合名录、优先控制化学品名录，开展减排和替代技术示范等手段，截至2020 年，已全面或部分淘汰 20 余种（类）POPs 物质，包括部分多溴二苯醚等环境激素和PFOS 等全氟化合物。我国开展了 POPs 履约成效评估监测，抗生素、全氟化合物、微塑料等饮用水水质监测，环境激素生态风险评估，新型 POPs 传输机制评估等监测和评估。针对微塑料，已开始开展海洋和极地监测，并在 2020 年最新发布的限塑令中要求禁止生产和销售一次性发泡塑料餐具、一次性塑料棉签，禁止生产含塑料微珠的日化产品。

3.2 存在的问题

与发达国家和地区相比，我国的化学物质管理起步较晚，仍处在发展阶段，存在一些问题：

一是风险管理理念体现不足。从源头风险识别评估开始到末端环境治理的全生命周期理念，按物质、区域、行业分级的优先管理理念，风险预防和监控理念存在缺位，企业主体、政府监管、公众参与的社会共治理念有待加强。

二是尚未建立国家层面的化学物质管理单行上位法。目前已经在司法部立项的危险化学品安全法与化学物质环境管理的关系尚需理顺。配套办法和规章不足，尤其是以排污许可制度为抓手的环境质量管理和化学物质管理衔接不够，现有的环境质量标准、排放标准、污染物名录以常规污染物为主。

三是化学物质管理基本制度不够健全。国家层面部门间工作流程和职责分工不够明确，市场监管、卫生健康、工信、生态环境、农业农村等监管部门在化学物质的生产、使用的监管执法等方面存在职责交叉或空缺，管理对象和范围不清晰。部门内环境风险管理和环境质量管理衔接不够，在化学物质环境风险评估、信息报告、数据收集和数据监督，社会经济影响评估，损害评估与赔偿，公众知情和参与监督等方面存在制度欠缺。对地方化学物质管理缺少考核和激励。

四是底数不清，目标不明。监测调查不够，缺乏开展风险识别和评估必要的生产使用、环境监测、危害和暴露数据。

五是科研技术支撑薄弱。科学研究方面，新污染物等化学物质来源、途径、机理不清，毒性、风险评估等基础研究薄弱，替代、减排、治理技术研究不足，新监测方法手段应用较少。新污染物筛查和识别较为落后，国际谈判和国内工业行业发展易受牵制。监管配套的技术规范、指南等不够完善。

六是化学物质管理能力不足。尚无明确的跨部门化学物质环境管理协调机制，相关部委职责不明。缺乏生态环境部门内部横向和纵向管理机制。缺乏财政资金支持，没有建立较为稳定的专职专家技术团队。缺少部门内和跨部门的监督执法技术培训，很多基层生态环境部门基本没有新污染物管理能力。

4 "十四五"期间新污染物防控思路分析

长期来看，新污染物治理应有效纳入以防范生态环境风险和改善生态环境质量为目标的化学物质环境风险管理体系，以风险识别为起点，将风险管理理念贯穿生态环境管理，全面实现生态环境管理科学化、精准化、系统化。

4.1 管理框架和理念

（1）化学物质环境风险管理基本框架初步建议

在总结国外先进经验、分析国内管理现状基础上，提出以风险识别、风险评估、风险管理和风险监控为主要环节的管理框架（图2）。风险识别环节，政府根据调查收集到的生产使用信息、危害数据和环境介质赋存数据，对化学物质进行综合筛查，形成优先评估清单，进入风险评估环节。未纳入现有化学物质名录的新物质，直接由企业作为主体申报新物质登记，进行风险评估。风险评估按照技术规范进行，包含危害识别、危害表征、暴露评估、风险表征等环节。根据评估结果，采取不同的淘汰、限制、替代措施等源头管控措施。确认无不合理风险的新物质可获得无条件登记许可，无风险的现有物质进入管控白名单。存在风险的现有物质根据风险级别逐步进入优先控制名录，风险可控的物质，在经济社会影响评估的基础上，分阶段、分区域实施限制和鼓励替代。存在风险且风险可控的新物质，获得有条件许可。风险不可控的物质直接进入禁止生产、使用、进出口名录。过程管理环节，结合行业排放标准、行业替代和减排技术规范、市场监管、绿色认证、分类标签、清洁生产等手段，控制生产、使用、流通、消费等过程中的排放。末端管控环节，结合水、气、土等有毒有害污染物名录，水、气、土等环境质量标准，污水排放、污水处理厂治理标准，废物、污染地块等无害化处置标准，公众诉讼、损害赔偿追责等制度和手段，从环境质量反向倒逼。同时，通过开展环境监测、企业信息收集、突发事件预警、全过程监管执法、公众反馈线索等，实现风险监控。

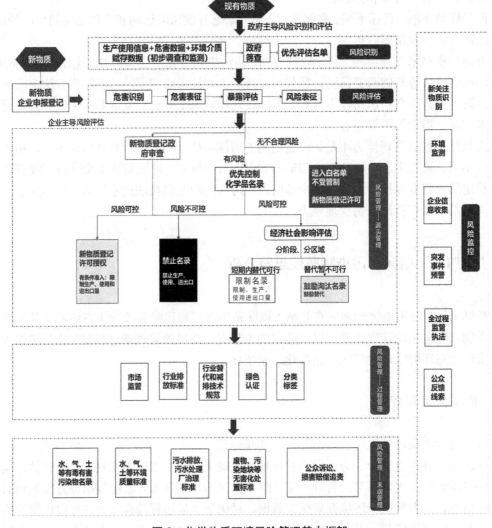

图 2 化学物质环境风险管理基本框架

（2）化学物质环境风险管理基本理念

"风险管理"理念是化学物质环境管理的核心理念。从图 2 的框架可以看出，化学物质的环境风险管理首先是收集、处理、评估危害数据、暴露途径、环境介质中浓度数据；其次结合模型模拟等手段，综合筛查、识别和评估化学物质的环境风险；最后基于风险评估结果，进行针对性管理管控。

目前，我国的环境管理从"总量减排"迈进了"质量管理"阶段，随着各项水、气、土、固体废物等污染防治攻坚战推进，人民群众看得见、摸得到的环境问题逐渐被解决，我国的环境管理未来需要从环境介质末端治理朝向源头管控方向发展，从泛化面上管理向精准点线管理方向发展，从污染事件问题应对向科学预防监控的方向发展，从急性有毒有害物质管理向累积性有毒有害物质管理发展。基于风险的管理理念恰恰符合这些发展方向。风险管理模式既具备风险防范的方法科学性，又充分考虑了我国的实际情况；既可以做全国或大区域的宏观管控，也可以实现重点子区域、重点行业的精准管理。与传统的末端治理理念相比，也更容易实现全生命周期管控、预防和监控。

化学物质环境风险管理贯彻和体现全生命周期理念。风险管理各步骤贯穿于化学物质的生产、使用、消费、流通、处置、排放、治理、进出口，充分覆盖了源头、过程和末端管理环节。有别于从水、气、土、固体废物等介质分别逆向追溯管理，全生命周期理念更强调打破水、气、土等领域间的限制，从正向进行源头和过程管控（图 3）。

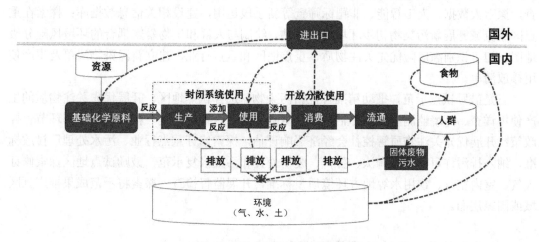

图3　化学物质全生命周期示意图

化学物质环境风险管理贯彻和体现优先分级的精准化管理理念，避免"一刀切"。基于风险识别、风险评估结果，结合社会经济影响评估，可实现管控物质、管控区域、管控行业的优先度分级，从而实现有重点、有层次、有目标、有效率的精准化管理，避免"一刀切"。

化学物质环境风险管理贯彻环境与健康理念，利于保护人民群众身体健康。与传统环境介质管理更注重消灭"黑""臭""霾"等能短期内直观感受的危害相比，化学物质环境风险评估更多考虑长期的、累积性的、缺乏直观感受的危害，与人体健康和安全密切相关。

化学物质环境风险管理可更有效实现污染问题预防和监控。精准化管理和全程风险监控，使管理者更有精力将风险高的物质、区域、行业管细管透，减少污染问题和事件发生。

化学物质环境风险管理也对管理基础提出了更高要求，需要更科学的方法、更充足的数据、更系统和贯通的管理机制、更务实的管理手段和抓手、更强的企业主体责任和公众参与。

4.2　"十四五"期间新污染物防控建议

近期来看，应重视新污染物治理，将探索和示范性工作纳入"十四五"生态环境保护重点工作。在初步筛查基础上，制订行动计划，聚焦重点物质，识别重点地区、行业、管控环节、环境介质，结合实际情况，分阶段实施精准管控示范。

一是明确管理目标，制订新污染物治理行动计划。明确近中远期管理目标，确立新污染物环境风险筛查、环境风险评估、分类精准管控的工作原则，融合化学物质风险管理制度和环境质量管理制度，构建新污染物治理国家、部门、地方层级协调机制。确定近期、中期优先关注的重点物质清单，分别制订专项行动计划，确定近期、中期重点工作任务，提出管控执法手段。

二是关注重点区域，探索开展风险识别评估。探索开展京津冀、长三角、珠三角等重点区域和流域的新污染物调查，推进水、气、土等环境调查监测、行业调查、暴露途径调查，探索大数据、人工智能、非靶标筛查等新手段运用，建设相关信息数据库；探索在重点区域流域开展新污染物初步环境风险评估，绘制与人群和生物暴露耦合的环境风险分级地图，初步识别高风险优先关注物质、重点地区和重点行业，建立新污染物清单及生产使用排放清单。

三是鼓励试点示范，推动精准管控新污染物。选择试点地区，开展优先关注物质的生产使用详查、环境监测和风险评估，识别重点园区、水体、场地，精准制定不同环节管控政策；开展优先关注物质管控社会经济影响评估，探索修订重点行业、污水处理厂排放标准，纳入排污许可；开展淘汰、替代、废物处置和污染修复示范。鼓励试点地区探索修订大气、室内空气、饮用水等地方环境质量标准，开展监督检查。探索将示范成果推广到区域或国家层面。

4.3　推动化学物质环境风险管理体系的建议

长期来看，新污染物大部分为新化学物质，新污染物治理应有效纳入化学物质环境风险管理，以风险识别和评估为起点，将风险管理理念贯穿生态环境管理，与环境质量管理体系有机结合，全面推进生态环境管理科学化、精准化、系统化。

一是谋划顶层设计，构建法规制度体系。建立化学物质环境风险管理基本框架，推动制定上位法。建立化学物质环境风险识别和评估、经济社会影响评估等评估制度，建立化学物质环境调查监测、企业信息数据收集、数据质量监督等信息数据制度，建立健全损害赔偿制度、信息公开和公众参与等配套制度。加强与环评，排污许可，水、气、土等环境质量管理体系融合，加快与其他部门化学物质管理制度衔接，对接相关名录和标准。进一步完善现有优控物质筛选制度和新物质审核登记制度。

二是建立管理机制，加强管理能力建设。建立国家层面化学物质管理协调机制，推动部门间信息数据共享、法律法规衔接、联合执法等；建立部门内协调机制，推动与水、气、土、固体废物管理体系衔接；建立对地方的纵向管理机制，将化学物质管理纳入对地方的考核体系。开展部门间联合执法培训、基层生态环境部门管理执法人员技术培训。

三是开展调查评估，实现分层精准管控。充分开展水、气、土环境监测，危害调查，行业调查，摸清底数，建立基础数据库。充分开展环境风险评估和社会经济影响评估，识别重点物质、重点区域、重点行业、重点环节、重点介质，制订专项战略计划，分阶段精准管控。

四是支持科技研究，加强技术能力建设。推动建立国家和地方科技专项，加快化学物质的监测预警方法、毒性机理、替代、减排、治理，以及潜在高关注物质识别和前沿探索等研究。推动建立监测方法标准、减排和替代技术规范等。建立化学物质环境风险管理专家委员会，培养和建立稳定的专职专家技术团队，鼓励和培训企业技术团队。

五是重视国际合作，辩证利用履约机制。加强化学物质科学、技术、管理国际交流。辩证利用国际公约履约机制和平台，结合我国实际，一方面积极参与和引领全球环境治理，以外促内，推动国内化学物质管理和行业创新；另一方面谨慎签署国际公约，防止技术壁垒效应，掌握行业发展主动权。

参考文献

[1] FIELD J A，JOHNSON C A，ROSE J B. What is "emerging" [J]. Environmental Science & Technology, 2006，40（23）：7105-7105.

[2] UNEP. Frontiers 2018/19：emerging issues of environmental concern[EB/OL].（2019-03-04）. https://www.unenvironment.org/resources/frontiers-201819-emerging-issues-environmental-concern.

[3] 史雅娟，吕永龙，任鸿昌，等. 持久性有机污染物研究的国际发展动态[J]. 世界科技研究与发展，2003，25（2）：73-78.

[4] SAICM. Emerging policy issues and other issues of concern[EB/OL].（2019-06-24）. http://www.saicm.org/ Implementation/EmergingPolicyIssues.

[5] 董利平. 环境内分泌干扰物对男（雄）性生殖系统的影响[J]. 职业与健康，2003，19（12）：11-13.

[6] 王晓阳，戴家银，张红霞. 邻苯二甲酸丁基苄酯的雄性生殖和发育毒性研究[J]. 中国科学：生命科学，2016，46（1）：7.

[7] 张悦，袁骐，蒋玫，等. 邻苯二甲酸酯类毒性及检测方法研究进展[J]. 环境化学，2019，38（5）：1035-1046.

[8] 高福梅，浣沈. 邻苯二甲酸酯类化合物与自然流产的研究进展[J]. 国际医学生殖健康/计划生育，2013，32（5）：405-408.

[9] 吴天伟，孙艺，崔蓉，等. 内分泌干扰物壬基酚与辛基酚的污染现状与毒性的研究进展[J]. 环境化学，2017，36（5）：951-959.

[10] 吴皓，孙东，蔡卓平，等. 双酚 A 的内分泌干扰效应研究进展[J]. 生态科学，2017，36（3）：200-206.

[11] 周启星，罗义，王美娥. 抗生素的环境残留、生态毒性及抗性基因污染[J]. 生态毒理学报，2007，2（3）：243-251.

[12] 徐永刚，宇万太，马强，等. 环境中抗生素及其生态毒性效应研究进展[J]. 生态毒理学报，2015（3）：11-27.

[13] 徐冬梅，王艳花，饶桂维. 四环素类抗生素对淡水绿藻的毒性作用[J]. 环境科学，2013，34（9）：3386-3390.

[14] 杨帆，施致雄. 全氟辛烷磺酸和全氟辛酸的人群暴露水平和毒性研究进展[J]. 环境与健康，2014，31（8）：730-734.

[15] 史亚利，潘媛媛，王杰明，等. 全氟化合物的环境问题[J]. 化学进展，2009，21（Z1）：369.

[16] 谢丹. 典型全氟化合物同分异构体的膳食暴露和母婴传递研究[D]. 武汉：武汉轻工大学，2017.

[17] 孔令婉，邓冰，王加好，等. 孕期妇女全氟化合物职业接触与 0～1 岁婴儿身心发育的关联性分析[J]. 中国儿童保健杂志，2014，22（3）：327-329.

[18] BLAKE B E, FENTON S E. Early life exposure to per- and polyfluoroalkyl substances（PFAS）and latent health outcomes: a review including the placenta as a target tissue and possible driver of peri- and postnatal effects[J]. Toxicology，2020，443.

[19] JEONG J, CHOI J. Adverse outcome pathways potentially related to hazard identification of microplastics based on toxicity mechanisms[J]. Chemosphere，2019，231：249-255.

[20] WANG F, WONG C S, CHEN D, et al. Interaction of toxic chemicals with microplastics: a critical review[J]. Water Research，2018，139：208-219.

[21] PRATA J C, DA COSTA J P, LOPES I, et al. Environmental exposure to microplastics: an overview on possible human health effects[J]. Science of the Total Environment，2020，702.

[22] CHOI J S, HONG S H, PARK J W. Evaluation of microplastic toxicity in accordance with different sizes and exposure times in the marine copepod Tigriopus japonicus[J]. Marine Environmental Research，2020，153.

[23] 周同娜，尹海亮. 我国环境水体中双酚 A 存在现状及标准检测方法研究[J]. 工业用水与废水，2020，51（4）：1-5.

[24] 邵晓玲，马军. 松花江水中 13 种内分泌干扰物的初步调查[J]. 环境科学学报，2008，28（9）：1910-1915.

[25] 卓丽，石运刚，蔡凤珊，等. 长江干流、嘉陵江和乌江重庆段邻苯二甲酸酯污染特征及生态风险评估[J]. 生态毒理学报，2020（3）：158-170.

[26] TAN R, LIU R, LI B, et al. Typical endocrine disrupting compounds in rivers of Northeast China: occurrence, partitioning, and risk assessment[J]. Archives of Environmental Contamination and Toxicology，2018，75（2）：213-223.

[27] 陈玫宏，郭敏，刘丹，等. 典型内分泌干扰物在太湖及其支流水体和沉积物中的污染特征[J]. 中国环境科学，2017，37（11）：4323-4332.

[28] 陈桂淋，武广元，苏帆. 我国地下水抗生素污染及风险评估研究进展[J]. 地下水，2020，42（5）：8-13，53.

[29] 葛林科，任红蕾，鲁建江，等. 我国环境中新兴污染物抗生素及其抗性基因的分布特征[J]. 环境化学，2015，34（5）：875-883.

[30] 曹治国，陈惠鑫，赵磊成，等. 室内灰尘中 PBDEs 的污染特征及人体暴露研究展望[J]. 环境科学与技术，2017，40（4）：36-44.

[31] 李玲，王春雷，蒋友胜，等. 深圳市大气中多溴联苯醚污染水平和特征及人体呼吸暴露分析[J]. 卫生研究，2012，41（5）：776-782.

[32] 陈来国. 广州市大气环境中多溴联苯醚（PBDEs）和多氯联苯（PCBs）的初步研究[D]. 广州：中国科学院广州地球化学研究所，2006.

[33] 秦晓雷，章涛，孙红文. 中国室内和室外灰尘中邻苯二甲酸酯的分布和健康风险评价[J]. 生态毒理学报，2016，11（2）：231-237.

[34] 张凤仙，胡冠九，郝英群，等. 沿海三市饮用水源水内分泌干扰毒性研究[J]. 生态毒理学报，2011（3）：241-246.

[35] LIU L，QU Y，HUANG J，et al. Per- and polyfluoroalkyl substances（PFASs）in Chinese drinking water: risk assessment and geographical distribution[J]. Environmental Sciences Europe，2021，33（1）：1-12.

[36] 师博颖，王智源，刘俊杰，等. 长江江苏段饮用水源地 3 种雌激素污染特征[J]. 环境科学学报，2018，38（3）：875-883.

[37] 黄慧娟，蔡全英，吕辉雄，等. 土壤-蔬菜系统中邻苯二甲酸酯的研究进展[J]. 广东农业科学，2019，38（9）：50-53.

[38] 王磊，李晓晓，陶秀成，等. 多溴联苯醚分布特征及环境风险研究进展[J]. 生态毒理学报，2019（4）：31-42.

[39] 李敏洁. 鸡蛋中 30 种溴代阻燃剂残留的检测方法研究及北京地区污染水平调查[D]. 北京：中国农业科学院，2014.

[40] 杨琳，李敬光，石瑀，等. 北京母亲静脉血与脐带血中全氟化合物前体物质含量分析[J]. 环境化学，2015，34（5）：869-874.

[41] SMITH M，LOVE D C，ROCHMAN C M，et al. Microplastics in seafood and the implications for human health[J]. Current Environmental Health Reports，2018，5（3）：375-386.

[42] HU L，LUO D，WANG L，et al. Levels and profiles of persistent organic pollutants in breast milk in China and their potential health risks to breastfed infants: a review[J]. Science of the Total Environment，2020：142028.

[43] 马金玲，宋小飞，张亚男，等. 珠江三角洲地区男性血液中多溴联苯醚暴露水平与精液质量的研究[J]. 环境科学学报，2015，35（7）.

[44] LIU J，LI J，ZHAO Y，et al. The occurrence of perfluorinated alkyl compounds in human milk from different regions of China[J]. Environment International，2010，36（5）：433-438.

[45] AWAD R，ZHOU Y，NYBERG E，et al. Emerging per- and polyfluoroalkyl substances（PFAS）in human milk from Sweden and China[J]. Environmental Science：Processes & Impacts，2020，22（10）：2023-2030.

[46] 葛林科，任红蕾，鲁建江，等. 我国环境中新兴污染物抗生素及其抗性基因的分布特征[J]. 环境化学，2015，34（5）：875-883.

[47] 王蕾，汪贞，刘济宁，等. 化学品管理法规浅析[J]. 中国环境管理，2017，9（5）：41-46.

[48] 张丛林，郑诗豪，邹秀萍，等. 新型污染物风险防范国际实践及其对中国的启示[J]. 中国环境管理，2020，12（5）：71-78.

打赢抗疫治污双战役的策略：基于地方政府
工作报告视角

The Strategy of Dual Fights Against Epidemic and Pollution：Based on the Analysis on Reports on the Work of the Provincial Government

储成君　万军　王倩　秦昌波

摘　要　分析 2020 年各省（区、市）政府工作报告表明，各省（区、市）持续加大生态环境保护力度，但各省（区、市）经济下行压力明显加大，多数省（区、市）2020 年经济增长预期目标下调 0.5～1 个百分点，特别是财政压力进一步凸显。叠加新冠肺炎疫情对经济社会造成的较大冲击，统筹做好疫情防控、经济社会发展和生态环境保护的难度加大。部分受新冠肺炎疫情影响严重的省（区、市）尤其突出，生态环境保护面临的挑战困难增多，完成污染防治攻坚战目标任务面临的不确定性和风险加大。需要密切跟踪疫情形势变化，分析其对经济社会发展和生态环境保护影响，及时调整优化生态环境工作重点和方向，确保如期完成污染防治攻坚战目标任务。

关键词　政府工作报告　疫情防控　污染防治攻坚战　约束性指标

Abstract　The analysis on the 2020 reports on the work of the provincial government indicates that provinces continue enhancing ecological and environmental protection. However，as the economic pressure increases，most provinces lower their 2020 economic targets by 0.5 ~ 1 percent. Particularly as the consequences of increased pressure of public finance and the shock of COVID-19 on the society，the coordinating of epidemic prevention and control，social economic development，and ecological and environmental protection is more difficult，which is more stressed in the provinces heavily influence by COVID-19. With the increasing challenges facing ecological and environmental protection，and increasing uncertainty and risk of accomplishing target missions of Protection Against Pollution，it is necessary to grasp the changing status of epidemic，to analyze its influence on the social economic development and ecological and environmental protection，and to optimize the working focus and direction，in order to assure the target missions of Protection Against Pollution is accomplished on schedule.

Keywords report on the work of the government，epidemic prevention and control，protection against pollution，binding indicator

2020 年年初，大多数省（区、市）在新冠肺炎疫情暴发前召开"两会"，并公布了 2020 年各省（区、市）政府工作报告或新闻公报。综合分析来看，各省（区、市）持续加大生态环境保护力度，但各省（区、市）经济下行压力明显加大，特别是财政压力进一步凸显，叠加新冠肺炎疫情对经济社会造成的较大冲击，统筹做好疫情防控、经济社会发展和生态环境保护的难度加大，部分受新冠肺炎疫情影响严重的省（区、市）尤其突出，生态环境保护面临的挑战困难增多，完成污染防治攻坚战目标面临的不确定性和风险加大。

1 经济发展预期目标变化情况

全国第四次经济普查对 2018 年各省（区、市）数据进行了核算，各省（区、市）政府工作报告也陆续公布了 2019 年经济发展成效、2020 年经济发展预期目标和任务。

1.1 各省（区、市）GDP 数据出现剧烈变化

国家统计局对 2018 年全国及各省（区、市）GDP 数据进行了统计修正。从全国看，2018 年我国 GDP 由之前公布的 90.03 万亿元上调至 91.93 万亿元，比原数据增长了 2.1%。从各省（区、市）看，GDP 数据出现剧烈变化（图 1），安徽、上海、云南、福建、北京等 17 个省（区、市）上调了 2018 年 GDP 数据，上调的省（区、市）多在南方，其中安徽上调 4 004 亿元，上海上调 3 332 亿元，云南上调 3 000 亿元；山东、天津、吉林、河北等 14 个省（区、市）下调了 2018 年 GDP 数据，下调的省（区、市）多在北方，其中山东下调 9 821 亿元，天津下调 5 447 亿元，吉林下调 3 821 亿元，河北下调 3 516 亿元，黑龙江下调 3 515 亿元，南北经济差距比原数据反映得更突出。

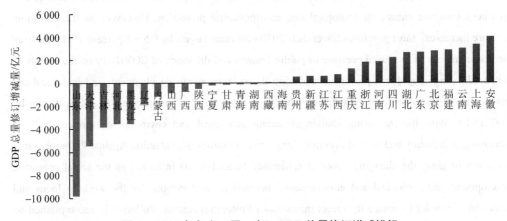

图 1 2018 年各省（区、市）GDP 总量修订增减排行

2019 年全国及各省（区、市）GDP 数据已全部公布。从全国看，GDP 为 99.09 万亿元，同比增长 6.1%，接近百万亿元关口。从四大板块看，东部地区 GDP 为 51.1 万亿元，同比增长 6.2%，占全国比重的 51.6%；中部地区 GDP 为 21.9 万亿元，增长 7.3%，占全国比重的 22.1%；西部地区 GDP 为 20.5 万亿元，增长 6.7%，占全国比重的 20.7%；东北地区 GDP 为 5 万亿元，增长 4.5%，占全国比重的 5.1%。从总量看，不少省（区、市）GDP 总量跃过新门槛，广东省 GDP 首次突破 10 万亿元，总量全国第一，浙江省 GDP 突破 6 万亿元，河南省 GDP 首次突破 5 万亿元；湖北、福建两省 GDP 总量突破 4 万亿元。从排名看，河北全国排名由 2018 年的第 9 位下滑至 2019 年的第 13 位，天津全国排名由 2018 年的第 19 位下滑至 2019 年的第 23 位，福建全国排名由 2018 年的第 10 位上升至 2019 年的第 8 位。从增速看，南方省份经济增速普遍高于北方省份。如图 2 所示，贵州、云南、西藏、福建等 9 个省（区、市）GDP 增速高于 7.5%，其中贵州 GDP 增长 8.3%，全国排名第一；吉林、黑龙江、天津、内蒙古、山东、辽宁 6 省（区、市）GDP 增速低于 5.5%。

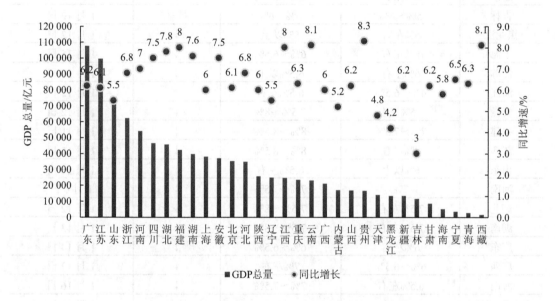

图 2　2019 年各省（区、市）GDP 总量和同比增速

从污染防治重点省（区、市）看，多数省（区、市）经济面临较大下行压力。2018 年 GDP 修订数据中，天津、山东、河北、山西、陕西 5 省（市）比原数据分别下降 29%、12.8%、9.8%、5.9%、2%。2019 年，天津、山东、山西 3 省（市）GDP 增速分别为 4.8%、5.5%、6%，均低于全国平均水平，经济形势依然严峻。

1.2　经济增长预期目标普遍下调

大多数省（区、市）2020 年 GDP 预期目标较 2019 年有所下调，下调区间在 0.5~1 个百分点。与 2019 年相比，全国 22 个省（区、市）下调了 GDP 增长目标（表 1），其中，陕西、海南、福建、贵州、西藏 5 省（区）下调了 1 个百分点左右。河北、内蒙古、吉林、重庆、甘肃、新疆 6 个省（区）GDP 增长目标与 2019 年预期目标基本持平。仅天津市上调了 0.5 个百分点，但仍处于各省较低水平。上海、江苏、浙江、广东、山东等外贸大省 2020 年经济增长预期目标均下调了 0.5 个百分点左右。

表 1 各省（区、市）2020 年经济增长预期目标（GDP）情况

省（区、市）	2020 年目标	2019 年目标	目标同比变化	各省（区、市）2020 年"两会"召开时间
北京	6%左右	6%~6.5%	↓	1 月 12 日
天津	5%	4.5%	↑	1 月 14 日
河北	6.5%左右	6.5%左右	持平	1 月 6 日
山西	6.1%左右	6.3%左右	↓	1 月 13 日
内蒙古	6%左右	6%左右	持平	1 月 11 日
辽宁	6%左右	6%~6.5%	↓	1 月 14 日
吉林	5%~6%	5%~6%	持平	1 月 12 日
黑龙江	5%左右	5%以上	↓	1 月 12 日
上海	6%左右	6%~6.5%	↓	1 月 15 日
江苏	6%左右	6.5%以上	↓	1 月 14 日
浙江	6%~6.5%	6.5%左右	↓	1 月 12 日
安徽	7.5%左右	7.5%~8%	↓	1 月 12 日
福建	7%~7.5%	8%~8.5%	↓	1 月 11 日
江西	8%左右	8%~8.5%	↓	1 月 15 日
山东	6%以上	6.5%左右	↓	1 月 18 日
河南	7%	7%~7.5%	↓	1 月 6 日
湖北	7.5%左右	7.5%~8%	↓	1 月 12 日
湖南	7.5%左右	7.5%~8%	↓	1 月 13 日
广东	6%左右	6%~6.5%	↓	1 月 14 日
广西	6%~6.5%	7%左右	↓	1 月 12 日
海南	6.5%左右	7%~7.5%	↓	1 月 16 日
重庆	6%	6%	持平	1 月 11 日
贵州	8%左右	9%左右	↓	1 月 15 日
西藏	9%左右	10%左右	↓	1 月 6 日
陕西	6.5%左右	7.5%~8%	↓	1 月 15 日
甘肃	6%	6%左右	持平	1 月 10 日
青海	6%~6.5%	6.5%~7%	↓	1 月 16 日
宁夏	6.5%左右	6.5%~7%	↓	1 月 11 日
新疆	5.5%左右	5.5%左右	持平	1 月 7 日

从污染防治重点省（区、市）看，陕西经济增长预期目标下调 1~1.5 个百分点，北京、山西、上海、江苏、浙江、安徽、河南 7 个省（市）经济增长预期目标下调 0.5 个百分点左右，河北、天津两省（市）经济增长预期与 2019 年保持一致或有所上调。

1.3　财政收入预期压力更加突出

各省（区、市）财政收入增长目标大多数低于经济增长预期目标，财政压力进一步凸显。24个省（区、市）提出了一般公共预算收入增长目标，其中河北、浙江、安徽、河南、湖北、海南、青海等7个省的一般公共预算收入增长目标与经济增长预期目标基本一致，甘肃、广东、江西、陕西、西藏、新疆6个省（区）一般公共预算收入增长目标或财政收入增长目标在3%～5%，江苏、山西、辽宁、黑龙江、福建、贵州、宁夏、山东8个省（区）一般公共预算收入增长目标在1%～3%，天津、北京、上海3市未提出具体增长目标。此外，内蒙古、吉林、湖南、广西、重庆5个省（区、市）未提出一般公共预算收入或财政收入增长目标。

从污染防治重点省（区、市）看，北方省份财政压力更为突出，河北、浙江、安徽、河南4个省一般公共预算收入增长目标与经济增长预期目标一致，陕西、江苏、山西3个省财政收入增长目标在2%～3%，山东一般公共预算收入增长1%以上，天津、北京、上海3市一般公共预算收入保持增长或与上年持平。

2　生态环境目标任务总体情况

从各省（区、市）公布的政府工作报告来看，多数省（区、市）生态环境缺乏量化指标。各省（区、市）对于污染防治攻坚战任务普遍较为重视，提出了相应的任务措施，但仍然存在具体任务量不够明确、措施缺乏地域属性、地方特色和针对性等问题。

2.1　生态环境约束性目标量化不足

在已公布的29个省（区、市）政府工作报告中，除内蒙古、陕西两省（区）外，其余省（区、市）均从不同方面提出了节能减排或生态环境目标，其中吉林、黑龙江、广东3省只提出单位GDP能耗下降指标，未提出生态环境指标。共有11个省（区、市）提出单位GDP能耗下降指标，其目标值均不高于3%，其中湖北、湖南两省万元GDP能耗下降目标仅为1%，能源消耗强度控制难度增大。

24个省（区、市）提出生态环境目标，其中多数省（区、市）生态环境目标为完成"十三五"规划目标、主要污染物排放量继续下降、完成国家下达的计划目标、完成节能减排降碳目标、生态环境进一步改善、尽最大努力推动生态环境质量持续好转等定性表述。仅河北、辽宁、上海、海南、贵州、西藏、青海7个省（区、市）提出生态环境具体量化目标，河北提出$PM_{2.5}$平均浓度下降3%左右；辽宁提出空气质量达标天数280天以上，全面消除劣V类水质；上海提出环保投入占全市生产总值的比例保持在3%左右，海南提出$PM_{2.5}$年均浓度再降低1 μg/m³左右；贵州提出森林覆盖率达到60%，县级以上城市空气质量优良天数比率保持95%以上；西藏提出地级城市空气质量优良天数比率保持在98%以上；青海提出空气质量优良天数比例稳定在 85%以上，湟水河出省断面稳定保持Ⅳ类、Ⅲ类水质占比达到 50%。这些省份多是生态环境本底较好或是 2019 年生态环境改善明显的省份。

浙江、重庆、宁夏等省（区、市）将生态环境目标融合到重点任务中表述，浙江提出 PM$_{2.5}$ 平均浓度稳定达标，确保Ⅲ类及以上水质断面比例达 88%，彻底消除劣Ⅴ类水质断面，确保近岸海域水质、入海河流（溪闸）断面水质达到国家考核要求等目标；重庆提出确保空气质量优良天数稳定在 300 天以上，42 个国考断面水质优良比例稳定在 95.2% 以上；宁夏提出地级城市空气优良天数比例保持在 80%，黄河流域水质优良比例稳定在 73.3%以上。

2.2　标志性战役各项任务不平衡

已公布的 29 个省（区、市）政府工作报告中，污染防治攻坚战、蓝天保卫战、碧水保卫战、净土保卫战、生态保护与修复等生态环境保护重点任务内容，或独立成章或独立成段，是各省（区、市）政府工作报告的亮点内容。安徽、湖北、重庆等省（市）更是将三大攻坚战作为 2020 年首要任务，并对污染防治攻坚战重点任务作出部署。

大气污染防治重点省份中，蓝天保卫战在 2020 年重点任务中内容多、分量重。北京提出实施机动车和非道路移动机械排放污染防治条例、扬尘管控、挥发性有机物治理专项行动、农村地区散煤清洁能源替代等具体举措。天津提出全力推动产业、布局、能源、运输四大结构调整，基本解决"钢铁围城""园区围城"问题。河北提出大力调整产业结构、能源结构、运输结构，推进重点污染企业退城搬迁，加快重点行业超低排放改造等。山西提出"两高一危一化"项目环境准入、"散乱污"企业治理、城乡清洁取暖、煤炭等大宗货物"公转铁"等领域具体举措；河南提出下大力气调整优化产业、能源、运输、用地结构，强化联防联控和区域共治。

长江流域省份中，碧水保卫战内容多、任务明确。江苏提出把修复长江生态环境摆在压倒性位置，深入推进污染治理"4+1"工程，强化问题整改，着力打造一批特色示范段。浙江提出高质量参与长江经济带建设。安徽提出深入开展长江生态环境突出问题整治，巩固扩大巢湖综合治理成效，深化入河入湖排污口排查整治。湖北提出坚决落实长江、汉江干流湖北段全面禁捕，持续推进沿江化工企业关改搬转、排污口排查整治、工业园区污水集中处理，抓好河道采砂管理、矿山生态修复。

黄河流域省份中，生态保护与修复的内容突出。河南提出高起点谋划黄河流域重大生态保护修复、防洪减灾、黄河水资源高效利用等重大工程，谋划实施引黄灌溉及调蓄、沿黄生态廊道、河道和滩区安全综合提升、重要支流治理等重大项目。甘肃提出从突出抓好黄河生态保护治理、加大生态保护和修复力度等方面把握黄河流域生态保护和高质量发展重大机遇，巩固生态环境质量总体改善势头。

多数省份有关净土保卫战内容偏少。天津提出受污染耕地和城市污染地块安全利用率均达到 90%以上。多数省份为完成重点行业企业用地土壤详查、深化土壤污染综合防治先行区建设、加强重点地块风险管控、加强危险废物规范化管理等工作。

2.3 目标任务的针对性仍显不足

从 2019 年各省空气质量数据看，在尚未达标的省份中，天津、山西、辽宁、安徽、山东、河南、湖南、广东、重庆、陕西 10 个省（市）污染防治攻坚战目标完成难度大或 2019 年 $PM_{2.5}$ 浓度出现反弹，这 10 个省（市）的政府工作报告中，在污染防治攻坚战的篇幅上有所增加，体现出生态环境保护在经济社会发展全局中地位提升。但在 2020 年预期目标中，除辽宁提出空气质量达标天数 280 天以上、重庆在重点任务中提出确保空气质量优良天数稳定在 300 天以上的具体目标外，其余省（市）仅提出完成国家下达计划目标的定性表述，或者不提生态环境目标。在具体任务中，这些省（市）不同程度地提出打赢蓝天保卫战工作任务，主要是四大结构调整、钢铁等行业企业超低排放改造、"散乱污"企业综合整治、清洁取暖、交通运输结构调整等领域内容，具体任务量并未明确，具有地域属性、地方特色的针对性措施仍然欠缺。

3 新冠肺炎疫情带来新的挑战和压力

新冠肺炎疫情给经济运行和社会安全带来了诸多方面的负面影响。从短期看，疫情对生态环境的影响有限，但从长期看，疫情防控对经济社会造成的冲击，不可避免地会对生态环境保护工作产生一定影响。

3.1 疫情对经济运行影响分析

从短期看，我国已初步呈现疫情防控形势持续向好、生产生活秩序加快恢复的态势。疫情防控对经济发展在不同时期、不同领域、不同区域的影响存在明显差异，主要表现为三个特征。

一是对经济发展短期冲击更大。最先受到疫情冲击的是批发零售、餐饮住宿、金融、房地产等服务业，并向其他行业蔓延，2019 年我国服务业占 GDP 比重达到 54%；居民避险储备和成本上升增加通胀风险，2020 年 1 月，全国居民消费价格同比上涨 5.4%；2 月制造业采购经理人指数（PMI）为 35.7%，比 1 月下降 14.3 个百分点，其中生产指数和新订单指数分别为 27.8% 和 29.3%。主要机构、专家预计我国 2020 年第一季度经济增速将受到 2 个百分点左右影响。参考"非典"疫情对经济影响的"V"形特征，疫情影响主要表现为需求端锐减的短期冲击，对宏观经济整体影响有限，中长期增长能够较快恢复。但如期完成 2020 年比 2010 年翻一番的全面小康社会目标，2020 年 GDP 增速要达到 5.6% 左右，不确定性和压力较大。

表2　主要研究机构对疫情影响我国2020年第一季度、全年经济增速预测　　　单位：%

机构	第一季度经济增长	2020年增速
中国社会科学院全球宏观经济研究院	6.0以下	5.9～6.0
中国社会科学院财经战略研究院	5.0左右	5.6左右
中国宏观经济研究院	6.1以下	5.8左右
国务院发展研究中心	—	对经济影响有限
中国科学院预测科学研究中心	5.0～6.0	5.8左右
北京大学光华管理学院	4.6左右	—
国际货币基金组织（IMF）	—	5.9左右
国际评级机构标准普尔	—	4.9左右
高盛集团	—	放缓至5.5左右
牛津经济研究院	—	下降至5.6左右
恒大集团	—	5.0～5.4
招商银行	3.9～5.0	—
中国民生银行	3.4～4.5	5.6～5.8

数据来源：生态环境部环境规划院研究整理。

二是对服务业和中小微企业冲击更大。对比2019年春节消费规模，仅电影票房、餐饮零售、旅游市场三个行业直接经济损失可能超过1万亿元，占2019年第一季度GDP总量的4.6%。受延迟复工、消费下降等影响，一些脆弱民营企业、中小企业影响更为突出，可能出现较多企业关门停产；外卖、快递等非标准就业群体，停工意味着没有收入。制造业企业整体影响相对服务业较小，随着用工荒、成本上升扩散，影响逐步显现。

三是对重点地区和城市冲击更大。截至2020年2月底，湖北省确诊人数占全国确诊人数的83.7%，武汉市确诊人数占湖北省确诊人数的73.7%，是疫情防控的重中之重，也是经济影响最大的地区。湖北省特别是武汉市汽车、建材、化工三大传统行业是国民经济的重要支柱，疫情暴发严重削弱生产和要素流动，还将面临企业外流、投资与消费信心受损等突出问题。广东、河南、浙江、湖南等省份确诊人数超过1000人，这些省份疫情影响比较严重，且多属于我国经济大省，经济增速普遍较高，在全国经济中具有举足轻重的地位。

截至2020年2月底，已有100多个国家发生新冠肺炎疫情，确诊人数超过3万人，韩国、伊朗、意大利等国家确诊人数超过6000人，德国、法国、日本、美国等国确诊人数不断上升，全球疫情形势十分严峻，疫情失控的风险在加大，即使国内控制下来也很难"独善其身"。全球经济下行的压力将进一步加大，外需大幅下降，逆全球化进一步抬头，全球供应链体系加快调整，长期影响我国经济发展的不利因素显著增加。

新冠肺炎疫情在全球蔓延。一方面加大了我国外部输入压力，北京、上海、浙江等发达省（市）境外输入性确诊人数上升，全国除武汉外，新增新冠肺炎病例基本都是境外输入，这将延缓我国疫情防控措施退出时间和程度，复工复产困难增多。另一方面国外疫情防控措施增加，导致需求大幅下降，贸易阻碍因素增多。可能面临国内生产减少与国外需求减弱并存局面，加大经济恢复难度，2020年1—2月我国货物贸易进出口总值同比下降9.6%，其中出口下降15.9%，若疫情继续加重，一季度经济数据下降会更加严重，全年经济形势难言乐观。

3.2　疫情对社会安全影响分析

疫情发生以来，前期信息公开不及时、部分事件处理不得当、个别机构物资分配不规范等因素叠加，疫情防控混乱、错误信息蔓延，导致公众出现恐慌，产生诸多不利影响，地方政府一度陷入"塔西佗陷阱"。疫情已对全社会产生非常广泛和深刻的影响，公众的心态、思维、行为等都发生了较大的变化，公众对公共话题的主体意识、参与意识普遍增强，传统社会治理思维模式和处理方式加速转变。2020年春节和疫情期间，两次大气重污染过程引起了社会关注，网络上出现一些对生态环境保护工作方向质疑的言论，生态环境部环境规划院、国家大气污染防治攻关联合中心等单位专家学者，用数据和科学分析方法向公众及时答疑解惑，有效化解了公众质疑，这也是对生态环境保护工作的一个重要提醒，要更加重视生态环境宣传和舆论引导，用通俗易懂的语言向公众介绍生态环境保护工作。

社会群体结构和诉求方式加速转变。2019年，我国人均GDP已经达到1.03万美元，正处于跨越"中等收入陷阱"的关键时期。中等收入群体比重达到40%～50%，网民数量超过9亿人，总体进入消费型社会、网络型社会。传播方式和表达诉求方式跨入全民"微时代"，社会价值观更趋多元化，社会治理认同度正面临挑战，公共卫生、生态环境等公共服务水平、数量、质量、方式及其均衡性矛盾快速上升，日益增长的公共服务需求与滞后的供给已经成为一段时间内社会主要矛盾的突出表现形式。随着公众对环境权益观认识和人体健康维护日益增强，环境改善速度与人民群众对环境质量改善需求差距大，环境问题易成为社会风险的引爆点。

3.3　疫情对生态环境影响分析

从短期看，2020年1—2月，生态环境质量继续保持改善态势，疫情防控对生态环境保护短期影响有限，在个别领域造成一定压力。

一是医疗废物安全处置、医疗废水和城镇生活污水监管等相关环保工作困难较大。疫情发生后，医药防护用品需求骤增，病人进行诊断、治疗、护理等活动过程中产生的废物在短期和局部地区大量产生，医疗废物日均产生量比疫情前增加7倍，口罩、防护服、医疗废水等如果处置不当，很容易造成土壤、水体和周边环境污染，也可能会造成病毒扩散，带来严重的公共安全隐患。截至2020年3月3日，全国医疗废物处置能力为5 948.5 t/d，相比疫情前增加1 045.7 t/d。其中，湖北省医疗废物处置能力从疫情前的180 t/d提高到663.7 t/d，武汉市医疗废物处置能力从疫情前的50 t/d提高到261.7 t/d，医疗废物、医疗废水处理处置总体平稳有序，累计对11 474个饮用水水源地开展监测，未发现受疫情防控影响饮用水水源地水质情况。同时，各地不合理使用消毒剂会造成局部环境污染，给生态环境保护工作带来压力，对1 562个饮用水水源地开展余氯监测显示，47个饮用水水源地余氯有检出，但浓度均低于自来水厂出水标准（0.3 mg/L），其他饮用水水源地余氯均未检出。

二是企业超标排放的风险加大。一方面，疫情期间部分原辅料企业生产、交通运输等受阻，部分行业或企业在一段时间内处于低负荷生产状态，一些火电等行业企业使用劣质燃料进行生产，同时污染治理设施所需的原辅材料不能及时到位，一些企业治污设施不能正常运行，在线监测数据超标现象增多。另一方面，部分行业企业生产经营困难，对污染治理投入、管理等产生不良影响。中小企业在线监控尚未普及，现场监督检查频次减少，企业偷排超排风险加大。

从长期看，疫情防控不可避免会对经济社会造成较大冲击，对生态环境保护工作产生一定影响。

一是影响污染治理任务完成进度。在疫情发生前，各地普遍下调 2020 年财政收入增长预期。随着政府、企业疫情防控资金投入规模不断增加，国家税收减免力度加大，企业生产尚未完全恢复，资金减收增支压力加大，资金紧张态势更加凸显。从在建项目看，各地污水处理厂扩建、污水收集管网完善、截污调蓄等工程，生活垃圾、建筑垃圾、危险废物处理处置设施建设，以及绿地林地建设和生态修复等工程项目可能出现延期，特别是绿地林地建设项目，受季节性影响更大，一旦错过春季最佳种林时间，后续难以赶工弥补。从污染防治任务看，湖北省处于长江流域中心位置，对长江保护修复攻坚战目标任务的影响较大，广东省治水工作处于攻坚紧要阶段，尤其是对重污染企业搬迁、环境基础设施建设等工作影响明显。河南、安徽两省属于大气污染防治重点区域省份，对打赢蓝天保卫战具有重要影响，加大了生态环境目标任务完成的难度。部分企业可能推迟或取消污染治理设施建设。

二是生产和投资加快释放可能带来污染反弹。2020 年疫情过后，企业集中复工赶工以及前期被抑制的消费需求集中出现，可能带来工业、交通等领域污染物排放量的快速增加，对污水、固体废物的处置需求增多，将会给污水和固体废物处置带来新的压力。各地为减少疫情对经济社会造成的影响，陆续公布重大项目投资计划，随着重大项目集中开工、房地产调控放松等措施实施，对钢铁、水泥等高耗能产品需求大幅增加，"散乱污"企业可能死灰复燃，生态环境质量持续改善的难度和风险加大。

4 打赢抗疫治污双战役的对策和建议

新冠肺炎疫情不可避免会对经济社会造成较大冲击，对生态环境保护工作产生一定影响。要密切跟踪疫情变化趋势，分析其对经济社会发展的影响，研判生态环境形势并及时调整优化生态环境工作重点和方向，统筹做好疫情防控、经济社会发展、生态环境保护工作，确保如期完成污染防治攻坚战目标任务。

4.1 全力做好疫情防疫相关环保工作

严格落实《关于统筹做好疫情防控和经济社会发展生态环保工作的指导意见》等文件要求，抓实抓细医疗废物废水环境监管和服务 100%全覆盖，及时有效收集转运和处理处置 100%全落实，积极支持相关行业企业复工复产，制定实施环评审批正面清单、监督执法正面清单，突出精准治污、科学治污、依法治污，确保生态环境质量持续改善和环境安全。根据各地落实情况和各方反馈信息，及时优化调整相关措施，健全联动机制，形成工作合力。

4.2　积极引导各地优化投资方向和重点

以有效投资对冲疫情冲击、稳定经济发展是当前最有效的举措，也十分必要。近期，山东、江苏、安徽、河南、贵州、四川等省份陆续有大批重大项目集中签约或开工建设，涉及投资规模逾万亿元。要深入分析各地实施的投资举措，把好项目环评审批关，大力支持有助于深化供给侧结构性改革，推动经济转换动能、优化结构、改变增长模式的高质量项目。既要对特高压、新能源、5G 网络、数据中心等新型基础设施建设以及房地产、地铁等领域环境污染小的项目落实环评审批豁免或备案；也要对铁路、水利等重大基础设施建设、民生工程和重大产业布局项目强化项目环评审批服务，开辟绿色通道，主动提前介入，提高办事效率；还要对高耗能、高污染项目实行审慎审批，防范地方对冲力度过大、重走老路。大力引导地方加快固体废物、医疗废物、危险废物、污水处理和管网、货运铁路专用线建设等基础设施项目建设，补齐环境基础设施短板。

4.3　加快提升重点行业环境治理水平

及时跟踪分析疫情对环境治理重点行业影响，以产能利用水平为基准，既避免对经济的短期影响，又维护公平竞争市场环境，提高行业可持续发展能力。对产能利用水平较高的行业侧重治理提升和布局优化，如 2019 年钢铁、化学纤维制造等产能利用率达到或超过80%的行业，重点推进行业超低排放改造或者深度治理，新建项目优先向环境容量大、市场需求旺盛、市场保障条件好的地区转移，京津冀及周边地区等重点区域严禁新增产能。对产能利用水平较低的行业侧重落后和过剩产能淘汰并严控新增产能，如水泥、火电、食品制造等产能利用水平低于 75%的行业，推动提高行业落后产能淘汰标准，特别是重点区域制定更严的淘汰标准，推动行业提质增效。继续做好"散乱污"企业及集群综合整治。

4.4　切实抓好污染防治攻坚战重点任务

聚焦疫情对各地生态环境保护带来的冲击和影响，密切监测和评价各地生态环境状况，按月度、季度调度各省污染防治攻坚战目标任务进展情况，全面评估和适时调整优化各地标志性战役目标任务要求，对疫情影响较大且污染防治工作任务重的省份加强科技指导帮扶和资金倾斜，对疫情影响较小且污染防治提升空间大的省份合理加大工作力度，确保污染防治攻坚战阶段性目标任务顺利完成。在资金、技术、人员、项目、政策等方面重点加大对湖北省及其地市的支持，强化"一市一策"定点帮扶。

4.5　全面提升生态环境治理体系和能力

　　系统谋划"十四五"生态环境保护工作，全面摸底排查各领域环境基础设施现状，根据新形势、新要求编制生态环境治理能力提升规划，并纳入"十四五"国家重大项目库，远近兼顾，全面补齐环境基础设施短板。提升监测监管能力，加快医疗废物处置监管、医疗污水和城镇污水监管、饮用水水源地监管、生态环境监测、辐射安全监管等领域能力建设，提升服务保障水平。提升关键物资储备效能，完善突发环境事件应急处置和核与辐射安全监管管理体系。

参考文献

[1] 吴舜泽，王勇，林昀. 生态环保视角下的 2018 年政府工作报告解读[J]. 环境保护，2018，46（6）：17-20.

[2] 王印红，李萌竹. 地方政府生态环境治理注意力研究——基于 30 个省市政府工作报告（2006—2015）文本分析[J]. 中国人口·资源与环境，2017，27（2）：28-35.

[3] 申伟宁，柴泽阳，张韩模. 异质性生态环境注意力与环境治理绩效——基于京津冀《政府工作报告》视角[J]. 软科学，2020，34（9）：65-71.

[4] 朱光喜，金东日. 政府工作报告中的绩效自评估——基于 2006—2010 年省级政府工作报告的分析[J]. 公共行政评论，2012，5（3）：113-143，181-182.

[5] 詹新宇，刘文彬. 中国式财政分权与地方经济增长目标管理——来自省、市政府工作报告的经验证据[J]. 管理世界，2020，36（3）：23-39，77.

[6] 王琪，田莹莹. 中国政府环境治理的注意力变迁——基于国务院《政府工作报告》（1978—2021）的文本分析[J]. 福建师范大学学报（哲学社会科学版），2021（4）：74-84，170-171.

全国重点行业固定源达标排放评估报告2017

Key Industries Stationary Pollution Source Compliance Emission Assessment Report 2017

葛察忠　李晓亮　贾真　李婕旦　王青　吴嗣骏　冀云卿　杨春

李小平[①]　杨斌[①]　梁缙[①]　张玉清[①]

摘　要　为系统全面分析和评估重点行业达标排放情况，本文整理、分析了 2017 年排污许可系统企业的排污许可、监督性监测、在线监测、环境处罚四方面的数据，建立了包括行业整体、企业个体、区域群体三个维度的重点行业达标状况评估方法与指标体系，提出了重点行业环境监管重点对象和相应措施，对达标计划下一步实施策略提出了建议。

关键词　重点工业　达标排放　评估

Abstract　In order to systematically analyze and evaluate the up-to-standard emission of key industries，this paper collects and analyzes the data of emission permits，supervisory monitoring，online monitoring and environmental penalties of enterprises in the licensing system in 2017. The evaluation method of up-to-standard emission and index system are established，including the three dimensions of the industry，individual firms，and regional group. The paper puts forward environmental monitoring objects and the measures for key industry，as well as the suggestions on implementation strategy and next steps.

Keywords　key industry，up-to-standard，evaluation

　　自 2017 年以来，全国排污许可制度与工业污染源全面达标排放计划全面推开，前期针对工业固定源已经建立和开展的在线监测、监督性监测、对超标等环境违法企业加大执法与处罚等制度与工作也全面推进，整体上建立了针对工业固定源监管的制度与信息体系。为系统、全面分析生态环境部要求的火电、钢铁、氮肥、焦化、农药、平板玻璃、石化、有色金属、原料药、水泥、印染、电镀、造纸、制革、制糖 15 个重点行业达标排放情况，评估达标计划实施进展与存在的问题，生态环境部环境规划院整理、分析了 2017 年排污许可系统企业的排污许可、监督性监测、在线监测、环境处罚四个方面关于源排放

---

① 中国工业环保促进会化工专业委员会（北京，100101）。

与源守法的数据，评估了 15 个行业（其中氮肥、农药、石化、原料药、印染 5 个行业同时分析了水与气两个方面）的整体达标排放情况的数据，建立了包括行业整体、企业个体、区域群体三个维度的重点行业达标状况评估方法与指标体系，对重点行业达标排放现状与达标计划实施进展进行了评估，对超标排放和环境违法较为严重的企业与区域进行了筛选识别，提出了重点行业环境监管重点对象和相应措施，对达标计划下一步实施策略提出了建议，同时，为近期生态环境部推动实施基于企业环境绩效差异的差别化环境监管政策提供参考。

1　工作背景与基础信息

1.1　工作背景

企业是污染物排放的主要来源，是环境监管的主要对象，也是各项环保政策制定与实施的首要对象。企业实际达标排放状况、实际守法情况、相对环境表现是评估环境标准和政策制定的科学性、有效性、实用性的基础，也是进一步提升环境执法的针对性、权威性和共识性的基础。目前，以许可证为核心，以在线监控、环境监测、执法监管等为配套的固定源环境监管制度体系和信息体系初步建立[1, 2]。但目前我国尚未对固定源环境许可、执法和监管数据进行总体汇总和比对，特别是未对来源不同的各种和各套数据进行连通和运用，从而进一步对固定源达标排放、环境守法和环境表现情况开展系统全面、多层次多角度分析与评估，对我国排污许可证管理制度的进展与现状、问题与特征进行有说服力、有共识的较权威判断。即一方面对环境标准、政策的制定与实施以及环境执法监管形成良性反馈，从而进一步提升标准、政策的有效性、针对性和合理性（提升环保执法这把"手术刀"的精度）；另一方面，对于提升环境监管权威性以及赢得社会理解和舆论正向支持具有显著支撑与推动作用（精准执法"切坏人、切得准"）。

第一，开展固定源达标状况评估，是在固定源环境管理领域借鉴参照环境质量改善领域经验实行"治污权下放、考核评价权上收"，建立合理管理分工机制的重要探索。依据《"十三五"环境监测质量管理工作方案》等相关文件要求，由生态环境部在中央层面牵头将空气、地表水、土壤、近岸海域等环境质量监测事权上收，全面建成国家环境质量监测网，在环境质量改善管理领域实行"治污权下放、考核评价权上收"的管理方式，对于压实地方治理责任、客观衡量治理效果具有重要意义。固定源环境监管职责虽然内嵌于环境质量改善职责中、明确属于地方环境管理事权，但是，对地方固定源环境监管效果与过程适度保留"评价权"，至少是"知情权"，可使得针对关键污染源的环境管理"在阳光下"运行，配套服务于环境监测执法垂改趋势，对于进一步督促地方强化固定源环境管理、推动环境质量改善具有重要意义。

第二，基于多套数据开展固定源达标状况评估，对扎实评估并提升现有排放标准、环境政策、执法监管等的可行性、有效性和针对性具有重要支撑意义。目前，有关固定源环境监管的数据分散于各个部门、各套信息系统，对于排放标准评估、政策实施效果评估等基本上仅基于其中某一套数据，基本处于"可以描述某方面特征，但不敢也不能下确定性、较全面结论"的状态。将各套固定源数据打通汇集，从多方面、多层面全面反映固定源环境守法状况、环境表现情况，进而全面反映固定源环境监管实效，对于全面评估标准与政策具有重要现实意义。

第三，开展固定源达标状况评估，对于环保督察、差别化限产等近年来新兴环保政策创新具有重要支撑作用。近年来，我国环保政策"粒度"越来越细、区分度越来越大与针对性越来越强。[3,4] 环保督察、差别化停限产等创新环保政策的科学制定与有效实施，越来越要求管理部门对于不同企业、行业的达标治理技术能力、经济持续负担能力、达标排放乃至深度治理实际表现情况，以及不同区域固定源监管能力与实际守法状况要有真实、全面、有效的了解和把握，所以，在此情况下需要开展系统的固定源达标状况评估工作。

第四，开展固定源达标状况评估，对于开发和创新环保信用评价、绿色金融、绿色供应链等市场化、社会化、自愿性环境管理手段具有显著推动与促进作用。在我国生态文明建设大背景下，各种市场主体、三方机构等均愿意基于企业"环保绩效"的差异、好坏，采取差别化的市场手段，诸如给予差别化贷款利率、信贷额度、债券利率、采购行为、资产定价、保险费率、融资政策等。但是，从目前情况来看，对于企业"环保绩效"差异和好坏的评估，仅仅局限于"功能"方面，即国外《绿色债券原则（2017版）》《气候债券标准》《绿色债券索引》，以及国内《绿色产业指导目录》《绿色信贷统计表》《绿色债券发行指引》《绿色债券支持项目目录（2015年版）》等现有标准，基本全部仅考虑项目、设施、设备等的环保"功能"，而对于相关市场主体在环境守法、达标排放、环境相对表现等方面的"环境绩效"完全没有要求，可能出现环保后进企业申请发放绿色债券、享受政策优惠等不合理现象。为避免此种不合理现象，应开展固定源达标评估，从而在对于企业环保绩效进行好坏区分的基础上，再行开发市场化、社会化政策工具。

第五，基于多套数据开展固定源达标状况评估，对于固定源环境"数据归真"、"管理立威立信"、扭转负面混沌舆论具有重要作用。首先，目前关于固定源多套、多种数据之间的科学性、合理性、可比性、可用性还存在较严重的问题。其次，基于存在瑕疵、不具备内外说服力的数据所开发的政策、制定的标准、进行的执法、采取的监管等，说服力和公信力不高。参照学生考试合格评定系统，如果能够对企业环保绩效进行合理、合法的权威评判，继而对"最差""较差"企业采取严厉的行政措施，那么所谓"一刀切"扣帽子的不合理负面舆论也必然会有所收敛。

1.2 行业基础信息

截至2018年4月，生态环境部要求2017年年底前完成许可证核发任务的15个行业（火电、造纸、钢铁、水泥、平板玻璃、石化、焦化、氮肥、有色金属、印染、制糖、原料药、制革、农药、电镀），已经完成许可证申请与核发的企业数及排序如表1所示。

表 1　排污许可系统中 2017 年核发排污许可证 15 个行业企业数情况

序号	行业	企业数/家
1	印染	3 586
2	水泥	3 302
3	造纸	3 159
4	电镀	3 081
5	火电	2 052
6	钢铁	1 874
7	其他	1 077
8	农药	1 021
9	原料药	786
10	制革	463
11	焦化	421
12	石化	389
13	有色金属	285
14	制糖	250
15	氮肥	203
16	平板玻璃	138
合计		22 087（除其他外，为 21 010）

在已经申请与核发许可证的企业中，其排口信息含有排放浓度信息的企业占该行业中已申请与核发许可证企业的比例如图 1 所示，比例在 33%～100%。该比例值可以作为衡量核发质量的一个参考指标。该比例值低于 50% 的行业主要有钢铁、水泥和农药［包括农药（水）和农药（气）］3 个，这 3 个行业发放了许可证的企业分别有 1 874 家、3 302 家和 1 021 家（样本数并不少），排除了少许可证数量、小样本量行业的干扰，所以，仅通过比例值这个指标来判断，钢铁、水泥和农药 3 个行业至少从部分角度来讲，许可证发放质量有待提高。另外，比例值超过 80%、90% 和 95% 的行业分别有 12 个、6 个和 5 个。

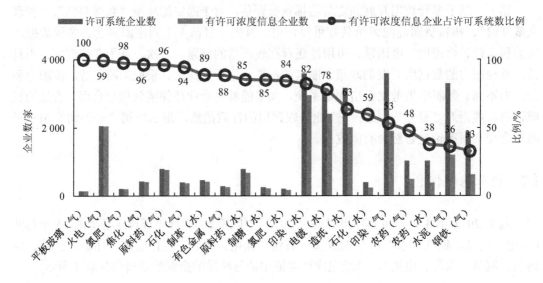

图 1　许可系统企业数、有许可浓度信息企业数及其占比

注：括号内的水、气指代该行业中的主要污染物类型，下同。

许可系统中主要排口数量和主要排口数量占许可系统企业数量的比例如图 2 所示。就行业主要排口数量来说，排污口较多的行业有电镀（水）、钢铁（气）、火电（气）、石化（气）和原料药（气），均在 3 500 个以上。就主要排口数量占许可系统企业数量的比例来说，该比例值可以用来作为区分行业间相对污染严重程度的参考，即一个行业平均单一企业主要排口数量越多，相对来说该行业污染程度就越重。该比值超过 1 的有 11 个行业，其中超过 5 的是石化（气）和焦化（气）行业，石化（气）行业比例值最高，接近 10。该比值最低的是农药（水），仅为 0.39，而农药（气）为 2.22，由此可知，农药行业大气污染较严重，远高于其水污染。

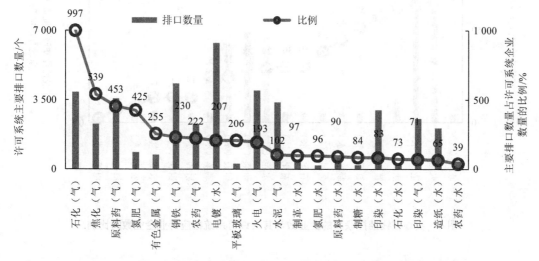

图 2　许可系统中主要排口数量和主要排口数量占许可系统企业数量的比例

许可系统中一般排口数量和一般排口数量占许可系统企业数量的比例如图 3 所示。该比值最高行业的是水泥（气）和平板玻璃（气），分别达到了 29.08 和 17.51，即平均一家水泥和平板玻璃企业，分别有一般排口 29.1 个和 17.5 个。与图 2 合在一起比较分析，以水泥行业为例，许可系统中平均一家水泥有主要排口 1.02 个、一般排口 29.1 个。

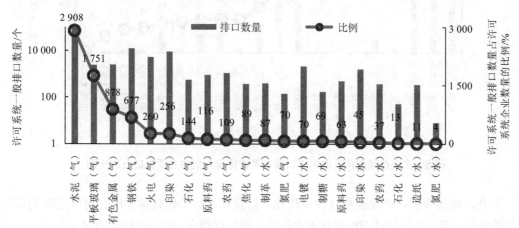

图 3　许可系统一般排口数量和一般排口数量占许可系统企业数量的比例

实现在线监控并（与生态环境部污染监控中心）联网的企业数与其占许可系统相应行业企业数的比例如图 4 所示，联网排口数及其占许可系统中主要排口数的比例，如图 5 所示。可以看到，在线许可企业，总体覆盖率仍然有待提升，纳入总量严格管理的火电和造纸行业在线覆盖率最高，分别达到 66% 和 63%，这与生态环境部所做工作也契合。

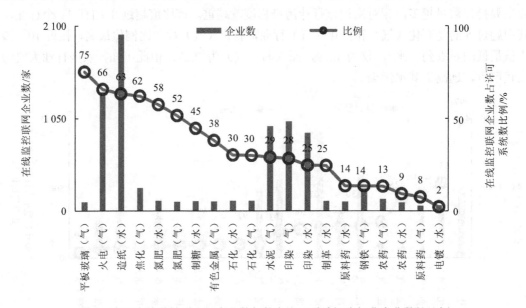

图 4　实现在线监控联网的企业数与其占许可系统相应行业企业数的比例

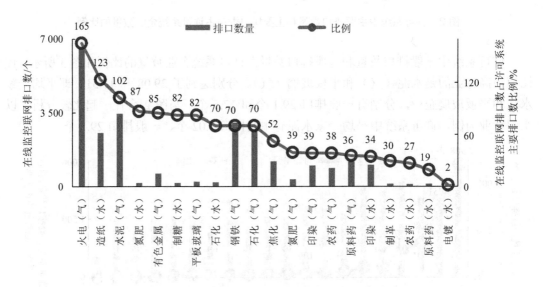

图 5　实现在线监控联网的排口数及其占许可系统中主要排口数的比例

但是，应该看到，在线监控这种现代化、信息化、自动化技术手段针对固定源的覆盖率仍然较低，覆盖比例超过 50% 的仅 6 个行业，覆盖比例在 20%～50% 的有 8 个行业，低于 20% 的有 6 个行业（表 2），其中，在总量阶段受重视的印染（水）、钢铁（气）、水泥（气），

3 个行业实现在线监控覆盖的企业比例和主要排口比例分别仅为 25%、14%、29% 和 34%、70%、102%，因为在本次分析中排口覆盖情况仅能做到总量对应性（无法做到"企业-排口名称"严格一一对应），钢铁（气）和水泥（气）的 70% 和 102% 仅具备参考价值，但从前四个数据来看，印染、钢铁和水泥，虽在总量阶段同样受到重视，但是其在线的企业与排口覆盖率，仍然较低。

表 2　实现在线监控联网的企业数占许可系统相应行业企业数比例的分布

在线监控联网企业数占许可系统相应行业企业数比例在 50% 以上的行业（6 个）	平板玻璃（气）、火电（气）、造纸（水）、氮肥（气）、焦化（气）、氮肥（水）
在线监控联网企业数占许可系统相应行业企业数比例在 20%～50% 的行业（8 个）	制糖（水）、有色金属（气）、石化（水）、石化（气）、水泥（气）、印染（气）、印染（水）、制革（水）
在线监控联网企业数占许可系统相应行业企业数比例在 20% 以下的行业（6 个）	原料药（水）、钢铁（气）、农药（气）、农药（水）、原料药（气）、电镀（水）

1.3　主要因子许可排放浓度与许可排放量信息

1.3.1　烟尘

各涉气行业许可因子中含烟尘的企业数量及其涉及的排口数量以及有烟尘许可总量数据的排口数量如图 6 所示。可以看到，针对烟尘因子来说，火电行业的实际数量、重要程度和许可证发放质量都远远高于其他行业，以许可因子中含烟尘的企业数量排位第二的印染（气）行业为例，与第一的火电行业已有巨大差距。

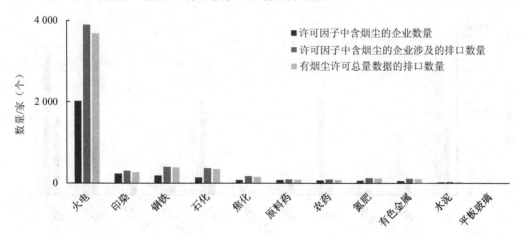

图 6　各行业许可因子中含烟尘的企业数量及其涉及的排口数量以及有烟尘许可总量数据的排口数量

各涉气行业烟尘许可排放总量占 11 个行业烟尘许可排放总量的情况如图 7 所示。其中，火电行业烟尘许可排放总量最高，为 45.87 万 t/a，占 11 个行业烟尘许可排放总量的 90.35%。

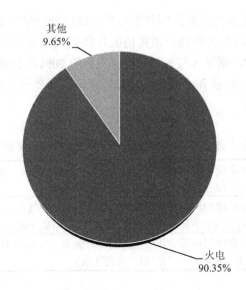

图 7　各行业烟尘许可排放总量占 11 个行业烟尘许可排放总量的情况

1.3.2　二氧化硫（SO$_2$）

　　各行业许可因子中含 SO$_2$ 的企业数量及其涉及的排口数量以及有 SO$_2$ 许可总量数据的排口数量如图 8 所示。整体来看，各行业 SO$_2$ 因子的排放与许可情况，其均匀程度要好于烟尘因子。印染、火电和水泥行业许可因子中含 SO$_2$ 的企业数量显著高于其他行业。焦化、石化和钢铁行业许可因子中含 SO$_2$ 的企业数量不多，但是许可因子中含 SO$_2$ 的企业涉及的排口数量整体较多，也远远高于许可因子中含 SO$_2$ 的企业数量。

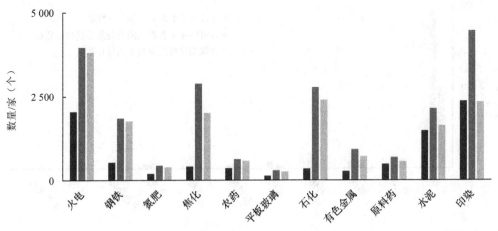

图 8　各行业许可因子中含 SO$_2$ 的企业数量及其涉及的排口数量以及有 SO$_2$ 许可总量数据的排口数量

各涉气行业 SO₂ 许可排放总量及占 11 个行业 SO₂ 许可排放总量的情况如图 9 所示。其中，火电行业许可排放总量最高，为 234.5 万 t/a，占 11 个行业 SO₂ 许可排放总量的 59.2%；其次为钢铁行业，许可排放总量为 51.14 万 t/a，占 11 个行业 SO₂ 许可排放总量的 12.9%。

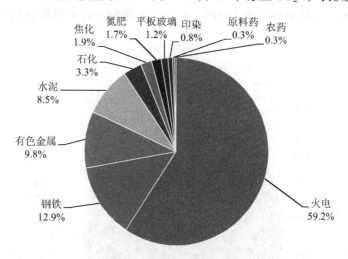

图 9　SO₂ 许可排放总量占 11 个行业 SO₂ 许可排放总量的情况

1.3.3　氮氧化物（NO$_x$）

各行业许可因子中含 NO$_x$ 的企业数量及其涉及的排口数量以及有 NO$_x$ 许可总量数据的排口数量如图 10 所示。就许可因子中含 NO$_x$ 的企业数量来说，印染、火电和水泥行业较高。就许可因子中含 NO$_x$ 的企业涉及的排口数量来说，印染、火电行业较高。就有 NO$_x$ 许可排放总量数据的排口数量来说，火电行业最高，虽然印染和石化行业有 NO$_x$ 排放总量数据的排口数量也较多，但是，印染行业许可因子中含 NO$_x$ 的排口数量远多于石化行业。

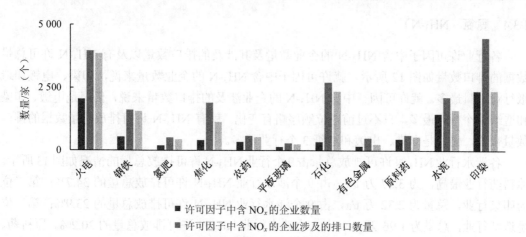

图 10　许可因子中含 NO$_x$ 的企业数量及其涉及的排口数量以及有 NO$_x$ 许可总量数据的排口数量

各涉气行业 NO_x 许可排放总量占 11 个行业排放总量的情况如图 11 所示。火电行业 NO_x 许可排放总量最高，为 234.5 万 t/a，占 11 个行业总量的 42.9%。第二为水泥行业，为 133.96 万 t/a，占 11 个行业 NO_x 许可排放总量的 25.2%；第三是钢铁行业，为 88.54 万 t/a，占 11 个行业 NO_x 许可排放总量的 16.6%。3 个行业的 NO_x 许可排放总量占全部排放总量的 84.7%。

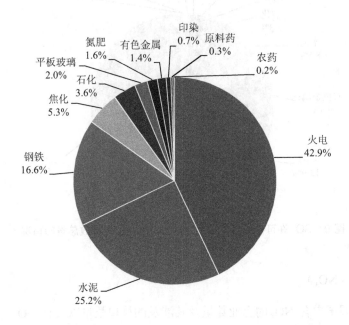

图 11 NO_x 许可排放总量占 11 个行业 NO_x 许可排放总量的情况

从涉气的 3 个许可因子情况来看，火电行业排放量最高、占比最大，火电、水泥和钢铁行业是涉气污染排放与治理的重点行业。

1.3.4 氨氮（$NH_3\text{-}N$）

各行业许可因子中含 $NH_3\text{-}N$ 的企业数量及其涉及的排口数量以及有 $NH_3\text{-}N$ 许可总量数据的排口数量如图 12 所示。就许可因子中含 $NH_3\text{-}N$ 的企业数量来说，印染、电镀和造纸行业数量最多。就许可因子中含 $NH_3\text{-}N$ 的企业涉及的排口数量来说，仍旧是电镀、印染和造纸 3 个行业最多，只不过前三位顺序略有变化。就有 $NH_3\text{-}N$ 许可排放总量数据的排口数量来说，仍旧是印染、电镀和造纸 3 个行业最多。

各涉水行业 $NH_3\text{-}N$ 许可排放总量占 9 个行业 $NH_3\text{-}N$ 许可排放总量的情况如图 13 所示。原料药行业最高，为 3.37 万 t/a，占 9 个涉水行业 $NH_3\text{-}N$ 许可排放总量的 34.7%；第二位为印染行业，总量为 2.32 万 t/a，占 9 个涉水行业 $NH_3\text{-}N$ 许可排放总量的 23.9%；第三位是造纸行业，总量为 1.96 万 t/a，占 9 个涉水行业 $NH_3\text{-}N$ 许可排放总量的 20.2%。原料药、印染、造纸 3 个行业的 $NH_3\text{-}N$ 许可排放总量占全部排放总量的 78.8%。

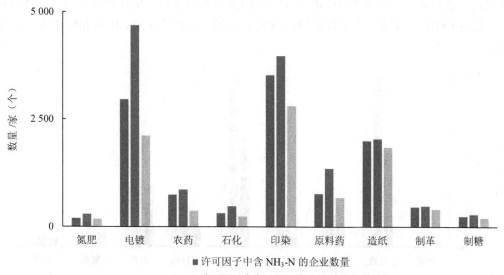

图 12 各行业许可因子中含 NH₃-N 的企业数量及其涉及的排口数量以及有 NH₃-N 许可排放总量数据的排口数量

图例：
■ 许可因子中含 NH₃-N 的企业数量
■ 许可因子中含 NH₃-N 的企业涉及的排口数量
■ 有 NH₃-N 许可排放总量数据的排口数量

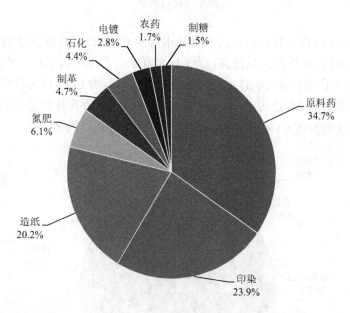

图 13 各涉水行业 NH₃-N 许可排放总量占 9 个涉水行业 NH₃-N 许可排放总量的情况

1.3.5 化学需氧量（COD）

各行业许可因子中含 COD 的企业数量及其涉及的排口数量以及有 COD 许可总量数据的排口数量情况如图 14 所示。就许可因子中含 COD 的企业数量来说，印染、电镀和造纸行业最高。就许可因子中含 COD 的企业涉及的排口数量来说，电镀和印染最多，造纸第三位。就有 COD 许可排放总量数据的排口数量来说，仍旧是印染、电镀和造纸 3 个行业最多。

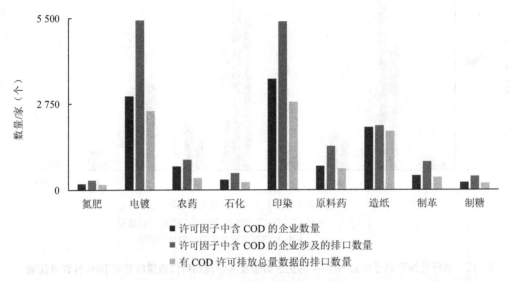

图 14　许可因子中含 COD 的企业数量及其涉及的排口数量以及有 COD 许可排放总量数据的排口数量

各涉水行业 COD 许可排放总量占 9 个涉水行业 COD 许可排放总量的情况如图 15 所示。造纸行业 COD 许可排放总量最高，为 63.68 万 t/a，占 9 个涉水行业 COD 许可排放总量的 44.6%；第二为印染行业，为 33.07 万 t/a，占 9 个涉水行业 COD 许可排放总量的 23.1%；第三是原料药行业，为 29.02 万 t/a，占 9 个涉水行业 COD 许可排放总量的 20.3%。造纸、印染、原料药 3 个行业的 COD 许可排放总量占全部排放总量的 88.0%。

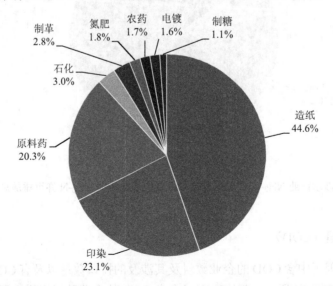

图 15　涉水行业 COD 许可排放总量占 9 个涉水行业 COD 许可排放总量的情况

从涉水的 2 个总量因子情况来看，造纸、印染和原料药 3 个行业是涉水污染排放与治理重点行业。

2　分析框架与分析方法

2.1　数据来源

本文使用生态环境部系统掌握的、对于固定源覆盖较为全面且能够比较针对有效反映企业环境守法和环境绩效"结果水平"的排污许可、监督性监测、在线监测和环境处罚四套数据，除排污许可外，其他三方面数据为 2017 年全年数据，即 2017 年 1 月 1 日—12 月 31 日，排污许可数据为截至 2018 年 4 月数据。

2.2　分析方法

2.2.1　思路与步骤

整体思路：首先基于四套数据，分水和气两种要素，建立针对单一企业的达标判定准则，然后针对行业、区域（省份）两个层面建立达标状况评估指标与计算公式。在实证评估研究过程中，首先逐一计算评估所研究重点行业中每一家企业的达标排放情况，分别筛选出达标排放情况较好的"全达标企业"清单和较差的重点监管企业清单；然后，基于该行业"全达标企业"和重点监管企业变化及其在各省分布情况，结合行业整体达标率和各省达标率及其变化情况，对行业整体、各省该行业达标情况进行评估，同时，识别和筛选达标状况较差的省份作为重点监管对象。

具体步骤："数据匹配整理—分析方法建立—企业个体分析—行业整体分析—区域群体分析"五步法。"分析方法建立—企业个体分析—行业整体分析—区域群体分析"等后续四步，具体内容前文已详细介绍，此处只重点介绍"数据匹配整理"。

"数据匹配整理"是指进行四套数据的企业匹配和数据整理，形成四库（并集）统一的企业清单和排放数据库。其中，匹配过程具体为：以排污许可系统中行业企业名单、名称和企业社会信用代码等关键信息为基础，将其他三套数据中企业名称、社会信用代码（组织机构代码等信息）分别与排污许可中企业名称及相关信息进行匹配，从而将四套数据匹配、对应和整合到行业内所有企业个体层面。本文技术路线如图 16 所示。

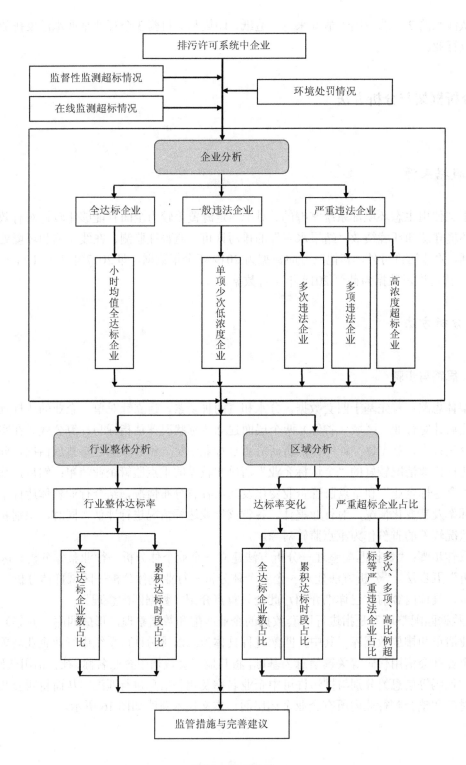

图16　技术路线

2.2.2 判断指标和计算公式

（1）相关基础监测技术规范与达标判定依据分析

监督性监测与环境处罚数据的超标判定：（因超标排放而实施的）环境处罚数据有相应的超标事实支持、描述和记载，监督性监测数据内部同时有相应排口、因子的实际排放值与对应的排放标准数值，两套数据均有相应的规范的监测方法支撑，所以，企业超标情况以数据库内记录、以实际排放值大于对应排放标准值即计为超标，判定方法较为简便直观。[5]

在线监控数据的超标判定：目前尚无具有法定效力、权威的在线监控达标判定方法，需要参照在线监控相关管理规范和手工监测相关达标判定方法，研究提出基于在线监控的企业（排口）达标判定方法。具体如下：

——关于在线监控大气达标（超标）判定标准的界定。参照《固定源废气监测技术规范》（HJ/T 397—2007）中第 10.2.2 条"除相关标准另有规定，排气筒中废气的采样以连续 1 小时的采样获取平均值，或在 1 小时内，以等时间间隔采集 3~4 个样品，并计算平均值"和第 10.2.3 条"特殊情况下的采样时间与频次：若某排气筒的排放为间断性排放，排放时间小于 1 小时，应在排放时段内实行连续采样，或在排放时段内等间隔采集 2~4 个样品，并计算平均值；若某排气筒的排放为间断性排放，排放时间大于 1 小时，则应在排放时段内按第 10.2.2 条的要求采样"。因此，在线监控大气（SO_2、NO_x 和烟粉尘三项因子）达标（超标）判定采用小时均值数据，在此基础上，也使用日均值和 30 日滑动均值这两项指标进行辅助判断。

——关于在线监控水达标（超标）判定标准的界定。参照《地表水和污水监测技术规范》（HJ/T 91—2002）中第 5.2.1.4 条"排污单位为了确认自行监测的采样频次，应在正常生产条件下的一个生产周期内进行加密监测：周期在 8 h 以内的，每小时采 1 次样；周期大于 8 h 的，每 2 h 采 1 次样，但每个生产周期采样次数不少于 3 次。根据管理需要进行污染源调查性监测时，也按此频次采样"和第 5.2.1.5 条"排污单位如有污水处理设施并能正常运转使污水能稳定排放，则污染物排放曲线比较平稳，监督监测可以采瞬时样；对于排放曲线有明显变化的不稳定排放污水，要根据曲线情况分时间单元采样，再组成混合样品。正常情况下，混合样品的单元采样不得少于两次。如排放污水的流量、浓度甚至组分都有明显变化，则在各单元采样时的采样量应与当时的污水流量成比例，以使混合样品更有代表性"。另外，《国务院关于印发"十三五"节能减排综合工作方案的通知》（国发〔2016〕74 号）关于"十、落实节能减排目标责任（三十九）健全节能减排计量、统计、监测和预警体系"提出"强化企业污染物排放自行监测和环境信息公开，2020 年污染源自动监控数据有效传输率、企业自行监测结果公布率保持在 90%以上"的要求。长期、稳定达标的企业，应做到两方面的达标，一是自动监控数据有效传输率达到 90%以上，二是已公布的数据全部达标；对于每天需上传 12 组数据自动监控数据的污水排放企业，每天应保证 11 组以上的全部监测因子数据达标。因此，综上所述，在线监控水（COD 和 NH_3-N 两项因子）达标（超标）判定采用小时均值数据，在此基础上，也使用日均值和 30 日滑动均值这两项指标进行辅助判断。

（2）企业个体达标判定方法与超标率计算公式

1）全达标企业（绝对达标企业）。鉴于在线监控数据的产生机制、管理要求与前述手工监测技术规范仍存在一定的差异，上述提出的大气和水的含量以小时均值为基础，辅以日均值和30日滑动均值，它们仍非精确的达标判定准则（类似于清晰严格的60分及格线，61分就是及格、59分就不及格），但是，当筛选达标企业时可以采用更为严格的达标判定准则（80分，如果能够超过80分那么一定是超过了60分的及格线），即可以视作绝对达标率。所以，（在线监控）全达标企业可以通过水和大气各排口、各项因子、一年中所有在线监控小时均值全部达标的企业来进行界定。具体如下：

（在线监控）全达标企业（数）——该企业所有排口、所有因子当月（当年）所有有效监测时段其小时均值全部达标。

$$E = \sum_{f=1}^{m} E_f \tag{1}$$

$$E_f = \begin{cases} 1, & \dfrac{\overline{C}_{n,i,t}}{NC_i} \leqslant 1 \\ 0, & \dfrac{\overline{C}_{n,i,t}}{NC_i} > 1 \end{cases} \tag{2}$$

式中，i——第 i 项因子，$i=1$，2，3，4，5；

　　　n——排口的编号，$n=1$，2，3…；

　　　t——有效监测时段；

　　　f——企业编号，$f=1$，2，3…；

　　　E_f——企业是否合格；

　　　$\overline{C}_{n,i,t}$——排口 n 的第 i 项因子当月（当年）所有有效监测时段小时均值；

　　　NC_i——第 i 项因子的标准值；

　　　E——企业达标数。

另外，在在线监控数据全达标的基础上，同时不存在监督性监测超标以及因超标排放而受到处罚情形的企业，可以视为全达标企业。

2）企业总体超标率（不区分不同排口和因子，系企业所有排口与因子直接累加，企业总体超标率区别于企业分因子超标率）。

企业小时均值总体超标率——该企业所有排口、所有因子当月（当年）小时均值超标小时数之和/该企业所有排口、所有因子当月（当年）有效监测小时数之和。

$$OSR_h = \frac{\sum_{n=1}^{n'} \sum_{i=1}^{5} t'_{n,i,h}}{\sum_{n=1}^{n'} \sum_{i=1}^{5} T_{n,i}} \tag{3}$$

式中，i——第 i 项因子，$i=1$，2，3，4，5；

　　　n——排口数，$n=1$，2，3…；

t——有效监测时段；

$t'_{n,i,h}$——企业排口 n 的第 i 项因子当月（当年）小时均值超标小时数；

$T_{n,i}$——企业排口 n 的第 i 项因子当月（当年）有效监测小时数；

OSR_h——企业小时均值总体超标率。

企业日均值总体超标率——该企业所有排口、所有因子当月（当年）日均值超标天数之和/该企业所有排口、所有因子当月（当年）有效监测天数之和。

$$\mathrm{OSR}_d = \frac{\sum_{n=1}^{n'}\sum_{i=1}^{5} d_{n,i}}{\sum_{n=1}^{n'}\sum_{i=1}^{5} D_{n,i}} \tag{4}$$

式中，i——第 i 项因子，i=1，2，3，4，5；

n——排口数，n=1，2，3…；

$d_{n,i}$——企业排口 n 的第 i 项因子当月（当年）日均值超标天数；

$D_{n,i}$——企业排口 n 的第 i 项因子当月（当年）有效监测天数；

OSR_d——企业月均值总体超标率。

企业 30 日滑动均值总体超标率——该企业所有排口、所有因子当月（当年）30 日滑动均值超标次数之和/该企业所有排口、所有因子当月（当年）30 日滑动均值有效监测次数之和。

$$\mathrm{OSR}_m = \frac{\sum_{n=1}^{n'}\sum_{i=1}^{5} N'_{n,i,30}}{\sum_{n=1}^{n'}\sum_{i=1}^{5} N_{n,i,30}} \tag{5}$$

式中，i——第 i 项因子，i=1，2，3，4，5；

n——排口数，n=1，2，3…；

$N'_{n,i,30}$——企业排口 n 的第 i 项因子当月（当年）30 日滑动均值超标次数；

$N_{n,i,30}$——企业排口 n 的第 i 项因子 30 日滑动均值有效监测次数；

OSR_m——企业 30 日滑动均值总体超标率。

（3）行业整体达标率（超标率）计算公式

通过在线监控数据反映行业整体达标（超标）及其变化情况。从行业中达标企业数占比、达标时段占比两个角度评估行业达标率变化：

1）达标企业数占比指全国该行业，月度（年度）全部达标企业数之和与行业当月（当年）有有效监测数据的企业数之和的比值；

2）达标时段占比是指全国该行业，所有企业当月（当年）全部（排口、因子）达标时段之和与行业当月所有企业全部（排口、因子）有效监测时段之和的比值。

行业达标率（超标率）计算公式以企业达标（超标）计算公式为基础。每家企业达标（超标）判定通过（1）中的式（3）～式（5）来进行基础判断，其中，1）中的达标企业通过式（3）和式（4）来判断，形成式（6）和式（7）；2）中的达标时段，将式（3）～式（5）中针对单一企业评价拓展为针对行业内所有企业，形成式（8）～式（10）。

具体计算公式如下：

行业达标率 1-1——行业当月无日均值超标的企业数之和/当月有有效监测数据的企业数之和。

$$E' = \sum_{f=1}^{n} E_{f,d}$$

$$E_{f,d} = \begin{cases} 1, & \dfrac{\overline{C}_{n,i,d}}{\mathrm{NC}_i} \leqslant 1 \\ 0, & \dfrac{\overline{C}_{n,i,d}}{\mathrm{NC}_i} > 1 \end{cases}$$

$$\mathrm{ICR}_d = \frac{E'}{\mathrm{TE}} \tag{6}$$

式中，i——第 i 项因子，$i=1$，2，3，4，5；

　　　n——排口的编号，$n=1$，2，3…；

　　　$\overline{C}_{n,i,d}$——企业排口 n 第 i 项因子的日均值；

　　　NC_i——第 i 项因子标准浓度值；

　　　$E_{f,d}$——企业 f 的日均值是否超标；

　　　E'——行业当月无日均值超标的企业数；

　　　TE——行业当月有有效监测数据的企业数；

　　　ICR_d——根据日均值计算的行业达标率。

行业达标率1-2——行业当月无30日均值超标的企业数之和/当月有有效监测数据的企业数之和。

$$E' = \sum_{f=1}^{n} E_{f,m}$$

$$E_{f,30} = \begin{cases} 1, & \dfrac{\overline{C}_{n,i,30}}{\mathrm{NC}_i} \leqslant 1 \\ 0, & \dfrac{\overline{C}_{n,i,30}}{\mathrm{NC}_i} > 1 \end{cases}$$

$$\mathrm{ICR}_m = \frac{E'}{\mathrm{TE}} \tag{7}$$

式中，i——第 i 项因子，$i=1$，2，3，4，5；

　　　n——排口的编号，$n=1$，2，3…；

　　　$\overline{C}_{n,i,30}$——企业排口 n 第 i 项因子的 30 日均值；

　　　NC_i——第 i 项因子标准浓度值；

　　　$E_{f,30}$——企业 f 的 30 日均值是否超标；

E'——行业当月无 30 日均值超标的企业数；

TE——行业当月有有效监测数据的企业数；

ICR_m——根据 30 日均值计算的行业达标率。

行业达标率 2-1——行业当月所有企业（所有排口、因子）小时均值超标小时数之和/行业当月所有企业（所有排口、因子）有效监测小时数之和。

$$ICR_h = \frac{\sum\limits_{f=1}^{m}\sum\limits_{n=1}^{n'}\sum\limits_{i=1}^{5} t'_{f,n,i,h}}{\sum\limits_{f=1}^{m}\sum\limits_{n=1}^{n'}\sum\limits_{i=1}^{5} T_{f,n,i}} \tag{8}$$

式中，i——第 i 项因子，i=1，2，3，4，5；

n——排口的编号，n=1，2，3…；

f——企业，f=企业 1，企业 2，企业 3……；

$t'_{f,n,i,h}$——当月企业 f 第 n 个排口第 i 项因子小时均值超标小时数；

$T_{f,n,i}$——当月企业 f 第 n 个排口第 i 项因子有效监测小时数；

ICR_h——根据小时均值超标天数计算的行业达标率。

行业达标率 2-2——行业当月所有企业（所有排口、因子）日均值超标天数之和/行业当月所有企业（所有排口、因子）有效监测天数之和。

$$ICR_{dd} = \frac{\sum\limits_{f=1}^{m}\sum\limits_{n=1}^{n'}\sum\limits_{i=1}^{5} d'_{f,n,i,d}}{\sum\limits_{f=1}^{m}\sum\limits_{n=1}^{n'}\sum\limits_{i=1}^{5} D_{f,n,i}} \tag{9}$$

式中，i——第 i 项因子，i=1，2，3，4，5；

n——排口的编号，n=1，2，3…；

f——企业，f=企业 1，企业 2，企业 3……；

$d'_{f,n,i,d}$——当月企业 f 第 n 个排口第 i 项因子日均值超标天数；

$D_{f,n,i}$——当月企业 f 第 n 个排口第 i 项因子有效监测天数；

ICR_{dd}——根据日均值超标天数计算的行业达标率。

行业达标率 2-3——行业当月所有企业（所有排口、因子）30 日滑动均值超标次数（天数）之和/行业当月所有企业（所有排口、因子）30 日滑动均值总次数之和。

$$ICR_{md} = \frac{\sum\limits_{f=1}^{m}\sum\limits_{n=1}^{n'}\sum\limits_{i=1}^{5} d'_{f,n,i,30}}{\sum\limits_{f=1}^{m}\sum\limits_{n=1}^{n'}\sum\limits_{i=1}^{5} D_{f,n,i,30}} \tag{10}$$

式中，i——第 i 项因子，i=1，2，3，4，5；

n——排口的编号，n=1，2，3…；

f——企业，f=企业 1，企业 2，企业 3……；

$d'_{f,n,i,30}$——当月企业 f 第 n 个排口第 i 项因子 30 日滑动均值超标天数；

$D_{f,n,i,30}$——当月企业 f 第 n 个排口第 i 项因子 30 日滑动均值监测总天数；

ICR_{md}——根据 30 日均值超标天数计算的行业达标率。

（4）行业分因子达标率（超标率）计算公式

只参考 2.2.2 "（3）中 2）"——"达标时段占比"角度计算行业分因子达标率（超标率）。具体是指全国该行业所有企业当月（当年）全部排口、单一因子（SO_2、NO_x、颗粒物或 COD、NH_3-N）分别达标时段之和，与该行业当月（当年）所有企业全部排口、单一因子（SO_2、NO_x、颗粒物或 COD、NH_3-N）分别有效的监测时段之和的比值；时段统一用小时均值。计算公式如下：

行业分因子达标率——行业当月所有企业当月（当年）全部排口、单一因子（SO_2、NO_x、颗粒物或 COD、NH_3-N）分别达标小时数之和/行业当月（当年）所有企业全部排口、单一因子（SO_2、NO_x、颗粒物或 COD、NH_3-N）分别有效的监测小时数之和。

$$FCR_i = \frac{\sum_{f=1}^{m}\sum_{n=1}^{n'} t'_{f,n,i}}{\sum_{f=1}^{m}\sum_{n=1}^{n'} T_{f,n,i}} \tag{11}$$

式中，i——第 i 项因子，i=1，2，3，4，5；

n——排口数，n=1，2，3…；

f——企业，f=企业 1，企业 2，企业 3……；

$t'_{f,n,i}$——企业排口 n 的第 i 项因子当月（当年）达标小时数；

$T_{f,n,i}$——企业排口 n 的第 i 项因子当月（当年）有效监测小时数；

FCR_i——行业当月所有企业当月（当年）全部排口第 i 个因子的达标小时数之和。

（5）区域达标率计算公式

区域达标情况指区域内行业整体达标率，其计算公式仍旧参考式（6）～式（9），只是把企业范围局限在每个研究的省份内。

（6）企业超标倍数计算公式

每家企业、单一排口、单一因子实际排放浓度（小时均值/日均值/30 日滑动均值）/排放标准限值。

$$EEM_{n,i} = \frac{C_{n,i}}{SC_i} \tag{12}$$

式中，i——第 i 项因子，i=1，2，3，4，5；

n——排口数，n=1，2，3…；

$C_{n,i}$——排口 n 第 i 项因子实际排放浓度（小时均值/日均值/30 日滑动均值）；

SC_i——第 i 项因子排放标准限值（小时均值/日均值/30 日滑动均值）；

$EEM_{n,i}$——企业第 n 个排口第 i 项因子的超标倍数。

2.2.3　重点监管对象筛选条件

本文重点是"整体评估、筛选两端",即对该行业企业个体、行业整体、区域群体达标状况进行整体的全面系统评估,同时,筛选出处于好坏两端的达标状况较好的全达标企业(绝对达标率)(80分以上),以及达标状况较差的重点监管企业(存在环境违法行为的企业)(50分以下)。

(1)全达标企业筛选条件

鉴于目前没有权威、规范、公认的达标判定准则,所以,本文采用一种"最安全"的绝对达标的判定准则,即一家企业一年中没有出现任何的负面或者违规监管信息,该企业视为全达标企业,具体是指该企业2017年一年,没有任何一次环境违法处罚记录、没有任何一次监督性监测超标记录,同时,与环保部门实现联网的安装了在线监控的所有排口,任何因子连一次小时均值超标也没有出现过,也可以视为绝对达标企业。

(2)重点监管企业筛选条件

根据企业监督性监测、环境处罚、在线监控超标三方面环境违法性质与程度的差异,将存在环境违法行为的企业区分为一般违法企业和严重违法企业两类。

其中:一般违法企业主要包括:①监督性监测至少出现1次(及以上)超标的企业;②存在1次(及以上)超标排放环境行政处罚的企业;③在线监控30日均值出现1次(及以上)超标行为的企业,在线监控小时均值年总体超标率≥2%的企业,在线监控日均值年总体超标率≥5%的企业,在线日均值出现超标1倍以上(指排放浓度达到标准值2倍)的企业,在线小时均值出现超标4倍以上(指排放浓度达到标准值5倍)的企业。

严重违法企业主要是在上述几种企业超标和环境违法行为中,分别出现"多次"、"多项"和"高浓度"环境违法行为的企业,"多次"是指监督性监测超标、超标排放环境处罚、在线监控30日均值超标(小时均值超标、日均值超标)等几种行为中某一种行为次数特别多、比例特别高的企业;"多项"是指上述几种行为同时存在两种及两种行为以上的企业;"高浓度"是指存在环境处罚、监督性监测,以及在线监控日均值和小时均值严重超过排放标准行为的企业。

具体来讲,包括:①"多次":监督性监测超标5次以上、因超标排放受到处罚3次以上、在线监控30日移动均值均超标500次以上、在线监控小时均值年总体超标率≥5%、在线监控日均值年总体超标率≥10%,上述五种情况中存在任一情形的企业;②"多项":监督性监测超标、因超标排放受到处罚、在线监控30日移动均值均超标、在线监控小时均值年总体超标率≥2%、在线监控日均值年总体超标率≥5%,上述五种行为同时存在两种(及两种以上)的企业;③"高浓度":环境处罚、监督性监测中出现超标1倍以上(指排放浓度达到标准值2倍)的企业,在线日均值出现超标9倍以上(指排放浓度达到标准值10倍)、在线小时均值出现超标19倍以上(指排放浓度达到标准值20倍)的企业。

重点监管企业筛选过程如图17所示。

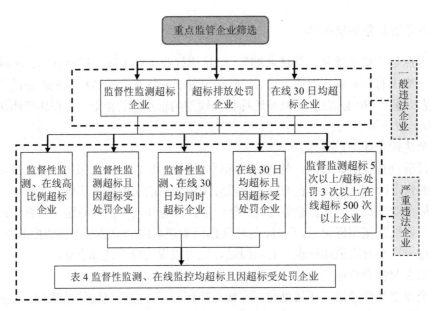

图 17　重点监管企业筛选过程

（3）重点监管区域筛选条件

根据区域在线监控超标率情况、监督性监测超标情况和超标排放环境处罚情况的出现比率与严重程度的差异，筛选确定行业企业环境"重点监管区域"。具体标准如下：

1）行业在线监控达标率最高一个月未达到 90%的；在线监控达标率曾经出现连续 5 个月下降情况的；2017 年出现单月达标率低于 50%情况的。

2）监督性监测超标率超过 5%的（区域行业监督性监测超标次数之和/区域行业总数之和）。

3）因超标排放进行的环境处罚率超过 5%的（区域行业超标排放行政处罚次数之和/区域行业总数之和）。

重点监管省份筛选过程如图 18 所示。

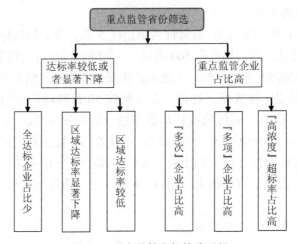

图 18　重点监管省份筛选过程

3　结果分析与筛选

3.1　超标基本情况

15 个行业的监督性监测超标企业数及占比和监督性监测超标的次数情况如图 19 所示。可以看到，从超标企业数和次数的绝对值来说，火电和印染行业监督性监测超标情况最严重，从超标企业占比来说，氮肥行业监督性监测超标情况最严重。这一现象，可能与监督性监测配套和服务于总量制度的制度定位，以及主要针对火电、印染等主要污染因子排放量占比大的企业抽查比例大有关系。

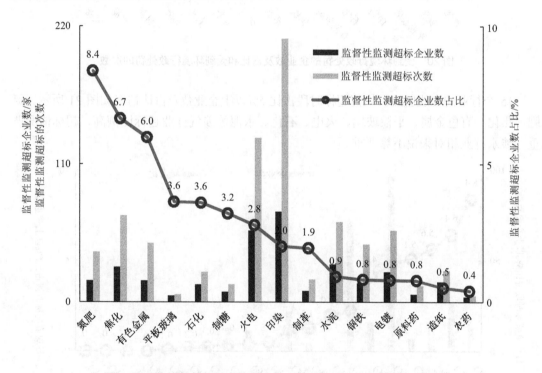

图 19　监督性监测超标企业数及占比和监督性监测超标的次数情况

15 个行业受到环境行政处罚的企业数及占比和受到环境行政处罚的次数情况如图 20 所示。焦化、氮肥和平板玻璃行业受到环境行政处罚的企业占比高。造纸和火电行业虽然处罚绝对量大，但占比仅居于中间水平。

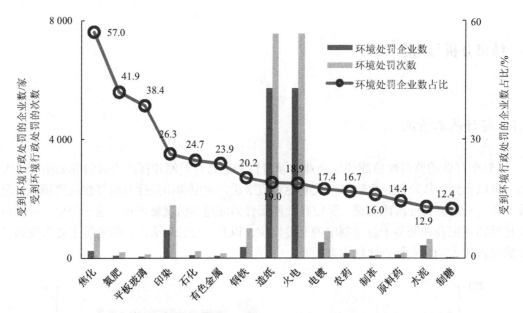

图 20   受到环境行政处罚的企业数及占比和受到环境行政处罚的次数

15 个行业的在线监控日均值超标时段占比 5%以上企业数及占比情况如图 21 所示。氮肥、焦化、有色金属、平板玻璃、火电、石化、水泥等涉气行业超标比例高、超标情况严重。涉水行业相对来说不算严重。

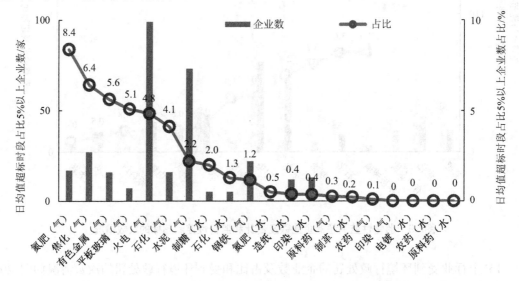

图 21   日均值超标时段占比 5%以上企业数及占比情况

15 个行业的小时均值超标时段占比 2%以上企业数及占比情况如图 22 所示。焦化、氮肥、平板玻璃、火电、有色金属、石化、水泥等涉气行业超标比例高、超标情况严重，与图 21 情况基本一致。涉水行业相对来说不算严重。

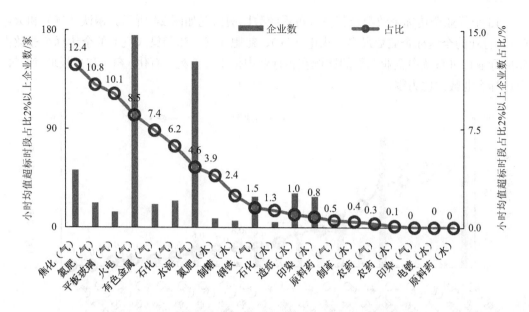

图22　小时均值超标时段占比2%以上企业数及占比情况

3.2　行业达标情况

以日均值和小时均值计的行业达标率情况［式（8）和式（9）］如图23所示。整体来讲，涉水行业达标率远好于涉气行业，所有涉水行业以日均值计的行业达标率均在89%以上，而涉气行业达标率全部在该值以下。以小时均值计的行业达标率整体情况优于以日均值计的行业达标率，其中，氮肥（气）行业的小时均值行业达标率最低，为83%，其他行业的小时均值行业达标率均在89%以上。另外，整体来讲，达标率高的行业小时均值达标率与日均值达标率两者差异较小，而达标率较低的行业二者差异相对较大，而差异最大的平板玻璃（气）行业有超过30个百分点的差异。

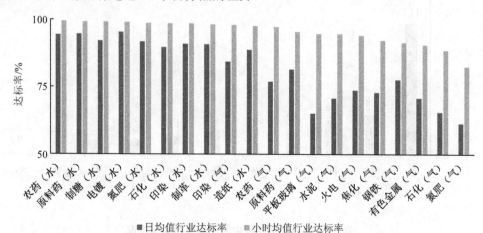

图23　以日均值和小时均值计的行业达标率情况

15 个行业全达标企业数及其占许可系统数比例情况如图 24 所示。钢铁（气）和火电（气）行业的全达标企业数最多。火电（气）、氮肥（气）和印染（气）的全达标企业数占相应行业许可系统中企业总数的比例在各行业中位于最前列。石化（气）和平板玻璃（气）全达标企业数占比为零。

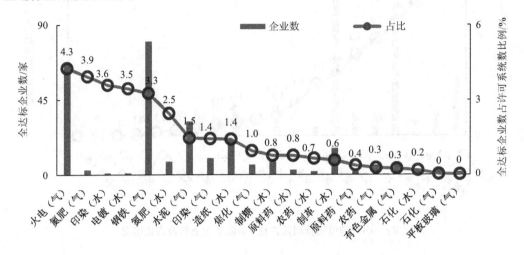

图 24　全达标企业数及其占许可系统数比例情况

3.3　行业分因子超标率

涉气行业烟粉尘因子年度超标率情况如图 25 所示。氮肥行业超标率最高，在 10%以上，其他超标率高的行业还有原料药、有色金属、石化、水泥等；印染行业烟粉尘超标率最低。

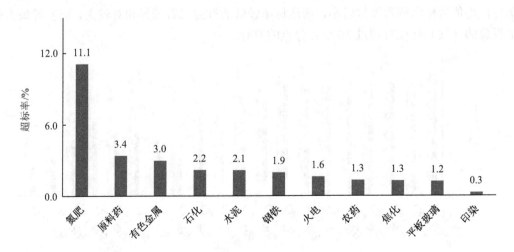

图 25　涉气行业烟粉尘因子年度超标率情况

涉气行业 SO_2 因子年度超标率情况如图 26 所示。石化行业 SO_2 超标率最高，为 3.8%，其他超标率较高的行业还有氮肥、焦化、有色金属、钢铁和火电；农药行业 SO_2 超标率最低。

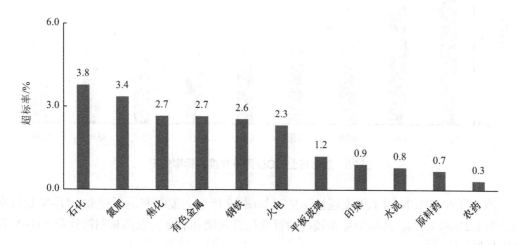

图 26　涉气行业 SO_2 因子年度超标率

涉气行业 NO_x 因子年度超标率情况如图 27 所示。有色金属行业 NO_x 超标率最高，达到了 8.5%，氮肥超标率也较高，达到了 6.9%，其他超标率高的行业还有石化、火电、焦化等；印染行业 NO_x 超标率最低。

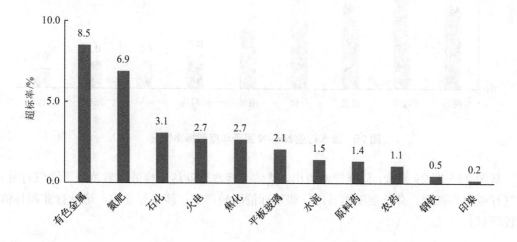

图 27　涉气行业 NO_x 因子年度超标率

涉水行业 COD 因子年度超标率情况如图 28 所示。造纸行业 COD 超标率最高，为 1.7%，印染行业也较高，为 1.4%，其他行业超标率均相对不高；农药和原料药行业的 COD 超标率最低。

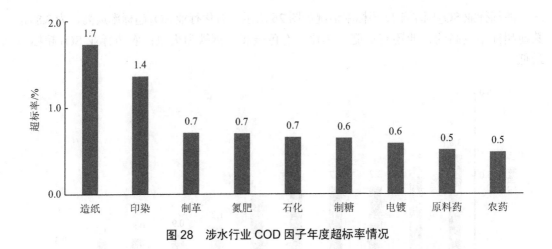

图 28　涉水行业 COD 因子年度超标率情况

涉水行业 $NH_3\text{-}N$ 因子年度超标率情况如图 29 所示。制革和造纸行业 $NH_3\text{-}N$ 超标率高，为 1.2% 和 1.1%，其他超标率较高的行业还有氮肥和石化；农药和制糖行业 $NH_3\text{-}N$ 超标率最低。

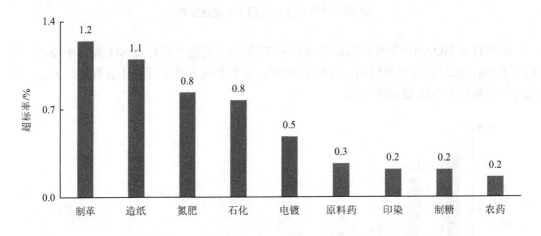

图 29　涉水行业 $NH_3\text{-}N$ 因子年度超标率情况

从图 25～图 29 来看，同样能够得出，整体上涉水行业达标排放率显著好于涉气行业；涉气行业中，氮肥、有色金属和石化行业超标情况较严重；涉水行业中，造纸行业超标情况较严重。

3.4　固定源环境监管措施叠加实际效果分析

15 个行业共 22 010 家企业，其中，重点排污单位 8 803 家、实现在线联网的重点排污单位 6 242 家、上市公司（母和子公司）1 350 家、属重点排污单位的上市公司 951 家、在线覆盖的重点排污上市公司 746 家，上述分类，整体上是监管手段从单一到综合、监管力度与信息公开程度逐渐加大的一个过程，其达标率与处罚率等情况如表 3 所示，可以看出，从环境绩效情况来看反而呈现出越来越差的趋势，除极个别数据外，呈现明显单向增加趋势。

表3　固定源环境监管措施与信息公开措施叠加的实际效果分析

企业种类	全部企业	重点排污单位	实现在线联网的重点排污单位	上市公司	属重点排污单位的上市公司	在线覆盖的重点排污上市公司
企业数/家	22 010	8 803	6 242	1 350	951	746
监督性监测超标率/%	1.25	2.34	3.51	3.67	4.63	6.30
环境行政处罚占比/%	18.11	22.52	30.60	24.61	17.14	27.21
因超标排放的处罚占比/%	3.97	6.16	6.97	6.71	6.20	7.91
在线监测累积超标率/%	10.78	22.70	36.82	37.49	47.11	60.05

出现这种与常识、预期完全相悖的现象，初步分析可能有两种原因，一是监管措施确实失效，二是监管措施实质有效，但是由于针对"越重要、越透明"的监管对象，其措施越严厉、数据越真实、情况越全面、要求越高，所以在数据最真实的前提下，表现出环境守法与绩效状况的较差状况。不论是否上述两种原因可以解释，出现这种情况，其背后真实原因有待深究。

3.5　严重超标企业分析

3.5.1　多项超标企业数量分析

各行业同时出现"监督性监测超标+超标排放处罚"的企业数及其占比情况如图30所示。企业数最多的是印染（气）和石化（气）两个行业；占比最高的是石化（气），其他占比较高的行业有氮肥（水）、平板玻璃（气）、有色金属（气）、石化（水）和焦化（气）。

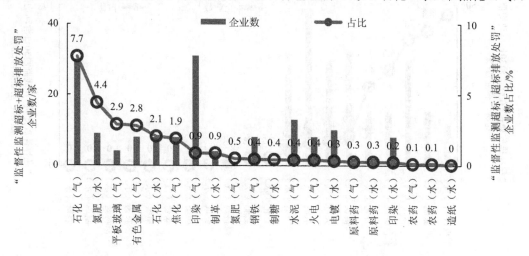

图30　同时出现"监督性监测超标+超标排放处罚"企业数及其占比情况

　　各行业同时出现"监督性监测超标+在线监测30日滑动均值超标"的企业数及其占比情况如图31所示。企业数最多的是有色金属（气）、焦化（气）和火电（气）行业；占比最高的行业是有色金属（气），焦化（气）、石化（气）、火电（气）、平板玻璃（气）等行业占比也较高。

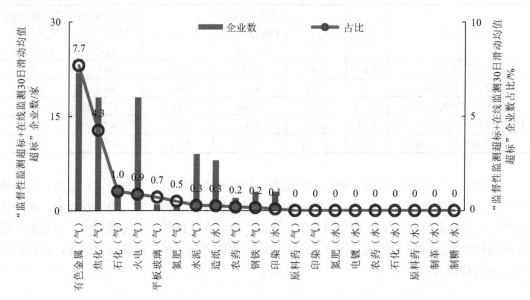

图31　同时出现"监督性监测超标+在线监测30日滑动均值超标"企业数及其占比情况

　　各行业同时出现"超标排放处罚+在线监测30日滑动均值超标"的企业数及其占比情况如图32所示。整体来讲，涉气行业该项指标表现较差，企业数较多的有水泥（气）、钢铁（气）、印染（水）、焦化（气）和火电（气）等行业；占比最高的有平板玻璃（气）、氮肥（气）、焦化（气）、有色金属（气）和石化（气）。

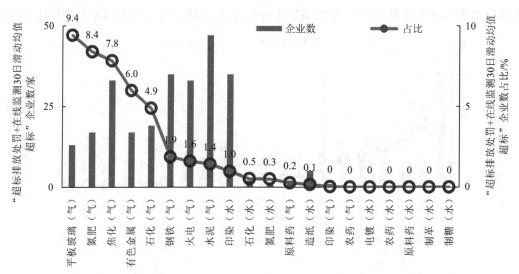

图32　同时出现"超标排放处罚+在线监测30日滑动均值超标"企业数及其占比情况

3.5.2 多次超标企业数量分析

各行业 2017 年一年监督性监测超标 5 次（含）以上的企业数及其占比情况如图 33 所示。企业数最多的行业为火电（气）、焦化（气）和石化（气）；占比最高的行业是石化（气）、焦化（气）和有色金属（气）。

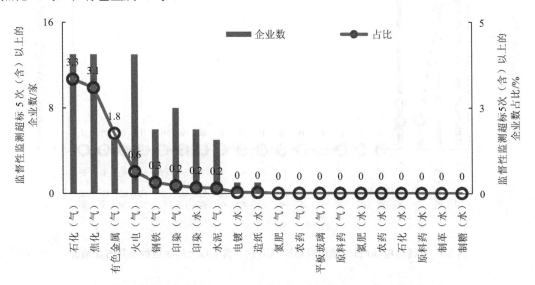

图 33　监督性监测超标 5 次（含）以上的企业数及其占比情况

各行业 2017 年一年因超标受环境行政处罚 3 次（含）以上的企业数及其占比情况如图 34 所示。企业数最多的行业是印染和钢铁；占比最高的行业是氮肥、平板玻璃、有色金属、石化和钢铁。

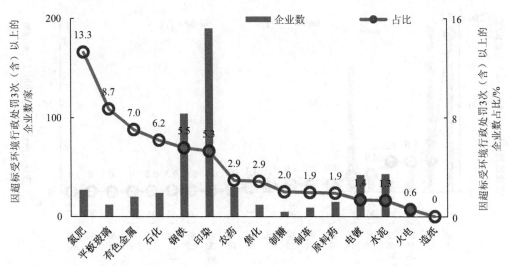

图 34　因超标受环境行政处罚 3 次（含）以上的企业数及占比情况

　　各行业 2017 年一年在线监控 30 日滑动均值超标 500 次（含）以上的企业数及其占比情况如图 35 所示。企业数最多的行业是火电（气）、焦化（气）和石化（气），占比最高的行业是石化（气）和焦化（气）。

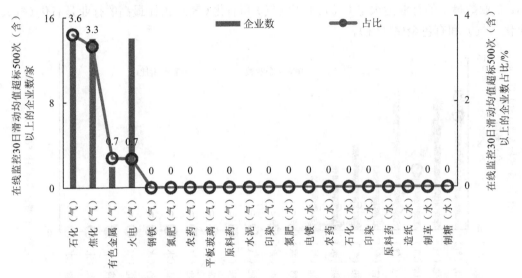

图 35　在线监控 30 日滑动均值超标 500 次（含）以上的企业数及其占比情况

3.5.3　高浓度超标企业数量分析

　　各行业出现在线监控日均值超标 9 倍以上现象的企业数及其占比情况如图 36 所示。企业数最多的行业为焦化（气）、火电（气）和水泥（气）；企业占比最高的行业为焦化（气）、火电（气）、有色金属（气）、平板玻璃（气）、石化（水）和水泥（气）。

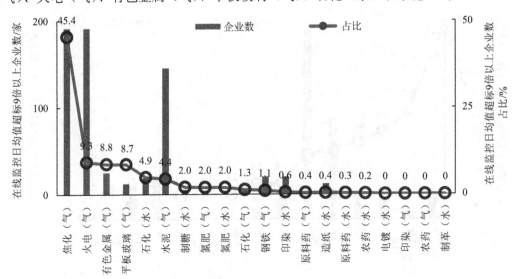

图 36　出现在线监控日均值超标 9 倍以上现象的企业数及其占比情况

各行业出现在线监控小时均值超标 19 倍以上现象的企业数及其占比情况如图 37 所示。企业数最多的行业有焦化（气）、火电（气）、水泥（气）；占比最高的行业依次为焦化（气）、火电（气）、有色金属（气）、平板玻璃（气）、石化（水）和水泥（气）。

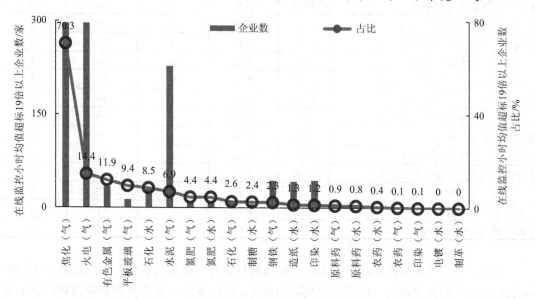

图 37　出现在线监控小时均值超标 19 倍以上现象的企业数及其占比情况

3.6　重点监管对象（企业、行业、因子、区域）筛选

3.6.1　重点监管企业分析

3.5.1 节所列出的"多项超标企业"、3.5.2 节列出的"多次超标企业"、3.5.3 节列出的"高浓度超标企业"均应视为环境监管中重点监管企业范畴。同时，特别筛选出同时存在监督性监测、在线监控、环境行政处罚等严重、较多次数超标和违法的企业清单，如表 4 所示，作为环境违法最严重、最应给予环保处罚和联合惩戒的企业清单。

表4　三项同时超标企业名单

企业名称	省份	（许可）行业类别	监督性监测超标次数	在线监控超标次数	超标处罚次数
中煤龙化哈尔滨煤化工有限公司	黑龙江	火电	9	326	4
建平热电有限责任公司	辽宁	火电	2	6	2
萍乡萍钢安源钢铁有限公司	江西	钢铁	3	2	14
山西高义钢铁有限公司	山西	钢铁	16	126	4
内蒙古包钢庆华煤化工有限公司	内蒙古	焦化	8	122	2
营口嘉晨燃化有限公司	辽宁	焦化	4	37	17
徐州华裕煤气有限公司	江苏	焦化	2	44	6

企业名称	省份	（许可）行业类别	监督性监测超标次数	在线监控超标次数	超标处罚次数
四川省煤焦化集团有限公司	四川	焦化	2	36	6
新疆广汇新能源有限公司	新疆	石化	2	196	5
兖州煤业榆林能化有限公司	陕西	石化	1	30	2
陕西榆林凯越煤化有限责任公司	陕西	石化	1	136	8
甘肃永固特种水泥有限公司	甘肃	水泥	16	10	1
兰州甘草环保建材股份有限公司	甘肃	水泥	8	31	1
华润水泥（南宁）有限公司	广西	水泥	1	30	1
贵阳海螺盘江水泥有限责任公司	贵州	水泥	1	30	1
曲阳金隅水泥有限公司	河北	水泥	1	29	1
巴彦淖尔中联水泥有限公司	内蒙古	水泥	1	6	1
青海海西化工建材股份有限公司	青海	水泥	5	1	1
来宾华锡冶炼有限公司	广西	有色	8	228	1
山东信发华源铝业有限公司	山东	有色	1	31	2
中铝中州铝业有限公司	河南	有色	4	45	5

另外，参考 3.4 节内容，对于本应承担和履行更为严格环保责任、本应环境守法与环境表现更好，但是却相反、环保表现更差的企业，也应该纳入重点监管企业范畴、给予更为严厉的环保处罚和联合惩戒。该类企业，主要包括 3.4 节进行群组划分分析和筛选出的企业：重点排污单位、实现在线联网的重点排污单位、上市公司、属重点排污单位的上市公司、在线覆盖的重点排污上市公司中存在较为严重环境超标与违法行为的企业。

3.6.2 重点监管行业分析

汇总前述关于 15 个行业的所有的基础信息与达标（超标）分析中的所有关键数据结果，形成表 5，以此为基础进一步筛选重点监管行业。筛选原则如下：

一是"排放放量占比大（灰色）+在线覆盖率低（斜上线）+超标和违法情况严重（黑色）"，如钢铁行业。

二是"排放放量占比大（灰色）+超标和违法情况严重（黑色）"，如火电行业、焦化行业、石化行业（水和气均包括）、有色金属行业、氮肥行业（水和气均包括）和平板玻璃行业。

三是"超标和违法情况严重（黑色）多次出现"，黑色出现次数较多的行业依次有：有色金属行业（13/14）、石化行业（12/14）、焦化行业（10/14）、平板玻璃行业（10/14）、氮肥行业（8/14）、火电行业（7/14）等。

四是"多项指标排名第一"，火电行业和焦化行业环境违法与超标排放情况较为严重，在 10 个严重超标指标中 5 个排名或并列第一，监督性监测超标率均超过 8%接近一成，处罚占比达 40%。其中，焦化行业环境绩效最差，处罚占比最高，达 57%，高浓度超标占比最高，分别为 45.2%和 70.3%。

表 5　各行业基本情况与各方面达标（超标）情况汇总分析

行业	分析要素	企业数/人	COD	NH₃-N	SO₂	NOₓ	烟尘	在线监控覆盖率	监督性监测	在线监测	环境处罚	公式(8)	公式(9)	全达标企业占比	A	B	C	D	E	F	G	H
印染	气	3 586			9	9	8	12	11	17	4	11	12	13	7	—	—	—	7	—	—	—
印染	水		2	2				13		13		15	14	18			—	9	—	11	—	12	13
水泥	气	3 302			4	2	9	11	13	7	14	4	7	14	—	—	8	—	18	—	6	6
造纸	水	3 159	1	3				3	2	12	8	12	11	12			—	—	20	—	—	12
电镀	水	3 081	8	7				20	14	18	10	20	17	17			—	—	17	—	—	—
火电	气	2 052			1	1	1	2	1	5	9	7	6	20	—	4	7	4	19	4	2	2
钢铁	气	1 874			2	3	5	16	10	10	7	9	4	16	—	—	6	—	6	5	11	11
农药	气	1 021			11	11	10	17	15	16	11	8	10	5	—	—	—	—	9	—	—	—
农药	水		7	8				18		19		18	20	8			—	11	—	—	—	—
原料药	气	786			10	10		19	12	14	13	10	9	6	—	—	—	—	—	—	—	14
原料药	水		3	1				15		20		19	19				—	16	—	—	—	15
制革	水	463	5	5				14	9	15	12	14	13	7	—	—	—	—	14	—	—	—
焦化	气	421			6	4	7	10	3	2	1	6	5	11	6	2	3	2	12	2	1	1
石化	气	389			5	5		10	8	6	5	3	2	2	5	—	1	—	8	1	10	9
石化	水		4	6				9		9		13	15	3	—	—	10	—	5	—	5	5
有色金属	气	285			3	8	3	8	5	5	6	5	3	4	4	1	4	4	3	3	3	3
制糖	水	250	9	9				7	7	8	15	17	18	10	—	—	—	—	13	—	7	10
氮肥	气	203			7	7	4	5		1	1	1	1	19	—	—	—	2	—	1	8	7
氮肥	水		6	4					4	10		16	16	15	2	—	—	—	—	—	9	8
平板玻璃	气	138			8	6	11	1	6	4	3	2	8	8	1	—	3	5	4	—	4	4

注：

①表中，除"企业数"列数据，其余列中的 1～20（或 1～15）的数字，表示该项指标相关行业的排序先后（由大到小的）顺序；

②有标记（灰色、斜上线和黑色）的单元格，表示该行业在该项指标排名前五位；"—"表示该项指标数值为 0，不参与排序；

③表头中 A、B、C、D、E、F、G、H 依次对应图 30、图 31、图 32、图 33、图 34、图 35、图 36、图 37 中相应的基础数据与结果。

3.6.3　重点监管因子分析

基于图 25～图 29 进行对比分析重点监管要素、因子及对应行业情况。整体来看，涉水行业达标排放率显著好于涉气行业；SO_2、NO_x 与烟粉尘达标状况均不容乐观，氮肥、有色金属和石化行业涉气排放均需要提升和加强；COD 和 $NH_3\text{-}N$ 达标状况类似，应进一步加强对造纸行业的环境监管。

3.6.4　重点监管区域分析

一是从重点行业企业数量与集中度角度进行筛选分析。对 15 个行业中每个行业企业在每个省（区）分布数量情况进行分析，挑出每个行业企业数量最多的排行前三位的省（区），对每个省（区）"前三位"出现次数进行统计，形成图 38。整体来看，山东、江苏、河北、浙江和广东出现次数最多、涉及的重点行业企业数量最多，应予以重点监管。

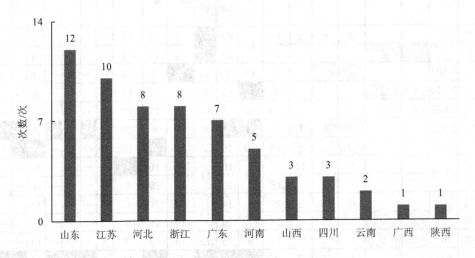

图 38　企业数量排名前三的出现次数最多的省（区）

二是从区域行业达标率及其变化情况角度进行筛选分析，从达标率绝对水平高低、达标率改善或下降情况、达标率是否较为稳定（是否出现剧烈变化波动情况）等角度进行筛选分析，对各省（区、市）、各行业情况进行分析，特别挑选出达标率绝对水平低、达标率不稳定或有波动、达标率（显著）下降的省（区、市）与行业进行标注，如表 6 所示。其中，个别省（区、市）多行业达标率低、水平不稳定、有大幅波动或有退步，主要是湖北、新疆和山西等。

表 6　各行业在各省份达标率变化情况与重点监管情况筛选分析

		广东	四川	广西	云南	湖北	福建	浙江	山东	甘肃	贵州	黑龙江	上海	新疆	内蒙古	湖南	宁夏	山西	河南	重庆	江西	江苏	辽宁	河北	陕西	安徽	青海
印染	气		△	△																							
	水							●																			
制糖				△	△																						
原料药	气								▼																		
	水					△																					
制革							△																				
电镀		△				△	△																				
火电										▼	▼	▼	▼	▼	▼												

		广东	四川	广西	云南	湖北	福建	浙江	山东	甘肃	贵州	黑龙江	上海	新疆	内蒙古	湖南	宁夏	山西	河南	重庆	江西	江苏	辽宁	河北	陕西	安徽	青海
氮肥	气							●																			
	水	△					△									△			△			△			△		
农药	气															△				△							
	水				△					△						△	△										
石化	气															△									▼		
	水				△														△								
钢铁									▼	△			△						▼	△							
造纸																								●			
焦化					●									▼	△										△		
平板玻璃					●		△			△								△	△								
水泥					△	△								△						▼					●		
有色金属			△											△		△		△				△		△		△	△

注：● 绝对水平低，△ 不稳定或有波动，▼ 显著下降。

4 政策建议

（1）进一步提升部分监管措施的覆盖率

一是提升实现在线监控并联网企业占纳入许可系统企业数比例较低的行业的在线覆盖率，具体包括提升石化、有色金属、原料药、水泥、印染、制革（现有覆盖率在 20%～50%），以及钢铁、农药、电镀（现有覆盖率低于 20%）等行业；二是进一步提升监督性监测对固定源达标排放状况检查的覆盖面、监测频次与监测实质有效性；三是依据《企事业单位环境信息公开办法》（原环保部令第 31 号）开展对重点排污单位环境信息公开情况的抽查，同时协助证券监管部门对照《公开发行证券的公司信息披露内容与格式准则第 2 号——年度报告的内容与格式（2021 年修订）》（中国证券监督管理委员会公告〔2021〕15 号）等相关要求，对属于重点排污单位的上市公司及其重要子公司定期报告环境信息披露合规情况、对相关上市公司重大环境行政处罚披露合规情况进行检查。

（2）加大对超标较为严重的重点企业、行业、因子和区域的精准监管与帮扶

首先，建议经评估论证后，将三项同时超标企业（名单见表 4）列为环境失信企业，建议实施联合惩戒；同时可以考虑开展细致现场执法检查，如发现严重问题建议实施自由裁量权内上限处罚措施。其次，针对有色金属、石化、焦化、平板玻璃、氮肥、火电等超标较严重行业及相应超标因子，开展精准专项执法检查，组织相关专业机构特别是针对京津冀与汾渭平原涉气行业、长江和黄河流域涉水行业制定行业性帮扶方案。最后，针对湖北、新疆和山西等多行业达标率低、水平不稳定、有大幅波动或有退步的省（区），要督促其加强固定源达标监管。

（3）进一步扎实配套的基础性工作

首先，将逐年的监督性监测、环境处罚、在线监控、排污许可、"12369"投诉举报等信息汇总编制形成"企业环境守法档案"，为环境执法、强化监督提供支持；其次，固化与深化重点行业固定源达标评估研究机制。每年、每季度、每月开展固定源达标评估工作，总结固定源监管成效、找出存在问题、识别下一步重点工作方向与内容。

（4）基于评估实施差别化环境监管和经济政策

基于同行业企业间环境守法状况差异，实施差别化的环境准入、环境监管、环境经济与市场准入等政策。同行业企业间可比性最强，监管部门与社会最期待。首先，针对严重环境违法企业（表4），实施挂牌督办，并向社会公开；将名单提供给相关上下游产业和金融机构；根据企业性质等方面不同，分别提交国资委、证监会、国家税务总局、科技部等相关政府部门。其次，针对各行业全达标优秀企业，深入分析内部管理、治理技术、监测能力等方面优秀经验，在行业推广；将名单提供给相关上下游产业和相关金融机构。

参考文献

[1] 李晓亮，葛察忠. 我国工业污染源环境管理制度改革思路与方向探析[J]. 环境保护，2018，46（7）：39-43.

[2] 宋国君，钱文涛. 实施排污许可证制度治理大气固定源[J]. 环境保护与循环经济，2016，36（9）：18-22.

[3] 王金南，董战峰，蒋洪强，等. 中国环境保护战略政策70年历史变迁与改革方向[J]. 环境科学研究，2019，32（10）：1636-1644.

[4] 葛察忠，冀云卿，李晓亮. 生态环境统筹强化监督：国家环保执法的新机制[J]. 环境保护，2019，47（18）：8-12.

[5] 何伟，宋国君，陈德良. 大气固定源排放控制状况评估方法设计研究[J]. 环境保护科学，2018，44（2）：19-24.

实施最严格的野生动物保护制度：中国现状与改革方向

Protecting Wildlife by the Strictest Instruments：China's Current Situation and Reform Direction

张丽荣　孟锐　金世超　潘哲　王夏晖　王金南

周佳[①]　董金池[①]　常纪文[②]

摘　要　随着全球工业化和城市化的快速发展，野生动物及其栖息地保护正在面临着前所未有的挑战。因滥食滥用野生动物引发的全球公共卫生安全事件，已经成为影响中国加快推进生态文明建设和美丽中国进程的重大风险因素之一。本文回顾了我国现行野生动物保护的法律法规，归纳了我国野生动物保护管理部门职责配置，评价了我国野生动物保护成效，分析了我国野生动物资源利用现状。据此，本文识别了我国的野生动物保护存在的三大主要问题，进一步提出了实施最严格的野生动物保护法律制度和配套措施的建议。

关键词　野生动物　新冠肺炎　食用　利用　公众参与

Abstract　With the rapid development of global industrialization and urbanization，conservation on wildlife and their habitats is facing unprecedented challenges. Global public health incidents caused by consumption and over-use on wildlife have become one of the major risk factors affecting China's efforts to accelerate the construction of ecological civilization and Beautiful China. This paper reviewed the current laws and regulations of wildlife protection，summarized responsibilities of wildlife protection and management departments，evaluated the effectiveness of wildlife protection，and analyzed the current situation of wildlife resources utilization in China. Based on this，three major problems existing in China's wildlife protection were identified，and suggestions on the implementation of the strictest legal system and supporting measures for wildlife protection were provided.

Keywords　wildlife, COVID-19, consumption, utilization, public participation

---

① 南京大学环境学院（江苏南京，210023）。
② 国务院发展研究中心资源与环境政策研究所（北京，100010）。

随着全球工业化、城镇化和全球化的快速发展，人类对环境资源的开发利用和自然生态区域的占用达到了一个前所未有的水平，特别是野生动物市场呈现迅速扩张和急剧商业化的态势，给全球可持续发展和野生动物保护带来了严峻挑战。2003 年的重症急性呼吸综合征（SARS）冠状病毒极有可能起源于蝙蝠，通过果子狸传播给人类，在 17 个国家和地区造成 8 000 多人感染和 900 多人死亡。西非和中非的埃博拉病毒被认为起源于蝙蝠，以野生哺乳动物为中间宿主，2014 年 2—10 月感染人数和死亡人数分别达 1.37 万人和 5 000 多人。2019—2020 年新型冠状病毒肺炎（COVID-19）疫情已蔓延超过 25 个国家和地区，累计确诊病例 76 717 人，死亡病例 2 247 人，而且疫情还在持续中。① 如何基于风险预防的理念保护野生动物、提高公共卫生安全，已经引起了世界范围内的高度重视。因此，在推进生态文明和美丽中国建设的进程中，迫切需要重新审视生态环境和野生动物保护相关法律法规，甄别野生动物保护管理中的法律短板，实施最严格的野生动物保护制度，真正实现人与动物文明和谐相处。

1 我国野生动物的保护现状与成效

1.1 现行保护法律法规及其存在的问题

总体上看，我国已形成较为系统的野生动物保护法律法规体系。在现行法律体系中，野生动物相关法律主要包括《中华人民共和国野生动物保护法》《中华人民共和国渔业法》《中华人民共和国动物防疫法》《中华人民共和国进出境动植物检疫法》等，其中最主要的是《中华人民共和国野生动物保护法》。该法颁布于 1988 年，其后历经 4 次修改（订）。在制定该法律时，更多地强调野生动物的资源性，侧重对作为资源的野生动物的利用。例如，2016 年在立法目的中虽然删除了野生动物利用方面的内容，但还是确立了"保护优先、规范利用、严格管理"的原则，从猎捕、交易、利用、运输、食用野生动物的各个环节对规范利用做出了规定。但是由于野生动物利用市场的扩张，利益关系错综复杂，该法在规范利用的实施操作环节上仍存在诸多空白与漏洞。

保护物种名录更新滞后，存在严重的保护空缺。《中华人民共和国野生动物保护法》第十条规定，国家对野生动物实行分类分级保护，国家重点保护的野生动物分为一级保护野生动物和二级保护野生动物，国家重点野生动物保护名录由国务院野生动物保护主管部门组织科学评估后制定，并每五年根据评估情况对名录进行调整。在重点保护野生动物方面，《国家重点保护野生动物名录》同年得到了国务院的批准，于次年（1989 年）正式发布，其中涉及陆生脊椎野生动物 339 种。截至 2020 年，除了 2003 年 2 月 21 日国务院批准将麝科（Moschidae）动物的保护级别从国家二级重点保护动物调整为一级重点保护动物以外，该目录在 30 年来变动很小；2019 年国家林业和草原局启动了《国家重点保护野生动物名录》的全面调整工作。在"三有"野生动物方面，2000 年 8 月国家林业局发布了

---

① 截至 2020 年 2 月 21 日 11 时新冠肺炎疫情动态数据，https://news.qq.com/zt2020/page/feiyan.htm。

《国家保护的有益的或者有重要经济、科学研究价值的陆生野生动物名录》（国家林业局令第七号，以下简称"三有动物名录"），涉及兽纲、鸟纲、两栖纲、爬行纲、昆虫纲 177 科 1 591 种。2018 年新修订的《中华人民共和国野生动物保护法》要求制定有重要生态、科学和社会价值的陆生野生动物保护名录，但内容依旧按 2000 年"三有动物名录"执行，20 年来也未见名录更新。

与国际公约衔接存在漏洞，导致执法难度加大。《濒危野生动植物种国际贸易公约》（以下简称 CITES 公约）于 1981 年在中国正式生效，该公约涉及濒危物种 640 种，中国 156 种，占比为 24%。《中华人民共和国野生动物保护法》中涉及的保护对象范围过窄，对非原产我国的珍稀濒危野生动植物保护未做明确规定，直到 1993 年林业部《关于核准部分濒危野生动物为国家重点保护野生动物的通知》（林护通字〔1993〕48 号）中才提出"CITES 公约附录 I 和附录 II 所列非原产我国的所有野生动物（如犀牛、食蟹猴、袋鼠、鸵鸟、非洲象、斑马等），分别核准为国家 I 级和国家 II 级保护野生动物"。此项规定又面临同科同属物种在国际、国内保护等级不一致的执法困境，导致非洲灰鹦鹉（*Psittacus erithacus*）等国际保护物种在国内保护级别参照困难、执法程度有偏差等问题。

众多部门和地方法律规定不协调造成执行效果下降。在野生动物保护实践中，除野生动物保护法外，其他条例、部门规章和地方规章等对于野生动物保护做出了相关规定，如《中华人民共和国刑法》中的非法狩猎罪、最高人民法院 2000 年发布的《关于审理破坏野生动物资源刑事案件具体应用法律若干问题的解释》、国务院 1992 年发布的《中华人民共和国陆生野生动物保护实施条例》《中华人民共和国治安管理处罚条例》，国家林业和草原局等国家部委单独或联合发布的公告、通知、办法，以及地方政府制定的与野生动物有关的地方性法律法规文件等，都存在诸多不协调的问题，还有部分立法空白，导致执法困难，降低了野生动物保护法律实施的严肃性和权威性。

驯养繁殖缺乏严格监管，严重影响野生动物保护工作效果。《中华人民共和国野生动物保护法》第二十八条规定："对人工繁育技术成熟稳定的国家重点保护野生动物，经科学论证，纳入国务院野生动物保护主管部门制定的人工繁育国家重点保护野生动物名录。"2003 年，国家出台了《商业性经营利用驯养繁殖技术成熟的陆生野生动物名单》，列出了 54 种养殖成熟的野生动物（2012 年废止）。2017 年，国家林业局公布了《人工繁育国家重点保护野生动物名录（第一批）》的 9 种动物，其中梅花鹿、马鹿和虎纹蛙为本土动物。2017—2019 年，农业农村部公布《人工繁育国家重点保护水生野生动物名录》，第一批 6 种（农业部公告第 2608 号），第二批 18 种（农业农村部公告第 200 号）。法律规定对列入上述名录的野生动物及其制品，可以凭人工繁育许可证，按照省（区、市）人民政府野生动物保护主管部门核验的年度生产数量直接取得专用标识，凭专用标识出售和利用，保证可追溯。但在对"究竟是盗猎的还是合法养殖的"无法有效甄别的情况下，盗猎洗白、租借乱用许可证情况屡见不鲜，如有些养殖场经常到野外捕捉野生个体，然后将捕获的野生个体与圈养个体进行交配繁殖，防止圈养种群退化。野生动物保护的溯源、监管和执法难等问题普遍存在，基于经济效益强调野生动物人工驯养繁殖政策而规范化监管不足，在很大程度上造成了野生动物保护局面失控。

1.2 野生动物保护管理与部门职责配置

1.2.1 野生动物保护管理需求

依据 2018 年修订的《中华人民共和国野生动物保护法》对我国野生陆栖动物的相关规定，"国家对野生动物实行保护优先、规范利用、严格监管的原则，鼓励开展野生动物科学研究，培育公民保护野生动物的意识，促进人与自然和谐发展"。依据这一指导原则，结合现阶段实际情况，涉及野生动物的管理要素（或者业务领域）主要包括濒危动物管理、狩猎动物管理、自然保护区中野生动物管理、野生动物驯养及产品开发利用管理、野生动物危害管理以及野生动物制品消费行为管理。

（1）濒危动物管理

濒危动物管理是长期的、复杂的管理工作，如野生动物调查监测、保护成效评估、重引入野生动物种群和限制濒危动物及其产品贸易等。目前，我国已经连续开展四次全国大熊猫调查，调查结果显示大熊猫种群稳步增加。在江苏大丰、湖北石首等保护区成功重引入麋鹿种群。通过定期发布《中国生物多样性红色名录》，全面评估我国生物多样性受威胁状况。

（2）狩猎动物管理

这项管理工作涉及禁猎（渔）区、禁猎（渔）期设立，特许猎捕证申请、核准、监督等环节，严控偷猎盗猎行为。我国在野生动物偷猎盗猎管控方面存在执法不力的现象，大量报道显示，在我国局部地区频繁出现针对禾花雀、果子狸、穿山甲等物种的偷猎盗猎现象。

（3）自然保护区中野生动物的管理

自然保护区是为保护生物多样性、重要景观和自然遗迹而设立的依法管理的区域。除了濒危物种的保护与管理，保护区兼具科学研究和环境教育等多种功能。目前我国自然保护区管理机构相对完善，对野生动物保护成效显著，经过三年"绿盾"专项检查，自然保护区内人类非法活动明显下降。

（4）野生动物驯养及产品开发利用管理

该领域已经形成了一个比较系统的管理体系，主要包括：建立饲养管理标准，重视实质性的动物福利；注重动物免疫和疾病问题，尤其注意人畜共患病的防控；突破繁殖"瓶颈"，加强辅助生殖技术的开发和应用；建立野生动物及其产品经营利用专用标记系统，规范市场管理。目前，我国在朱鹮、扬子鳄、海南坡鹿、大鲵等国家重点保护动物人工繁育方面取得较大进展。但是，这一管理体系也是目前野生动物保护中最受争议的，由于人工商业驯养监管体系严重缺失，存在野外引种、为盗猎"洗白"、防逃逸、消毒措施不完善等问题。

（5）野生动物危害管理

野生动物危害直接关系到人类安全和健康，也是目前野生动物管理的一个薄弱环节，主要包括直接伤害、动物肇事和人畜共患病（鼠疫、野兔热、沙门氏菌等细菌性疾病、脑炎、狂犬病、SARS 等病毒性疾病以及组织胞浆菌等真菌性疾病）等。危害管理通常包括生态扑杀、肇事补偿和人畜共患传染病疫源疫病监测、防治管理等。2003 年"非典"疫情和 2019—2020 年发生的新冠肺炎疫情，极有可能与野生动物危害管理"失效"有直接关系。

（6）野生动物制品消费行为管理

主要包括人群食用、购买、娱乐、陪伴、时装制造、药物制造等方面消费行为管理，以及对个人饲养、干扰野生动物等行为的管理。由于个人消费行为分散，涉及家庭隐私，因此管理难度大。同时，公众对野生动物知识普遍欠缺，也增加了有效管理的难度。

1.2.2　管理机构及其职能

根据 2018 年印发的《国务院机构改革方案》及各部门"三定方案"，我国野生动物保护主要涉及自然资源部（国家林业与草原局）、生态环境部、农业农村部、国家市场监督管理总局、公安部、国家卫生健康委员会、海关总署等部门，具体详见表1。

自然资源（林业与草原）部门。该部门是目前我国野生动物保护主要管理部门，主要负责陆生野生动植物资源监督管理，其职责有：组织开展陆生野生动植物资源调查，拟订及调整国家重点保护的陆生野生动物、植物名录；指导陆生野生动植物的救护繁育、栖息地恢复发展、疫源疫病监测；监督管理陆生野生动植物猎捕或采集、驯养繁殖或培植、经营利用，按分工监督管理野生动植物进出口；指导全国林业重大违法案件的查处，负责相关行政执法监管工作，指导林区社会治安治理工作。

农业农村（渔业）部门。主要负责水生野生动植物保护，牵头管理外来物种安全。

生态环境部门。主要负责生物多样性保护相关工作，包括全国生物濒危程度评估等；对生态保护红线和自然保护地实行监管。

市场监督管理部门。主要负责食品（野生动物制品）安全监督管理。职责包括：建立覆盖食品生产、流通、消费全过程的监督检查制度和隐患排查治理机制并组织实施，防范区域性、系统性食品安全风险；组织开展食品安全监督抽检、风险监测、核查处置和风险预警、风险交流工作；监管野生动物出售、购买（包括网络交易）等经营行为等。

卫生健康部门。职责主要包括：制定并组织落实疾病预防控制规划、国家免疫规划以及严重危害人民健康公共卫生问题的干预措施，制定检疫传染病和监测传染病目录；负责卫生应急工作，组织指导突发公共卫生事件的预防控制和各类突发公共事件的医疗卫生救援。

海关部门。职责主要包括：拟订出入境动植物及其产品检验检疫的工作制度，承担出入境动植物及其产品的检验检疫、监督管理工作；按分工组织实施风险分析和紧急预防措施，承担出入境转基因生物及其产品、生物物种资源的检验检疫工作。

公安机关。职责主要包括：核发捕猎用途的持枪证，负责野生动物案件执法等。

中国野生动物保护协会。该协会是中国科学技术协会下属的非营利性社会组织，受国家林业和草原局的业务指导和监督。业务范围包括：教育宣传，科学评估、认证认可和技术标准制定，引导野生动物猎捕、生态旅游、繁育利用以及珍稀濒危野生动物救护等领域。

表 1　我国野生动物保护管理部门职能清单

部门	职能范围
自然资源（林业与草原）部门	1. 陆生野生动植物资源监督管理；2. 陆生野生动植物资源调查；3. 拟订及调整国家重点保护的陆生野生动物、植物名录；4. 陆生野生动植物的救护繁育；5. 疫源疫病监测；6. 监督管理陆生野生动植物猎捕或采集、驯养繁殖或培植、经营利用；7. 按分工监督管理野生动植物进出口；8. 负责相关行政执法监管工作等
农业农村（渔业）部门	1. 负责水生野生动植物保护，制定流域禁渔等措施；2. 牵头管理外来物种
市场监督管理部门	1. 监管野生动物出售、购买（包括网络交易）等经营行为；2. 野生动物食用制品监管；3. 监管野生动物制品及捕猎工具广告等
卫生健康部门	1. 负责卫生应急（野生动物疫病）工作，组织指导突发公共卫生事件的预防控制和各类突发公共事件的医疗卫生救援；2. 动物制品的药物管理
海关部门	1. 入境动植物及其产品的检验检疫、监督管理；2. 按分工组织实施风险分析和紧急预防措施；3. 承担出入境转基因生物及其产品、生物物种资源的检验检疫工作
公安机关	1. 核发捕猎用途的持枪证；2. 野生动物案件执法等
生态环境部门	1. 生物多样性保护相关工作；2. 生态保护红线和自然保护地监管
中国野生动物保护协会*	1. 宣教及培训；2. 评估与标准制定；3. 野生动物经营行业认定及咨询；4. 国际合作；5. 野生动物救护

资料来源：《国家林业和草原局职能配置、内设机构和人员编制规定》《农业农村部职能配置、内设机构和人员编制规定》《国家市场监督管理总局职能配置、内设机构和人员编制规定》《国家卫生健康委员会职能配置、内设机构和人员编制规定》《海关总署职能配置、内设机构和人员编制规定》《中华人民共和国野生动物保护法（2018 修正）》《中国野生动物保护协会章程》。
* 中国野生动物保护协会为非营利性社会组织。

1.2.3　管理效果初步评价

按照《中华人民共和国野生动物保护法》规定的"野生动物实行保护优先、规范利用、严格监管的原则，鼓励开展野生动物科学研究，培育公民保护野生动物的意识，促进人与自然和谐发展"总体原则，将野生动物的管理需求及其管理现状与机构职能对应进行分析，识别出缺位的管理环节。经过初步评估，我国现行的野生动物管理包括 6 类管理需求，合计 22 项实际业务领域（表 2）。林草部门是野生动物管理的主要负责部门，其中林草部门负责 15 项，约占总业务职能的 68%，其中 11 项业务职能由林草部门独立执行，约占总体职能的 50%。盗猎执法、疫源疫病、外来物种入侵等 4 项业务职能属于多部门联合管理。大部分业务职能的管理状况良好，野生大熊猫种群数量稳步上升，朱鹮人工繁育日趋成熟，大丰、石首麋鹿重引入获得成功，野生动物保护成效显著。但是，偷猎盗猎执法、人工繁育、市场监管和疫源疫病管理 4 项领域，受技术条件等因素制约，管理效果一般。另外，外来入侵物种管理等 7 项业务职能，管理状况缺乏评价依据。

表2　我国野生动物保护管理管理现状初评表

管理需求	业务职能	主管部门	管理状况
濒危动物管理	调查监测	林草	良好
	管理名录制定	林草	良好，已制定重点保护及"三有名录"，但更新较慢
	成效评估	生态环境	良好，《中国生物多样性红色名录》发布，已完成全面评价
	种群重引入	林草	良好，麋鹿等旗舰物种引入成功
	进出口贸易管制	海关	良好，已全面禁止象牙等制品进口
	特殊贸易情况批准	林草	—
	水生生物管理	农业农村	良好，长江全面禁渔，取消刀鱼等捕捞许可
狩猎动物管理	禁猎区、期管理	林草	—
	捕猎证管理	林草	—
	偷猎盗猎执法	林草、公安	盗猎行为局部地区常见，难以杜绝
	枪支管理	公安	良好
自然保护区野生动物管理	自然保护区管理	林草	良好
	自然保护区监管	生态环境	良好
野生动物驯养及产品开发利用管理	人工繁育许可证管理	林草	存在超范围养殖、过程不规范、盗猎"洗白"等情况
	市场监管	市场监督	存在重点保护动物、"三有"动物售卖、消费现象
	珍稀濒危动物人工繁育	林草	良好，朱鹮、大鲵、坡鹿等繁育进展显著
	动物制品的药物管理	卫生健康	—
野生动物危害管理	动物肇事管理	林草	良好
	疫源疫病管理	林草、卫生健康、农业农村	受监测技术等限制，难以快速有效预报
	外来物种入侵管理	农业农村、生态环境、海关	—
消费行为管理	消费行为	林草、市场监督	—
	干扰行为	林草	—

注：管理状况评价资料多来源于林草等相关部门调查报告等；此次结论为初评结论，还需进一步讨论；"—"表示缺乏判断依据。

1.3　我国野生动物保护成效评价

根据世界自然基金会（WWF）的《地球生命力报告2018》（*Living Planet Report 2018*），40多年来全球野生动物数量减少是普遍的趋势，脊椎动物种群规模平均缩减60%。与美国、澳大利亚、印度、巴西、日本、埃及、加拿大、德国、英国9个国家比较分析显示，中国受威胁野生动物物种数量排名居第三位（图1），但综合国土面积、经济发展和人口规模客观因素来看，在全球野生动物数量锐减趋势的大背景下，中国的野生动物保护还是取得了积极进展（图 2）。

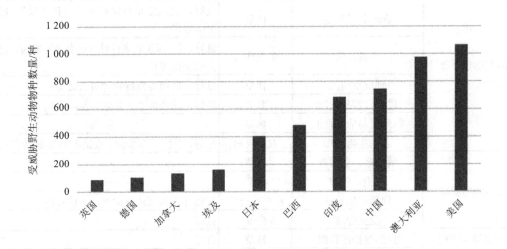

图 1 各国受威胁野生动物物种数量

资料来源：IUCN-2019，UN data-2019。

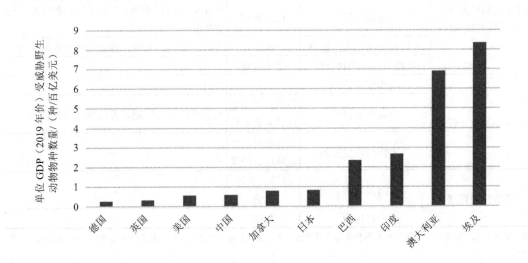

图 2 各国单位 GDP 受威胁野生动物物种数量

资料来源：IUCN-2019，UN data-2019。

在看到成绩的同时，也应认识到，我国野生动物资源濒危物种数量多且濒危程度严重，约 76% 的野生动物种群依然处于下降趋势。造成野生动物受威胁的原因排在前三位的分别是生物资源利用、污染和住宅/商业开发。我国野生动物保护主要有以下三个特征：一是少数珍稀濒危动物得到有效保护，特别是圈养种群数量可观且逐年增加；二是因为城镇化、工业化和基础设施建设，栖息地破碎化趋势加重，使依赖大面积栖息地生存的物种濒危程度加重，一些物种在野外数十年难觅踪迹；三是某些适应人工干扰生境的物种，如野猪等，数量激增，造成人与野生动物冲突加剧。特别是执法缺位和管理不到位、公众宣传教育未成体系、错误消费观念等因素的影响，导致野生动物的生存环境持续整体恶化，野生动物资源总量总体减少。

2 我国野生动物资源利用现状分析

我国的野生动物资源利用现象比较普遍，经济总量大，从业人员多，在国际野生动物保护管理实践中受到长期和普遍关注。本节主要对野生动物资源利用的相关行业进行分析。

2.1 中医药产业

动物类中药的使用在中国传统医学中有着悠久的历史，最早可追溯到 4 000 年前，甲骨文上记录了古人对 40 余种药用动物的应用。东汉末期的《神农本草经》是世界上现存最早的药学专著，其中收录了 65 种动物药；唐代的《新修本草》中收录动物药 128 种；最著名的明代本草学著作《本草纲目》中载有动物类中药 440 种。中华人民共和国成立后，我国针对药用动物资源进行了大规模普查和研究，编写了《中药大辞典》和《中国药用动物志》，分别收载动物用药 740 种和 1 257 种。据不完全统计，我国现有的药用动物多达 1 850 余种，其中包括国家一级重点保护野生动物约 67 种，国家二级重点保护野生动物约 96 种。

国内外对中医药的需求量不断增加，随着我国野生动物资源的不断枯竭，国内进口野生动物的总量也不断增大。根据《中国林业统计年鉴》的数据，我国对药用或中成药野生动物进口额虽然 2016 年有所下降，但整体上仍然呈现增长的趋势，截至 2017 年，我国对药用或中成药野生动物进口额已达到 2 603 万元[①]，是 2012 年进口额的 113.6%（可比价格），如图 3 所示。

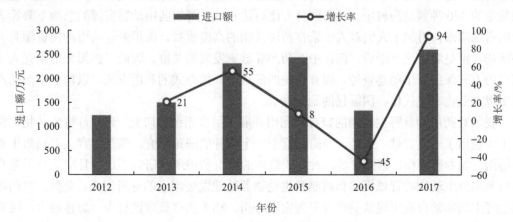

图3 动物性药材年际进口总量及增长率

资料来源：《中国林业统计年鉴》2013—2018。

_____

① 中国报告网[EB/OL]. http://data.chinabaogao.com/nonglinmuyu/2019/0Q544100H019.html。

与此同时，我国中医药在世界范围内也逐渐被接纳，影响力不断扩大，我国动物性中医药出口贸易额也在不断增长。据《中国林业统计年鉴》的数据，我国药用及中成药野生动物出口量呈现波动上升的趋势，截至 2017 年，我国药用及中成药野生动物出口总量达到 987 507 万元，接近 2012 年出口总量的 2.5 倍，如图 4 所示。

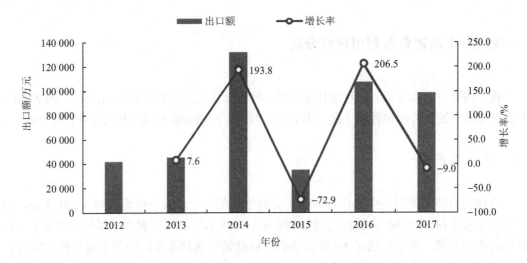

图 4　动物性药材年际出口总量及出口占比

资料来源：《中国林业统计年鉴》2013—2018。

整体上，在我国野生动物资源总体稀缺的情况下，对药用野生动物的进出口状况却呈现巨大的反差。我国对药用野生动物的进口量增长较为缓慢，但对药用野生动物的出口量却显著增长，截至 2017 年，我国对药用野生动物的出口量已达到进口量的 37 倍，且比值呈逐年增长的趋势。

随着对药用动物需求的逐步增加和对经济利益的不断追求，人们大规模、无节制对野生动物进行捕杀，造成了野生动物种群数量急剧降低，直至濒临灭绝。在国家中医药管理局规定的 140 种紧缺药材中，动物药材占比高达 60%。野生药用动物资源的急剧下降和大量的市场需求，引起了人们对人工繁育药用动物的高度重视，保护濒危药用动物资源是大势所趋，也是解决这一矛盾、保证中医药产业健康发展的关键。因此，必须采用加强人工繁育的方式保护野生动物资源，摒弃传统的低成本、掠夺式的利用方式，以保证中医药产业实现产业化、现代化、国际化的稳定发展。

我国对药用濒危野生动物的繁育和利用开展了很多系统的研究，为濒危野生动物的保护工作做出了一定贡献。但是，当前偏重于单个物种的理论研究，调查内容大多局限于基本层面，如养殖规模、繁殖率等，对行业整体的繁育利用现状研究不足，且缺乏对于繁育利用药用野生动物的管理模式和限制野生动物养殖业发展因素的分析调查。此外，对药用濒危野生动物繁育利用现状的研究多为定性分析，相关的政策建议较少。总体而言，现有的研究成果和基础难以达成药用濒危野生动物产业化目标。

2.2　餐饮产业

由于受传统食补思想的影响，食用野生动物的现象在我国部分地区曾相当普遍，在经济利益驱动下，滥食野生动物成为引发全国范围内盗猎及走私野生动物现象的根本原因。中国野生动物保护协会于 1999 年和 2005 年在全国开展了两次食用野生动物状况调查（指食用人工合法驯养繁殖的野生动物以及来自野外的野生动物）。调查显示，南方城市经营野生动物的餐厅比例明显高于北方城市，长沙、大连、海口、武汉这四个城市办理野生动物经营利用许可证的比例最高。调查显示，与 1999 年相比，2005 年经营野生动物的餐厅下降了 9.4%，办理野生动物经营利用许可证的餐厅下降了 9.6%。但是，5 年间经营野生动物的场所和种类有所增加，副食品超市、集贸市场等售卖野生动物的场所增多，且食用的野生动物种类由原来的 53 种增加到 80 种。但随着全国生态保护和建设工作的不断加强，特别是自然保护区和重要生态功能区的严格管理，很多地区野生动植物种群开始逐渐恢复，捕猎和食用野生动物的现象开始增多。当国内野生动物难以满足市场需求时，甚至进行野生动物走私活动。

近年来，食用野生动物的趋势不断抬头，通过海关走私等手段秘密销售野生动物及其制品的情况也十分猖獗。仅 2019 年，全国海关就侦办濒危动植物及其制品走私犯罪案件 467 起，查获包括穿山甲、象牙等各类濒危物种及其制品 1 237.6 t，分别较上年增长 2.2 倍和 8.6 倍[①]。根据中国生物多样性保护与绿色发展基金会的不完全统计，2019 年海关查获的穿山甲鳞片走私总量高达 123 t。滥食野生动物、沉迷动物濒危物种制品，不仅危及我国的生物多样性，也对其他国家的生物多样性产生负面影响。同时，当前野生动物收购、走私、运输、交易等环节日趋隐蔽，利用网络手段非法售卖、贩卖呈现专业化、组织化的特点，导致走私、贩卖、滥食野生动物的行为屡禁不止。

除此之外，很多人食用野生动物可能是无意识的。例如，市场上流通的"利咽灵片"中含有养殖穿山甲鳞片成分，但消费者如不仔细阅读产品配方，很难注意到，所以无意间成了食用野生动物的"帮凶"。

2.3　养殖产业

野生动物驯养繁殖被认为是从经济角度解决保护问题的一个手段，既可以满足人民日益增长的物质需求，又能有效地保护野生动物。在相关法律规定下，全国多个省（区、市）积极开展了野生动物养殖。野生动物养殖一般以皮毛、药用、食用、观赏和实验等为目的，随着技术逐步成熟，该行业在保护野生动物、解决就业、脱贫以及带动经济发展等方面也取得了一定成效。例如，就国内毛皮产业链而言，皮毛动物养殖行业直接与间接从业人员接近 700 万人，按三口之家测算惠及人口 2 000 余万人。从 1956 年起，我国通过养殖毛皮动物创造产值累计超过 2 500 亿元；2016 年我国野生动物养殖产业从业人数近 1 409 万人，

---

① 蔡岩红. 海关总署坚决斩断野生动物走私渠道[EB/OL]. 法制日报，2020-02-15. http://epaper.legaldaily.com.cn/fzrb/content/20200215/Articel02002GN.htm.

产值超过 5 206 亿元（表3）。

表3　2016 年我国野生动物产业规模与就业人数

产业		直接就业人数/万人	直接产值/亿元
毛皮动物产业		760	3 894.83
药用动物产业		21.08	50.27
食用动物产业	两栖类	101.7	506.48
	爬行类	501.13	643.22
	鸟类	14.73	76.56
	兽类	8.77	24.28
	小计	626.34	1 250.54
观赏及宠物行业		1.37	6.52
实验动物产业		0.2	4
合计		1 408.98	5 206.16

数据来源：《中国野生动物养殖产业可持续发展战略研究报告》2017。

起初，合法养殖野生动物的一个目的是降低野生动物偷猎、走私所得的利润，从而实现野生动物的保护，然而这个方法有效的前提是合法的养殖野生动物的制品足够替代野生动物的制品，能满足市场的大部分需求。但是，有关的调查结果显示，我国当前的野生动物养殖行业还存在很多问题：一是规模小、种类乱，养殖的物种与市场需求有较大差距。例如，中越边境两市两县虽都开设有野生动物养殖场，16 家养殖场多是集中养殖蛇类、鳄鱼等动物，且无规模养殖，相较于需求量较大的亚洲象、花面狸和穿山甲等物种，并没有起到很好的保护作用，对遏制走私野生动物起到的作用较小。二是养殖场防疫措施不足，存在疫病隐患。现多数养殖场还缺乏专业的疫病防控能力，一旦疫情暴发，将会造成难以承受的后果。三是科技含量低，从业人员文化程度不高，无法对产品进行深加工，致使产品品类单一，无法更好地发挥经济带动作用。在此情况下，想要通过发展养殖行业完全取代或是遏制偷猎、走私野生动物，还有很长的一段路要走。

2.4　动物表演及娱乐产业

动物表演的本质是强迫动物取悦人类，与生态文明和伦理道德的要求背道而驰。在训练动物的过程中，需要通过饥饿和暴力手段，强迫动物做出违背天性的行为，以呈现给观众一种所谓的"奇观"，这样长期的驯养必然会对野生动物的身心健康造成伤害。目前，全世界已有 36 个国家 389 个城市禁止或限制动物表演，上百个城市禁止利用野生动物进行马戏表演。2010 年，国家林业局发布《进一步规范野生动物观赏展演行为》，要求立即停止虐待性表演。2013 年，住建部发布《全国动物园发展纲要》，要求全国动物园杜绝各类动物表演。随着人们文明意识的增强，野生动物表演在减少，但取缔难度大。据调查，出于增加收入的利益考虑，全国 50%的城市动物园、91%的野生动物园和 89%的海洋馆存在各种类型的动物表演，每年吸引超过 8 亿观众观看。

2.5 全球贸易

全球每年野生动物及其制品的贸易额高达 60 亿美元，主要覆盖美国、欧盟、日本、俄罗斯、加拿大、非洲南部、韩国及东南亚等国家和地区，涉及商业、娱乐、科研、文化等多个领域。

中国于 1980 年 12 月 25 日成为《濒危野生动植物种国际贸易公约》（CITES）缔约国。经过多年合作与宣教，社会各界对野生动物的科学保护及可持续利用的观念和意识有了很大提高，但野生动物贸易市场依然混乱，乱捕滥猎、走私、倒卖野生动物及其制品的行为屡禁不止、日渐猖獗，且出现了通过国际贸易将我国野生动物消费压力转移到其他国家的倾向。例如，我国近年来大量进口龟鳖、蛇类等野生动物，致使东南亚地区相关种群面临绝灭的危险。

3　我国野生动物保护与管理主要问题研判

尽管我国建立了相对完整的野生动物保护法律和管理体系，但由于传统文化思想和野生动物资源利用政策引导，野生动物保护面临着众多的问题和挑战。

3.1 人与动物文明和谐相处的观念缺失

我国经过数十年的公众宣传教育，大多数公众建立了初步的野生动物保护观念，但对野生动物的印象依然停留在大熊猫、东北虎、丹顶鹤等少数物种上，"人与自然和谐""尊重自然""善待生命"等观念尚未建立，特别是上千年来的陈旧思想和惯性思维，使得大多数人对身边的鸟类、兽类、两栖、爬行动物等依然保有"能吃"和"好玩"的价值判断，对"珍馐美味""山珍海味""衣狐坐熊"依然存在盲目地追求猎奇和炫耀心理。

生态文明的核心问题，是人类社会与自然界的关系，这其中就包括人与自然界中野生动物的关系，包括人对待其他生命的态度。人与动物和谐平等相处，不仅是一个观念问题，也是社会进步和文明发展到一定阶段时人类的自发觉悟和自主选择。2019 年年底到 2020年年初的新冠肺炎疫情为人类敲响了尊重所有生命的警钟，必须从思想上根本转变，正确把握和确定人与野生动物在内的自然生命的共存关系，实现人与自然生命万物的和谐相处。为实现这一目标，还存在一系列问题需要解决。

3.2 野生动物的法律定义界定不清

人们对野生动物的理解不相一致。有人持狭义的野生动物概念，认为野生动物仅包括野生哺乳类动物和野生鸟类；有人则认为，野生动物包括一切野生的无脊椎动物和脊椎动物；还有人认为，野生动物仅仅包括生活在野生状态下的动物。"野生动物"是一个与"家养动物"相对的概念，按字义理解，野生动物是指"生活于野外的非家养动物"。野生动物（Wildlife）在国际上的定义是：所有非经人工饲养而生活于自然环境下的各种动物。

明确野生动物的法律定义，是保护和管理的基础。中国的野生动物保护工作正在逐步推进，但在我国法律中，对野生动物尚无明确法律定义，只是对其保护的野生动物作了范围的界定。现行《中华人民共和国野生动物保护法》的适用范围仅限于国家重点保护的珍稀、特有、濒危野生动物及有社会、科研、生态价值的野生动物。可以说，野生动物保护法对野生动物定义的模糊不清，对法律的准确性和有效性产生了严重不利影响，也是造成我国野生动物保护与国际实践存在巨大差距的重要原因。

3.3   法律保护野生动物范围过窄

现行《中华人民共和国野生动物保护法》仍是资源利用的传统思维，缺乏对生态与生物安全的足够考虑，对野生动物保护范围界定过窄。《中华人民共和国野生动物保护法》第二条规定"本法规定保护的野生动物，是指珍贵、濒危的陆生、水生野生动物和有重要生态、科学、社会价值的陆生野生动物"，简单地说就是国家一级与二级保护动物、省级保护动物和"三有"动物，也就是说并不是所有的动物都被纳入这三种保护类型。据统计，在我国包括哺乳类、鸟类、两栖类、爬行类在内，被保护物种累计仅占中国总记录哺乳类、鸟类以及两栖和爬行类动物物种数的62.71%（总计2 888种），仍有1 077种未受到名录保护。《国家重点保护野生动物名录》30多年未曾修订更新，那些不属于国家重点保护或"三有"范围的野生动物，例如携带多种病毒的一些种类的蝙蝠等野生动物难以纳入现行法律的保护范围。

我国野生动物保护法律体系虽初步形成，但难与现有法律形成对"健康中国"和"美丽中国"战略的协同规制体系，制度手段缺乏互动。从现有的法律分析，我国野生动物保护相关立法分散，相关立法的宗旨各异。其中，《中华人民共和国野生动物保护法》《陆生野生动物保护实施条例》《水生野生动物保护实施条例》《濒危野生动植物进出口管理条例》《国家重点保护野生动物驯养繁殖许可证管理办法》等所要保护的只是"珍贵、濒危的陆生、水生野生动物和有重要生态、科学、社会价值的陆生野生动物"。《中华人民共和国畜牧法》《中华人民共和国动物防疫法》《中华人民共和国传染病防治法》《中华人民共和国渔业法》《中华人民共和国食品安全法》《中华人民共和国进出境动植物检疫法》《实验动物管理条例》《兽药管理条例》《动物源性饲料产品安全生产管理办法》等立法中也有相关的规定。相关法律规定虽涉及野生动物，但立法形式、效力层级不同，立法宗旨各异，资源开发利用和生物多样性保护矛盾难以调和，保护优先原则难以贯彻。

另外，现行立法对野生动物的保护多侧重管控猎捕、贩卖、运输、加工等"供应链"，对购买、食用等"消费链条"的规制措施存在漏洞，也难以杜绝那些非国家重点保护野生动物及其制品销售或食用行为。

3.4　野生动物交易的监督和执法失控

对一些非法野生动物交易市场没有坚决取缔、关闭，甚至在很多地方野味市场泛滥，相关产业规模很大，构成公共卫生安全的重大隐患。野生动物非法交易和走私等案件长期难以杜绝，关键在于执法体制不顺和执法缺乏监督导致执法缺位、执法不到位。

我国野生动物管理主要涉及林业草原、农业农村、市场监管、卫生健康、公安等部门，这些部门的职责存在一定的交叉、重叠甚至冲突。有些主管部门存在监督与管理职能合一的情形，"既做运动员、又做裁判员"的情况存在，影响了法律规章制度的有效实施。

（1）野生动物保护跨部门多机构协调执法难度大，执法的制度化保障机制欠缺

在野生动物保护立法相对全面的情况下，仍未杜绝野生动物的非法盗猎、出售、购买和利用，执法不严和犯罪成本低是两个重要原因。一方面，与野生动物有关的违法犯罪、违法交易或走私活动涉及公安部、国家林草局、海关等部门，由于野生动物交易涉及森林公安、野生动物保护、海关、交通运输、动物防疫、卫生健康、市场监管、网络监管等众多部门，在部门协调和区域合作方面存在客观难度。另一方面，跟众多且隐秘的野生动物交易市场和巨大的交易量相比，基层执法人员编制少、执法手段有限，执法权威不足，技术手段有限，往往以"运动执法"的方式进行，缺乏可持续的制度化保障机制，而部分执法机构的乱作为、不作为和慢作为也影响了野生动物保护相关执法的效果。

（2）野生动物经营交易环节的监管存在诸多问题

新冠肺炎疫情表明，野生动物交易监管已不再是单纯的生态资源保护问题，已上升为公共安全问题。目前，除了非国家重点保护野生动物的监管立法较为薄弱以外，其他监管方面的问题还有：首先，我国采用地方政府为主要监管责任主体的属地管理制度，2018年机构改革后仍存在多个监管部门的职能交叉，而野生动物养殖和交易的利益又使得部分地方政府严格监管野生动物交易市场的动力不足；其次，监管事项存在漏洞，体现在目前地方相关部门颁发野生动物养殖、经营的许可证后，往往缺乏后续的监管措施；最后，捕猎、养殖、贩卖、运输、屠宰、加工野生动物等多个环节的经营主体为了追逐利润不惜多次违法，职责分散的主管部门对这些监管对象的监管成本较高。另外，目前缺乏人工繁育许可的发放标准、人工繁育野生动物的范围、养殖过程中的监管要求以及野生动物标识等标准及细则。在实际工作中难以有效监管，部分地区存在超限定范围饲养，防逃逸、消毒措施不完善等问题，由于法律约束不清晰，存在通过人工繁育场所给野外捕捉野生动物"洗白"的现象，受监测技术等限制，难以快速有效预报。

（3）个人行为监管难度大

《中华人民共和国野生动物保护法》第三十八条规定了个人行为的相关要求。个人行为管理内容不应只局限于放生，对饲养野生动物（如养鸟、蜥蜴等）、在经营场所展示野生动物、摄影时干扰野生动物生存（如惊扰、投喂、捕捉等）等问题约束不足。在实际管理中，个人行为发现难，处罚也难，难免出现监管缺失的现象。

3.5　商业目的的人工繁育市场混乱

在实践中，人工繁育制度并没有很好地实施和监督管理，社会意见很大。人类对野生动物制品的非理性需求与消费，让大规模的商业利用成为人工繁育野生动物的最重要动因，这与《中华人民共和国野生动物保护法》制定的"初心"是不相容的，也不符合野生动物保护的国际潮流。除了部分规模较大的，配有专业技术人员和健全的卫生防疫制度养殖户外，多数养殖户证件不齐、条件堪忧，是野生动物疫情暴发的潜在隐患。目前，全国野生动物养殖业存在的问题主要有：

（1）饲养人员专业水平良莠不齐，防疫工作亟待加强

目前一些养殖户的管理存在问题，相关技术人员文化水平偏低，专业知识掌握不足，难以系统、科学地繁育野生动物，动物福利更是无从谈起。大部分养殖户防疫意识不强，日常消毒不到位、方法操作不规范，造成动物生存环境污染，进而引发疫病。

（2）动物防疫措施有待提高，配套设施短缺

除少数正规养殖场的防疫措施和相关配套设施较齐全外，大多数饲养场在防治疫病方面的措施多局限于接种预防针。少数农村养殖户因成本高等原因拒绝接种，导致养殖动物流入市场后疫情时有发生。此外，多数养殖场不具备患畜诊疗室和隔离室，以及污染物处理和无害化处理设施，导致疫病发生时，养殖场不能有效控制疫情。

（3）饲养管理方式粗放，免疫工作跟进不到位

部分养殖户饲养方式不科学，一些野生动物终生豢养在空间狭小的空间内，动物的基本生存空间和活动范围得不到保证，饲料、水源、粪便清理等也存在很多问题。小规模养殖户不能实现全进全出制度，养殖动物日龄无法统一，定期的防疫措施无法及时落实。另外，有些养殖场引入野生动物时缺乏必要的检疫环节，易将源自不同地区的病原微生物引入当地，极易导致疫病的流行和暴发。

（4）野生动物驯养繁殖许可证管理在基层处于无序状态

首先，实际管理中，由于经济利益的驱动，野生动物驯养繁殖许可证滥发，后续监管不到位，导致一些持证的野生动物驯养繁殖机构超限经营。我国驯养繁殖许可证的发证机关与对人工驯养繁殖场进行监管的部门是重叠的，且审批权下放，这就在一定程度上造成了许可证滥发的情况。其次，部分持证养殖场"挂羊头卖狗肉"，违背颁发许可证的规定要求，在市场上非法收购野生动物之后在养殖场过渡，利用许可证手续售卖野生动物，再加上我国缺乏系统科学的溯源体系或监管检查方式，导致现实中很难区分野生动物来源是否合法，这就给持证的野生动物驯养繁殖机构超限经营供了空间，造成人工繁育市场混乱。

3.6　野生动物保护的公众意识仍然薄弱

当前公众和社会团体对野生动物保护持不同态度，在《中华人民共和国野生动物保护法》的几次修改（订）过程中，围绕野生动物利用问题的争论尤为激烈，利益相关方和动

物保护者、传统和现代伦理之间的冲突再次出现在公众视野。

环境志愿者、动物保护志愿者和许多专家学者群体认为，我国野生动物保护立法相对被动和滞后，法律规范体系在野生动物开发利用方面的限制太少，实际上是对野生动物利用持鼓励的态度，也是导致野生动物持续减少的原因；也有部分社会群体出于发展经济、提高农民收入、增加就业的考虑，呼吁在科学合理规范的条件下开展规模养殖。2020 年 2 月 16 日，中国野生动物保护协会保护繁育与利用委员会在其下属蛙类养殖专业委员会自办的微信公众号上发表了《野生动物养殖是人类祖先的伟大创举》文章，这就是一个典型的利益团体对野生动物保护态度的例证。

2020 年 2 月，生态环境部环境规划院组织开展了全国范围内社会公众对野生动物保护的问卷调查，共回收 4 619 份，涉及全国除港澳台地区的 31 个省（区、市）。调查结果表明，大部分公众对野生动物保护持关切态度，具备一定的野生动物保护基础知识，认可野生动物是生态系统的一部分，需要开展科学的管理，严控野生动物的滥用，但大多没有参与过野生动物的保护。与此同时，不同群体在对待野生动物保护的态度和认知程度等方面呈现出不同的特征（表 4）。

表 4　对不同群体在野生动物保护领域呈现的特征

人群	关注与认知	法律与管理	对野生动物食用和其制品态度	公众参与
学生	1. 最支持野生动物减少能降低社会危害和病菌传播的说法； 2. 更支持集中处理家养宠物，避免宠物作为中间宿主传播病毒的行为	1. 对我国野生动物管理机构认识比较模糊； 2. 对《中华人民共和国野生动物保护法》保护的动物认识相对模糊	1. 对野生动物制品持中立态度相对最多； 2. 购买野生动物制品的比例相对较少； 3. 食用过野生动物制品的比例相对最低	1. 在野生动物救治方面相对专业； 2. 野生动物科学考察参与比例较高
机关/事业单位	1. 最关注野生动物保护的群体； 2. 最认可野生动物在生态系统中的地位； 3. 最支持整顿野生动物交易市场，切断传播途径	1. 对我国野生动物管理机构认识比较清晰； 2. 对《中华人民共和国野生动物保护法》相对熟知	1. 食用过野生动物的比例相对最高； 2. 猎奇尝试食用野生动物的比例相对最高	1. 野生动物救治知识相对专业； 2. 参加野生动物保护行动的比例相对较高； 3. 参加科普宣教活动的比例较高
企业	偶尔关注野生动物保护的比例相对最高	1. 对我国野生动物管理机构认识比较清晰； 2. 对《中华人民共和国野生动物保护法》相对熟知	1. 对野生动物制品持"比较反对"态度的比例相对最多； 2. 购买野生动物制品的比例相对较大	参加野生动物保护行动的比例相对较低
公众	相对最支持宣传科普、提高公众意识的行为	1. 对我国野生动物管理机构认识比较模糊； 2. 对《中华人民共和国野生动物保护法》保护的动物认识相对模糊	对野生动物制品持"强烈抵制"态度的比例相对最高	作为志愿者参与野生动物保护活动比例相对较低

人群	关注与认知	法律与管理	对野生动物食用和其制品态度	公众参与
农民	1. 认为野生动物的减少不会对个人生活造成影响的比例相对最高；2. 相对最支持立法保护野生动物	1. 对我国野生动物管理机构认识比较模糊；2. 对《中华人民共和国野生动物保护法》保护的动物认识相对模糊	1. 购买野生动物制品的比例相对较少；2. 认为野生动物制品档次高、品质好、有特殊功效的比例相对最高；3. 因体验地方风俗食用野生动物的比例相对最高	1. 野生动物救治方面相对专业；2. 参加野生动物保护行动的比例相对较低

4 实施最严格野生动物保护法律制度和配套措施

过去 40 年，中国在生态环境保护上的努力和成效是很多发展中国家甚至一些发达国家都无法比拟的，国际社会对中国生态文明建设给予了高度的认可。然而，这些成就常被一些披露的野生动物利用和非法贸易案件或事件所削弱。2020 年 10 月，联合国在我国昆明召开了《生物多样性公约》第 15 次缔约方大会（COP15），大会主题为"生态文明：共建地球生命共同体"。为了保护人类健康和生态安全，担当共建人类命运共同体的责任，在尊重野生动物合法规范化繁育利益的基础上，建议实施最严格的野生动物保护，重塑保护野生动物国家形象，发挥引领全球生态文明建设的积极作用。

4.1 重建人与动物文明和谐相处新理念

生态文明时代需要树立新的自然理念，通过建立政策体系、社会制度、公众宣传教育等手段，从平等视角重新建立人类与野生动物的关系，对那些为人类生产生活提供了便利、做出了贡献的野生动物给予最基本尊重的观念。

（1）树立尊重野生动物物种生存权的理念

任何物种在地球生态环境中存在皆有其现实的存在价值和理由，有些价值和理由并未为人类所感知或者发现。人类不能因为没有感知或者发现，就否定一些物种存在和繁衍的自然权利，并予以灭杀。对于我们感知和发现其存在价值和理由的物种，更应当科学、理性地尊重其存在的状态，不要滥食、非法捕猎和过分利用。人类只有尊重野生动物物种的生存权，生态环境才能够更平衡，避免遭到自然界的报复。

（2）树立人与野生动物文明和谐相处的理念

人类有自己的生产和生活边界，野生动物有自己生存和繁衍的栖息地，两者应当保持合理的生态距离，互不干涉。人类只有尊重自然、敬畏自然，与野生动物保持科学的距离，才能既有利于生态平衡，也有利于人类公共卫生安全的保护，最终保护整个地球的生态系统。

（3）摒弃滥食野生动物和滥用野生动物资源的观念

人类作为具有优势能力的物种，通过自己制定的法律规定开发和利用野生动物资源的合理性，但是基于动物生理学、动物伦理学、动物卫生学、生态学、污染防治法学等考量，这种利用必须节制有度，不得滥用。为了防范疫源野生动物，保障公共卫生安全，实现人与自然和谐共生，共建地球生命共同体，立法必须摒弃滥用野生动物资源的理念和做法。在具体举措上，要以最严格的法律制度和措施手段，遏止人类对野生动物及其栖息环境的干扰，限制野生动物资源的开发利用，通过发展替代技术进一步缩减野生动物的利用范围，并在野生动物制品的取得、生产等方式上逐步增加限制和监管手段。

4.2 实施全方位全过程野生动物严格保护

（1）将保障公共卫生安全纳入立法目的

由于《中华人民共和国野生动物保护法》经过多次修改（订）仍未摆脱"要保护，又可通过驯养繁殖产生经济效益"的矛盾冲突，针对在保护和利用野生动物过程中引发的公共卫生甚至生物安全的制度缺失，建议将"公共健康安全"写入立法宗旨。

（2）扩展受保护野生动物的范围

由于现行法律保护范围过窄，无法对野生动物监管提供有效的法律依据，建议在《中华人民共和国野生动物保护法》中重新界定其保护的野生动物范围，扩展为所有的野生动物，同时将野生动物栖息地纳入法律保护范围，填补现在野生动物管理中的真空地带。此外，要对国家重点保护野生动物、地方保护野生动物、"三有动物"、在野外生存的一般野生动物、人工繁育的野生动物分类设计管理制度。

（3）建立风险预防的保护原则

《联合国气候变化框架公约》和《卡塔赫纳生物安全议定书》都在各自领域确认了风险预防原则。如《卡塔赫纳生物安全议定书》规定，为预防生物对生态环境和人类健康可能构成的风险，针对安全转移、处理和使用凭借现代生物技术获得的、可能对生物多样性的保护和可持续使用产生不利影响的改性活生物体，必须采取充分的保护措施。我国是《卡塔赫纳生物安全议定书》的缔约国，这一原则应为我国所遵守。我国应当开展立法转化工作，在国内法中规定，当生态安全、环境安全、粮食安全、公共卫生安全遇到可能由生物因子造成的严重或不可逆转损害的威胁时，不能以缺乏充分确定的科学证据为由拒绝或者延迟采取预防损害发生的措施。而《中华人民共和国野生动物保护法》《中华人民共和国传染病防治法》缺乏风险预防原则的明确规定，因此修改这些法律补充这一原则，是具有法律基础的。

（4）围绕捕猎、繁育、运输、储存、转让、食用等环节，全面、科学、精准地构建最严格的野生动物保护制度

一是要从源头卡住野生动物非法进入市场的途径。建议在《中华人民共和国野生动物保护法》中规定："禁止猎捕和繁育受本法保护的野生动物。因为科学研究确需捕猎的，应当依法取得省级人民政府野生动物保护主管部门核发的狩猎证。具体核发办法，由国务院野生动物保护主管部门会同卫生行政主管部门制定。禁止非法运输、储存、转让本法保

护的野生动物及其制品。"二是从末端禁止滥食野生动物。建议全国人大常委会会议尽快通过《关于打击非法野生动物交易、革除滥食野生动物陋习、坚决保障人民群众生命健康安全的决定》，规定禁止食用的野生动物及其制品的范围；对于允许的特许情形，要建立可追溯的制度。《中华人民共和国野生动物保护法》修改（订）时，对这一做法予以巩固。

（5）提高对野生动物非法交易和滥食的惩罚力度

建议《关于打击非法野生动物交易、革除滥食野生动物陋习、坚决保障人民群众生命健康安全的决定》和《中华人民共和国野生动物保护法》对一般行政违法行为规定重罚的法律后果，如处以货值 10 倍以上的罚款。对于严重违法行为，将现行的《中华人民共和国刑法》中"非法杀害珍贵、濒危野生动物罪"修改为"非法捕猎、繁育、运输、储存、转让和食用野生动物罪"，根据危害后果的不同，对非法猎捕、杀害、贩卖、购买和食用野生动物的行为设置相应的刑罚。

（6）加强相关法律的衔接性修改

由于犬、猫等家养宠物动物既可能与鸟、鼠、蝙蝠等野生动物密切接触，也与人接触密切，往往是一些人与野生动物共患传染病的中间宿主。为了维护公共卫生安全，建议配套性地一并修改《中华人民共和国传染病防治法》和《中华人民共和国动物防疫法》，在适当的位置规定不得食用犬、猫等家养宠物动物，规定疫期家养宠物动物隔离制度，违者处以行政拘留，并处罚款；引发公共卫生事件构成犯罪的，依法追究刑事责任。对于依法驯养繁殖野生动物的单位与个体，需要定期自主申报检疫，对饲养动物进行定期防疫，确保卫生及检疫标准。

4.3 建立职责清晰的执法监管和惩治体系

（1）全面梳理野生动物保护行政职权

在完善法律体系的基础上，国务院牵头各部门梳理野生动物相关行政职权，理顺野生动物管理与监督职能，汇总形成部门行政职权目录，建立各部门的职责清单。各省（区、市）政府可参照国家分类方式，结合本地实际，制定统一规范的职责分类标准，明确职责要求。

（2）清理调整野生动物保护行政职权

在全面梳理的基础上，要按照职权法定原则，对现有 22 项野生动物管理行政职权进行清理、调整，加强有关部门在立法和执法过程中的相互监督和协同配合。进一步明确偷猎盗猎执法、人工繁育、市场监管和疫源疫病 4 项行政职权的管理责任，分离监督职能，弥补监管漏洞。

（3）强化野生动物保护权力监督和问责

职责清单公布后，地方各级政府工作部门等，要严格按照职责清单行使职权，维护职责清单的严肃性、规范性和权威性。首先，建立全国统一的野生动物保护工作有奖举报平台，实行信息公开，对非法交易、非法食用、非法繁育、非法发视频的行为集中统一开展打击。可以按照缴获野生动物的货值的比例进行奖励。其次，规定尽职照单免责、失职照单追责的机制，建立党政同责制度，解决地方政府之间以及监管部门之间相互推诿的问题。

对地方政府建立执法信息实时共享和执法考核制度，对于不按权力清单乱作为、不作为和慢作为的执法部门和有关人员，应当追究责任。最后，明确规定行政公益诉讼制度，允许社会组织和个人起诉乱作为、不作为或者慢作为的地方政府及其监管部门。加大公开透明力度，建立有效的权力运行监督机制。

（4）加强野生动物保护重点领域监管

加强监管，对猎捕、杀害、收购、运输、出售、走私、滥食野生动物行为实行全链条监管。修订《国家重点保护野生动物名录》《中华人民共和国野生动物保护法》《商业性经营利用和驯养繁殖名单》等，出台动物药材管理清单。厘清保护与利用边界，弥补非重点保护动物的交易监管漏洞。加大互联网野生动物及制品交易、恶意传播虐待和捕猎野生动物影像制品的打击力度，完善驯养繁殖和检验检疫管理制度。建立人工繁育场所定期审核制度，提出范围饲养、防逃逸、消毒措施等过程管理细则，严防不规范操作导致疫病、物种入侵、动物死亡、动物肇事等问题。

4.4 实行最严格的野生动物保护利用特许制度

（1）建立公共研究（非营利）领域特许审批制度

在科学论证前提下，对确需野生动物（包括其衍生物、子代等）用于科研、教育、医药研发等社会公共利益研究用途的人工繁育、养殖行为进行特许审批，严格限定和规范从事公共研究（非营利）领域人工繁育野生动物及制品的企业（及机构）清单。

（2）实行特许行业企业和机构活动的全过程监管

采用信息化手段，健全（非营利）人工繁育野生动物的标识制度，建立可溯源体系，同时从资源获取、养殖驯化、产品及衍生物鉴定、市场释放、产物追溯评价等多个环节建立严格的标准化操作规范和管控制度，如资源来源说明、原始品种鉴定报告、养殖过程的环境释放、产物及其衍生物安全鉴定、加工工艺及产物安全性评价等，建立品种溯源、透明生产和市场监督等流程。

（3）严格监控特许行业产物流通渠道

定期监测列入正面清单或者白名单的野生动物野外种群规模、健康状况以及栖息地环境，并将监测评估结果作为确定人工繁育野生动物制品产量的重要参考因素；对特许行业的动物种群进行一对一标识，建立种群动态监控清单，对新生、死亡种群数量进行备案和标识，严禁公共研究（非营利）领域人工繁育野生动物及制品非法进入市场，一旦发现，对相关企业和机构予以处罚，包括按日计罚，情节严重的吊销资格，甚至追究刑事责任。

（4）发展替代技术，逐步淘汰一些利用野生动物的药物

严格限制将列入禁止食用名录的野生动物及其制品作为药材使用，针对一些品种制定淘汰时间表，鼓励尽量使用替代原料，加强传统中医药现代化改造及可替代产物研发，逐步淘汰以野生动物及制品为原料的中药产业。

4.5　科学动态调整野生动物保护范围和名录

根据生物多样性保护的需求，充分考虑生态系统、物种和生物遗传资源等方面的因素，可以基于现有的制度资源，如《中华人民共和国野生动物保护法》第十条规定的定期评估机制，缩短评估周期，丰富评估内容，将评估结果作为调整名录的重要考虑因素。

（1）加快修订野生动物相关名录

建议修订《国家重点保护野生动物名录》《具有重要生态、科学和社会价值的陆生野生动物名录》，近期对相关的名录作一次大修订。之后，基于定期评估制度实时对名录野生动物物种做出升级、降级、删除或维持现有保护等级处理，建立名录野生动物种群和生境恢复方案，划分中央和地方、各部门的保护责任，形成名录科学标准、科学管理、科学保护的基础性指导作用。

（2）扩大对一般野生动物的保护范围

根据我国当前动物保护工作水平、公众动物保护意识程度以及野生动物独特的生活习惯和特征，将一般野生动物划分等级，科学制定各等级一般野生动物的针对性保护程度、范围与标准，作为解决当前《中华人民共和国野生动物保护法》适用范围狭窄问题和扩大我国野生动物保护范围的依据。

（3）加强我国野生动物保护分类和名录与国际公约接轨

将我国野生动物名录分类与管理同《濒危野生动植物种国际贸易公约》《生物多样性公约》《关于获取遗传资源和公正和公平分享其利用所产生惠益的名古屋议定书》《卡塔赫纳生物安全议定书》《保护迁徙野生动物物种公约》等国际公约条例与附录相结合，在体现中国特色的同时，与国际公约的精神与理念相一致，提高我国野生动物保护分类和名录制定与管理的国际化水平。

4.6　建立有利于野生动物保护的社会和司法治理体系

（1）建立分工负责的自然宣教职责体系

各级人民政府应当加强野生动物保护的宣传教育和科学知识普及工作，鼓励和支持基层群众性自治组织、社会组织、企业事业单位、志愿者开展野生动物保护法律法规和保护知识的宣传活动；各部门应积极配合，加强宣传教育，细化宣传措施，提高全体公民共同保护野生动物的意识，使野生动物保护成为每个人的职责；新闻媒体应当开展野生动物保护法律法规和保护知识的宣传，对违法行为进行舆论监督。

（2）开展科学的自然科普基础教育

将自然教育纳入大、中、小学教材，作为社会实践教学环节，设置必需的教育课程时长、实践内容，学校配备专业教师，设置专门课程对学生进行野生动物保护知识教育，出版正确、科学的公众科普材料，确保公众始终接受正确、科学、理性的教育。

（3）对相关执法人员、养殖业人员和宠物机构等开展规范的野生动物知识教育和培训

提高基层执法人员的专业素养，学习有关法律法规和专业技能，掌握如何正确鉴定物

种、识别入侵物种等知识，在执法过程中避免出现乱定种、乱放生，甚至乱销毁的现象。明确各类宠物是否可以野外放生，在售卖前后应提醒告知，避免因放生不当造成入侵物种引入，破坏当地生态环境，对范围内野生动物造成影响。

（4）实施野生动物非法贸易、猎杀的行政公益诉讼制度

拓宽拥有野生动物保护公益诉讼权利的组织名单，放宽社会公益组织的诉讼条件，营造符合条件的社会组织起诉违法企业、违法个人和不依法执法机关的社会氛围，针对野生动物公益诉讼方面适当减少诉讼费用，提高社会组织对野生动物保护公益诉讼的热情。

（5）鼓励公众监督野生动物案件执法过程

设立公众参与野生动物保护奖励制度，激发公众参与热情。建立全国统一的野生动物案件举报电话和网络信息交流平台，各级政府、公安机关和野生动物监管部门应建立行之有效的有奖举报措施。推动建立野生动物保护信息公开制度，拓宽公开方式与渠道，公开方式既可以是政府主动公开，也可以是公民依申请公开，确保动物保护信息真实有效。在全国统一的纪检举报电话中设立门类，鼓励社会公众对涉嫌不依法监管的机关进行举报。

（6）把野生动物保护纳入中央生态环境保护督察

当前，自然生态保护工作处于一个过渡时期，强势的自然资源利用和国土空间开发价值取向可能会削弱野生动物保护、自然保护区保护和生态保护红线的工作。建议充分运用好中央生态环境保护督察制度，适时开展野生动物保护和自然保护地保护的中央生态环保督察，以此解决一些野生动物保护中的"老大难"问题。

参考文献

[1] 国务院关于《国家重点保护野生动物名录》的批复[J]. 野生动物，1989（2）：25-25.

[2] 周用武，马艳君，刘大伟. 我国在 CITES 公约附录动物保护执法中存在的问题[J]. 野生动物学报，2018，39（4）：991-996.

[3] 钱婵斐. CITES 的运行与履约机制及我国相关制度的完善[D]. 上海：华东政法大学，2009.

[4] 马建章，程鲲. 管理野生动物资源——寻求保护与利用的平衡[J]. 自然杂志，2008，30（1）：1-5.

[5] 生态环境部."绿盾"自然保护区监督检查专项行动以来，国家级自然保护区新增或规模扩大人类活动面积和数量呈双下降趋势，人类活动新增或规模扩大趋势得到明显遏制[EB/OL].（2019-05-31）. http://www.mee.gov.cn/ywgz/zrstbh/zrbhdjg/201909/t20190925_735465.shtml.

[6] IUCN. IUCN Red List version 2019-3 [EB/OL]. https://www.iucnredlist.org/res ources/summary-statistics#Summary%20Tables.

[7] 王静，鞠爱霞. 动物药与药用动物资源的保护与可持续发展[J]. 黑龙江医药，2011，24（1）：65-68.

[8] 康廷国. 中药鉴定学[M]. 北京：中国中医药出版社，2003.

[9] 李西林，周秀佳，南艺蕾. 中药濒危药用动植物资源保护与可持续利用[J]. 上海中医药大学学报，2006，20（2）：69-71.

[10] 尹峰，梦梦，宋慧刚，等. 中国食用野生动物状况调查[J]. 野生动物，2006，27（6）：2-5.

[11] 蒋志刚. 论野生动物资源的价值、利用与法制管理[J]. 中国科学院院刊，2003，18（6）：416-419.

[12] 刘彦，张旭，郑策，等. 中国毛皮动物养殖业取皮屠宰现状调查[J]. 中国畜牧业，2013（4）：32-35.

[13] 中国生物多样性保护与绿色发展基金会. 从《中国野生动物养殖产业可持续发展战略研究报告》一窥我国野生动物驯养繁殖的产业规模[EB/OL].（2020-02-14）. http://www.cbcgdf.org/NewsShow/4854/11310.html.

[14] 蒋德梦，余丽江，杨洋，等. 中越边境野生动物贸易和养殖状况调查[J]. 野生动物学报，2017，38（4）：705-711.

[15] 周敏. 福建省野生动物养殖业可持续发展调查研究[J]. 福建林业科技，2000，27（3）：43-45.

[16] 朱桂寿，丁良冬，俞根连，等. 浙江省野生动物驯养繁殖业现状分析[J]. 浙江林学院学报，2008，25（1）：109-113.

[17] 李金山，杨国祥，顾娟，等. 湖北省野生动物驯养繁殖现状与产业发展对策[J]. 湖北林业科技，2010（6）：40-43.

[18] 郭耕. 动物表演与科普背道而驰[N]. 北京科技报，2013-07-22（54）.

[19] 吴晓东. 动物表演是否该叫停[N]. 中国青年报，2012-04-29（03）.

[20] 杨鑫宇. 违背动物天性的表演都该废止[N]. 中国红十字报，2017-02-17（03）.

[21] 舒圣祥. 叫停动物表演，"一刀切"也很虚伪[N]. 新华每日电讯，2012-04-16（03）.

[22] 徐徐. 动物旅游中的动物伦理问题[D]. 南京：东南大学，2018.

[23] 王文霞，胡延杰，陈绍志. 全球野生动物资源可持续利用与贸易现状和启示[J]. 世界林业研究，2017，30（3）：1-5.

[24] 刘丹. 野生动物保护的法律短板与对策[N]. 上海法治报，2020-02-12（B03）.

[25] 邢明伟，马建章. 农村野生动物养殖业存在的问题及对策[J]. 中国动物检疫，2006，23（10）：14.

[26] 赵娜. 持证养殖场收购野生动物？许可证该不该存在？[EB/OL].（2020-02-18）. http://www.cbcgdf.org/NewsShow/4856/11360.html.

[27] 常纪文，常杰中. 破解执法难野生动物保护需建立全方位监督体制[N]. 人民政协报，2020-02-06（05）.

[28] 蒋志刚. 中国重点保护物种名录、标准与管理[J]. 生物多样性，2019，27（6）：698-703.

[29] 徐丹. 我国动物保护范围的法律问题研究[D]. 乌鲁木齐：新疆大学，2019.

[30] 范晓丽. 环境行政公益诉讼制度的建设与思考[J]. 法制与社会，2018（10）：42-43.

中国 2015—2018 年城市环境治理与经济发展关系实证研究

Empirical Research on the Relationship between Environmental Governance and Economic Development in China from 2015 to 2018

王金南　刘苗苗　毕军　王东　雷宇　张清宇[①]

摘　要　综合应用弹性系数法与计量模型，定量分析了 2015—2018 年全国 337 个地级及以上城市大气环境质量、水环境质量与 GDP 增长、高质量发展之间的关联关系，识别了现有模式下可能存在的问题，揭示了我国环境质量改善与 GDP 增长、高质量发展之间的协同共进关系。整体上，我国"前所未有"的污染减排进程并未制约经济增长，环境治理已经开始步入与经济协调发展的新阶段。研究成果为打好环境污染防治攻坚战、促进我国经济高质量发展奠定了坚实的基础。

关键词　环境治理　环境质量　经济发展　高质量发展　协同关系

Abstract　This study quantifies the relationship between air quality，water quality，GDP growth，and high-quality development in 337 cities across China from 2015 to 2018 using the elasticity coefficient method and econometric model. Potential problems under the current pattern have been identified. Our results reveal the synergistic relationship between China's environmental quality improvement and GDP growth as well as high-quality development. Overall，China's unprecedented progress in reducing pollution did not hinder economic development，and environmental governance has just entered a new era where environmental regulation coordinated with economic growth. This study could provide reliable support for the fight against pollution and promote high-quality development in China.

Keywords　environmental governance，environmental quality，economic development，high-quality development，synergistic relationship

---

① 生态环境部环境规划院（北京，100012）、南京大学环境学院（南京，210023）、浙江大学环境与资源学院（杭州，320001）。

　　当前，我国经济全面进入新常态，经济增长由高速增长阶段转向高效率、低成本、可持续的高质量发展阶段。在经济发展质量和效益逐年提升的同时，我国工业等领域经济发展尚未完成由粗放型增长模式向集约型发展模式的转型，环境污染治理与经济发展之间仍有较为明显的冲突。随着《大气污染防治行动计划》和《水污染防治行动计划》等防治计划的相继出台，我国对环境污染治理的力度逐年增大，由此引发了社会各界关于环境污染治理对地方经济增长的影响的关注与讨论。与此同时，随着我国经济增长进入新常态，推动经济高质量发展成为做好我国经济工作的根本要求，在此背景下，环境治理能否有效提升我国经济高质量发展，实现我国经济由"有没有"向"好不好"的转变仍需进一步探索和明确。

　　为此，本研究旨在通过开展大气环境质量、水环境质量与 GDP 增长、高质量发展之间关联关系的定量分析，识别现有模式下可能存在的问题，明确环境污染治理、GDP 增长和高质量发展三者之间的关系，为打好环境污染防治攻坚战、促进我国经济高质量发展奠定坚实的基础。

1　研究方法

1.1　弹性系数法

　　弹性系数是用来衡量某一变量的改变所引起的另一个变量的相对变化。本次研究首先使用弹性系数法分别探究全国各城市环境质量改善与 GDP 增长的协同共进关系，以及全国各省份环境质量改善与高质量发展的协同共进关系，即环境质量改善的同时，各地区 GDP（高质量发展水平）是否保持稳定增长。具体理论公式如式（1）所示。

$$\rho = \frac{\Delta 环境质量指标/环境质量指标}{\Delta GDP（高质量发展水平）/GDP（高质量发展水平）} \quad (1)$$

式中，ρ 为环境质量与 GDP（高质量发展水平）之间的弹性系数；"环境质量指标"为大气或水污染指标当期浓度值；"Δ环境质量指标"为大气或水污染指标相对于基期的浓度变化量；"GDP"为 GDP 当期值；"ΔGDP"为 GDP 相对于基期的变化量；"高质量发展水平"为高质量发展的当期值；"Δ高质量发展水平"为高质量发展水平相对于基期的变化量。

　　协同关系类型的判定方法如表 1 所示，具体如下：

　　首先，依据各城市弹性系数、环境质量改善量与 GDP 增长量，以及环境质量改善与高质量发展的协同关系划分为协同和非协同两种类型。

　　其次，针对存在协同关系的城市，本研究尝试探究是否存在 GDP 增长率和弹性系数均为最佳的理想状态，即环境质量改善与 GDP 增长协同关系下的最适 GDP 增长速度。结果显示，在不同的 GDP 增长速度分组中，城市弹性系数都呈现离散的分布且没有明显组间差异，也不存在 GDP 增长率和弹性系数均为最佳的理想状态，详细内容见附录1。

表1　"协同""非协同"以及协同发展水平分类标准及含义

协同类型	ρ	Δ环境质量	ΔGDP/ Δ高质量 发展水平	协同发展水平	城市Δ环境质量排名	城市ΔGDP排名	含义
协同	>0	>0	>0	高水平协同	前80%	前80%	环境质量改善量和 GDP 增长量均处于较高水平
				中等水平协同	前80%	后20%	环境质量改善量较高，GDP 增长量较低
					后20%	前80%	环境质量改善量较低，GDP 增长量较高
				低水平协同	后20%	后20%	环境质量改善量和 GDP 增长量均处于较低水平
非协同	>0	<0	<0	—	—	—	环境质量恶化，经济衰退
	<0	<0	>0	—	—	—	环境质量恶化，经济增长
	<0	>0	<0	—	—	—	环境质量改善，经济衰退

　　尽管不存在 GDP 增长率和弹性系数均为最佳的理想状态，但是由于目前我国社会经济发展依然存在不平衡不充分的现象，不同城市即使弹性系数的大小相同，其协同发展的水平却可能截然不同。具体而言，以城市排名的 20% 作为划分环境质量改善与 GDP 增长的分类标准，将协同发展水平分为高、中、低三种类型。其中，高水平协同是指环境质量改善以及 GDP 增长变化水平同时处于较高水平，即环境质量改善以及 GDP 增长变化均处于前 80%；低水平协同是指环境质量改善以及 GDP 增长变化都处于较低水平，也即环境质量改善以及 GDP 增长变化均处于后 20%；中等水平协同是指环境质量改善和 GDP 增长变化存在"一高一低"不均衡的现象。

1.2　计量模型

　　针对存在协同共进关系的城市，进一步采用面板数据分析方法，以 2015 年为基期，分别对各城市环境质量改善量与 GDP 增长量，以及各省份环境质量改善量与高质量发展水平变化量进行面板数据的固定效应回归估计，以分别确定两者之间的促进强度，即量化环境质量改善量提高的同时，GDP 或高质量发展水平增加值的变化量。回归函数方程如下：

$$\text{Eco}_{ij}^{c} = \beta_{0}^{c} + \beta_{1}\text{Env}_{ij}^{c} + \delta X_{j}^{c} + \varepsilon_{ij}^{c} \tag{2}$$

$$\text{High}_{ij}^c = \beta_0^c + \beta_1 \text{Env}_{ij}^c + \delta X_j^c + \varepsilon_{ij}^c \tag{3}$$

式中，Eco_{ij}^c 为第 c 类污染物在时间 i 和地区 j 相对于基期的 GDP 变化量；High_{ij}^c 为第 c 类污染物在时间 i 和地区 j 相对于基期的高质量发展水平变化量；Env_{ij}^c 为时间 i 和地区 j 相对于基期的第 c 类大气或水环境污染物的改善量；X_j^c 为个体固定效应；β_0^c 和 ε_{ij}^c 分别为截距项和标准误。

2　指标选取及数据来源

2.1　大气环境

大气环境数据选取中国环境监测总站 337 个地级及以上城市 2015—2018 年一氧化碳（CO）、二氧化氮（NO_2）、臭氧（O_3）、$PM_{2.5}$、PM_{10}、二氧化硫（SO_2）6 项大气污染指标的年均浓度值，以表征各城市单项大气环境质量状况。同时采用《城市环境空气质量排名技术规定》（环办监测〔2018〕19 号）中确定的空气质量综合指数来表征城市大气环境质量的整体状况，空气质量综合指数越大，表明城市空气污染程度越重。各城市的 GDP 数据来源于《国民经济和社会发展统计公报》和地区统计年鉴。

2.2　水环境

水环境数据选取 331 个地级及以上城市 2015—2018 年国控断面的溶解氧、高锰酸盐指数、生化需氧量、氨氮、总磷和化学需氧量 6 项主要水污染指标的年均浓度值，以表征各城市单项水质状况。同时采用《城市地表水环境质量排名技术规定（试行）》（环办监测〔2017〕51 号）中确定的城市水质指数（CWQI，包含 21 项水质指标）来表征城市水环境质量的整体状况，城市水质指数越大，表明城市水环境污染程度越重。各城市的 GDP 数据与大气环境中各城市的 GDP 数据相同。

2.3　高质量发展水平

依据创新、协调、绿色、开放、共享五大发展理念，建立指标体系对全国 31 个省（区、市）高质量发展水平进行测量。具体而言，针对创新发展维度选取研究与发展（R&D）经费投入强度指标度量；针对协调发展维度选取第三产业增加值指标进行度量；针对绿色发展维度选取单位 GDP 耗能、单位 GDP 工业用水量指标进行度量；针对开放发展维度选取进出口总额指标进行度量；针对共享发展维度选取城乡收入比指标进行度量。同时，对各项指标进行离差标准化后采用均权加和的方式形成高质量发展指数，以表征地区高质量发展的整体状况。各项指标所需数据来源于《中国统计年鉴》、各省统计年鉴以及国家统计局官方网站公示的数据。

3　环境质量改善与 GDP 增长关联关系分析结果

3.1　环境质量改善与 GDP 增长关联关系整体情况

本部分首先通过弹性系数法探究环境质量改善与 GDP 增长的协同关系，其次通过面板数据分析方法进一步确定环境质量改善对 GDP 增长的促进强度。研究结果显示：

（1）截至 2018 年，近 84% 的城市在大气环境质量改善的同时实现了 GDP 的稳定增长；近 83% 的城市在水环境质量改善的同时实现了 GDP 的稳定增长。表明"史无前例"的环境污染防治进程并未对我国的经济增长造成实质性损害。

（2）空气质量综合指数改善量每增加一个单位，GDP 呈现增加趋势且年增加值会增长 324 亿～586 亿元；城市水质指数改善量每增加一个单位，GDP 呈现增加趋势且年增加值增长 42 亿～145 亿元。表明环境质量改善与 GDP 增长的协同促进关系随着环境质量改善程度的提高而逐步增强。

（3）对于协同城市的协同发展水平，截至 2018 年，大气环境质量改善与 GDP 增长高、中、低三类协同发展水平的城市比例分别为 53.8%，26.0%、3.8%。水环境质量改善与 GDP 增长高、中、低三类协同发展水平的城市比例分别为 48.0%、29.0%、5.8%。

3.1.1　大气环境质量改善与 GDP 增长

统计结果显示，截至 2018 年，全国 337 个地级及以上城市的年平均空气质量综合指数为 3.83，较 2015 年下降 14.9%（图 1）。6 项大气污染指标中，CO、NO_2、O_3 和 SO_2 4 项指标年均值均达到国家空气质量一级标准，但 $PM_{2.5}$ 和 PM_{10} 年均值仍未达到国家空气质量二级标准。与此同时，O_3 浓度逐年上升，由 2015 年的 84.55 $\mu g/m^3$ 上升至 2018 年的 94.56 $\mu g/m^3$，上升 11.8%。

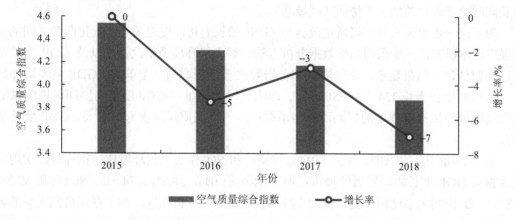

图 1　2015—2018 年空气质量综合指数年际变化率

通过对 2015—2018 年全国 337 个地级及以上城市大气环境质量以及 GDP 数据进行弹性系数分析发现，截至 2018 年，83.7% 的城市实现空气质量综合指数与 GDP 增长的协同关系，同时随着大气环境质量改善量的增大，GDP 增长量有增大的趋势，即大气环境质量改善对 GDP 增长的促进强度不断增大（图 2）。

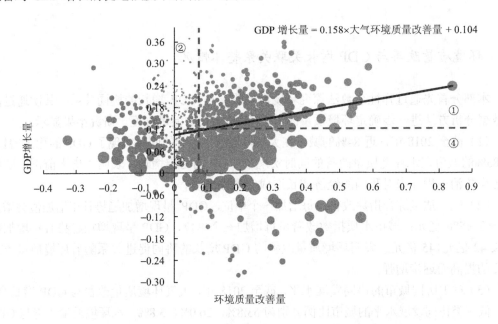

GDP 增长量 = 0.158×大气环境质量改善量 + 0.104

图 2　2015—2018 年空气质量综合指数及 GDP 变化量象限图

注：横坐标为环境质量改善量/当期值，纵坐标为 GDP 增长量/当期值，气泡大小为弹性系数绝对值，去除部分极端值。

针对已实现协同关系的城市，以城市排名 20% 作为大气环境质量改善（0.08）与 GDP 增长（0.12）的分类标准将城市协同发展水平划分为三类情况。结果显示，截至 2018 年，全国 53.8% 的城市实现了大气环境质量改善与 GDP 增长同时处于高位，且弹性系数也较大，即高水平协同（区域①）；26.0% 的城市则是大气环境质量改善与 GDP 增长变化水平一高一低的中等水平协同（区域②④）；只有 3.8% 的城市处于大气环境质量改善与 GDP 增长同时处于低位的低水平协同（区域③）。

为了进一步验证大气环境质量改善与 GDP 增长的协同促进关系，量化两者之间的促进强度，本研究进一步采用面板数据分析方法，对大气环境质量改善量以及 GDP 增长量进行回归估计。结果显示，空气质量综合指数改善量每增加一个单位，GDP 呈现增加趋势且年增加值会增长 324 亿～586 亿元。即大气环境质量与 GDP 增长的协同促进关系随着大气环境质量改善程度的提高而逐步增强；大气环境质量改善力度越大，GDP 增长率越高。

截至 2018 年，以 CO、NO_2、PM_{10}、$PM_{2.5}$ 和 SO_2 作为大气环境质量指标时，实现环境改善与 GDP 增长协同发展的城市比例分别为 81.0%、58.5%、74.5%、86.6% 和 89.3%（图 3）；O_3 协同关系比例偏低，仅为 22.8%。通过回归分析发现，对于存在协同关系的城市，除 O_3 指标外，其余 5 项大气污染指标与 GDP 增长的协同促进关系随着大气污染指标改善程度的提高而逐步增强。结果显示，CO、NO_2、PM_{10}、$PM_{2.5}$ 和 SO_2 改善量每增加一个单位，GDP 增加值提高程度分别为 674 亿～1 282 亿元、38 亿～100 亿元、22 亿～40 亿元、15 亿～29 亿元和 18 亿～28 亿元。与此同时，O_3 改善与 GDP 增长的促进关系逐步减弱；也即 O_3 改善量每增加一个单位，GDP 还是会增长，但是增长幅度平均下降 7 亿元。

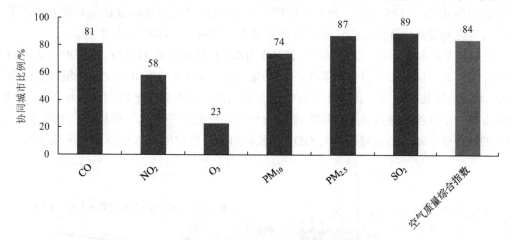

图 3　2018 年大气污染指标协同关系比例

总体而言，超 74% 的城市实现 PM_{10}、$PM_{2.5}$ 浓度下降与 GDP 增长之间的协同发展，且两者之间的相互促进。随着 PM_{10}、$PM_{2.5}$ 污染的改善而不断增强，形成了大气污染治理与 GDP 增长"双赢"的稳定局面。但是，O_3 与 GDP 增长的协同关系相对较弱，如何在改善 O_3 浓度的同时保持 GDP 稳定增长将是未来需要解决的科学问题。

3.1.2　水环境质量改善与 GDP 增长

统计结果显示，截至 2018 年，全国 331 个地级及以上城市的城市水质指数（CWQI）年均值为 5.55，较 2015 年的 6.96 下降 22.2%（图 4）。6 项主要水质指标均达到国家地表水质Ⅲ类标准，其中溶解氧、生化需氧量和化学需氧量 3 项指标均达到Ⅰ类标准。

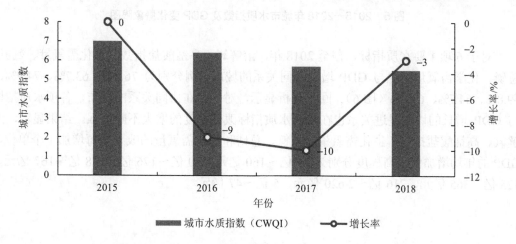

图 4　2015—2018 城市水质指数（CWQI）年际变化率

以 CWQI 作为城市水环境整体状况，图 5 为 2015—2018 年水环境质量改善与 GDP 增长关系图。分析结果显示，截至 2018 年，全国 331 个地级及以上城市中，82.8%的城市实现水环境质量改善与 GDP 增长的协同关系；同时随着水环境质量改善量的增大，GDP 增长量同样具有增大趋势。回归结果显示，城市水质指数改善量每增加 1 个单位，GDP 增加值提高 42 亿～145 亿元。也即水环境质量与 GDP 增长的协同促进关系随着水环境质量改善程度的提高而逐步增强；水环境质量改善力度越大，GDP 增长率越高。

在协同发展水平方面，以城市排名 20%作为水环境质量改善（0.14）与 GDP 增长（0.13）分类标准，将协同城市划分为三类情况。结果显示，48.0%的城市实现水环境质量改善与 GDP 增长同时处于高位，且弹性系数也较大的局面，也即高水平协同（区域①）；29.0%的城市处于水环境质量改善与 GDP 增长变化一高一低的中等水平协同（区域②④）；仅5.8%的城市处于水环境质量改善与 GDP 增长同时处于低位的低水平协同（区域③）。

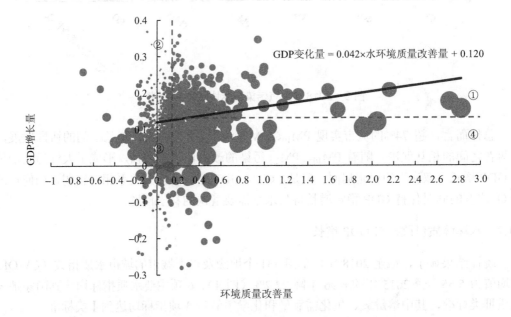

GDP变化量 = 0.042×水环境质量改善量 + 0.120

图 5　2015—2018 年城市水质指数及 GDP 变化量象限图

对于 6 项主要水质指标，截至 2018 年，溶解氧、高锰酸盐指数、生化需氧量、氨氮、总磷、化学需氧量实现与 GDP 增长协同关系的城市比例分别为 76.7%、63.7%、74.9%、69.8%、64.7%、63.7%（图 6）。回归分析显示，对于存在协同关系的城市，各项水质指标与 GDP 增长的协同促进关系也在随着水质指标改善幅度的增大不断增强。结果显示，溶解氧、高锰酸盐指数、生化需氧量、氨氮、总磷和化学需氧量的改善量每增加 1 个单位，GDP 的年均增加值提高程度分别为 14 亿～160 亿元、50 亿～176 亿元、8 亿～167 亿元、125 亿～365 亿元、716 亿～2 620 亿元、5 亿～47 亿元。

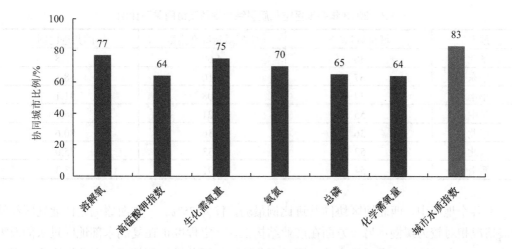

图 6   2018 年水质指标协同关系比例

总体而言，尽管我国整体水环境质量相对较好，但水环境质量的协同关系比例低于大气环境质量的协同关系比例，6 项主要水质指标中实现协同关系的比例均不足 77%。水环境质量与 GDP 增长的协同共进程度仍有提升空间。

3.2   环境质量改善与 GDP 增长关联关系空间分布情况

本部分从空间角度探究环境质量改善与 GDP 增长的协同关系。研究结果显示：

（1）大气环境质量改善与 GDP 增长方面，大气环境质量改善与 GDP 增长的协同共进关系呈现较强的空间异质性，在华东和华中等经济发达地区协同关系较为显著，而在华北、东北和西北地区则关系较弱。

（2）水环境质量改善与 GDP 增长方面，城市水环境质量改善与 GDP 增长的协同发展关系受地区经济与产业结构影响较大。其中，华东和华中地区的协同关系最为明显，而东北地区的协同关系则较弱。

（3）对于已实现协同关系的城市，其协同发展水平具有明显的区域差异。华东、华中和川渝地区的城市多处于环境质量改善与 GDP 增长的高水平协同，而其他地区的协同则单方面侧重于环境质量或 GDP 增长，其中北方多分布环境质量改善量高、GDP 增长量相对低的城市，南方则多分布 GDP 增长量高、环境质量改善量相对低的城市。

3.2.1   大气环境质量改善与 GDP 增长

以空气质量综合指数代表我国各城市大气环境质量的整体状况，结果显示，2018 年西南地区总体大气环境质量表现最佳，其次为华南、东北地区，华北地区总体大气环境质量最差。协同关系分析显示，华中、华东等经济较为发达地区的协同共进关系较为显著，而华北、东北和西北地区协同关系则相对较弱（表 2）。

表 2 2018 年各地区空气质量综合指数及协同关系比例

地区	城市数量/个	空气质量综合指数	协同共进比例/%
华北	36	4.69	77.8
华东	67	4.10	88.1
华南	37	3.08	81.1
华中	55	4.21	94.5
东北	36	3.36	80.6
西北	52	4.33	75.0
西南	54	2.91	83.3

在各个地区中，西北地区协同共进比例最弱，仅为 75%。一方面原因是西北地区经济发展情况相对较为缓慢；另一方面在产业结构上，一定程度正在复制东部地区过去的发展模式，承接东部地区的重污染产业，造成西北地区协同共进比例较低。东北地区作为我国传统资源型重工业发展集中地区，其协同发展关系同样较弱，仅有 80.6% 的城市实现了协同发展。这其中很大程度上受到近年来结构调整和经济转型困难、经济下行压力的影响。如何刺激绿色产业的发展，加快产业结构的调整，促进大气环境质量改善与 GDP 增长协同发展将是东北地区未来政策制定的重点。

在协同发展水平方面，各地区协同发展水平类型分布情况如表 3 所示。大气环境质量改善量与 GDP 增长量呈现高水平协同（类型①）的城市主要分布于我国华东、华中以及川渝等地区。中等水平协同的城市其分布则具有明显的地区差异。环境质量改善量较低而 GDP 增长量相对较高（类型②）的城市主要分布在云贵及陕甘宁部分地区。这两个区域大气环境质量相对较好，环境质量进一步改善的空间较小；同时，随着产业转移，经济正处于快速发展时期，故而整体呈现环境质量改善量较低而 GDP 增长量相对较高的情况。环境质量改善量较高而 GDP 增长量相对较低（类型④）的城市主要分布在东北及华北地区。这两个区域是大气污染较为严重的区域，但随着我国大气污染治理力度不断加大，该地区的大气环境质量有较为显著的提高；但产业结构转型等依然是困扰这两个地区经济发展的主要问题，所以整体呈现环境质量改善量较高而 GDP 增长量相对较低。低水平协同（类型③）的城市主要分布在西北及广东部分地区，如何同时促进经济发展和环境治理将是困扰这两个地区的主要问题。

表 3 2018 年各地区大气环境质量城市协同发展水平类型占比

地区	省（区、市）	城市数量/个	类型①	类型②	类型③	类型④	非协同
华北	北京市	1	100%	0%	0%	0%	0%
	天津市	1	100%	0%	0%	0%	0%
	河北省	11	45%	0%	0%	55%	0%
	山西省	11	9%	36%	18%	9.1%	27.3%
	内蒙古自治区	12	8%	8%	8%	33%	42%
东北	辽宁省	14	21%	7%	0%	57%	14%
	吉林省	9	11%	0%	0%	33%	56%
	黑龙江省	13	85%	0%	0%	15%	0%

地区	省（区、市）	城市数量/个	类型①	类型②	类型③	类型④	非协同
华东	上海市	1	100%	0%	0%	0%	0%
	江苏省	13	92%	0%	0%	8%	0%
	浙江省	11	91%	0%	0%	0%	9%
	安徽省	16	31%	38%	0%	0%	31%
	福建省	9	33%	44%	0%	0%	22%
	山东省	11	45%	0%	9%	18%	27%
华中	江西省	17	94%	0%	0%	6%	0%
	河南省	17	100%	0%	0%	0%	0%
	湖北省	13	92%	0%	0%	8%	0%
	湖南省	14	93%	0%	0%	7%	0%
华南	广东省	21	29%	14%	29%	10%	19%
	广西壮族自治区	14	36%	29%	7%	7%	21%
	海南省	2	100%	0%	0%	0%	0%
西南	重庆市	1	100%	0%	0%	0%	0%
	四川省	21	52%	10%	0%	19%	19%
	贵州省	9	78%	22%	0%	0%	0%
	云南省	16	44%	25%	0%	0%	31%
	西藏自治区	7	86%	14%	0%	0%	0%
西北	陕西省	10	40%	20%	0%	0%	40%
	甘肃省	14	36%	21%	0%	36%	7%
	青海省	8	63%	13%	0%	0%	25%
	宁夏回族自治区	5	40%	40%	0%	0%	20%
	新疆维吾尔自治区	15	13%	27%	13%	13%	33%

3.2.2 水环境质量改善与 GDP 增长

以 CWQI 代表我国各城市地表水环境质量的整体状况，结果显示，2018 年，西南地区总体城市水质最佳，其次为西北、华南和华中地区，华北地区城市水质问题最为严峻；在协同关系方面，华东与华中地区水污染治理与 GDP 增长之间的协同关系最强，而东北地区协同关系最弱（表4）。

表4　2018 年各地区城市水质指数及协同关系比例

地区	城市数量/个	城市水质指数	协同共进比例/%
华北	36	10.62	75.0
华东	64	5.47	98.4
华南	37	4.60	73.0
华中	55	4.77	94.5
东北	36	6.58	52.8
西北	49	4.31	75.5
西南	54	4.15	90.7

与大气环境质量协同关系类似，华东与华中地区实现水环境质量改善与 GDP 增长之间协同关系的城市比例最多，分别为 98.4%和 94.5%。华东、华中地区长期作为我国经济较为发达地区，产业结构转型、"绿色"发展成果显著，环境改善与 GDP 增长的协同关系突出。与此同时，东北地区作为我国传统资源型重工业发展集中地区，水环境质量改善与 GDP 增长的协同发展关系较弱，仅有 52.8%的城市实现了两者的协同发展。

对于水环境质量的协同发展水平，各地区协同发展水平类型分布情况如表 5 所示。水环境质量与 GDP 增长呈现高水平协同（类型①）的城市主要分布于我国华东、华中以及西南等地区，与大气环境质量高水平协同的城市分布基本相同。低水平协同（类型③）则零星分布于我国各个地区；需要注意的是，大气环境质量低水平协同城市在水环境质量方面多转为非协同城市。中等水平协同城市的分布则具有显著的南北差异。环境质量改善量较高而 GDP 增长量相对较低（类型④）的城市主要分布于我国的北方，而环境质量改善量较低而 GDP 增长量相对较高（类型②）的城市则主要分布于我国的南方。该分布与我国环境质量以及经济发展状况基本相同。北方城市降水量较少，且工业污染较为严重，水环境污染情况较为严重，而经济发展情况又相对较为缓慢，在我国环境污染治理力度不断增大的情况下，主要呈现协同类型④；南方城市得益于相对较好的水环境质量，环境进一步改善的空间较小，经济又处于较快发展的阶段，所以主要呈现协同类型②。

表 5　2018 年各地区水环境质量城市协同发展水平类型占比

地区	省（区、市）	城市数量/个	类型①	类型②	类型③	类型④	非协同
华北	北京市	1	100%	0%	0%	0%	0%
	天津市	1	100%	0%	0%	0%	0%
	河北省	11	27%	0%	18%	36%	18%
	山西省	11	36%	9%	9%	27%	18%
	内蒙古自治区	12	0%	0%	0%	58%	42%
东北	辽宁省	14	14%	0%	29%	21%	36%
	吉林省	9	11%	0%	11%	0%	78%
	黑龙江省	13	23%	31%	0%	8%	38%
华东	上海市	1	100%	0%	0%	0%	0%
	江苏省	13	62%	31%	0%	8%	0%
	浙江省	11	73%	9%	9%	9%	0%
	安徽省	16	56%	44%	0%	0%	0%
	福建省	8	50%	50%	0%	0%	0%
	山东省	11	36%	27%	9%	18%	9%
华中	江西省	15	67%	20%	0%	7%	7%
	河南省	17	94%	6%	0%	0%	0%
	湖北省	13	77%	0%	0%	8%	15%
	湖南省	14	64%	29%	0%	7%	0%
华南	广东省	21	24%	5%	5%	24%	43%
	广西壮族自治区	14	64%	7%	7%	14%	7%
	海南省	2	0%	100%	0%	0%	0%

地区	省（区、市）	城市数量/个	类型①	类型②	类型③	类型④	非协同
西南	重庆市	1	100%	0%	0%	0%	0%
	四川省	21	62%	10%	10%	14%	5%
	贵州省	9	78%	22%	0%	0%	0%
	云南省	16	81%	0%	0%	0%	19%
	西藏自治区	7	43%	43%	0%	0%	14%
西北	陕西省	10	40%	20%	0%	20%	20%
	甘肃省	14	29%	14%	7%	43%	7%
	青海省	7	43%	14%	0%	0%	43%
	宁夏回族自治区	5	60%	40%	0%	0%	0%
	新疆维吾尔自治区	13	8%	15%	8%	23%	46%

3.3 环境质量改善与 GDP 增长关联关系时间变化情况

本部分从时间角度探究环境质量改善与 GDP 增长的协同关系。研究结果显示：

（1）2015—2018 年，我国 337 个地级及以上城市中整体大气环境质量改善与 GDP 增长协同的城市数量不断增多，这再次证明了我国整体上在向着大气污染治理与 GDP 增长"双赢"的目标迈进。

（2）2015—2018 年全国 331 个地级及以上城市水环境质量状况不断改善，实现水环境质量改善与 GDP 增长协同关系的城市比例不断增加，但增长速率趋于平缓，协同发展关系仍需进一步加强。

3.3.1 大气环境质量改善与 GDP 增长

以空气质量综合指数代表我国各城市大气环境质量的整体状况，数据显示，2015—2018 年我国城市大气环境质量逐年向好，空气质量综合指数由 2015 年的 4.50 下降至 2018 年的 3.83，下降 14.9%；协同关系比例虽然有所波动，但也由 2016 年的 69.1%增长至 2018 年的 83.7%（表 6）。2014—2018 年 337 个地级及以上城市中整体大气环境质量改善与 GDP 增长协同的城市数量不断增多，这再次证明了我国整体上在向着大气污染治理与 GDP 增长"双赢"的目标迈进。

表 6 2015—2018 年空气质量综合指数及协同关系比例

年份		2015	2016	2017	2018
空气质量综合指数		4.50	4.28	4.16	3.83
协同共进比例/%	空气质量综合指数	—	69.1	65.3	83.7
	CO	—	59.1	67.4	81.0
	NO_2	—	40.4	36.2	58.5
	O_3	—	37.4	22.3	22.8
	PM_{10}	—	70.0	65.0	74.5
	$PM_{2.5}$	—	71.8	72.1	86.6
	SO_2	—	73.0	78.6	89.3

3.3.2　水环境质量改善与 GDP 增长

以城市水质指数代表我国各城市地表水环境质量的整体状况，2015—2018 年我国城市 6 项主要水质指标逐年改善，水环境质量提升明显，年均城市水质指数由 2015 年的 6.96 下降至 2018 年的 5.55，下降比例达 20.3%（表 7）。

表 7　2015—2018 年城市水质指数及各指标的协同关系比例

年份		2015	2016	2017	2018
城市水质指数		6.96	6.36	5.69	5.55
协同共进比例/%	城市水质指数	—	66.5	75.2	82.8
	溶解氧	—	52.0	67.4	76.7
	高锰酸盐指数	—	57.1	64.4	63.7
	生化需氧量	—	57.7	63.1	74.9
	氨氮	—	59.8	66.8	69.8
	总磷	—	54.4	60.1	64.7
	化学需氧量	—	61.3	63.1	63.7

同时，实现水环境质量改善与 GDP 增长协同的城市比例逐年增加，由 2016 年的 66.5% 上升至 2018 年的 82.8%，增长 16.3%（表 7）。但值得注意的是，实现水环境质量改善与 GDP 增长协同关系的城市比例的增幅开始趋于平缓，甚至在个别指标如高锰酸钾指数上出现小幅下降，这一定程度上表明我国水环境质量改善的经济阻力不断增大。在氮、磷浓度仍处于Ⅲ类国家标准的情况下，需要采取进一步措施，以巩固和强化目前形成的协同共进的局面。

4　环境质量改善与高质量发展关联关系分析结果

本部分首先通过弹性系数法探究环境质量改善与高质量发展协同关系的时空变化规律，其次通过面板数据分析方法进一步确定环境质量改善对高质量发展的促进强度。研究结果显示：

（1）截至 2018 年，高质量发展指数年均值较 2015 年增加了 4.7%，同时 31 个省（区、市）中，26 个省份实现大气环境质量改善与高质量发展的协同关系，较 2016 年增加 8 个省份，25 个省份实现水环境质量改善与高质量发展的协同关系，较 2016 年增加 7 个省份。

（2）针对各类大气、水环境污染物，80% 左右的省份实现了各类大气、水环境污染物与高质量发展的协同关系，但仅 5 个省份实现 O_3 与高质量发展的协同关系，同时，青海、甘肃、云南和吉林 4 省均未能实现大气、水环境质量改善与高质量发展的协同关系。

（3）空气质量综合指数与城市水质指数改善量每增加 1 个单位，高质量发展指数呈现增加趋势且年均增加程度分别为 0.02～0.16 个和 0.002～0.04 个单位。表明我国环境污染治理与各省的高质量发展存在相互促进的关系。

4.1　环境质量改善与高质量发展协同分析结果

以高质量发展指数代表我国各省份高质量发展的整体情况，高质量发展指数越大，表明地区高质量发展程度越高。结果显示，我国各省份年均高质量发展指数均呈不断增长的趋势，截至 2018 年，高质量发展指数年均值较 2015 年增加了 4.7%（图 7）。其中，研究与发展（R&D）经费投入强度、第三产业增加值、进出口总额和城乡收入比分别增加 8.5%、38.6%、16.9% 和 1.7%，单位 GDP 耗能和单位 GDP 工业用水量分别降低 13.2% 和 25.3%。

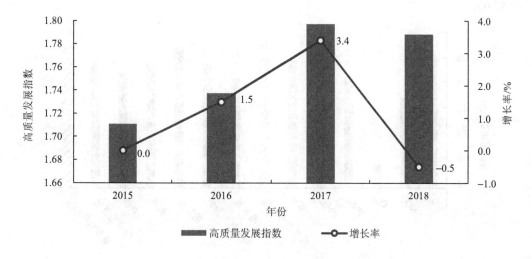

图 7　2015—2018 年高质量发展指数年际变化率

弹性系数分析结果显示，环境质量改善与高质量发展的协同共进比例也在逐年增加，如图 8 所示，截至 2018 年，31 个省份中，26 个省份实现大气环境质量改善与高质量发展的协同关系，较 2016 年增加 8 个省份，25 个省份实现水环境质量改善与高质量发展的协同关系，较 2016 年增加 7 个省份。

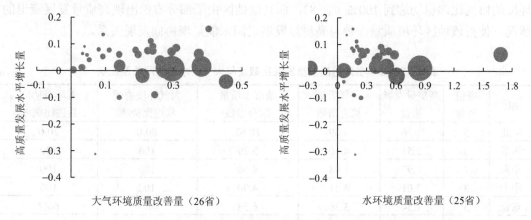

图 8　2018 年大气、水环境质量及高质量发展变化量象限图

在大气环境质量改善与高质量发展协同方面，除 O_3 外，各类大气污染指标与高质量发展的协同比例逐年增加，截至 2018 年，实现 CO、NO_2、PM_{10}、$PM_{2.5}$、SO_2 与高质量发展协同关系的省份数分别为 26 个、18 个、23 个、26 个、26 个（图 9）。与 GDP 增长协同关系相同，O_3 与高质量发展的协同关系同样较弱，2018 年全国 31 个省份中仅有 5 个省份实现了 O_3 与高质量发展的协同共进，占比仅为 16.1% 且较 2016 年下降 2 个省份。

在水环境质量改善与高质量发展协同方面，各类水质指标与高质量发展的协同比例同样逐年增加，截至 2018 年，实现溶解氧、高锰酸盐指数、生化需氧量、氨氮、总磷、化学需氧量与高质量发展协同关系的省份数分别为 22 个、25 个、28 个、25 个、23 个、25 个（图 9）。

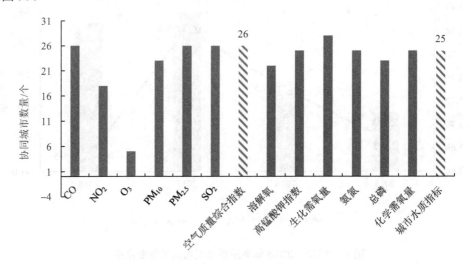

图 9 2018 年大气污染和水质指标协同关系比例

在空间分布方面，大气和水环境的协同分布基本相同（山西吕梁 2018 年 CWQI 出现极高值，若忽略该值，2018 年山西水环境质量改善与高质量发展之间同样呈现协同关系），经济较为发达的华东、华南和华中地区的高质量发展指数显著高于其他地区，与大气、水环境的协同比例也均达到 100%（表 8），而其他地区由于部分省份出现高质量发展衰退的情况，使得该地区环境质量改善与高质量发展之间未能呈现协同发展关系。

表 8 2018 年各地区高质量发展指数及与大气、水的协同关系比例

地区	省份数量	高质量发展指数	空气质量综合指数	城市水质量综合指数	大气环境协同共进比例/%	水环境协同共进比例/%
华北	5	1.76	4.69	10.62	80.0	20.0
华东	3	2.51	4.10	5.29	100	100
华南	7	1.97	3.08	4.60	100	100
华中	3	2.01	4.21	4.90	100	100
东北	3	1.54	3.36	6.58	66.7	66.7
西北	5	1.35	4.33	4.31	60.0	40.0
西南	5	1.15	2.91	4.15	80.0	60.0

4.2 环境质量改善与高质量发展回归分析结果

在得到各省（区、市）环境质量改善与高质量发展呈现协同关系的基础上，为进一步确定环境污染治理对高质量发展的促进作用，并量化其促进强度，本研究采用上述面板数据回归方式对大气、水环境质量改善量与高质量发展变化量进行回归。结果显示，空气质量综合指数与城市水质指数改善量每增加 1 个单位，高质量发展指数呈现增加趋势且年均增加程度分别为 0.02～0.16 和 0.002～0.04 个单位。表明环境污染治理能够显著促进各省（区、市）的高质量发展。

具体而言，对于大气环境质量改善与高质量协同关系方面，回归结果显示，$PM_{2.5}$、PM_{10} 和 SO_2 的改善对高质量发展的提高具有显著的促进作用，$PM_{2.5}$、PM_{10} 和 SO_2 的改善量每增加 1 个单位，高质量发展指数增加程度分别为 0.002～0.012 个、0.001～0.008 个和 0.001～0.009 个单位。对于水环境质量改善与高质量协同发展方面，回归结果显示，总磷、高锰酸盐指数、溶解氧和总氮的改善对高质量发展的提高同样具有显著的促进作用，总磷、高锰酸盐指数、溶解氧和总氮的改善量每增加 1 个单位，高质量发展指数增加程度分别为 0.04～0.68 个、0.03～0.15 个、0.003～0.07 个和 0～0.11 个单位。

同时，为了进一步探究环境污染治理对高质量发展具体的影响机制，本研究分别以空气质量综合指数和城市水质指数分别代表区域整体的环境状况对高质量发展指数的各类指标进行回归，其中重点聚焦于环境污染治理对高质量发展中的绿色发展的作用，回归结果显示，空气质量综合指数改善量每增加 1 个单位，单位 GDP 耗能和单位 GDP 工业用水量降低值分别增加 0.01 万～0.09 万 t 和 1.24 万～4.64 万 m^3；城市水质指数改善量每增加 1 个单位，单位 GDP 工业用水量降低值增加 0.03 万～1.26 万 m^3。回归结果突出展现了我国环境污染治理对我国绿色发展的重要作用，表明环境污染治理已成为促进我国高质量发展的重要手段。

5 总结

本研究选取 2015—2018 年全国 337 个地级及以上城市 GDP 数据、31 个省（区、市）高质量发展数据以及大气环境质量和水环境质量数据，采用弹性系数法和面板数据分析方法，分别探究了环境质量改善与 GDP 增长以及环境质量改善与高质量发展之间的协同关系、协同类型以及促进强度。

研究结果显示，在协同方面，我国环境质量改善与 GDP 增长，以及环境质量改善与高质量发展之间均呈现协同共进关系，环境质量改善的同时，我国 GDP 以及高质量发展水平均在不断发展，表明我国"史无前例"的环境污染治理并未对我国经济增长造成实质性损伤。并且对于已存在协同关系的城市，其环境质量改善与 GDP 增长的协同发展水平存在高、中、低三种类型，其中高水平协同城市多分布于我国华东、华中和川渝地区，环境质量改善量高于 GDP 增长量的城市多分布于我国北方，而 GDP 增长量高于环境质量改善量的城市则多分布于我国南方。在相互促进方面，我国环境质量改善量年均增加值越大，GDP 年均增加值以及高质量发展指数年均增加值的增长幅度也越大，表明我国环境质量改善与 GDP 增长、高质量发展之间已呈现相互促进、协同发展的格局。

参考文献

[1] BARRELL R，PAIN N. Foreign direct investment，technological change，and economic growth within Europe[J]. The Economic Journal，2012，107（445）：1770-1786.

[2] LIU M，LIU X，HUANG Y，et al. Epidemic transition of environmental health risk during China's urbanization[J]. Science Bulletin，2017，62（2）：92-98.

[3] 彭志龙，吴优，武央，等. 能源消费与 GDP 增长关系研究[J]. 统计研究，2007（7）：6-10.

[4] 李君如. 马克思主义中国化政治经济学的最新成果——十八届五中全会的重大理论贡献[J]. 理论与改革，2016（1）：1-6.

[5] 马茹，罗晖，王宏伟，等. 中国区域经济高质量发展评价指标体系及测度研究[J]. 中国软科学，2019（7）：60-67.

[6] 李梦欣，任保平. 新时代中国高质量发展的综合评价及其路径选择[J]. 财经科学，2019（5）：26-40.

[7] 王军，李萍. 新常态下中国经济增长动力新解——基于"创新、协调、绿色、开放、共享"的测算与对比[J]. 经济与管理研究，2017，38（7）：3-13.

[8] 胡鞍钢，周绍杰. 绿色发展：功能界定、机制分析与发展战略 [J]. 中国人口·资源与环境，2014，24（1）：14-20.

[9] 高新才，曹昊煜. 新中国 70 年西北地区工业发展与政策评价——基于低碳经济的视角[J]. 兰州大学学报（社会科学版），2019，47（5）：11-23.

[10] 乔榛，路兴隆. 新中国 70 年东北经济发展：回顾与思考 [J]. 当代经济研究，2019，（11）：5-12，113.

[11] MA Z，LIU R，LIU Y，et al. Effects of air pollution control policies on $PM_{2.5}$ pollution improvement in China from 2005 to 2017：a satellite-based perspective[J]. Atmos. Chem. Phys.，2019，19（10）：6861-6877.

[12] 石敏俊，郑丹，雷平，等. 中国工业水污染排放的空间格局及结构演变研究[J]. 中国人口·资源与环境，2017，27（5）：1-7.

附录 1　最适 GDP 增长率探究结果说明

为探究是否存在 GDP 增长率和弹性系数均为最佳的理想发展状态，即环境质量改善与 GDP 增长协同关系下的最适 GDP 增长速度，本研究首先对 GDP 增长率进行分组，并绘制 GDP 增长率与弹性系数的箱式图，如附图 1～附图 3 所示。结果显示，在不同的 GDP 增长速度分组中，城市弹性系数都呈现离散的分布且没有明显组间差异，也即不存在 GDP 增长率和弹性系数均为最佳的理想状态。

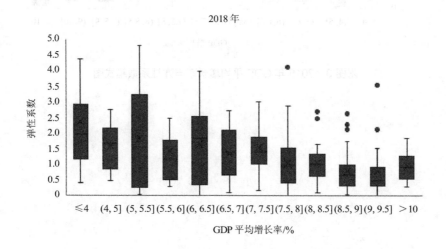

附图 1　2018 年 GDP 平均增长率与弹性系数箱式图

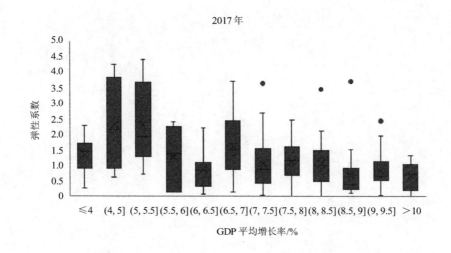

附图 2　2017 年 GDP 平均增长率与弹性系数箱式图

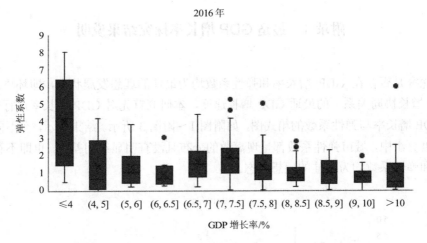

附图 3　2016 年 GDP 平均增长率与弹性系数箱式图

新冠肺炎疫情下的环境监管制度完善思路与建议

Thinking and Suggestions on Improving Environmental Regulation System under COVID-19

葛察忠　董战峰　李晓亮　程翠云　冀云卿　杜艳春　龙凤　郝春旭　贾真

摘　要　新冠肺炎疫情暴发不仅对经济社会发展产生较大影响，也对生态环境保护工作，尤其是污染防治攻坚战带来了压力。为此，我们针对如何协同推进打好打赢新冠肺炎疫情总体战和污染防治攻坚战开展了研究，认为新形势下应继续保持打好污染防治攻坚战战略定力，调整优化环境政策工作思路，完善环境风险应急管控体系，切实维护公众健康，确保疫情防控歼灭战和污染防治攻坚战双赢。

关键词　新冠肺炎疫情　环境监管　政策建议

Abstract　The COVID-19 outbreak has not only had a significant impact on economic and social development，but also put pressure on ecological and environmental protection，especially the battle against pollution. For this purpose，we conducted a study on how to work together to win the overall battle against COVID-19 and the critical battle against pollution and draw the following conclusions. Under the new circumstances，we should maintain our strategic focus on pollution prevention and control，adjust and optimize our environmental policies，improve the environmental risk emergency control system，to safeguard public health and ensure win-win outcomes in the epidemic extermination war and the battle against pollution.

Keywords　COVID-19，environment regulation，policy suggestion

1　新冠肺炎疫情导致的社会经济与生态环境影响分析

1.1　新冠肺炎疫情进展情况

2019 年 12 月 31 日，武汉卫生健康委员会发布公告称发现多例与华南海鲜城有关联的肺炎病例，新型冠状病毒感染的肺炎（以下简称新冠肺炎）开始进入公众视野。[1] 一周后，即 2020 年 1 月 7 日，一种新型冠状病毒在实验室中被提取，之后被暂时命名为 "2019-nCoV"[2]。2 月 11 日，世界卫生组织将该病毒感染的肺炎命名为 "COVID-19"[3]。

新冠病毒感染性强，传染速度快，波及范围广。新冠病毒通过飞沫传播、接触传播，甚至粪口传播、气溶胶传播等方式进行扩散，两个月以来全国确诊的人数呈爆发式增长，增长趋势如图 1 所示。截至 2020 年 2 月 26 日，全国累计确诊病例已达 78 191 例[4]，除武汉市外，广东省、浙江省、河南省感染人数相对较高。与其他重大传染病感染/死亡情况对比如图 2 所示，确诊人数已远超近年来的埃博拉病毒、中东呼吸综合征，达到 2003 年 "非典"感染数量的 10.6 倍。国外的首例新冠肺炎于 2020 年 1 月 12 日在泰国被确诊，截至 2020 年 2 月 26 日已遍布海外 37 个国家和地区，达到 2 918 例，比较严重的国家为韩国（1 261 例）、意大利（322 例）、日本（164 例）。

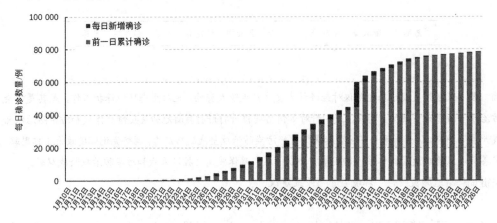

图 1　截至 2020 年 2 月 26 日新冠肺炎疫情确诊数量

数据来源：国家及各地卫生健康委员会。

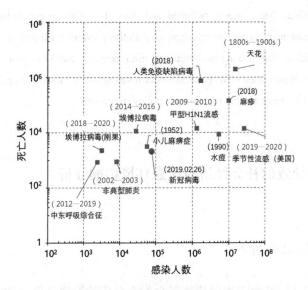

图 2　新冠肺炎与其他重大传染病感染/死亡情况对比

数据来源：北京大学可视化与可视分析实验室平台，数据截止时间至括号内时间。

多措并举开展防控，疫情基本得到控制。2020年1月20日，国家卫生健康委办公厅发布公告，将新冠肺炎纳入法定传染病乙类并采取甲类管控措施。此后，中央政府及各部委相继出台了各种政策，通过加大防控工作力度，强化应对处置措施，使疫情得到有效控制（2020年2月3日以后，湖北省以外的新增确诊病例人数呈下降趋势），这些措施包括：①加强交通运输监管、动员社区加强人员流动管控、延长假期时间、加强野生动物管理等方面的疫情防控措施；②研发诊断试剂、增加医疗资源、隔离疑似病例、实施分级诊疗等方面的医疗救治措施；③保障生活用品供给、公共事业运行、物价维稳等方面的生活保障措施；④稳定就业、保障复工复产、财税支持等方面的企业帮扶措施。

疫情态势呈现地区差异，各地开始分区分级精准防控。截至2020年2月25日，全国疫情防控形势已出现了积极变化，但各地的疫情发展态势还不尽相同。国家开始对湖北省、北京市以外的地方依据疫情严重程度，以县级为单位划分为低风险地区、中风险地区和高风险地区三类。低风险地区实施外防输入的策略，全面恢复生产生活秩序；中风险地区实施外防输入、内防扩散的策略，尽快有序恢复正常的生产生活秩序；高风险地区实行内防扩散、外防输出、严格管控策略，要继续集中精力做好疫情防控工作，在疫情得到有效控制后，再有序扩大复工复产的范围。

1.2 社会经济影响

1.2.1 经济影响

此次疫情由于传播快、范围广，三大产业均受到了不同程度的冲击，特别是短期内对投资、消费、进出口等将带来明显冲击，餐饮、旅游、电影、交通运输、教育培训等受到冲击最大，医药医疗、在线游戏等行业则会受益。从长期来看，如果疫情能很快得到有效控制，将不会改变中国经济长期向好、高质量增长的基本面。具体表现如下：

一是对我国经济短期冲击幅度较大。很多研究认为[5-8]，疫情对我国2020年第一季度GDP的影响可能在1~2个百分点，对全年GDP的影响约为0.5个百分点甚至更多。短期的冲击突出表现在两个方面：①大环境因素。从内部来看，当前中国经济正处于由高速增长转向高质量发展的转型期，正面临着防范系统性金融风险、污染防治、脱贫三大攻坚战，压力较大；从外部来看，全球化面临空前挑战，中美贸易摩擦的阴云仍在。②响应手段。由于此次疫情的暴发面、波及面极大，武汉市采取了整座城市隔离的应对手段，全国30多个省（区、市）也采取了响应机制，均为中华人民共和国成立以来首次，这对经济的冲击是全国范围性的、巨大的，尤其对资金链脆弱的中小企业几乎是毁灭性的打击。同时，就业、地方政府债务及人民币币值稳定都将面临严峻考验。

二是对我国经济带来的直接冲击聚焦在服务业、制造业和对外贸易三大领域。①在服务业领域，特别是线下消费行业的旅游、电影、餐饮、住宿、零售、文体娱乐等。以春节假期为例进行简单估算，7天电影票房70亿元（市场预测）+餐饮零售5000亿元（假设腰斩）+旅游市场5000亿元（完全冻结），仅这三个行业直接经济损失就超过1万亿元。[9]②制造业中，劳动密集型产业由于复工复产推后和原材料供给不足而受到较大冲击，如纺织、服装、家具、造纸等。受前端消费传导，食品制造、酒水饮料制造也受到影响。③贸易领域，因疫情带来的恐慌，加上地缘政治等因素，相关国家减少或者关闭航空、港口、边境等措施也会给我国对外贸易带来负面影响。

三是疫情可能利好并重构部分行业。从短期来看，居家隔离导致的在线教育、电子商务、网络游戏和娱乐等行业收入大幅上升。从长期来看，社会将会加大对医疗器械、医药、生物制品、生态保护和环境治理、5G 及人工智能等领域的投资。同时此次疫情将强化民众的预防预警意识，刺激社会对医疗卫生设备及仪器的采购。

另外，本文收集整理了国内外关于疫情对我国经济社会影响的研究报道及评论，并对各机构的主要观点结论进行摘录，如表 1 所示。

表 1 疫情对我国经济影响的主要研究结论

	机构/学者	主要研究结论
国际	世界银行和国际货币基金组织	中国政府有能力应对疫情挑战，中国经济极具韧性，政策空间充足
	拉加德（欧洲央行行长、前 IMF 总裁）	中美贸易战的威胁有所消退，但新冠肺炎疫情增加了新的不确定性。从流行病经济学的相关研究来看，流行病对经济的短期会有很大负面影响，但中长期的影响有限
	魏尚进（前亚洲开发银行首席经济学家）	基于 4 月疫情得到控制的假设，病毒对中国经济只会产生有限的负面影响，可能使中国国内生产总值下降 0.1 个百分点
	杰森·福尔曼（美国白宫经济顾问委员会前主席、奥巴马政府时期首席经济学家、哈佛大学肯尼迪政府学院教授）	疫情对中国经济的影响主要集中在第一季度，对全球经济则不会有太大影响；以中国全年来看，增速会降低 0.3% 或 0.4%，具体数字取决于病毒控制的情况和消费者信心；即便可能无法完全消除经济上的负面影响，但相信中国政府有能力将增速下滑控制在 0.5% 以下
国内	国家发展改革委	疫情对当前经济特别是对消费的影响在加大，尤其是对交通运输、文化旅游、酒店餐饮、影视娱乐等服务消费影响比较大。但同时，网上购物、网上订餐、网上娱乐等数字经济新业态十分活跃。 疫情对经济影响大小取决于防控，影响是阶段性的，不改变中国经济长期向好的基本面
	中国人民银行	疫情对经济的影响是暂时的，不会改变中国经济长期向好、高质量增长的基本面
	财政部	对民生行业会有一些影响，比如公共交通、住宿、旅游、快递、民航
	杨伟民（全国政协常委、全国人民代表大会财政经济委员会副主任）	疫情对经济运行和发展会产生较大影响。当前全球经济和中国经济总体上都处于下行期，经济增长更多需要靠服务业和消费拉动，而消费当中服务业比重又逐步提高，在此次疫情当中，恰恰是交通运输、旅游、线下零售、文化娱乐等服务消费业遭受到了最大的冲击。要警惕接下来可能发生的部分债务违约、部分企业倒闭、员工失业等情况
	黄奇帆（清华产业转型顾问委员会主席）	此次疫情不会改变中国经济长期向好的基本面，但短期内对制造业、对广大中小企业以及整个经济交易活动水平的冲击不容忽视

机构/学者		主要研究结论
国内	刘世锦 (全国政协经济委员会副主任, 国务院发展研究中心原副主任)	疫情对一些消费行业和制造业的影响也显现出来。随着假期的结束，复工现在一再推迟，直接影响到整体经济，影响到制造业企业的正常生产。即使影响结束，生产短时间内也难以得到恢复
	刘尚希 (全国政协经济委员会委员, 中国财政科学研究院院长)	疫情对经济造成的断裂式影响，主要体现在消费需求方面，但是这种影响是暂时性的。另外，还有一种连续式影响，主要体现在生产供给方面，这种影响存在滞后性和惯性，接下来企业倒闭、失业现象会有所增加
	冯俏彬 (国务院发展研究中心宏观经济研究部副部长)	从需求角度看，短期内疫情对消费影响更明显。此次疫情的发生和持续主要集中在春节假期，使得与节日消费相关的领域都受到了冲击。分行业看，民航、铁路、汽车客运等交通运输领域首先受到影响，进而影响旅游、电影院线、餐饮等与老百姓终端消费直接相关的行业
	许召元 (国务院发展研究中心产业经济部研究室主任)	受疫情影响最直接的是消费性服务业，包括住宿、餐饮、交通运输、旅游和休闲、娱乐等。从长期看，疫情对工业的影响相对较小，但持续停工企业成本将大幅攀升，需要尽快促进复工复产
	任泽平 [恒大集团首席经济学家（副总裁级）兼恒大经济研究院院长]	对宏观经济的影响：需求和生产骤降，投资、消费、出口均受明显冲击，短期失业率上升和物价上涨。对中观行业的影响：餐饮、旅游、电影、交运、教育培训等行业受冲击最大，医药医疗、在线游戏等行业受益。对微观个体的影响：民企、小微企业、弹性薪酬制员工、农民工等受损程度更大。对资本市场的影响：短期利好债市，利空股市（医药、在线娱乐除外），但中期仍取决于经济基本面和趋势。长期影响：政府治理将更透明，生产生活业态将朝着智能化、线上化发展，风险中酝酿机遇，或将催生新的业态
	杨翠红 (中国科学院预测科学研究中心副主任、研究员)	在短期内（第一季度）对我国经济造成了较大的冲击，经济增速将出现较大幅度回落，预计第一季度我国GDP增速会跌破"6.0"，但第二、第三、第四季度我国经济将加速发展；疫情持续时间越长，对经济影响越大；如果疫情很快得到有效控制，预计我国全年GDP增长速度仍将维持在5.8%左右
	钟飞腾 (中国社科院亚太与全球战略研究院大国关系研究室主任、研究员)	如疫情能在近几个月得到控制，中国政府后续政策调整持续发力，那么其对中国经济的负面影响比较小
	李迅雷 (中国首席经济学家论坛副理事长)	不会改变中国经济的长期趋势和中国经济在全球经济中的上升地位；对中国经济的主要影响在第三产业，对GDP增速负影响或超过0.5个百分点。影响时间段主要发生在第一季度
	邵宇 (东方证券首席经济学家、总裁助理、中国首席经济学家论坛理事)	中国经济韧性不会因为本次"灰天鹅"事件的爆发而改变，较乐观的是如果2月上旬出现拐点，2月中下旬快速控制住疫情，那么其影响将比较有限，但对于旅游、餐饮和交通运输这些服务业的冲击会比较显著
	王勇等 (清华经管学院中国企业发展与并购重组研究中心)	调研报告结果显示：超七成（75.47%）的被调研企业家认为此次疫情对我国经济影响严重，19.34%的企业家认为影响轻微，4.25%的企业家认为目前难以判断，0.94%的企业家认为没有影响

	机构/学者	主要研究结论
国内	颜色 （北京大学光华管理学院应用经济系副教授、北京大学经济政策研究所副所长）	第三产业一季度 GDP 增速放缓 2%以上，拖累 GDP 增速，比上季度下滑 1.1 个百分点。短期内交通运输、住宿餐饮、旅游、电影等行业或受较大冲击。第二产业一季度 GDP 增速将比上季度放缓 0.8 个百分点，影响 GDP 增速 0.3 个百分点左右。但若疫情继续蔓延，各地继续推迟复工时间，第二产业情况将不容乐观。第一产业一季度 GDP 增速或放缓 0.1 个百分点，影响 GDP 0.07 个百分点
	林文棋 （清华大学建筑学院副教授，北京清华同衡规划设计研究院总规划师、技术创新中心执行主任）	负向影响：影响较大的是线下消费行业，如旅游、电影、餐饮、住宿、零售、文体娱乐等。制造业中，劳动密集型产业由于复工复产推后和原材料供给不足而受到较大冲击，受负向影响较为严重的省份以湖北省为轴向四周辐射分布，影响排名前五的分别为上海、北京、海南、广东、天津。正向影响：医药制造、医疗器械、生态保护和环境治理、互联网和相关服务、软件和信息技术服务业等行业

1.2.2 社会影响

疫情防控需要促进了"无接触"工作生活方式的崛起。疫情防控期间由于隔离需要，人们的出行受到了很大限制，这也促成了"无接触型社会"的崛起。在"无接触教育办公"方面，阿里钉钉、微信企业版、国家网络云课堂等上线以支持学生在线学习、职员远程办公等需求。"无接触政务"方面，税务部门推出"非接触式"纳税服务，交警部门推出非接触办理车驾等业务，公安部门推出非接触式公安业务等，"无接触生活服务"方面有无人零售、非接触配送、无接触购物等。网络和人工技术的良好基础使得这次疫情给人们的生活方式带来了极大的改变。"无接触"工作生活方式在一定程度上促进了节约型社会的创建。

疫情增强了公众的公害防护意识。疫情带来的巨大恐慌遍布网络、电视、报纸等媒体，公众也从各方面了解了公害问题的形成与解决对策，对于疫情引发及传染的责任认识也逐渐增强。野生动物保护不到位、公共场所责任感不足、社区人员防控不到位等成为时下舆论热议的焦点，公民的公害防护意识、健康习惯在此期间大幅增强。

疫情造成的社会不稳定性增加了政策制定与执行的难度。疫情初期，扛不住现金流压力的企业已经开始裁员、申请破产，如 KTV 巨头北京 K 歌之王、知名 IT 培训机构兄弟连相继宣布破产，"明星企业"新潮传媒宣布裁员 500 人，同时对高管降薪 20%。还有那些经历了中美贸易战后日常经营就不理想的中小微企业，随着疫情持续时间的增加，会更难以存活，大量员工面临失业的风险，社会不稳定性会严重增加。日前，国家和地方虽已出台多项财税政策帮扶中小企业、稳定疫情防控期间劳动者的劳动关系，但随着经济下行，此类政策的执行也难免会有很大难度，而此时环保政策的制定与执行则更是难上加难。

疫情造成了部分居民的消费恐慌及资源浪费。疫情发生以来，多地出现口罩、防护服、消杀用品等卫生防控物资脱销的局面，有些人出于对疫情的恐慌甚至戴了十层口罩，造成了社会资源的不合理分配与极大的浪费。另外，疫情当前，公共焦虑在所难免，任何一个

"神药"的信号都会引起公众的非理性消费，2003 年"非典"时的板蓝根、2011 年福岛核电站泄漏时的食盐以及 2020 年新冠肺炎疫情时的双黄连，一声"吆喝"，迅速"全网售罄"，面对那些因为排队买药而浪费的口罩，不仅是资源的浪费，也因聚众抢购扩大了传染风险。

1.3　生态环境影响

总体而言，此次疫情对生态环境质量的影响相对平稳，未带来突发环境事件。具体来看，疫情暴发带来的医疗废物增加、废水增加、疫情防控行业产能扩大等是环境质量改善的压力因素，但强化环境应急监管等环境管理工作也是生态环境保护工作的动力（表 2）。

表 2　疫情前后生态环境保护工作的压力与动力

因素	防疫阶段	推进复工复产阶段
动力因素	医疗废物、医疗污水处置监管强度增加；工业生产、交通运输逐步恢复过程时间较长；企业复工复产情况可以全面及时掌握	淘汰过剩产能，优化结构调整，推动产业转型升级；提升信息化建设水平，加强在线监测、视频监控、无人机、无人船等监管执法；医疗废物和危险废物的应急处置的常态化管理
压力因素	医疗废物、污水增加；部分行业产能扩大；现场监管强度减少	恢复和扩大生产，企业管理难度加大；经济下行，环保投入不足

1.3.1　污染防控形势变化、难度加大

疫情防控期间医疗废物产生量明显增长。疫情暴发后，口罩、防护服等医疗防护用品使用量激增，直接产生大量的医疗废物。根据生态环境部公开数据[10]，2020 年 2 月 24 日当天，全国共收集医疗废物 2 719.1 t，其中武汉市收集医疗废物 200.8 t，已达到 2018 年日均量的 4 倍。与此同时，由于疫情波及全国，除了医院产生的医疗废物，普通市民也会消耗大量的口罩及相关防护用品。这些激增的医疗垃圾，将对垃圾分类、处理和相关的生态环境保护（水、固体废物等）提出额外的需求，此外，包括废弃口罩、防护服在内的垃圾一般均采取焚烧或工业炉窑方式进行无害化处理，急剧增加的焚烧处置行为或将对空气质量造成一定的消极影响，尤其是疫情较重的武汉及周边地区。

疫情防控保障企业产能扩大导致污染排放增加。为了应对疫情防控的需要，防护用品、消杀用品、医疗器械等企业正在开足马力加班加点恢复和扩大生产，例如，河北省将 57 家疫情防控重点物资生产企业纳入正面清单，包括防护用品 28 家、消杀用品 19 家、医疗器械 3 家、关键原材料 4 家、医药企业 3 家，即使在重污染天气应急响应期间，也要坚持不停产、不限产、不检查、不打扰，支持企业保质扩量开足马力生产。[11] 虽然此类行业的污染排放较小，但随着疫情持续时间延长，这部分企业的污染排放可能会增加相应地区生态环境保护工作的压力。

复工复产将会造成污染排放的大幅反弹。全国多地规模以上工业企业复工率已超70%，国家层面对推进全面复工复产提出了分区分级精准防控、产业链各环节协同复产等

要求，接下来将是各主要污染行业全面复工复产的关键时期。鉴于当前疫情对我国经济产生的冲击以及全面建成小康社会目标的压力，在复工复产期，为补损失、保增长，部分企业将会出现过度生产、环境治理不规范、环境安全管理不足的隐患，区域生产投资和消费可能呈"报复性"增长，将造成排放的大幅反弹，排放强度甚至超过同期水平。届时，将增加生态环境保护压力。

1.3.2　排放总量同比减少、监管强化

全面复工复产前污染物排放总量同比减少。疫情防控初期，部分制造业停工停产加上区域交通流量维持相对较低水平，一定程度上减轻了排放对环境的压力。从生态环境部监测站点数据分析，京津冀及周边"2+26"城市自春节到正月十五，NO_2 浓度同比下降 30%左右。[12]复工初期，由于产业链协同不足，供应链上中小企业面临生存压力、大企业同样受到影响等，再加上全球范围疫情扩张导致的海外市场萎靡，短期内部分行业的产能与同期相比仍会减少，污染物排放总量也将随之降低。

复工复产期应对疫情的环保工作为打好打赢污染防治攻坚战提供良好基础。疫情防控期间，生态环境部及时出台做好疫情医疗废物环境管理、医疗废水和城镇生活污水监管、生态环境应急监测、医疗机构辐射安全监管服务保障等政策文件，不仅着力推进疫情防控相关环保工作，也为打赢污染防治攻坚战的各项重点任务做了统筹谋划，为环境保护的常态化管理打下了良好基础。

1.4　对污染防治攻坚战的影响

2020 年是污染防治攻坚战的收官期，对于生态环境部门，在打好新冠肺炎疫情防控阻击战，协助全面推进企业复工复产的同时，也面临着污染防治攻坚战各项工作时间紧、任务重的挑战，等不得也慢不起。此次疫情对我国打赢污染防治攻坚战重点任务的推进、具体措施的实施和目标的完成都带来了很大挑战。

疫情对污染防治攻坚战重点任务推进带来不同程度影响。疫情会对污染防治攻坚战重大任务的推进带来正面与负面影响，具体见表 3。将攻坚战的重点任务分类分项进行评价，按照任务的影响程度采用"一般、较大、极大"三个等级，对于基本无影响的政策措施定性为"无影响"。可以看出，此次疫情对我国打赢污染防治攻坚战总体上是加大了压力。对各项任务的推进产生负面影响的共 12 项，正面影响的共 8 项，无影响的共 28 项。

表 3　新冠肺炎疫情对污染防治攻坚战重点任务措施的影响

类型	任务	影响	影响程度	分析说明
绿色发展	重点区域、重点流域、重点行业和产业布局开展规划环评	负面	一般	疫情影响现场调研、规划环评编制进度
	加快城市建成区、重点流域的重污染企业和危险化学品企业搬迁改造	负面	较大	疫情导致复工推后，影响搬迁进度
	严禁钢铁、水泥、电解铝、平板玻璃等行业新增产能，对确有必要新建的必须实施等量或减量置换	正面	一般	疫情对新增产能起到一定限制作用

类型	任务	影响	影响程度	分析说明
绿色发展	提高污染排放标准，加大钢铁等重点行业落后产能淘汰力度，鼓励各地制定范围更广、标准更严的落后产能淘汰政策	无影响		
	构建市场导向的绿色技术创新体系，强化产品全生命周期绿色管理	无影响		
	大力发展节能和环境服务业，推行合同能源管理、合同节水管理	无影响		
	在能源、冶金、建材、有色、化工、电镀、造纸、印染、农副食品加工等行业，全面推进清洁生产改造或清洁化改造	负面	一般	疫情影响部分制造业开工率与复产率，经济效益下降，对清洁改造积极性产生影响
	强化能源和水资源消耗、建设用地等总量和强度双控行动	无影响		
	推行生产者责任延伸制度	无影响		
	扎实推进全国碳排放权交易市场建设，统筹深化低碳试点	负面	一般	疫情影响碳交易市场建设与试点进度
	开展创建绿色家庭、绿色学校、绿色社区、绿色商场、绿色餐馆等行动	正面	一般	疫情对强化家庭、学校、社区、商场、餐饮等绿色管理起到一定积极作用
	推行绿色消费，出台快递业、共享经济等新业态的规范标准，推广环境标志产品、有机产品等绿色产品	正面	一般	疫情对线上消费等有一定积极推进作用
	大力发展公共交通，鼓励自行车、步行等绿色出行	正面	较大	疫情防控期间减少出行、绿色出行有一定正面推进
蓝天保卫	全面整治"散乱污"企业及集群，实行拉网式排查和清单式、台账式、网格化管理，分类实施关停取缔、整合搬迁、整改提升等措施	负面	较大	疫情防控期间环保监管频次降低，"散乱污"企业易偷偷复工生产
	强化工业企业无组织排放管理，推进挥发性有机物排放综合整治，开展大气氨排放控制试点	无影响		
	重点区域和大气污染严重城市加大钢铁、铸造、炼焦、建材、电解铝等产能压减力度，实施大气污染物特别排放限值	无影响		
	推动钢铁等行业超低排放改造	负面	一般	复工推后，影响超低排放改造进度
	推动清洁低碳能源优先上网	无影响		
	因地制宜，加快实施北方地区冬季清洁取暖五年规划	无影响		
	重点区域基本淘汰每小时 35 蒸吨以下燃煤锅炉，推广清洁高效燃煤锅炉	无影响		
	加快淘汰老旧车，鼓励清洁能源车辆、船舶的推广使用	无影响		
	建设"天地车人"一体化的机动车排放监控系统，完善机动车遥感监测网络	无影响		

类型	任务	影响	影响程度	分析说明
蓝天保卫	显著提高重点区域大宗货物铁路水路货运比例，提高沿海港口集装箱铁路集疏港比例	负面	较大	疫情影响货运铁路基建，影响大宗货物大规模运输
	落实珠三角、长三角、环渤海京津冀水域船舶排放控制区管理政策，全国主要港口和排放控制区内港口靠港船舶率先使用岸电	无影响		
	强化重点区域联防联控联治，统一预警分级标准、信息发布、应急响应，提前采取应急减排措施，实施区域应急联动，有效降低污染程度	无影响		
	重点区域采暖季节，对钢铁、焦化、建材、铸造、电解铝、化工等重点行业企业实施错峰生产	正面	较大	疫情期间开工率降低，便于重点行业错峰生产管理
	重污染期间，对钢铁、焦化、有色、电力、化工等涉及大宗原材料及产品运输的重点企业实施错峰运输	正面	较大	疫情期间开工生产率低，便于重污染期错峰运输管理
	依法严禁秸秆露天焚烧，全面推进综合利用	无影响		
碧水保卫	划定集中式饮用水水源保护区，推进规范化建设	无影响		
	加快补齐城镇污水收集和处理设施短板，尽快实现污水管网全覆盖、全收集、全处理	负面	一般	疫情影响工程实施进展
	完善污水处理收费政策，各地要按规定将污水处理收费标准尽快调整到位，原则上应补偿到污水处理和污泥处置设施正常运营并合理盈利	无影响		
	优化长江经济带产业布局和规模，严禁污染型产业、企业向上中游地区转移	无影响		
	排查整治入河入湖排污口及不达标水体，市、县级政府制定实施不达标水体限期达标规划	负面	一般	疫情期间影响未完成入河入湖排污口排查的地区排查整治
	实施长江流域上中游水库群联合调度，保障干流、主要支流和湖泊基本生态用水	无影响		
	全面整治入海污染源，规范入海排污口设置，全部清理非法排污口	负面	一般	疫情期间影响未完成入海排污口排查的地区排查整治
	率先在渤海实施主要污染物排海总量控制制度，强化陆海污染联防联控，加强入海河流治理与监管	无影响		
	减少化肥农药使用量，制修订并严格执行化肥农药等农业投入品质量标准，严格控制高毒高风险农药使用，推进有机肥替代化肥、病虫害绿色防控替代化学防治和废弃农膜回收，完善废旧地膜和包装废弃物等回收处理制度	无影响		
净土保卫	严格管控重度污染耕地，严禁在重度污染耕地种植食用农产品	无影响		
	编制完成耕地土壤环境质量分类清单	无影响		
	直辖市、计划单列市、省会城市和第一批分类示范城市基本建成生活垃圾分类处理系统	无影响		
	推进农村垃圾就地分类、资源化利用和处理，建立农村有机废弃物收集、转化、利用网络体系	负面	一般	疫情影响农村垃圾处理建设工作进度

类型	任务	影响	影响程度	分析说明
净土保卫	全面禁止洋垃圾入境，严厉打击走私，大幅减少固体废物进口种类和数量	无影响		
	开展"无废城市"试点，推动固体废物资源化利用	正面	一般	疫情有助于推进固体废物、垃圾处理行业的发展
	完善危险废物经营许可、转移等管理制度，建立信息化监管体系，提升危险废物处理处置能力，实施全过程监管	正面	较大	疫情有助于强化分类收集、转运与处理管理
生态保护	建设国家生态保护红线监管平台，开展生态保护红线监测预警与评估考核	无影响		
	持续开展"绿盾"自然保护区监督检查专项行动，严肃查处各类违法违规行为，限期进行整治修复	负面	较大	疫情期暂停"绿盾"行动
	对生态严重退化地区实行封禁管理，稳步实施退耕还林还草和退牧还草，扩大轮作休耕试点，全面推行草原禁牧休牧和草畜平衡制度	无影响		
	加强休渔禁渔管理，推进长江、渤海等重点水域禁捕限捕，加强海洋牧场建设，加大渔业资源增殖放流	无影响		

疫情防控期间强化监督等污染防治主要措施受到限制。疫情防控期间，由于防控需要，现场监管强度将会大幅降低，原计划 2020 年 2 月 4 日开展的由生态环境部组织的大气强化监督定点帮扶将根据具体情况而推迟，统筹强化监督等执法工作的安排也会受到疫情持续时间的影响，重点区域的空气质量改善、黑臭水体治理、水源地保护等推进工作将会暂时中断，污染防治攻坚战进度将会减缓。

全面复工复产对完成攻坚战目标带来不稳定因素。为了弥补因疫情造成的经济损失，会恢复和扩大生产，全国已有 20 多个省（市）陆续推出的一系列推进复工复产以及针对中小企业减负措施，涉及金融支持、财税支持、稳定岗位和科技创新等诸多方面，涵盖减租、减税、缓贷款贴息、缴社保、保障生产运营等具体措施，部分省（市）的具体措施见表 4。随着全面复工的推进，上游钢铁、建材生产制造、仓储物流等环境污染重点企业将会复苏，加上各地出台的稳经济、保增长和促发展等措施方案的实施，环保方面投入可能会被地方政府及企业忽视，而这段时间又恰是攻坚战收尾期，不稳定的污染物排放强度增加会使攻坚战效果的评估工作受到很大影响。

疫情也是污染防治攻坚战的推动力。一是现阶段医疗废物、医疗污水处置监管强度增加不仅能有效助力打好疫情阻击战，同时能为日后医疗废物和危险废物的应急处置的常态化管理提供很好的经验教训和基础保障。二是可以动态对接各级疫情防控领导小组有关部门，掌握生产、生活动态情况，比照大气、水等环境实时监测数据，以及生产排放情况，观察、研究、分析生产生活对生态环境质量的影响状况，比较、检验此前措施、方法的有效性及适用性，特别是针对重点流域、重点区域，要开展精细化分析研究，为下一步精准治污提供坚实支撑。三是疫情防控解除后，由于经济下滑，部分过剩产能企业将会面临淘汰，生态环境部门可以利用这一时期，促进产业优化结构调整，推动产业转型升级；四是这次疫情对各部门各方面治理能力带来了极大考验，对于生态环境部门来说，要以此为契机提升信息化建设水平，加强 5G 及人工智能技术在视频监控、在线监测、无人机、无人船等方面的应用，实现"无人式"监管执法，这既是解决类似当前特殊情况下"非现场""非一线"监管不间断的需要，也是解决日常环境监管执法人手不足、效率不高的关键。

表4　各地推进复产复工、助中小企业应对疫情渡难关政策措施

序号	政策措施	北京	天津	河北	陕西	山西	上海	浙江	重庆
1	完善项目审批绿色通道		√	√	√		√		√
2	保障企业正常安全生产需求物资	√	√	√			√		
3	减免房屋租金、缓解用水、用电、用气等运行压力	√	√				√	√	
4	保障重点企业用工需求，建立重点企业用工输送奖励机制		√						
5	返还或补贴失业保险费，阶段性降低失业保险费率、工伤医疗保险费率的政策	√	√		√		√		√
6	特许放宽社保政策，延缓缴纳社会保险费	√	√				√	√	
7	引导企业技术攻关、技术改造			√	√		√		
8	加大政府采购和中小微企业购买产品服务支持力度	√							
9	精心做好企业法律服务、公证服务	√		√	√		√		
10	对职业技能培训定点机构和企业实施培训费补贴政策						√		
11	完善企业信用修复机制，保护受影响企业信用	√					√		
12	加强清欠中小微企业账款					√	√		
13	急需医用防护物资的后富余产量，疫情结束后有序纳入政府储备体系		√						
14	加大外贸出口支持，办理不可抗力证明、降低检验检疫费用、提高出口信用保险保费补贴				√			√	√
15	延期或减免纳税	√	√	√	√		√		
16	停征特种设备检验费、污水处理费、占道费等行政事业性收费	√							
17	给予企业研发贴息支持				√		√		
18	强化信贷支持，不得盲目抽贷、断贷、压贷	√	√	√	√				√
19	降低企业融资成本	√	√						√
20	加强保险服务				√				
21	支持开展融资租赁业务		√						
22	拓宽直接融资渠道	√					√		
23	缩短政策兑现周期，提高融资便捷性	√	√		√		√		√
24	优化融资担保服务，降低担保费率、延长担保时间	√	√		√				√
25	加强创新型、科技型企业融资服务	√	√				√		√

2　疫情防控期实施的主要环境监管措施分析

2.1　全力为疫情防控做好政策保障

积极完善疫情防控期医疗废物管理政策措施。生态环境部先后联合相关部门颁布实施了《医疗废物管理行政处罚办法》等一系列部门规章和 20 余项污染防治标准规范。但是，面对突如其来的疫情以及巨大医疗废物处置需求，原有政策制度体系受到冲击。为此，生态环境部紧急出台了《关于做好新型冠状病毒感染的肺炎疫情医疗废物环境管理工作的通知》[13]、《新型冠状病毒感染的肺炎疫情医疗废物应急处置管理与技术指南（试行）》[14]、《防控新型冠状病毒感染肺炎疫情应急监测方案》[15]、《关于做好新型冠状病毒感染的肺炎疫情防控中医疗机构辐射安全监管服务保障工作的通知》[16]、《关于做好新型冠状病毒感染的肺炎疫情医疗污水和城镇污水监管工作的通知》[17]、《关于做好新型冠状病毒感染肺炎疫情防控期间有关建设项目环境影响评价应急服务保障的通知》[18]等政策文件，确保疫情防控相关生态环保工作有理可依、有据可循、有条不紊开展。

多措并举主动推进疫情防控。生态环境部成立疫情防控工作领导小组，并通过召开部党组会、专题会、每日视频例会等方式，全面深入研究部署医疗废物处置等环境监管工作。每天调度全国各地医疗废物处置设施运行和处置情况。指导开展空气、地表水环境质量和定点医院废水、城镇生活污水处理厂排水达标情况等应急监测工作。启动防疫项目行政审批绿色通道，保障抗疫物资生产。

充分保障疫情防控高风险地区环境应急处置能力。生态环境部与相关部门和企业对接，作出资金"兜底"承诺，鼓励企业捐赠或出售，加快移动式处置设备到位进度，加快提高武汉等疫情高风险城市的应急处置能力。指导中华环境保护基金会、中国环境保护产业协会动员社会力量实施医疗废物运输车购买计划，全力支援湖北省，重点支援武汉、孝感、黄冈等城市，保障医疗废物运输能力。

2.2　监管政策措施仍需继续完善

2.2.1　亟待强化环境应急管理能力

跨部门医疗废物应急处理机制有待协同。医疗废物管理涉及卫生防疫、城市环境卫生、生态环境等多个部门，而这些部门之间缺乏有效的沟通和协调，各自为政，造成相互之间职责不清、界限不明，存在多头管理或无人管理现象，导致医疗废物环境应急管理过程中出现职能交叉、效率低下等问题。疫情防控期间医疗机构医疗废物管理方面，2020 年 1 月 28 日国家卫生健康委员会制定《关于做好新型冠状病毒感染的肺炎疫情期间医疗机构医疗废物管理工作的通知》的同时，生态环境部也印发《新型冠状病毒感染的肺炎疫情医疗废物应急处置管理与技术指南（试行）》，两份文件均涉及医疗废物收集等环节的管理，且部分规定不一致，如国家卫生健康委员会要求收集装医疗废物的包装袋标签内容要"包括医疗废物产生单位、产生部门、产生日期、类别，并在特别说明中标注'新型冠状病毒感染的肺炎'或者简写为'新冠'"；而生态环境部的要求是"包装表面应印刷或粘贴红色'感染性废物'标识"。

　　部分地区医疗废物处置能力储备不足。"非典"疫情后，《全国危险废物和医疗废物集中处置设施建设规划》出台，各地的医疗废物集中处置设施建设提速，医疗废物处置管理体系不断完善，但应对医疗废物处置的应急管理和应急处置装备（包括转运车辆、转运箱、应急处置设施等）储备不足。以疫情最严重的湖北武汉、黄冈、孝感为例，疫情发生前，这三地的医疗废物处置中心已经接近满负荷运行状态。公开数据显示[19]，2018 年武汉市年产医疗废物 1.7 万 t，由年处置产能 1.8 万 t 的武汉汉氏环保工程有限公司进行焚烧处置；2018 年黄冈市全年产生医疗废物 3 040 t，由年处置产能 3 600 t 的黄冈隆中环保有限公司进行集中收集处置；2018 年孝感市医疗废物综合利用/处置量为 1 432.58 t，孝感中环环境医疗废物处置产能为 1 825 t/a，已经接近满负荷状态。疫情防控非常时期的医疗废物产生量大、处置要求高，导致本就捉襟见肘的处置能力难以有效防控，再次暴露出环保基础设施相对落后的问题。生态环境部紧急协调移动式处置设备，加快提高武汉等城市应急处置能力，但是应急处置处于被动状态。

　　农村地区医疗废物收集处理能力薄弱。农村医疗废物和医疗污水主要是乡镇卫生院、村卫生室、个体门诊、村民废弃和相关临时隔离场所产生的。其中的污染物含有多种细菌和病毒微生物，如果不经严格杀菌消毒处理，将会成为新冠病毒感染扩散的传播途径，给人类的健康和生命安全构成极大的威胁。虽然一些地方已经禁止农村诊所收治发热病人，但由于口罩的广泛使用、农村仍有大量仍处于隔离观察期的人员。相比之下，农村医疗废物和医疗污水收集处理基础设施薄弱。全国人大农业与农村委员会委员魏后凯表示，现在接近 80%的村庄没有对生活污水进行任何处理，这些年来加大了农村改厕的力度，农村厕所的改造推进很快，但是污水处理没有跟上。此外，农村医疗废物和生活垃圾混合存放现象时有存在。河南省巩义市新冠肺炎疫情防控督察组在 2020 年 1 月 31 日下发的《新型冠状病毒疫情防控督查问责组问题交办单》中写道"村里存在垃圾堆积清运不及时，防疫垃圾与生活垃圾混合存放现象……"

　　环境信息公开机制有待优化。虽然 2020 年 1 月 30 日生态环境部部长专题会议提出要"及时公布相关的监测数据"，但是涉及医疗废物、生活垃圾、医疗废水、生活污水、应急处置能力建设等处理处置实时情况至今未能及时、全面公布，难以增进公众对疫情防控医疗废物处理处置的了解和信心。生态环境部官网在防控新冠肺炎疫情期间增加了"打赢疫情防控阻击战，生态环保铁军在行动"专题专栏，有利于公众了解中央部署和生态环境部门的防控工作性措施，但是官网对防控疫情的生态环境防控知识普及还欠缺，不利于增强公众的防范意识。

　　公众环境应急宣教工作亟待加强。我国环境宣教不全面、不充分的问题仍然存在，部分公众生态价值意识空白、责任意识欠缺、忧患意识缺席、科学意识不足、消费意识扭曲，未能对诸如滥捕野生动物可导致新的疾病、生物入侵也会产生健康问题、生态破坏可导致疾病发生等环境危机与安全有足够的认识，全民可持续发展观念仍然缺失。

2.2.2　有待细化环境监督帮扶措施

疫情防控期间抗疫物资生产企业的环保监管服务不足。为保障疫情防控，生产线转产抗疫应急物资增产扩产、停产多年再开工等现象屡见不鲜。例如，湖北的口罩日产量从2020年2月2日的4.5万只大幅增长到2月11日的15.8万只，广东的日产量从3.3万只增加到了4万只，河南、浙江从没有产量分别增长到1.4万只、10万只。[20] 按照部文件指导，疫情防控期间对相关保障行业的环境审批事项需要采取临时性便利措施，如豁免环境影响评价手续、实行环境影响评价"告知承诺制"或先开工后补办手续等。如果对此类防护用品及原材料生产企业不及时给予环境保护引导和帮扶，很可能导致企业环保设备污染处理水平跟不上生产需要，也更大增加疫情结束后此类企业环境管理难度。

疫情防控期间生态环保常规督察监管工作力度降低。疫情发生以来，生态环境部将疫情防控作为重大政治任务、当前最重要的工作和头等大事来抓，抓紧抓实医疗废物处理处置、医疗废水处理、环境应急监测等方面的环境监管工作。但是，受疫情影响，部分生态环境保护工作处于观望、停滞甚至中断状态，如大气强化监督帮扶工作，如果没有替代此类监管的措施，可能会导致地方放松污染防治攻坚战相关工作任务的推进，不利于有效及时遏制很多行业的污染物排放量。

复工复产后的企业生态环境保护帮扶支持政策缺失。按照中央防控新冠肺炎疫情工作领导小组决策部署，各地区各部门和有关企业正在陆续复工复产。部分地方省生态环境厅充分发挥生态环境保护职能，相继出台支持企业复工复产的政策，具体见表5。但是，国家层面未针对分区分级复工复产出台相关支持政策措施，导致一些地方生态环境部门开展企业复工复产帮扶管理没有制度可依，操作程序上没有规范的业务流程可循，不能积极主动服务稳企业、稳经济、稳发展。

表5　省级生态环境部门出台的支持企业复工复产政策要点

省（市）	时间	政策名称	复工复产扶持政策要点
山东[21]	2020年2月10日	关于复工复产企业环保工作有关事项的通告	3条措施：统筹抓好疫情防控和污染防治工作；认真开展环境隐患排查；确保污染物达标排放
重庆[22]	2020年2月10日	肺炎疫情防控期间指导帮助企业分类分批有序复产复工十项措施	10条措施：即刻审批疫情防控相关项目；加速审批重大民生项目；豁免审批医用射线影像设备；简化审批危险废物经营许可证；到期顺延危险废物处置资质；做好复产复工前环保检查和环境风险防范；做好医疗废物规范处置；做好医疗废水消毒杀菌；做好生活污水稳定处理；指导危险废物处置企业逐步恢复生产
浙江[23]	2020年2月13日	关于支持企业复工复产服务稳企业稳经济稳发展的意见	8条措施：加强疫情防控环境监管服务；实施环保审批绿色通道；强化环境要素支撑保障；提升生态环境监管效能；深化生态环境技术服务；加强环境信用差别化管理；实施环保服务企业示范行动；强化组织领导和实施保障

省（市）	时间	政策名称	复工复产扶持政策要点
广东[24]	2020 年 2 月 14 日	关于防控新冠肺炎疫情优化生态环境保护服务支持企业复工复产的若干措施	9 条措施：积极主动做好服务；实施政务服务事项办理"零跑动"；实施环境影响评价应急服务保障措施；全力支持医疗机构做好疫情防控；压缩审批时限；创新技术评估工作方式；调整碳排放管理工作安排；完善环境违法容错纠错机制；帮扶做好污染防治工作
湖南[25]	2020 年 2 月 17 日	关于切实做好疫情防控期企事业单位复工复产环境安全保障工作的通知	4 条措施：高度重视，加强组织领导；强化责任，狠抓工作落实；严守底线，强化事件处置；做好防护，确保人员安全
江苏[26]	2020 年 2 月 18 日	全力支持企业复工复产	6 大方面 18 条措施：开通绿色审批通道；优化环境监督管理；深化信任保护原则；加强财税金融支持；精准调配要素资源；主动做好帮扶服务
福建[27]	2020 年 2 月 19 日	关于进一步支持企业复工复产助推高质量发展的通知	6 条措施：坚持疫情防控和复工复产"两手抓"；畅通政务服务绿色通道；加强危险废物环境管理；强化环境要素支撑保障；加强环境污染风险防控；提升环境执法监管效能
贵州[28]	2020 年 2 月 20 日	关于做好新冠肺炎疫情防控期间企业复产复工开工生态环境服务保障工作的指导意见	18 条措施：在开辟行政许可绿色通道、指导企业复产复工环境管理、强化复产复工企业环境风险防控、加强技术服务和环境突出问题整改调度四个方面开展疫情防控期间企业项目复产复工开工中有关生态环境服务保障工作，全力推动企业有序复工复产

2.2.3　有待完善疫情源头防控政策

野生动物保护相关立法不足。《中华人民共和国野生动物保护法》的保护范围限于珍贵、濒危的陆生、水生野生动物和有重要生态、科学、社会价值的陆生野生动物，即"珍稀濒危+三有保护动物"的模式。在重点保护动物和"三有动物"外，还存在大量处于"法律空白地带"的野生鸟类、陆生和水生生物。它们既不属于法律保护的范围，也不在监管范围之内，随之而来的是公共健康安全和生物多样性的风险。因此，那些不属于珍稀、濒危或"三有"范围的野生动物，例如携带多种病毒的蝙蝠等野生动物难以纳入现行法律的保护范围。

野生动物保护跨部门多机构协调执法难度大。在野生动物保护立法相对全面的情况下，仍未杜绝野生动物的非法盗猎、出售、购买和利用，执法不严和犯罪成本低是两个重要原因。一方面，与野生动物有关的违法犯罪、违法交易或走私活动涉及公安部、国家林草局、海关等部门，由于野生动物交易涉及森林公安、野生动物保护、海关、交通运输、动物防疫、卫生健康、市场监管、网络监管等众多部门，在部门协调和区域合作方面存在客观难度。另一方面，与众多且隐秘的野生动物交易市场和巨大的交易量相比，基层执法人员编制少，执法手段有限，执法权威不足，技术手段有限，往往以"运动执法"的方式进行，缺乏可持续的制度化保障机制，而部分执法机构的乱作为、不作为和慢作为也影响了野生动物保护相关执法的效果。

野生动物交易监管存在诸多问题。除了非国家重点保护野生动物的监管立法较为薄弱以外，其他监管方面的问题包括：首先，我国采用地方政府为主要监管责任主体的属地管理制度，2018年机构改革后仍存在多个监管部门的职能交叉，而野生动物养殖和交易的利益又使得部分地方政府严格监管野生动物交易市场的动力不足；其次，监管事项存在漏洞，体现在地方相关部门颁发野生动物养殖、经营的许可证后，往往缺乏后续的监管措施；最后，捕猎、养殖、贩卖、运输、屠宰、加工野生动物等多个环节的经营主体为了追逐利润不惜多次违法，主管部门对这些监管对象的监管成本较高。

3　疫情形势下环境监管制度完善思路与建议

3.1　疫情形势下环境监管制度完善方向和重点

2020年正值打赢污染防治攻坚战与全面建成小康社会的关键时期，生态环境工作多、压力大，叠加新冠肺炎疫情影响，形势更是异常严峻。为最大限度降低疫情防控歼灭战对污染防治攻坚战的负面影响，确保污染防治攻坚战按期保质保量完成，应化压力为改革创新动力，继续保持打好污染防治攻坚战战略定力，依据环境风险分区分级需求，完善疫情防控期间环境健康风险应急措施，建立复工期生态环境保护帮扶机制，健全生态环境风险应急管理长效机制，综合施策打好打赢疫情防控阻击战和污染防治攻坚战。

完善疫情防控期间环境健康风险应急管理。新冠肺炎疫情发生后，国家和地方生态环境部门出台了一系列医疗废物环境管理、医疗废水和城镇生活污水监管和应急监测等政策，为疫情防控期间环境风险防控提供了政策支撑、技术指引。但是，当前疫情防控形势依然严峻复杂，疫情防护相关生态环境管理工作面临不少突出困难和问题。生态环境部门要分区分类、精准施策，针对涉疫医疗废物、医疗废水、民用防疫废物等处理处置存在的底数不清、能力不足、监管不到位、处理处置成本过高等问题，疏堵结合，不断强化涉疫环境信息公开，完善涉疫环保企业降成本机制，实施最严格涉疫危废管理制度。同时，继续推进实施疫情防护相关行业差异化环境管理，建立疫情防控期间环保帮扶机制，为防护物资供应提供绿色便捷通道。

综合施策打好打赢污染防治攻坚战。新冠肺炎疫情的发生对我国经济社会发展带来了较大幅度冲击，波及面较广。随着疫情减缓，诸多省市出台了复工复产政策措施。为避免污染防治攻坚战前期战斗成效缩水，在坚决打赢疫情防控歼灭战的同时，生态环境保护部门应坚定打好打赢污染防治攻坚战的战略定力，妥善处理好疫情带来的社会经济形势与生态环境保护工作关系的变化，在明确生态环境保护工作底线要求的基础上，结合国家分区分级精准复工复产要求，明晰"低风险""中风险"区域生态环境保护复工总体要求，创新生态环境监管方式，建立生态环保帮扶机制，提高复工期生态环境保护服务水平。同时，根据区域疫情风险等级变化以及对开展生态环境保护工作的制约性，制定与疫情防控等级相匹配的分区域、分行业差异化环境监督管理政策，并强化环境经济政策、信息公开等工具使用，充分发挥企业主体和公众监督作用，统筹推进疫防控情阻击战与污染防治攻坚战。

健全环境健康风险应急管理长效机制。新冠肺炎疫情发生后，国家在野生动物保护、环境应急管理、医废处置等方面出台了很多政策，但也暴露出很多问题，呈现出的依然是被动末端应急的传统风险管理模式。疫情形势下紧急出台的系列文件，一定层面上也表明环境健康风险应急管理政策的"供给"已无法满足环境健康风险防控需求。因此，应以此次疫情为转折点，进一步提高环境健康风险应急管理体系在国家环境治理体系中的地位，促进以质量改善为目标导向到以风险控制和环境健康为目标导向环境管理模式的转变，将此次疫情下短期应急防控政策和取得的经验法律化、制度化、规范化，不断健全环境健康风险应急管理决策机制、制度体系与能力建设。

3.2　疫情防控期间重点做好涉疫废物环境风险防控

疫情防控期间环境风险防控应急是重点，特别是湖北武汉地区，不仅要做好涉疫废水、医疗垃圾等的安全处置，也要避免产生次生环境风险问题。常规环境政策难以解决该阶段的特殊需要，生态环境保护政策需要调整应对新情况，重点是严控生态环境风险，加大环保治理企业的刺激扶持，消除公众对信息不确定性的恐慌心理。

严格监管与帮扶支持并举。一是建立疫情防控期间最严格涉疫危废管理制度。疫情地区要建立涉疫医疗废物全过程封闭管理机制，对涉疫医疗废物收运处置实施全过程、全方位环境监管，建立严格涉疫医疗废物台账制度，完善应急处置跨区域协同机制。针对增加水源地余氯和生物毒性指标的监测等技术问题，为保障政策落地实施，尽快研究出台《应急监测方法技术指南》。二是建立涉疫环保和物资生产企业白名单机制和环保帮扶机制。对于医疗废物、医疗废水、污泥等处理处置企业，以及防护用品与消杀用品等防疫物资生产企业建立环境监管白名单，原则上疫情防控期间非必要不打扰，对合规管理与达标排放存在困难的，生态环境部门主动给予帮扶指导，提供技术等方面的支持。

建立涉疫环境保护企业的降成本机制。疫情防控期间，加大对涉疫医疗危险废物收集、储存、转运、处置及污水处理等生态环境设施类项目的补贴。加大对环保产业的税收优惠和绿色金融政策支持力度，对参与抗击疫情的污水处理项目建设和运营、医疗废物和危险废物收集处理处置、为抗击疫情生产和销售相关环保装备和产品以及从事其他涉疫相关项目的环保企业给予研发费用加计扣除、增值税和所得税减免等税收优惠政策；对于重点环保企业扩大产能给予税收优惠，增值税增量留底税额全额退还。适当下调居民和工业用水价格，及时足额拨付应付供水企业的水费、补贴、补偿款等。及时足额地拨付相关企业污水处理、垃圾处理、环卫等服务费，对于因疫情防控增加成本和投入费用的，各地要积极协调财政、税务部门落实相关财政补助和税费减免政策。加大绿色金融支持政策，对疫情防控期间环保企业股票质押到期、银行贷款到期的，给予 6 个月以上的延期还款的非常时期政策以减缓企业压力。对主动捐赠抗击疫情物资的环保企业，相关捐赠物资免征增值税、消费税、环境税和附加税费等，并通过变更还款安排、延长还款期限、无还本续贷等方式，加强对捐赠的环保企业的政策支持。

建立涉疫环境健康风险信息及时公开制度。加强信息公开的及时性和便利性，及时公开涉疫医疗机构废水处理信息，各级环境监测站加大对专门医疗机构、传染病医院、综合性医疗机构等相关医疗机构外排污水的检查和抽测频次，确保医疗废水处理达标且不含有新冠病毒后再进行外排，适时向社会公开上述医疗废水的去向及总量情况。对安装在线监控的医疗机构以及接纳污水处理厂，确保将每日外排污水在线监测和自行监测数据以及产生污泥的收集、运送、处置等情况向社会公众及时公开。推进传染性医疗废物无害化处置信息公开，相关医疗机构医废产生、运输、处置量与处置方式等信息都要全面、及时公开。加强医废废物应急处置能力建设信息公开，各级生态环境主管部门将本行政区域内医废处理处置能力现状、新建情况，与医废产生及实际处置情及时向社会公开。优化生态环境部官网专栏，增加疫情防控期间环境风险防控、环境健康防护宣教知识。

3.3　复工期重点为复工复产做好环境管理支撑

按照分区分级精准复工复产要求，分类推动强化监督帮扶与攻坚战重点任务。一是针对京津冀与汾渭平原（除北京外）"低风险"县区，近期恢复蓝天保卫战强化监督定点帮扶，暂时抽调省内其他地市人员开展帮扶，针对京津冀与汾渭平原（除北京外）"中风险"县区通过在线监控、热点网格、无人机、卫星遥感等形式探索开展"无接触"式帮扶。二是针对将突发公共事件等级调降为三级的山西、内蒙古、海南等省份，以及全省绝大部分县区划定为"低风险"等级的省份，对其中完成攻坚战"七加四"任务目标存在困难、进度滞后的，组织开展专项帮扶，针对 2019 年统筹强化监督中发现的攻坚战重点任务仍未完成的以及挂牌督办问题，进行会诊和帮扶支持，工作方式原则上以在线技术指导为主。

实施差异化、弹性化环境政策措施。一是实施环境监管黑白名单制，实现有保有压、精准监管，将各地环境信用等级高、环境绩效好、污染排放与环境影响小的企业纳入白名单，将重点排污单位、环境信用评价等级较差的企业、近三年出现环境违法违规行为受到环境行政处罚的企业等纳入黑名单，分别在"双随机"执法中提高检查比率。各生态环境主管部门针对黑名单企业等重点监管对象强化监管，充分利用在线监测等技术手段，以及群众信访举报等信息来源，加大对超标排放、疑似违法违规等线索和企业的监督检查力度。重点区域针对重污染天气应急响应期间，应急预案中应予以停限产的非涉疫企业加大监督检查力度，防止部分企业在非常时期"浑水摸鱼"。对于其他非涉疫相关的一般性企业，原则上采用"双随机"执法，尽量减少对企业的干扰，对于因停产停工较久、复产过程中生产与治理设施不稳定、排放不稳定的情况，给予帮扶指导，尽量不给予处罚。二是扩大企业复工环保审批"绿色通道"服务范围。对于逐步复工的新（改、扩）建项目，项目业主方非环境信用较差的单位、拟建项目不属于《产业结构调整指导目录（2019 年本）》中淘汰类与禁止类、不属于《环境保护综合名录（2017 年版）》中"双高"产品与重污染工艺的，原则上采取"告知承诺制"、开辟"绿色通道"、特事特办等及时办理手续。

加大对"高风险"重点地区环保企业和人员的政策扶持。对连续开展环境监测、监察、环卫作业等的人员，可给予适当补贴和奖励，并免除相应部分的个人所得税。对环保企业给予企业所得税减按 15% 的优惠。鼓励金融机构不抽贷、断贷、压贷，多渠道帮助企业渡过难关。对环保企业开辟金融服务绿色通道，优先办理专项贷款和无还本续贷，给予特别利率优惠和保费优惠。针对湖北省以及其他"高风险"县区，同时攻坚战完成任务艰巨或有困难的，水、大气、土壤污染防治专项资金应针对性加大对重点区域、重点任务的支持倾斜力度。

建立疫情后污染防治攻坚战重点任务月调度机制。疫情结束后，开展一次"调度+调研+监督"形式的统筹强化监督，全面调度攻坚战重点任务进度情况。全面梳理所有省份攻坚战重点任务完成情况与存在的问题，倒排任务时间进度表，通过致函或者派员等形式，调度除蓝天保卫战外攻坚战完成情况，督促相关省份尽快查漏补缺，紧盯重点着力攻坚短板任务。制定污染防治攻坚战重点任务月度进度表，逐步将各地完成情况与存在的问题进行公示，并向社会发布，推动攻坚战重点任务按时、保质、保量完成。

3.4 疫情后期加快建立环境风险应急管理制度

建立重大突发事件的生态环境风险与健康响应机制。首先，做好疫情防控期间环境风险监测、评估与管控，加强对医疗废物、废水、污泥、民用防疫废物处理处置的跟踪评估，参考疫情联防联控新闻发布机制，生态环境部建立日报、周报、月报数据调度机制，各省（区、市）按照数据调度机制报送有关数据与材料，做好突发疫情有关的生态环境领域废物处理与风险评估工作的实时分析与对外发布。其次，建立健全重大突发社会风险事件的生态环境风险评估技术框架与制度框架，遵循计划、问题形成、分析、风险表征和风险管理组成问题导向方法论，提升生态环境风险政策的治理效能，建立突发重大社会事件的生态环境风险评估体系。强化生态环境信息平台建设，实现生态环境监测数据的统一化，披露突发事件下的生态环境风险信息及风险源动态监测结果，推进生态环境风险防控网格化水平，提升风险治理的应急处置能力。三是建立疫情防控期间环境治理企业的优惠政策体系。在疫情防控期间探索实施有效的上述各种激励经济政策，有必要也有承受能力的可以探索制度化，延续实施。从企业所得税、增值税、价格补贴等方面全面加大对环保产业的税收优惠和财政扶持力度。完善环境保护税征管配套体系，重点增加环境保护税减免税优惠档位，并研究推进其他减税优惠形式，充分发挥环境保护税的激励作用。四是建立重大突发公共事件条件下环境应急响应储备制度。针对专业医疗废物处置设施要求高、投入大，医疗机构覆盖率较低问题，推行区域性集中处理，成立区域性医疗废物处理中心，对产生的医疗废物从运输、处理、焚烧、排放等环节进行集中管理与控制；研究制定《突发公共卫生事件环境应急装备名录》，梳理有关突发公共卫生事件的政策及管理要求，开展移动式危险废物焚烧处理、医疗垃圾焚烧处理、医疗废水处理系统等突发公共卫生事件常用环境应急装备调研，摸清相关常用装备的性能、特点、适应范围等信息，制定突发公共卫生事件环境应急装备名录，研究纳入环境保护重点设备名录；鼓励国有环保企业适度形成公共卫生突发事件应急响应与应急处置储备能力。鼓励国有环保企业适度购置和储备移动式危险废物焚烧处理、医疗垃圾焚烧处理、医疗废水处理系统等环保应急响应装备，具备及时响应、快速转移、快速布置与使用、高标准处置及无害化能力。

建立重大突发公共事件的公众健康导向的环境管理制度。总结疫情防控中生态环境保护工作经验，研究建立涉疫等重大突发公共卫生事件条件下公众健康导向的"标准—监测—

执法"等全方位管理体系。第一，固化疫区医疗废物全过程封闭管理机制。对疫区涉疫医疗废物收集—运输—处理处置实施全过程、全方位强化监管，建立疫区涉疫医疗废物特殊台账制度，完善应急处置跨区域协同机制与储备能力规划。第二，建立疫情防控期间监测技术规范与监测标准。制定疫情应对时段地表水饮用水源地监测技术规范，加密监测频次，提升特殊指标监测标准。建立疫区涉疫医疗废水特排限值与监测技术规范，加严特征性因子排放指标要求；提升污泥无害化处置要求。第三，全面建立环保企业公共卫生突发事件应急管理预案机制。要求制定企业公共卫生突发事件应急预案，要对突发公共卫生事件应急机构和职责、预警响应、信息报送、应急准备、应急响应、应急保障进行详细规定，并定期进行演练。第四，制定民用防疫废物环境应急收集、处置管理技术规范。加强对疫区普通居民生活区（特别是确诊病例较多区域）的防疫废物的收集处置，主要包括疫区居民自发抗疫过程中产生的防疫废弃物（口罩、手套、废衣服、擦拭鼻涕废纸、疑似发热病人的厨余垃圾等）。第五，制定疫情应对期防疫物资生产企业特别排放限值或排污许可特别要求，对于超负荷运转、新投产转产、重启运转的相关产能，在非重点区域、非重污染天气、排入达标水体的适当执行适度宽松标准。

推动完善野生动物保护相关立法工作。首先，在修改《中华人民共和国野生动物保护法》及其相关配套制度时，全面保护野生动物及其多样性，而非以价值无用性或有害性作为保护的除外条款，具体可参考"不危害生态系统和人们正常生产、生活的非人工养殖的野生动物"标准，对依法保护的野生动物予采取列举式或排除式。其次，整合分散于各法律规定中的野生动物食源性风险防范涉及资质审查、疫病检验与交易监管多重环节的监管职能，推动形成完善的动物卫生法律体系，将现有多为确权型的法律规制调整为指引型、职责型，对应履行监管职责的具体行政部门及其具体执法过程给予技术补充并赋予责任要求。最后，改变监管部门"重行政处罚，轻刑事惩治，疏防范宣传"的执法不严的现状，推动对于非国家重点保护野生动物的经营利用行为的刑罚定性。

完善配套制度支撑体系。配合已有相关环境法律法规修编，补充制定《突发重大公共事件条件下重点行业特别排放限值》《突发重大公共事件条件下重点污染源环境监测技术要求》《突发重大公共事件条件下环境敏感区环境监测技术要求》《突发重大公共事件条件下环境应急处置能力规范》等制度与技术文件，逐步将突发公众事件应急状态下环境管理标准与措施法制化、制度化，进一步明确与健全国家、部门、地方、企事业单位环境应急责任义务体系及应急预案体系，全面提升应急状态下环境监测、预警、处理处置、执法的制度化、法制化与标准化水平。

参考文献

[1] 武汉市卫生健康委员会. 武汉市卫健委关于当前我市肺炎疫情的情况通报[EB/OL]. （2019-12-31）. http://wjw.wuhan.gov.cn/front/web/showDetail/2019123108989.

[2] Coronavirus disease（2019-nCoV）situation reports-1[R]. 世界卫生组织，2020.

[3] Coronavirus disease（COVID-2019）situation reports-22[R]. 世界卫生组织，2020.

[4]　Coronavirus disease（COVID-2019）situation reports-37[R]．世界卫生组织，2020．

[5]　周宏春．疫情对经济社会的影响可能比人们的恐慌要小[EB/OL]．（2020-02-03）．http://www.drc.gov.cn/xsyzcfx/20200203/4-4-2900181.htm．

[6]　中国社会科学院经济研究所．新冠肺炎疫情对全球经济造成冲击[EB/OL]．（2020-02-07）．http://ie.cass.cn/academics/economic_trends/202002/t20200209_5086557.html．

[7]　陈东晓．中国抗击新型冠状病毒：进展与前景[R]．上海国际问题研究院，2020．

[8]　德勤中国研究．疫情之下：2020 年中国经济及行业展望[EB/OL]．（2020-02-05）．http://www.china-cer.com.cn/hongguanjingji/202002052109.html．

[9]　林文棋．新冠肺炎疫情对经济的影响及政策建议[EB/OL]．（2020-02-10）．https://new.qq.com/omn/20200210/20200210A0GIC400.html．

[10]　生态环境部．生态环境部通报全国医疗废物、医疗废水处理处置和环境监管情况[EB/OL]．（2020-06-08）．http://www.mee.gov.cn/ywdt/hjywnews/202002/t20200226_766340.shtml．

[11]　河北省环境保护宣传教育中心．我省将疫情防控相关企业列入环境监管正面清单全力予以服务保障[EB/OL]．（2020-02-10）．http://hbepb.hebei.gov.cn/xwzx/stdt/202002/t20200210_89956.html．

[12]　生态环境部．京津冀及周边地区再现重污染五位专家集中解答污染成因[EB/OL]．（2020-02-11）．http://www.mee.gov.cn/xxgk2018/xxgk/xxgk15/202002/t20200211_762584.html．

[13]　生态环境部．生态环境部及时部署肺炎疫情医疗废物环境管理工作[EB/OL]．（2020-01-23）．http://www.gov.cn/xinwen/2020-01/23/content_5471863.htm．

[14]　生态环境部．生态环境部印发《新型冠状病毒感染的肺炎疫情医疗废物应急处置管理与技术指南（试行）》[EB/OL]．（2020-01-29）．http://www.gov.cn/xinwen/2020-01/29/content_5472997.htm．

[15]　生态环境部．生态环境部印发应对新型冠状病毒感染肺炎疫情应急监测方案[EB/OL]．（2020-01-31）．http://www.gov.cn/xinwen/2020-01/31/content_5473406.htm．

[16]　生态环境部．关于做好新型冠状病毒感染的肺炎疫情防控中医疗机构辐射安全监管服务保障工作的通知[EB/OL]．（2020-02-01）．http://www.gov.cn/zhengce/zhengceku/2020-02/01/content_5473757.htm．

[17]　生态环境部．关于做好新型冠状病毒感染的肺炎疫情医疗污水和城镇污水监管工作的通知[EB/OL]．（2020-02-01）．http://www.gov.cn/zhengce/zhengceku/2020-02/02/content_5473898.htm．

[18]　生态环境部．关于做好新型冠状病毒感染肺炎疫情防控期间有关建设项目环境影响评价应急服务保障的通知[EB/OL]．（2020-02-01）．http://www.mee.gov.cn/xxgk2018/xxgk/xxgk06/202002/t20200210_761954.html．

[19]　刘秀凤．医疗废物处置需要补短板[EB/OL]．（2020-02-17）．http://epaper.cenews.com.cn/html/2020-02/17/content_91850.htm．

[20]　国家发展改革委：全国口罩产能利用率达 94% 湖北口罩日产 15.8 万只[EB/OL]．（2020-02-13）．http://news.sina.com.cn/gov/2020-02-13/doc-iimxyqvz2584865.shtml．

[21]　山东省生态环境厅．山东省生态环境厅关于复工复产企业环保工作有关事项的通告[EB/OL]．（2020-02-10）．http://www.sdein.gov.cn/dtxx/hbyw/202002/t20200210_2518367.html．

[22]　重庆市生态环境局．重庆市生态环境局办公室关于印发《重庆市生态环境部门肺炎疫情防控期间指导帮助企业分类分批有序复产复工十项措施》的通知[EB/OL]．（2020-02-10）．http://sthjj.cq.gov.cn/xxgk/zfxxgkml/xwdt/tzgg/68195.shtml．

[23]　浙江省生态环境厅．浙江省生态环境厅关于支持企业复工复产服务稳企业稳经济稳发展的意见[EB/OL]．

（2020-02-13）. http://www.zjepb.gov.cn/art/2020/2/13/art_1201813_41912967.html.

[24] 广东省生态环境厅. 广东省生态环境厅印发《关于应对新冠肺炎疫情优化生态环境保护服务支持企业复工复产的若干措施》的通知[EB/OL]. （2020-02-13）. http://gdee.gd.gov.cn/shbtwj/content/post_2898316.html.

[25] 湖南省生态环境厅. 湖南省生态环境厅关于切实做好疫情防控期企事业单位复工复产环境安全保障工作的通知[EB/OL]. （2020-02-17）. http://sthjt.hunan.gov.cn/sthjt/xxgk/tzgg/tz/202002/t20200219_11184199.html.

[26] 江苏省生态环境厅. 江苏省生态环境厅印发关于应对疫情影响支持企业复工复产若干措施的通知[EB/OL]. （2020-02-18）. http://hbt.jiangsu.gov.cn/art/2020/2/18/art_74111_8976398.html.

[27] 福建省生态环境厅. 福建省生态环境厅关于进一步支持企业复工复产助推高质量发展的通知[EB/OL]. （2020-02-18）. http://hbt.fj.gov.cn/zwgk/zfxxgkzl/zfxxgkml/mlflfg/202002/t20200219_5198102.htm.

[28] 贵州省生态环境厅. 贵州省生态环境厅出台18条指导意见做好企业复产复工生态环境服务保障[EB/OL]. （2020-02-13）. http://sthj.guizhou.gov.cn/xwzx/tt/ttxw/202002/t20200220_50387865.html.

自然解决方案最新发展及其对我国生态文明建设的启示[①]

The Latest Developments of Nature-based Solutions and Its Inspiration for China's Ecological Civilization Construction

周佳 王旭豪[②] 王波 王夏晖

摘 要 2019年9月召开的联合国气候行动峰会，确定自然解决方案（NBS）为应对全球气候变化的重要行动领域，并由中国和新西兰担任牵头国家。近10年，NBS理念发展迅速，联合国环境规划署和世界自然保护联盟等呼吁将NBS作为实现全球可持续发展的核心手段，并提出了具有指导意义的相关标准。本文介绍了NBS的内涵与发展历程，列举了NBS在气候变化、流域修复、生物多样性保护和粮食安全等领域的应用案例，从标准规范、工程管理、体系建设等维度对NBS与我国生态文明建设进行比较，最后提出了有效融合NBS与我国生态文明建设的7条建议。

关键词 自然解决方案 生态文明建设 可持续发展

Abstract The 2019 UN Climate Action Summit identified Nature-based Solutions（NBS） as one of the critical actions to tackle the issue of global climate change，the NBS Coalition was launched during the summit co-led by China and New Zealand. In the last decade，the concept of NBS has been rapidly developed as international organizations including UNEP and IUCN calling for NBS as a vital approach to achieve the goal of sustainable development globally and proposing standards to guide this effort. This paper summarizes the theoretical connotation and historical development of NBS，showcases real-world NBS practices in the field of climate change，watershed restoration，biodiversity protection，and food security. Comparing the current situation of NBS and China's ecological civilization construction from the dimension of standard-setting，engineering，and system design，this paper provides 7 specific suggestions to effectively integrating the principles and methodologies of both NBS and ecological civilization construction.

Keywords nature-based solutions（NBS），ecological civilization construction，sustainable development

---

① 本文由国家重点研发计划"典型区域生态承载力与产业一致性评价技术研究"（2017YFC0506602-3）资助。
② 美国环保协会（美国纽约，10010）。

　　随着人类社会经济的飞速发展，生态破坏、环境污染、全球变暖、资源枯竭日渐成为严重威胁人类生存、制约经济发展和影响社会稳定的全球性问题，已给社会经济发展带来了广泛、显著、不可逆的负面影响。为了实现可持续发展和解决全球环境治理难题，欧美国家率先提出了自然解决方案（Nature-based Solutions，NBS）*概念，并以此作为解决气候变化、生物多样性、粮食安全等问题的关键工具。[1-3] 2019 年 6 月，在联合国气候行动峰会预备会上，中国认为 NBS 要求人们更为系统地理解人与自然和谐共生的关系，提倡依靠自然的力量应对气候风险，构建温室气体低排放和气候韧性社会，打造可持续发展的人类命运共同体。2019 年 9 月，联合国气候行动峰会确定 NBS 为全球六项重要行动之一，中国和新西兰担任 NBS 行动的牵头国家。

　　本文旨在借鉴学习 NBS 的国际经验，促进提高我国生态文明建设的水平和成效。为此，本文将对自然解决方案主要内涵、发展历程及其全球标准进行了回顾评述，介绍了典型领域 NBS 的应用案例，展望了 NBS 在我国生态文明建设中的应用前景，为打赢污染防治攻坚战、推动生态文明建设和美丽中国建设提供新思路新路径。

1 NBS 内涵与发展历程

1.1 NBS 概念与内涵

　　NBS 的概念具有一定的开放性。世界自然保护联盟（International Union for Conservation of Nature，IUCN）将 NBS 概念定义为通过保护、可持续利用和修复自然或变化的生态系统来有效应对当今社会面临的问题与挑战，同时提供人类福祉和生物多样性。[4] 欧盟委员会则将 NBS 概念定义为受到自然的启发和支持的解决方案，具有成本效益，同时提供环境、社会和经济效益，并帮助建立韧性的社会生态系统。[5] 一些欧洲学者认为 NBS 概念是通过综合管理社会生态系统为人类社会传递持续、增长的生态服务，并减少不可再生的自然资本投入，使生态系统拥有自我修复的动态空间。[6, 7] 也有部分学者提出 NBS 应用于工程实践[8]、土地管理[9]的研究框架。虽然在表述上存在差异性，但核心思想均紧密围绕有效管理生态系统来解决人类社会发展过程中面临的问题与挑战。不同类型的组织和人员在定义 NBS 时存在不一样的倾向。其中，作为政府组织的欧盟更加注重绿色发展，作为非政府组织（NGOs）的 IUCN 偏向生态系统的修复；而研究人员的定义范畴比较广泛，研究范围较为模糊。总体而言，NBS 是一个开放性的概念，国际组织和研究人员对 NBS 的定义似乎未能完全概括到位，将来可能需要针对不同社会生态问题进行分类式定义。

　　NBS 是一种既符合自然规律，又能有效促进经济社会可持续发展的绿色方案和方法。在保障自然生态的同时以提高社会福祉为导向目标，是 NBS 区别于传统生态保护工作的一大特征。总体而言，一个具有代表性的 NBS 应用具有五大特点：一是聚焦多目标，服

---

* 本文统一称为自然解决方案或者 NBS，文中两者混合使用。

务于经济、生态和环境多重目标；二是以生态环境保护为前提，以维护生物多样性和生态系统为基础任务，制定长期的稳定方案；三是具有创新性和综合性，可单独实施或与其他生态化工程技术手段协同实施；四是因地制宜，以跨学科专业和知识为支撑，便于交流复制和推广；五是可应用于多维空间尺度，与景观有机结合。[5]

1.2 NBS 发展历程

NBS 的发展经历了从理论研究到具体实践的过程。1997 年，Benyus 在其著作《仿生学：受自然启发的创新》中基于仿生学理论提出 NBS 概念。[10] 此后 NBS 这一术语开始出现在各类探讨工农业发展和水资源管理问题解决方案的文章中[11-16]，由于充分体现了可持续发展的理念而受到学者的支持与认可。

2008 年世界银行《生物多样性、气候变化和适应性：来自世界银行投资的 NBS》[17]报告的发布标志着 NBS 开始走入应用领域。2009 年，IUCN 在联合国气候变化框架公约（UNFCCC）第 15 届缔约方大会提交的工作报告中建议引入 NBS 应对气候变化，并将 NBS 定义为"保护、可持续管理和改良生态系统的行动，以生态适应性的方式应对社会挑战，同时提高人类福祉和生物多样性"，推动了 NBS 的进一步发展。2010 年，IUCN、世界银行和世界自然基金会等机构联合发布了《自然方案报告：保护区促进应对气候变化》，将 NBS 正式应用于生物多样性保护。2012 年，IUCN 发表《济州岛宣言》，强调了自然对增强社会韧性的重要性，正式将 NBS 作为其 2013—2016 年三大工作计划之一，以应对与气候变化和经济社会发展相关的挑战，并确立了工作框架，具备一定的可操作性。2013 年，欧盟认为 NBS 理念在改善人与自然关系、塑造可持续竞争力方面的巨大潜力，将 NBS 纳入"地平线 2020"（Horizon 2020）科研计划，开展更大规模研究和试点。2015 年，IUCN 发布的《自然解决方案应对全球社会挑战》（*Nature-based solutions to address global societal challenges*）报告，提出了以生物多样性和人类福祉为核心的 NBS 实施框架。[4] 2015 年，欧盟发布的报告《面向欧盟研究和创新政策的自然解决方案和再生城市议程》（*Towards an EU Research and Innovation policy agenda for nature-based solutions & re-naturing cities*）中提出了 NBS 具体目标和行动方案。[5] 2016 年，由欧盟"地平线 2020"资助的 EKLIPSE、EPBRS 和 BiodivERsA 三个专家组共同发布的报告《自然解决方案和社会创新》（*Social Innovation and Nature-based Solutions*）中提出了应对未来社会挑战和新出现问题所需的 NBS 研究。2017 年，由欧盟"地平线 2020"资助的 EKLIPSE 专家工作组发布的《支持自然解决方案项目规划和评估的影响评估框架》（*An impact evaluation framework to support planning and evaluation of nature-based solutions projects*）以及《评估和实施自然解决方案综合效益的框架》（*A Framework for Assessing and Implementing the Co-benefits of Nature-based Solutions in Urban Areas*）提出了 NBS 评价指标体系和操作流程。[18, 19] 2017 年，美国大自然保护协会（The Nature Conservancy，TNC）牵头研究测算通过改善土地管理方式减少温室气体排放量，提出了增加全球各类生态系统固碳能力的 NBS 路径。

2019 年 9 月，联合国气候行动峰会确定 NBS 为全球应对气候变化问题的重要行动之一，指出要通过生物多样性保护等方式，在林业、农业、渔业和粮食生产等领域实现减少碳排放、提高碳汇能力，加强气候减灾能力的目标。作为共同牵头国之一，中国将和其他国家一起，致力于推动 NBS 领域工作。

1.3　NBS 全球标准

NBS 目前仍是一个"相对年轻"的理念，有待通过全球视角对其概念、操作和评价标准进行规范与统一。IUCN 于 2020 年 7 月 23 日正式发布 NBS 全球标准[20]，提出了 8 项准则和 28 项指标考虑（表 1），明确了针对问题、开展尺度和关键目标，同时基于社会实际考虑了经济可行性、制度合理性等问题，希望通过适应性管理，最终促进 NBS 的广泛应用和主流化，推动可持续发展等目标的实现。

表 1　NBS 全球标准

准则	目的	指标考虑
1. 有效解决人类社会挑战	确保特定 NBS 措施能够针对并解决已知的人类社会挑战，而这些挑战正在对某些社区或群体造成直接影响，或被认定为应优先处理的问题	1.1 NBS 措施的介入需要针对清晰确定的重要人类社会挑战，应根据透明和包容的咨询程序辨别最为迫切的挑战 1.2 必须充分了解和记录解决人类社会挑战的原理，作为未来决策或问责的依据 1.3 由 NBS 产生和提高的人类福祉应根据基准定期评估和鉴定
2. 基于不同层面和尺度进行规划和设计	鼓励 NBS 应根据识别的不同景观内生态系统的复杂性和不确定性进行规划，不但要从生物学和地理学的角度出发，还应着眼于经济、政策以及文化	2.1 不仅在技术上能顺利实施，重要的是理解和优化社区居民、经济和生态系统之间的交互关系 2.2 制定 NBS 时应考虑与其他措施和行业互补和综合实施，例如工程项目、IT 和金融工具等 2.3 制定和实施 NBS 应充分全面地识别潜在风险，并且设法规避
3. 能够保护和提升生物多样性以及生态系统的完整性	强调 NBS 是衍生自生态系统的产品和服务，极其依赖于生态系统的健康程度。因此，制定和实施 NBS 必须避免损害生态系统的完整性，更应增强其功能性和连通性	3.1 NBS 的相关措施和行动必须基于对生态系统当前状况的科学评估，只有对目标系统具有深入的了解，才能合理制定并实施相关措施 3.2 对生物多样性的保护成果进行周期性的监测和评估 3.3 监测和定期评估 NBS 可能造成的不利影响 3.4 在 NBS 战略中明确并把握增强生态系统完整性和连通性的潜在机遇
4. 具有经济可行性	在规划以及实施阶段充分考量实施 NBS 措施的经济和财政可行性，以确保该措施能够长期进行	4.1 必须清楚记录 NBS 措施的直接和非直接、财务和非财务收益以及成本，包括出资人和受益人 4.2 需以成本效益研究支持 NBS 的制定和实施，包括相关法规和补贴产生的影响 4.3 应与替代方案进行比较，评估 NBS 措施的有效性，充分考虑任何相关的外部效应 4.4 制定规划 NBS 应考虑各种资金来源，例如基于市场或来自政府投资等，目的是保障长期稳定的资金投入，使 NBS 措施得以持续实施

准则	目的	指标考虑
5. 遵循包容、透明和赋权的治理过程	强调制定、规划和实施 NBS 应承认和包容利益相关方，特别是权利持有人，充分参考其意见并作出回应	5.1 在实施 NBS 前，应与所有利益相关方商定和明确反馈与申诉机制 5.2 保证 NBS 的参与过程基于相互尊重和平等，不分性别、年龄和社会地位 5.3 应确定 NBS 直接和间接影响的所有利益相关方，并保证其能够参与 NBS 的全部过程 5.4 清楚记录决策过程并对所有参与及受影响的利益相关方作出响应 5.5 NBS 的制定与实施范围往往根据目标生态系统而定，有可能超出行政管辖范围，因此在必要时可建立联合机制和组织机构，确保所有受影响利益相关方的参与
6. 确保并促进首要目标和其他多种效益间的平衡	自然资源是有限的，增加某种生态系统服务或将降低另一种服务的数量或质量，因此管理过程中的权衡取舍不可避免。该准则要求 NBS 的实践者承认这种权衡，并遵循公平、透明和包容的过程，在时间和地理空间上进行平衡和管理	6.1 必须明确 NBS 措施相关权衡的潜在成本和效益，并通告相关的保障措施和纠正措施 6.2 应当承认和尊重利益相关方在土地以及其他自然资源的权利与责任 6.3 定期检查已建立的保障措施，以确保各方遵守商定的权衡限制，并且不破坏整个 NBS 的稳定性
7. 能够基于证据进行适应性管理	要求 NBS 的实施计划应包含适应性管理，以响应不确定事件的发生	7.1 建立 NBS 战略，并以此为基础开展定期监测和评估 7.2 制订监测与评估计划，并应用于 NBS 的全过程 7.3 应建立学习与迭代框架，使适应性管理在 NBS 的全过程中不断改进
8. 体现可持续性与可推广性	应以长期可持续发展的视野来制定和实施 NBS，以此体现对利益相关方长期负责，努力使 NBS 主流化	8.1 分享和交流规划与实施 NBS 的经验教训，以此带来更多积极的改革行动 8.2 以 NBS 促进政策和法规的完善，有助于 NBS 的发展和主流化 8.3 NBS 有助于提高全球人类福祉、应对气候变化、保护生物多样性和维护人民权益

来源：IUCN NBS 全球标准手册（2020）。

2 NBS 在典型领域的应用

IUCN 倡议 NBS 应当因地制宜，在充分考虑当地人居习俗和科学认知的同时尽可能地协同解决其他社会问题，并与其他政策进行融合。这一指导思想使得 NBS 在各个社会问题领域出现了大量各具特色的案例。下面主要介绍 NBS 在解决气候变化、流域修复、粮食安全、生物多样性保护等方面的典型应用。[4]

2.1　气候变化：哥斯达黎加尼科亚湾红树林保护与修复项目

　　哥斯达黎加尼科亚海湾的红树林生态系统保护海岸线免受侵蚀，为当地物种提供生存空间，保障当地渔业资源。[21] 红树林生态系统的植被及根系具有很强的生物固碳能力，能够帮助减缓温室效应。然而，由于过度砍伐和生产活动用地需求，截至 2010 年，当地34%的红树林地区被非法破坏，改造成为虾类养殖池塘，剩余的红树林地区也面临被改造为农业用地的危机。[22] 为此，保护国际基金会（Conservation International）于 2014 年启动了红树林修复试点项目。科学家通过对红树林地上植物及地下根系的取样分析估算当地生态系统固碳量背景值，并评估通过生态修复将红树林生态还原后的额外固碳效益，提出科学建议，呼吁采取红树林生态修复行动。[23] 随后，项目团队聘请植物学专家带领当地居民成功建立两处红树林苗圃，并利用这一生态资源吸引游客前来参观，拉动当地旅游业发展，创造就业岗位。项目团队还深入当地学校，带领学生实地参观红树林苗圃，传授相关生态知识，让学生亲身参与到苗圃的建设工作中。在产业发展方面，项目团队通过能力建设帮助当地人员提供专业知识，帮助开发旅游产业，提升当地旅游产业质量。

　　从结果来看，对于红树林生态系统固碳量的研究得出了尼科亚湾生态系统碳储量范围在 413~1 335 t/hm^2 的结论。项目团队根据研究结论设计了蓝碳项目，将通过生态修复行动产生的碳储量登记作碳信用积分，用以支持融资，帮助当地发展经济。[23] 当地居民在项目第一年种树超过 8 000 株，存活量达到 90%以上。当地小学每月开展红树林与海洋生物学课程。在为当地个体创业者科普红树林和旅游业知识后，超过半数的创业者开始围绕红树林生态经营诸如生态旅游、绿色住宿和餐饮等服务业工作。[4]

2.2　流域生态治理：美国科罗拉多州卡什拉普德尔河流域修复

　　卡什拉普德尔河发源于美国落基山脉，流经科罗拉多州的柯林斯堡地区。河流的水资源既是当地居民的饮用水来源，又为开展水路运输和发展旅游产业提供支持。然而，当地城市化进程中的砾石开采等土地利用活动使河流的生态功能受损，削弱河道对沉积物的冲刷和沉淀能力，并使河滨植被缺少水资源涵养，河岸林生态遭到破坏。[24] 为解决城市发展进程中产生的河流水资源管理问题，柯林斯堡市政府于 2011 年出台《卡什拉普德尔河自然区域管理计划》，随后启动了斯特林湖生态修复和麦克莫雷自然区域生态修复等流域修复项目。[25] 在恢复河岸林生态的基础上，项目团队还按照植被和土壤特征设立了五个植被区，扩大河岸林范围，丰富生物多样性，并建立了一条人行甬道和一块专属捕鱼区域，将修复的生态转化为供居民和游客休闲娱乐的生态产品。[4]

　　两项生态修复项目共修复了卡什拉普德河长度约 2 000 m 的河道及河岸地区，创造了超过 5 hm^2 的湿地区域。项目共计种植树木 1 200 株，灌木 25 000 株，湿地草类 60 000 株。两个项目均通过移除老旧基础设施实现了河流与河漫滩的重新连通，重新连通的流域长度超过 1 500 m。这些工作在修复流域沿岸林生态的基础上也实现了防止流域河水升温、消除鱼道阻塞、加强当地水上娱乐活动安全性等目标。[4]

2.3 粮食安全：苏丹达尔富尔北部地区生态减灾试点

苏丹的农业活动极易受到气候变化影响。[26] 1971—1999 年，苏丹的年均降水量持续低于正常水平，导致 29 年中的 16 年发生严重的粮食歉收情况。[27] 为应对洪水灾害，苏丹政府与国际非政府组织合作，在达尔富尔北部地区瓦迪埃尔谷河沿岸建立了 15 个防洪堤岸。实际情况表明，河流沿岸实际存在着其他数百个当地居民擅自建造的简易土堤，这些简易土堤大多不具备有效的防洪和蓄水能力，反而增加了附近居民的受灾风险。[28] 为此，UNEP 和欧盟委员会在 2012 年至 2015 年与苏丹国家政府以及达尔富尔北部地区当地政府形成合作伙伴关系，在相应流域开展了基于生态系统的生态减灾试点项目。[20] 项目团队召集了当地社区代表进行咨询，通过讨论会的形式了解流域各社区在水资源管理方面的主要问题和主要需求，委托咨询机构开展环境与社会影响分析，呼吁当地各社区民众避免擅自修筑土堤，共同参与大型受损堤坝改造工程，在提高公众参与度的同时将生态影响尽可能降低。[29]

试点项目顺利执行后，瓦迪埃尔谷河流域的蓄水防洪能力得到显著提升，当地 6 300 hm² 的常年干旱土地重新得到河水灌溉，粮食产量显著提高，4 500 名农民的人均可支配耕地面积提升至试点前的 17.5 倍。植树行动的开展使当地每年能够培育超过 17 000 株优质树苗和约 1 000 棵果树，生态系统功能逐步恢复，生态系统服务功能带来的社会经济效益日益显现。[29]

2.4 生物多样性：厄瓜多尔森林修复与可持续发展实践

厄瓜多尔的经济发展对于森林资源高度依赖，其轻质木材出口量长期居全球首位。[4] 然而，1990—2015 年，大量的乱砍滥伐和非法砍伐行为导致厄瓜多尔国家森林面积从 1 463 万 hm² 减少至 1 255 万 hm²。森林资源的开发虽然推动了短期经济发展，降低了全国贫困人口比例，但这种不可持续的资源利用模式导致森林退化，影响了农村地区居民的生活质量，反而让农村地区的贫困率不降反升。[30] 为打击森林过度砍伐和非法砍伐行为，厄瓜多尔国家政府出台了诸多政策，国家环境部于 2008 年起开展 SocioBosque 项目，为积极参与自有土地内森林资源保护行动的土地所有者提供经济激励措施。国家出台的《2010—2013 的小康生活国家计划》中也提出了森林砍伐率减少 30%的约束性目标。[31] 2000 年起，厄瓜多尔钦博拉索省布宜诺斯艾利斯村的村民曼努埃尔·拉蒙（Mr. Manuel Ramon）在自己的私人土地上开展生态修复行动。[4] 2012 年，拉蒙和钦博拉索省环境林业部开始正式合作，当局部门为拉蒙的高品质木材产品提供认证，为森林中各类树木制作标识牌，建设旅游观光步道，以模拟森林理念为核心打造当地的科教旅游项目。[4]

通过科学造林，拉蒙保护了超过 15 个种类的树木，其中不乏当地濒危树种。新的森林生态系统还为当地的鸟类和犰狳等动物提供了生存空间，降低了虫灾现象的发生频率，产生了生态环境正效益。经过生态保护后的森林能够提供橙子和有机可可豆等食物资源，保障了当地居民的生计。[4] 拉蒙的这一模拟森林生态体系还被哥伦比亚国家秘书处认证为

《2013—2017 小康生活哥伦比亚国家计划》的成功实践案例。[32]

3 NBS 对我国生态文明建设的启示

NBS 从提出至今仅有 10 多年的发展历程，尽管还不是一个完全成熟和可以全面应用的方法，但它颠覆了以往主要依赖工程技术手段实施生态治理的传统认知，提倡依靠自然生态应对当前的各类挑战，解决生态问题的同时促进经济社会协同发展。在当前我国推进生态文明和美丽中国建设中，建议借鉴学习 NBS 的原理方法和国际经验，有效融合到我国的生态环境保护、气候变化应对和自然灾害管理中。

3.1 研究建立 NBS 与生态文明建设的融合途径

NBS 是一种基于可持续发展理念下的、强调利用自然生态系统自我修复能力的、妥善处理经济发展与生态保护关系的综合解决方案，日益受到欧美国家和国际组织的重视，为协同经济发展和生态保护、促进人与自然和谐共生提供了新思路。与 NBS 相比，我国生态文明建设在治理理念、治理目标、治理手段、治理机制等方面有许多相似之处，可互为借鉴，但有关理论方法研究、生态理念融入、国际影响力等方面有待加强。应研究 NBS 与早期提出的生态系统综合管理（IEM）、当前推进的山水林田湖草综合管理以及欧盟的蓝绿解决方案（Blue Green Solution）等之间的关系，最终建立 NBS 与生态文明建设的融合途径。

3.2 借鉴 NBS 推进生态文明建设规范化和标准化

NBS 从概念提出到界定内涵、制定标准、探析应用路径，形成理论与实践的深度融合，成为一种国际上有效解决气候变化、生物多样性、可持续发展的新理念、新方法。近年来，我国生态文明理论和实践取得长足进步，但仍面临理论研究滞后于管理需求、最新实践成果有待理论升华、国际影响力有待提升等困境，亟须借鉴生态学、生态系统管理学、经济学等多学科理论与方法，加强生态文明建设理论与方法研究，推进生态文明建设规范化、标准化、国际化，把生态文明作为我国参与和引领全球治理的重要支撑。

3.3 借鉴 NBS 完善中国的生态保护修复和管理体系

NBS 最为核心的成功经验是强调依靠自然力量解决现实问题。我国生态文明建设所提出的，坚持"节约优先、保护优先、自然恢复为主"的基本方针、"山水林田湖草是一个生命共同体"等理念与 NBS 不谋而合，但在重大生态保护修复试点工程中，仍面临生态理念理解不到位、硬性工程措施多、发展和扶贫考虑少等问题。应做好我国"十四五"时期生态保护修复顶层设计，充分吸收借鉴 NBS 理念和方法，开展生态保护修复规划研究编制工作。聚焦全国 25 个山水林田湖草生态保护修复试点工程，选取典型 NBS 案例，开展生态保护修复案例对比分析，为组织实施重要生态系统保护和修复重大工程提供决策支撑。

3.4 建立生态优先和全生命周期的工程生态化管理制度

NBS 以保护生态环境为前提，寻求以自然为中心的效用最大化。现阶段，我国包括生态修复在内的一些工程仍存在设计理念落后、标准规范不衔接、保护措施落实不到位等问题。基于生态优先理念，借鉴 NBS 有效经验和国内青藏铁路等先进生态工程实践，选取对生态脆弱敏感区影响较大的重大工程为试点，如水利、道路、矿山、林草、地灾等工程，开展基于生态优先理念的工程规划—设计—施工—考核—运维全生命周期的制度创新研究，建立健全工程生态化的规划政策、设计标准、施工规范、考核要求、运维保障等体系，推动生态优先理念落地生根。

3.5 借鉴 NBS 加快构建现代化生态环境治理体系

NBS 定位是一个综合性解决方案，既要考虑生态环境因素，也兼顾经济、社会、法律等多种因素和协调机制，通过制度和举措创新，调动社会和公众积极性，推动区域经济发展和生态环境保护实现共赢。NBS 这一特性符合我国当前生态环境高水平保护协同推进经济高质量发展的总体战略需求，可为生态环境保护参与综合决策提供新的路径，从而发挥对各级政府实施绿色发展的约束引导作用。我国的生态文明制度和体制改革取得初步成效，各地开展了丰富的生态文明体制改革试点示范。借鉴 NBS 制度创新举措，系统总结和梳理各地生态文明体制改革试点成果，研究提出生态环境治理体系和治理能力现代化的实现路径，加快构建党委领导、政府主导、企业主体、社会参与的现代化生态环境治理体系。

3.6 建立与生态文明建设相融合的 NBS 中国案例库

受到区域自然条件、发展水平、管理目标等的因素影响，不少学者认为，NBS 并非解决发展问题的"万能方案"，仍处于探索阶段，存在一定的发展障碍与知识缺口。我国在生态文明建设试点示范方面已开展大量工作，如生态文明建设示范区、"绿水青山就是金山银山"实践创新基地、海绵城市建设、水生态文明建设、林业生态文明建设、美丽系列示范创建等，但试点示范多为行业部门视角开展的相关工作，生态文明建设的系统性和完整性方面不足，与现阶段提出"美丽中国"建设目标要求尚存差距。建议整合基于生态文明思想和 NBS 的国内生态文明建设典型案例，提出"十四五"美丽中国建设科学范式。

3.7 借力 NBS 国际合作积极推动人类命运共同体建设

生态优先、绿色发展同为 NBS 和生态文明建设的核心要义，是生态学历来注重和强调的关键议题，在国际社会上已达成共识。在我国生态文明建设相关理论研究、实践探索、制度完善、路径探析等研究的基础上，要同步加强生态文明建设的国际交流与合作，积极推动联合国、IPCC、IUCN 等举办以生态文明建设为主题的国际研讨会或行动峰会，加强先进生态文明建设经验交流与学习，担负起全球生态文明建设的重要参与者、贡献者的历史使命，在人类命运共同体建设过程中为世界各国实现人与自然和谐共生、创造人类美好未来贡献中国智慧和中国方案。

参考文献

[1] 张小全，谢茜，曾楠. 基于自然的气候变化解决方案[J]. 气候变化研究进展，2020，16（3）：336-344.

[2] 陈梦芸，林广思. 基于自然的解决方案：一个容易被误解的新术语[J]. 南方建筑，2019（3）：40-44.

[3] 罗明，应凌霄，周妍. 基于自然解决方案的全球标准之准则透析与启示[J]. 中国土地，2020（4）：9-13.

[4] COHEN-SHACHAM E，WALTERS M G，MAGINNIS S，et al. Nature-based Solutions to address global societal challenges[M]. IUCN，Gland，Switzerland，2016：97.

[5] European Commission. Towards an EU Research and Innovation Policy Agenda for Nature-based Solutions & renaturing cities[R]. Brussels：European Commission，2015：4.

[6] EGGERMONT H，BALIAN E，AZEVEDO J，et al. Nature-based Solutions：new influence for environmental management and research in europe[J]. GAIA-Ecological Perspectives for Science and Society，2015，24（4）：243-248.

[7] MAES J，JACOBS S. Nature-based Solutions for Europe's sustainable development[J]. Conservation Letters，2017，10（1）：121-124.

[8] NESSHÖVER C，ASSMUTH T，IRVINE K N，et al. The science，policy and practice of nature-based solutions：an interdisciplinary perspective[J]. Science of the Total Environment，2017，579：1215-1227.

[9] KEESSTRA S，NUNES J，NOVARA A，et al. The superior effect of nature based solutions in land management for enhancing ecosystem services[J]. Science of the Total Environment，2018，610：997-1009.

[10] BENYUS J M. Biomimicry：innovation inspired by nature[M]. New York：William Morrow，1997.

[11] POTSCHIN M，KRETSCH C，HAINES-YOUNG R，et al. Nature-based solutions. 2015. www.openness-project.eu/library/reference-book.

[12] BLESH J M，BARRETT G W. Farmers' attitudes regarding agrolandscape ecology：a regional comparison[J]. Journal of Sustainable Agriculture，2006，28（3）：121-143.

[13] GUO Z，XIAO X，LI D. An assessment of ecosystem services：water flow regulation and hydroelectric power production[J]. Ecological Applications，2000，10（3）：925-936.

[14] KAYSER K，KUNST S. Decentralised wastewater treatment-wastewater treatment in rural areas[M]// Sustainable water and soil management. Springer，2002：137-182.

[15] SINGH R A，KIM H J，KIM J，et al. A biomimetic approach for effective reduction in micro-scale friction by direct replication of topography of natural water-repellent surfaces[J]. Journal of Mechanical Science

and Technology，2007，21（4）：624-629.

[16] GRANT G. Ecosystem services come to town： greening cities by working with nature[M]. John Wiley & Sons，2012.

[17] World Bank. 2008. Biodiversity，climate change，and adaptation：Nature-based Solutions from the World Bank Portfolio[EB/OL]. Washington，DC. World Bank. https://openknowledge.worldbank.org/handle/10986/7785License：CC BY 3.0 IGO.

[18] RAYMOND C M，BERRY P，BREIL M，et al. An impact evaluation framework to support planning and evaluation of Nature-based Solutions projects[R]. Report prepared by the EKLIPSE Expert Working Group on Nature-based Solutions to Promote Climate Resilience in Urban Areas. Wallingford：Centre for Ecology and Hydrology，2017.

[19] RAYMOND C M，FRANTZESKAKI N，KABISCH N，et al. A framework for assessing and implementing the co-benefits of nature-based solutions in urban areas[J]. Environmental Science & Policy，2017，77：15-24.

[20] IUCN. IUCN Standard to boost impact of nature-based solutions to global challenges[EB/OL]. （2020-07-29）. https://www.iucn.org/news/nature-based-solutions/202007/iucn-standard-boost-impact-nature-based-solutions-global-challenges.

[21] Bluetubetv. The Salt Forest and Its People – English [Video File]. （2014-05-14）. www.youtube.com/watch?v=qyyytklgUEI.

[22] RUBÉN V L，LUCÍA M B，DAMIÁN M F. Mapping mangrove species composition with rapideye satellite images in the Nicoya Gulf，Costa Rica：How far can we go?[C]//ASSOCIATION FOR TROPICAL BIOLOGY AND CONSERVATION（ATBC）. 2013.

[23] HOWARD J，HOYT S，ISENSEE K，et al. Coastal blue carbon：methods for assessing carbon stocks and emissions factors in mangroves，tidal salt marshes，and seagrasses[J]. Journal of American History，2014，14（4）：4-7.

[24] BARTHOLOW J M. Constructing an Interdisciplinary Flow Regime Recommendation 1[J]. JAWRA Journal of the American Water Resources Association，2010，46（5）：892-906.

[25] The City of Fort Collins Natural Resource Advisory Board. Cache la poudre river initiative：threats，opportunities，and recommended action plan[R]. Fort Collins：The City of Fort Collins Natural Resource Advisory Board，2011.

[26] ZAKIELDEEN S A. Adaptation to climate change：a vulnerability assessment for Sudan[J]. Gatekeeper series/International Institute for Environment and Development，Sustainable Agriculture and Rural Livelihoods Programme，2009，142.

[27] SASSI M，CARDACI A. Impact of rainfall pattern on cereal market and food security in Sudan：Stochastic approach and CGE model[J]. Food Policy，2013，43：321-331.

[28] MAHGOUB F. Current status of agriculture and future challenges in Sudan[M]. Nordiska Afrikainstitutet，2014.

[29] BAYANI N，et al. Wadi partners：food security and disaster resilience through sustainable drylands management in North Darfur，Sudan[R]. UNEP，2016.

[30] BLASER J, SARRE A, POORE D, et al. Status of tropical forest management 2011 (International Tropical Timber Organization, Yokohama, Japan) [R]. 2011.

[31] National Plan for Good Living, 2009-2013: Building a Plurinational and Intercultural State. Summarized Version[R]. National Secretariat of Planning and Development, Ecuador, 2010.

[32] National Plan for Good Living, 2013-2017. Summarized Version[R]. National Secretariat of Planning and Development, Ecuador, 2013.

环境核算与环境绩效

- ◆ 2019 年全国经济生态生产总值（GEEP）核算研究报告
- ◆ 2018 年全国经济生态生产总值（GEEP）核算研究报告
- ◆ 全球陆地生态系统生产总值（GEP）核算报告（2017 年）
- ◆ 中央环保督察与 COVID-19 疫情两种情景下大气污染治理经济影响比较实证研究
- ◆ 2020 年全球环境绩效指数（EPI）报告分析
- ◆ 2019 年可持续发展目标指数和指示板全球报告分析

2019 年全国经济生态生产总值（GEEP）核算研究报告

Research Report on National Economic and Ecological Gross Product（GEEP）Accounting in 2019

王金南 於方 马国霞 彭菲 周夏飞

摘　要　本文在多年关于绿色国民经济核算体系的理论和实践探索研究的基础上，构建了经济生态生产总值（GEEP）综合核算体系，对 2019 年我国 31 个省（区、市）的 GEEP 进行核算。核算表明，2019 年我国生态环境退化成本为 2.78 万亿元，扣除生态环境退化成本的"金山银山"绿色 GDP 为 95.7 万亿元。生态系统提供的"绿水青山"GEP 价值为 92.1 万亿元；GEEP 为 156.0 万亿元，是 GDP 的 1.6 倍。

关键词　经济生态生产总值　生态系统调节服务　生态破坏成本　污染损失成本

Abstract　On the basis of many years of theoretical and practical research on green national economic accounting system，this paper constructs a comprehensive accounting system of economic ecological gross product（GEEP），which accounts for the economic ecological gross product of 31 provinces and autonomous regions in 2019. In 2019，the cost of ecological environment degradation in China was 2.78 trillion yuan，and the green GDP after deducting the cost of ecological environment degradation was 95.7 trillion yuan. The GEP value provided by ecosystem is 92.1 trillion yuan. According to the accounting，in 2019 GEEP is 156.0 trillion yuan，1.6 times of GDP.

Keywords　GEEP，ecosystem regulation services，ecological damage cost，environmental degradation cost

1　经济生态生产总值（GEEP）核算框架体系

1.1　GEEP 核算意义

GDP 作为考察宏观经济的重要指标，是对一国总体经济运行表现作出的概括性衡量。

但现行的国民经济核算体系有一定的局限性，一是它没有反映经济增长的资源环境代价；二是不能反映经济增长的效率、效益和质量；三是没有完全反映生态系统对经济增长的贡献度和福祉，没有包括经济增长的全部社会成本；四是不能反映社会财富的总积累以及社会福利的变化。

为此，国际上从 20 世纪 70 年代开始研究建立绿色国民经济核算体系，它在传统的 GDP 核算体系中扣除自然资源耗减成本和污染损失成本，以期更真实地衡量经济发展成果和国民经济福利。联合国统计署（UNSD）于 1989 年、1993 年、2003 年和 2013 年先后发布并修订了综合环境与经济核算体系（SEEA），为建立绿色国民经济核算总量、自然资源和污染账户提供了基本框架。本课题组遵从 SEEA 框架体系，自 2006 年以来，持续开展绿色 GDP1.0（GGDP）研究，定量核算我国经济发展的生态环境代价，完成了 2004—2019 年共 16 年的年度环境经济核算报告，有力地推动了我国绿色国民经济核算体系研究。

目前，我国非常重视生态文明建设，逐步放弃唯 GDP 考核目标。党的十八大提出把资源消耗、环境损害、生态效益等指标纳入经济社会发展评价体系，党的十九大进一步强调加快生态文明体制改革，建设美丽中国，推进绿色发展，着力解决突出环境问题，加大生态系统保护力度，改革生态环境监管体制，践行"绿水青山就是金山银山"的理念，坚持节约资源和保护环境的基本国策，实行最严格的生态环境保护制度。绿色 GDP 核算扣除了经济系统增长的资源环境代价，但并没有把生态系统为经济系统提供的全部生态福祉都进行核算，只做了"减法"，没有做"加法"，无法体现"绿水青山就是金山银山"的绿色理念。

2015 年，环境保护部启动了绿色 GDP2.0 版本，开展了生态系统生产总值（GEP）的核算，对生态系统每年提供给人类的生态福祉进行全部核算，包括产品供给服务、生态调节服务、文化服务三个方面。但 GEP 只是从生态系统的角度考虑，单独把生态系统给经济系统提供的福祉全部进行核算，并没有把生态系统和经济系统完全纳入同一核算体系中。为把资源消耗、环境损害、生态效益纳入社会经济发展评价体系，本报告在绿色 GDP1.0 和绿色 GDP2.0 版本的基础上，构建经济生态生产总值（Gross Economic-Ecological Product，GEEP）综合核算指标。

GEEP 是在经济系统生产总值的基础上，考虑人类在经济生产活动中对生态环境的损害和生态系统对经济系统的福祉。GEEP 既考虑了人类活动产生的经济价值，也考虑了生态系统每年给经济系统提供的生态福祉，还考虑了人类为经济系统产生的生态环境代价。GEEP 是一个有增有减、有经济有生态的综合指标。GEEP 同时考虑了人类活动和生态环境对经济系统的贡献，纠正了以前只考虑人类经济贡献或生态贡献的片面性。这一指标把"绿水青山"和"金山银山"统一到一个框架体系下，是"绿水青山就是金山银山"理念的集成，是践行"绿水青山就是金山银山"理念的重要支撑。与 GDP 相比，GEEP 更有利于实现地区可持续发展，是相对更为科学的地区绩效考核指标。

本报告由生态环境部环境规划院完成，环境质量数据由中国环境监测总站和中国科学院遥感与数字地球研究所提供。感谢生态环境部、国家统计局等部委与中国宏观经济学会等机构的有关领导对本项研究一直以来给予的指导和帮助。

专栏 1.1　2019 年 GEEP 核算数据来源

2019 年核算主要以环境统计和环境监测等数据为依据，对 2019 年全国 31 个省（区、市）的环境退化成本、生态破坏损失及其占 GDP 的比例、物质流、GEP、GEEP 进行核算。报告基础数据来源包括《中国统计年鉴 2020》《中国城市建设统计年鉴 2020》《中国卫生统计年鉴 2019》《中国农村统计年鉴 2019》《2008 中国卫生服务调查研究——第四次家庭健康询问调查分析报告》《中国环境状况公报 2019》以及 31 个省（区、市）2019 年度统计年鉴，环境质量数据由中国环境监测总站提供，全国 10 km×10 km 网格的 $PM_{2.5}$ 遥感卫星反演浓度数据由中科院遥感与数字地球研究所提供。

生态破坏损失核算基础数据主要来源于全国第八次（2009—2013 年）森林资源清查、第二次全国湿地调查（2009—2013 年）、全国 674 个气象站点数据、中国农业科学院 MODIS/NDVI 遥感数据、《中国土壤志》、美国国家航空航天局（NASA）网站数字高程数据、全国草原监测报告、国家价格监测中心、碳排放交易价格、市场调查以及相关研究数据。

生态系统生产总值核算中，土地利用类型图来源于中国科学院资源科学数据中心（http://www.redc.cn），温度和降水量数据来自中国气象数据网（http://data.cma.cn/），NPP 数据来自中国科学院地理科学与资源研究所提供的数据集，NDVI 数据来源于美国 NASA 的 EOS/MODIS 数据产品（http://e4ftl01.cr.usgs.gov），土壤类型数据来源于中科院南京土壤研究所等。

1.2　GEEP 核算框架

GEEP 是在经济系统生产总值的基础上，考虑人类在经济生产活动中对生态环境的损害和生态系统对经济系统的福祉。即在绿色 GDP 核算的基础上，增加生态系统给人类提供的生态福祉。其中，生态环境的损害主要用人类活动对生态系统的破坏成本和环境退化成本表示，生态系统对人类的福祉用 GEP 表示，因 GEP 中的产品供给服务和文化服务价值已在 GDP 中进行了核算，为减少重复，需进行扣除（图 1）。经济生态生产总值的概念模型如式（1）所示。

$$\begin{aligned} GEEP &= GGDP + GEP - (GGDP \cap GEP) \\ &= (GDP - EnDC - EcDC) + (EPS + ERS + ECS) - (EPS + ECS) \\ &= (GDP - EnDC - EcDC) + ERS \end{aligned} \quad (1)$$

式中，GGDP（Green Gross Domestic Product）为绿色 GDP；GEP（Gross Ecosystem Product）为生态系统生产总值；GGDP∩GEP 为 GGDP 与 GEP 的重复部分；GDP（Gross Domestic Product）为国内生产总值；EnDC（Environmental Degradation Cost）为环境退化成本；EcDC（Ecological Deterioation Cost）为生态破坏成本；ERS（Ecosystem Regulation Service）为生态系统调节服务；EPS（Ecosystem Provision Service）为生态产品供给服务；ECS（Ecosystem Culture Service）为生态系统文化服务。

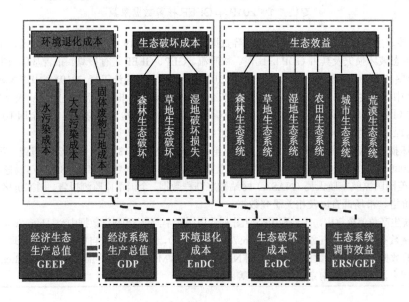

图 1　GEEP 核算框架体系

1.3　GEEP 核算指标

根据 GEEP 核算框架体系，GEEP 核算的关键指标是生态破坏成本、环境退化成本和生态系统调节服务。这三个指标涉及生态、环境、生态环境经济学以及遥感技术应用等多个学科的交叉应用。如何对生态破坏成本、环境退化成本和生态生产总值进行价值量核算，是计算 GEEP 的关键和难点。

1.3.1　环境退化成本核算指标

环境退化成本指排放到环境中的各种污染物对人体健康、农业、生态环境等导致的环境污染损失成本。环境退化成本主要包括大气污染导致的退化成本、水污染导致的退化成本、固体废物占地三个方面成本 [式（2）]。其中，大气污染导致的环境退化成本主要包括大气污染导致的人体健康损失、种植业产值损失、室外建筑材料腐蚀损失、生活清洁费用增加成本四部分。水污染导致的环境退化成本主要包括水污染导致的人体健康损失、污水灌溉导致的农业损失、水污染造成的工业用水额外治理成本、水污染造成的城市生活经济损失以及水污染导致的污染型缺水等指标（表 1）。环境退化成本具体指标的核算方法，参考课题组出版的图书《中国环境经济核算技术指南》。

$$EnDC=AEnDC+WEnDC+SEnDC \tag{2}$$

式中，EnDC 为环境退化成本；AEnDC 为大气污染退化成本；WEnDC 为水污染损失成本；SEnDC 为固体废物占地损失成本。

表 1　环境退化成本核算具体内容和方法

类型	危害终端	核算方法
大气污染	人体健康损失	修正的人力资本法/疾病成本法
	种植业产量损失	市场价值法
	室外建筑材料腐蚀损失	市场价值法或防护费用法
	生活清洁费用增加成本	防护费用法
水污染	人体健康损失	疾病成本法/人力资本法
	污灌造成的农业损失	市场价值法或影子价格法
	工业用水额外处理成本	防护费用法
	城市生活用水额外处理成本	防护费用法
	水污染引起的家庭洁净水成本	市场价值法
	污染型缺水损失	影子价格法
固体废物占地	固体废物占地成本	机会成本法

1.3.2　生态破坏损失核算指标

生态破坏损失核算指标是指生态系统生态服务功能因人类不合理利用，导致的生态服务功能损失的核算。该指标是在生态系统调节服务核算的基础上，考虑不同生态系统的人为破坏率，对森林、草地、湿地三大生态系统的生态破坏成本进行核算［式（3）］。报告在进行 2019 年生态破坏损失核算时，以森林超采率作为森林生态系统的人为破坏率，森林超采率通过第八次全国森林资源清查获得的森林超采量和森林蓄积量计算而得。湿地人为破坏率根据第二次全国湿地资源调查结果，利用湿地重度威胁面积占湿地总面积的比例进行计算。草地人为破坏率根据 2019 年全国草原监测报告六大牧区省份及全国重点天然草原平均牲畜超载率进行计算。

$$EcDC = \sum_{i=1}^{3} ERS_i \times HR_i \tag{3}$$

式中，$EcDC$ 为生态破坏成本；i 为草地、森林和湿地三类生态系统；ERS_i 为草地、湿地和森林三大生态系统的生态调节服务；HR_i 为这三类生态系统的人为破坏率。

1.3.3　GEP 核算指标

GEP 是分析与评价生态系统为人类生存与福祉提供的产品与服务的经济价值。GEP是生态系统产品价值、调节服务价值和文化服务价值的总和。根据生态系统服务功能评估的方法，GEP 可以从生态系统功能量和生态经济价值量两个角度核算。本报告利用中国科学院地理科学与资源研究所解译的 2019 年空间分辨率 1 km 的土地利用数据，并结合MODIS NDVI 数据，对我国 2019 年 31 个省（区、市）的森林、湿地、草地、荒漠、农田、城市、海洋 7 大生态系统 GEP 进行核算（表 2）。因生态系统提供的生态产品供给服务和生态文化服务已经在 GDP 中有所体现。为避免重复，GEEP 只对生态系统给经济系统提供的生态调节服务价值进行核算［式（4）］。

表 2 不同生态系统生态服务功能核算方法

指标	功能量核算方法	价值量核算方法
产品供给	统计调查法	市场价值法
气候调节	蒸散模型法	替代成本法
固碳功能	固碳机理模型法	替代成本法
释氧功能	释氧机理模型法	替代成本法
水质净化功能	污染物净化模型法	替代成本法
大气环境净化	污染物净化模型法	替代成本法
水流动调节	水量平衡法	替代成本法
土壤保持功能	通用水土流失方程（RUSLE）	替代成本法
防风固沙功能	修正风力侵蚀模型（REWQ）	替代成本法
文化服务功能	统计调查法	旅行费用法

$$ERS=CRS+WRS+SMS+WPSF+CFOR+WCS+ACS+EDIP \tag{4}$$

式中，ERS 为生态调节服务；CRS 为气候调节服务；WRS 水流动调节服务；SMS 土壤保持功能；WPSF 为防风固沙功能；CFOR 为固碳释氧功能；WCS 为水质净化功能；ACS 为大气环境净化；EDIP 为病虫害防治。

2 EDC 核算

2.1 环境退化成本核算

环境退化成本又称污染损失成本，它是在目前的治理水平下，生产和消费过程中所排放的污染物对环境功能、人体健康、作物产量等造成的实际损害，利用人力资本法、直接市场价值法、替代费用法等环境经济方法评估计算得出的环境退化价值。基于损害的环境退化成本，可以对环境污染损失作出更加科学和客观的评价。

在本核算体系框架下，环境退化成本按污染介质包括大气污染、水污染和固体废物污染造成的经济损失；按污染危害终端包括人体健康经济损失、工农业（工业、种植业、林牧渔业）生产经济损失、水资源经济损失、材料经济损失、土地占用丧失生产力引起的经济损失、污染事故经济损失和对生活造成影响的经济损失。

2.1.1 水环境退化成本

2019 年，我国水环境退化成本为 7 432 亿元，占总环境退化成本的 38.4%，水环境退化指数为 0.75%。在水环境退化成本中，污染型缺水造成的损失最大。2019 年全国污染型缺水量达到 444 亿 m³，占 2019 年总供水量的 7.37%，污染已经成为我国缺水的主要原因之一，对我国的水环境安全构成严重威胁，成为制约经济发展的一大要素。其次为水污染对农业生产造成的损失，2019 年为 1 815.2 亿元。2019 年水污染造成的城市生活用水额外治理和防护成本为 656.7 亿元，工业用水额外治理成本为 473.2 亿元，农村居民健康损失为 120.8 亿元（图 2）。

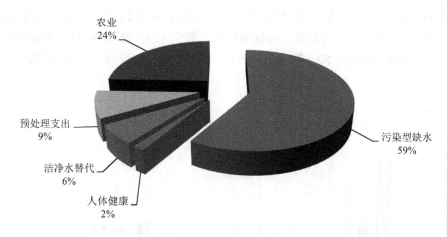

图 2 各种水环境退化占总水环境退化比重

2019 年，东部、中部、西部三个地区的水环境退化成本分别为 4 259.9 亿元、2 243.9 亿元、927.9 亿元。东部地区的水环境退化成本最高，约占水污染环境退化成本的 57.4%，占东部地区 GDP 的 0.8%；中部和西部地区的水环境退化成本分别占总水环境退化成本的 30.2%和 12.5%，占地区 GDP 的 0.9%和 0.6%。

2.1.2 大气环境退化成本

2019 年是中华人民共和国成立 70 周年，也是打好污染防治攻坚战、决胜全面建成小康社会的关键之年。2019 年持续实施重点区域秋冬季大气污染治理攻坚行动。北方地区清洁取暖试点城市实现京津冀及周边地区和汾渭平原全覆盖，完成散煤治理 700 余万户。实现超低排放的煤电机组累计约 8.9 亿 kW，占总装机容量的 86%；5.5 亿 t 粗钢产能开展超低排放改造。推进工业炉窑、重点行业挥发性有机物治理。加强"散乱污"企业及集群综合整治。全国 337 个地级及以上城市中 157 个城市环境空气质量达标占全部城市数的 46.6%；180 个城市环境空气质量超标，占 53.4%。337 个城市平均优良天数比例为 82.0%。337 个城市累计发生严重污染 452 天，比 2018 年减少 183 天；重度污染 1 666 天，比 2018 年增加 88 天。以 $PM_{2.5}$、PM_{10} 和 O_3 为首要污染物的天数分别占重度及以上污染天数的 78.8%、19.8%和 2.0%。2019 年全国 $PM_{2.5}$、PM_{10}、O_3、SO_2、NO_2 和 CO 浓度分别为 36 μg/m³、63 μg/m³、148 μg/m³、11 μg/m³、27 μg/m³ 和 1.4 μg/m³；与 2018 年相比，PM_{10} 和 SO_2 浓度下降，O_3 浓度上升，其他污染物浓度持平，京津冀及周边、长三角区域 $PM_{2.5}$ 平均浓度分别比 2018 年下降 1.7%、2.4%，汾渭平原 $PM_{2.5}$ 平均浓度分别比 2018 年上升 1.9%，其中北京市 2019 年 $PM_{2.5}$ 平均浓度比 2018 年下降 12.5%。根据遥感影像反演 $PM_{2.5}$ 数据，京津冀地区、长三角地区、成渝地区、汾渭地区污染相对严重。2019 年，京津冀地区 $PM_{2.5}$ 年均浓度为 50 μg/m³，长三角地区为 40 μg/m³，成渝地区为 37 μg/m³，汾渭平原为 51 μg/m³。

需要注意的是，受沙尘天气影响，新疆塔克拉玛干沙漠解译的 $PM_{2.5}$ 浓度相对较高，新疆 $PM_{2.5}$ 年均浓度为 42 μg/m³，阿克苏地区、和田地区、阿拉尔市、喀什地区、图木舒克市等地区超过 70 μg/m³，局部网格超过 100 μg/m³。把 $PM_{2.5}$ 浓度和暴露人口结合起来进行分析，我国目前 43.5% 的人口居住于 $PM_{2.5}$ 浓度低于 35 μg/m³ 的国家空气质量二级标准以下，56.5% 的人口暴露在国家空气质量二级标准以上，其中 $PM_{2.5}$ 浓度在 35～50 μg/m³ 的人口占比为 35%，$PM_{2.5}$ 浓度在 50～70 μg/m³ 的人口占比为 21%，超过 70 μg/m³ 的人口占比为 0.47%（图 3）。

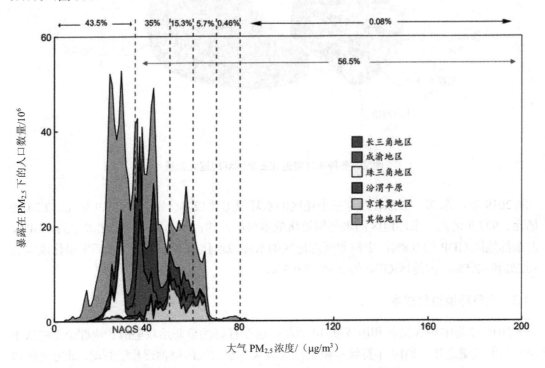

图 3   我国重点区域 $PM_{2.5}$ 不同浓度下的人口分布比例

利用中国科学院遥感与数字地球研究所提供的 2019 年 $PM_{2.5}$ 遥感影像反演数据，并结合网格化的人口和人均 GDP 等数据，以 10 km 网格为核算单元，对全国范围的大气污染导致的人体健康损失进行核算。结果显示，2019 年，我国大气污染导致的过早死亡人数为 74.3 万人，比 2018 年降低 1.7%。利用 337 个地级及以上城市 $PM_{2.5}$ 监测数据，计算我国城市地区大气污染导致的过早死亡人数为 46.2 万人。

在大气污染各项损失中，人体健康损失最大。2019 年我国大气环境退化成本为 12 393.3 亿元，占总环境退化成本的 60.5%，大气环境退化指数为 1.26%。大气污染导致的人体健康损失为 10 823.5 亿元，占大气环境退化的 87.3%。在 SO_2 减排政策的作用下，大气环境污染造成的农业损失出现下降。2019 年农业减产损失为 48 亿元，比 2018 年减少 24%，农业减产损失仅占大气环境退化成本的 0.4%（图 4）。材料损失为 48.7 亿元，比 2018 年减少 17%。额外清洁费用出现下降，2019 年为 1 473 亿元，比 2018 年下降 3.4%。

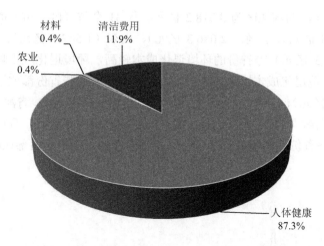

图 4　大气环境退化成本占总大气环境退化成本比重

2019 年，东部、中部、西部三个地区的大气环境退化成本分别为 6 726.9 亿元、3 443.3 亿元、2 223.2 亿元。大气环境退化成本最高的仍然是东部地区，占大气总环境退化成本的 54.3%，占东部地区 GDP 的 1.26%；中部和西部地区的大气环境退化成本分别占大气总环境退化成本的 27.8%和 17.9%，这两个地区的大气环境退化成本占地区 GDP 的比重分别为 1.4%和 1.1%。就省份而言，江苏（1 367.7 亿元）、山东（1 096.8 亿元）、广东（1 088.0 亿元）、河南（917.5 亿元）、浙江（648.9 亿元）5 个省的大气环境退化成本较高，占全国大气环境退化成本的 41.3%。甘肃（80.7 亿元）、宁夏（36.5 亿元）、海南（20.3 亿元）、青海（18.5 亿元）、西藏（2.1 亿元）等省（区、市）大气环境退化成本相对较低，占全国大气环境退化成本的 1.3%。

2.1.3　固体废物侵占土地损失成本

2019 年，全国工业固体废物侵占土地约为 26 823.7 万 m^2，丧失土地的机会成本约为 475.1 亿元。生活垃圾侵占土地约为 2 381 万 m^2，丧失的土地机会成本约为 65.9 亿元。两项合计，2019 年全国固体废物侵占土地造成的环境退化成本为 540.93 亿元，占总环境退化成本的 2.64%。2019 年，东部、中部、西部三个地区的固体废物环境退化成本分别为 192.4 亿元、181.4 亿元、167.2 亿元。

2.1.4　环境退化成本

2019 年我国环境退化成本为 20 480.3 亿元，环境退化成本比 2018 年下降 7.4%，环境退化成本自 2017 年以来持续下降。在总环境退化成本中，大气环境退化成本和水环境退化成本是主要的组成部分，2019 年这两项损失分别占总退化成本的 60.5%和 36.3%，固体废物侵占土地退化成本和污染事故造成的损失分别为 540.9 亿元和 114.4 亿元，分别占总退化成本的 2.64%和 0.56%。

从空间角度来看，我国区域环境退化成本呈现自东向西递减的空间格局（图5）。2019 年，我国东部地区的环境退化成本较高，为 11 179.1 亿元，占总环境退化成本的 54.9%，中部地区为 5 868.5 亿元，西部地区为 3 318.2 亿元。从 31 个省（区、市）的环境退化成本来看，江苏（2 261.8 亿元）、广东（2 086.3 亿元）、山东（1 567.1 亿元）、河南（1 396.1 亿元）、河北（1 293.3 亿元）等省份的环境退化成本较高，环境退化成本均在 1 000 亿元以上，合计占全国环境退化成本比重的 42.2%。除河南外，这些省份都位于我国东部沿海地区。贵州（142.0 亿元）、甘肃（136.0 亿元）、宁夏（131.3 亿元）、青海（52.1 亿元）、海南（22.6 亿元）、西藏（4.0 亿元）等省（区）的环境退化成本较低，合计占环境退化成本比重的 2.4%。这些省份除环境质量本底值好的海南省外，都位于西部地区。

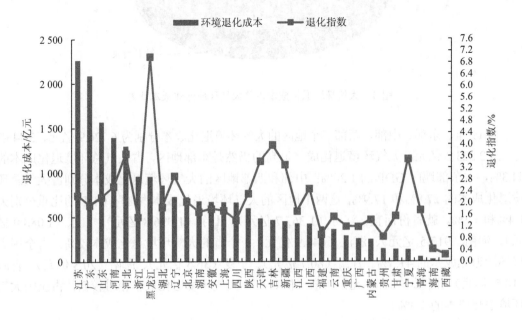

图 5　2019 年我国各省（区、市）环境退化成本和退化指数

从时间趋势来看，2015 年以来，我国《大气污染防治行动计划》《水污染防治行动计划》的出台和实施，我国污染治理发生了历史性和转折性变化，同时还修订了多个环境保护法律和标准，对《中华人民共和国环境保护法》《中华人民共和国大气污染防治法》《中华人民共和国防沙治沙法》《中华人民共和国节约能源法》进行了修订和完善，使得我国环境质量不断改善。2015—2019 年我国环境退化成本先升后降，2017 年达到顶峰，为 2.2 万亿元，与 2017 年相比，2019 年环境退化成本下降 8.0%（图6），其中，大气环境退化成本占总环境退化成本比例略有上升，由 2015 年的 56.5%提高到 2019 年的 60.5%，水环境退化成本占比由 2015 年的 41%下降到 2019 年的 36.3%，大气环境污染造成的退化成本仍是我国环境退化成本的主要组成部分。环境退化指数不断下降，由 2015 年的 2.79%下降到 2019 年的 2.08%。"十三五"时期以来我国采取严格的水、大气污染防治措施，对我国整体环境退化的趋势起到了有效的遏制作用。

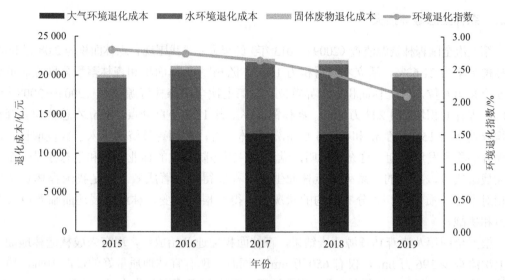

图6　2015—2019年我国环境退化成本变化趋势

2.2　生态破坏损失核算

生态系统可以按不同的方法和标准进行分类，本报告按生态系统特性将生态系统划分为5类，即森林生态系统、草地生态系统、湿地生态系统、农田生态系统和海洋生态系统。由于不掌握农田生态系统和海洋生态系统的基础数据及相关参数，本报告仅核算了森林、草地和湿地三类生态系统的生态调节服务损失。

专栏2.1　生态破坏损失核算说明

首先，报告利用中国科学院地理科学与资源研究所解译的2019年空间分辨率1 km的土地利用数据，结合MODIS NDVI数据进行不同生态系统不同生态功能指标的实物量计算。

其次，在各类生态系统生态服务功能实物量核算的基础上，通过各类生态系统服务功能实物量与不同生态系统人为破坏率的乘积，进行各类生态系统生态破坏实物量核算。

其中，森林生态系统根据第八次全国森林资源清查结果，核算了我国森林生态系统固碳释氧、水流动调节、土壤保持、大气净化、防风固沙、气候调节6种生态调节服务的功能量，利用森林超采率（根据第八次全国森林资源清查获得的森林超采量和森林蓄积量计算得到）计算不同生态功能的森林损失功能量，利用价值量方法将损失功能量转换为损失价值量。

湿地生态系统根据第二次全国湿地资源调查结果，核算了我国湿地生态系统固碳释氧、水流动调节、土壤保持、水质净化、大气净化、气候调节6种生态调节服务的功能量，利用湿地重度威胁面积占湿地总面积的比例计算不同生态功能的湿地损失功能量，利用价值量方法将损失功能量转换为损失价值量。

草地生态系统核算了固碳释氧、水流动调节、土壤保持、大气净化、防风固沙、气候调节6种生态调节服务的功能量，利用草地人为破坏率（根据2019年全国草原监测报告六大牧区省份及全国重点天然草原平均牲畜超载率计算获得）计算不同生态功能的草地损失功能量，利用价值量方法将损失功能量转换为损失价值量。

2.2.1 森林生态破坏损失

第八次全国森林资源清查（2009—2013 年）结果显示，我国现有森林面积为 2.08 亿 hm²，森林覆盖率为 21.63%，活立木总蓄积为 164.33 亿 m³。森林面积和森林蓄积分别位居世界第 5 位和第 6 位，人工林面积居世界首位。与第七次全国森林资源清查（2004—2008 年）相比，森林面积增加 1 223 万 hm²，森林覆盖率上升 1.27 个百分点，活立木总蓄积和森林蓄积分别增加 15.20 亿 m³ 和 14.16 亿 m³。总体来看，我国森林资源进入了数量增长、质量提升的稳步发展时期。这充分表明，党中央、国务院确定的林业发展和生态建设一系列重大战略决策，实施的一系列重点林业生态工程取得了显著成效。但是我国森林资源总量相对不足、质量不高、分布不均的状况仍未得到根本改变，林业发展还面临着巨大的压力和挑战。

根据全国第八次森林资源清查结果，森林面积增速开始放缓，现有未成林造林地面积比上次清查少 396 万 hm²，仅有 650 万 hm²。同时，现有宜林地质量好的仅占 10%，质量差的多达 54%，且 2/3 分布在西北、西南地区。2019 年我国森林生态破坏损失达到 1 416.7 亿元，占 2019 年全国 GDP 的 0.14%。从损失的各项功能看，固碳释氧、水流动调节、土壤保持、防风固沙、大气净化、气候调节功能损失的价值量分别为 250.6 亿元、548.4 亿元、268.1 亿元、12.1 亿元、2.8 亿元、334.8 亿元（图 7）。其中，水流动调节损失所造成的破坏损失最大，占森林总损失的 38.7%。

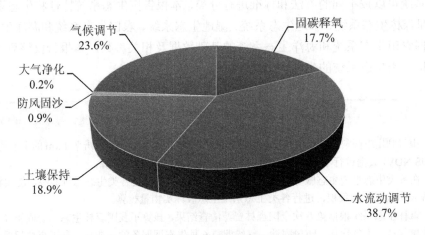

图 7 森林生态破坏各项损失占比

从森林生态破坏损失的地域分布来看，2019 年湖南省森林生态破坏的经济损失最大，为 442.8 亿元，其森林的超采率为 4.7%；其次是江西、广东、黑龙江、贵州等地，森林生态破坏的经济损失均超过 50 亿元，这些省份森林超采率都大于 1%，其中江西的森林超采率为 2.0%，广东为 1.7%，黑龙江为 1.2%，贵州为 1.5%；上海、北京、宁夏、天津等地森林生态破坏损失较小；福建、海南、陕西、内蒙古等地森林超采率为 0，森林生态系统破坏损失为 0。总体上，中国森林生态破坏损失主要分布在东南和西南地区，西北各省（区、市）森林生态破坏损失相对较小（图 8）。江西、黑龙江、广东由于森林资源比较丰富，核算得到的生态系统服务功能量较大，所以其生态破坏的损失价值较高；湖南则是由于森林超采率较高，造成森林生态破坏的损失价值增高；西北各省在退耕还林政策的影响下，森林超采率普遍较低，森林生态破坏损失低。

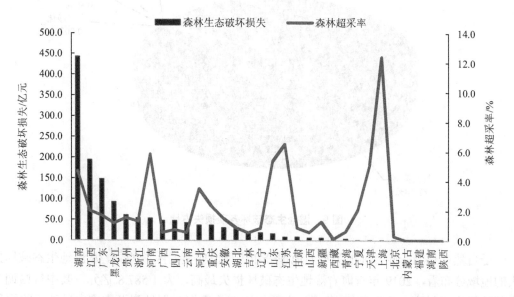

图 8　2019 年我国 31 个省（区、市）森林生态破坏损失和人为破坏率

2.2.2　湿地生态破坏损失

第二次全国湿地资源调查（2009—2013 年）结果表明，全国湿地总面积为 5 360.26 万 hm²，湿地占国土面积的比例为 5.58%。自然湿地面积为 4 667.47 万 hm²，占总湿地面积的 87.37%；人工湿地面积为 674.59 万 hm²，占 12.63%。自然湿地中，近海与海岸湿地面积为 579.59 万 hm²，占 12.42%；河流湿地面积为 1 055.21 万 hm²，占 22.61%；湖泊湿地面积为 859.38 万 hm²，占 18.41%；沼泽湿地面积为 2 173.29 万 hm²，占 46.56%。调查表明，我国目前河流、湖泊湿地沼泽化，河流湿地转为人工库塘等情况突出，湿地受威胁压力进一步增大，威胁湿地生态状况主要因子已从 10 年前的污染、围垦和非法狩猎三大因子转变为现在的污染、过度捕捞和采集、围垦、外来物种入侵和基建占用五大因子，这些原因造成了我国自然湿地面积削减、功能下降。

本报告所指湿地生态破坏是指在人类活动的干扰下，由于人为因素造成的湿地生态系统的生态服务功能退化，污染、过度捕捞和采集、围垦、外来物种入侵和基建占用均为人为因素，因此，以湿地重度威胁面积占湿地总面积的比例指标作为湿地生态系统的人为破坏率。根据核算结果，2019 年湿地生态破坏损失达到 4 380.4 亿元，占 2019 年全国 GDP 的 0.44%。湿地的固碳释氧、水流动调节、土壤保持、防风固沙、水质净化、大气净化、气候调节功能损失的价值量分别为 10 亿元、727.1 亿元、4.6 亿元、1.1 亿元、37.4 亿元、0.3 亿元和 3 599.9 亿元。在湿地生态破坏造成的各项损失中，气候调节的损失贡献率最大，占总经济损失的 82.18%（图 9）。

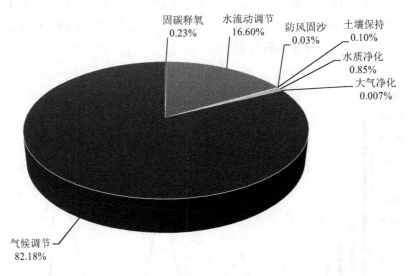

图9 湿地生态破坏各项损失占比

受自然条件的影响，湿地类型的地理分布表现出明显的区域差异。从湿地生态破坏损失的地域分布看，2019年青海省湿地生态破坏损失最高，为1 587.8亿元，其中气候调节服务功能损失最高，为1 494.7亿元，主要原因在于青海省湿地资源丰富，受破坏的面积大、程度重。根据核算结果，青海湿地生态系统价值位于全国第二位，同时青海省的重度威胁面积占湿地总面积的比例较高，为4.05%，位于全国第四位。湖南、四川、辽宁、河北、江苏等省的生态破坏损失也较高，均高于200亿元，其中湖南、辽宁、河北、四川、江苏由于重度威胁面积占湿地总面积的比例较高（4.60%、4.05%、4.69%、2.22%、1.79%），分别为全国第二位、第五位、第一位、第八位、第九位（图10）。西藏、黑龙江、重庆湿地生态系统破坏损失较低，小于2亿元。

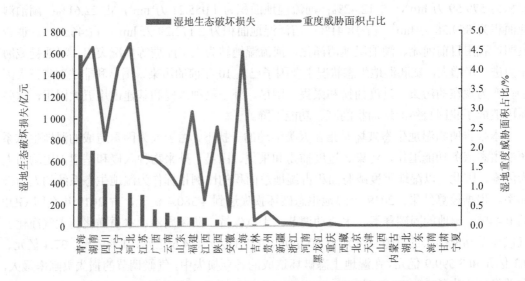

图10 2019年我国31个省（区、市）湿地生态破坏损失和人为破坏率

2.2.3 草地生态破坏损失

草地生态破坏是在人类活动的干扰下，由于人为因素造成的草地生态系统的生态服务功能退化。影响草地生态系统生态退化的人为因素主要是不合理的草地利用，包括过度放牧、开垦草原、违法征占草地、乱采滥挖草原野生植被资源等。报告核算结果显示，2019年我国草地生态系统的固碳释氧、水流动调节、土壤保持、防风固沙、大气净化、气候调节功能损失的价值量分别为 291.5 亿元、446.5 亿元、234.9 亿元、100.3 亿元、4.2 亿元、527.2 亿元，合计 1 604.5 亿元。在草地生态破坏造成的各项损失中，气候调节的贡献率最大，占总草地生态破坏损失的 32.9%（图 11）。

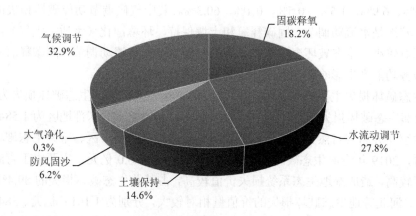

图 11　草地生态破坏各项损失占比

从草地生态破坏损失的地域分布来看，内蒙古、西藏、新疆、青海、四川等省（区）的草地生态破坏相对较为严重，均在 100 亿元以上，对应的草地生态破坏损失分别为 277.4 亿元、234.5 亿元、201.8 亿元、184.4 亿元、141.1 亿元。其中，内蒙古、西藏、新疆、青海、四川的草原人为破坏率高于其他省份，分别为 3.91%、4.62%、4.37%、4.13%、4.17%。重庆、山东、河南、湖北、吉林、浙江、辽宁、海南、北京、江苏、天津、上海等地草地生态破坏相对较轻，草地生态破坏损失不足 10 亿元。总体上，西北、西南地区是草地生态破坏损失较严重的区域，主要表现为草地净初级生产力的下降和草地面积的减少（图 12）。

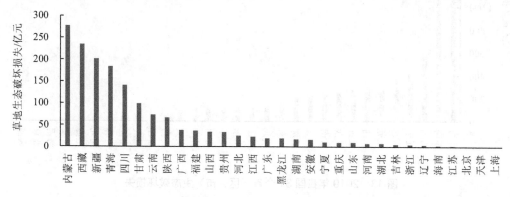

图 12　2019 年我国 31 个省（区、市）草地生态破坏损失

2.2.4　总生态破坏损失

2019 年我国生态破坏损失的价值量为 7 401.6 亿元。其中森林、草地、湿地生态系统破坏的价值量分别为 1 416.7 亿元、1 604.5 亿元、4 380.4 亿元，分别占生态破坏损失总价值量的 19.1%、21.7%、59.2%，2018 年森林、草地、湿地生态破坏损失占比分别为 16.9%、25%、58.1%。从各类生态系统破坏的经济损失来看，湿地生态系统破坏的经济损失相对较大，其次是森林和草地生态系统。2019 年生态破坏损失比 2018 年略有下降，降低 4.4%。

从各类生态服务功能破坏的经济损失看，2019 年固碳释氧、水流动调节、土壤保持、防风固沙、水质净化、大气净化、气候调节损失的价值量分别占生态破坏损失总价值量的 7.5%、23.3%、6.9%、1.5%、0.5%、0.1%、60.3%。其中气候调节功能破坏损失的价值量相对较大，其次是水流动调节、固碳释氧和土壤保持，环境净化（水质、大气）破坏损失的价值量相对较小。生态破坏会对生态系统的气候调节、水流动调节、固碳释氧和土壤保持等生态服务功能产生影响，进而破坏生态系统的稳定性。

我国生态破坏损失主要分布在西部地区。2019 年，西部地区生态破坏损失为 3 979.3 亿元，占全部生态破坏损失的 53.8%。中部地区为 1 838.0 亿元，东部地区为 1 584.3 亿元。生态破坏的空间分布与自然生态资源禀赋的关系较大，从各省（区、市）生态破坏损失的价值量来看，2019 年青海生态破坏损失价值最高，为 1 776.0 亿元，主要由于青海省湿地人为破坏率较高，造成湿地生态系统损失价值较高，占其总生态破坏损失的 89.4%；湖南、四川、辽宁、河北等地生态破坏损失的价值量相对较大，分别为 1 161.6 亿元、584.7 亿元、415.5 亿元、373.4 亿元，其中，湖南主要由于森林生态系统破坏损失价值较高，四川、辽宁、河北主要由于湿地生态系统破坏损失价值较高。海南、北京、天津等地生态破坏损失的价值量相对较小，均不足 10 亿元（图 13）。

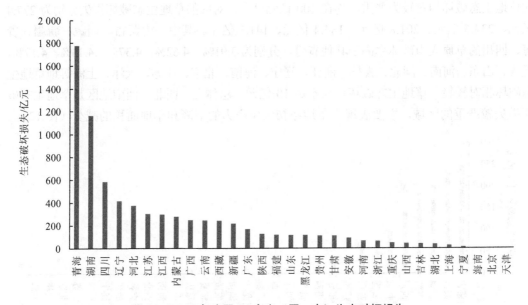

图 13　2019 年我国 31 个省（区、市）生态破坏损失

从时间趋势来看，2019 年我国生态破坏成本出现下降，2019 年比 2018 年下降 4.4%，2015—2019 年生态破坏成本由 6 603.4 亿元增长到 7 401.6 亿元，年均增长 2.9%（图 14），从生态破坏功能来看，气候调节和水流动调节损失增长较快，与 2015 年相比，分别增长 10.6% 和 17.7%。从生态环境部依据《生态环境状况评价技术规范》（HJ 192—2015）组织开展的生态质量评价也可看出，我国生态质量略有下降，2015—2019 年生态质量优和良的县域面积占国土面积的比例由 44.9% 下降到 44.7%（图 15）。2019 年全国生态环境状况指数（EI）值为 51.3，生态质量一般。

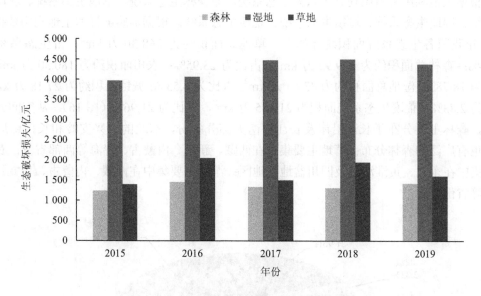

图 14　2015—2019 年我国生态破坏损失变化趋势

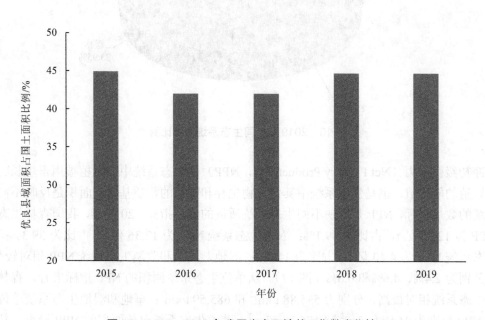

图 15　2015—2019 年我国生态环境状况指数变化情况

3　GEP核算

3.1　生态系统面积与净初级生产力指标分析

根据土地利用类型图划分了六大生态系统，即森林生态系统、草地生态系统、农田生态系统、湿地生态系统、城镇生态系统、荒漠生态系统。根据遥感解译的土地利用数据，2019年我国各生态系统面积统计如下，草地总面积约为268.30万km^2，占生态系统的27.95%；森林总面积约为229.92万km^2，占比为23.95%；农田面积约为180.30万km^2，占比为18.78%；湿地总面积约为43.45万km^2，占比为4.53%；城镇面积约为27.18万km^2，占比为2.83%；荒漠生态系统面积为210.85万km^2，占比为21.96%（图16）。从空间分布来看，森林主要分布于长江沿岸及长江以南大部分省份，东北的大兴安岭和长白山周边地区也有广泛的森林分布；草地主要集中在西藏、新疆、内蒙古、青海等西部省份；农田主要集中在东北、黄淮海以及四川盆地等地区；湿地主要集中在西藏、内蒙古、黑龙江、青海等省份。

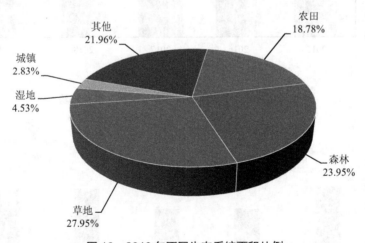

图16　2019年不同生态系统面积比例

净初级生产力（Net Primary Productivity，NPP）是生态系统中绿色植被用于生长、发育和繁殖的能量值，也是生态系统中其他生物生存和繁衍的物质基础。面积是反映不同生态系统的数量指标，NPP是反映不同生态系统质量的重要指标。2019年，我国森林生态系统NPP为12.32亿t，占比为39.1%；农田生态系统NPP为12.36亿t，占比为39.3%；草地生态系统NPP为4.40亿t，占比为14.0%；湿地、城镇和荒漠生态系统NPP相对较少，占比分别为2.4%、4.6%和0.6%（图17）。从单位生态系统面积的NPP指标来看，森林和农田生态系统相对最高，分别为535.88 t/km^{2}和685.59 t/km^2；草地和湿地生态系统单位面积的NPP分别为164.11 t/km^{2}和176.35 t/km^2；荒漠生态系统单位面积的NPP最小。从各省（区、市）NPP 的空间分布来看，黑龙江（2.59 亿 t）、云南（2.32 亿 t）、内蒙古（2.27 亿 t）、四川（1.76 亿 t）、广西（1.62 亿 t）、河南（1.33 亿 t）、广东（1.32 亿 t）、吉林（1.29 亿 t）、湖南（1.21 亿 t）、湖北（1.16 亿 t）等省（区）的 NPP 相对较高，占全部 NPP 的比重约为 50%。

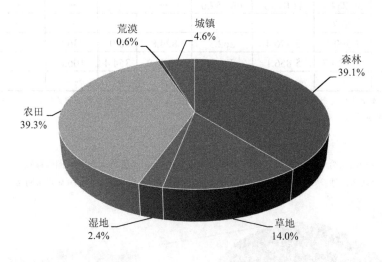

图 17　2019 年不同生态系统 NPP 比例

3.2　不同生态功能 GEP 占比

2019 年，我国 GEP 为 92.1 万亿元，绿金指数（GEP 与 GDP 比值）是 0.94，2018 年绿金指数为 0.98。2019 年，湿地生态系统的生态服务价值相对最大，为 50.7 万亿元，占比为 66.4%；其次是森林生态系统，为 11.0 万亿元，占比为 14.4%；草地生态系统为 4.62 万亿元，占比为 6.05%；农田生态服务价值为 9.95 万亿元，占比为 13.0%；荒漠和城市生态系统提供的生态服务价值最小，分别为 0.07 万亿元和 0.04 万亿元，占比为 0.09% 和 0.05%（表 3）。与 2018 年相比，森林、湿地和农田生态服务量占比有所增加，草地生态系统服务量占比下降。从全部生态系统提供的不同生态服务价值看，2019 年，全部生态系统提供的产品供给服务为 16.1 万亿元，占比为 17.4%；调节服务为 60.3 万亿元，占比为 65.4%；文化服务为 15.8 万亿元，占比为 17.2%。在调节服务中，气候调节服务价值最大，为 42.5 万亿元；其次是水流动调节，为 10.7 万亿元，土壤保持价值合计为 3.3 万亿元。与 2018 年相比，供给和文化旅游的生态服务价值占比略有上升，调节服务占比有所下降（图 18）。

表 3　不同生态系统的生态服务价值量　　　　　　　　　　　单位：亿元

指标	森林	草地	湿地	耕地	城市	荒漠	海洋	合计
产品供给	6 378.7	6 667.6	53 701.3	93 922.7	—	—	0.0	160 670.3
气候调节	29 401.8	12 610.0	382 609.9	×	×	×	—	424 621.6

指标	森林	草地	湿地	耕地	城市	荒漠	海洋	合计
固碳释氧	20 362.5	7 379.1	1 277.3	×	×	0.0		29 018.8
水质净化	—	—	2 400.8	—	—	—		2 400.8
大气环境净化	211.0	107.0	26.4	209.2	41.8	46.6	—	642.1
水流动调节	30 234.5	11 078.7	66 157.6					107 470.9
病虫害防治	76.7	×	×	—	—	—		76.7
防风固沙	1 300.1	2 476.4	262.3	824.8	0.0	536.6		5 400.2
土壤保持	21 714.7	5 856.1	390.7	4 580.2	354.4	106.8		33 002.9
文化服务	—	—	—	—	—	—		158 102.2

注：文化服务无法分解到不同生态系统，只有合计；大气环境净化服务以不同生态系统的面积为依据进行分解；"×"表示未评估，"—"表示不适合评估。

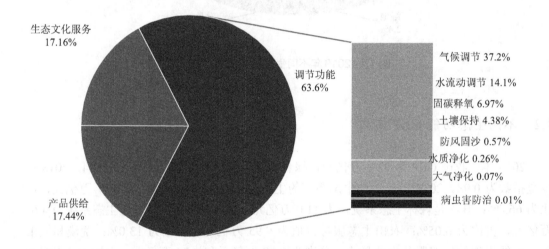

图 18　不同生态服务指标价值占比

3.3　不同省份 GEP 核算

2019 年，全国 GEP 较高的省份包括青藏高原的西藏、青海，华北地区的内蒙古，东北地区的黑龙江，西南地区的四川。此外，华中地区的湖南、湖北，华东地区的江苏，华南地区的广东等地的 GEP 也都相对较高。西北地区的宁夏，华北地区的北京和天津，华东地区的上海，华南地区的海南等省（区、市）的 GEP 则相对较低。

从各省（区、市）GEP 排序情况看（图 19），内蒙古 GEP 最高，为 10.3 万亿元，其次黑龙江 GEP 为 9.6 万亿元，西藏 GEP 为 6.0 万亿元，四川 GEP 为 4.7 万亿元，青海 GEP 为 4.6 万亿元，广东 GEP 为 4.1 万亿元。GEP 位于 3.5 万亿～4.0 万亿元的省份有湖南、江苏、湖北 3 个省份；GEP 位于 2.5 万亿～3.5 万亿元的省份有广西、江西、云南、山东、安徽 5 个省份；GEP 位于 1.0 万亿～2.5 万亿元的省份有河南、新疆、辽宁、浙江、福建、吉林、贵州、河北、陕西、甘肃、山西、重庆 12 个省份；北京、海南、天津、上海和宁夏 5 个省份的 GEP 低于 1 万亿元。

GEP 总值较高省份中，湿地、森林提供的 GEP 和单位面积 GEP 都相对较高。黑龙江、内蒙古、西藏和四川湿地生态系统提供的 GEP 最高，分别占总 GEP 的 83.8%、87.9%、84.4% 和 51.7%（图 20～图 24），广东湿地和森林生态系统提供的 GEP 均较高，占比分别为 48% 和 32%（图 24）。从单位面积 GEP 看，GEP 总值最高的这 4 个省份中，湿地单位面积提供的 GEP 都是最高的。黑龙江、内蒙古、西藏和四川湿地单位面积 GEP 分别为 1.57 亿元/km^2、1.40 亿元/km^2、0.55 亿元/km^2 和 2.33 亿元/km^2。而这些地区草地生态系统提供的 GEP 较低。

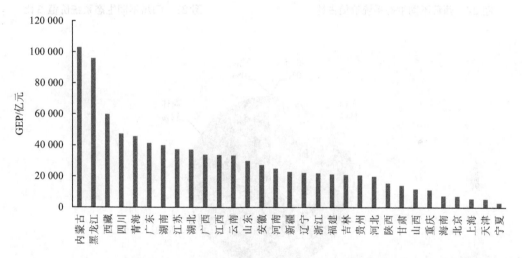

图 19　2019 年全国 31 个省（区、市）GEP 价值

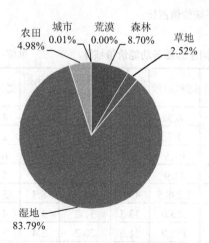

图 20　黑龙江不同生态系统价值占比

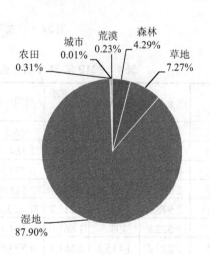

图 21　内蒙古不同生态系统价值占比

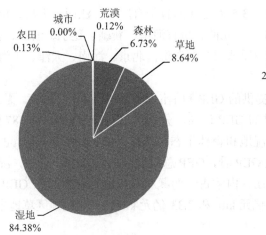

图 22　西藏不同生态系统价值占比

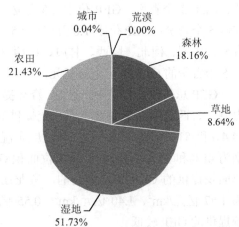

图 23　四川不同生态系统价值占比

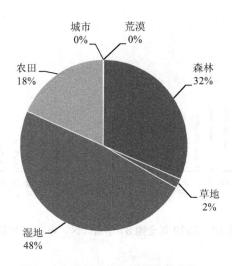

图 24　广东不同生态系统价值占比

表 4　2019 年 31 个省（区、市）不同生态服务功能价值核算　　　　单位：亿元

省（区、市）	产品供给	固碳释氧	水流动调节	气候调节	土壤保持	防风固沙	水环境净化	大气环境净化	病虫害防治	文化服务
北京	1 771.3	89.5	191.5	566.0	21.0	6.3	1.7	3.0	0.2	4 603
天津	1 082.2	11.8	269.8	1 164.9	4.4	1.7	3.8	5.0	0.0	2 797
河北	4 821.9	652.5	1 265.6	6 273.3	170.7	91.5	8.7	25.2	3.1	6 554
山西	2 180.4	663.2	752.0	2 515.0	185.1	41.9	1.8	35.3	1.1	5 638
内蒙古	2 978.9	2 441.7	4 212.7	86 822.9	585.1	2 298.5	43.8	60.3	8.3	3 319
辽宁	5 522.8	797.5	1 861.0	9 204.8	232.1	115.0	33.3	31.2	5.0	4 438
吉林	3 239.2	1 115.8	2 661.1	9 899.8	313.1	158.9	21.6	20.2	2.4	3 473
黑龙江	7 419.7	2 164.4	14 165.5	68 776.4	715.4	616.8	98.2	25.5	4.9	1 909
上海	925.7	3.4	75.3	439.1	2.4	0.7	25.0	10.1	0.0	4 158

省 (区、市)	产品供给	固碳释氧	水流动 调节	气候调节	土壤保持	防风固沙	水环境 净化	大气环境 净化	病虫害 防治	文化服务
江苏	10 517.0	84.0	7 661.3	8 625.1	60.2	14.7	73.6	30.1	0.1	10 249
浙江	4 852.0	699.3	2 905.8	4 009.5	1 665.6	22.5	98.4	21.7	1.2	7 764
安徽	6 875.1	508.1	5 465.9	7 408.9	549.7	18.6	134.6	14.2	2.8	6 129
福建	6 569.5	1 074.1	2 259.3	3 026.0	2 415.6	16.5	150.2	21.2	2.3	5 831
江西	4 587.0	1 206.6	9 773.4	9 040.3	1 977.3	21.5	126.7	19.7	3.4	6 802
山东	11 998.0	184.4	1 784.2	7 734.4	144.7	43.3	22.3	30.4	0.2	7 922
河南	11 745.4	448.2	1 631.1	5 357.1	146.4	37.4	43.4	22.6	3.0	5 435
湖北	8 449.3	1 117.9	7 804.2	13 753.3	924.1	40.3	94.9	13.4	3.5	4 846
湖南	7 476.8	1 365.6	9 116.6	12 464.6	2 303.5	66.4	237.4	14.1	3.9	6 940
广东	9 182.9	1 561.0	6 202.7	10 196.1	2 452.4	55.4	111.4	47.8	2.3	11 579
广西	6 788.0	2 017.3	5 664.9	8 685.3	2 836.4	39.3	282.2	21.4	3.1	7 335
海南	1 943.9	485.3	727.1	3 108.9	338.3	74.6	24.1	3.4	0.1	786
重庆	2 914.5	385.0	866.4	2 134.3	879.6	7.4	20.7	12.3	2.1	4 133
四川	10 538.4	1 647.6	3 407.7	18 700.0	4 459.9	87.5	288.0	14.3	6.4	8 212
贵州	3 220.0	977.5	3 045.6	3 184.7	1 533.5	17.9	111.9	16.9	1.6	8 642
云南	6 235.5	2 997.7	2 676.2	9 300.7	3 866.7	60.7	221.1	26.0	5.6	7 968
西藏	211.9	729.7	2 853.7	53 125.1	2 209.9	324.1	8.5	1.5	2.6	405
陕西	4 408.3	1 181.3	980.5	2 986.1	692.2	39.1	30.7	25.1	3.3	5 207
甘肃	2 579.3	909.7	1 076.6	6 973.3	527.4	199.1	36.8	19.7	1.1	1 829
青海	754.3	638.7	3 627.8	39 159.5	703.8	277.9	13.0	5.5	0.5	395
宁夏	1 019.2	92.3	158.7	1 276.5	26.9	16.3	13.7	17.4	0.0	241
新疆	7 862.0	767.4	2 326.7	8 710.1	59.2	588.1	19.2	27.5	2.5	2 564

3.4 主要指标分析

3.4.1 气候调节

2019 年，气候调节总价值为 42.5 万亿元，占 GEP 总价值的 46.1%，与 2018 年相比，占比减小了 1.3%；其中，森林生态系统气候调节价值为 2.9 万亿元，占气候调节总价值的 6.9%；草地为 1.3 万亿元，占气候调节总价值的 3.0%；湿地为 38.3 万亿元，占气候调节总价值的 90.1%（图 25）。全国气候调节价值较高的省（区）有 4 个，分别为内蒙古（8.7 万亿元）、黑龙江（6.9 万亿元）、西藏（5.3 万亿元）、青海（3.9 万亿元）。而华东大部地区、华北地区的气候调节价值则相对较小，上海（0.04 万亿元）、北京（0.06 万亿元）、天津（0.12 万亿元）（图 25）。

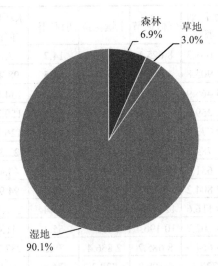

图 25   不同生态系统气候调节价值占比

3.4.2   水流动调节

水流动调节由水源涵养和洪水调蓄两部分组成。其中水源涵养价值是生态系统通过吸收、渗透降水，增加地表有效水的蓄积，有效涵养土壤水分、缓和地表径流和补充地下水、调节河川流量而产生的生态效应。本报告主要计算了森林生态系统、湿地生态系统和草地生态系统的水源涵养价值，2019 年，我国森林、湿地和草地的水源涵养价值为 4.8 万亿元（图 26），其中，森林生态系统的水源涵养价值为 3.0 万亿元，草地生态系统的水源涵养价值为 1.1 万亿元，湿地生态系统的水源涵养价值为 0.67 万亿元，我国水源涵养呈现自东南向西北递减的空间趋势，江西（0.67 万亿元）、湖南（0.52 万亿元）、广东（0.48 万亿元）、黑龙江（0.37 万亿元）、广西（0.35 万亿元）等省（区）水源涵养价值较大，占全国水源涵养价值的 50.0%。洪水调蓄功能指湿地生态系统（湖泊、水库、沼泽等）通过蓄积洪峰水量，削减洪峰，从而减轻河流水系洪水威胁产生的生态效应。2019 年，我国湿地生态系统的洪水调蓄价值为 5.9 万亿元。

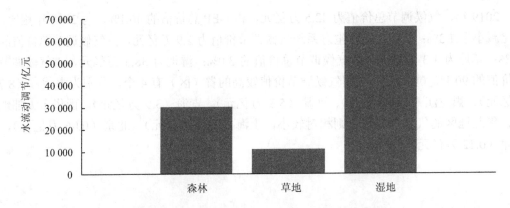

图 26   2019 年不同生态系统的水流动调节价值

从各省份的水流动调节看，黑龙江（1.42 万亿元）、江西（0.98 万亿元）、湖南（0.91 万亿元）、湖北（0.78 万亿元）、江苏（0.77 万亿元）5 个省份的水流动调节价值最大，占全国各省份的 45.1%。这 5 个省份中黑龙江、湖北、江苏水流动调节主要来自湿地系统的洪水调蓄，其他省份水流动调节主要来自森林和草地生态系统的水源涵养价值。其中，湖南、江西森林生态系统的水源涵养价值占其水流动调节的比重都在 50% 以上。上海、天津、北京和宁夏等省（市）的水流动调节价值相对较低，均在 0.05 万亿元以下（图 27）。

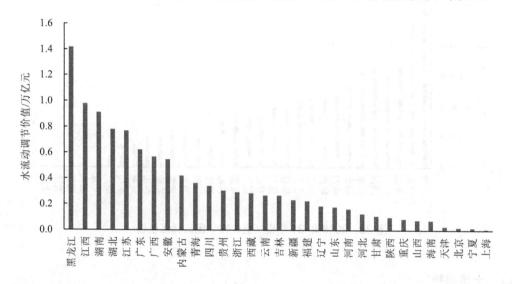

图 27　2019 年我国 31 个省（区、市）水流动调节价值

3.4.3　固碳释氧

2019 年，我国生态系统共固碳 28.3 亿 t，释放氧气 20.99 亿 t，其中，森林生态系统固碳 19.96 亿 t，释氧 14.79 亿 t；草地生态系统固碳 7.13 亿 t，释氧 5.28 亿 t；湿地生态系统固碳 1.24 亿 t，释氧 0.92 亿 t。利用 2019 年各省（区、市）的碳交易价格计算固碳价值量，全国生态系统固碳价值量为 862.6 亿元。云南（89.1 亿元，占比 10.3%）、内蒙古（72.6 亿元，占比 8.41%）、黑龙江（64.3 亿元，占比 7.5%）、广西（60.0 亿元，占比 7.0%）、四川（49.0 亿元，占比 5.7%）、广东（46.4 亿元，占比 5.4%）和湖南（40.6 亿元，占比 5.0%）等地的固碳价值量较大，占我国固碳总价值量的 48.9%。而上海（0.1 亿元，占比 0.01%）、天津（0.35 亿元，占比 0.04%）、江苏（2.5 亿元，占比 0.29%）、北京（2.66 亿元，占比 0.31%）和宁夏（2.74 亿元，占比 0.32%）等地的固碳价值量则相对较少，其总和占比仅为 0.97% 左右。

按照《森林生态系统服务功能评估规范》（LY/T 1721—2008）中推荐的氧气价格，按照 CPI 折算到 2019 年，得到全国生态系统释氧价值为 28 156.2 亿元。云南（2 908.6 亿元，占比 10.3%）、内蒙古（2 369.1 亿元，占比 8.4%）、黑龙江（2 100.1 亿元，占比 7.5%）、广西（1 957.4 亿元，占比 7.0%）、四川（1 598.6 亿元，占比 5.7%）和广东（1 514.6 亿元，占比 5.4%）等地的释氧价值量较大，占我国释氧总价值量的 44.2%。而上海（3.3 亿元，占比 0.01%）、天津（11.5 亿元，占比 0.04%）、江苏（81.5 亿元，占比 0.29%）、北京（86.9 亿元，占比 0.31%）和宁夏（89.6 亿元，占比 0.31%）等地的释氧价值量则相对较少，其总和占比仅为 0.97% 左右（图 28）。

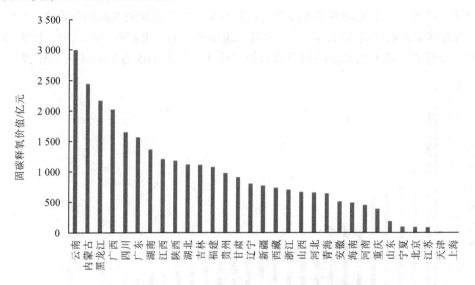

图 28　2019 年 31 个省（区、市）固碳释氧价值

3.4.4　土壤保持

我国降水集中，山地丘陵面积比例高，是世界上土壤侵蚀最严重的国家之一，我国每年约 50 亿 t 泥沙流入江河湖海，其中 62% 左右来自耕地表层，森林和农田系统对土壤保持发挥着重要作用。2019 年，生态系统土壤保持功能价值为 3.3 亿元，占 GEP 的比重为 3.68%，与 2018 年（4.65%）相比，占比下降 0.97%。其中，森林生态系统为 2.17 万亿元，占比为 65.8%；草地生态系统为 0.59 万亿元，占比为 17.7%；湿地生态系统为 0.04 万亿元，占比为 1.2%；农田生态系统为 0.46 万亿元，占比为 13.9%（图 29）。

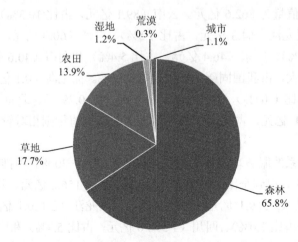

图 29　不同生态系统的土壤保持占比

　　全国土壤保持价值较高的省份有 7 个，分别是西南地区的四川、西藏和云南，华南地区的广西、广东、福建，华中地区的湖南。此外，江西、浙江和贵州也有相对较高的土壤保持价值，而华北大部分地区土壤保持价值相对较低。从各省市土壤保持价值排序情况来看，四川的生态系统土壤保持价值最高，达到 4 459.9 亿元；其次是云南，生态系统土壤保持价值为 3 866.7 亿元。生态系统土壤保持价值位于 2 000 亿~3 000 亿元的省份有广西、广东、福建、湖南和西藏，生态系统土壤保持价值位于 1 000 亿~2 000 亿元的省份有江西、浙江和贵州 3 个省份；湖北、重庆、黑龙江、青海、陕西、内蒙古、安徽、甘肃 8 个省份生态系统土壤保持价值位于 500 亿~1 000 亿元，生态系统土壤保持价值低于 100 亿元的省份有江苏、新疆、宁夏、北京、天津和上海 6 个省份（图 30、图 31）。

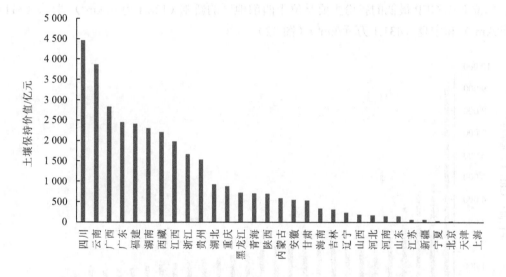

图 30　2019 年我国 31 个省（区、市）土壤保持价值

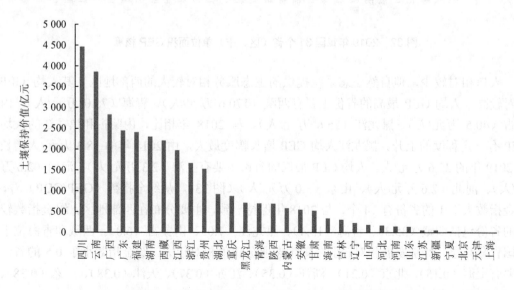

图 31　2019 年我国 31 个省（区、市）土壤保持价值

3.5 GEP核算综合分析

采用单位面积 GEP 和人均 GEP 两个指标，对 GEP 进行综合分析。GEP 作为生态系统为人类提供的产品与服务价值的总和，其大小与不同生态系统的面积有直接关系，利用单位面积 GEP 这个相对指标更能反映区域实际提供生态服务的能力。单位面积 GEP 最高的省份主要有上海（8 952.0 万元/km²）、天津（4 726.1 万元/km²）、北京（4 317.4 万元/km²）、江苏（3 637.0 万元/km²），上海、北京、天津等市的 GEP 虽然相对较小，但因其面积也比较小，所以其单位面积的 GEP 相对较高。与 2018 年相比，多数省份单位面积 GEP 有所增加。单位面积 GEP 最低的省份主要是位于西部地区的新疆（138.1 万元/km²）、甘肃（311.4 万元/km²）和宁夏（431.1 万元/km²）（图 32）。

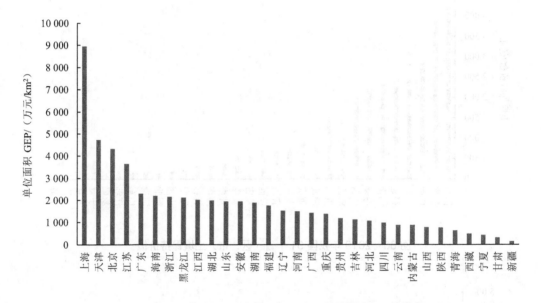

图 32　2019 年我国 31 个省（区、市）单位面积 GEP 核算

人口相对较少，但自然生态系统提供的生态服务相对较大的西部地区，其人均 GEP 相对较高。人均 GEP 最高的省份主要有西藏（170.6 万元/人）、青海（75.0 万元/人）、内蒙古（40.5 万元/人）、黑龙江（25.6 万元/人）。与 2018 年相比，内蒙古和黑龙江的人均 GEP 有一定程度的上升。黑龙江人均 GEP 增长幅度最大，由 2018 年的 18.3 万元/人增长到 2019 年的 25.6 万元/人。人均 GEP 最低的省份主要有上海（2.3 万元/人）、河南（2.6 万元/人）、河北（2.6 万元/人）、山东（3.0 万元/人）（图 33）。从绿金指数（GEP/GDP）看，绿金指数大于 1 的省份有 14 个，与 2018 年保持一致，主要分布在西部地区。绿金指数较高的省份包括西藏（35.3）、青海（15.4）、黑龙江（7.0）、内蒙古（6.0）。西藏和青海位于我国青藏高原，经济发展相对较弱，但生态服务价值相对较大。绿金指数小于 0.5 的省份主要有上海（0.15）、北京（0.21）、浙江（0.35）、江苏（0.37）、天津（0.38）、广东（0.38）、山东（0.42）（图 34）。

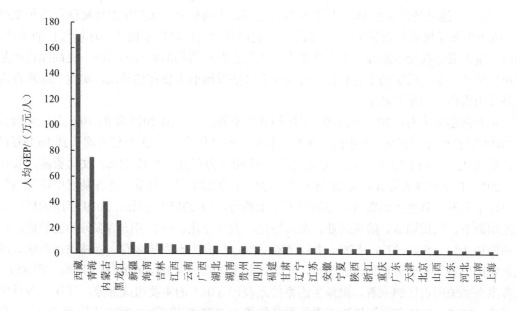

图33　2019年我国31个省（区、市）人均GEP核算

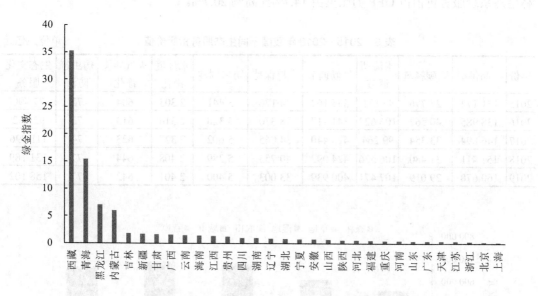

图34　2019年我国31省（区、市）绿金指数

从GEP核算总量看，大小兴安岭森林生态功能区、三江源草原草甸湿地生态功能区、藏东南高原边缘森林生态功能区、若尔盖草原湿地生态功能区、南岭山地森林及生物多样性生态功能区、呼伦贝尔草原草甸生态功能区、科尔沁草原生态功能区、川滇森林及生物多样性生态功能区、三江平原湿地生态功能区等国家重点生态功能区的生态服务价值相对较大，但按照主体功能区划要求，这些地区都是限制开发区，其社会经济发展水平严重受限。其中，以西藏和青海为主体的生态功能区，无论是GEP总值，还是人均GEP，都相对较高，但其经济落后，西藏和青海绿金指数（GGI）分别为35.3和15.4，远高于其他省

份（图 34）。这些地区需以 GEP 核算价值为基础，牢固树立"保护生态环境就是保护生产力、改善生态环境就是发展生产力"的理念，正确处理好经济发展同生态环境保护的关系。同时，也需要寻找变生态要素为生产要素、变生态财富为物质财富的道路，提高绿色产品的市场供给，争取国家的生态补偿，转变社会经济发展的考核评估体系，实现"绿水青山就是金山银山"的重要转变。

从时间趋势来看，2015—2019 年我国 GEP 不断提高，由 2015 年的 70.6 万亿元增长到 2019 年的 92.1 万亿元，5 年提高 31%。其中，产品供给由 13.1 万亿元增长到 16.1 万亿元，提高 22%；调节服务由 49.7 万亿元增长到 60.3 万亿元，增长 21%；文化旅游增长较快，2019 年为 15.8 万亿元，是 2015 年 7.7 万亿元的 2.01 倍。调节服务各功能中除土壤保持出现下降外，其他生态服务功能均呈现增加趋势，与 2015 年相比，2019 年固碳释氧、水流动调节、气候调节、防风固沙、水质净化、大气净化、病虫害防治服务功能的价值量分别增加 4%、15%、27%、57%、4%、6%、7%。从分生态系统来看，森林生态系统、湿地和农田生态系统服务价值增长加快，年均增长率分别为 4.3%、6.0% 和 14.5%（图 35）。从各生态系统所占比例来看，湿地生态系统是我国 GEP 的重要组成部分，其次为森林生态系统。2015—2019 年，湿地生态系统服务价值占 GEP 的比重由 63.8% 下降到 56.5%，森林生态系统服务价值占 GEP 的比重由 14.7% 提高到 20.7%。

表 5　2015—2019 年我国不同生态服务指标价值　　　　　　　　单位：亿元

年份	产品供给	固碳释氧	水流动调节	气候调节	土壤保持	防风固沙	水环境净化	大气环境净化	病虫害防治	生态文化服务
2015	131 174	27 796	93 831	335 162	34 176	3 441	2 303	604	72	77 490
2016	138 985	40 562	106 622	341 117	38 370	5 320	2 316	613	73	92 752
2017	146 894	33 354	99 264	425 440	34 045	5 602	2 327	623	74	111 796
2018	151 411	31 480	106 526	424 092	40 753	5 289	2 408	644	77	131 189
2019	160 670	29 019	107 471	400 939	33 003	5 400	2 401	642	77	158 102

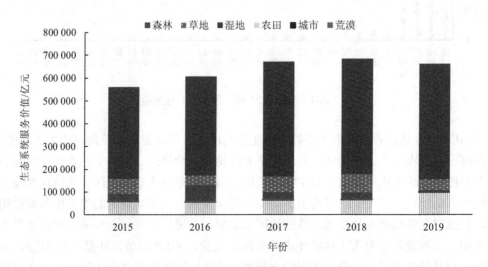

图 35　2015—2019 年我国不同生态系统 GEP 价值

4 GEEP 核算

4.1 GEEP 核算结果

2019 年，我国 GEEP 是 156.0 万亿元，比 2018 年增加 4.1%。其中，GDP 为 98.5 万亿元，生态破坏成本为 0.74 万亿元，环境退化成本为 2.04 万亿元，生态环境退化成本比 2018 年下降了 7.1%。生态系统生态调节服务为 60.3 万亿元，比 2018 年增长 0.32%。生态系统调节服务对经济生态生产总值的贡献大，占比为 38.6%；生态系统破坏成本和环境退化成本占 GDP 的比例为 2.8%。

从相对量来看，2019 年我国单位面积 GEEP 为 1 623.5 万元/km²，人均 GEEP 为 11.1 万元/人，是人均 GDP 的 1.6 倍。西藏、青海、内蒙古、黑龙江等省份是我国人均 GEEP 最高的省份，这四个省份的人均 GEEP 都超过 20 万元/人（图 36）。西藏和青海人均 GEEP 较高，分别是人均 GDP 的 35.8 倍和 15.4 倍，内蒙古人均 GEEP 是人均 GDP 的 6.6 倍。除黑龙江外，这些省份都分布在我国西北地区，属于地广人稀、生态功能突出，但生态环境脆弱敏感的地区。

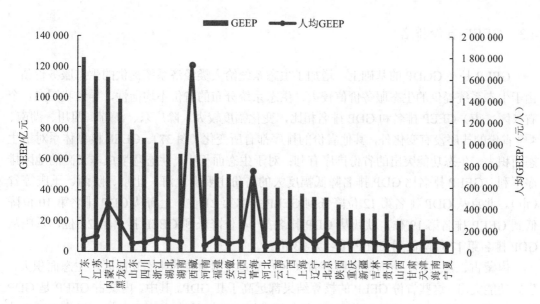

图 36 2019 年我国 31 个省（区、市）GEEP 与人均 GEEP

4.2 GEEP 空间分布

从东部、中部、西部三个区域看，2019 年，我国东部、中部和西部 GDP 占全国 GDP

比重分别为 54.4%、24.8%和 20.8%。而东部、中部和西部 GEEP 占全国 GEEP 比重分别为 39.6%、27.9%和 32.5%。我国西部地区的 GEEP 占比明显高于其 GDP 占比。西部地区是我国重要的生态屏障区，不仅是大江大河的源头，更是我国生态屏障区，第一批国家重点生态功能区中，有 67%都分布在西部地区。西部地区生态系统提供的生态服务大，环境退化成本相对较低。我国环境退化成本主要分布在东部地区，占比为 54.9%，西部地区占比为 16.3%。在一正一负的拉锯下，西部地区的经济生态系统生产总值提高很大，占比已接近东部地区。我国广东、江苏、山东、浙江等东部省份的 GEEP 大，占比为 25.0%。

党的十九大报告提出，中国特色社会主义进入新时代，我国社会主要矛盾已经转化为人民日益增长的美好生活需要和不平衡不充分的发展之间的矛盾。我国经济发展不平衡，区域之间经济差异大。按照联合国有关组织提出的基尼系数规定，低于 0.2，收入绝对平均；0.2～0.3，收入比较平均；0.3～0.4，收入相对合理；0.4～0.5，收入差距较大；0.5 以上，收入差距悬殊。基尼系数假定一定数量的人口按收入由低到高顺序排队，分为人数相等的 n 组，从第 1 组到第 i 组人口累计收入占全部人口总收入的比重为 w_i，利用定积分的定义对洛伦兹曲线的积分（面积 B）分成 n 个等高梯形的面积之和进行计算。本报告以 31 个省（区、市）GDP 和人口两个指标，计算我国区域基尼系数，2019 年基于 GDP 计算的区域基尼系数为 0.51。基于 GEEP 计算的区域基尼系数为 0.48。如果采用 GEEP 进行一个地区生态经济生产总值核算，我国的区域差距将趋于缩小。当然，这个前提需要把生态系统的生态调节服务的价值市场化。

4.3　GEEP 省份排名

GEEP 是在 GGDP 的基础上，增加了生态系统给人类经济系统提供的生态服务价值。由于生态系统提供的生态服务价值较大、生态系统分布的省份不均衡性，导致我国 31 个省（区、市）GEEP 排名和 GDP 排名相比，变化幅度较大。除广东、江苏、四川、湖南、4 个省份的排序没有变化外，其他省份的排序都有所变化（图 37）。GEEP 核算体系对于生态面积大、生态功能突出的省份排序有利；对于生态面积小、生态环境成本又高的地区排序不利。GEEP 排名比 GDP 排名降低幅度大的省份主要有上海、北京、陕西、重庆等省（市）。北京从 GDP 排名第 12 位降低到 GEEP 排名第 21 位，上海从 GDP 排名第 10 位降低到 GEEP 排名第 19 位，陕西从 GDP 排名第 14 位降低到 GEEP 排名第 22 位，重庆从 GDP 排名第 17 位降低到 GEEP 排名第 23 位。

内蒙古、黑龙江、青海、西藏等省（区）都是我国重要的生态功能区，生态面积大，生态功能突出。这些省份 GEEP 的核算结果都远高于其 GDP。其中，内蒙古 GEEP 是 GDP 的 6.6 倍，青海 GEEP 是 GDP 的 15.4 倍，黑龙江 GEEP 是 GDP 的 7.3 倍，西藏 GEEP 是 GDP 的 35.8 倍。这些省份的 GEEP 排名比 GDP 排名有较大幅度增加。内蒙古从 GDP 排名第 20 位上升到 GEEP 排名第 3 位。黑龙江从 GDP 排名第 24 位上升到 GEEP 排名第 4 位。青海从 GDP 排名第 30 位上升到 GEEP 排名第 15 位。西藏从 GDP 排名第 31 位上升到 GEEP 排名第 10 位。

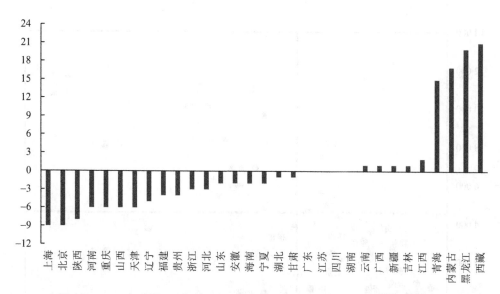

图 37 2019 年我国 31 个省（区、市）GEEP 排序相对 GDP 排序变化情况

进一步以全国 31 个省（区、市）人口和 GDP 均值、人口和 GEEP 均值作为原点，构建 GDP 和 GEEP 相对人口的散点象限分布图（图 38、图 39）。由对比图 38 和图 39 中省份的象限变化情况可知，除河北由图 38 第一象限变成图 39 第二象限外，图 38 第一象限的经济和人口大省在图 39 中仍分布在第一象限，说明这些省份经济生态生产总值仍都高于全国平均水平。图 38 第三象限的西藏、黑龙江、内蒙古变为图 39 的第四象限，这 3 个省份在生态调节服务正效益的拉动下，其经济生态生产总值超过了全国平均水平。北京和上海的 GDP 超过全国平均水平，但其经济生态生产总值低于全国平均水平。

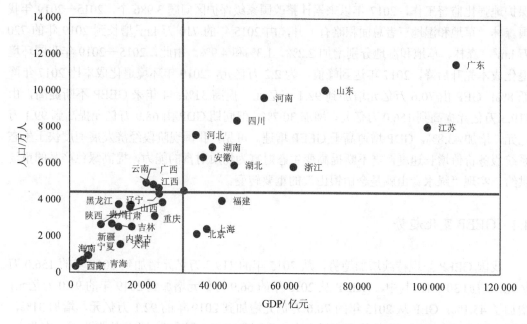

图 38 2019 年我国 31 个省（区、市）人口与 GDP 不同象限分布情况

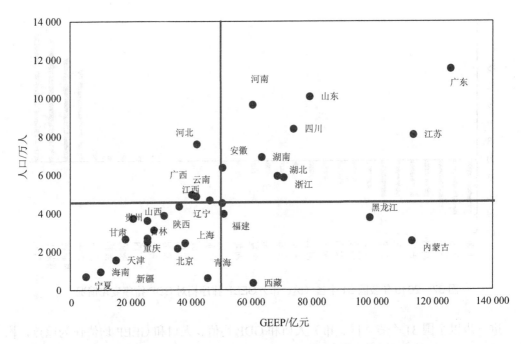

图 39　2019 年我国 31 个省（区、市）人口与 GEEP 不同象限分布情况

党的十八大、党的十九大以来，随着我国生态文明建设不断深入推进，"绿水青山就是金山银山"理念的不断深入实践，我国在生态环境保护方面取得了显著成绩，2015—2019 年我国大气、水环境质量不断改善，空气质量优良比例由 76.7%提高到 82%，$PM_{2.5}$年均浓度下降 50%，Ⅰ～Ⅲ类水质断面比例由 72.1%提高到 74.9%。并通过"绿盾"自然保护地强化监督工作，2017 年以来累计整改国家级保护区问题 3 986 个，2015—2019 年我国森林、草地和湿地三者总面积略有上升，由 2015 年的 710 万 km^2 增长到 2019 年的 720万 km^2，森林、草地和湿地分别增加 2.2%、1.3%和 4.9%。由此，2015—2019 年我国环境退化成本先升后降，2017 年达到峰值，为 2.2 万亿元，2019 年环境退化成本比 2017 年降低 8%；GEP 由 70.6 万亿元增加到 92.1 万亿元，提高 31%；4 年来 GEEP 不断提高，由119.3 万亿元提高到 156.0 万亿元，增加 30.7%。但同期 GDP 由 68.9 万亿元提高到 99.1 万亿元，增加 43.8%，GDP 增速高于 GEEP 增速。可见，我国现阶段经济发展速度快于生态系统服务价值增长速度，需不断提高变生态财富为物质财富的能力，提高绿色产品的市场供给，实现"绿水青山就是金山银山"的重要转变。

4.4　GEEP 变化趋势

我国 GEEP 呈现持续增加趋势，从 2015 年的 119.3 万亿元增加到 2019 年的 156.0 万亿元，增加 30.7%；其中，GGDP 从 2015 年的 66.9 万亿元增加到 2019 年的 97.0 万亿元，增加了 45.1%；GEP 从 2015 年的 70.6 万亿元增加到 2019 年的 92.1 万亿元，增加 31%，我国实现了"金山银山"价值和"绿水青山"同步增加（图 40）。从具体省份看，内蒙古、福建、重庆、四川、贵州、北京、上海、海南等省份的 GEEP 年均增速相对较高，均在 9.5%以上。其中，北京、上海、重庆、四川、福建 GEEP 是在 GGDP 和 GEP 双高增速情况下，助推其 GEEP 快速增加。内蒙古、贵州和海南 GEEP 增速中 GEP 的贡献度相对较高。福建、贵州、江西、海南等作为生态文明示范区，牢固树立"保护生态环境就是保护生产力、改善生态环境就是发展生产力"的理念，正确处理好经济发展同生态环境保护的关系。围绕物质供给、调节服务、文化服务三大类生态产品优势，发展特色生态农业、绿色工业、生态旅游业、生态文化产业、健康养生业等生态产业，探索建立政府主导，企业和社会各界参与，市场化运作，可持续的生态产品价值实现路径。当前，我国生态文明建设正处于压力叠加、负重前行的关键期，已进入提供更多优质生态产品以满足人民日益增长的优美生态环境需要的攻坚期。应坚持以人民为中心，提供更多优质生态产品，让生态产品价值全面实现成为推进美丽中国建设、实现人与自然和谐共生的现代化的增长点、支撑点、发力点。

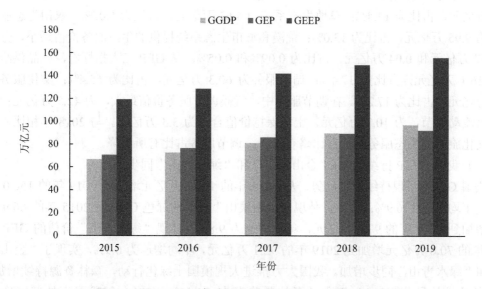

图 40 2015—2019 年我国 GGDP、GEP、GEEP 变化趋势

5 结论和建议

5.1 主要结论

（1）我国环境质量改善明显，环境退化成本步入下降通道

当前，我国经济进入新常态，经济增长由高速增长阶段转向高质量发展阶段。在"大气十条""蓝天保卫战""水十条""土十条"等一系列环境污染治理政策的作用下，我国环境治理改善明显。2019 年，全国地表水优良（Ⅰ～Ⅲ类）水质断面比例同比上升 3.9 个

百分点，劣 Ⅴ 类断面比例同比下降 3.3 个百分点。全国地级及以上城市空气质量年均优良天数比例为 82%，$PM_{2.5}$ 未达标城市年均浓度同比下降 2.4%。在大气环境和水环境同步改善的情况下，我国环境退化成本也呈现下降趋势。2004—2017 年，我国环境退化成本持续增加，从 5 118.2 亿元增加到 22 256.5 亿元，2018 年和 2019 年，环境退化成本步入下降通道，2018 年我国环境退化成本为 22 114.1 亿元，比 2017 年降低 0.6%；2019 年环境退化成本为 20 480 亿元，比 2018 年降低 7.4%，我国环境退化成本的库兹涅茨倒 U 形曲线初步形成。《中国 2015—2018 年城市环境治理与经济发展关系实证研究》结果显示，环境治理开始步入与经济协调发展的阶段，我国环境治理力度加大并未制约我国经济增长。

（2）我国 GEP 呈现波动增加趋势，湿地生态系统提供的气候调节占比高

通过对 2015—2019 年共 5 年的 GEP 核算结果显示，我国 GEP 从 2015 年的 70.6 万亿元上升到 2019 年的 92.1 万亿元，年均增速 6.9%。从不同的生态系统看，我国湿地生态系统的生态服务价值最高，2019 年为 50.7 万亿元，占比为 66.4%；其次是森林生态系统，为 11.0 万亿元，占比为 14.4%；草地生态系统为 4.62 万亿元，占比为 6.05%；农田生态服务价值为 9.95 万亿元，占比为 13.0%；荒漠和城市生态系统提供的生态服务价值最小，分别为 0.07 万亿元和 0.04 万亿元，占比为 0.09% 和 0.05%。从 GEP 三大指标看，产品供给服务为 16.1 万亿元，占比为 17.4%；调节服务为 60.3 万亿元，占比为 65.4%；文化服务为 15.8 万亿元，占比为 17.2%。在调节服务中，气候调节服务价值最大，为 42.5 万亿元；其次是水流动调节，为 10.7 万亿元，土壤保持价值合计为 3.3 万亿元。与 2018 年相比，供给和文化旅游的生态服务价值占比略有上升，调节服务占比有所下降。

（3）我国 GEEP 持续增加，"金山银山"和"绿水青山"同步增加

我国 GEEP 呈现持续增加趋势，从 2015 年的 119.3 万亿元增加到 2019 年的 156.0 万亿元，年均增速为 6.9%；其中，体现"金山银山"价值的绿色 GDP 从 2015 年的 66.9 万亿元增加到 2019 年的 97.0 万亿元，年均增速为 9.8%；体现"绿水青山"价值的 GEP 从 2015 年的 70.6 万亿元增加到 2019 年的 92.1 万亿元，年均增速为 6.9%，实现了"金山银山"和"绿水青山"同步增加。我国大力推进大规模国土绿化行动，森林资源持续增加，森林惠民成效显著。2015 年我国森林覆盖率为 21.66%，2019 年我国森林覆盖率达 22.96%。2019 年我国全年共完成造林 706.7 万 hm^2、森林抚育 773.3 万 hm^2，种草改良草原 314.7 万 hm^2。我国已全面停止天然林商业性采伐，国有天然商品林全部纳入停伐管护补助。全国国家森林城市达 194 个，城市建成区绿化覆盖率达 41.11%。防沙治沙 226 万 hm^2，荒漠化土地面积连续净减少。保护修复湿地 9.3 万 hm^2，全国湿地总面积稳定在 0.53 亿 hm^2，湿地保护率达 52.19%，湿地保护修复进一步加强。

（4）我国 GEEP 空间分布不均，基于 GEEP 的省份排名变幅较大

2019 年，我国东部、中部和西部 GEEP 占全国 GEEP 比重分别为 39.6%、27.9% 和 32.5%。与 GDP 的区域分布相比，西部地区的 GEEP 占比明显高于其 GDP 占比，2019 年，西部 GDP 占比仅为 20.8%。基于 GEEP 排名和 GDP 排名相比，变化幅度较大。上海、北京、天津、重庆等省（市）GEEP 排名比 GDP 排名降幅较大。北京从 GDP 排名第 12 位降低到 GEEP 排名第 21 位，上海从 GDP 排名第 10 位降低到 GEEP 排名第 19 位，陕西从 GDP 排名第 14 位降低到 GEEP 排名第 22 位，重庆从 GDP 排名第 17 位降低到 GEEP 排名

第 23 位。内蒙古从 GDP 排名第 20 位上升到 GEEP 排名第 3 位。黑龙江从 GDP 排名第 24 位上升到 GEEP 排名第 4 位。青海从 GDP 排名第 30 位上升到 GEEP 排名第 15 位。西藏从 GDP 排名第 31 位上升到 GEEP 排名第 10 位。从 GEEP 年均增速看，内蒙古、福建、重庆、四川、贵州、北京、上海、海南等省（区、市）的 GEEP 年均增速相对较高，均在 9.5%以上。其中，北京、上海、重庆、四川、福建 GEEP 是在 GGDP 和 GEP 双高增速情况下，助推其 GEEP 快速增加。内蒙古、贵州和海南 GEEP 增速中 GEP 的贡献度相对较高。

（5）受核算数据和参数影响，GEEP 核算结果存在一定不确定性

GEEP 核算是一个相对综合且复杂的核算系统，从学术研究的角度，无论是 GGDP 还是 GEP，在核算体系、核算方法、关键参数以及核算结果等方面仍存在一定不确定性，直接影响了核算结果的合理性。首先，从方法的标准化方面，GEEP 核算涉及 10 多个指标，每个指标无论是实物量还是价值量，都有多种核算方法，不同的核算方法，核算结果存在一定差异性，导致同一地区不同人的核算结果存在数量级的差别。其次，从数据角度，GEEP 核算涉及经济、环境、生态、气象、水文、资源、旅游等不同的数据来源，一些自然因素如温度、降雨、水文等气象因素会对结果产生一定影响，往往对到底是"人努力"还是"天帮忙"区分度不高。最后，从关键参数角度，GEEP 核算中每个指标都会涉及多个参数，参数的合理性和区域差异性，直接影响结果的合理性，但目前，我国对关键参数的本地化工作相对滞后，还有很大的改进空间。

5.2 政策建议

（1）发布技术指南，推动核算方法标准化

GEEP 核算报告由绿色 GDP、GEP 和 GEEP 三部分内容。目前，生态环境部已以技术文件转发的形式，给各省份下发了《陆地生态系统生产总值核算技术指南》，为地方开展 GEP 核算提供技术保障。为进一步推动核算方法的标准化和科学化，建议通过行业标准的形式，发布绿色 GDP、GEP 和 GEEP 技术指南或技术规范，对绿色 GDP、GEP 和 GEEP 的核算方法、关键参数、核算范围、指标体系等方面进行规范，实现核算方法标准化。同时，通过"绿水青山就是金山银山"实践创新基地，扩大"绿水青山就是金山银山"实践创新基地的示范效应，制定《"绿水青山就是金山银山"实践创新基地 GEP 核算试点工作方案》，形成统一规范的生态系统生产总值与生态产品价值实现核算标准，推动生态保护红线与生态资源良好区域高质量发展。

（2）构建监测体系，实现核算数据精细化

构建网格化的持续监测体系，是保障 GEP 和 GEEP 核算结果科学性的基础工作。目前，我国水环境和大气环境质量监测体系已经构建，但生态系统的监测网格标准化建设还不尽完善。需加快建立与国民经济行业分类相衔接的 GEP 分类目录，支持 GEP 统计、核算和评估。进一步加大森林生态站的空间覆盖率，加大森林生态站观测体系构建、观测站点建设、观测标准体系构建和观测数据采集系统建设，采用构建国家技术标准统筹、区域流域技术监督、地方推进落实、社会共同参与的生态监测网络，推进生态环境多源遥感与

地面观测相结合的监测网络标准化建设，形成覆盖森林、草原、湿地、农田、海洋、矿产、水资源等重要自然生态要素的调查监测体系。

（3）建立自然生态资本实验室，提高核算结果科学化

按照"开放、联合、创新、共享"的原则，通过"资源共享、联合建设、定期交流、创新应用"的机制，构建自然生态资本实验室。以实验室为载体，着重建设和打造生态资本核算平台、生态产品价值实现平台、规划政策模拟平台、绿色金融政策创新平台，形成"基础数据库—标准化核算—情景模拟—政策创新"为链条的实验室核心功能，提高核算结果科学化和合理性。以大数据、云存储技术为依托，收集和存储涉及生态资本相关的土地、森林、草原、水资源、生物等生态资本的统计、调查、普查、清查、遥感和监测数据，进行数据分类、汇总、清洗、加工等相关工作，建设生态资本基础数据库；通过监测、检测、调查、统计等方法，进行不同区域的参数计算，实现参数本地化，构建核算参数库；通过开发绿色 GDP、GEP 核算平台，形成可以共享的自然生态资本核算软件，形成核算方法工具库。

（4）加强核算结果政策应用，促进生态产品价值实现

绿色 GDP、GEP 的核算结果可为环境政策费效分析、生态补偿、国土空间规划、政策模拟、绿色投融资等政策的实施提供技术参考。基于 GEP 核算结果，开展生态补偿标准制定，研究基于"占补平衡"的生态补偿横向市场交易机制与交易平台，推动建立生态产品交易市场。总结排污权和碳交易试点经验，基于综合生态环境经济核算开展排污权、生态权定价标准研究，研究提出生态产品交易市场体系与制度保障体系，提高生态环境治理的价值转化效率。研究构建基于自然生态资本核算的规划制定技术标准，以生态资本与社会经济均衡增长为底线，构建差异化的规划目标指标体系。利用生态资本核算和费用效益分析方法，开发情景费效分析—投入产出分析—计量经济分析相耦合的规划政策模拟平台，提升规划与政策战略决策的科学合理性。构建面向规划政策的自然生态资本与社会经济影响评估框架体系，从健康、环境、气候和社会等方面加强规划的风险评估，提高规划的应急响应能力。加强生态资本核算在流域生态保护投融资中的作用，建立有利于生态资产价值实现与流转的激励政策，吸引私营部门对生态环境保护项目的投资，加速生态资本投资流动。研究建立绿色项目认证和评估标准，筛选生态保护和绿色发展项目。开展重点流域生态资产清查与资产核算，促进重点生态功能区生态补偿制度与绿色金融创新制度设计。

参考文献

[1]　PEARCE D，BARBIER E. Blueprint for sustainable economy[M]. London：Earthscan Pulication Ltd，2000.

[2]　EDWARDS J G，DAVIES B，HUSSAIN S. Ecological economics：an introduction[M]. Oxford：Blackwell Science Ltd，2000.

[3]　TISDELL C. Conditions for sustainable development：weak and strong[M]//Sustainable agriculture and

env. Cheltenham: Edward Elgar Publishing Ltd., 1999.

[4] PERMAN R, MA Y, MCGILVRAY J, et al. Natural Resources and Environmental Economics. 2nd edition. Pearson Education Ltd., 1999.

[5] SAGAR A D, NAJAM A. The human development index: a critical review[J]. Ecological Economics, 1998, 25 (3): 249-264.

[6] COMMON M S, PERRINGS S C. Toward an ecological economics of sustainability[J]. Ecological Economics, 1992, 6 (1): 7-34

[7] MARQUES M J, BIENES R, JIMENEZ L, et al. Effect of vegetal cover on runoff and soil erosion under light intensity events. Rainfall simulation over USLE plots[J]. Science of the Total Environment, 2007, 378 (1-2): 161-165.

[8] DIODATO N, BELLOCCHI G. Estimating monthly (R) USLE climate input in a Mediterranean region using limited data[J]. Journal of Hydrology, 2007, 345 (3-4): 224-236.

[9] COSTANZA R, D'ARGE R, GROOT R D, et al. The value of the world's ecosystem services and natural capital[J]. Nature, 1997, 387 (6630): 253-260.

[10] ASSESSMENT M E. Ecosystems and human well-being: general synthesis[M]. Island Press: Washington D.C., 2005.

[11] United Nations. The system of environmental-economic accounting 2012 experimental ecosystem accounting[R]. New York, 2014.

[12] MA G X, WANG J N, YU F, et al. Framework construction and application of China's Gross Economic-Ecological Product accounting[J]. Journal of Environmental Management, 2020, 264: 1-10.

[13] World Bank. Cost of pollution in China[M]. Washington, D.C: World Bank Publications, 2009.

[14] 高敏雪. 资源环境统计[M]. 北京: 中国统计出版社, 2004.

[15] 罗杰·珀曼, 马越, 詹姆斯·麦吉利夫雷, 等. 自然资源与环境经济学[M]. 侯元兆, 译. 中国经济出版社, 2002.

[16] 生态环境部环境规划院, 中国科学院生态环境研究中心. 陆地生态系统生产总值核算技术指南[R]. 2020.

[17] 於方, 王金南, 曹东, 等. 中国环境经济核算技术指南[M]. 北京: 中国环境科学出版社, 2009.

[18] 朱文泉, 潘耀忠, 张锦水. 中国陆地植被初级生产力遥感估算[J]. 植物生态学报, 2007, 31 (3): 413-424.

[19] 朱文泉, 潘耀忠, 何浩, 等. 中国典型植被最大光利用率模拟[J]. 科学通报, 2006, 51 (6): 700-706.

[20] 国家林业局. 森林生态系统服务功能评估规范: LY/T 1721—2008[S/OL]. (2008-04-23). https://m.doc88.com/p-9919138880081.html?r=1#.

[21] 国家林业局. 自然资源 (森林) 资产评价技术规范: LY/T 2735—2016[S/OL]. (2016-10-19). https://m.doc88.com/p-7038433833030.html?r=1#.

[22] 欧阳志云, 王效科, 苗鸿. 中国陆地生态系统服务功能及其生态经济价值的初步研究[J]. 生态学报, 1999, 19 (5): 607-613.

[23] 欧阳志云, 朱春全, 杨广斌, 等. 生态系统生产总值核算: 概念、核算方法与案例研究[J]. 生态学报, 2013, 33 (21): 6747-6761.

[24] 谢高地, 张彩霞, 张昌顺, 等. 中国生态系统服务的价值[J]. 资源科学, 2015, 37（9）: 1740-1746.

[25] 傅伯杰, 于丹丹, 吕楠. 中国生物多样性与生态系统服务评估指标体系[J]. 生态学报, 2017, 37（2）: 341-348.

[26] 李文华, 欧阳志云, 赵景柱. 生态系统服务功能研究[M]. 北京: 气象出版社, 2002.

[27] 马国霞, 於方, 王金南, 等. 中国 2015 年陆地生态系统生产总值核算研究[J]. 中国环境科学, 2017, 37（4）: 1474-1482.

[28] 於方, 马国霞, 齐霁, 等. 中国环境经济核算研究报告（2007—2008）[M]. 北京: 中国环境科学出版社, 2012.

[29] 於方, 马国霞, 杨威杉, 等. 中国环境经济核算研究报告（2009—2010）[M]. 北京: 中国环境出版社, 2019.

[30] 於方, 马国霞, 周颖, 等. 中国环境经济核算研究报告（2011—2012）[M]. 北京: 中国环境出版社, 2019.

[31] 马国霞, 於方, 周颖, 等. 中国环境经济核算研究报告（2013—2014）[M]. 北京: 中国环境出版社, 2019.

[32] 马国霞, 周夏飞, 彭菲, 等. 2015 年中国生态系统生态破坏损失核算研究[J]. 地理科学, 2019, 39（6）: 1008-1015.

[33] 王金南, 刘苗苗, 毕军, 等. 中国 2015—2018 年城市环境治理与经济发展关系实证研究[R]. 2020.

[34] 全国绿化委员会办公室. 2019 年中国国土绿化状况公报[EB/OL].（2020-03-11）. http://fangtan. china.com.cn/zhuanti/2020-03/12/content_75804637.html.

附录 1 2019 年各地区 GEEP 核算结果

地区	省（区、市）	GDP/亿元	环境退化成本/亿元	环境退化指数/%	生态环境成本/亿元	生态环境成本指数/%	绿色GDP/亿元	GEP/亿元	生态调节服务/亿元	绿金指数	GEEP/亿元
东部	北京	35 371.3	725.2	2.1	726.8	2.05	34 644.4	7 253.2	879.3	0.2	35 523.8
	天津	14 104.3	483.7	3.4	484.8	3.44	13 619.4	5 340.5	1 461.6	0.4	15 081.0
	河北	35 104.5	1 293.3	3.7	1 666.7	4.75	33 437.8	19 866.9	8 490.7	0.6	41 928.5
	辽宁	24 909.5	727.6	2.9	1 143.1	4.59	23 766.3	22 240.2	12 279.3	0.9	36 045.6
	上海	38 155.3	665.5	1.7	690.2	1.81	37 465.1	5 639.8	555.9	0.1	38 021.1
	江苏	99 631.5	2 261.8	2.3	2 564.3	2.57	97 067.2	37 315.3	16 549.0	0.4	113 616.2
	浙江	62 351.7	955.7	1.5	1 017.8	1.63	61 334.0	22 039.7	9 423.9	0.4	70 757.9
	福建	42 395.0	390.6	0.9	508.7	1.20	41 886.3	21 366.3	8 965.4	0.5	50 851.7
	山东	71 067.5	1 567.1	2.2	1 681.8	2.37	69 385.7	29 864.3	9 943.9	0.4	79 329.7
	广东	107 671.1	2 086.3	1.9	2 254.2	2.09	105 416.9	41 390.6	20 629.1	0.4	126 046.0
	海南	5 308.9	22.6	0.4	25.0	0.47	5 283.9	7 492.0	4 761.8	1.4	10 045.7
	小计	536 071	11 179.1	2.2	12 763.5	2.38	523 307	219 808.7	93 939.9	0.4	617 247.1
	占全国比例/%	54.4	54.9		46.0		54.6	23.9	15.6		39.6
中部	山西	17 026.7	423.4	2.5	463.9	2.72	16 562.8	12 014.2	4 195.5	0.7	20 758.3
	吉林	11 726.8	466.6	4.0	505.4	4.31	11 221.4	20 905.5	14 193.0	1.8	25 414.4
	黑龙江	13 612.7	953.8	7.0	1 067.2	7.84	12 545.5	95 895.9	86 567.1	7.0	99 112.6
	安徽	37 114.0	670.4	1.8	758.8	2.04	36 355.1	27 106.6	14 102.8	0.7	50 458.0
	江西	24 757.5	426.4	1.7	721.8	2.92	24 035.7	33 557.7	22 169.0	1.4	46 204.7
	河南	54 259.2	1 396.1	2.6	1 459.8	2.69	52 799.4	24 869.3	7 689.2	0.5	60 488.6
	湖北	45 828.3	856.0	1.9	892.0	1.95	44 936.3	37 047.1	23 751.6	0.8	68 687.9
	湖南	39 752.1	676.0	1.7	1 837.6	4.62	37 914.5	39 988.8	25 572.0	1.0	63 486.5
	小计	244 077	5 868.5	2.6	7 706.5	3.16	236 371	291 385.2	198 240.3	1.2	434 611.0
	占全国比例/%	24.8	28.8		27.8		24.7	31.6	32.9		27.9
西部	内蒙古	17 212.5	246.2	1.4	523.6	3.04	16 688.9	102 771.4	96 473.1	6.0	113 162.0
	广西	21 237.1	252.5	1.2	497.3	2.34	20 739.9	33 673.0	19 550.3	1.6	40 290.2
	重庆	23 605.8	284.2	1.2	332.2	1.41	23 273.6	11 355.5	4 307.9	0.5	27 581.5
	四川	46 615.8	663.5	1.4	1 248.1	2.68	45 367.7	47 361.5	28 611.4	1.0	73 979.1
	贵州	16 769.3	142.0	0.8	249.8	1.49	16 519.5	20 751.2	8 889.6	1.2	25 409.1
	云南	23 223.8	358.4	1.5	600.2	2.58	22 623.6	33 358.1	19 154.8	1.4	41 778.3
	西藏	1 697.8	4.0	0.2	243.8	14.36	1 454.1	59 871.7	59 255.2	35.3	60 709.2
	陕西	25 793.2	598.4	2.3	724.8	2.81	25 068.4	15 553.7	5 938.4	0.6	31 006.8
	甘肃	8 718.3	136.0	1.6	243.6	2.79	8 474.7	14 151.5	9 743.7	1.6	18 218.4
	青海	2 966.0	52.1	1.8	1 828.1	61.63	1 137.9	45 575.5	44 426.7	15.4	45 564.6
	宁夏	3 748.5	131.3	3.5	142.6	3.81	3 605.8	2 862.4	1 601.9	0.8	5 207.8
	新疆	13 597.1	449.7	3.3	663.5	4.88	12 933.7	22 927.0	12 500.7	1.7	25 434.4
	小计	205 185	3 318.2	1.8	7 297.5	3.56	197 888	410 212.5	310 453.7	2.0	508 341.4
	占全国比例/%	20.8	16.3		26.3		20.7	44.5	51.5		32.6
	全国	985 333	20 366	2.1	27 767.5	2.82	957 566	921 406.4	602 633.9	0.94	1 560 199.5

注：环境退化成本中的污染事故损失是全国总量数据，缺少分地区数据，所以附表中的环境退化成本未包含污染事故损失。

2018 年全国经济生态生产总值（GEEP）核算研究报告

Research Report on National Economic and Ecological Gross Product（GEEP）Accounting in 2018

王金南　於方　马国霞　彭菲　周夏飞

摘　要　本文在多年关于绿色国民经济核算体系的理论和实践探索研究的基础上，构建了 GEEP 综合核算体系，对 2018 年我国 31 个省（区、市）的 GEEP 进行核算。核算表明，2018 年我国生态环境退化成本为 3.03 万亿元，扣除生态环境退化成本的"金山银山"绿色 GDP 为 88.5 万亿元；生态系统提供的"绿水青山"GEP 价值为 84.1 万亿元；GEEP 为 144.3 万亿元，是 GDP 的 1.6 倍。

关键词　经济生态生产总值　生态系统调节服务　生态破坏成本　污染损失成本

Abstract　On the basis of many years of theoretical and practical research on green national economic accounting system，this paper constructs a comprehensive accounting system of economic ecological gross product（GEEP），which accounts for the economic ecological gross product of 31 provinces and autonomous regions in 2018. In 2018，the cost of ecological environment degradation in China was 3.03 trillion yuan，and the green GDP after deducting the cost of ecological environment degradation was 88.5 trillion yuan. The GEP value provided by ecosystem is 84.1 trillion yuan. According to the accounting，in 2018 GEEP is 144.3 trillion yuan，1.6 times of GDP.

Keywords　GEEP，ecosystem regulation services，ecological damage cost，environmental degradation cost

1　经济生态生产总值（GEEP）核算框架体系

1.1　GEEP 核算意义

GDP 作为考察宏观经济的重要指标，是对一国总体经济运行表现作出的概括性衡量。

但现行的国民经济核算体系有一定的局限性，一是它没有反映经济增长的资源环境代价；二是不能反映经济增长的效率、效益和质量；三是没有完全反映生态系统对经济增长的贡献度和福祉，没有包括经济增长的全部社会成本；四是不能反映社会财富的总积累以及社会福利的变化。

为此，国际上从 20 世纪 70 年代开始研究建立绿色国民经济核算体系，它在传统的 GDP 核算体系中扣除自然资源耗减成本和污染损失成本，以期更真实地衡量经济发展成果和国民经济福利。联合国统计署（UNSD）于 1989 年、1993 年、2003 年和 2013 年先后发布并修订了综合环境与经济核算体系（SEEA），为建立绿色国民经济核算总量、自然资源和污染账户提供了基本框架。本课题组遵从 SEEA 框架体系，自 2006 年以来，持续开展绿色 GDP1.0（GGDP）研究，定量核算我国经济发展的生态环境代价，完成了 2004—2017 年共 14 年的年度环境经济核算报告，有力地推动了我国绿色国民经济核算体系研究。

目前，我国非常重视生态文明建设，逐步放弃唯 GDP 考核目标。党的十八大提出把资源消耗、环境损害、生态效益等指标纳入经济社会发展评价体系，党的十九大进一步强调加快生态文明体制改革，建设美丽中国，推进绿色发展，着力解决突出环境问题，加大生态系统保护力度，改革生态环境监管体制，践行"绿水青山就是金山银山"理念，坚持节约资源和保护环境的基本国策，实行最严格的生态环境保护制度。绿色 GDP 核算扣除了经济系统增长的资源环境代价，但并没有把生态系统为经济系统提供的全部生态福祉都进行核算，只做了"减法"，没有做"加法"，无法体现"绿水青山就是金山银山"的绿色理念。

2015 年环境保护部启动了绿色 GDP2.0 版本，开展了生态系统生产总值（GEP）的核算，对生态系统每年提供给人类的生态福祉进行全部核算，包括产品供给服务、生态调节服务、文化服务三个方面。但 GEP 只是从生态系统的角度考虑，单独把生态系统给经济系统提供的福祉全部进行核算，并没有把生态系统和经济系统完全纳入同一核算体系中。为把资源消耗、环境损害、生态效益纳入社会经济发展评价体系，本报告在绿色 GDP1.0 和绿色 GDP2.0 版本的基础上，构建经济生态生产总值（Gross Economic-Ecological Product，GEEP）综合核算指标。

GEEP 是在经济系统生产总值的基础上，考虑人类在经济生产活动中对生态环境的损害和生态系统对经济系统的福祉。GEEP 既考虑了人类活动产生的经济价值，也考虑了生态系统每年给经济系统提供的生态福祉，还考虑了人类为经济系统产生的生态环境代价。GEEP 是一个有增有减、有经济有生态的综合指标。GEEP 同时考虑了人类活动和生态环境对经济系统的贡献，纠正了以前只考虑人类经济贡献或生态贡献的片面性。这一指标把"绿水青山"和"金山银山"统一到一个框架体系下，是"绿水青山就是金山银山"的集成，是践行"绿水青山就是金山银山"理念的重要支撑。与 GDP 相比，GEEP 更有利于实现地区可持续发展，是相对更为科学的地区绩效考核指标。

本报告由生态环境部环境规划院完成，环境质量数据由中国环境监测总站和中科院遥感与数字地球研究所提供。感谢生态环境部、国家统计局等部委与中国宏观经济学会等机构的有关领导对本项研究一直以来给予的指导和帮助。

专栏 1.1　2018 年 GEEP 核算数据来源

2018 年核算主要以环境统计和环境监测等数据为依据，对 2018 年全国 31 个省（区、市）的环境退化成本、生态破坏损失及其占 GDP 的比例、物质流、GEP、GEEP 进行核算。报告基础数据来源包括《中国统计年鉴 2019》《中国城市建设统计年鉴 2019》《中国卫生统计年鉴 2018》《中国农村统计年鉴 2018》《中国矿业年鉴 2018》《中国国土资源年鉴 2018》《中国能源统计年鉴 2018》《中国口岸年鉴 2018》《2008 中国卫生服务调查研究——第四次家庭健康询问调查分析报告》《中国环境状况公报 2018》以及 31 个省（区、市）2018 年度统计年鉴，环境质量数据由中国环境监测总站提供，全国 10 km×10 km 网格的 PM$_{2.5}$ 遥感卫星反演浓度数据由中科院遥感与数字地球研究所提供。

生态破坏损失核算基础数据主要来源于第八次（2009—2013 年）全国森林资源清查、第二次全国湿地调查（2009—2013 年）、全国 674 个气象站点数据、中国农业科学院 MODIS/NDVI 遥感数据、《中国土壤志》、美国 NASA 网站数字高程数据、全国草原监测报告、国家价格监测中心、碳排放交易价格、市场调查以及相关研究数据。

生态系统生产总值核算中，土地利用类型图来源于中国科学院资源科学数据中心（http://www.redc.cn）、温度和降水量数据来自中国气象数据网（http://data.cma.cn/）、NPP 数据来自美国 NASA EOS/MODIS 2016年 MOD17 A3 数据集（http://www.ntsg.umt.edu/ project/MOD17）、NDVI 数据来源于美国国家航空航天局（NASA）的 EOS/MODIS 数据产品（http://e4ftl01.cr.usgs.gov）、土壤类型数据来源于中科院南京土壤研究所等。

1.2　GEEP 核算框架

GEEP 是在经济系统生产总值的基础上，考虑人类在经济生产活动中对生态环境的损害和生态系统对经济系统的福祉。即在绿色 GDP 核算的基础上，增加生态系统给人类提供的生态福祉。其中，生态环境的损害主要用人类活动对生态系统的破坏成本和环境退化成本表示，生态系统对人类的福祉用 GEP 表示，因 GEP 中的产品供给服务和文化服务价值已在 GDP 中进行了核算，为减少重复，需进行扣除（图 1）。经济生态生产总值的概念模型如式（1）所示。

$$
\begin{aligned}
\text{GEEP} &= \text{GGDP} + \text{GEP} - (\text{GGDP} \cap \text{GEP}) \\
&= (\text{GDP} - \text{EnDC} - \text{EcDC}) + (\text{EPS} + \text{ERS} + \text{ECS}) - (\text{EPS} + \text{ECS}) \qquad (1) \\
&= (\text{GDP} - \text{EnDC} - \text{EcDC}) + \text{ERS}
\end{aligned}
$$

式中，GGDP（Green Gross Domestic Product）为绿色 GDP；GEP（Gross Ecosystem Product）为生态系统生产总值；GGDP∩GEP 为 GGDP 与 GEP 的重复部分；GDP（Gross Domestic Product）为国内生产总值；EnDC（Environmental Damage Cost）为环境退化成本；EcDC（Ecological Degradation Cost）为生态破坏成本；ERS（Ecosystem Regulation Service）为生态系统调节服务；EPS（Ecosystem Provision Service）为生态产品供给服务；ECS（Ecosystem Culture Service）为生态系统文化服务。

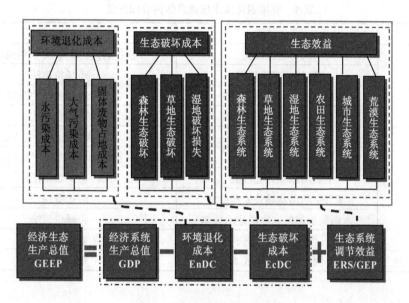

图 1　GEEP 核算框架体系

1.3　GEEP 核算指标

根据 GEEP 核算框架体系，GEEP 核算的关键指标是生态破坏成本、环境退化成本和生态系统调节服务。这三个指标涉及生态、环境、生态环境经济学以及遥感技术应用等多个学科的交叉。如何对生态破坏成本、环境退化成本和生态生产总值进行价值量核算，是计算 GEEP 的关键和难点。

1.3.1　环境退化成本核算指标

环境退化成本指排放到环境中的各种污染物对人体健康、农业、生态环境等导致的环境污染损失成本。环境退化成本主要包括大气污染导致的退化成本、水污染导致的退化成本、固体废物占地三个方面成本［式（2）］。其中，大气污染导致的环境退化成本主要包括大气污染导致的人体健康损失、种植业产值损失、室外建筑材料腐蚀损失、生活清洁费用增加成本四部分。水污染导致的环境退化成本主要包括水污染导致的人体健康损失、污水灌溉导致的农业损失、水污染造成的工业用水额外治理成本、水污染造成的城市生活经济损失以及水污染导致的污染型缺水等指标（表1）。环境退化成本具体指标的核算方法，请参考课题组已出版的图书《中国环境经济核算技术指南》。

$$EnDC = AEnDC + WEnDC + SEnDC \qquad (2)$$

式中，EnDC 为环境退化成本；AEnDC 为大气污染退化成本；WEnDC 为水污染损失成本；SEnDC 为固体废物占地损失成本。

表 1　环境退化成本核算具体内容和方法

类型	危害终端	核算方法
大气污染	人体健康损失	修正的人力资本法/疾病成本法
	种植业产量损失	市场价值法
	室外建筑材料腐蚀损失	市场价值法或防护费用法
	生活清洁费用增加成本	防护费用法
水污染	人体健康损失	疾病成本法/人力资本法
	污灌造成的农业损失	市场价值法或影子价格法
	工业用水额外处理成本	防护费用法
	城市生活用水额外处理成本	防护费用法
	水污染引起的家庭洁净水成本	市场价值法
	污染型缺水损失	影子价格法
固体废物占地	固体废物占地成本	机会成本法

1.3.2　生态破坏损失核算指标

生态破坏损失核算指标是指生态系统生态服务功能因人类不合理利用，导致的生态服务功能损失的核算。该指标是在生态系统调节服务核算的基础上，考虑不同生态系统的人为破坏率，对森林、草地、湿地三大生态系统的生态破坏成本进行核算［式（3）］。报告在进行 2018 年生态破坏损失核算时，以森林超采率作为森林生态系统的人为破坏率，森林超采率通过第八次全国森林资源清查获得的森林超采量和森林蓄积量计算而得。湿地人为破坏率根据第二次全国湿地资源调查结果，利用湿地重度威胁面积占湿地总面积的比例进行计算。草地人为破坏率根据 2017 年全国草原监测报告六大牧区省份及全国重点天然草原平均牲畜超载率进行计算。

$$EcDC = \sum_{i=1}^{3} ERS_i \times HR_i \qquad (3)$$

式中，EcDC 为生态破坏成本；i 为草地、森林和湿地三大生态系统；ERS_i 为草地、湿地和森林三大生态系统的生态调节服务；HR_i 为这三大生态系统的人为破坏率。

1.3.3　GEP 核算指标

GEP 是分析与评价生态系统为人类生存与福祉提供的产品与服务的经济价值。GEP 是生态系统产品价值、调节服务价值和文化服务价值的总和。根据生态系统服务功能评估的方法，GEP 可以从生态系统功能量和生态经济价值量两个角度核算。生态系统功能量的获取需要借助遥感影像解译数据，本报告利用中科院地理科学与资源研究所解译的 2018 年空间分辨率 1 km 的土地利用数据，并结合 MODIS NDVI 数据，对我国 2018 年 31 个省（区、市）核算的森林、湿地、草地、荒漠、农田、城市、海洋 7 大生态系统 GEP 进行核算。具体指标和生态系统见表 2。因生态系统提供的生态产品供给服务和生态文化服务已经在 GDP 中有所体现。为避免重复，GEEP 只对生态系统给经济系统提供的生态调节服务价值进行核算［式（4）］。这些指标的具体计算方法请参考本课题组发表在中国环境科学上的文章，这里不再赘述。

表 2 不同生态系统生态服务功能核算方法

指标	功能量核算方法	价值量核算方法
产品供给	统计调查法	市场价值法
气候调节	蒸散模型法	替代成本法
固碳功能	固碳机理模型法	替代成本法
释氧功能	释氧机理模型法	替代成本法
水质净化功能	污染物净化模型法	替代成本法
大气环境净化	污染物净化模型法	替代成本法
水流动调节	水量平衡法	替代成本法
病虫害防治	统计调查法	替代成本法
土壤保持功能	通用水土流失方程（RUSLE）	替代成本法
防风固沙功能	修正风力侵蚀模型（REWQ）	替代成本法
文化服务功能	统计调查法	旅行费用法

$$ERS = CRS + WRS + SMS + WPSF + CFOR + WCS + ACS + EDIP \qquad (4)$$

式中，ERS 为生态调节服务；CRS 为空气调节服务；WRS 水流动调节服务；SMS 为土壤保持功能；WPSF 为防风固沙功能；CFOR 为固碳释氧功能；WCS 为水质净化功能；ACS 为大气环境净化；EDIP 为病虫害防治。

2 2018 年环境退化成本核算

环境退化成本又称污染损失成本，它是在目前的治理水平下，生产和消费过程中所排放的污染物对环境功能、人体健康、作物产量等造成的实际损害，利用人力资本法、直接市场价值法、替代费用法等环境经济方法评估计算得出的环境退化价值。基于损害的环境退化成本，可以对环境污染损失作出更加科学和客观的评价。

在本核算体系框架下，环境退化成本按污染介质包括大气污染、水污染和固体废物污染造成的经济损失；按污染危害终端包括人体健康经济损失、工农业（工业、种植业、林牧渔业）生产经济损失、水资源经济损失、材料经济损失、土地占用丧失生产力引起的经济损失、污染事故经济损失和对生活造成影响的经济损失。

2.1 水环境退化成本

2018 年，我国水环境退化成本为 8 945.5 亿元，占总环境退化成本的 40.5%，水环境退化指数为 0.98%。在水环境退化成本中，污染型缺水造成的损失最大。2018 年全国污染型缺水量达到 1 218 亿 m³，占 2018 年总供水量的 20.2%，污染已经成为我国缺水的主要原因之一，对我国的水环境安全构成严重威胁，成为制约经济发展的一大要素。其次为水污染对农业生产造成的损失，2018 年为 1 655.5 亿元。2018 年水污染造成的城市生活用水额外治理和防护成本为 632.4 亿元，工业用水额外治理成本为 446.6 亿元，农村居民健康损失为 427.9 亿元（图 2）。

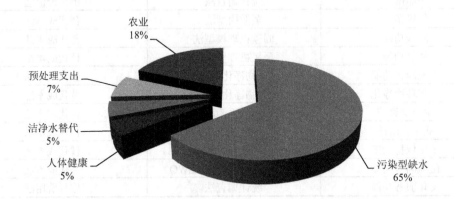

图 2　各种水环境退化占总水环境退化比重

2018 年，东部、中部、西部三个地区的水环境退化成本分别为 4 579.6 亿元、2 100.4 亿元、2 265.5 亿元。东部地区的水环境退化成本最高，约占水污染环境退化成本的 51.2%，占东部地区 GDP 的 0.9%；中部和西部地区的水环境退化成本分别占总水环境退化成本的 23.5%和 25.3%，占地区 GDP 的 0.9%和 1.2%。

2.2　大气环境退化成本

2018 年全面推进蓝天保卫战，强化区域联防联控，成立京津冀及周边地区大气污染防治领导小组，实施重点区域 2018—2019 年秋冬季大气污染综合治理攻坚行动，开展蓝天保卫战重点区域强化监督。全国 338 个地级及以上城市中，121 个空气质量达标，达标比例 35.8%，比 2017 年上升 6.5 个百分点，338 个地级及以上城市空气质量优良天数比例为 79.3%，比 2017 年上升 1.3 个百分点。338 个地级及以上城市 PM_{10} 平均浓度比 2017 年下降 5.3%，$PM_{2.5}$ 平均浓度比 2017 年下降 9.3%，京津冀、长三角、汾渭平原区域 $PM_{2.5}$ 平均浓度分别比 2017 年下降 11.8%、10.2%、10.8%，其中北京市 2018 年 $PM_{2.5}$ 平均浓度比 2017 年下降 12.1%。遥感影像反演 $PM_{2.5}$ 数据显示，京津冀地区、长三角地区、成渝地区、汾渭地区污染相对严重。2018 年，京津冀地区 $PM_{2.5}$ 年均浓度为 47 μg/m³，长三角地区为 36 μg/m³，成渝地区为 35 μg/m³，汾渭平原为 50 μg/m³。需要注意的是，新疆 $PM_{2.5}$ 浓度比较高的地区是塔克拉玛干沙漠，受沙尘天气影响，导致解译结果偏高，新疆 $PM_{2.5}$ 年均浓度为 42 μg/m³，阿克苏地区、和田地区、阿拉尔市、喀什地区、图木舒克市等地区超过 70 μg/m³，局部网格超过 100 μg/m³。把 $PM_{2.5}$ 浓度和暴露人口结合起来进行分析，我国目前 43.2%的人口居住于 $PM_{2.5}$ 浓度低于 35 μg/m³ 的国家空气质量二级标准以下，比 2017 年提高 18.6 个百分点，56.8%的人口暴露在国家空气质量二级标准以上，其中，$PM_{2.5}$浓度在 35~50 μg/m³ 的人口占比为 33.9%，$PM_{2.5}$浓度在 50~70 μg/m³ 的人口占比为 22.6%，超过 70 μg/m³ 的人口占比为 0.3%，比 2017 年降低了 4.1 个百分点（图 3）。

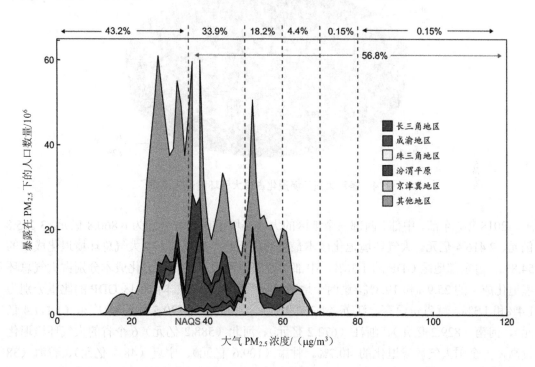

图 3 我国重点区域 $PM_{2.5}$ 不同浓度下人口分布比例

利用中国科学院遥感与数字地球研究所提供的 2018 年 $PM_{2.5}$ 遥感影像反演数据，并结合网格化的人口和人均 GDP 等数据，以 10 km 网格为核算单元，对全国范围的大气污染导致的人体健康损失进行核算。结果显示，2018 年，我国大气污染导致的过早死亡人数为 75.6 万人，比 2017 年降低 7.0%。利用 338 个地级以上城市 $PM_{2.5}$ 监测数据，计算我国城市地区大气污染导致的过早死亡人数为 47.7 万人。

在大气污染各项损失中，人体健康损失最大。2018 年我国大气环境退化成本为 12 512.9 亿元，占总环境退化成本的 56.6%，大气环境退化指数为 1.37%。大气污染导致的人体健康损失为 10 268.1 亿元，占大气环境退化的 82%。在 SO_2 减排政策的作用下，大气环境污染造成的农业损失出现下降。2018 年农业减产损失为 63.2 亿元，比 2017 年减少 13%，农业减产损失仅占大气环境退化的 1%（图 4）。材料损失为 58.8 亿元，比 2017 年减少 26.5%。随着车辆和建筑物的快速增加，额外清洁费用增速较快，从 2006 年的 416.4 亿元增加到 2018 年的 2 122.9 亿元，年均增长 14.5%。

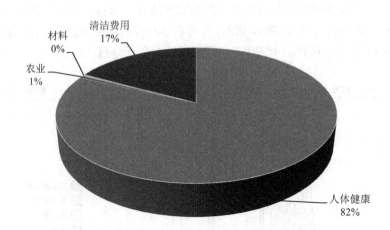

材料 0%
农业 1%
清洁费用 17%
人体健康 82%

图4 各种大气环境退化占总大气环境退化比重

2018年，东部、中部、西部三个地区的大气环境退化成本分别为6 860.8亿元、3 235.8亿元、2 416.4亿元。大气环境退化成本最高的仍然是东部地区，占大气总环境退化成本的54.8%，占东部地区GDP的1.36%；中部和西部地区的大气环境退化成本分别占大气总环境退化成本的25.9%和19.3%，这两个地区的大气环境退化成本占地区GDP的比重分别为1.4%和1.3%。就省份而言，江苏（1 360.9亿元）、山东（1 130.5亿元）、广东（1 111.4亿元）、河南（829.2亿元）、浙江（672.2亿元）、河北（588.2亿元）6个省的大气环境退化较高，占全国大气环境退化的40.7%。甘肃（109.6亿元）、宁夏（48.4亿元）、青海（38亿元）、海南（30.7亿元）、西藏（6.9亿元）等省（区）大气环境退化相对较低，占全国大气环境退化比例的1.87%。

2.3 固体废物侵占土地损失成本

2018年，全国工业固体废物侵占土地约为26 823.7万 m^2，丧失土地的机会成本约为475.1亿元。生活垃圾侵占土地约为2 393.3万 m^2，丧失的土地机会成本约为66.2亿元。两项合计，2018年全国固体废物侵占土地造成的环境退化成本为541.31亿元，占总环境退化成本的2.45%。2018年，东部、中部、西部三个地区的固体废物环境退化成本分别为192.5亿元、181.5亿元、167.3亿元。

2.4 环境退化成本

2018年我国环境退化成本为22 114.1亿元，环境退化成本比2017年下降0.6%，环境退化成本出现下降。在总环境退化成本中，大气环境退化成本和水环境退化成本是主要的组成部分，2018年这两项损失分别占总退化成本的56.6%和40.5%，固体废物侵占土地退化成本和污染事故造成的损失分别为541.3亿元和114.4亿元，分别占总退化成本的2.45%和0.52%。

从空间角度来看，我国区域环境退化成本呈现自东向西递减的空间格局（图5）。2018年，我国东部地区的环境退化成本较高，为 11 632.9 亿元，占总环境退化成本的 52.9%，中部地区为 5 517.7 亿元，西部地区为 4 849.2 亿元。从 31 个省（区、市）的环境退化成本来看，山东（2 099.8 亿元）、河北（2 018.6 亿元）、江苏（1 874.8 亿元）、河南（1 660.5 亿元）、广东（1 444.5 亿元）、浙江（1 159.5 亿元）等省份的环境退化成本较高，合计占全国环境退化成本比重的 46.6%。除河南外，这些省份都位于我国东部沿海地区。吉林（293.1 亿元）、宁夏（203.5 亿元）、青海（106.2 亿元）、西藏（53.7 亿元）、海南（47.0 亿元）等省份的环境退化成本较低，合计占环境退化成本比重的 3.2%。这些省份除环境质量本底值好的海南省外，都位于西部地区。

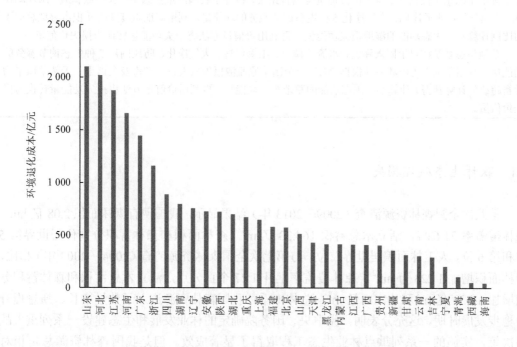

图 5　2018 年我国 31 个省（区、市）环境退化成本

3　2018 年生态破坏损失核算

生态系统可以按不同的方法和标准进行分类，本报告按生态系统特性将生态系统划分为 5 类，即森林生态系统、草地生态系统、湿地生态系统、农田生态系统和海洋生态系统。由于不掌握农田生态系统和海洋生态系统的基础数据及相关参数，本报告仅核算了森林、草地和湿地三类生态系统的生态调节服务损失。

专栏 3.1　生态破坏损失核算说明

首先，报告利用中国科学院地理所解译的 2018 年空间分辨率 1 km 的土地利用数据，结合 MODIS NDVI 数据进行不同生态系统不同生态功能指标的实物量计算。

其次，在不同生态系统生态服务功能实物量核算的基础上，通过不同生态系统服务功能实物量与不同生态系统人为破坏率的乘积，进行不同生态系统生态破坏实物量核算。

其中，森林生态系统根据第八次全国森林资源清查结果，核算了我国森林生态系统在固碳释氧、水流动调节、土壤保持、大气净化、防风固沙 5 种生态调节服务的功能量，利用森林超采率（根据第八次全国森林资源清查获得的森林超采量和森林蓄积量计算得到）计算不同生态功能的森林损失功能量，再利用价值量方法将损失功能量转换为损失价值量。

湿地生态系统根据第二次全国湿地资源调查结果，核算了我国湿地生态系统在固碳释氧、水流动调节、土壤保持、水质净化、大气净化 5 种生态调节服务的功能量，利用湿地重度威胁面积占湿地总面积的比例计算不同生态功能的湿地损失功能量，再利用价值量方法将损失功能量转换为损失价值量。

草地生态系统核算了固碳释氧、水流动调节、土壤保持、大气净化、防风固沙 5 种生态调节服务的功能量，利用草地人为破坏率（根据 2017 年全国草原监测报告六大牧区省份及全国重点天然草原平均牲畜超载率计算获得）计算不同生态功能的草地损失功能量，再利用价值量方法将损失功能量转换为损失价值量。

3.1　森林生态破坏损失

第八次全国森林资源清查（2009—2013 年）结果显示，我国现有森林面积 2.08 亿 hm^2，森林覆盖率 21.63%，活立木总蓄积 164.33 亿 m^3。森林面积和森林蓄积分别位居世界第 5 位和第 6 位，人工林面积居世界首位。与第七次全国森林资源清查（2004—2008 年）相比，森林面积增加 1 223 万 hm^2，森林覆盖率上升 1.27 个百分点，活立木总蓄积和森林蓄积分别增加 15.20 亿 m^3 和 14.16 亿 m^3。总体来看，我国森林资源进入了数量增长、质量提升的稳步发展时期。这充分表明，党中央、国务院确定的林业发展和生态建设一系列重大战略决策，实施的一系列重点林业生态工程取得了显著成效。但是我国森林资源总量相对不足、质量不高、分布不均的状况仍未得到根本改变，林业发展还面临着巨大的压力和挑战。

根据第八次全国森林资源清查结果，森林面积增速开始放缓，现有未成林造林地面积比上次清查少 396 万 hm^2，仅有 650 万 hm^2。同时，现有宜林地质量好的仅占 10%，质量差的多达 54%，且 2/3 分布在西北、西南地区。2018 年我国森林生态破坏损失达到 1 126.9 亿元，占 2018 年全国 GDP 的 0.12%。从损失的各项功能看，固碳释氧、水流动调节、土壤保持、防风固沙、大气净化功能损失的价值量分别为 257.2 亿元、617.8 亿元、236.4 亿元、12.6 亿元、2.8 亿元（图 6）。其中，水流动调节损失所造成的破坏损失最大，占森林总损失的 54.8%。

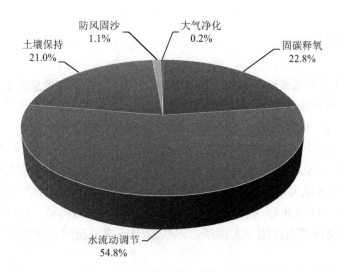

图6 森林生态破坏各项损失占比

从森林生态破坏损失的地域分布来看，2018年湖南省森林生态破坏的经济损失最大，为339.3亿元，其森林的超采率为4.7%；其次是江西、广东、云南、黑龙江、四川、贵州、河南、浙江等地，森林生态破坏的经济损失均超过40亿元，这些省份除云南、四川的森林超采率小于1%外，其他省份的森林超采率都大于1%，其中江西的森林超采率为2.0%，广东为1.7%，黑龙江为1.2%，河南为5.8%，贵州为1.5%，浙江为1.3%；青海、上海、北京、宁夏、天津等地森林生态破坏损失较小；内蒙古、福建、海南、陕西等地森林超采率为0，森林生态系统破坏损失为0。总体上，中国森林生态破坏损失主要分布在东南和西南地区，西北各省区森林生态破坏损失相对较小（图7）。云南、四川主要由于森林资源比较丰富，核算得到的生态系统服务功能量较大，所以其生态破坏的损失价值也较高；湖南、江西、河南等省则是由于森林超采率较高，造成森林生态破坏的损失价值增高；西北各省在退耕还林政策的影响下，森林超采率普遍较低，森林生态破坏损失低。

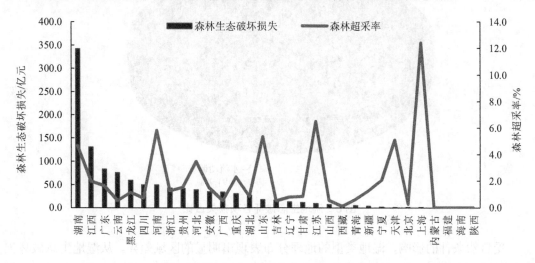

图7 2018年31个省（区、市）的森林生态破坏经济损失和人为破坏率

3.2 湿地生态破坏损失

第二次全国湿地资源调查（2009—2013 年）结果表明，全国湿地总面积 5 360.26 万 hm²，湿地率 5.58%。自然湿地面积 4 667.47 万 hm²，占总湿地面积的 87.37%；人工湿地面积 674.59 万 hm²，占 12.63%。自然湿地中，近海与海岸湿地面积 579.59 万 hm²，占 12.42%；河流湿地面积 1 055.21 万 hm²，占 22.61%；湖泊湿地面积 859.38 万 hm²，占 18.41%；沼泽湿地面积 2 173.29 万 hm²，占 46.56%。调查表明，我国目前河流、湖泊湿地沼泽化，河流湿地转为人工库塘等情况突出，湿地受威胁压力进一步增大，威胁湿地生态状况主要因子已从 10 年前的污染、围垦和非法狩猎三大因子，转变为现在的污染、过度捕捞和采集、围垦、外来物种入侵和基建占用五大因子，这些原因造成了我国自然湿地面积削减、功能下降。

本报告所指湿地生态破坏是指在人类活动的干扰下，由于人为因素造成的湿地生态系统的生态服务功能退化，污染、过度捕捞和采集、围垦、外来物种入侵和基建占用均为人为因素，因此，以湿地重度威胁面积占湿地总面积的比例指标作为湿地生态系统的人为破坏率。根据核算结果，2018 年湿地生态破坏损失达到 5 004.0 亿元，占 2018 年全国 GDP 的 0.55%。湿地的固碳释氧、水流动调节、土壤保持、防风固沙、水质净化、大气净化功能损失的价值量分别为 108.1 亿元、4 596.4 元、21.2 亿元、5.0 亿元、270.8 亿元、2.5 亿元。在湿地生态破坏造成的各项损失中，水流动调节的损失贡献率最大，占总经济损失的 91.9%（图 8）。

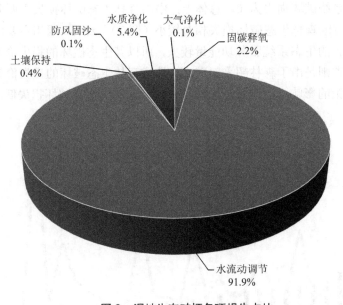

图 8　湿地生态破坏各项损失占比

受自然条件的影响，湿地类型的地理分布表现出明显的区域差异。从湿地生态破坏损失的地域分布来看，2018 年青海省湿地生态破坏损失最高，为 1 005.3 亿元，占湿地总损失的 20.1%，其中水流动调节服务功能损失最高，为 986.8 亿元，主要由于青海省湿地资源丰富。根据核算结果，青海湿地生态系统价值位于全国第二位，同时青海省的重度威胁面积占湿地总面积的比例较高，为 22.2%，位于全国第四位。四川、湖南、浙江、黑龙江、辽宁、河北、内蒙古等省（区）的生态破坏损失也较高，均高于 300 亿元，其中黑龙江主要由于湿地生态系统价值较高，位于全国第一位。而河北、湖南、四川、浙江、辽宁由于重度威胁面积占湿地总面积的比例较高（38.1%、18.4%、14.6%、25.7%、21.5%），分别为全国第七位、第五位、第六位、第三位和第四位（图 9）。天津、重庆湿地生态系统破坏损失较低，小于 3 亿元。

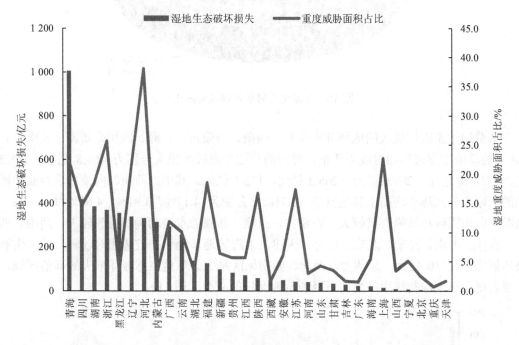

图 9　2018 年 31 个省（区、市）的湿地生态破坏经济损失和人为破坏率

3.3　草地生态破坏损失

草地生态破坏是在人类活动的干扰下，由于人为因素造成的草地生态系统的生态服务功能退化。影响草地生态系统生态退化的人为因素主要是不合理的草地利用，包括过度放牧、开垦草原、违法征占草地、乱采滥挖草原野生植被资源等。报告核算结果显示，2018 年中国草地生态系统的固碳释氧、水流动调节、土壤保持、防风固沙、大气净化功能损失的价值量分别为 404.3 亿元、1 048.8 亿元、568.3 亿元、103.1 亿元、4.2 亿元，合计 2 126.8 亿元。在草地生态破坏造成的各项损失中，水流动调节的贡献率最大，占总经济损失的 49.3%（图 10）。

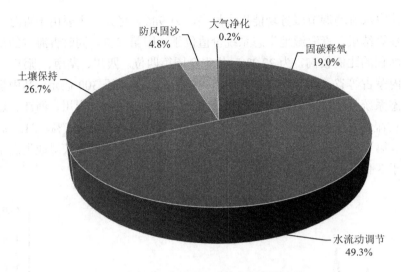

图 10　草地生态破坏各项损失占比

从草地生态破坏损失的地域分布来看，西藏、内蒙古、青海、四川、新疆、云南等省
（区）的草地生态破坏相对较为严重，对应的草地生态破坏损失分别为 469.8 亿元、308.5
亿元、216.0 亿元、209.9 亿元、205.2 亿元、173.1 亿元。其中，四川、内蒙古、西藏和新
疆的草原人为破坏率均高于其他省份（3.7%），分别为 4.17%、3.91%、4.62% 和 4.37%。
同时，四川固碳释氧损失量较大，内蒙古、西藏、新疆的水流动调节损失较大。河南、浙
江、吉林、海南、辽宁、北京、江苏、天津、上海等地草地生态破坏相对较轻，草地生态
破坏损失不足 10 亿元。总体上，西北、西南地区是中国草地生态破坏损失的高值区域，
主要表现为草地净初级生产力的下降和草地面积的减少（图 11）。

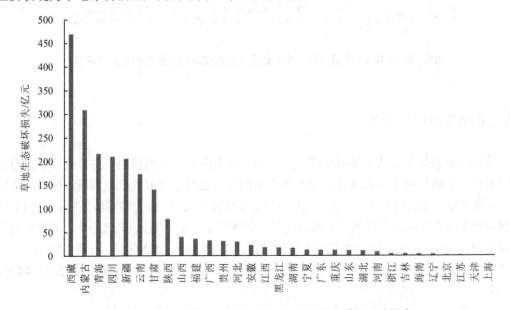

图 11　2018 年 31 个省（区、市）的草地生态破坏经济损失

3.4 总生态破坏损失

2018 年中国生态破坏损失的价值量为 8 257.7 亿元。其中森林、草地、湿地生态系统破坏的价值量分别为 1 126.9 亿元、2 126.8 亿元、5 004.0 亿元，分别占生态破坏损失总价值量的 13.6%、25.8%、60.6%。从各类生态系统破坏的经济损失来看，湿地生态系统破坏的经济损失相对较大，其次是森林和草地生态系统。2018 年生态破坏损失比 2017 年略有上升，其中，草地生态破坏增长略大，主要由于 2018 年气候变化较大，导致草地植被生长波动变化，引起土壤保持功能损失价值量增幅较大。

从各类生态服务功能破坏的经济损失来看，2018 年固碳释氧、水流动调节、土壤保持、防风固沙、水质净化、大气净化损失的价值量分别占生态破坏损失总价值量的 9.3%、75.8%、10.0%、1.4%、3.3%、0.1%。其中水流动调节功能破坏损失的价值量相对较大，其次是固碳释氧和土壤保持，环境净化（水质、大气）破坏损失的价值量相对较小。生态破坏会对生态系统的水流动调节、固碳释氧和土壤保持等生态服务功能产生影响，进而破坏生态系统的稳定性。

我国生态破坏损失主要分布在西部地区。2018 年，西部地区生态破坏损失为 4 764.5 亿元，占全部生态破坏损失的 57.7%。中部地区为 1 877.4 亿元，东部地区为 1 615.8 亿元。从各省份生态破坏损失的价值量来看，2018 年青海生态破坏损失价值最高，为 1 225.8 亿元，占青海 GDP 的 42.8%，主要由于青海省湿地人为破坏率较高，造成湿地生态系统损失价值较高，占其总生态破坏损失的 82.0%；湖南、四川、内蒙古、西藏、云南等地生态破坏损失的价值量相对较大，分别为 744.8 亿元、677.6 亿元、622.8 亿元、526.1 亿元、506.3 亿元，其中，湖南主要由于森林生态系统破坏损失价值较高，内蒙古、西藏、云南主要由于草地生态系统破坏损失较大，四川主要由于草地和湿地生态系统破坏损失价值均较高。海南、宁夏、上海、北京、天津等地生态破坏损失的价值量相对较小，均不足 30 亿元（图 12）。

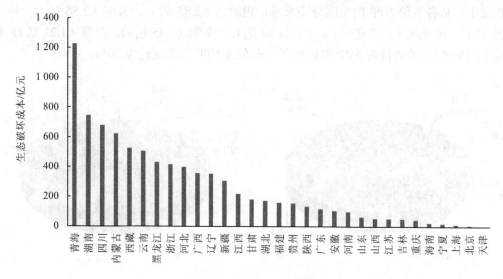

图 12　2018 年生态破坏损失成本

4 2018 年 GEP 核算

4.1 生态系统面积与净初级生产力指标分析

根据土地利用类型图划分了六大生态系统，森林生态系统、草地生态系统、农田生态系统、湿地生态系统、城镇生态系统、荒漠生态系统。2018 年我国各生态系统面积统计如下，草地总面积约为 268.30 万 km²，占生态系统的 27.95%；森林总面积约为 229.92 万 km²，占比为 23.95%；农田面积约为 180.30 万 km²，占比为 18.78%；湿地总面积约为 43.45 万 km²，占比为 4.53%；城镇面积约为 27.18 万 km²，占比为 2.83%；荒漠生态系统面积为 210.85 万 km²，占比为 21.96%（图 13）。从空间分布上看，森林主要分布于长江沿岸及长江以南大部分省份，东北的大兴安岭和长白山周边地区也有广泛的森林分布；草地主要集中在西藏、新疆、内蒙古、青海等西部省份；农田主要集中在东北，黄淮海以及四川盆地等地区的省份；湿地主要集中在西藏、内蒙古、黑龙江、青海等省份。

净初级生产力（Net Primary Productivity，NPP）是生态系统中绿色植被用于生长、发育和繁殖的能量值，也是生态系统中其他生物成员生存和繁衍的物质基础。面积是反映不同生态系统的数量指标，净初级生产力是反映不同生态系统质量的重要指标。2018 年，我国森林生态系统 NPP 为 13.28 亿 t，占比为 41.80%；农田生态系统 NPP 为 9.59 亿 t，占比为 30.18%；草地生态系统 NPP 为 6.36 亿 t，占比为 20.01%；湿地、城镇和荒漠生态系统 NPP 相对较少，占比分别为 3.04%、3.42% 和 1.55%（图 14）。从单位生态系统面积的 NPP 指标来看，森林和农田生态系统相对最高，分别为 577.52 t/km² 和 531.68 t/km²；草地和湿地生态系统单位面积的 NPP 分别为 236.93 t/km² 和 222.41 t/km²；荒漠生态系统单位面积的 NPP 最小。从各省份 NPP 的空间分布来看，内蒙古（2.85 亿 t）、云南（2.56 亿 t）、四川（2.28 亿 t）、黑龙江（2.27 亿 t）、广西（1.54 亿 t）、湖南（1.45 亿 t）、西藏（1.21 亿 t）和江西（1.19 亿 t）等省份的 NPP 相对最高，占全部 NPP 的比重约为 50%。

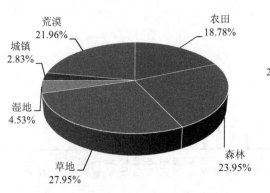

图 13 2018 年不同生态系统面积比例

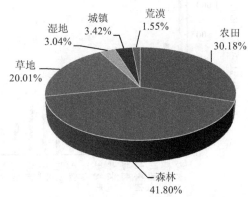

图 14 2018 年不同生态系统 NPP 比例

4.2　不同生态功能 GEP 占比

2018 年，我国 GEP 为 84.1 万亿元，绿金指数（GEP 与 GDP 比值）是 0.92。2017 年绿金指数为 0.87，2016 年绿金指数为 0.94，2015 年绿金指数为 1.01。2018 年、2017 年和 2016 年 GEP 中固碳服务价值量核算时，固碳价格采用了碳交易市场价格法，2015 年采用的是美国国家环境保护局的碳机会成本法，碳机会成本价格远高于碳交易市场价格。从不同生态系统提供的生态服务价值看，2018 年，湿地生态系统的生态服务价值相对最大，为 33.8 万亿元，占比为 47.6%；其次是森林生态系统，为 17.1 万亿元，占比为 24.1%；草地生态系统为 12.3 万亿元，占比为 17.4%；农田生态服务价值为 6.62 万亿元，占比为 9.33%；荒漠和城市生态系统提供的生态服务价值最小，分别为 0.25 万亿元和 0.03 万亿元，占比为 0.36% 和 0.04%（表 3）。与 2017 年相比，草地、湿地生态服务量占比有所增加，森林、农田生态系统服务量占比基本保持不变，城市、荒漠生态系统的生态价值占比有所降低。从全部生态系统提供的不同生态服务价值来看，2018 年，全部生态系统提供的产品供给服务为 15.14 万亿元，占比为 18%；调节服务为 55.9 万亿元，占比为 66.4%；文化服务为 13.1 万亿元，占比为 15.6%。在调节服务中，气候调节服务价值最大，为 34.6 万亿元；其次是水流动调节，为 13.1 万亿元，固碳释氧价值合计为 3.25 万亿元。与 2017 年相比，供给服务和调节服务的生态服务价值占比有所下降，文化服务占比略增加。在调节服务中，水流动调节和气候调节功能占比有所下降，土壤保持服务价值占比有所增加（图 15）。

表 3　不同生态系统的生态服务价值量　　　　　　　　　　　　　　　单位：亿元

指标	森林	草地	湿地	耕地	城市	荒漠	海洋	合计
产品供给	1 256.3	32 691.0	48 281.0	60 644.0	—	—	8 539.0	151 411.3
气候调节	78 958.5	38 743.3	228 483.5	×	×	×	—	346 185.3
固碳释氧	20 900.1	10 114.4	1 529.6	×	×	0.0	—	32 544.1
水质净化	—	—	2 408.0					2 408.0
大气环境净化	211.6	107.4	26.5	209.8	41.9	46.8		643.9
水流动调节	48 226.4	25 435.7	57 239.9	—	—	—		130 902.0
病虫害防治	76.9	×	×					76.9
防风固沙	1 284.1	2 487.4	58.9	762.2	89.6	606.4		5 288.7
土壤保持	20 137.3	13 682.2	262.4	4 611.5	153.2	1 889.6		40 736.1
文化服务	—	—	—	—	—	—	—	131 189.4

注：文化服务无法分解到不同生态系统，只有合计。大气环境净化服务以不同生态系统的面积为依据进行分解。"×"表示未评估，"—"表示不适合评估。

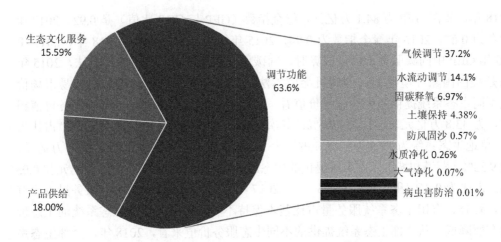

图 15　不同生态服务功能价值占比

4.3　不同省份 GEP 核算

2018 年，全国 GEP 较高的省份包括青藏高原的西藏，华北地区的内蒙古，东北地区的黑龙江，西南地区的云南。此外，西南地区的四川，青藏高原的青海，华中地区的湖南、湖北，华南地区的广东等地的 GEP 也都相对较高。西北地区的宁夏，华北地区的北京和天津，华东地区的上海，华南地区的海南等省份的 GEP 则相对较低（表 4）。

表 4　2018 年 31 个省（区、市）不同生态服务功能价值核算　　单位：亿元

省（区、市）	产品供给	固碳释氧	水流动调节	气候调节	土壤保持	防风固沙	水环境净化	大气环境净化	病虫害防治	文化服务
北京	1 897	82.7	197.8	907.2	190.4	8.0	1.7	3.0	0.2	3 827.8
天津	1 155	11.2	141.8	1 519.7	8.5	2.5	3.8	5.0	0.0	2 407.9
河北	7 761	604.2	1 177.3	7 462.7	1 085.4	105.4	8.7	25.2	3.1	5 345.0
山西	2 345	689.2	692.3	4 766.7	1 350.8	46.4	1.8	35.4	1.1	4 710.7
内蒙古	4 861	3 522.9	15 158.0	24 218.3	1 121.7	2 109.3	43.9	60.5	8.3	2 807.6
辽宁	5 480	616.1	2 132.3	8 757.8	396.4	132.7	33.4	31.3	5.0	3 750.2
吉林	4 132	805.4	3 950.1	9 071.0	213.4	174.6	21.7	20.2	2.4	2 949.3
黑龙江	6 073	2 188.3	13 297.8	24 981.5	167.4	566.1	98.5	25.5	4.9	1 577.3
上海	800	2.4	36.9	713.1	0.3	1.3	25.1	10.2	0.0	3 140.3
江苏	9 013	80.0	226.6	10 432.9	41.3	19.4	73.8	30.2	0.1	9 215.3
浙江	4 398	823.5	3 136.4	6 278.9	877.7	25.8	98.7	21.7	1.2	7 004.4
安徽	6 495	523.2	2 321.1	9 963.7	812.3	21.8	135.0	14.2	2.8	5 068.8
福建	6 745	1 320.5	2 915.3	5 704.3	1 304.1	18.5	150.7	21.2	2.3	4 644.4

省 (区、市)	产品供给	固碳释氧	水流动 调节	气候调节	土壤保持	防风固沙	水环境 净化	大气环 境净化	病虫害 防治	文化服务
江西	4 352	1 366.8	5 723.3	13 128.7	1 120.3	23.5	127.1	19.8	3.4	5 701.7
山东	11 485	195.9	1 109.3	8 331.6	215.6	55.6	22.4	30.5	0.2	7 322.9
河南	10 809	396.7	1 506.7	8 323.0	583.5	45.3	43.5	22.7	3.0	5 683.9
湖北	6 294	1 110.4	5 179.4	21 492.5	1 190.4	44.2	95.2	13.4	3.5	3 859.6
湖南	7 494	1 614.9	6 918.6	16 394.3	1 189.3	71.9	238.1	14.1	3.9	5 850.3
广东	8 936	1 137.7	4 279.0	13 688.0	1 345.2	61.3	111.8	47.9	2.3	9 547.7
广西	5 842	1 851.4	5 970.2	12 864.3	1 593.2	42.6	283.1	21.4	3.1	5 333.7
海南	1 392	216.0	1 640.5	3 526.6	236.7	82.7	24.2	3.4	0.1	665.0
重庆	2 503	420.5	1 150.2	2 860.6	609.8	8.1	20.8	12.3	2.1	3 040.7
四川	9 121	2 343.1	5 971.0	14 681.7	7 009.1	94.6	288.9	14.3	6.4	7 080.5
贵州	3 301	1 283.6	2 890.3	4 698.2	922.9	19.1	112.2	16.9	1.6	6 630.0
云南	4 893	3 256.3	15 467.7	14 001.6	2 861.8	65.0	221.7	26.1	5.6	6 293.9
西藏	203	1 684.9	13 008.3	34 981.8	5 025.2	373.6	8.6	1.5	2.6	342.8
陕西	3 502	1 217.5	847.4	5 781.1	2 300.4	36.6	30.8	25.2	3.3	4 196.6
甘肃	2 371.3	893.2	2 241.1	6 461.5	2 830.5	190.4	36.9	19.8	1.1	1 399.9
青海	552	1 200.5	7 149.5	28 845.1	2 481.1	265.6	13.0	5.6	0.5	320.9
宁夏	949	96.2	242.4	1 568.9	231.6	15.8	13.8	17.4	0.0	194.4
新疆	6 257	988.8	4 222.9	19 778.1	1 419.6	561.2	19.2	27.6	2.5	1 276.0

从各省（区、市）GEP 排序情况看（图 16），西藏 GEP 最高，为 5.56 万亿元，与 2017年相比，增加 0.23 万亿元。其次是内蒙古 GEP 为 5.39 万亿元，与 2017 年相比下降 1.69万亿元；黑龙江 GEP 为 4.9 万亿元，云南、四川的 GEP 均在 4.7 万亿元左右。GEP 位于3.0 万亿～4.5 万亿元的省份有江西、广西、新疆、湖北、湖南、青海 6 个省份；GEP 位于2.0 万亿～3.0 万亿元的省份有江苏、山东、河南、安徽、河北、福建、浙江、吉林和辽宁9 个省份；GEP 位于 1.0 万亿～1.9 万亿元的省份有贵州、陕西、甘肃、山西和重庆 5 个省份；北京、海南、天津、上海和宁夏 5 个省份的 GEP 低于 1 万亿元。

GEP 总值较高省份中，湿地、森林提供的 GEP 和单位面积 GEP 都相对较高。黑龙江、内蒙古和西藏湿地生态系统提供的 GEP 最高，分别占总 GEP 的 61.5%、48.7% 和 41.2%（图 17～图 19）。云南、四川森林生态系统提供的 GEP 最高，分别占该省总 GEP 的 54.4%和 32.4%（图 20、图 21）。与 2017 年相比，西藏、黑龙江、内蒙古、四川等省份森林、草地生态系统提供的 GEP 比例均有一定程度的上升，湿地生态系统提供的 GEP 比例有所下降，云南森林、草地生态系统提供的 GEP 比例有一定程度下降，湿地生态系统提供的 GEP比例有所上升。从单位面积 GEP 看，GEP 总值最高的 5 个省份中，湿地单位面积提供的GEP 都是最高的。西藏、黑龙江、内蒙古、云南和四川湿地单位面积 GEP 分别为 0.25 亿元/km²、0.58 亿元/km²、0.40 亿元/km²、2.56 亿元/km² 和 1.36 亿元/km²，云南湿地单位面积的 GEP 最大。西藏草地单位面积 GEP 为 0.04 亿元/km²，相对较低。内蒙古、黑龙江和西藏森林单位面积 GEP 较低，分别为 0.05 亿元/km²、0.06 亿元/km² 和 0.06 亿元/km²。与2017 年相比，湿地、草地单位面积 GEP 均有所下降，森林单位面积 GEP 有所上升。

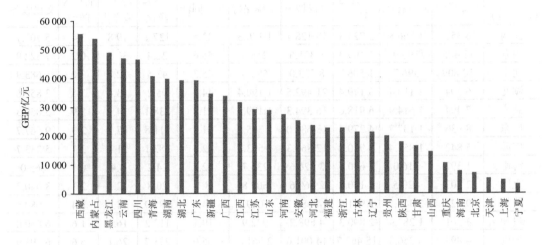

图 16　2018 年全国 31 个省（区、市）GEP 价值

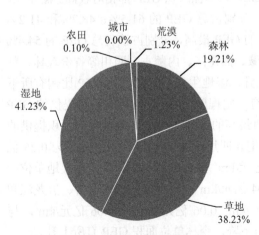

图 17　黑龙江不同生态系统价值占比

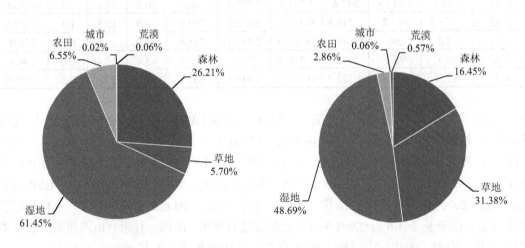

图 18　内蒙古不同生态系统价值占比

图 19　西藏不同生态系统价值占比

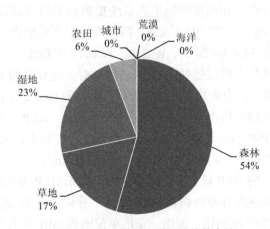

图 20　云南不同生态系统价值占比

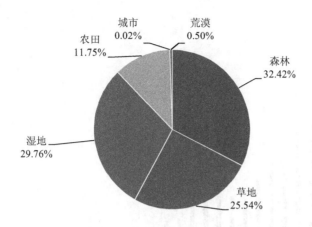

图 21　四川不同生态系统价值占比

4.4　主要指标分析

4.4.1　气候调节功能

2018 年，气候调节总价值为 34.62 万亿元，占 GEP 总价值的 41.1%，与 2017 年相比占比减小了 0.42%；其中，森林生态系统气候调节价值为 7.90 万亿元，占气候调节总价值的 22.81%，与 2017 年相比占比减少了 2.51%；草地为 3.87 万亿元，占气候调节总价值的 11.19%，与 2017 年相比占比增加了 0.36%；湿地为 22.85 万亿元，占气候调节总价值的 66.00%，与 2017 年相比占比增加了 2.16%（图 22）。全国气候调节价值较高的省份有 5 个，西藏（3.50 万亿元）、青海（2.88 万亿元）、黑龙江（2.50 万亿元）、内蒙古（2.42 万亿元）和湖北（2.15 万亿元）；新疆、湖南、四川、云南、广东、江西、广西和江苏的气候调节价值位于 1.0 万亿～2.0 万亿元。而华东大部地区、华北地区的气候调节价值则相对较小（图 23）。全国气候调节价值较高的省份中，与 2017 年相比，西藏变化不大，青海增加了 0.72 万亿元，黑龙江和内蒙古分别减少了 2.04 万亿元和 2.80 万亿元。

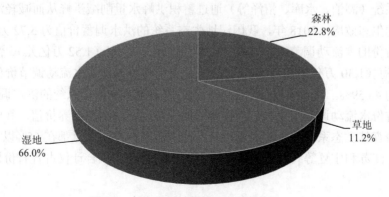

图 22　各生态系统气候调节价值占比

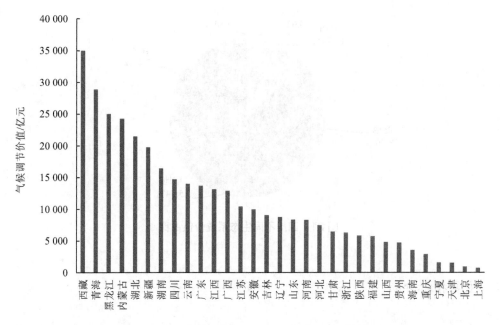

图 23　全国各省（区、市）生态系统气候调节价值

4.4.2　水流动调节功能

　　水流动调节主要由水源涵养和洪水调蓄两部分组成。其中水源涵养价值是生态系统通过吸收、渗透降水，增加地表有效水的蓄积，有效涵养土壤水分、缓和地表径流和补充地下水、调节河川流量而产生的生态效应。本报告主要计算了森林生态系统和草地生态系统的水源涵养价值，2018 年，我国森林和草地的水源涵养价值为 7.46 万亿元（图 24），其中，森林生态系统的水源涵养价值为 4.92 万亿元，草地生态系统的水源涵养价值为 2.55 万亿元，我国水源涵养呈现自东南向西北递减的空间趋势（图 25），云南（1.32 万亿元）、西藏（1.01 万亿元）、湖南（0.51 万亿元）、江西（0.46 万亿元）、内蒙古（0.46 万亿元）和广西（0.38 亿元）等省份水源涵养价值较大，占全国水源涵养价值的 55.47%。洪水调蓄功能指湿地生态系统（湖泊、水库、沼泽等）通过蓄积洪峰水量削减洪峰从而减轻河流水系洪水威胁产生的生态效应。2018 年，我国湿地生态系统的洪水调蓄价值为 5.72 万亿元。

　　从各省份的水流动调节看，云南（1.55 万亿元）、广东（1.52 万亿元）、湖南（1.33 万亿元）、青海（1.30 万亿元）、江西（0.71 万亿元）5 个省份的水流动调节价值最大，占全国各省份的 48.59%。这 5 个省除江西水流动调节主要是湿地系统的洪水调蓄导致之外，其他 4 个省份水流动调节主要来自森林和草地生态系统的水源涵养价值。其中，云南和广东两个省份森林生态系统的水源涵养价值占其水流动调节的比重都在 65% 以上。上海、天津、北京、江苏和宁夏等省份的水流动调节价值相对较低，合计仅占各省份比重的 0.67%（图 25）。

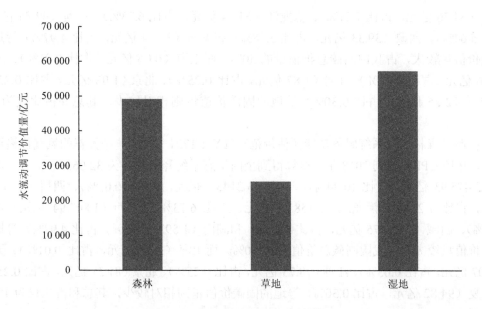

图 24 不同生态系统的水流动调节价值

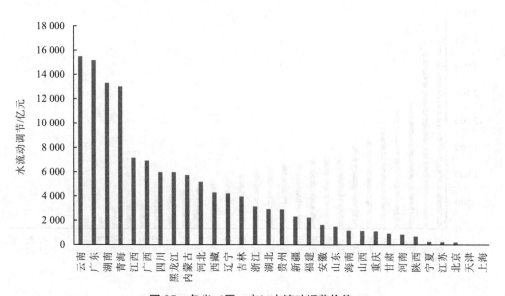

图 25 各省（区、市）水流动调节价值

4.4.3 固碳释氧功能

2018 年，我国生态系统共固碳 33.30 亿 t，释放氧气 24.31 亿 t，其中，森林生态系统固碳 21.46 亿 t，释氧 15.67 亿 t；草地生态系统固碳 10.28 亿 t，释氧 7.50 亿 t；湿地生态系统固碳 1.56 亿 t，释氧 1.14 亿 t；

利用 2018 年各省（区、市）的碳交易价格计算固碳价值量，全国生态系统固碳价值量为 759.76 亿元。内蒙古（82.36 亿元，占比 10.84%）、云南（76.17 亿元，占比 10.03%）、四川（54.76 亿元，占比 7.21%）、黑龙江（51.14 亿元，占比 6.73%）、广西（42.84 亿元，占比 5.64%）、西藏（39.33 亿元，占比 5.18%）和湖南（37.74 亿元，占比 4.97%）等地的固碳价值量较大，占我国固碳总价值量的 50%。而上海（0.06 亿元，占比 0.01%）、天津（0.26 亿元，占比 0.03%）、江苏（1.87 亿元，占比 0.25%）、北京（1.93 亿元，占比 0.25%）和宁夏（2.25 亿元，占比 0.30%）等地的固碳价值量则相对较少，其总和占比仅为 1% 左右。

按照《森林生态系统服务功能评估规范》（LY/T 1721—2008）中推荐的氧气价格进行核算，按照 CPI 折算到 2018 年，核算得到全国生态系统释氧价格为 32 063.75 亿元。内蒙古（3 475.93 亿元，占比 10.84%）、云南（3 214.62 亿元，占比 10.03%）、四川（2 311.22 亿元，占比 7.21%）、黑龙江（2 158.23 亿元，占比 6.73%）、广西（1 807.94 亿元，占比 5.64%）、西藏（1 659.75 亿元，占比 5.18%）和湖南（1 592.55 亿元，占比 4.97%）等地的固碳价值量较大，占我国固碳总价值量的 50%。而上海（2.32 亿元，占比 0.01%）、天津（11.07 亿元，占比 0.03%）、江苏（78.73 亿元，占比 0.25%）、北京（81.31 亿元，占比 0.25%）和宁夏（94.82 亿元，占比 0.30%）等地的固碳价值量则相对较少，其总和占比仅为 1% 左右（图 26）。

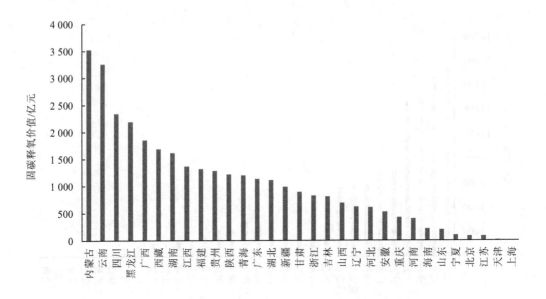

图 26　2018 年各省（区、市）固碳释氧价值

4.4.4　土壤保持功能

我国降雨集中，山地丘陵面积比重高，是世界上土壤侵蚀最严重的国家之一，我国每年约 50 亿 t 泥沙流入江河湖海，其中 62% 左右来自耕地表层，森林和农田系统对土壤保持发挥着重要作用。2018 年，生态系统土壤保持功能价值为 4.07 亿元，占 GEP 比重的 4.84%，与 2017 年相比占比提高 0.5%。其中，农田生态系统为 0.46 万亿元，占比为 11.32%，与 2017 年相比占比下降 4.78%；森林生态系统为 2.01 万亿元，占比为 49.43%，与 2017 年相

比占比下降 12.57%；草地生态系统为 1.37 万亿元，占比为 33.59%，与 2017 年相比占比增加 18.39%（图 27）。

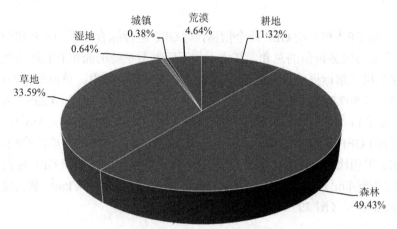

图27　不同生态系统的土壤保持比例

全国土壤保持价值较高的省份有 6 个，分别是西南地区的四川、西藏和云南，西北地区的甘肃和青海，华中地区的陕西。此外，江西和贵州也有相对较高的土壤保持价值，而华北大部分地区土壤保持价值相对较低。从各省份土壤保持价值排序情况来看，四川的生态系统土壤保持价值最高，达到 7 009.05 亿元/a；其次是西藏，生态系统土壤保持价值为 5 025.22 亿元/a。生态系统土壤保持价值位于 2 000 亿～3 000 亿元的省份有云南、甘肃、青海和陕西，生态系统土壤保持价值位于 1 000 亿～2 000 亿元的省份有广西、新疆、山西、广东、福建、湖北、湖南、内蒙古、江西和河北 10 个省份；贵州、浙江、安徽、重庆、河南 5 个省份生态系统土壤保持价值位于 500 亿～1 000 亿元，生态系统土壤保持价值低于 100 亿元的省份有江苏、天津和上海 3 个省份（图 28）。

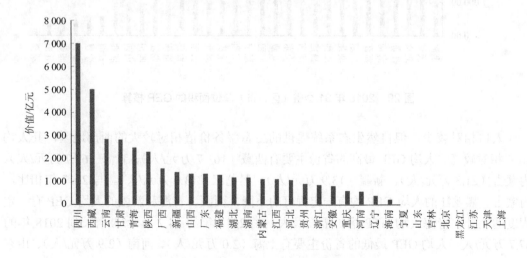

图28　31 个省（区、市）土壤保持价值

4.5 GEP 核算综合分析

采用单位面积 GEP 和人均 GEP 两个指标，对 GEP 进行综合分析。GEP 作为生态系统为人类提供的产品与服务价值的总和，其大小与不同生态系统的面积有直接关系，利用单位面积 GEP 这个相对指标更能反映区域实际提供生态服务的能力。单位面积 GEP 最高的省份主要有上海（7 507.2 万元/km²）、天津（4 650.9 万元/km²）、北京（4 235.7 万元/km²）、江苏（2 839.4 万元/km²）、海南（2 290.4 万元/km²）、浙江（2 222.2 万元/km²），上海、北京、天津等省份的 GEP 虽然相对较小，但因其面积也比较小，导致其单位面积的 GEP 相对较高。与 2017 年相比，多数省份单位面积 GEP 有所增加。单位面积 GEP 最低的省份主要有新疆（208.2 万元/km²）、甘肃（361.9 万元/km²）、西藏（453.0 万元/km²）和内蒙古（455.7 万元/km²）等西部地区（图 29）。

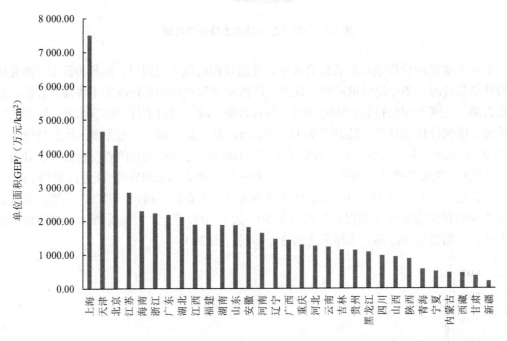

图 29 2018 年 31 个省（区、市）单位面积的 GEP 核算

人口相对较少，但自然生态系统提供的生态服务价值相对较大的西部地区，其人均 GEP 相对较高。人均 GEP 最高的省份主要有西藏（161.7 万元/人）、青海（67.7 万元/人）、内蒙古（21.3 万元/人）、新疆（13.9 万元/人）、黑龙江（13.0 万元/人）。与 2017 年相比，内蒙古、黑龙江的人均 GEP 均有一定程度的下降，西藏、青海和新疆的人均 GEP 有一定程度的上升。青海人均 GEP 增长幅度最大，由 2017 年的 54.2 万元/人增长到 2018 年的 67.7 万元/人。人均 GEP 最低的省份主要有上海（2.0 万元/人）、河南（2.9 万元/人）、山东（2.9 万元/人）、河北（3.1 万元/人）（图 30）。从绿金指数（GEP/GDP）看，绿金指数大于 1 的省份有 15 个，比 2017 年增加 2 个，主要分布在西部地区。绿金指数较高的省份主要有西藏（37.7）、青海（14.3）、内蒙古（3.1）、黑龙江（3.0）。西藏和青海位于我国青藏高原，经济发展相对较弱，但生态服务价值相对较大。绿金指数小于 0.5 的省份主要有上海（0.14）、北京（0.23）、天津（0.28）、江苏（0.31）、山东（0.38）、广东（0.40）、浙江（0.40）（图 31）。

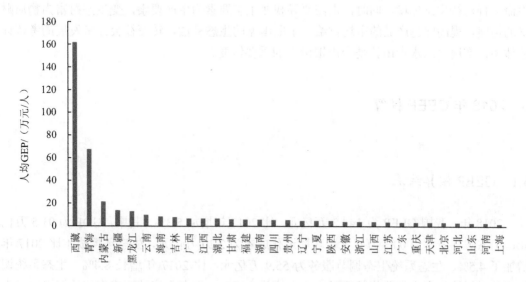

图 30　2018 年 31 个省（区、市）人均 GEP 核算

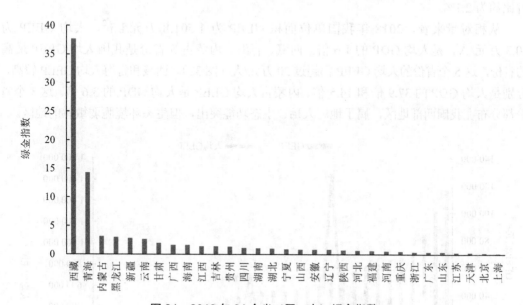

图 31　2018 年 31 个省（区、市）绿金指数

从 GEP 核算的角度看，大小兴安岭森林生态功能区、三江源草原草甸湿地生态功能区、藏东南高原边缘森林生态功能区、若尔盖草原湿地生态功能区、南岭山地森林及生物多样性生态功能区、呼伦贝尔草原草甸生态功能区、科尔沁草原生态功能区、川滇森林及生物多样性生态功能区、三江平原湿地生态功能区等国家重点生态功能区的生态服务价值

相对较大，但按照主体功能区划要求，这些地区都是限制开发区，其社会经济发展水平严重受限。其中，以西藏和青海为主体的生态功能区，无论是 GEP 总值，还是人均 GEP，都相对较高。但其经济落后，西藏和青海绿金指数分别为 37.7 和 14.2，远远地高于其他省份（图 31）。这些地区需以 GEP 核算价值为基础，像保护眼睛一样保护生态环境，像对待生命一样对待生态环境。同时，也需要寻找变生态要素为生产要素，变生态财富为物质财富的道路，提高绿色产品的市场供给，争取国家的生态补偿，转变社会经济发展的考核评估体系，实现"绿水青山就是金山银山"的重要转变。

5　2018 年 GEEP 核算

5.1　GEEP 核算结果

2018 年，我国 GEEP 为 144.3 万亿元，比 2017 年增加 5.3%。其中，GDP 为 91.5 万亿元，生态破坏成本为 0.83 万亿元，环境退化成本为 2.20 万亿元，生态环境成本比 2017 年增加了 4.5%。生态系统生态调节服务为 55.9 万亿元，比 2017 年增长 8.4%。生态系统调节服务对经济生态生产总值的贡献大，占比为 38.7%；生态系统破坏成本和环境退化成本占比约为 2.1%。

从相对量来看，2018 年我国单位面积 GEEP 为 1 501.8 万元/km²，人均 GEEP 为 10.3 万元/人，是人均 GDP 的 1.6 倍。西藏、青海、内蒙古等省份是我国人均 GEEP 最高的省份，这 5 个省份的人均 GEEP 都超过 20 万元/人（图 32）。西藏和青海人均 GEEP 较高，分别是人均 GDP 的 37.9 倍和 14.5 倍，内蒙古人均 GEEP 是人均 GDP 的 3.6 倍。这 3 个省份都分布在我国西部地区，属于地广人稀、生态功能突出，但生态环境脆弱敏感的地区。

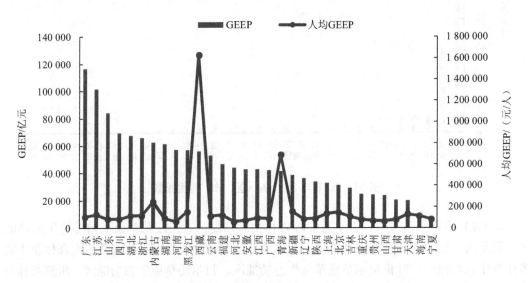

图 32　2018 年我国 31 个省（区、市）GEEP 与人均 GEEP

5.2 GEEP 空间分布

从东中西三个区域来看，2018 年我国东部、中部和西部 GDP 占全国 GDP 比重分别为 55.4%、24.5% 和 20.1%。而东部、中部和西部 GEEP 占全国 GEEP 比重分别为 40.8%、26.4% 和 32.7%。我国西部地区的 GEEP 占比明显高于其 GDP 占比。西部地区不仅是大江大河的源头，更是我国重要的生态屏障区，第一批国家重点生态功能区中，有 67% 都分布在西部地区。西部地区生态系统提供的生态服务价值大，环境退化成本相对较低。我国环境退化成本主要分布在东部地区，占比为 52.9%，西部地区占比为 22.0%。在一正一负的拉锯下，西部地区的经济生态系统生产总值提高很大，占比已接近东部地区。我国广东、江苏、山东、四川、湖北、浙江等东部省份的 GEEP 大，占比为 35%。

党的十九大报告提出，中国特色社会主义进入新时代，我国社会主要矛盾已经转化为人民日益增长的美好生活需要和不平衡不充分的发展之间的矛盾。我国经济发展不平衡，区域之间经济差异大。按照联合国有关组织提出的基尼系数规定，低于 0.2，收入绝对平均；0.2～0.3，收入比较平均；0.3～0.4，收入相对合理；0.4～0.5，收入差距较大；0.5 以上，收入差距悬殊。基尼系数假定一定数量的人口按收入由低到高顺序排队，分为人数相等的 n 组，从第 1 组到第 i 组人口累计收入占全部人口总收入的比重为 w_i，利用定积分的定义对洛伦兹曲线的积分（面积 B）分成 n 个等高梯形的面积之和进行计算。本报告以 31 个省（区、市）GDP 和人口两个指标，计算我国区域基尼系数，2018 年基于 GDP 计算的区域基尼系数为 0.51。基于 GEEP 计算的区域基尼系数为 0.50。如果采用 GEEP 进行一个地区生态经济生产总值核算，我国的区域差距将趋于缩小。当然，这个前提需要把生态系统的生态调节服务的价值市场化。

5.3 GEEP 省份排名

GEEP 是在 GGDP 的基础上，增加了生态系统给人类经济系统提供的生态服务价值。由于生态系统提供的生态服务价值较大，生态系统分布的省份不均衡性，导致我国 31 个省（区、市）GEEP 排名和 GDP 排名相比，变化幅度较大。除广东、江苏、山东、湖南、江西、吉林 5 个省份的排序没有变化外，其他省份的排序都有所变化（图 33）。GEEP 核算体系对于生态面积大、生态功能突出的省份排序有利；对于生态面积小、生态环境成本又高的地区排序不利。GEEP 排名比 GDP 排名降低幅度大的省份主要有上海、北京、天津、重庆等省份。北京从 GDP 排名第 12 位降低到 GEEP 排名第 23 位，上海从 GDP 排名第 11 位降低到 GEEP 排名第 22 位，天津从 GDP 排名第 19 位降低到 GEEP 排名第 29 位，重庆从 GDP 排名第 17 位降低到 GEEP 排名第 25 位。

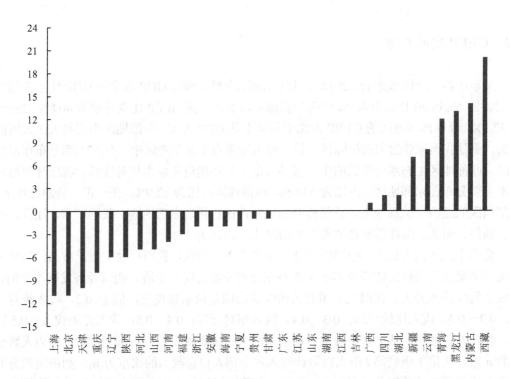

图 33　2018 年我国 31 个省（区、市）GEEP 排序相对 GDP 排序变化情况

　　内蒙古、黑龙江、云南、青海、西藏等省份都是我国重要的生态功能区，生态面积大，生态功能突出。这些省份 GEEP 的核算结果都远高于其 GDP。其中，云南的 GEEP 是 GDP 的 2.96 倍，内蒙古的 GEEP 是 GDP 的 3.61 倍，青海的 GEEP 是 GDP 的 14.5 倍，黑龙江的 GEEP 是 GDP 的 3.47 倍，西藏的 GEEP 是 GDP 的 37.9 倍。这些省份的 GEEP 排名比 GDP 排名有较大幅度增加。内蒙古从 GDP 排名第 21 位上升到 GEEP 排名第 7 位，黑龙江从 GDP 排名第 23 位上升到 GEEP 排名第 10 位，云南从 GDP 排名第 20 位上升到 GEEP 排名第 12 位，青海从 GDP 排名第 30 位上升到 GEEP 排名第 18 位，西藏从 GDP 排名第 31 位上升到 GEEP 排名第 11 位。

　　进一步以全国 31 个省（区、市）人口和 GDP 均值、人口和 GEEP 均值作为原点，构建 GDP 和 GEEP 相对人口的散点象限分布图（图 34、图 35）。通过对比图 34 和图 35 中省份的象限变化情况可知，除河北、安徽由图 34 第一象限变成图 35 第二象限外，图 34 第一象限的经济和人口大省，在图 35 中仍分布在第一象限，说明这些省份经济生态生产总值仍高于全国平均水平。图 34 第二象限的云南跃入了图 35 中的第一象限，图 34 第三象限的西藏、黑龙江、内蒙古变为图 35 的第四象限，这 3 个省份在生态调节服务正效益的拉动下，其经济生态生产总值超过了全国平均水平。北京和上海的 GDP 超过全国平均水平，但其经济生态生产总值低于全国平均水平。

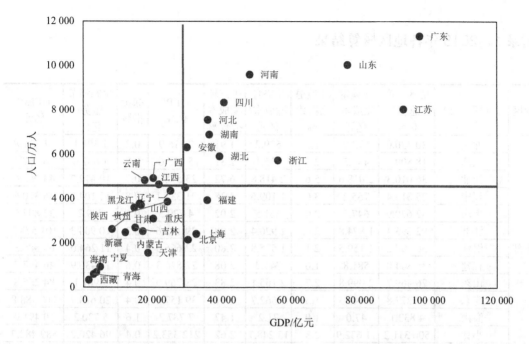

图 34　2018 年我国 31 个省（区、市）人口与 GDP 不同象限分布情况

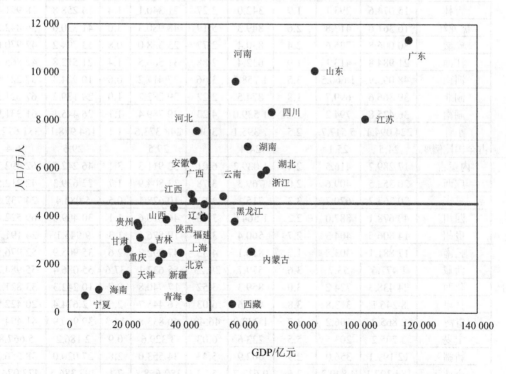

图 35　2018 年我国 31 个省（区、市）人口与 GEEP 不同象限分布情况

附录 1　2018 年各地区核算结果

地区	省（区、市）	地区生产总值/亿元	环境退化成本/亿元	环境退化指数/%	生态环境成本/亿元	生态环境成本指数/%	GEP/亿元	绿金指数	生态调节服务/亿元	GEEP/亿元
东部	北京	30 320.0	572.9	1.9	579.2	1.91	7 115.9	0.2	1 391.1	31 131.8
	天津	18 809.6	431.5	2.3	435.1	2.31	5 255.6	0.3	1 692.6	20 067.2
	河北	36 010.3	2 018.6	5.6	2 418.8	6.72	23 578.1	0.7	10 472.2	44 063.6
	辽宁	25 315.4	755.2	3.0	1 109.6	4.38	21 335.1	0.8	12 104.9	36 310.6
	上海	32 679.9	647.5	2.0	661.5	2.02	4 729.5	0.1	789.2	32 807.6
	江苏	92 595.4	1 874.8	2.0	1 926.4	2.08	29 132.6	0.3	10 904.3	101 573.3
	浙江	56 197.2	1 159.5	2.1	1 575.8	2.80	22 666.3	0.4	11 264.0	65 885.3
	福建	35 804.0	581.8	1.6	743.2	2.08	22 826.3	0.6	11 436.9	46 497.7
	山东	76 469.7	2 099.8	2.7	2 165.1	2.83	28 769.0	0.4	9 961.1	84 265.8
	广东	97 277.8	1 444.5	1.5	1 562.7	1.61	39 157.4	0.4	20 673.7	116 388.8
	海南	4 832.1	47.0	1.0	71.2	1.47	7 787.2	1.6	5 730.2	10 491.0
	小计	506 311.2	11 632.9	2.3	13 248.7	2.62	212 353.2	0.4	96 420.2	589 482.7
	占全国比例/%	55.4	52.9		43.8		25.2		17.3	40.8
中部	山西	16 818.1	513.7	3.1	568.8	3.38	14 639.4	0.9	7 583.7	23 833.0
	吉林	15 074.6	293.1	1.9	342.0	2.27	21 340.1	1.4	14 258.8	28 991.4
	黑龙江	16 361.6	417.8	2.6	849.3	5.19	48 980.3	3.0	41 330.0	56 842.3
	安徽	30 006.8	725.6	2.4	830.4	2.77	25 358.0	0.8	13 794.2	42 970.6
	江西	21 984.8	413.1	1.9	632.4	2.88	31 566.5	1.4	21 512.8	42 865.2
	河南	48 055.9	1 660.5	3.5	1 758.7	3.66	27 417.2	0.6	10 924.3	57 221.5
	湖北	39 366.6	699.7	1.8	874.5	2.22	39 282.7	1.0	29 129.2	67 621.3
	湖南	36 425.8	794.2	2.2	1 539.0	4.23	39 789.4	1.1	26 445.1	61 331.9
	小计	224 094.1	5 517.7	2.5	7 395.1	3.30	248 373.6	1.1	164 978.1	381 677.2
	占全国比例/%	24.5	25.1		24.4		29.5		29.5	26.4
西部	内蒙古	17 289.2	416.5	2.4	1 039.2	6.01	53 911.3	3.1	46 242.7	62 492.7
	广西	20 352.5	409.6	2.0	769.3	3.78	33 804.9	1.7	22 629.3	42 212.5
	重庆	20 363.2	670.7	3.3	715.1	3.51	10 628.1	0.5	5 084.4	24 732.5
	四川	40 678.1	887.0	2.2	1 564.6	3.85	46 610.6	1.1	30 409.0	69 522.6
	贵州	14 806.5	404.3	2.7	560.4	3.78	19 876.1	1.3	9 945.1	24 191.1
	云南	17 881.1	303.8	1.7	810.1	4.53	47 092.7	2.6	35 905.9	52 976.9
	西藏	1 477.6	53.7	3.6	579.7	39.23	55 632.1	37.6	55 086.4	55 984.2
	陕西	24 438.3	724.2	3.0	859.3	3.52	17 940.8	0.7	10 242.3	33 821.3
	甘肃	8 246.1	313.8	3.8	497.6	6.03	16 445.7	2.0	12 674.4	20 422.9
	青海	2 865.2	106.2	3.7	1 332.0	46.49	40 833.8	14.3	39 960.9	41 494.1
	宁夏	3 705.2	203.5	5.5	223.6	6.03	3 329.6	0.9	2 186.2	5 667.8
	新疆	12 199.1	356.0	2.9	662.9	5.43	34 553.0	2.8	27 020.0	38 556.2
	小计	184 302.1	4 849.2	2.6	9 613.7	5.22	380 658.8	2.1	297 386.5	472 074.9
	占全国比例/%	20.1	22.0		31.8		45.2		53.2	32.7
全国		914707	21 999.8	2.4	30 257.4	3.31	841 385.5	0.92	558 784.8	1 443 234.8

全球陆地生态系统生产总值（GEP）核算报告（2017 年）

Accounting Report of Global Terrestrial Gross Ecosystem Product in 2017

王金南　蒋洪强　吴文俊　马国霞　杨威杉　高月明　段扬　吴春生[①]

摘　要　GEP 核算是当前国内外研究的热点，开展全球尺度 GEP 核算研究，是实施全球生物多样性保护和共建地球生命共同体的内在要求，是衡量各国、各地区生态保护和经济发展模式的定量尺子，更是建立和完善生态产品价值实现机制、实现生态环境治理体系和治理能力现代化的重要举措。本研究搭建了全球陆地生态系统 GEP 核算体系框架，并利用空间分辨率为 1 km 的遥感影像解译数据，对 2017 年全球主要国家的森林、湿地、草地、荒漠、农田等陆地生态系统进行了核算，结果表明：①全球 GEP 总量较大，2017 年度全球 179 个国家陆地生态系统 GEP 总量为 147 万亿美元，是同期 GDP 的 1.86 倍。②由于不同国家和地区生态禀赋的不同，GEP 总量及人均 GEP、单位面积 GEP 的空间分布差异明显。中国这三项指标在 179 个国家中位居第 3 位、第 139 位、第 99 位。③生态系统调节服务功能是全球陆地生态系统提供的主要功能，单位面积的湿地生态系统所提供的调节服务价值要高于森林、草地生态系统，湿地生态系统的调节服务价值量最大。④关联生态系统总值与经济发展水平来看，各国 GEP 和人均 GEP 排名、GDP 和人均 GDP 排名差别较大，全球大部分国家的 GEP 总量均明显高于该国 GDP 总量，而多数非洲等不发达国家 GEP 排名靠前但 GDP 排名落后，亟须探索生态产品第四产业、建立健全生态产品价值实现机制和路径。研究显示，全球陆地生态系统水源涵养服务价值空间分布不均，GEP 核算结果可为生态保护修复政策提供重要参考。

关键词　GEP　生态系统服务　陆域　全球核算　GDP

Abstract　The accounting of gross ecosystem product（GEP）is the focus of current research at home and abroad. The research on global GEP accounting is the internal requirement for the implementation of global biodiversity protection and the construction of the earth's life community. It is the quantitative ruler to measure the ecological protection and economic development model of various countries and regions. It is more important to establish and improve the value realization mechanism of ecological products It is an

---

① 中国科学院地理科学与资源研究所（北京，100101）。

important measure to modernize the ecological environment governance system and governance capacity. In this study, the framework of global terrestrial ecosystem GEP accounting system is established, and the remote sensing image interpretation data with spatial resolution of 1 km is used to calculate the terrestrial ecosystems such as forests, wetlands, grasslands, deserts and farmland in major countries in the world in 2017. The results show that: (1) the total amount of global GEP is large, In 2017, the total amount of terrestrial ecosystem GEP in 179 countries in the world was US $147 trillion, which was 1.86 times the total economic production (GDP) in the same period. (2) Due to the different ecological endowments in different countries and regions, the total amount of GEP and the spatial distribution of GEP per capita and GEP per unit area are significantly different. China ranks third, 139th and 99th among 179 countries in these three indicators. (3) Ecosystem regulation service function is the main function provided by global terrestrial ecosystem. The regulation service value provided by wetland ecosystem per unit area is higher than that of forest and grassland ecosystem, and the regulation service value of wetland ecosystem is the largest. (4) In terms of the relationship between the total value of ecosystem and the level of economic development, there are great differences in GEP and per capita GEP ranking, GDP and per capita GDP ranking among countries. The total GEP of most countries in the world is significantly higher than the total GDP of that country, while most underdeveloped countries such as Africa have high GEP ranking but backward GDP ranking, so it is urgent to explore the fourth industry of ecological products Establish and improve the value realization mechanism and path of ecological products. The research shows that the spatial distribution of water conservation service value of global terrestrial ecosystem is uneven, and the GEP accounting results can provide important reference for ecological protection and restoration policy suggestions.

Keywords GEP, ecosystem services, terrestrial, global accounting, GDP

可持续发展是当下全球各国的共同理念，在 2015 年联合国可持续发展峰会上由联合国 193 个成员国共同通过了联合国可持续发展目标（Sustainable Development Goals），用以指导 2015—2030 年的全球发展工作，其中就明确提出"保护、恢复和促进可持续利用陆地生态系统、可持续森林管理、防治荒漠化、制止和扭转土地退化现象、遏制生物多样性的丧失"。保护全球经济发展基础的生态系统、核算全球生态系统的生态效益，可为实现可持续发展目标提供科学依据。然而，目前常采用传统 GDP 指标来衡量一国或地区在一定时期内生产和提供最终产品、最终服务的总价值，但针对生态系统为人类生存与发展所提供的服务尚缺乏被广泛接受的核算指标，也缺乏与国民经济统计机制相匹配的核算制度。研究并建立一套独立的用以核算一国或地区生态系统为人类所提供物质产品与服务的方法体系，得到社会各界普遍关注的焦点，许多国家都在围绕这一议题寻求超越 GDP 的核算指标，以体现生态系统对人类福祉的贡献。

2012 年，联合国统计委员会审议通过了《2012 年环境经济核算体系 SEEA：中心框架》（*System of Environmental-Economic Accounting Central Framework 2012*），并将此作为环境经济核算的初步国际统计标准，以便能够得到世界范围的广泛实施。2014 年，联合国等国际组织又共同出版《2012 SEEA：实验性生态系统核算》，并将其作为生态、环境经济核算领域的准标准，它进一步补充阐述了对生态系统开展核算的原则，补充了生态系统服务和生态系统资产的实物量核算、估价方法、生态系统价值量核算等主要内容，初步奠定了生态系统资产核算的理论基础。在这期间关于生态系统资产核算的实践也在全球范围内不断开展，英国在 2011 年组织 500 多位科学家对英格兰、苏格兰、北爱尔兰和威尔士地区进行了全面的生态系统评估，澳大利亚维多利亚省也在 SEEA 中心框架指导下开展了对土地和生态系统核算的相关实践。

生态系统生产总值（GEP）核算是当前国内外研究的热点，同时也具有相对良好的应用环境，开展全球尺度的 GEP 核算工作，是践行可持续发展共同理念和"绿水青山就是金山银山"新发展理念的内在要求，更是衡量各国、各地区经济发展模式和高质量发展水平的定量尺子，基于核算结果建立完善绩效评估、生态补偿等制度政策体系更是全面落实和适应生态环境治理体系和治理能力现代化的重要举措。

1　国内外研究进展

森林、草地、湿地、农田等生态系统不仅为人类提供了生产与生活所必需的粮食、医药、木材及工农业生产的原材料，还具有调节气候、水源涵养、洪水调蓄、土壤保持、防风固沙等重要生态功能，创造与维持了地球生命支持系统，形成了人类生存与发展所必需的条件。

联合国统计委员会出版了国际生态、环境经济领域的相关核算标准。2014 年由联合国等国际组织共同出版的《2012 SEEA：实验性生态系统核算》，阐述了开展生态系统核算的相关原则、技术方法，初步奠定了生态系统核算的理论和方法基础；2017 年年底联合国拟订了《2012 SEEA 实验性生态系统核算：技术建议》（白皮书版），吸收了 2013—2015 年一系列关于生态系统核算进展的研究成果，并尽可能反映关于生态系统核算的若干项目经验，从而进一步明确了生态系统核算的主要目标、估价概念及测算路径，使生态系统核算思路更清晰，更加具有可操作性。

在全球生态系统服务价值的评估研究中，Daily 和 Costanza 等学者的研究揭开了对生态系统服务价值研究的序幕，1997 年 Costanza 等在 *Nature* 上发表全球生态系统服务价值估算的成果，文章对全球 17 种生态系统每年提供服务的总价值进行了估算（其中主要的部分目前并未进入市场），估计出全球生态系统每年提供服务的总价值在 16 万亿～54 万亿美元，平均价值约为 33 万亿美元，是 1997 年世界国民生产总值（GNP）的 1.8 倍；2012年，国内学者朱春全首次提出，要把自然生态系统的生产总值纳入可持续发展的评估核算体系，建立一个与 GDP 相对应的、能够衡量生态状况的评估与核算指标，即生态系统生产总值。Mark Eigenraam 等（2012）也提出生态系统生产总值（GEP）一词，并将其定义为生态系统产品与服务在生态系统之间的净流量。2013 年 2 月 25 日，世界自然保护联盟（International Union for Conservation of Nature and Natural Resources，IUCN）与亿利公益基金会共同建立了中国首个生态系统生产总值（GEP）体系项目。2013 年，欧阳志云、朱春全等首次对 GEP 概念与内涵进行了界定，认为 GEP 是生态系统为人类福祉和经济社会可持续发展提供的产品与服务价值的总和，它包括产品提供、调节服务、文化服务价值三类。在此基础上研究提出了 GEP 核算的基本任务，包括功能量核算、确定各类生态系统产品与服务的价格/价值量核算三大步骤。马国霞等在对生态系统服务价值研究评述的基础上，界定了 GEP 的核算边界、核算单元、框架和方法，认为生物多样性、生态系统内部流、支持服务和非生物服务等不属于 GEP 核算范围，强调 GEP 核算应重点关注生态系统资产存量变化导致的生态系统服务流量的变化、生态系统服务流量变化导致的经济效益变化。

在明确概念及核算框架的基础上，许多学者开始尝试对全国和各地区的生态系统生产总值进行核算研究，以充分反映自然生态系统的价值。在全国尺度，生态环境部环境规划院王金南、马国霞等（2017）基于 1 km 的遥感影像数据，对我国 2015 年 31 个省（区、市）陆地生态系统 GEP 进行了核算，得出 2015 年我国陆地生态系统 GEP 达 72.81 万亿元，其中调节服务价值占 GEP 的 73.0%；不同生态系统类型中湿地生态服务价值最大，占 GEP 的 42.4%，GGI 指数（GEP 与 GDP 比值）为 1.01。欧阳志云（2013）对贵州省 GEP 进行了核算，得出贵州省 2010 年 GEP 总量为 2.00 万亿元，人均为 57 526 元，是当年该省国民生产总值和人均 GDP 的 4.3 倍，研究指出，生态系统生产总值的核算可以反映生态系统对经济社会发展的支撑作用，并为建立生态系统保护效益与成效考核机制提供基础。王莉雁等（2017）还对国家重点生态功能区县阿尔山市的 GEP 进行了核算，得出 2014 年阿尔山市生态系统生产总值为 539.88 亿元，其中调节服务价值占 88.44%，远大于产品提供价值，研究成果为我国重点生态功能区提供了一种新的成果考核评价和政绩考核制度。白玛卓嘎等（2017）对四川甘孜藏族自治州的 GEP 进行了核算，得出 2010 年全州 GEP 为 7 545.59 亿元，人均 71.18 万元，是当年全州国内生产总值（GDP）和人均 GDP 的约 61 倍。2016 年 7 月，国家林业局与世界自然保护联盟（IUCN）正式发布内蒙古兴安盟阿尔山市、吉林省通化市、贵州省习水县三地 GEP 核算报告，全面评估了三地生态资产与生态保护效益。

在生态环境部《国家生态环境资产（绿色 GDP 2.0）核算体系建立研究》项目以及财政部等部门的支持下，生态环境部环境规划院开展国家生态系统生产总值核算工作，并不断拓展核算内涵与核算内容，将绿色 GDP 从研究 V1.0 版本升级到研究 V3.0 版本，相关的研究项目逐年增多。自 2014 年环境保护部重启绿色 GDP 研究工作以来，已经完成 2013—2016 年度全国层面 GEP 核算和四川、安徽、云南，昆明、深圳和六安三省三市区域尺度 2015 年的 GEP 核算，同时生态环境部环境规划院不断加强与地方的合作研究，正在开展西藏自治区、青海省祁连山区、云南省、福建省南平市、武夷山市以及新安江流域的 GEP 核算工作。在这些研究工作的基础之上，进一步开展全球生态系统提供物质产品和服务的价值核算，以期能够全面反映全球的生态经济价值和绿色发展水平，为相关研究和决策工作提供科学依据与参考。

从上述进展可以看出：GEP 核算总体上还是以生态系统服务及其价值评估研究为基础，但与生态系统服务价值评估不同的是，它是对各项生态系统最终服务价值的综合，主要包括产品供给服务、调节服务和文化服务价值，不包括生态系统支持服务。GEP 核算同时还是与 GDP 相对应的、能够衡量自然生态系统流量与生态效益的统计与核算体系，核算结果能够为完善国家和区域生态环境绩效评价、生态补偿机制提供科学依据。本研究进一步通过对国内外相关研究工作的理论基础、核算框架、定价方法和研究结果进行全面系统梳理与对比，并对其中一些具有代表性的研究成果如 Costanza 团队、千年生态系统评估（MA）、生态系统和生物多样性经济学（TEEB）、联合国 SEEA 实验生态账户、王金南团队、欧阳志云团队等开展的生态系统生产总值核算指标体系和相关内容进行总结（表 1）。

表 1　生态系统生产总值核算指标对比统计

评估项目	定价理论	核算框架	定价方法	研究结果
MA，2005	以弱可持续性和以人类为中心的价值效用为理论基础，强调自然资源及生态系统提供服务对人类社会具有价值，人类可以从对它们的利用中获得效用，具体分为直接使用或间接使用价值	供给服务、调节服务、文化服务、支持服务	建立在福利经济学的理论与原则的基础之上，采用市场价值、意愿调查评估方法和特征定价等方法为自然资源和生态系统定价	评估生态系统及其服务的状况和变化趋势；生态系统对人类福祉的影响
TEEB，2007		供给服务、调节服务、文化服务、栖息地服务		强调生物多样性损失对生态系统的直接影响及对人类福祉的间接影响
WAVES，2010		供给服务、调节服务、文化服务、自然资本存量		完成了四个试点国家部分湖泊、林地和矿产资源的生态系统服务和自然资本存量定价
SEEA-EEA 2013		供给服务、调节服务、文化服务		在已有的研究基础上从 SEEA 中心框架独立发展出基于"服务—调节—文化"生态系统流量服务的标准化核算框架
欧阳志云等，2013		产品服务、调节服务、文化服务，共 17 个指标	市场价值法；替代价值法；旅行成本法	以贵州省为例，贵州省 2010 年全省生态系统生产总价值为 20 013.46 亿元，人均 GEP 是当年该省国民生产总值和人均 GDP 的 4.3 倍
谢高地等，2015		供给服务、调节服务、文化服务、支持服务，共 11 个指标	单位面积生态系统服务价值当量因子法	对全国 14 种生态系统类型的生态服务价值在时间和空间上开展动态综合评估。2010 年我国不同类型生态系统服务的总价值量为 38.1 万亿元
傅伯杰等，2017		供给服务、调节服务、文化服务，共 15 个指标	仅评估功能量，未货币化	构建了中国生物多样性与生态系统服务评估指标体系
国家林业局，2016		未对生态系统服务体系进行论述，定义了 8 类服务功能 14 个指标	除物种保育服务外采用机会成本法外，其他服务功能均采用替代价值法	发布行业标准《自然资源（森林）资产评价技术规范》（LY/T 2735—2016）

2 核算思路与框架

2.1 核算思路

　　生态系统生产总值是分析与评价生态系统为人类生存与人类福祉所提供产品、服务的经济价值。按照提供功能不同，可以从产品供给功能、调节服务功能、文化服务功能三个角度去核算。这里面既包括了生态系统提供的可为人类直接利用的食物、木材、纤维、淡水资源、遗传物质等，即生态系统产品供给功能；也包括了生态系统维持人类赖以生存和发展的条件等，即生态系统调节功能，如调节气候、调节水文、保持土壤、调蓄洪水、降解污染物、固碳、产氧等；还包括了源于生态系统组分和过程的文学艺术灵感、知识、教育和景观美学等生态文化服务功能。按照评估方法不同，可以从实物量和价值量两个角度去核算，生态实物量可以用生态系统的生态产品实物量与生态服务实物量表达，如粮食产量、水资源提供量、洪水调蓄量、污染净化量、土壤保持量、固碳量、自然景观吸引的旅游人数等，其优点是直观，可以给人明确具体的印象。但由于计量单位的不同，不同生态系统产品产量和服务量难以加总，这就导致仅仅依靠实物量指标，难以获得一个地区乃至一个国家在一段时间的生态系统产品与服务产出总量，因而就需要借助价格因素，将不同生态系统产品产量与服务量转化为货币单位，最后加总为生态系统生产总值（图1）。

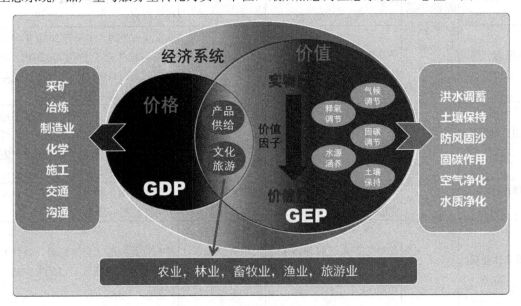

图 1　GEP 与 GDP 体系内在关系

2.2 核算目的

核算全球陆地生态系统生产总值的目的主要包括以下 5 个方面：

（1）描绘全球生态系统运行的总体状况

全球陆地生态系统在维持自身结构与功能的过程中，向全人类提供了多种多样的产品和服务。以全球陆地生态系统提供产品和服务的实物量与价值量为基础，通过核算全球陆地生态系统生产总值，借助生态系统生产总值大小及其空间分布特征可以定量刻画全球生态系统运行的总体状况。

（2）评估全球生态保护成效

全球陆地生态系统服务的损害和削弱将会导致水土流失、沙尘暴、洪涝灾害和生物多样性丧失等一系列生态问题，生态保护与建设的主要目标就是维持和改善区域生态系统服务，增强区域可持续发展能力。陆地生态系统生产总值核算就是以生态系统提供的产品和服务评估为基础，是定量评估生态保护成效的有效途径。

（3）评估生态系统对全人类福祉的贡献

全球陆地生态系统服务与全人类福祉的关系是国际生态学研究难点和前沿，其焦点是：如何刻画人类对生态系统的依赖作用以及生态系统对人类福祉的贡献，通过对生态系统产品和服务的定量评估，生态系统生产总值核算将生态系统与人类福祉联系起来，可以评估生态系统对人类福祉的贡献。

（4）评估生态系统对全球经济社会发展的支撑作用

生态系统服务是经济社会可持续发展的基础，它既提供了经济社会发展所需的物质产品，也维护了经济社会发展所需的环境条件。生态系统生产总值核算可以明确生态系统所提供的产品和服务在经济社会发展中的支撑作用。

（5）认识区域之间的生态关联：定量描述区域之间的生态依赖性或生态支撑作用

生态系统服务的产生和传递涉及生态系统服务的提供者和受益者，有效关联生态系统服务的提供者和受益者是加强生态保护、科学合理决策的重要依据。考虑生态系统服务的提供者与受益者的生态系统生产总值核算，可认识区域之间的生态关联，为关联不同利益相关者、增强区域尺度生态系统服务提供重要途径。

2.3 核算框架

陆地生态系统生产总值是生态系统物质产品价值、调节服务价值和文化服务价值的总和。其中，物质产品价值主要是指全球陆地生态系统提供食物、原材料和能源、水资源的价值，具体包括了农业产品、林业产品、畜牧业产品、渔业产品、生态能源、水资源以及其他一些用于装饰的产品；生态调节服务价值包括了生态系统调节功能价值和防护功能价值；生态系统文化服务价值则包括了生态系统的景观价值和其文化价值。本报告在深入总结联合国千年生态系统评估、SEEA 实验生态系统账户、CICES V4.3 通用型服务分类方案、《陆地生态系统生产总值核算技术指南》、《森林生态系统服务功能评估规范》等国内外相关成果经验的基础之上，充分考虑数据可获得性并剔除重复计算部分，最终确定了全球陆地生态系统生产总值的核算框架与指标体系，如图 2 所示。

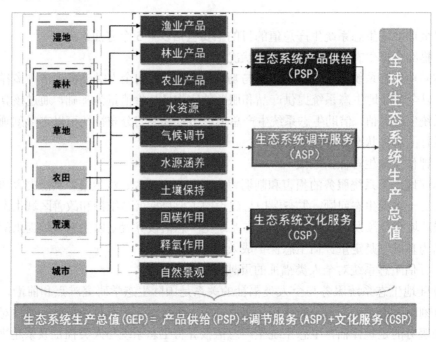

图 2　全球生态系统生产总值核算框架

2.4　核算范围

时间范围：2017 年。

空间范围：结合可获得的基础数据，本报告对全球 179 个主要国家的陆地生态系统生产总值开展了核算。

生态系统：本报告核算生态系统类型仅包含全球陆地生态系统，主要为森林、湿地、草地、荒漠、农田、城市生态系统 6 个类型，不包含全球海洋生态系统。

核算单元：以国家为核算单元。其中，采用遥感数据的数据分辨率为 1 km。

2.5　核算指标

全球陆地生态系统生产总值核算体系由物质产品提供、生态调节功能、生态文化功能这 3 项功能构成，本报告共核算了这 3 项功能共计 10 项指标，如表 2 所示。其中，生态系统物质产品价值核算结合了世界银行世界发展指标数据库，主要包括农业产品、林业产品、渔业产品、水资源 4 大指标；生态调节服务价值核算在综合考虑数据可得性等情况的基础上最终选取了气候调节、固碳调节、释氧调节、水源涵养、土壤保持 5 大指标；生态文化服务价值核算包括自然景观游憩价值 1 个指标（表 2、表 3）。

表2　全球陆地生态系统生产总值核算指标

序号	功能类别	核算项目	说　明
1	物质产品提供	农业产品	从农业生态系统中获得的初级产品，如水稻、小麦、玉米、谷子、高粱、其他谷物；豆类；薯类；油料；棉花；麻类；糖类；烟叶；茶叶；药材；蔬菜；瓜类；水果等
2		林业产品	林木产品、林下产品以及与森林资源相关的初级产品，如木材、橡胶、松脂、生漆、油桐籽、油茶籽等
3		渔业产品	人类利用水域中生物的物质转化功能，通过捕捞、养殖等方式获取的水产品，如鱼类、虾蟹类、贝类、藻类、其他等
4		水资源	人类利用的水资源量，包含工业用水量、农业用水量、生活用水量和生态用水量
5	生态调节功能	水源涵养	生态系统通过结构和过程拦截滞蓄降水，增强土壤下渗，有效涵养土壤水分和补充地下水、调节河川流量
6		土壤保持	生态系统通过其结构与过程减少雨水的侵蚀能量，减少土壤流失
7		固碳调节	植物通过光合作用将 CO_2 转化为碳水化合物，并以有机碳的形式固定在植物体内或土壤中，有效减缓大气中 CO_2 浓度升高，减缓温室效应
8		释氧调节	植物通过光合作用产生 O_2，调节大气中 O_2 含量
9		气候调节	生态系统通过蒸腾作用和水面蒸发过程降低温度、增加湿度的生态效应
10	生态文化功能	自然景观	为人类提供美学价值、灵感、教育价值等非物质惠益的自然景观，其承载的价值对社会具有重大的意义

表3　各核算项目实物量及价值量核算指标体系

序号	功能类别	核算项目	实物量指标	价值量指标
1	物质产品	农业产品	农业产品产量	农业产品产值
2		林业产品	林业产品产量	林业产品产值
3		渔业产品	渔业产品产量	渔业产品产值
4		水资源	用水量	水资源价值
5	调节服务	水源涵养	水源涵养量	水源涵养价值
6		土壤保持	土壤保持量	减少泥沙淤积价值
				减少面源污染价值
7		固碳调节	固定二氧化碳量	固碳价值
8		氧气生产	氧气生产量	氧气生产价值
9		气候调节	植被蒸腾消耗能量	植被蒸腾调节温湿度价值
			水面蒸发消耗能量	水面蒸发调节温湿度价值
10	文化服务	景观休闲旅游	游客总人数	景观游憩价值

　　不同类型的生态系统具有不同的结构和功能，其为人类提供不同的服务功能。例如，森林生态系统偏重于土壤保持、水源涵养等服务功能；湿地生态系统偏重于洪水调蓄、污染物净化等服务功能；草地生态系统偏重于畜牧业生产、防风固沙等服务功能；农田生态

系统则偏重于食物和原材料生产。通过计算森林、草地、荒漠、湿地、农田、城市等生态系统的生产总值，来最终衡量和展示全球生态系统的状况及其变化。

2.6 方法概述

按照评估方法不同，生态系统生产总值可以从实物量和价值量两个角度开展核算：一是生态系统产品与服务的实物量核算，即统计生态系统在一定时间内提供的各类产品的产量、生态调节实物量和生态文化实物量，如生态系统提供的粮食产量、木材产量、水电发电量、土壤保持量、污染物净化量等。尽管尚未建立生态系统服务功能监测体系，然而大多数生态系统产品产量可以通过现有的经济核算体系获得，部分生态系统调节服务实物量可以通过现有水文、环境、气象、森林、草地、湿地监测体系获得，部分生态系统服务实物量可以通过生态系统模型估算。生态系统及其要素的监测体系，生态系统长期监测、水文监测、气象台站、环境监测网络等可以为生态系统产品与服务实物量的核算提供基础数据和参数。全球生态系统生产总值实物量核算包括 3 大类，即物质产品、调节服务、文化服务的实物量核算，实物量核算方法概览情况如表 4 所示。

表 4 全球陆地生态系统生产总值实物量核算方法

序号	功能类别	核算项目	实物量指标	核算方法
1	物质产品	农业产品	农业产品产量	统计调查
2		林业产品	林业产品产量	
3		渔业产品	渔业产品产量	
4		水资源	用水量	
5	调节服务	水源涵养	水源涵养量	水量平衡法
6		土壤保持	土壤保持量	修正通用土壤流失方程（RUSLE）
7		固碳调节	固定二氧化碳量	固碳机理模型
8		氧气生产	氧气生产量	释氧机理模型
9		气候调节	植被蒸腾消耗能量	蒸散模型
			水面蒸发消耗能量	
10	文化服务	景观休闲旅游	游客总人数	统计调查

二是生态系统产品与服务的价值量核算，这需要首先确定各类生态系统产品与服务功能的价格，如单位木材的价格、单位水资源量价格、单位土壤保持量的价格等；自 20 世纪 90 年代以来，在生态调节服务和文化服务的价格确定方面取得巨大进展，根据生态系统服务功能类型，建立了不同的定价方法，主要有替代市场技术和模拟市场技术。替代市场技术是以"影子价格"和消费者剩余来表达生态系统服务功能的价格和经济价值，其具体定价方法有费用支出法、市场价值法、机会成本法、旅行费用法等，在评价中可以根据生态系统服务功能类型进行选择。模拟市场技术（又称假设市场技术），它以支付意愿和净支付意愿来表达生态服务功能的经济价值，在实际研究中，从消费者的角度出发，通过调查、问卷、投标等方式来获得消费者的支付意愿和净支付意愿，综合所有消费者的支付

意愿和净支付意愿来估计生态系统服务功能的经济价值。在确定各类生态系统服务价格的基础上，结合生态系统生产总值实物量结果核算生态系统产品与服务总经济价值。在全球生态系统生产总值价值量核算中，物质产品价值主要用市场价值法核算，调节服务价值主要用替代成本法进行核算，文化服务价值使用旅行费用法，价值量核算方法概览情况如表 5 所示。

表 5　全球生态系统生产总值价值量核算方法

序号	功能类别	核算项目	价值量指标	核算方法
1	物质产品	农业产品	农业产品产值	市场价值法
2		林业产品	林业产品产值	
3		渔业产品	渔业产品产值	
4		水资源	水资源价值	
5	调节服务	水源涵养	水源涵养价值	替代成本法
6		土壤保持	减少泥沙淤积价值	替代成本法
			减少面源污染价值	替代成本法
7		固碳调节	固定二氧化碳价值	替代成本法
8		氧气生产	氧气生产价值	替代成本法
9		气候调节	植被蒸腾调节温湿度价值	替代成本法
			水面蒸发调节温湿度价值	
10	文化服务	景观休闲旅游	休闲旅游价值	旅行费用法

3　全球生态系统产品供给服务价值核算

生态产品的供给服务是指由生态系统产生的具有食用、医用、药用和其他价值的物质和能源所提供的服务，生态产品供给服务价值通过生态产品供给服务的实物量与单位实物量的价格相乘得到。根据联合国 SEEA 试验生态实验账户（EEA 2012）编制指南的分类导则，生态产品供给服务的核算范围包括了农业产品、林业产品、畜牧业产品、渔业产品、种子资源、水资源、生物能源以及其他资源等，本报告结合世界银行相关基础数据，主要对全球的农业产品、林业产品、渔业产品、水资源 4 大指标的价值进行了统计。

3.1　数据来源

供给服务价值核算数据分为两个来源：其中农业、林业和渔业增加值数据来自世界银行（World Bank）世界发展指标（World Development Indicators）数据库中对世界各国和地区农业、林业和渔业年度增加值这一指标的统计；水资源价值实物量来自亚洲开发银行（Asian Development Bank）的世界水产业展望（World Water Outlook）数据库中对世界各国水资源使用量这一指标的统计和估算，本研究按照一吨水资源 1 美元的价格进行运算。

3.2　计算方法

根据中国科学院生态中心和 EEA 2012 的研究实践来看，水资源核算中不包括地下水资源，因为地下水资源的采掘与供给与地理水循环相关，与生态系统功能不直接相关。由于秸秆主要是用于制造沼气而作为能源供给，因此，在计算生态系统的能源供给服务价值时仅包括水能和沼气能两种。根据 EEA 核算原则，航运资源（无论是客运还是货运）均不纳入生态产品供给服务价值核算中，故未列入核算范围。

生态产品的价值量一般应根据产品的产量（水资源则计算使用量）乘以单位产量或使用量在当地的价格。但这一方法的应用存在两方面的问题，针对全球 GEP 的供给服务来说首先需要计算的产品种类较多，涉及的国家和地区也较多，价格和产量数据较难获取；其次价格包括批发价、零售价等包含了人力成本或其他资本的价格，较难统一来反映生态产品的真实价值。因此，本研究选取世界各国已核算好的农、林、牧、渔产品产值作为生态产品供给服务价值较为贴近现实。通过数据库搜寻和对比，最终选取世界银行数据库的各国或地区农、林、牧、渔产品产值数据来代表生态产品供给服务价值。各项产品所涵盖具体指标如表 6 所示。

表 6　全球生态系统的农、林、渔业物质产品指标

序号	类别	项目	内容	指标
1	农业产品	粮食作物	谷物	水稻、小麦、玉米、谷子、高粱、其他谷物等
2			豆类	大豆、绿豆、红小豆
3			薯类	马铃薯
4		油料	油料	花生、油菜籽、向日葵籽、芝麻、胡麻籽
5		棉花	棉花	棉花
6		麻类	麻类	黄红麻、亚麻、大麻、苎麻
7		糖类	糖类	甜菜、甘蔗
8		烟叶	烟叶	烟叶
9		药材	药材	药材
10		茶叶	茶叶	红毛茶、绿毛茶
11		蔬菜	蔬菜	蔬菜（含菜用瓜）
12		瓜类	瓜类	西瓜、甜瓜、草莓
13		水果	水果	香蕉、苹果、梨、葡萄、柑橘、红枣、柿子、菠萝、其他园林水果等
14	林业产品	木材	木材	木材
15		其他林产品	橡胶	橡胶
16			松脂	松脂
17			生漆	生漆
18			油桐籽	油桐籽
19			油茶籽	油茶籽
20	渔业产品	淡水产品	淡水产品	鱼类、贝类、虾蟹类、其他
21		海水产品	海水产品	鱼类、贝类、虾蟹类、藻类、其他
22	水资源	用水量		工业用水量、农业用水量、生活用水量和生态用水量

3.3　核算结果

经过筛选，共获得全球各国家和地区有效生态产品供给服务价值 134 个。经最终计算得到 2017 年全球生态系统物质产品供给服务总价值约为 8.41 万亿美元，占全部 GEP 总量的 5.69%。

全球各国家和地区生态系统物质产品供给功能价值量排名情况如图 3 所示，其中中国的生态产品供给服务价值最高，2017 年约为 2.58 万亿美元。全球生态产品供给服务价值量排名前五的国家为中国、印度、美国、印度尼西亚和巴西；生态产品供给服务价值超过 0.15 万亿美元的国家还包括尼日利亚、巴基斯坦、土耳其和俄罗斯。

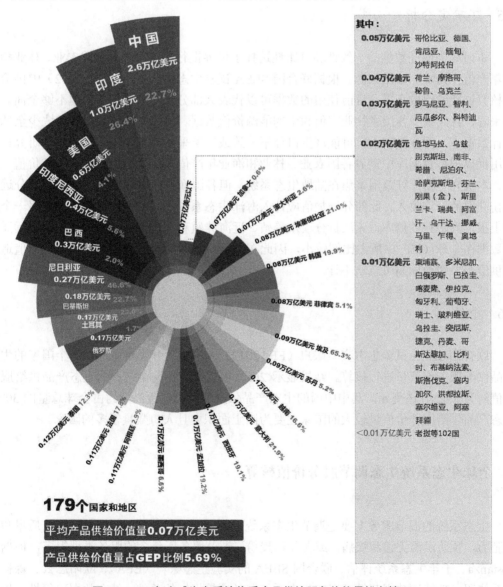

图 3　2017 年全球生态系统物质产品供给服务价值量排名情况

3.4 特征分析

可以看出，核算出来的生态系统产品供给服务量大的国家主要为全球农林牧渔产品产量较大的国家，如中国、印度、美国、巴西、印度尼西亚等国家，这些国家的特点往往是国土面积较大且人口较多，为实现自身农林牧渔产品供给安全使得其最终产品产量较多。而一些国家由于其国土面积较小使得其最终产品供给服务价值量也较小。另外，全球生态产品供给服务价值在空间上分布极不均匀，世界生态产品供给服务价值最高的前八名的国家供给服务总和约占全球生态产品供给服务价值的 65%。

3.5 不确定分析

本研究为保证数据的一致性和可比性选择了世界银行数据库世界各国农业、林业和渔业年产值作为唯一数据来源。根据联合国 SEEA 试验生态实验账户（EEA2012）中供给服务核算框架的组成来看，目前使用的数据可以代表大部分供给服务价值，但不够全面。目前来看，首先缺少各国畜牧业产值和生物能源价值数据。但因为以上数据暂时缺少全球性统计数据库，而分国家采集可能产生口径不一致或国家采集不齐全等问题，故本研究目前暂用世界银行数据库中世界各国农业、林业和渔业年产值代表生态系统供给服务价值。此外，本研究主要计算范围聚焦在陆地生态系统，但各国渔业年度增加值包括了一部分远洋捕捞获得的经济收入，此部分增加值应计入海洋生态系统。但由于各国增加值按照一个数据上报世界银行数据库，无法拆分淡水养殖、近海养殖和远洋捕捞的增加值，由于远洋捕捞数据在全球 GEP 中所占比例较小，因此在供给服务计算中包含的远洋捕捞增加值造成的供给服务稍微偏高可忽略不计。

3.6 小结

联合国 SEEA 试验生态实验账户（EEA2012）编制指南分类对全球 134 个国家的生态产品供给服务价值量进行核算。结果显示 2017 年度全球不完全统计的生态产品供给服务价值约为 8.42 万亿美元，其中中国的生态产品供给服务价值最高，约占全球总量的 30%。生态产品供给服务价值量较大的国家主要为国土面积大且人口数量较多的国家。

4 全球生态系统生态调节服务价值核算

生态系统的调节服务主要是调节生态系统过程所产生的效益，例如调节空气质量和土壤肥力，预防洪涝灾害和疾病，或者作物授粉。调节服务所包含的服务类型很多，根据对 Costanza、千年生态系统评估、联合国 SEEA 的实验生态账户（EEA）、欧阳志云、森林生态系统服务功能评估规范等开展的生态系统服务核算指标的总结，结合数据可得性、指标核算的不重复性、方法的合理性等原则，本报告中对全球生态系统调节服务价值核算主要包括气候调节、固碳调节、释氧调节、水源涵养、土壤保持 5 项内容。

4.1　数据来源

气候调节、固碳调节、释氧调节和水源涵养调节功能核算过程中所采用数据主要包括 2017 年全球植被净初级生产力（NPP）、2017 年全球蒸发量数据（ET）和 2017 年全球土地利用数据（LUCC）。其中，NPP 和 ET 数据来自美国 NASA 陆地过程分布式数据档案中心提供的 MODIS 陆地标准产品，分别为 MOD17A2 和 MOD16A2；LUCC 数据来自欧空局全球土地覆盖数据。

4.2　计算方法

4.2.1　气候调节服务

生态系统微气候调节功能主要体现为对空气的降温增湿，是生态系统通过蒸腾作用与光合作用中的水面蒸发过程使大气温度降低、湿度增加的生态效应。生态系统通过植物的树冠遮挡阳光，减少阳光对地面的辐射热量，有降温效能；并通过光合作用吸收大量的太阳光能，减少光能向热能的转变，减缓了气温的升高。同时，生态系统通过蒸腾作用，将植物体内的水分以气体形式通过气孔扩散到空气中，使太阳光的热能转化为水分子的动能，消耗热量，降低空气温度，增加空气的湿度。微气候调节仅对森林、草地、湿地和冰川生态系统进行核算。

（1）实物量核算方法

实物量核算的评估方法包括生态系统消耗的太阳能量方法，生态系统蒸散发模型以及基于不同生态系统类型的降温增湿效应模型。其中消耗太阳能量方法中对于各生态系统蒸腾消耗和吸收太阳能量的值获取较难，监测点数量少的情况下无法满足从点到面的合理扩展，最终的结果容易产生较大误差；而利用降温效应模型进行实物量的核算过程对于温度标准和降温额度的设定难以把握，往往存在很大的主观效应。

本报告采用生态系统蒸腾蒸发总消耗的能量作为气候调节的实物量。

$$E_{tt} = E_{pt} + E_{we} \tag{1}$$

$$E_{pt} = \sum_{i}^{3} \mathrm{EPP}_i \times S_i \times D \times 10^6 / (3\,600 \times r)$$

$$E_{we} = E_w \times q \times 10^3 / (3\,600) + E_w \times y \tag{2}$$

式中，E_{tt} 为生态系统蒸腾蒸发消耗的总能量，kW·h/a；E_{pt} 为生态系统植被蒸腾消耗的能量，kW·h/a；E_{we} 为生态系统湿地和冰川蒸发消耗的能量，kW·h/a；EPP_i 为 i 类生态系统单位面积蒸腾消耗热量，kJ/（m^2·d）；S_i 为 i 类生态系统面积，km^2；r 为空调能效比，取值 3.0，量纲一；D 为空调开放天数，d；i 为生态系统类型（森林、草地）；E_w 为湿地区域蒸发量，m^3；q 为挥发潜热，即蒸发 1 g 水所需要的热量，J/g；y 为加湿器将 1 m^3 水转化为蒸汽的耗电量，此部分为增湿调节，一般只计算湿度小于 45%时的增湿功能。其中，单位面积森林和草地蒸腾吸热量分别为 70.40 kJ/（$m^2 \cdot$d）和 25.60 kJ/（$m^2 \cdot$d）。1 g 的水气化需要消耗 2 260 J 的热量，即 q 的取值为 2 260 J/g。

（2）价值量核算方法

运用替代成本法，通过人工调节温度和湿度所需要的耗电量进行降温增湿价值量核算。

$$V_{tt} = E_{tt} \times P_e \tag{3}$$

式中，V_{tt} 为生态系统气候调节的价值，美元/a；E_{tt} 为生态系统调节温湿度消耗的总能量，kW·h/a；P_e 为当地生活消费电价，美元/（kW·h），按中国电价取值 0.5 元/（kW·h），美元和人民币汇率换算为 1：6.751 8。

4.2.2　固碳调节服务

固碳是指生态系统中植物通过光合作用将大气中的 CO_2 转化为碳水化合物，并以有机碳的形式固定在植物体内或土壤中，即存留于生态系统中的碳。生态系统固碳主要通过核算 CO_2 的排放或清除（碳汇）进行计算。农田是分为一年生农田和多年生农田（果园等），其中多年生农田可以在单一年份内通过 NPP 计算其固碳量。但一年生农田由于在一年时间内完成播种、成长、收割等全过程，最后所有物质基本都会通过回填或焚烧形式，使 CO_2 重新释放到大气中，因此一年生农田在单一年份中可以认为其固碳量为零。由于遥感数据不能区分一年生农田和多年生农田，在此对所有农田都不作考虑，固碳功能仅对森林、草地和湿地生态系统进行核算。

（1）实物量核算方法

采用净生态系统生产力法进行计算，不同生态系统固碳量的计算有所差异。由于 NEP 是基于净初级生产力（NPP）数据获得，固碳调节服务功能的核算结果在空间上与 NPP 以及土地利用类型存在一定相似性。

1）不同生态系统固碳核算

森林、灌丛和草地生态系统：

$$Q_{tCO_2} = M_{CO_2} / M_C \times NEP \tag{4}$$

式中，Q_{tCO_2} 为陆地生态系统固碳量，t·CO_2/a；M_{CO_2} / M_C =44/12 为 C 转化为 CO_2 的系数；NEP 为净生态系统生产力，tC/a。

湿地生态系统：

$$Q_{tCO_2} = M_{CO_2} / M_C \times NEP \times 0.1 \tag{5}$$

湿地生态系统的 NEP 主要为一年生植物产生，其碳汇功能主要体现在湿地土壤碳库的年沉积量，在多数湿地中，一次生产总量 90%的碳通过衰减重新回到大气层，未衰减的物质沉在水体底部，并累积在先前沉积的物质上，因此只计算其 10%NEP 产生的 CO_2 排放量。

2）NEP 计算关键参数

NEP 可通过系数转换法进行计算，即利用 NEP 和 NPP 之间的转换系数将 NPP 转换为 NEP。NPP 数据可直接利用 MODIS 的产品 MOD17A3 数据（https://ladsweb.modaps.eosdis.nasa.gov/）。

$$NEP = \alpha \times NPP \times M_{C_6} / M_{C_6H_{10}O_5} \qquad (6)$$

式中，NEP 为净生态系统生产力，t·C/a；α 为 NEP 和 NPP 的转换系数；NPP 为净初级生产力，t·干物质/a；$M_{C_6} / M_{C_6H_{10}O_5}$ =72/162 为干物质转化为 C 的系数。

（2）实物量核算方法

固碳价值量是用实物量与碳价格相乘的方式计算。

$$V_{Cf} = Q_{CO_2} \times C_C \qquad (7)$$

式中，V_{Cf} 为生态系统固碳价值，美元/a；Q_{CO_2} 为生态系统固碳总量，tCO_2/a；C_C 为碳价格，美元/t。碳价格采用碳交易市场价格，由于无法获取全球各国具体的碳交易价格，本报告以 2017 年全球主要国家的碳交易价格为基础进行分类，获得五大洲的碳交易价格区间和北欧五国、法国、葡萄牙、智利等主要国家的碳交易价格数据，并以此为依据来计算全球生态系统的固碳服务价值。

4.2.3　释氧调节服务

生态系统中植物吸收 CO_2 的同时释放 O_2，不仅对全球的碳循环有着显著影响，也起到调节大气组分的作用。生态系统释氧功能主要通过光合作用进行，大部分情况下与固碳功能同步进行。

目前所有文献中有关释氧的计算机理都是根据植物的光合作用基本原理，植物每固定 1 gCO_2 就会释放 0.73 g O_2，只是由于固碳的计算方法不同，释氧的计算方法相应进行改变。本报告考虑固碳和释氧的比例，在固碳量的计算基础上计算释氧量的同时，也根据不同生态系统的特点选取相应的方法，释氧调节也仅对森林、草地和湿地生态系统进行核算。

（1）实物量核算方法

根据植物的光合作用基本原理，植物每固定 1 gCO_2 就会释放 0.73 gO_2。以此为基础，测算出生态系统释放 O_2 的物质量。

对于草地和森林生态系统，按照如下方法计算：

$$P_o = P_c \times 0.73 \qquad (8)$$

式中，P_o 为 O_2 排放量；P_c 为 CO_2 固定量。

对于湿地生态系统，湿地的碳库变化除取决于光合作用和一部分好氧呼吸外，还有很大一部分是厌氧呼吸过程。因此释氧量只考虑在光合作用下释放的氧气量。

$$P_{ow} = NEP_w \times 2.67 \qquad (9)$$

式中，P_{ow} 为湿地生态系统 O_2 排放量；NEP_w 为湿地区域的净生态系统生产力，t·C/a。

（2）价值量核算方法

采用 O_2 排放量与制氧价格进行生态系统释氧价值量的核算。

$$V_o = P_o \times OP \tag{10}$$

式中，V_o 为释氧价值量；OP 为制氧成本。由于无法获取全球各国具体的制氧成本，本报告以 2017 年中国的制氧成本（1 291.81 元/t）为核算依据，相应的区间价格分别选取 2016 年和 2018 年中国的制氧价格作为边界，分别为 1 271.51 元/t 和 1 318.98 元/t，按照美元和人民币 1∶6.751 8 换算为美元价格。

4.2.4　水源涵养功能

水源涵养服务是生态系统拦截滞蓄降水，增强土壤下渗、蓄积，涵养土壤水分、调节暴雨径流和补充地下水，增加可利用水资源的功能。水源涵养量大的地区不仅满足核算区内生产生活的水源需求，还持续地向区域外提供水资源。

选用水源涵养量，作为生态系统水源涵养功能量的评价指标。

（1）实物量核算方法

通过水量平衡方程计算。水量平衡方程是指在一定的时空内，水分在生态系统中保持质量守恒，即生态系统水源涵养量是降水输入与暴雨径流和生态系统自身水分消耗量的差值。

$$Q_{wr} = A \times (P - R - \mathrm{ET}) \times 10^{-3} \tag{11}$$

式中，Q_{wr} 为水源涵养量，m^3/a；P_i 为产流降水量，mm/a；R_i 为地表径流量，mm/a；ET_i 为蒸散发量，mm/a；A 为核算区的面积，m^2。

（2）价值量核算方法

水源涵养价值主要表现在蓄水保水的经济价值。可运用影子工程法，即模拟建设蓄水量与生态系统水源涵养量相当的水利设施，以建设该水利设施所需要的成本核算水源涵养价值。

$$V_{wr} = Q_{wr} \times (C_{we} + C_{wo}) \tag{12}$$

式中，V_{wr} 为蓄水保水价值，美元/a；Q_{wr} 为核算区内总的水源涵养量，m^3/a；C_{we} 为水库单位库容的工程造价，美元/m^3；C_{wo} 为水库单位库容的年运营成本，美元/m^3。全球单位库容的工程造价成本按照统一标准进行运算，单位库容年运营成本费用则根据水库运营时间和单位时间成本进行核算。由于无法获取具体的全球各国水库单位库容成本数据，本报告以 2017 年度中国的水库单位库容成本 8.0 元/m^3 为核算依据，通过单位库容总成本中人力成本占比（15%～20%）以及全球各国人力成本数据来折算全球各国的水库单位库容成本。由于无法获取各国单位库容工程和运营所需的实际人力成本，为充分考虑地区差异性，将全球所有国家按照地理区间划分为 16 个区域，并结合代表性国家 2017 年平均的工资（https://tradingeconomics.com/）代表单位人力成本进行计算，各个国家间货币单位按照 2017 年汇率折算为美元单位。

4.2.5 土壤保持功能

土壤保持功能是生态系统（如森林、草地等）通过林冠层、枯落物、根系等各个层次保护土壤，削减降雨侵蚀力，增加土壤抗蚀性，减少土壤流失，保持土壤的功能。

选用土壤保持量，即生态系统减少的土壤侵蚀量（用潜在土壤侵蚀量与实际土壤侵蚀量的差值测度）作为生态系统水土保持功能的评价指标。其中，实际土壤侵蚀是指当前地表植被覆盖情形下的土壤侵蚀量，潜在土壤侵蚀是指没有地表植被覆盖情形下可能发生的土壤侵蚀量。

（1）实物量核算方法

采用修正自通用水土流失方程（USLE）的水土保持服务模型开展评价。

土壤侵蚀量 USLE：

$$USLE = R \times K \times LS \times C \times P \tag{13}$$

土壤保持量 SC：

$$SC = R \times K \times LS(1 - C \times P) \tag{14}$$

式中，R 为降雨侵蚀力因子，$MJ \cdot mm / (hm^2 \cdot a)$；$K$ 为土壤可蚀性因子，$t \cdot hm^2 \cdot MJ \cdot mm$，$L$ 和 S 为地形因子，其中 L 为坡长因子，m；S 为坡度因子，%；C 为植被覆盖和管理因子（量纲一）；P 为水土保持措施因子（量纲一）。

（2）价值量核算方法

采用替代成本法进行生态系统土壤保持价值量的核算。

$$V_{1n} = (24\% \times A_c \times C / \rho) / 10\ 000 \tag{15}$$

式中，V_{1n} 为土壤保持的经济效益，万美元；A_c 为土壤保持量，t；C 为水库清淤工程费用，美元/m³，采用挖取和运输单位土方所需费用标准来进行运算，其中机械清运费用按照 4.44 美元/m³ 标准进行统一运算，人工挖取土方费用则根据挖取单位土方所需工时和单位人力成本进行核算。挖掘单位土方工时结合中华人民共和国水利部出版的《中华人民共和国水利部水利建筑工程预算定额》（上册）中人工挖取土方Ⅰ类和Ⅱ类土类每 100 m³ 需要约 42 工时数据，此外，由于无法获取各国挖取土方所需的实际人力成本，为充分考虑地区差异性，将全球所有国家按照地理区间划分为 16 个区域并结合代表性国家 2017 年平均的工资（https://tradingeconomics.com/）代表单位人力成本进行计算，各个国家间货币单位按照 2017 年汇率折算为人民币单位；其中亚洲共划分为 5 个区域，总体清淤成本为 3.9～11.6 美元/m³；欧洲划分为 5 个区域，总体清淤成本为 4.9～19.3 美元/m³；美洲划分为 3 个区域，总体清淤成本为 4.4～18.1 美元/m³；非洲划分为 2 个区域，总体清淤成本为 4.3～6.7 美元/m³；澳大利亚总体清淤成本为 10.5～15.7 美元/m³（表 7）。

表7　全球主要区域的清淤成本数据

区域	清淤成本/（美元/m³）	区域	清淤成本/（美元/m³）
东亚	5.5～8.3	中欧	9.3～13.9
东南亚	4.4～6.7	东欧	4.9～7.3
南亚	3.9～5.8	北美洲	12～18.1
西亚	7.7～11.6	中美洲	5.9～8.9
中亚	4.4～6.8	南美洲	4.4～6.7
北欧	12.9～19.3	北非	4.4～6.7
南欧	8.1～12.1	撒哈拉以南非洲	4.3～6.5
西欧	9～13.6	澳大利亚	10.5～15.7

4.3　核算结果

4.3.1　调节服务总价值

核算结果表明，2017年全球生态系统调节服务的总价值区间为93.95万亿～172.20万亿美元，平均价值达到132.75万亿美元，其中，主要的调节服务价值来自生态系统的气候调节服务（99.04万亿美元）和水源涵养功能（31.38万亿美元），如图4所示，这两项服务价值之和占调节服务总价值比重超过98%，随后按照价值量从大到小依次是释氧调节、土壤保持和固碳调节服务价值。

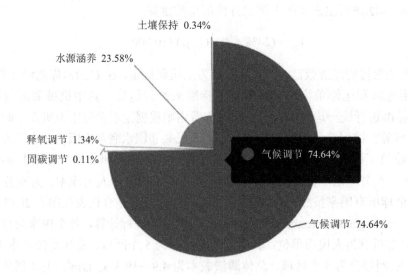

图4　2017年全球生态系统调节服务价值的结构组成

2017年全球各国家和地区生态系统调节服务价值量排名情况如图5所示，排名靠前的国家和地区大多疆域辽阔，如俄罗斯、加拿大、美国、巴西、中国、印度、阿根廷等，位居全球前列；其中，俄罗斯、加拿大、美国、阿根廷毗邻北极或者南极，有大面积的冻原地带或者冰川，生态系统的调节服务功能相对更强，调节服务的价值量更高；巴西、刚果（金）和印度尼西亚都位于赤道地区，属于热带雨林，森林覆盖广阔、资源丰富且国土面积也比较大；而中国和印度依靠喜马拉雅山脉对其周边地区强大的气候调节作用，提升了生态系统的调节服务功能强度；赞比亚由于大部分国土位于高原地区，气候湿润、水资源丰富，且面积相对较大，其生态系统的调节服务功能相对较强。此外，一些面积较小国家的调节服务价值较低，包括了新加坡、卢森堡、塞舌尔、东帝汶、瑙鲁等，以及一些沙漠地区国家因其生态环境较差且无冰川冻原存在，其生态系统的调节服务功能相对最差，包括了卡塔尔、阿联酋、约旦、科威特等。

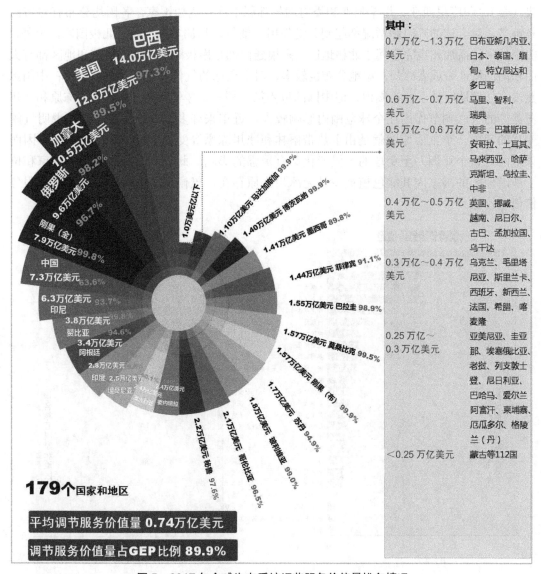

图5　2017年全球生态系统调节服务价值量排名情况

4.3.2　气候调节服务

对全球生态系统气候调节服务功能的价值量核算主要基于全球不同区域的蒸发量来进行的，同时该项核算也结合了生态系统的不同类型，需要说明的是，调节服务功能的价值核算仅针对全球陆地森林生态系统、草地生态系统和湿地生态系统范围。

核算结果表明，2017 年全球生态系统气候调节功能的总价值区间为 64.44 万亿～133.63 万亿美元，平均价值为 99.04 万亿美元，气候调节功能价值量的排名情况如图 6 所示，对这些国家和地区进行综合分析可以发现，气候调节功能价值量排名靠前的巴西、刚果（金）、印度尼西亚、坦桑尼亚和委内瑞拉都属于赤道周边国家，各国均分布有热带雨林地带，对全球的降温和增湿都起到关键作用；俄罗斯和加拿大都属于北极国家，另外，美国的阿拉斯加州也完全属于北极地区，阿根廷南部与南极毗邻，这些国家和地区都有大面积的冻原地带或者冰川，湿地分布也较多，对于全球的气候都能起到调节作用；中国虽然没有任何地区处于北极圈内，但中国的世界第三极——喜马拉雅山，其高山冻原和冰川覆盖等的气候调节作用在全球范围内影响较大，近年来许多国内外学者的研究表明气候变化的其中一个主要原因就是由于热带雨林和冰川冻原等受到人为破坏所导致的，因而该地区对整个亚洲乃至全球的气候变化都有极强的影响。此外，一些面积较小国家和位于沙漠地区的国家因其绿色植被少且无冰川冻原存在，气候调节能力差、气候调节服务价值也较低。

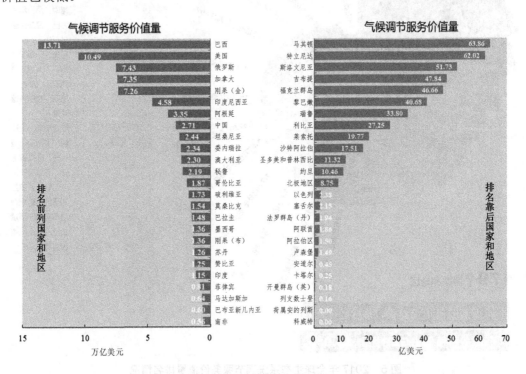

图 6　2017 年全球生态系统气候调节服务价值排名情况

4.3.3 水源涵养功能

核算结果表明（图 7），2017 年全球生态系统水源涵养功能的总价值范围为 27.29 万亿～ 36.09 万亿美元，平均价值为 31.38 万亿美元，喜马拉雅山脉、中国长江中下游及华南地区、东南亚地区、加拿大西海岸、阿根廷以及马达加斯加等区域生态系统水源涵养的功能相对较强、生态系统水源涵养功能的价值量相对较大。

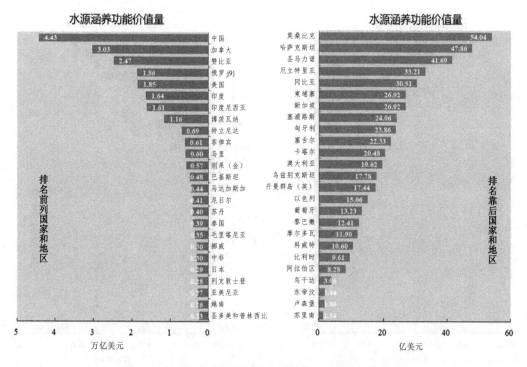

图 7 2017 年全球生态系统水源涵养功能价值排名情况

对生态系统水源涵养功能价值量最高、最低的十个国家和地区综合分析可以发现，水源涵养价值量排名靠前的国家主要是一些东南亚国家如印度尼西亚、菲律宾等，以及一些面积较大而排名靠前的国家如中国、俄罗斯、加拿大、美国等，东南亚国家位于热带季风气候区域，植被覆盖率较高，水源涵养功能相对较强；此外，一些面积相对或地理位置处于沙漠地带的国家其绿色植被覆盖较差，其生态系统水源涵养的功能相对较弱、水源涵养功能价值量相对最低，包括斯威士兰、约旦等国家和地区。

4.3.4 固碳调节服务

全球生态系统固碳与不同区域生态系统的植被类型、植被长势以及水热条件等相关，根据全球的自然生态条件，本报告仅针对全球森林生态系统、草地生态系统和湿地生态系统三种生态系统类型开展了固碳调节服务价值核算。

核算结果表明，2017 年全球生态系统固碳调节功能的总价值区间为 0.16 万亿～0.27 万亿美元，平均价值为 0.21 万亿美元，固碳调节服务价值量最高的十个国家和地区情况如

图 8 所示，对这些国家和地区进行综合分析可以发现，固碳调节功能价值量排名靠前的国家多为赤道国家或者面积较大的国家，如巴西、刚果（金）和印度尼西亚都位于赤道周边，且面积也较大，属于热带雨林地区，森林分布广阔，固碳量大，固碳价值高；俄罗斯、美国，加拿大、中国和阿根廷等国家的面积在全球位居前列，各国也均有大面积的森林和草地分布。此外，分布在沙漠地区或者面积相对较小国家的固碳调节功能价值量则明显较小。

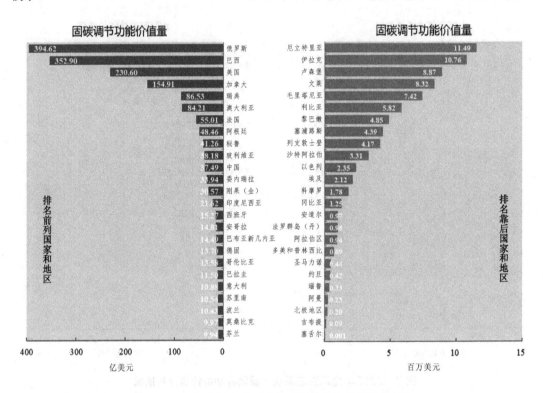

图 8　2017 年全球生态系统固碳调节服务价值排名情况

4.3.5 释氧调节服务

对全球生态系统释氧调节服务功能的价值量核算主要是基于全球不同区域的固碳量来进行的，森林生态系统和草地生态系统的释氧实物量空间分布与其固碳量间存在一定的对应关系，而湿地生态系统的释氧量则是直接利用 NEP 进行转换得到。

核算结果表明，2017 年全球生态系统释氧调节功能的总价值区间为 1.86 万亿～1.93万亿美元，平均价值为 1.89 万亿美元，释氧调节功能最高的国家和地区情况如图 9 所示，对这些国家和地区进行综合分析可以发现，释氧调节功能价值量的排名与固碳调节功能价值量相似，价值量排名靠前的国家和地区包括巴西、俄罗斯、美国、加拿大、中国和澳大利亚等，同样地，面积相对较小国家和处于沙漠地带国家的绿色植被覆盖较差、生态系统释氧量较少，其生态系统释氧功能的价值量相对较低。

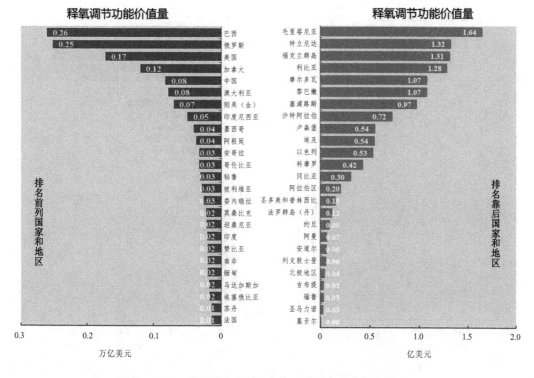

图 9　2017 年全球生态系统释氧调节服务价值排名情况

4.3.6　土壤保持功能

核算结果表明，2017 年全球生态系统土壤保持功能的总价值区间为 0.20 万亿～0.29 万亿美元，平均价值为 0.24 万亿美元，从图 10 可以看出，喜马拉雅山南麓、中南半岛、中国长江中下游及华南地区、印度尼西亚、加勒比海地区以及安第斯山北部地区土壤保持功能的价值量相对较大。从各分区来看，东南亚地区土壤保持价值量最大，均值达到 509 亿美元，其次是东亚和南美，价值量均值分别为 415 亿美元和 396 亿美元；土壤保持量较小的区域主要为北非（1.42 亿美元）和中亚（17.15 亿美元）。

对生态系统土壤保持功能价值量最高、最低的十个国家和地区进行综合分析可以发现，土壤保持价值量排名靠前的国家主要是赤道附近的国家，包括印度尼西亚、巴布亚新几内亚、哥伦比亚、巴西等，这些国家和地区均属于热带雨林地区，植被覆盖率较高，因此土壤保持量相对较高；此外，面积较大的国家如中国、加拿大、美国、印度等也排名靠前。从表 8、表 9 的土壤保持功能价值量与国家国土面积的关系可以看出，除了阿尔及利亚和哈萨克斯坦由于荒漠面积占绝大多数使其土壤保持功能的价值量偏小以外，其余国土面积较大的国家其土壤保持功能的价值量也相对较大，中国由于近年来高度重视生态环境保护工作，植被覆盖率大大提高，使得土壤保持功能的价值量排名全球首位；此外，面积较小国家和处于沙漠地带的国家其生态系统的土壤保持能力较差，包括沙特阿拉伯、伊拉克、阿曼和约旦等，沙漠国家普遍土壤保持价值量极小，排名均位于全球 100 名以后。

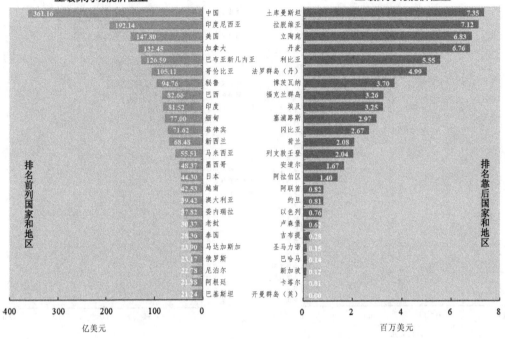

图 10　2017 年全球生态系统土壤保持功能价值排名情况

表 8　全球部分国家土壤保持功能价值量与国土面积关系

面积排名	国家	土壤保持价值量排名	面积排名	国家	土壤保持价值量排名
1	俄罗斯	22	6	澳大利亚	17
2	加拿大	4	7	印度	9
3	中国	1	8	阿根廷	24
4	美国	3	9	哈萨克斯坦	94
5	巴西	8	10	阿尔及利亚	107

表 9　全球部分沙漠国家土壤保持功能价值量

国家	土壤保持价值量	排名	国家	土壤保持价值量	排名
阿尔及利亚	6.06	107	毛里塔尼亚	0.89	163
乌兹别克斯坦	3.25	117	叙利亚	1.41	134
乍得	2.98	120	土库曼斯坦	0.50	149
摩洛哥	2.28	126	利比亚	0.37	153
沙特阿拉伯	3.32	116	阿曼	0.62	147
伊拉克	3.09	119	埃及	0.22	157
纳米比亚	1.61	132	约旦	0.05	165
尼日尔	1.31	136	以色列	0.05	166

4.4 特征分析

经过对全球生态系统调节服务各项指标进行核算，最终得到全球生态系统调节服务价值量分布。可以得到以下特征：

（1）由于森林生态系统具有包含水源涵养、土壤保持、防风固沙、固碳释氧、大气净化、气候调节等诸多服务功能。而且单位面积调节服务价值量要远大于其他生态系统。所以，可以看出最终得到的全球生态系统调节服务价值量较大的地区往往是森林覆盖率高的地区，特别是热带雨林集中分布的地区，主要分布在赤道附近，比如亚马孙雨林、印度尼西亚、非洲中部地区等。

（2）全球生态系统调节服务价值量较小的区域往往是植被覆盖率较低的地区，这些地区生态系统所能提供的调节服务功能较少。主要分布在撒哈拉沙漠、阿拉伯半岛、中亚地区及澳大利亚内陆区域等。例如沙特阿拉伯国土面积达 225 万 km^2，而其生态系统气候调节服务价值量仅为 17.50 亿美元，相反，哥伦比亚国土面积为 114 万 km^2，但由于其境内热带雨林广泛分布使得其生态系统调节服务价值量达到 1.87 万亿美元，其单位面积的生态系统调节服务价值量是沙特阿拉伯的 2 000 余倍。

不同的生态系统类型所具有的调节服务功能不尽相同，固碳、释氧和气候调节功能仅对森林、草地和湿地三种生态系统核算，土壤保持和水源涵养对于所有生态系统都核算。在各生态系统类型方面，总的功能价值量大小依次为湿地、森林、荒漠、草地、农田和城镇；在各调节服务功能方面，价值量大小依次为气候调节、水源涵养、释氧、土壤保持和固碳。湿地的气候调节价值量占总价值量的比例最大，达到 73%，森林固碳、释氧、水源涵养和土壤保持能力高于其他生态系统类型，其次是草地生态系统，在各服务价值量中的占比也较大，城镇作为人工生态系统，其各种服务价值量都处于最低水平。除气候调节价值外，水源涵养在其他各调节服务价值量中的占比最高，达到 93%。

4.5 不确定性分析

由于开展全球生态系统生态调节服务价值核算所需基础数据在查找和获取上面临较大困难，本报告中在固碳调节、释氧调节和水源涵养等指标的核算过程中对相关参数选取和价格设定均以 2017 年度中国地区的参数和价格为参照，同时结合全球主要区域的人力成本情况、碳交易价格等进行计算，而在气候调节指标核算过程中考虑了不同纬度地区对降温、增湿需求的地区差异；此外，由于部分指标在基准年 2017 年度数据未能获取，采取了最近年份 2015 年可获得数据进行替代，这些近似替代过程均会对结果产生一定的影响。

（1）关于生态系统调节服务价值量的核算主要采用替代成本法或影子工程法，但在确定相关价格参数及相关工程成本参数时无法收集到具体全球各国的相应数值，目前主要采用的是全球主要区域的参数区间范围，这会对最终结果产生一定影响。

（2）由于设定计算基准年为 2017 年，但有部分矢量数据诸如全球 NDVI 值、全球土地利用分布等数据未收集到 2017 年数据，目前仅能以 2015 年数据进行替代，数据年份差异也会对最终结果产生一定影响。

（3）对于土壤保持功能而言，其价值量应包含减少泥沙淤积、减少面源污染和保肥三大功能，但由于计算减小面源污染和保肥功能所需参数无法收集到，因此本次计算仅考虑减小泥沙淤积功能，因此所计算出的土壤保持功能价值量较真实数据明显偏小。

（4）对于水源涵养功能而言，水源涵养功能的大小应结合当地降雨量、径流量和蒸散发量数据进行核算，但由于全球各国的实际径流量数据难以获取，采取降雨强度替代算法核算出的水源涵养功能价值量可能较真实数据偏大。

4.6　小结

通过对全球生态系统气候调节、固碳释氧、水源涵养、土壤保持 5 项调节服务价值量的核算，结果显示，2017 年全球生态系统调节服务的总价值区间为 93.95 万亿～172.20 万亿美元，平均价值为 132.75 万亿美元。其中最主要的调节服务为气候调节服务，其价值量平均值达到 99.04 万亿美元。通过对调节服务量的空间分布进行研究可以看出，全球生态系统调节服务价值量较大的地区往往是森林覆盖率高的地区，特别是热带雨林集中分布的地区，而较小的区域往往是植被覆盖率较低的地区。

5　全球生态系统文化旅游服务价值核算

文化服务资源的使用价值和基础性，主要体现在对游客的吸引力，随着社会的进步、经济的发展、科学技术的进步、人们认知的不断加深，人们旅游需要多样化、个性化旅游资源的范畴也在不断扩大，包括物质性、非物质性的旅游资源，也包括有形、无形的旅游资源。文化服务价值的评价要从客观实际出发，将文化服务资源所处地域的区位、环境、客源、经济发展水平、交通状况、旅游开发情况和邻近区域旅游状况等均纳入评价范畴，进行系统评价。充分运用合理恰当的知识、理论和科学的评价方法、模型，指导文化服务资源的价值评价工作。

5.1　数据来源

文化服务价值核算数据来自世界银行世界发展指标（World Development Indicators）数据库中对世界各国和地区旅游收入的统计，世界银行在收据数据中用当年美元可比价进行核算。根据已有研究经验，通常来说，自然风景旅游人数和消费占到总旅游人数和消费的 70%，但由于各国自然风景和人文景点分布差异较大，因此本研究根据各国维度差异，将全球国家分为三个区域，①南北纬 30°以内的国家，主要分布在赤道周边，以海岛和热带国家为主，自然风光禀赋高，自然风景旅游人数和消费占到总旅游人数和消费的比例按照 70%～90% 计算；②南北纬 30°～60°，人文景点分布多，自然风景和人文景点分布较为复杂，自然风景旅游人数和消费占到总旅游人数和消费的比例按照 50%～70%计算；③南北纬 60°以上，为亚寒带和寒带地区，与热带地区相似，主要以自然景点旅游为主，自然风景旅游人数和消费占到总旅游人数和消费的比例按照 70%～90%计算。

5.2 计算方法

文化服务资源货币化价值评价的方法主要分为三种类型：一是直接市场评价法，包括机会成本法、人力资本法、重置成本法、损害函数法、生产函数法、计量-反应法、生产率变动法等；二是揭示偏好法，包括旅行费用法（Travel Cost Method，TCM）、内涵资产定价法、防护支出法等；三是陈述偏好法，如条件价值法（Contingent Valuation Method，CVM）等。其中 TCM 和 CVM 是文化服务资源货币化价值评估中最为流行的方法，美国政府分别于 1979 年和 1986 年将这两种方法确认为旅游资源评估的优先方法，也是我国国内旅游资源价值评估的主要技术方法。

TCM 是非市场物品价值评估的一种比较成熟的评估技术方法，主要适用于风景名胜区、休闲娱乐地、国家公园等地的文化服务价值评估。TCM 是 1947 年美国经济学家 Harold Hotelling 最早运用 TCM 评估户外娱乐价值。TCM 又分为两种基本模型，分别是区域旅行费用法（Zonal Travel Method，ZTCM）和个人旅行费用法（Individual Travel Cost Method，ITCM），两种模型都基于共同的理论前提，但所不同的是 ZTCM 主要根据游客的客源地划定出游区域，通过计算各区的旅游率、旅行费用，建立旅游率—旅行费用模型，来评价旅游资源的游憩价值，而 ITCM 则主要通过建立个体的旅行次数和旅行费用模型，来分析评价旅游地游憩价值。

CVM 又称意愿价值评估法，是一种典型的陈述偏好法，它的前提假设是环境要素具有"投标竞争"和"可支付性"的特征。CVM 利用效用最大化的原理，通过构建假想市场，揭示人们对于环境改善的最大支付意愿或接受环境恶化赔偿的最小补偿意愿。由于全球 GEP 文化旅游价值涉及的国家较多，采用调查方法耗时耗力，且标准较难统一，因此本研究采取直接利用世界银行数据库中全球各国家旅游收入统计数据，并根据全球不同纬度地区自然风景或一般生态相关的旅游占全部旅游收入的比例进行折算。

5.3 核算结果

通过数据筛选，共获得全球 130 个国家和地区有效生态系统文化旅游价值。经最终计算得到 2017 年全球生态系统文化旅游总价值区间为 5.92 万亿～7.25 万亿美元，平均价值为 6.59 万亿美元，其中，中国的生态系统文化旅游服务价值最高，达到 1.57 万亿美元。

全球各国家和地区生态系统文化旅游服务价值量的排名情况如图 11 所示，由图中可以看出，按照各国平均值计算排名最靠前的五个国家和地区包括中国、美国、德国、英国、法国，生态系统文化旅游服务价值超过 0.15 万亿美元的国家和地区还包括澳大利亚、韩国和俄罗斯，这八个国家和地区的生态系统文化旅游服务价值平均值的总和占全球生态系统文化旅游服务总价值量的 60%。从核算结果可以看出，全球生态系统文化旅游服务价值空间分布极不均匀，除中国外，主要的生态系统文化旅游服务价值大国均为发达国家。

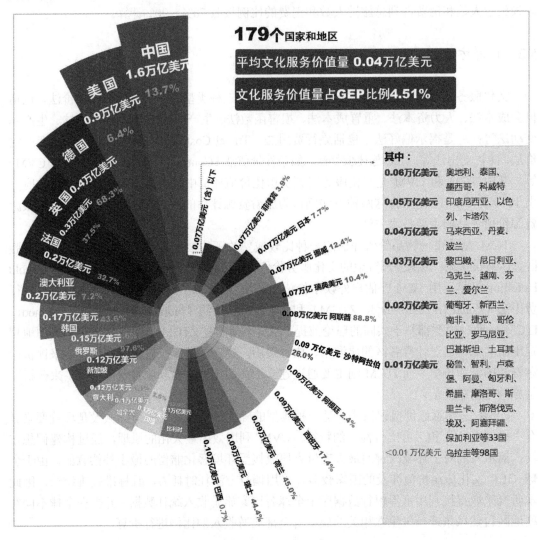

图 11　2017 年全球生态系统文化旅游服务价值量排名情况

5.4　特征分析

可以看出，核算出来的生态系统文化旅游服务价值量大的国家主要为旅游资源丰富的地区以及全球旅游主要目的地，包括中国、美国、德国、英国、法国等。除中国外均为发达国家，一部分原因是这些发达国家普遍消费水平高，由此带来的旅游消费高，导致这些国家总体旅行收入较高。

5.5　不确定性分析

本研究为保证数据的一致性和可比性，选择了世界银行数据库世界各国旅游统计收入作为唯一数据来源，并且按照国家纬度差异，考虑各国自然景点旅游收入比例，按照区间计算了文化旅游服务价值。目前存在的不确定性主要有两个方面：

（1）虽然对各国采取了差异化的自然景点旅游收入比例对总旅游收入进行拆分，但仍无法避免一些国家，特别是自然风光独特的小国具有极高比例的自然风光或人文景点，但目前很难对世界各国该比例进行一一校核，也很难采用旅行费用等调查方法开展大规模调查。

（2）目前各国旅游收入按照国际和国内两个部分统计，世界银行的指标解释表明国际旅游游客按照机场入境数量进行统计，因此当一些游客前往 A 国但是从 B 国机场入境，该部分旅游价值会被统计为 B 国指标，造成部分国家特别是一些交通不太方便的国家国际旅游价值被低估的现象。

5.6　本章小结

通过对 2017 年全球 130 个国家和地区的生态系统文化旅游服务进行核算，结果显示，不完全统计的生态系统文化旅游总价值区间为 5.92 万亿～7.25 万亿美元，平均价值量为 6.59 万亿美元。其中，中国的数值最高，约占全球总量的 23.74%。生态系统旅游文化服务价值量大的国家主要为发达国家及全球旅游主要目的地国。

6　全球 GEP 核算结果

6.1　生态系统实物量指标分析

根据土地利用类型图划分了六大生态系统，即森林生态系统、草地生态系统、农田生态系统、湿地生态系统、城镇生态系统、荒漠生态系统。全球生态系统中，森林总面积为 5 932.61 km²，占比为 44.4%；荒漠总面积为 2 892.11 万 km²，占生态系统的 21.6%；草地面积为 2 150.58 万 km²，占比为 16.1%；农田面积为 1 445.54 万 km²，占比为 10.8%；湿地总面积为 886.08 万 km²，占比为 6.6%；城镇面积为 69 万 km²，占比为 0.5%。从空间分布上来看，森林主要集中在南美洲、非洲南部、东南亚以及亚洲北部；草地主要集中在北美洲中部、亚洲中部和欧洲西南部；农田主要集中在亚洲南部和东部、非洲中部和亚欧大陆交接处；湿地主要为格陵兰岛和南极。

NPP 是生态系统中绿色植被用于生长、发育和繁殖的能量值，也是生态系统中其他生物成员生存和繁衍的物质基础。面积是反映不同生态系统的数量指标，NPP 是反映不同生态系统质量的重要指标。2017 年，全球森林生态系统 NPP 为 325.60 亿 t，占比为 59.6%；

草地生态系统 NPP 为 92.43 亿 t，占比为 16.9%；农田生态系统 NPP 为 84.73 亿 t，占比为 15.5%；湿地、荒漠和城镇生态系统 NPP 相对较少，占比分别为 4.2%、3.1%和 0.7%。从单位生态系统面积的 NPP 指标看，农田和森林生态系统相对最高，分别为 586.15 t/km^2 和 548.83 t/km^2；草地和湿地生态系统单位面积的 NPP 分别为 429.77 t/km^2 和 259.74 t/km^2；荒漠生态系统单位面积的 NPP 最小。

6.2　生态系统 GEP 核算结果

核算结果显示（图 12），2017 年全球 GEP 价值总量区间为 108.28 万亿～187.86 万亿美元，平均价值为 147.76 万亿美元，从 GEP 的三项指标结构来看，全球陆地生态系统的调节服务价值达到 132.75 万亿美元，占比 89.84%；随后依次是全球陆地生态系统的物质产品供给服务价值 8.41 万亿美元、文化旅游服务价值 6.59 万亿美元。在全球陆地生态系统的调节服务功能中以气候调节功能的价值最高，达到 99.04 万亿美元，其次是水源涵养的功能价值达到 31.38 万亿美元；在全球不同的生态系统类型中以湿地生态系统的生产总值最高，尤其是湿地生态系统的气候调节能力最为突出，而森林生态系统的其他服务价值均最高。

图 12　2017 年全球生态系统生产总值的结构组成

从 GEP 的空间分布来看，2017 年全球 GEP 总量排名前五的国家分别是巴西、美国、中国、加拿大和俄罗斯，均以生态系统气候调节服务价值为主，这五个国家的 GEP 之和超过全球 GEP 总量的 40%；而 GEP 总量排名前十的国家还包括刚果（金）、印度尼西亚、印度、赞比亚和阿根廷，这十个国家的 GEP 之和占全球 GEP 总量的 60%左右。

从不同生态系统类型 GEP 价值来看（表 10），森林、草地、湿地等生态系统所具有的调节服务功能不尽相同，固碳、释氧和气候调节功能仅对森林、草地和湿地三种生态系统核算，土壤保持和水源涵养对于所有生态系统都核算。在各生态系统类型方面，总的功能价值量大小依次为湿地、森林、草地、荒漠、农田和城镇；在各调节服务功能方面，价值量大小依次为气候调节、水源涵养、释氧、固碳和土壤保持。湿地的气候调节价值量占总价值量的比例最大，达到 41.8%，森林固碳、释氧、水源涵养和土壤保持能力高于其他生态系统类型，其次是草地生态系统，在各服务价值量中的占比也较大，城镇作为人工生态系统，其各种服务价值量都处于最低水平。

表 10　全球不同生态系统类型的生态服务价值核算表　　单位：万亿美元

生态系统类型	产品供给	固碳调节	释氧调节	气候调节	水源涵养	土壤保持	调节服务	文化旅游	总计
农田生态系统	—	0	0	0	2.63	0.02	2.65	—	—
森林生态系统	—	0.17	1.51	31.11	15.56	0.19	48.54	—	—
草地生态系统	—	0.04	0.32	6.12	6.36	0.02	12.86	—	—
湿地生态系统	—	0.0006	0.05	61.81	1.60	0.004	63.46	—	—
城镇生态系统	—	0	0	0	0.20	0.0009	0.20	—	—
荒漠生态系统	—	0	0	0	5.04	0.004	5.04	—	—
总　计	8.41	0.21	1.89	99.04	31.38	0.24	132.75	6.59	147.76

注：物质产品供给服务、文化旅游服务功能无法分解到不同生态系统，只有合计。

6.3　全球各国的对比分析

根据全球各个国家和地区的 GEP 核算结果，结合已收集整理的全球 GDP、人口和面积数据，开展针对全球不同国家、不同区域的统计分析，如图 13 所示。

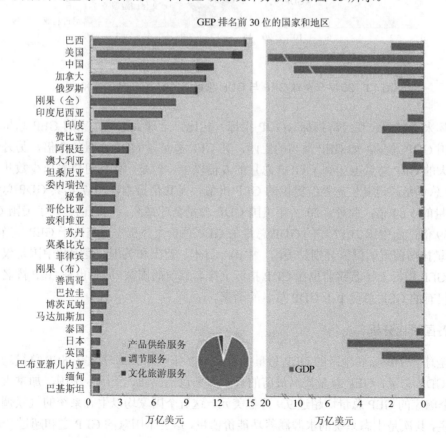

GEP 排名前 30 位的国家和地区

GDP 排名前 30 位的国家和地区

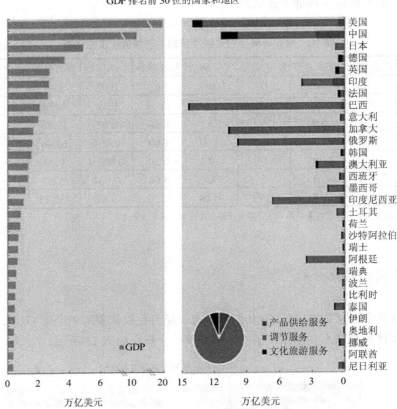

图 13　2017 年全球 GEP 与 GDP 总量排名前 30 位的国家和地区

　　总体来看，与宏观经济指标（GDP 指标）相比，全球大部分国家的 GEP 总量均明显高于该国 GDP 总量，如 GEP 最高的巴西，其 GEP 总量是 GDP 总量的 7 倍，另外俄罗斯和加拿大的 GEP 总量也达到了 GDP 总量的 6 倍以上。但是，仍然可以看出少数几个国家的 GDP 总量是超过其生态系统提供的 GEP 价值，尤其是日本，2017 年其 GDP 总量高达GEP 总量的 5.64 倍；此外，2017 年美国 GDP 总量全球最高，同时也达到了美国 GEP 总量的 1.39 倍，而中国 2017 年的 GDP 总量与 GEP 总量大体持平，略高于 GEP。当年全球GDP 总量排名前五的国家分别是美国、中国、日本、德国和英国，美国和中国是仅有的两个既在 GEP 指标上排名靠前也在 GDP 指标上排名靠前的国家，同时也是 GEP 排名前五的国家中仅有的 GEP 总量小于 GDP 总量的国家。

6.3.1　各国对比分析

　　从全球各个国家和地区的 GEP 总量来看，2017 年全球大部分国家 GEP 总量均明显高于该国 GDP 总量，GEP 总量排名最前的五个国家包括巴西、美国、中国、加拿大和俄罗斯，每个国家的 GEP 总量均超过 9.9 万亿美元，这五个国家均以生态系统的气候调节服务价值为主，其次是生态系统的水源涵养功能价值量，这五个国家的 GEP 之和超过全球 GEP

总量的 40%；而 GEP 总量排名前十的国家主要分布在美洲、欧洲、亚洲和非洲，这十个国家的 GEP 之和占全球 GEP 总量 60% 左右，这其中又以位于美洲的国家占比最高，约占全球总量的 29%。

从全球各个国家和地区的 GEP、GDP 排名对比来看，对比 GDP 排名，刚果（金）、赞比亚、莫桑比克等非洲国家排名次序提升明显，GEP/GDP 比值达 70～150 倍，而日本、英国、法国等发达国家排名明显下滑，GDP/GEP 比值反而达 2～8 倍；另外，GDP 排名前五的国家中日本、德国和英国的 GEP 排名滑落至 25 名以外，德国、法国、意大利等发达国家则在 GEP 前 30 榜单落榜。详见表 11。

表 11　2017 年全球 GEP 总量前 30 国家主要指标的排名对比

国家	GEP 排名	GDP 排名	国家	GEP 排名	GDP 排名
巴西	1	8	玻利维亚	16	96
美国	2	1	苏丹	17	57
中国	3	2	莫桑比克	18	125
加拿大	4	10	菲律宾	19	37
俄罗斯	5	11	刚果（布）	20	140
刚果（金）	6	93	墨西哥	21	15
印度尼西亚	7	16	巴拉圭	22	91
印度	8	6	博茨瓦纳	23	116
赞比亚	9	103	马达加斯加	24	126
阿根廷	10	21	泰国	25	25
澳大利亚	11	13	日本	26	3
坦桑尼亚	12	84	英国	27	5
委内瑞拉	13	47	巴布亚新几内亚	28	109
秘鲁	14	49	缅甸	29	73
哥伦比亚	15	38	巴基斯坦	30	39

6.3.2　重点区域对比分析

从重点区域和五大洲的 GEP 来看，发达国家 GEP 总量不足发展中国家的一半，主要分布在美洲和欧洲，约占全球总量的 24%，但其人均 GEP 却是发展中国家的近 2 倍，远高于全球平均水平；经济合作与发展组织各项指标基本与发达国家相近，"一带一路"国家各项指标均处于中上水平行列，GEP 总量约占全球总量的 28%，欧盟则在单位面积 GEP 上表现突出，远优于全球平均水平。五大洲中 GEP 总量最大的是美洲，最小的是大洋洲，而美洲的 GEP 总量又聚集在少数国家当中，占全球 GEP 总量的前 20 国家榜单中的 8 席，这些国家的 GEP 总和超过 50 万亿美元，约占美洲 GEP 总量的 85%，约大洋洲 GEP 总量的 12 倍之多。

从重点区域和五大洲的 GEP、GDP 排名对比来看，依靠疆域辽阔及强大的生态系统调节服务，发展中国家 GEP 总量最高；经济合作与发展组织、发达国家和欧盟等经济水平较高的区域 GEP 总量其次。五大洲中，美洲和亚洲稳居各项排名前二，美洲生态环境禀赋优势明显；非洲和欧洲排名基本不分伯仲，欧洲经济发展优裕；大洋洲则全部排名靠后。详见表 12 和图 14。

表 12 2017 年重点区域和五大洲的主要指标对比（1 最大，5 最小）

不同对象	GEP 大小	GDP 大小	五大洲	GEP 排名	GDP 排名
发展中国家	1	3	美洲	1	2
"一带一路"国家	2	4	亚洲	2	1
经济合作与发展组织国家	3	1	非洲	3	4
发达国家	4	2	欧洲	4	3
欧盟国家	5	5	大洋洲	5	5

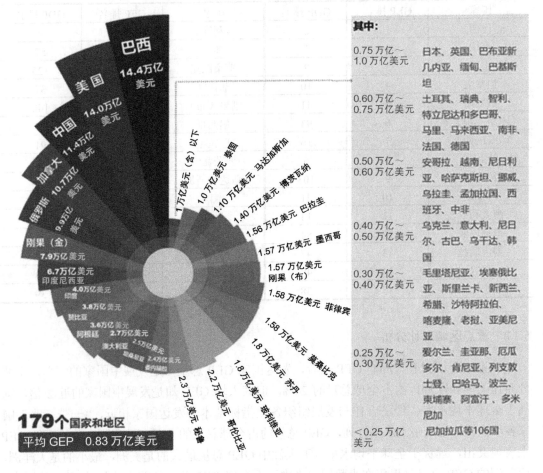

图 14 2017 年全球生态系统生产总值排名情况

6.4 聚类特征分析

采用 SPSS Statistics（Version 26）工具分类分析方法中的"系统聚类"，聚类方法选择

"瓦尔德法"，结合全球各国家和地区的生态系统生产总值、生态系统物质产品供给服务价值、生态系统调节服务价值、生态系统文化旅游服务价值这四项指标的核算结果进行分类。聚类分析结果显示（图 15），按照价值量高低，全球各个国家和地区可以被划分为"高""较高""中等""较低"四个类别。

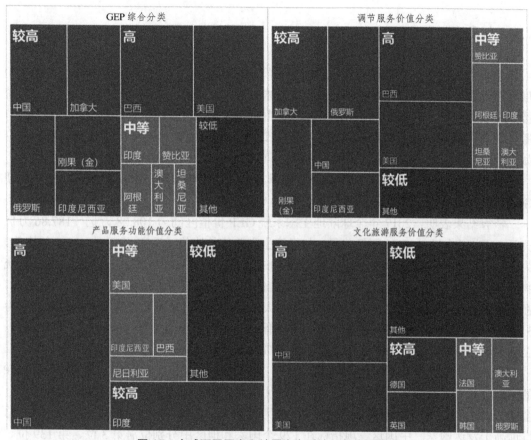

图 15　全球不同国家和地区生态系统服务价值聚类

　　具体来看，综合四项指标的分类结果显示具有"高"服务价值的国家仅包括巴西和美国，具有"较高"服务价值的国家包括中国、加拿大、俄罗斯、刚果（金）和印度尼西亚，具有"中等"服务价值的国家包括印度、赞比亚、阿根廷、澳大利亚和坦桑尼亚，具有"较低"服务价值的则是除上述的其他国家和地区。从各单项指标的分类结果来看，巴西尽管只具有"中等"水平的生态系统物质产品供给服务价值、"较低"水平的生态系统文化旅游服务价值，但具有"高"水平的生态系统调节服务价值，生态系统物质产品供给服务价值水平和文化旅游服务价值水平对总体服务价值水平的影响较小；美国依靠"高"水平的生态系统调节服务价值和文化旅游服务价值，同样跃居"高"GEP 水平。中国虽然 GEP 总量比美国小，但在生态系统物质产品服务价值水平和文化旅游服务价值水平上均具有"高"服务价值。

7 结论建议及有关说明

7.1 主要结论

本报告利用空间分辨率为 1 km 的遥感影像解译数据，分别从实物量和价值量两个角度，对 2017 年全球 179 个主要国家涉及森林、湿地、草地、荒漠、农田等陆地生态系统类型提供的物质产品服务、生态调节服务和生态旅游文化服务进行了核算，其中生态调节服务主要核算了气候调节、固碳调节、释氧调节、水源涵养和土壤保持功能，主要结论如下：

（1）全球 GEP 总量巨大，2017 年度全球 GEP 平均价值达到 147 万亿美元，超过同期 GDP 接近一倍

核算结果表明，2017 年全球陆地生态系统 GEP 价值区间为 108.28 万亿～187.86 万亿美元，平均价值为 147.76 万亿美元，与经济生产总值的比值（GGI，GEP 与 GDP 的比值）为 1.86。其中，全球陆地生态系统调节服务价值 132.75 万亿美元，占 89.84%；生态系统物质产品价值为 8.41 万亿美元，占 5.69%；文化旅游服务价值为 6.59 万亿美元，占 4.46%。在调节服务功能中，气候调节服务价值量最大，为 99.04 万亿美元；其次是水源涵养，为 31.38 万亿美元，固碳调节、释氧调节、土壤保持三项调节功能价值合计为 2.33 万亿美元。全球人均 GEP 为 1.98 万美元/人，单位面积 GEP 为 101.79 万美元/km^2。

（2）不同地区国家的生态资产禀赋不同，全球 GEP 总量以及人均 GEP、单位面积 GEP 的空间分布差异明显，巴西、美国、中国、加拿大、俄罗斯等国的 GEP 总量相对较高；全球 GEP 总量主要分布于美洲，达到 60.14 万亿美元，占比 40.71%；发展中国家 GEP 总量远高于发达国家。中国这三项指标在 179 个国家和地区中分别位居第 3 位、第 139 位、第 99 位

全球 GEP 总量最高的国家分别是巴西、美国、中国、加拿大、俄罗斯、刚果（金）、印度尼西亚和印度，此外，赞比亚、阿根廷也都具有相对较高的 GEP，中国在全球 GEP 总量中排名第 3。全球 GEP 总量的空间分布极为不均，从南北半球分布来看，北半球国家总量是南半球的 2 倍多，不到 10%的国家（排名前 15 位）的 GEP 总量占据了全球总量的 66%，且主要分布在美洲国家；从五大洲的 GEP 总量的分布来看，亚洲占 23.42%，欧洲占 12.25%，美洲占 40.71%，非洲占 20.89%，大洋洲占 2.74%；从不同发展程度国家的 GEP 总量来看，发展中国家 GEP 总量远大于发达国家，发展中国家 GEP 总量占全球总量的比重达到 73.57%，是发达国家的 3 倍左右；其中，中国的人均 GEP 明显低于全球平均水平，仅为 0.82 万美元/人，位居全球第 139 位，中国的单位面积 GEP 略高于全球平均水平，达到 119 万美元/km^2，位居全球第 99 位。

（3）从不同生态系统的实物量评价结果来看，全球森林总面积及 NPP 总量最大，但农田所提供的单位面积 NPP 最大。从不同生态系统提供的 GEP 价值量来看，湿地的 GEP 价

值最大，其次是森林，荒漠生态系统的 GEP 最小

从不同生态系统的实物量评价结果来看，以面积指标作为实物量评价的数量指标，结果显示 2017 年全球森林生态系统总面积最大，为 5 932.61 万 km²，占全球生态系统总面积的 44.4%；以 NPP 指标作为实物量评价的质量指标，2017 年全球森林生态系统 NPP 最大，达到 325.60 亿 t，占比为 59.6%，城镇生态系统 NPP 最小，仅为 3.57 亿 t；从不同生态系统类型的价值量结果来看，湿地生态系统的生态调节服务量相对最大，为 63.47 万亿美元，随后依次是森林、草地、农田、荒漠生态系统，城市生态系统提供的服务量相对最小，仅为 0.19 万亿美元，但从单位面积 NPP 来看是荒漠生态系统提供的单位面积服务量最小，为 17.43 万美元/km²。

（4）关联生态资产与经济发展水平可以看出，各国 GEP 排名、GDP 排名差别较大，仅中国、美国等少数国家两项指标排名均靠前，而 GEP 排名靠前但 GDP 排名落后的国家基本上均为非洲国家，其具有良好的生态优势，但同时面临地理位置偏僻、经济最为落后的困境

GEP 排名靠前而 GDP 排名较低的国家和地区包括圣多美和普林西比、中非、刚果（布）、刚果（金）、赞比亚、毛里塔尼亚、博茨瓦纳，这些国家的 GGI 均超过 100，此外，几内亚比绍、瑙鲁、莫桑比克也都具有相对较高的 GEP 排名；而以荷兰、韩国、法国、德国、意大利、日本等为代表的发达国家属于 GDP 排名较高但 GEP 排名相对靠后的情况，其 GEP 总量和本国 GDP 总量的比值均处于全球最后几名，经济发展较少地依赖或不依赖于其生态系统本底。可以看出，GEP 排名靠前而 GDP 排名落后的国家，基本上全部来自非洲，这些非洲国家具有良好的地理条件和生态禀赋优势，但同时绝大多数都被列入了经联合国批准的最不发达国家名单，经济非常落后，亟须转变发展方式。

（5）发达国家的人均 GEP 和单位面积 GEP 明显高于全球平均水平，其中美国、日本、德国、法国、英国等国的这两项指标位于前列；"一带一路"国家人均 GEP 和单位面积 GEP 指标整体偏低，分别为 1.25 万美元/人和 87.84 万美元/km²

全球各国人均 GEP 和单位面积 GEP 空间差异明显，列支敦士登的人均 GEP 和单位面积 GEP 均位居全球第一，而中国人均 GEP、单位面积 GEP 分别为 0.82 万美元/人、119.27 万美元/km²，位于 139 位和 99 位，人均 GEP 远低于全球平均水平；从五大洲的人均 GEP 来看，大洋洲为 10.07 万美元/人，美洲为 5.97 万美元/人，欧洲为 2.58 万美元/人，非洲为 2.48 万美元/人，亚洲仅为 0.77 万美元/人；从五大洲的单位面积 GEP 来看，美洲为 147.43 万美元/km²，非洲为 104.92 万美元/km²，亚洲为 79.52 万美元/km²，欧洲为 78.94 万美元/km²，大洋洲仅为 47.44 万美元/km²；从不同发展程度来看，发达国家人均 GEP 和单位面积 GEP 均明显优于发展中国家，且明显高于全球平均水平；在各重点区域中，"一带一路"国家的人均 GEP 和单位面积 GEP 以及欧盟人均 GEP 均低于全球平均水平，"一带一路"国家两项指标分别为 1.25 万美元/人和 87.84 万美元/km²。

（6）从 GEP 总量以及三个单项指标的聚类等级特征来看，巴西和美国均位于第一梯队，具有"高"生态系统服务价值；中国、加拿大、俄罗斯、刚果（金）和印度尼西亚同属于第二梯队

采用系统聚类分析方法，按照 GEP 价值量高低将全球各国家和地区划分为具有"高"

"较高""中等""较低"服务价值四个类别。综合分类结果显示，位于第一梯队、具有"高"生态系统服务价值的国家包括巴西和美国两国，位于第二梯队具有"较高"生态系统服务价值的国家包括中国、加拿大、俄罗斯刚果（金）和印度尼西亚，位于第三梯队具有"中等"生态系统服务价值的国家包括印度、赞比亚、阿根廷、澳大利亚和坦桑尼亚，其他国家和地区则仅具有"较低"的服务价值。从各单项指标的分类结果看，中国虽然 GEP 总量比美国小，但在生态系统物质产品服务价值水平和文化旅游服务价值水平上均具有"高"服务价值，明显优于美国或与美国持平。

7.2 主要建议

（1）强化 GEP 核算过程规范性，尽快发布核算技术指南，推动核算方法体系标准化；积极鼓励地方开展 GEP 核算工作，加强 GEP 核算的地方应用

生态产品和服务价格是进行 GEP 价值量核算的关键步骤，生态产品与服务不同的单位价格，是影响 GEP 核算的一个主要敏感因素，对 GEP 核算结果影响较大。本报告中，GEP 核算涉及 9 种不同的生态功能核算，很多生态功能没有直接市场化的价格，每种生态功能价格核算方法都不同，且每种生态功能可能都有多种核算方法。生态系统产品与服务定价方法不规范，是 GEP 核算受到质疑的主要原因之一。从 20 世纪 70 年代开始，全球已经开展了生态系统服务功能核算的相关研究，但因核算方法、关键参数、核算范围、指标体系、核算内容等不同，不同学者核算的生态系统服务功能结果差距很多。需要对 GEP 核算方法、关键参数、核算范围、指标体系等方面进行规范。建议对已有研究进行梳理，规范 GEP 核算方法，编写 GEP 核算技术指南，以最快的速度通过部门规范形式发布 GEP 核算等技术指南，确保走在其他部门前面发布，引领"绿水青山就是金山银山"价值核算和生态产品价值转化。积极鼓励地方开展 GEP 核算工作，在生态文明建设示范区、"绿水青山就是金山银山"实践创新基地先行开展 GEP 核算，加快建立以 GEP 核算为基础的"绿水青山"向"金山银山"转化，加快培育以生态产品为主体的新兴业态，建立健全基于 GEP 核算的生态补偿机制。

（2）充分认识 GEP 核算对环境政策评估分析的重要意义，推动核算工作制度化，以 GEP 核算为基础落实习近平生态文明思想和"绿水青山"向"金山银山"转化的相关要求

总体上看，我国环境政策决策的费用效益分析还未引起立法和政府部门的足够重视，目前大多采用定性与定量分析相结合的方法，而且侧重于末端治理成本和直接污染减排效益估算，还没有涉及生态系统以及生态经济效益的估算，模型方法也远未达到普适性和规范性水平。随着生态文明建设推进和重大污染防治行动计划实施，建立基于生态经济效益核算的费用效益分析框架迫在眉睫，建议完善费用效益分析框架，在开展费用效益分析时，增加 GEP（生态效益）分析的评价内容。

党的十八大报告提出要加强生态文明建设，把资源消耗、环境损害、生态效益纳入经济社会发展评价体系，建立体现生态文明要求的目标体系、考核办法、奖惩机制。GEP 核算主要对生态系统的生态效益进行价值量核算，是生态效益纳入经济社会发展评价体系的一个综合指标。建议重视 GEP 核算的基础作用，以 GEP 核算为基础，探索变生态要素为

生产要素、变生态财富为物质财富的道路，提高绿色产品的市场供给和生态补偿力度，促进"绿水青山"向"金山银山"的转化。

（3）支持加强 GEP 核算能力建设，筑牢 GEP 核算相关基础

加强 GEP 核算基础数据能力建设。GEP 核算涉及的数据范围较广，不仅有森林生态系统、草地生态系统、湿地生态系统、农田生态系统等多个生态系统实物量数据的数量和质量数据，还涉及不同生态功能单位价格，对数据要求比较高，需要加强不同层级、不同尺度、不同地域的 GEP 核算数据能力建设工作。建议加强生态环境部门系统内以及与资源、林业、中科院系统等跨部门基础数据共享，完善基础数据和参数系数的监测和统计体系，加强国家和各级地方关于生态系统价值核算的人才队伍建设。争取积极与国际上主流的机构组织开展合作交流，以研究论文的形式发表全球 GEP 核算相关研究成果，讲好绿色核算的"中国故事"和"中国模式"。

（4）建立健全政府主导下基于 GEP 核算的市场化公共性生态产品补偿机制，充分调动各方积极性与热情，积极推进生态环境治理和生态产品价值转化

生态补偿是公共性生态产品价值实现的重要方式和途径，现有以政府为主导的补贴式、被动式的补偿方式，难以充分调动起农牧民主动参与生态保护的积极性，且缺乏稳定常态化资金渠道，多由各国家相关部委多头实施和管理，大大降低了生态补偿的效果。建议我国学习借鉴相关国家（如哥斯达黎加国家森林基金，以环境服务许可证方式购买水源涵养、生态固碳、生态旅游等生态产品）的成功经验，针对公共性生态产品建立起政府主导下以市场配置为主体的生态补偿创新机制，如建立公共性生态产品国家生态补偿专项基金、生态损害保险等资金筹集方式鼓励调动社会资本参与生态补偿，以充分调动各方积极参与生态保护与建设的热情。

7.3　有关说明

《全球生态系统生产总值（GEP）核算研究报告》以研究的方式考察各国的 GEP，根据现有的最佳数据衡量各国距离一套既定政策目标的差距。由于可用数据和研究方法的限制，本报告将一直不断修订。接下来，随着 GEP 项目逐渐完成试用阶段，本报告会逐渐得到完善。为补充改善数据来源，欢迎您登录提出建议、意见、反馈或推荐信息。

本报告中，"国家" 一词的使用范围非常宽泛既可指国家，也可指行政或经济实体。

参考文献

[1]　ASSESSMENT M E. Ecosystems and human well-being: general synthesis[M]. Island Press：Washington D.C.，2005.

[2]　欧阳志云，王效科，苗鸿 . 中国陆地生态系统服务功能及其生态经济价值的初步研究[J]. 生态学报，1999，19（5）：607-613.

[3]　谢高地，鲁春霞，冷允法 . 青藏高原生态资产的价值评估[J]. 自然资源学报，2003，18（2）：189-196.

[4]   DAILY G C. Nature's services：societal dependence on natural ecosystems[M]. Island Press，1997.

[5]   COSTANZA R，D'ARGE R，GROOT R D，et al. The value of the world's ecosystem services and natural capital[J]. Nature，1997，387（6630）：253-260.

[6]   DAILY G C，SÖDERQVIST T，ANIYAR S，et al. The Value of Nature and the Nature of Value[J]. Science，2000，289（5478）：395-396.

[7]   陈仲新，张新时. 中国生态系统效益的价值[J]. 科学通报，2000，1：17-22.

[8]   潘耀忠，史培军，朱文泉. 中国陆地生态系统生态资产遥感定量测量[J]. 中国科学（D辑），2004，34（4）：375-384.

[9]   毕晓丽，葛剑平. 基于 IGBP 土地覆盖类型的中国陆地生态系统服务功能价值评估[J]. 山地学报，2004，22（1）：48-53.

[10]   何浩，潘耀忠，朱文泉. 中国陆地生态系统服务价值测量[J]. 应用生态学报，2005，16（6）：1122-1127.

[11]   朱文泉，张锦水，潘耀忠. 中国陆地生态系统生态资产测量及其动态变化分析[J]. 应用生态学报，2007，18（3）：586-594.

[12]   薛达元，包浩生，李文华. 长白山自然保护区森林生态系统间接经济价值评估[J]. 中国环境科学，1999，19（3）：247-252.

[13]   肖寒，欧阳志云. 森林生态系统服务功能及其生态经济价值评估初探——以海南岛尖峰岭热带森林为例[J]. 应用生态学报，2000，11（4）：481-484.

[14]   谢高地，张铭铿，鲁春霞. 中国自然草地生态系统服务价值[J]. 自然资源学报，2001，16（1）：47-53.

[15]   吴玲玲，陆健健，童春富. 长江口湿地生态系统服务功能价值的评估[J]. 长江流域资源与环境，2003，12（5）：411-416.

[16]   庄大昌. 洞庭湖湿地生态系统服务功能价值评估[J]. 经济地理，2004，24（3）：391-432.

[17]   辛馄，肖笃宁. 盘锦地区湿地生态系统服务功能价值评估[J]. 生态学报，2002，22（8）：1345-1349.

[18]   鲁春霞，谢高地，成升魁. 水利工程对河流生态系统服务功能的影响评价方法初探明[J]. 应用生态学报，2003，4（5）：803-807.

[19]   United Nations. The System of Environmental-Economic Accounting 2012-Experimental Ecosystem Accounting[M]. New York：United Nations，2014.

[20]   刘国水. 作物蒸散量测定与计算方法研究[D]. 保定：河北农业大学，2008.

[21]   张丽云，江波，肖洋 等. 洞庭湖生态系统最终服务价值评估[J]. 湿地科学与管理，2016，12（1）：21-25.

[22]   江波，张路，欧阳志云. 青海湖湿地生态系统服务价值评估[J]. 应用生态学报，2015，26（10）：3137-3144.

[23]   崔丽娟，庞丙亮，李伟，等. 扎龙湿地生态系统服务价值评价[J]. 生态学报，2016，36（3）：828-836.

[24]   付梦娣，李俊生，章荣安，等. 浙江省南部山区生态系统服务价值评估[J]. 生态经济，2016，32（4）：189-193.

[25]   肖强，肖洋，欧阳志云，等. 重庆市森林生态系统服务价值评估[J]. 生态学报，2014，34（1）：216-223.

[26]   CICERONE R J，OREMLAND R S. Biogeochemical aspects of atmospheric methane. Global Biogeochemical Cycles 2，1998，288-327.

[27]   FOLEY J A. Net primary productivity in the terrestrial biosphere：The application of a global-model[J].

Journal of Geophysical Research-Atmospheres，1994，99（D10）：20773-20783.

[28] ZHAO M S，NEMANI R R. Improvements of the MODIS terrestrial gross and net primary production global data set[J]. Remote Sensing of Environment，2005，95（2）：164-176.

[29] 郭晓寅，何勇，沈永平，等. 基于 MODIS 资料的 2000—2004 年江河源区陆地植被净初级生产力分析[J]. 冰川冻土，2006，28（4）：512-518.

[30] 国志兴，王宗明，刘殿伟，等. 基于 MOD17A3 数据集的三江平原低产农田影响因素分析[J]. 农业工程学报，2009，25（2）：152-155.

[31] 国家发展和改革委员会应对气候变化司. 中国 2008 年温室气体清单研究[M]. 北京：中国计划出版社，2014.

[32] 国家林业局. 森林生态系统服务功能评估规范：GB/T 38582—2008[Z]. 2008-04-28.

[33] 於方，王金南，曹东，等. 中国环境经济核算技术指南[M]. 北京：中国环境科学出版社，2009.

[34] 饶恩明，肖燚，欧阳志云. 中国湖库洪水调蓄功能评价[J]. 自然资源学报，2014，29（8）：1356-1365.

[35] 欧阳志云，赵同谦，王效科，等. 水生态服务功能分析及其间接价值评价[J]. 生态学报，2004，24（10）：2091-2099.

[36] 朱春全. 生态系统生产总值（GEP）概念的由来[EB/OL]. 2012. http://www.cbcgdf.org/NewsShow/4854/3097.html.

[37] 欧阳志云，朱春全，杨广斌，等. 生态系统生产总值核算：概念、核算方法与案例研究[J]. 生态学报，2013，33（21）：6747-6761.

[38] 马国霞，周夏飞，彭菲，等. 2015 年中国生态系统生态破坏损失核算研究[J]. 地理科学，2019，39（6）：1008-1015.

[39] 王金南，马国霞，於方，等. 2015 年中国经济-生态生产总值核算研究[J]. 中国人口·资源与环境，2018，28（2）：1-7.

附 表

国家或地区	GEP		GDP	
	排名	总量/万亿美元	排名	总量/万亿美元
总计	—	147.76	—	79.53
巴西	1	14.39	8	2.05
美国	2	14.02	1	19.49
中国	3	11.41	2	12.14
加拿大	4	10.71	10	1.65
俄罗斯	5	9.91	11	1.58
刚果（金）	6	7.93	93	0.04
印度尼西亚	7	6.68	16	1.02
印度	8	3.96	6	2.65
赞比亚	9	3.75	103	0.03
阿根廷	10	3.58	21	0.64
澳大利亚	11	2.65	13	1.33
坦桑尼亚	12	2.51	84	0.05
委内瑞拉	13	2.37	47	0.22
秘鲁	14	2.29	49	0.21
哥伦比亚	15	2.22	38	0.31
玻利维亚	16	1.78	96	0.04
苏丹	17	1.77	57	0.12
莫桑比克	18	1.58	125	0.01
菲律宾	19	1.58	37	0.31
刚果（布）	20	1.57	140	0.01
墨西哥	21	1.57	15	1.16
巴拉圭	22	1.56	91	0.04
博茨瓦纳	23	1.40	116	0.02
马达加斯加	24	1.10	126	0.01
泰国	25	0.97	25	0.46
日本	26	0.86	3	4.86
英国	27	0.84	5	2.67
巴布亚新几内亚	28	0.81	109	0.02
缅甸	29	0.79	73	0.07
巴基斯坦	30	0.78	39	0.30
土耳其	31	0.74	17	0.85
瑞典	32	0.71	22	0.54
智利	33	0.71	40	0.28
特立尼达和多巴哥	34	0.70	111	0.02
马里	35	0.70	119	0.02
马来西亚	36	0.66	36	0.32

国家或地区	GEP		GDP	
	排名	总量/万亿美元	排名	总量/万亿美元
南非	37	0.64	32	0.35
法国	38	0.64	7	2.59
德国	39	0.62	4	3.66
安哥拉	40	0.58	58	0.12
越南	41	0.58	44	0.22
尼日利亚	42	0.57	30	0.38
哈萨克斯坦	43	0.56	55	0.17
挪威	44	0.54	28	0.40
乌拉圭	45	0.53	80	0.06
孟加拉国	46	0.52	42	0.25
西班牙	47	0.51	14	1.31
中非	48	0.50	165	0.002
乌克兰	49	0.45	60	0.11
意大利	50	0.44	9	1.96
尼日尔	51	0.44	142	0.01
古巴	52	0.43	64	0.10
乌干达	53	0.42	102	0.03
韩国	54	0.40	12	1.53
毛里塔尼亚	55	0.37	150	0.005
埃塞俄比亚	56	0.37	67	0.08
斯里兰卡	57	0.36	66	0.09
新西兰	58	0.35	51	0.20
希腊	59	0.34	50	0.20
沙特阿拉伯	60	0.33	19	0.69
喀麦隆	61	0.31	97	0.03
老挝	62	0.30	117	0.02
亚美尼亚	63	0.30	132	0.01
爱尔兰	64	0.29	34	0.33
圭亚那	65	0.29	155	0.004
厄瓜多尔	66	0.28	62	0.10
肯尼亚	67	0.28	69	0.08
列支敦士登	68	0.28	146	0.01
巴哈马	69	0.27	130	0.01
波兰	70	0.27	23	0.53
柬埔寨	71	0.27	112	0.02
阿富汗	72	0.27	114	0.02
多米尼加	73	0.25	68	0.08
格陵兰	74	0.25	161	0.003
阿尔及利亚	75	0.24	53	0.17
纳米比亚	76	0.24	124	0.01
罗马尼亚	77	0.24	48	0.21

国家或地区	GEP		GDP	
	排名	总量/万亿美元	排名	总量/万亿美元
加纳	78	0.24	77	0.06
圣多美和普林西比	79	0.23	174	0.000 4
尼加拉瓜	80	0.22	123	0.01
塞内加尔	81	0.22	113	0.02
芬兰	82	0.21	41	0.25
蒙古	83	0.21	133	0.01
瑞士	84	0.21	20	0.68
乍得	85	0.20	136	0.01
荷兰	86	0.20	18	0.83
尼泊尔	87	0.20	104	0.03
海地	88	0.20	141	0.01
几内亚	89	0.20	135	0.01
加蓬	90	0.19	120	0.01
利比亚	91	0.18	95	0.04
布隆迪	92	0.18	157	0.003
苏里南	93	0.18	158	0.003
法属圭亚那	94	0.18	—	—
巴拿马	95	0.17	75	0.06
奥地利	96	0.17	27	0.42
马拉维	97	0.17	145	0.01
布基纳法索	98	0.17	128	0.01
丹麦	99	0.16	35	0.33
几内亚比绍	100	0.16	171	0.001
津巴布韦	101	0.16	108	0.02
斯威士兰	102	0.16	153	0.004
洪都拉斯	103	0.16	107	0.02
阿塞拜疆	104	0.15	88	0.04
危地马拉	105	0.15	71	0.08
白俄罗斯	106	0.15	82	0.05
哥斯达黎加	107	0.14	79	0.06
荷属安的列斯	108	0.14	—	—
埃及	109	0.14	43	0.24
朝鲜	110	0.13	98	0.03
斐济群岛	111	0.13	147	0.01
比利时	112	0.13	24	0.50
科特迪瓦	113	0.12	92	0.04
新加坡	114	0.12	33	0.34
索马里	115	0.12	152	0.005
赤道几内亚	116	0.11	129	0.01
葡萄牙	117	0.11	45	0.22
摩洛哥	118	0.11	61	0.11

国家或地区	GEP		GDP	
	排名	总量/万亿美元	排名	总量/万亿美元
阿曼	119	0.11	72	0.07
拉脱维亚	120	0.10	99	0.03
捷克	121	0.10	46	0.22
牙买加	122	0.10	121	0.01
波多黎各	123	0.09	63	0.10
阿联酋	124	0.09	29	0.38
贝宁	125	0.09	138	0.01
克罗地亚	126	0.09	81	0.06
爱沙尼亚	127	0.08	101	0.03
所罗门群岛	128	0.08	172	0.001
塞拉利昂	129	0.08	154	0.004
伯利兹	130	0.08	166	0.002
土库曼斯坦	131	0.08	94	0.04
伊朗	132	0.08	26	0.45
法罗群岛	133	0.08	167	0.002
吉尔吉斯斯坦	134	0.08	143	0.01
也门	135	0.07	100	0.03
匈牙利	136	0.07	56	0.14
立陶宛	137	0.07	86	0.05
萨尔瓦多	138	0.07	105	0.02
塔吉克斯坦	139	0.07	144	0.01
格鲁吉亚	140	0.07	118	0.02
塞尔维亚	141	0.07	87	0.04
伊拉克	142	0.07	52	0.20
保加利亚	143	0.06	78	0.06
叙利亚	144	0.06	70	0.08
科威特	145	0.06	59	0.12
卡塔尔	146	0.06	54	0.17
莱索托	147	0.06	162	0.003
卢旺达	148	0.05	139	0.01
利比里亚	149	0.05	156	0.003
不丹	150	0.05	164	0.002
乌兹别克斯坦	151	0.05	76	0.06
以色列	152	0.05	31	0.35
波斯尼亚	153	0.05	115	0.02
突尼斯	154	0.04	90	0.04
黎巴嫩	155	0.04	83	0.05
多哥	156	0.04	151	0.005
斯洛伐克	157	0.04	65	0.10
科摩罗	158	0.04	173	0.001
斯洛文尼亚	159	0.04	85	0.05

国家或地区	GEP		GDP	
	排名	总量/万亿美元	排名	总量/万亿美元
阿尔巴尼亚	160	0.04	127	0.01
文莱	161	0.03	131	0.01
东帝汶	162	0.03	163	0.002
冈比亚	163	0.03	169	0.002
摩尔多瓦	164	0.02	137	0.01
冰岛	165	0.02	106	0.02
约旦	166	0.02	89	0.04
北极地区	167	0.02	—	—
塞浦路斯	168	0.02	110	0.02
瑙鲁	169	0.01	176	0.000 1
卢森堡	170	0.01	74	0.06
吉布提	171	0.01	160	0.003
厄立特里亚	172	0.01	149	0.005
马其顿	173	0.009	134	0.01
安道尔	174	0.008	159	0.003
马尔维纳斯群岛	175	0.005	175	0.000 2
圣马力诺	176	0.004	168	0.002
塞舌尔	177	0.003	170	0.002
开曼群岛	178	0.002	148	0.01
阿拉伯区	179	0.001	122	0.01

中央环保督察与 COVID-19 疫情两种情景下大气污染治理经济影响比较实证研究

Effects of Air Pollution Control on Economic Development：A Comparative Empirical Analysis Based on the Central Environmental Inspection and COVID-19 Epidemic

王金南　刘苗苗　董金池　毕军[①]

摘　要　为推动生态文明建设，党的十八大以来我国先后出台了一系列重大决策部署，尤其是中央环保督察等具有针对性的精准化治理手段，以控制环境污染、提高生态环境质量、改善人民的生活环境。然而，随着我国生态文明建设不断推进，环境治理力度的不断加强也引发了对我国经济发展问题的担忧。在此背景下，环境治理是否给我国的经济发展带来了巨大的负面冲击成为亟须明确的重要问题。为此，本研究以中央环保督察作为精准化环境治理的代表，以 COVID-19 疫情防控期间无序性、无规划的停工停产措施作为"无序化"环境治理的代表，采用双重差分的实验设计量化中央环保督察期间及 COVID-19 疫情防控期间全国 337 个地级及以上城市工业企业停工停产带来大气环境质量与经济指标变化情况，通过对比分析两者在环境质量改善的同时所伴随的社会经济成本，以确定我国精准化环境治理手段对我国环境质量改善以及经济增长的作用。

关键词　中央环保督察　COVID-19　大气污染防治　经济发展

Abstract　In recent years，China has launched a series of policies to process the development of ecological civilization. The Central Environmental Inspection（CEI）feathered with targeted and precise governance measures is expected to control environmental pollution，promote ecological environmental quality，and improve citizens' living experience. However，with the deepening and strengthening of environmental governance，we are worried about the constraints effects of environmental regulation on economic development. This research took the targeted shutdown or rectification during the CEI and the unplanned suspension during the COVID-19 epidemic as parallel cases. On this basis，this research

① 生态环境部环境规划院（北京，100012）；南京大学环境学院（南京，210023）。

analyzed and compared the changes in the revenue and profits of industrial enterprises during the CEI and the COVID-19 epidemic using the difference in difference model（DID）to identify the positive roles of targeted environmental regulations launched by the Chinese government.

Keywords　Central Environmental Inspection，COVID-19，air pollution control，economic development

2015 年 7 月 1 日，中央全面深化改革领导小组第十四次会议审议通过《环境保护督察方案（试行）》，提出重点督察地方贯彻党中央决策部署、解决突出环境问题、落实环境保护主体责任的情况。中央环保督察制度的确立，标志着中国环保督察从环保部门牵头转变为中央主导，从以查企业为主转变为"查督并举"，实现对"党、政、企"三层主体责任的督察。截至 2017 年 9 月，我国已完成对全国 31 个省级行政区划单位的第一轮环保督察。2019 年 6 月 17 日《中央生态环境保护督察工作规定》的印发，进一步标志着中央生态环境保护督察由运动式执法转变为成为一种常态化的监管模式，并在同年 7 月正式启动第二轮中央生态环境保护督察。随着我国生态文明建设的不断推进以及环境治理的不断深入，环境治理是否会对我国的经济发展带来负面影响开始受到各方的广泛重视。为此，本研究以第一轮中央环保督察作为精准化环境治理手段的代表，通过与 COVID-19 疫情防控期间产生的无序化环境减排措施进行对比，利用双重差分回归方法，分析两者对我国工业企业营收及亏损企业数量的影响，以揭示我国精准化环境治理手段对我国环境质量改善以及经济增长的作用。

1　研究方法和数据来源

1.1　研究边界

截至 2017 年 9 月，我国已分四批完成对全国 31 个省级行政区划单位的第一轮环保督察（表 1）。为此，本研究将分别以各批次督察组宣布进驻及结束进驻的当日作为政策影响大气环境质量的开始及结束时间，以宣布进驻及结束进驻的月份作为政策影响经济成本的开始及结束时间。为进一步分析中央环保督察的影响是否持续存在，本研究将进一步分析环保督察结束后 1 个月的大气环境质量变化规律；同时，考虑到环境规制对经济的滞后性影响，本研究对经济效益的变化规律分析将延长至环保督察结束后的 2 个月。

2019 年 12 月 31 日，中国政府向世界卫生组织通报了发生在武汉的 COVID-19 疫情，在此影响下，自 2020 年 1 月 1 日起，湖北地区的生产生活状况出现了显著变化。为此，本研究将 2020 年 1 月 1 日作为疫情防控期间无序减排措施影响湖北地区大气环境质量的开始时间，以 2020 年 1 月作为疫情防控期间无序减排措施影响湖北地区经济成本的开始时间。2020 年 1 月 23 日武汉市正式实行"封城"政策，在之后的一周内全国 31 个省份均发布了突发公共卫生事件一级响应。因此，本研究将 2020 年 1 月 23 日作为疫情防控期间无序减排措施影响全国除湖北外其他地区大气环境质量的开始时间，以 2020 年 1 月作为疫情防控期间无序减排措施影响全国除湖北外其他地区经济成本的开始时间。2020 年 3 月底，除湖北省外全国其他 30 个省份（不包括港澳台地区）均已下调突发公共卫生事件应急响应级别；2020 年 4 月 8 日，武汉市正式解除"封城"政策，标志着疫情防控期间无序减排措施的结束。因此，本研究将 2020 年 4 月 8 日作为疫情防控期间无序减排措施影响全国大气环境质量的结束时间，以 2020 年 3 月作为疫情防控期间无序减排措施影响全国经济成本的结束时间。

表 1   中央环保督察及 COVID-19 疫情影响时间边界

研究对象		大气环境质量影响研究		企业经济效益影响研究	
		开始时间	结束时间	开始时间	结束时间
中央 环保督察	第一批	2016/7/12	2016/8/15	2016/7	2016/8
	第二批	2016/11/24	2016/12/30	2016/11	2016/12
	第三批	2017/4/24	2017/5/28	2017/4	2017/5
	第四批	2017/8/7	2017/9/15	2017/8	2017/9
COVID-19	湖北省	2020/1/1	2020/4/8	2020/1	2020/3
	其他地区	2020/1/23	2020/4/8	2020/1	2020/3

为进一步探究不同公共卫生风险等级下的大气环境质量和经济成本变化规律，本研究以 2020 年 4 月 8 日各省累积 COVID-19 确诊病例为依据，将全国 31 个省份（不包括港澳台地区）分为 3 组：湖北省为高风险组，除湖北省外确诊人数超过 500 人的省份为中风险组，其余省份为低风险组（表 2），并对其进行异质性分析。

表 2   COVID-19 疫情防控期间公共卫生风险分组情况

组别	数量	省份名称
高风险	1	湖北
中风险	13	广东、河南、浙江、湖南、安徽、江西、山东、江苏、黑龙江、北京、重庆、四川、上海
低风险	17	福建、河北、广西、陕西、天津、云南、海南、山西、贵州、辽宁、内蒙古、吉林、甘肃、新疆、宁夏、青海、西藏

1.2   指标选取及数据来源

本研究选取 $PM_{2.5}$、PM_{10}、SO_2、NO_2、O_3 和 CO 六类主要大气污染物来捕捉中央环保督察期间精准化环境治理手段以及 COVID-19 疫情防控期间无序化减排措施对大气环境质量的影响。2015 年 1 月—2020 年 4 月 337 个地级及以上城市的每日污染物浓度数据来源于生态环境部大气环境信息官方发布网站"全国城市空气质量实施发布平台"（http://106.37.208.233:20035/）。为增强污染物浓度数据的平滑性，降低少数数据异常波动的影响，本研究将大气污染物浓度进行 7 日滑动平均。同时，2015 年 1 月—2020 年 3 月 337 个地级及以上城市的平均降水量、平均气温和平均风速数据来自中国气象局官方数据发布网站中国气象数据网（http://data.cma.cn/）。

本研究以规模以上工业企业（年营业收入大于 2 000 万元）营业收入（以下简称企业营收）和亏损企业数量作为经济指标，衡量中央环保督察期间精准化环境治理手段以及 COVID-19 疫情防控期间无序减排措施的经济成本。工业是我国经济发展的重要支柱，占我国 GDP 总量的 40%左右，且工业源是我国大气污染的重要来源以及污染控制的主要对象。[1-3] 因此，本研究将采用工业企业营收和亏损企业数量分析我国大气环境治理的经济成本。2014 年 1 月—2020 年 3 月各省月度企业营收及亏损企业数量数据来源于国家统计局（http://data.stats.gov.cn/-easyquery.htm?cn=E0101）。为保障多期经济指标数据的可比性，本研究以 2014 年为基期，将 2015—2020 年的月度企业营收折算为可比价格。其中由于国家统计局并未公布每年 1 月数据，因此该数据集并未将每年 1 月数据包含在内。

1.3　计量模型

本研究采用双重差分方法分析中央环保督察以及 COVID-19 疫情对我国大气污染物浓度、企业营收以及亏损企业数量的影响。双重差分方法已被广泛应用于政策及其影响的因果关系分析中[4, 5]，其基本思想是对两组观察结果进行比较，当在第一个时间段内两者具有相同变化趋势（政策影响前）的同时，在第二个时间段内（政策影响后）仅有一组观察结果受到研究因素（政策）的干扰（处理组），另一组仍保持之前的变化趋势（控制组），则将两组观察结果相减即可得到最终研究因素的影响大小。[6] 其具体理论公式如式（1）所示。

$$\ln(y_{it}) = \alpha_i + \gamma_t + \beta_1 \text{Region}_i \times \text{Date}_t + \delta X_{it} + \varepsilon_{it} \tag{1}$$

式中，y_{it} 为时间 t 和省份 i 的各类大气污染物浓度、企业营收或亏损企业数量，为消除异方差影响并获得变化弹性大小，本研究对 y_{it} 进行对数处理；Region_i 为二分变量，用以确定控制组和处理组，当研究地区作为处理组时，$\text{Region}_i = 1$，否则为 0；同样，Date_t 为二分变量，用以捕捉中央环保督察或 COVID-19 疫情的影响，当处于这两者的影响期内，$\text{Date}_t = 1$，否则为 0；地区固定效应 α_i 和时间固定效应 γ_t 用于消除污染物浓度、企业营收或亏损情况变化中未观测到的地区和时间因素影响；协变量 X_{it} 包括三类影响大气污染物浓度的气象因素，即平均降水量、平均温度和平均风速；ε_{it} 为误差项。

由于疫情发生在春节期间，节日期间停产停工对各类污染物的变化存在显著影响，因此本研究在大气污染物浓度变化研究中以每年春节为基准对各对照组的数据以日为单位进行前后平移，以抵消各年由于春节假期的影响。

1.4　大气环境质量改善的经济成本对比分析

基于双重差分模型，本研究可得到中央环保督察及 COVID-19 疫情防控期间各类大气污染物浓度、企业营收和亏损企业数量的变化率及其绝对变化值。

在此基础上，由于企业营收的变化代表各类大气污染物综合治理造成的成本总和，因此本研究将采用《城市环境空气质量排名技术规定》（环办监测〔2018〕19 号）中确定的空气质量综合指数来表征城市大气环境质量的整体状况，并分别计算中央环保督察及 COVID-19 疫情防控期间单位空气质量综合指数改善量的经济成本。具体方法如下：

单项质量指数：

$$I_i = \frac{C_i}{S_i} \qquad (2)$$

式中，I_i 为单项质量指数；C_i 为指数 i 的评价浓度值；S_i 为 i 的标准值，其中，当 i 为 PM$_{2.5}$、PM$_{10}$、SO$_2$ 和 NO$_2$ 时，S_i 为污染物 i 的年均浓度二级标准限值；当 i 为 O$_3$ 时，S_i 为日最大 8 小时平均的二级标准限值；当 i 为 CO 时，S_i 为污染物 i 的日均浓度二级标准限值。

空气质量综合指数：

$$I_{sum} = \sum_{i=1}^{6} I_i \qquad (3)$$

式中，I_{sum} 为空气质量综合指数；I_i 为指标 i 的单项质量指数。

单位空气质量综合指数改善量经济成本：

$$C_I = \frac{\Delta C}{\Delta I_{sum}} \qquad (4)$$

式中，C_I 为单位空气质量综合指数改善量的经济成本；ΔC 为企业营收的变化量；ΔI_{sum} 为空气质量综合指数的变化量。

2 大气环境质量影响分析

2.1 中央环保督察对大气环境质量的影响

本部分通过双重差分的方法探究了中央环保督察期间以及督察结束后一个月内 PM$_{2.5}$、PM$_{10}$、SO$_2$、NO$_2$、O$_3$ 和 CO 六类主要大气污染物浓度的整体及分批次变化情况。分析结果显示：

（1）在中央环保督察期间，PM$_{2.5}$、PM$_{10}$、SO$_2$、NO$_2$、O$_3$ 和 CO 六类大气污染物的浓度分别下降 9.7%（95% CI：6.1%～13.3%）、7.1%（95% CI：3.8%～10.4%）、11.0%（95% CI：6.2%～15.7%）、4.6%（95% CI：1.4%～7.9%）、3.6%（95% CI：1.0%～6.2%）和 3.1%（95% CI：0.4%～5.8%），即此六类污染物日均浓度分别下降 3.0 μg/m³（95% CI：1.9～4.2 μg/m³）、4.2 μg/m³（95% CI：2.3～6.2 μg/m³）、1.4 μg/m³（95% CI：0.8～2.1 μg/m³）、1.1 μg/m³（95% CI：0.3～1.8 μg/m³）、3.4 μg/m³（95% CI：0.9～5.8 μg/m³）和 0.03 mg/m³（95% CI：0.003～0.05 mg/m³）。

（2）随着中央环保督察机制的不断推进和完善，各类污染物浓度的下降幅度也在逐渐增加。在第四批中央环保督察期间，PM$_{2.5}$、PM$_{10}$、SO$_2$、NO$_2$、O$_3$ 和 CO 六类污染物浓度下降幅度分别为 21.6%（95% CI：15.0%～28.2%）、19.8%（95% CI：13.4%～26.1%）、

21.3%（95% CI：13.5%～29.2%）、14.4%（95% CI：7.6%～21.3%）、10.4%（95% CI：7.3%～16.4%）和7.0%（95% CI：2.3%～11.7%），均显著高于前三个批次。

（3）随着中央环保督察机制的不断推进和完善，各类污染物浓度从督察结束后的"反弹"现象转变为持续下降，表明我国中央环保督察已实现污染治理从短期影响转变为长期改善。

2.1.1 大气污染物浓度变化图形分析结果

图1展示了中央环保督察前、中、后期六类大气污染物的浓度变化情况，其中阴影部分表示处理组正在受到中央环保督察的影响。图形结果显示，在中央环保督察开展前，控制组和处理组具有相似的浓度变化趋势，符合双重差分的基础假设，保障了研究结果的可靠性。同时，在中央环保督察开展期间，除臭氧外，各类污染物均出现明显的下降，初步说明中央环保督察对大气环境质量改善的积极作用。基于图形分析结果，本研究将采用双重差分的方法进一步分析中央环保督察期间及其结束后各类污染物的变化规律。

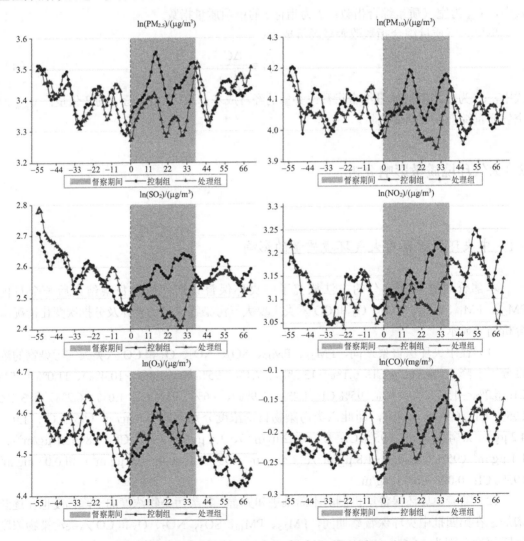

图1 中央环保督察前、中、后期各类污染物浓度变化趋势

2.1.2 中央环保督察期间大气污染物浓度变化回归分析

将四批中央环保督察作为一个整体进行双重差分回归的分析结果显示（表3），在中央环保督察期间，$PM_{2.5}$、PM_{10}、SO_2、NO_2、O_3 和 CO 六类大气污染物均出现显著下降，其中 SO_2 下降比例最高达到 11.0%（95% CI：6.2%～15.7%），其次为 $PM_{2.5}$、PM_{10}、NO_2、CO 和 O_3，下降比例分别为 9.7（95% CI：6.1%～13.3%）、7.1%（95% CI：3.8%～10.4%）、4.6%（95% CI：1.4%～7.9%）、3.6%（95% CI：1.0%～6.2%）和 3.1%（95% CI：0.4～5.8%）（表3）。经折算后可知，在中央环保督察期间，$PM_{2.5}$、PM_{10}、SO_2、NO_2、O_3 和 CO 日均浓度分别下降 3.0 μg/m³（95% CI：1.9～4.2 μg/m³）、4.2 μg/m³（95% CI：2.3～6.2 μg/m³）、1.4 μg/m³（95% CI：0.8～2.1 μg/m³）、1.1 μg/m³（95% CI：0.3～1.8 μg/m³）、3.4 μg/m³（95% CI：0.9～5.8 μg/m³）和 0.03 mg/m³（95% CI：0.003～0.05 mg/m³）。该结果有效验证了中央环保督察对于改善大气环境质量的积极作用。

表3 中央环保督察期间大气污染浓度变化回归结果

	（1）	（2）	（3）	（4）	（5）	（6）
因变量	ln（$PM_{2.5}$）	ln（PM_{10}）	ln（SO_2）	ln（NO_2）	ln（O_3）	ln（CO）
Region×Date	**−0.097*****	**−0.071*****	**−0.110*****	**−0.046*****	**−0.036*****	**−0.031****
	(0.018)	**(0.017)**	**(0.024)**	**(0.017)**	**(0.013)**	**(0.014)**
气象协变量	添加	添加	添加	添加	添加	添加
城市固定效应	控制	控制	控制	控制	控制	控制
时间固定效应	控制	控制	控制	控制	控制	控制
截距	3.816***	4.308***	3.221***	3.529***	4.307***	−0.010
	(0.034)	(0.024)	(0.063)	(0.027)	(0.044)	(0.027)
N	58 061	57 893	59 140	56 396	57 913	60 441
R^2	0.107	0.074	0.160	0.153	0.154	0.073

注：*表示在10%上显著，**表示在5%上显著，***表示在1%上显著；气象协变量包括平均气温、平均降水量和平均风速；加粗表示积极影响。

为进一步分析各批次中央环保督察期间大气环境污染浓度的变化规律，本研究针对中央环保督察的各批次分别进行双重差分回归分析。分析结果显示，在第一批中央环保督察期间，各类大气污染物浓度均无显著下降；第二批中央环保督察期间，个别大气污染物浓度开始出现显著下降；最后一批中央环保督察期间，六类大气污染物浓度均出现大幅下降，$PM_{2.5}$、PM_{10}、SO_2、NO_2、O_3 和 CO 浓度分别下降 21.6%（95% CI：15.0%～28.2%）、19.8%（95% CI：13.4%～26.1%）、21.3%（95% CI：13.5%～29.2%）、14.4%（95% CI：7.6%～21.3%）、10.4%（95% CI：7.3%～16.4%）和 7.0%（95% CI：2.3%～11.7%），即六类污染物日均浓度分别下降 5.6 μg/m³（95% CI：3.9～7.3 μg/m³）、10.3 μg/m³（95% CI：7.0～13.6 μg/m³）、2.3 μg/m³（95% CI：1.5～3.2 μg/m³）、2.9 μg/m³（95% CI：1.5～4.3 μg/m³）、12.2 μg/m³（95% CI：7.5～16.8 μg/m³）和 0.05 mg/m³（95% CI：0.02～0.09 mg/m³），显著高于前三批中央环保督察期间的大气污染物浓度下降幅度（表4）。该结果表明，随着中央环保督察机制的不断完善，中央环保督察对大气环境污染的改善力度在不断增强。

表 4 各批次中央环保督察期间大气污染浓度变化回归结果

因变量	（1） ln（PM$_{2.5}$）	（2） ln（PM$_{10}$）	（3） ln（SO$_2$）	（4） ln（NO$_2$）	（5） ln（O$_3$）	（6） ln（CO）
Region×Date×第一批	−0.019 （0.022）	−0.011 （0.022）	−0.024 （0.038）	0.013 （0.025）	−0.016 （0.020）	−0.015 （0.022）
Region×Date×第二批	**−0.075**** **（0.034）**	**−0.077**** **（0.037）**	−0.037 （0.060）	−0.024 （0.026）	**−0.068**** **（0.028）**	0.006 （0.031）
Region×Date×第三批	**−0.086***** **（0.028）**	−0.001 （0.022）	**−0.181***** **（0.046）**	−0.024 （0.024）	0.036 （0.021）	−0.042 （0.027）
Region×Date×第四批	**−0.216***** **（0.034）**	**−0.198***** **（0.032）**	**−0.213***** **（0.040）**	**−0.144***** **（0.035）**	**−0.104***** **（0.022）**	**−0.070***** **（0.024）**
Date×第一批	−0.015 （0.027）	−0.056*** （0.026）	−0.126*** （0.033）	−0.121*** （0.023）	−0.197*** （0.019）	0.092*** （0.021）
Date×第二批	0.454*** （0.036）	0.402*** （0.036）	0.293*** （0.052）	0.130*** （0.025）	−0.011*** （0.039）	0.259*** （0.030）
Date×第三批	−0.138*** （0.031）	−0.104*** （0.028）	−0.184*** （0.040）	−0.212*** （0.025）	0.055* （0.028）	−0.046* （0.027）
Date×第四批	0.076* （0.037）	0.104** （0.033）	0.008 （0.041）	0.117*** （0.028）	−0.070*** （0.022）	0.131*** （0.025）
气象协变量	添加	添加	添加	添加	添加	添加
城市固定效应	控制	控制	控制	控制	控制	控制
时间固定效应	控制	控制	控制	控制	控制	控制
截距	3.625*** （0.020）	4.155*** （0.022）	3.016*** （0.055）	3.386*** （0.014）	4.339*** （0.059）	−0.114*** （0.018）
N	58 061	57 893	59 140	56 396	57 913	60 441
R^2	0.186	0.140	0.220	0.216	0.203	0.122

注：*表示在10%上显著，**表示在5%上显著，***表示在1%上显著；气象协变量包括平均气温、平均降水量和平均风速；加粗表示积极影响。

2.1.3 中央环保督察结束后大气污染物浓度变化回归分析

为进一步验证中央环保督察结束后其产生的环境质量改善的影响是否可持续，本研究对中央环保督察结束一个月后各类大气环境污染物浓度的变化进行了双重差分回归分析。结果显示，在中央环保督察结束后，各类大气污染物未表现出浓度的继续下降，也未出现浓度的"反弹"（表 5）。

表 5 中央环保督察结束后大气污染浓度变化回归结果

因变量	（1） ln（PM$_{2.5}$）	（2） ln（PM$_{10}$）	（3） ln（SO$_2$）	（4） ln（NO$_2$）	（5） ln（O$_3$）	（6） ln（CO）
Region×Date	0.017 （0.024）	0.012 （0.021）	−0.036 （0.027）	0.003 （0.019）	0.004 （0.019）	0.012 （0.016）
气象协变量	添加	添加	添加	添加	添加	添加

	（1）	（2）	（3）	（4）	（5）	（6）
城市固定效应	控制	控制	控制	控制	控制	控制
时间固定效应	控制	控制	控制	控制	控制	控制
截距	3.886^{***}	4.446^{***}	3.161^{***}	3.597^{***}	4.272^{***}	-0.017
	（0.026）	（0.021）	（0.035）	（0.026）	（0.025）	（0.019）
N	54 163	53 997	55 248	52 499	53 820	56 549
R^2	0.135	0.113	0.157	0.191	0.209	0.089

注：*表示在10%上显著，**表示在5%上显著，***表示在1%上显著；气象协变量包括平均气温、平均降水量和平均风速。

但对各批次中央环保督察进行分组回归的结果显示，在第一批中央环保督察后一个月内，各类污染物浓度均出现了明显的"反弹"现象；随着中央环保督察的不断推进，督察结束后的"反弹"现象开始消失，第二批中央环保督察后一个月内部分污染物浓度已经出现持续的显著下降；在第四批中央环保督察结束后一个月内，除CO外其他五类大气污染物均保持明显的下降，且下降比例仍超过10%（表6）。该结果表明，随着我国中央环保督察机制的不断完善，我国环境污染治理已实现了从短期影响转变为长期改善。

表6　各批次中央环保督察结束后大气污染浓度变化回归结果

因变量	（1） ln（PM$_{2.5}$）	（2） ln（PM$_{10}$）	（3） ln（SO$_2$）	（4） ln（NO$_2$）	（5） ln（O$_3$）	（6） ln（CO）
Region×Date×第一批	0.131^{***}	0.111^{***}	0.082^{**}	0.121^{***}	0.140^{***}	0.059^{***}
	（0.041）	（0.034）	（0.040）	（0.025）	（0.032）	（0.024）
Region×Date×第二批	-0.038	-0.038	0.044	$\mathbf{-0.099^{**}}$	-0.047	-0.019
	（0.037）	（0.041）	（0.072）	**（0.033）**	（0.033）	（0.032）
Region×Date×第三批	0.010	0.042	$\mathbf{-0.162^{***}}$	0.007	0.021	0.004
	（0.032）	（0.027）	**（0.054）**	（0.033）	（0.035）	（0.035）
Region×Date×第四批	$\mathbf{-0.100^{**}}$	$\mathbf{-0.126^{***}}$	$\mathbf{-0.137^{**}}$	$\mathbf{-0.104^{***}}$	$\mathbf{-0.132^{***}}$	-0.023
	（0.041）	**（0.040）**	**（0.051）**	**（0.036）**	**（0.032）**	（0.031）
Date×第一批	0.022	-0.044	-0.084^{**}	0.031	-0.277^{***}	0.152^{***}
	（0.036）	（0.031）	（0.036）	（0.024）	（0.026）	（0.024）
Date×第二批	0.490^{***}	0.357^{***}	0.081^{***}	0.087^{**}	0.040	0.334^{***}
	（0.041）	（0.037）	（0.055）	（0.030）	（0.042）	（0.029）
Date×第三批	-0.386^{***}	-0.458^{***}	-0.253^{***}	-0.303^{***}	-0.189^{***}	-0.001
	（0.045）	（0.038）	（0.053）	（0.031）	（0.040）	（0.038）
Date×第四批	0.234^{***}	0.262^{***}	0.006	0.336^{***}	-0.206^{***}	0.214^{***}
	（0.041）	（0.037）	（0.047）	（0.029）	（0.035）	（0.030）
气象协变量	添加	添加	添加	添加	添加	添加
城市固定效应	控制	控制	控制	控制	控制	控制
时间固定效应	控制	控制	控制	控制	控制	控制
截距	3.566^{***}	4.125^{***}	3.000^{***}	3.359^{***}	4.252^{***}	-0.137^{***}
	（0.021）	（0.021）	（0.037）	（0.020）	（0.042）	（0.016）
N	54 163	53 997	55 248	52 499	54 022	58 463
R^2	0.226	0.211	0.189	0.297	0.251	0.123

注：*表示在10%上显著，**表示在5%上显著，***表示在1%上显著；气象协变量包括平均气温、平均降水量和平均风速；加粗表示积极影响；斜体表示负面影响。

2.2 COVID-19 疫情对大气环境质量的影响

本部分通过双重差分的方法检验了 COVID-19 疫情防控期间全国 $PM_{2.5}$、PM_{10}、SO_2、NO_2、O_3 和 CO 六类大气污染物浓度的变化情况，并对不同公共卫生风险地区进行分组回归，探究不同疫情风险地区的污染物浓度变化的差异。研究结果显示：

（1）在 COVID-19 疫情防控期间，$PM_{2.5}$、PM_{10}、SO_2、NO_2 和 CO 五类大气污染物浓度分别下降了 16.6%（95% CI：12.7%～20.6%）、11.9%（95% CI：8.2%～15.6%）、7.1%（95% CI：3.6%～10.6%）、31.1%（95% CI：28.7%～33.6%）和 6.0%（95% CI：3.4%～8.7%），即五类污染物日均浓度分别下降 6.2 $\mu g/m^3$（95% CI：4.8～7.8 $\mu g/m^3$）、7.9 $\mu g/m^3$（95% CI：5.5～10.4 $\mu g/m^3$）、0.7 $\mu g/m^3$（95% CI：0.4～1.1 $\mu g/m^3$）、7.5 $\mu g/m^3$（95% CI：6.9～8.1 $\mu g/m^3$）和 0.05 mg/m^3（95% CI：0.03～0.07 mg/m^3）。O_3 浓度在此期间并无显著下降。

（2）随着公共卫生风险等级的不断提高，COVID-19 疫情防控期间大气污染物浓度下降幅度也在显著增加。在风险等级最高的湖北地区，$PM_{2.5}$、PM_{10}、SO_2、NO_2 四类大气污染物浓度均有大幅下降，分别为 23.9%（95% CI：11.1%～36.7%）、21.5%（95% CI：10.8%～32.3%）、13.6%（95% CI：0～29.2%）和 61.3%（95% CI：50.0%～72.6%），即四类污染物日均浓度分别下降 12.8 $\mu g/m^3$（95% CI：6.0～19.7 $\mu g/m^3$）、18.1 $\mu g/m^3$（95% CI：9.1～27.2 $\mu g/m^3$）、1.2 $\mu g/m^3$（95% CI：0～2.5 $\mu g/m^3$）和 17.8 $\mu g/m^3$（95% CI：14.5～21.1 $\mu g/m^3$）。

2.2.1 大气污染物浓度变化图形分析结果

图 2 展示了 COVID-19 疫情发生前后六类大气污染物的浓度变化情况。结果显示，在 COVID-19 疫情发生前，六类大气污染物的控制组和处理组均保持相似的变化趋势，符合双重差分的基础假设，保障了研究结果的可靠性。同时，相较于控制组，COVID-19 疫情发生后除 O_3 外，其他五类大气污染物浓度均呈现明显的下降。

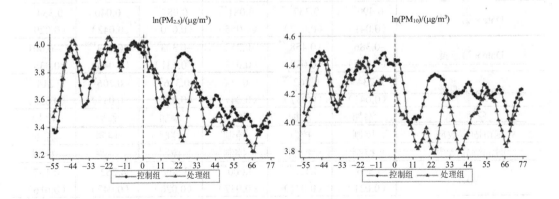

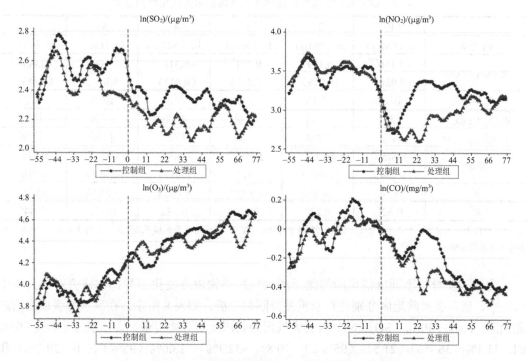

图 2 COVID-19 疫情防控期间各类污染物浓度变化趋势

2.2.2 COVID-19 疫情防控期间大气污染物浓度变化回归分析

COVID-19 疫情防控期间全国六类大气污染物浓度的双重差分结果如表 7 所示，在 COVID-19 疫情防控期间，$PM_{2.5}$、PM_{10}、SO_2、NO_2 和 CO 的下降幅度分别为 16.6%（95% CI：12.7%～20.6%）、11.9%（95% CI：8.2%～15.6%）、7.1%（95% CI：3.6%～10.6%）、31.1%（95% CI：28.7%～33.6%）和 6.0%（95% CI：3.4%～8.7%）。经折算后可知，COVID-19 疫情防控期间，$PM_{2.5}$、PM_{10}、SO_2、NO_2 和 CO 日均浓度分别下降 6.2 μg/m³（95% CI：4.8～7.8 μg/m³）、7.9 μg/m³（95% CI：5.5～10.4 μg/m³）、0.7 μg/m³（95% CI：0.4～1.1 μg/m³）、7.5 μg/m³（95% CI：6.9～8.1 μg/m³）和 0.05 mg/m³（95% CI：0.03～0.07 mg/m³）。该结果表明，COVID-19 疫情防控期间全国普遍程度上的停产停工能够显著改善我国大气环境质量。但与此同时，O_3 浓度变化并不明显。作为一种二次大气污染物，O_3 浓度的变化并非受到污染源减排的直接影响，而是受到 NO_2 和 VOC 等一次污染物的非线性影响[7]，有研究结果显示，此次疫情防控期间，NO_2 浓度的大幅降低导致滴定效应减弱是造成 O_3 浓度增加的主要原因。[8]

表7 COVID-19疫情防控期间大气污染浓度变化回归结果

	（1）	（2）	（3）	（4）	（5）	（6）
因变量	ln（$PM_{2.5}$）	ln（PM_{10}）	ln（SO_2）	ln（NO_2）	ln（O_3）	ln（CO）
Region × Date	**−0.166*****	**−0.119*****	**−0.071*****	**−0.311*****	−0.008	**−0.060*****
	（0.020）	**（0.019）**	**（0.018）**	**（0.012）**	（0.021）	**（0.013）**
气象协变量	添加	添加	添加	添加	添加	添加
城市固定效应	控制	控制	控制	控制	控制	控制
时间固定效应	控制	控制	控制	控制	控制	控制
截距	3.605***	4.092***	2.450***	3.419***	3.832***	−0.118***
	（0.014）	（0.011）	（0.012）	（0.011）	（0.014）	（0.010）
N	88 968	86 122	80 152	86 452	81 914	86 192
R^2	0.321	0.220	0.253	0.582	0.551	0.447

注：*表示在10%上显著，**表示在5%上显著，***表示在1%上显著；气象协变量包括平均气温、平均降水量和平均风速；加粗表示积极影响。

为进一步分析不同疫情风险等级下的大气污染物浓度变化差异，本研究对公共卫生高、中、低三类风险地区分别进行双重差分回归分析。如表8所示，在风险等级最高的湖北地区，$PM_{2.5}$、PM_{10}、SO_2、NO_2四类大气污染物浓度下降幅度最高，分别为23.9%（95% CI：11.1%~36.7%）、21.5%（95% CI：10.8%~32.3%）、13.6%（95% CI：0~29.2%）和61.3%（95% CI：50.0%~72.6%），即四类污染物日均浓度分别下降12.8 μg/m³（95% CI：6.0~19.7 μg/m³）、18.1 μg/m³（95% CI：9.1~27.2 μg/m³）、1.2 μg/m³（95% CI：0~2.5 μg/m³）和17.8 μg/m³（95% CI：14.5~21.1 μg/m³）。中风险及低风险地区各类大气污染物浓度下降幅度依次减弱。同样由于滴定效应减弱，臭氧在公共卫生高、中、低三类风险地区均无明显下降。该结果表明，在公共卫生风险越高的地区，随着疫情防控力度的不断增大，大气污染物浓度的下降幅度也在不断增大。

表8 不同公共卫生风险地区大气污染浓度变化回归结果

	（1）	（2）	（3）	（4）	（5）	（6）
因变量	ln（$PM_{2.5}$）	ln（PM_{10}）	ln（SO_2）	ln（NO_2）	ln（O_3）	ln（CO）
Region × Date × 高风险	**−0.239*****	**−0.215*****	**−0.136***	**−0.613*****	−0.056	−0.008
	（0.065）	**（0.055）**	**（0.080）**	**（0.058）**	（0.038）	（0.055）
Region × Date × 中风险	**−0.210*****	**−0.160*****	**−0.146*****	**−0.326***	−0.020	**−0.097*****
	（0.018）	**（0.016）**	**（0.027）**	**（0.016）**	（0.031）	**（0.015）**
Region × Date × 低风险	**−0.124*****	**−0.080*****	−0.008	**−0.278*****	−0.009	−0.030
	（0.033）	**（0.030）**	（0.025）	**（0.018）**	（0.030）	（0.022）
高风险 × Date	0.113	0.098*	0.030	−0.209***	0.617***	−0.050***
	（0.089）	（0.058）	（0.117）	（0.078）	（0.044）	（0.084）
中风险 × Date	−0.365***	−0.208***	0.075	-0312***	0.671***	−0.261***
	（0.048）	（0.039）	（0.093）	（0.039）	（0.047）	（0.057）
低风险 × Date	−0.242***	−0.029	−0.050	0.253***	0.598***	−0.328***
	（0.052）	（0.041）	（0.092）	（0.040）	（0.046）	（0.058）
气象协变量	添加	添加	添加	添加	添加	添加

	（1）	（2）	（3）	（4）	（5）	（6）
城市固定效应	控制	控制	控制	控制	控制	控制
时间固定效应	控制	控制	控制	控制	控制	控制
截距	3.441***	4.099***	2.447***	3.422***	3.839***	−0.131***
	(0.013)	(0.011)	(0.012)	(0.012)	(0.014)	(0.010)
N	86 272	86 122	80 152	86 452	81 914	86 192
R^2	0.333	0.246	0.258	0.588	0.553	0.455

注：*表示在 10%上显著，**表示在 5%上显著，***表示在 1%上显著；气象协变量包括平均气温、平均降水量和平均风速；加粗表示积极影响。

3 经济影响分析

3.1 中央环保督察对经济指标的影响

本部分通过双重差分的方法探究了中央环保督察期间和督察结束后两个月内企业营收和亏损企业数量的变化规律。研究结果显示：

（1）中央环保督察并未损害我国经济的发展。具体而言，在中央环保督察期间及督察结束后，对中央环保督察整体及各批次的回归结果显示，中央环保督察并未显著降低各地区的企业营收。

（2）中央环保督察对地方"散乱污"企业的取缔和整改，在一定程度上驱除了经营状况不善的"劣币"企业，促进了企业盈利情况，减少了亏损企业的数量；且对企业的利好现象在督察结束后不仅不会消失，甚至出现了扩大趋势。具体而言，第一批中央环保督察使得被督察地区各省亏损企业数量平均减少了约 103 家（95% CI：75～131 家）。环保督察结束后两个月，全国各省亏损企业数量显著降低 4.5%（95% CI：0.3%～9.3%）；第一批和第二批被督察地区各省亏损企业数量下降幅度分别为 10.3%（95% CI：7.3%～13.3%）和 5.9%（95% CI：0～12.0%），即第一批和第二批被督察地区各省亏损企业数量平均分别减少了约 124 家（95% CI：88～160 家）和 127 家（95% CI：0～258 家）。

3.1.1 中央环保督察对企业营收的影响

图 3 展示了中央环保督察期间各省企业营收月度变化趋势。图形结果显示，在中央环保督察开展前，控制组和处理组保持相似的变化趋势，符合双重差分的基本假设，保障了研究结果的可靠性。基于图形分析结果，本研究采用双重差分的方法进一步分析中央环保督察期间及督察结束两个月后企业营收的变化规律。

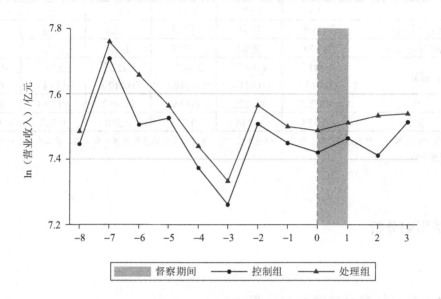

图 3　中央环保督察期间企业营收变化趋势

如表 9 所示，在中央环保督察期间及结束两个月后，企业营收的整体及分组双重差分结果均无显著变化。该结果表明，中央环保督察并未阻碍我国经济的发展。

表 9　中央环保督察期间及结束后企业营收的整体和分组回归结果

	中央环保督察期间		中央环保督察结束后	
	（1）	（2）	（3）	（4）
因变量	ln（营业收入）		ln（营业收入）	
Region×Date	0.002 （0.041）		0.003 （0.054）	
Region×Date×第一批		0.005（0.033）		0.054（0.038）
Region×Date×第二批		0.044（0.033）		0.050（0.055）
Region×Date×第三批		0.025（0.050）		−0.043（0.054）
Region×Date×第四批		−0.061（0.038）		−0.038（0.100）
第一批×Date		−0.415***（0.025）		−0.017（0.030）
第二批×Date		−0.100***（0.025）		0.468***（0.048）
第三批×Date		−0.326***（0.035）		−0.114***（0.040）
第四批×Date		−0.314***（0.034）		0.124**（0.060）
城市固定效应	控制	控制	控制	控制
时间固定效应	控制	控制	控制	控制
截距	7.47*** （0.02）	7.469*** （0.174）	7.46*** （0.02）	7.466*** （0.173）
N	571	571	558	558
R^2	0.094	0.167	0.102	0.221

注：*表示在 10%上显著，**表示在 5%上显著，***表示在 1%上显著。

3.1.2 中央环保督察对亏损企业数量的影响

图4展示了中央环保督察期间各省亏损企业数量的变化趋势，在中央环保督察开展前，控制组和处理组保持相似的变化趋势，符合双重差分基础假设，保障了后续回归结果的可靠性。基于图形分析结果，本研究采用双重差分的方法进一步分析中央环保督察期间及督察结束后两个月内亏损企业数量的变化趋势。

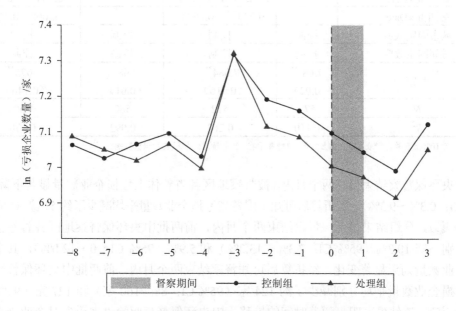

图4 中央环保督察期间亏损企业数量变化趋势

中央环保督察期间亏损企业数量的双重差分结果如表10所示，亏损企业数量在中央环保督察期间整体无显著变化；但分组结果显示，第一批督察中央环保督察地区亏损企业数量不仅没有增加，反而显著减少8.4%（95% CI：6.1%～10.6%），其余批次亏损企业数量则无显著变化（表10）。经折算后可知，第一批中央环保督察导致被督察地区各省亏损企业数量平均减少了约103家（95% CI：75～131家）。该结果表明，中央环保督察对地方"散乱污"企业的取缔和整改也一定程度上驱除了经营状况不善的"劣币"企业，促进了企业盈利情况，减少了亏损的企业数量。但随着中央环保督察的不断推进，地方大气环境质量改善幅度不断增加的同时，亏损企业数量的下降趋势显著减弱。

表10 中央环保督察期间及结束后整体和各批次亏损企业数量变化回归结果

	中央环保督察期间		中央环保督察结束后	
	（1）	（2）	（3）	（4）
因变量	ln（亏损企业数量）		ln（亏损企业数量）	
Region×Date	−0.051 （0.035）		−0.045[*] （0.024）	
Region×Date×第一批		−0.084[***]（0.012）		−0.103[***]（0.015）

	中央环保督察期间		中央环保督察结束后	
	(1)	(2)	(3)	(4)
Region×Date×第二批		−0.049（0.042）		**−0.059* （0.031）**
Region×Date×第三批		−0.036（0.022）		0.004 8（0.021）
Region×Date×第四批		−0.023（0.030）		−0.011（0.025）
第一批×Date		−0.328*** （0.063）		−0.030（0.020）
第二批×Date		−0.548*** （0.070）		0.209*** （0.028）
第三批×Date		−0.298*** （0.063）		−0.054*** （0.020）
第四批×Date		0.250*** （0.065）		−0.008（0.020）
城市固定效应	控制	控制	控制	控制
时间固定效应	控制	控制	控制	控制
截距	7.08*** （0.02）	7.084*** （0.016）	7.08*** （0.01）	7.075*** （0.146）
N	572	572	560	560
R^2	0.110	0.262	0.092	0.170

注：*表示在10%上显著，**表示在5%上显著，***表示在1%上显著；加粗表示积极影响。

中央环保督察结束后的两个月内，被督察地区各省整体上亏损企业数量显著下降4.5%（95% CI：0.3%～9.3%），经折算后可知全国各省亏损企业数量平均减少了约51家（95% CI：3～105家）。分组结果显示，督察结束两个月内，前两批中央环保督察地区各省亏损企业数量分别下降10.3%（95% CI：7.3%～13.3%）和5.9%（95% CI：0～12.0%），其余批次亏损企业数量则无显著变化，经折算后可知督察结束两个月内，前两批中央环保督察地区各省亏损企业数量平均分别减少了约124家（95% CI：88～160家）和127家（95% CI：0～258家）。该结果表明，随着时间的推移，中央环保督察驱除"劣币"对企业带来的企业盈利利好情况在督察结束后不仅不会消失，甚至还会出现进一步的扩大。

3.2 COVID-19疫情对经济指标的影响

本部分通过双重差分的方法探究了COVID-19疫情防控期间企业营收和亏损企业数量的变化规律。研究结果显示：

（1）COVID-19疫情防控期间粗放式、无序性、无规划的停工停产尽管带来了空气污染物浓度的下降，但也导致了巨大的经济损失，且随着风险等级的提高而不断增大。具体而言，COVID-19疫情防控期间，企业营收整体下降了22.7%（95% CI：13.2%～32.2%），即各省月度营业收下降了435.3亿元（95% CI：253.1亿～617.5亿元）。高、中、低三类公共卫生风险等级地区，企业营收分别下降72.6%、18.4%（95% CI：5.4%～31.4%）和23.0%（95% CI：10.7%～35.4%），即各省月度营收分别下降2 632.6亿元、784.6亿元（95% CI：230.2亿～1 338.9亿元）和230.6亿元（95% CI：107.3亿～354.9亿元）。

（2）COVID-19疫情大幅降低企业营收的同时，也造成了亏损企业数量的大幅增加。具体而言，COVID-19疫情导致亏损企业数量整体上升了26.9%（95% CI：19.3%～34.5%），即疫情导致全国各省亏损企业数量平均上升449家（95% CI：322～576家）。高、中、低三类公共卫生风险等级地区，COVID-19 疫情导致各省亏损企业数量分别上升 39.4%、30.5%（95% CI：20.1%～40.8%）和 24.5%（95% CI：15.8%～33.2%），即高、中、低三类公共卫生风险等级地区各省 COVID-19 疫情导致亏损企业数量分别上升 921 家、1 029 家（95% CI：678～1 424 家）和 234 家（95% CI：151～317 家）。

3.2.1 COVID-19 疫情对企业营收的影响

图 5 展示了 COVID-19 疫情防控期间各省企业营收月度变化趋势。结果显示，在 COVID-19 疫情发生前，控制组和处理组保持相似的变化趋势，符合双重差分的基本假设，证明了研究结果的可靠性。同时在 COVID-19 疫情暴发后，与控制组相比，处理组企业营业收出现显著下降。基于分析结果，本研究采用双重差分的方法进一步分析 COVID-19 疫情防控期间的企业营收变化趋势。

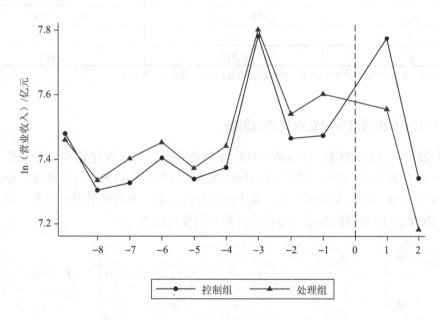

图 5 COVID-19 疫情防控期间企业营收变化趋势

COVID-19 疫情防控期间企业营收的双重差分分析结果如表 11 所示。整体上，全国企业营收显著降低了 22.7%（95% CI：13.2%～32.2%），经折算可知，各省企业月度营收下降达 435.3 亿元（95% CI：253.1 亿～617.5 亿元）。同时分组结果显示，公共卫生风险越高的地区，企业营收下降幅度越大。在风险最高的湖北地区，企业营收下降了 72.6%，即企业月度营收下降 2 632.6 亿元。该结果表明，COVID-19 疫情防控期间粗放式、无序性、无规划的停工停产尽管带来了空气污染物浓度的下降，但也导致了巨大的经济损失，且经济损失随风险等级的提高而不断增大。

表 11　COVID-19 疫情防控期间企业营收回归结果

因变量	（1）	（2）
	因变量	ln（营业收入）
Region×Date	*−0.227**** *（0.047）*	
Region×Date×高风险		*−0.726**** *（0.000）*
Region×Date×中风险		*−0.184**** *（0.064）*
Region×Date×低风险		*−0.230**** *（0.062）*
高风险×Date		*−0.107**** *（0.027）*
中风险×Date		*−0.103** *（0.054）*
低风险×Date		*−0.088** *（0.046）*
城市固定效应	控制	控制
时间固定效应	控制	控制
截距	7.461*** （0.025）	7.461*** （0.025）
N	677	677
R^2	0.315	0.322

注：*表示在 10%上显著，**表示在 5%上显著，***表示在 1%上显著；斜体表示负面影响。

3.2.2　COVID-19 疫情对亏损企业数量的影响

图 6 展示了 COVID-19 疫情防控期间亏损企业数量月度变化趋势。结果显示，在 COVID-19 疫情发生前，控制组和处理组同样保持相似的变化趋势，符合双重差分的基本假设，保障了后续回归结果的可靠性。基于图形分析结果，本研究采用双重差分的方法进一步分析 COVID-19 疫情防控期间亏损企业数量的变化趋势。

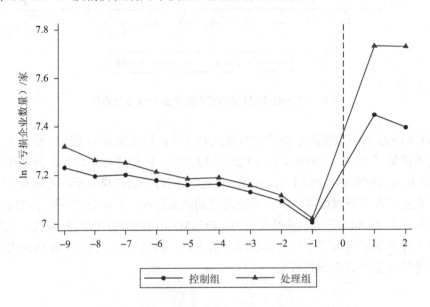

图 6　COVID-19 疫情防控期间亏损企业数量变化趋势

COVID-19 疫情防控期间亏损企业数量的双重差分结果如表 12 所示，COVID-19 疫情导致全国各省亏损企业数量显著上升了 26.9%（95% CI：19.3%～34.5%），经折算可知，COVID-19 疫情导致各省亏损企业数量平均上升约 449 家（95% CI：322～576 家）。分地区结果显示，公共卫生风险越高的地区，COVID-19 疫情导致的各省亏损企业数量越高。在风险最高的湖北省，COVID-19 疫情亏损企业数量上升 39.4%，即亏损企业数量上升约 921 家。该结果进一步印证了 COVID-19 疫情对我国经济发展的不利影响。

表 12　COVID-19 疫情防控期间亏损企业数量变化回归结果

因变量	(1)	(2)
	ln（亏损企业数量）	
Region×Date	*0.269*** （0.038 0)*	
Region×Date×高风险		*0.394*** （0.000)*
.Region×Date×中风险		*0.305*** （0.052)*
Region×Date×低风险		*0.245*** （0.044)*
高风险×Date		*0.229*** （0.014)*
中风险×Date		*0.226*** （0.021)*
低风险×Date		*0.110*** （0.026)*
城市固定效应	控制	控制
时间固定效应	控制	控制
截距	7.275*** （0.012)	7.275*** （0.011)
N	682	682
R^2	0.803	0.824

注：*表示在 10%上显著，**表示在 5%上显著，***表示在 1%上显著；斜体表示负面影响。

4　中央环保督察与 COVID-19 疫情防控期间大气治理经济对比分析

以 COVID-19 疫情防控期间粗放式、无序性、无规划的停工停产措施作为无序化环境治理的代表，以中央生态环境保护督察作为精准化环境治理的代表，基于双重差分的结果对单位空气质量综合指数改善量的经济成本进行对比分析，其结果如表 13 所示：

（1）在中央环保督察期间，在大气环境质量改善的同时，并未造成各地区企业营收的下降和亏损企业数量的上升。

（2）在 COVID-19 疫情防控期间，各省单位空气质量综合指数改善造成企业营收下降的月均经济成本约为 866.6 亿元（95% CI：503.9 亿～1 229.3 亿元），并造成亏损企业数量显著增加约 893 家（95% CI：641～1 146 家）。具体而言，在公共卫生高、中、低三类风险地区，各省单位空气质量综合指数改善的月均经济成本分别为 2 415.0 亿元、1 208.5 亿元（95% CI：354.7 亿～2 062.4 亿元）和 666.2 亿元（95% CI：309.9 亿～1 025.4 亿元）。同时，COVID-19 疫情防控期间各地区的亏损企业数量也在显著上升，公共卫生高、中、低三类风险地区各省单位空气质量综合指数改善导致亏损企业数量分别增加 845 家、1 586

家（95% CI：1 045～2 121 家）和 676 家（95% CI：436～915 家）。

该结果表明，疫情防控期间无序性、无规划的停工停产和监管弱化尽管带来了空气污染物浓度的下降，但是也导致了巨大的经济损失。相较而言，我国中央环保督察这种精准化环境治理手段在有效改善大气环境质量的同时，并未对我国经济发展带来负面影响；并且在部分地区，中央环保督察反而通过驱除"劣币"，为企业带来了企业盈利利好，使亏损企业数量出现了持续减少。因此，中央生态环保督察是一项促进环境高水平保护与经济高质量发展的"双赢"机制。

表 13　中央环保督察及 COVID-19 疫情防控期间大气污染治理经济成本对比结果

		中央环保督察	第一批	第二批	第三批	第四批	COVID-19 疫情	高风险	中风险	低风险
营业收入变化率		—	—	—	—	—	*−22.7%*	*−72.6%*	*−18.4%*	*−23.0%*
营业收入变化量/亿元		—	—	—	—	—	*−435.3*	*−2 632.6*	*−784.6*	*−230.6*
亏损企业数量变化率		—	**−8.4%**	—	—	—	*26.9%*	*39.4%*	*30.5%*	*24.5%*
亏损企业数量变化量		—	**−103**	—	—	—	*449*	*921*	*1 029*	*234*
大气污染物浓度变化量/（μg/m³，CO 为 mg/m³）	$PM_{2.5}$	**−3.0**	—	**−4.4**	**−3.1**	**−5.6**	**−6.2**	**−12.8**	**−8.7**	**−4.1**
	PM_{10}	**−4.2**	—	**−7.6**	—	**−10.3**	**−7.9**	**−18.1**	**−10.4**	**−5.3**
	SO_2	**−1.4**	—	—	**−3.0**	**−2.3**	**−0.7**	**−1.2**	**−1.3**	—
	NO_2	**−1.1**	—	—	—	**−2.9**	**−7.5**	**−17.8**	**−8.5**	**−6.1**
	O_3	**−3.4**	—	**−4.1**	—	**−12.2**	—	—	—	—
	CO	**−0.03**	—	—	—	**−0.05**	**−0.05**	**−0.05**	**−0.08**	—
空气综合指数变化量		**−0.23**	—	**−0.26**	**−0.14**	**−0.51**	**−0.50**	**−1.09**	**−0.65**	**−0.35**
单位空气综合指数改善量经济成本/亿元		—	—	—	—	—	*−866.6*	*−2 415.0*	*−1 208.5*	*−666.2*
单位空气综合指数改善量造成的亏损企业数量/家		—	—	—	—	—	*893*	*845*	*1 586*	*676*

注：加粗表示积极影响；斜体表示负面影响。

参考文献

[1]　FU X，WANG S，ZHAO B，et al. Emission inventory of primary pollutants and chemical speciation in 2010 for the Yangtze River Delta region，China[J]. Atmospheric Environment，2013，70：39-50.

[2]　ZHENG B，TONG D，LI M，et al. Trends in China's anthropogenic emissions since 2010 as the consequence of clean air actions[J]. Atmospheric Chemistry and Physics，2018，18（19）：14095-14111.

[3]　ZHANG Q，ZHENG Y，TONG D，et al. Drivers of improved $PM_{2.5}$ air quality in China from 2013 to 2017[J]. Proceedings of the National Academy of Sciences of the United States of America，2019，116（49）：24463-24469.

[4]　LIU M，SHADBEGIAN R，ZHANG B. Does environmental regulation affect labor demand in China?

Evidence from the textile printing and dyeing industry[J]. Journal of Environmental Economics and Management，2017，86：277-294.

[5]　BERTRAND M，DUFLO E，Mullainathan S. How much should we trust differences-in-differences estimates?[J]. Quarterly Journal of Economics，2004，119（1）：249-275.

[6]　IMBENS W，Wooldridge M. Recent Developments in the Econometrics of Program Evaluation[J]. Journal of Economic Literature，2009，47（1）：5-86.

[7]　SILLMAN S. The relation between ozone，NO_x and hydrocarbons in urban and polluted rural environments[J]. Atmospheric Environment，1999，33（12）：1821-1845.

[8]　HUANG X，DING A，GAO J，et al. Enhanced secondary pollution offset reduction of primary emissions during COVID-19 lockdown in China[J]. National Science Review，2021，8（2）：137.

2020 年全球环境绩效指数（EPI）报告分析[①]

Analysis of the Global Environmental Performance: 2020 Report

董战峰　邵超峰[②]　郝春旭　葛察忠

摘　要　《2020 年全球环境绩效指数（EPI）报告》（Environmental Performance Index: 2020 Report）对全球 180 个国家和地区的环境绩效表现进行了评估。本研究对 2020 年 EPI 评估方法学和指标体系变化进行了说明；分析了 2020 年中国 EPI 评估结果以及全球 EPI 评估概况。从 2020 年 EPI 评估结果分析可以发现，2020 年 EPI 数据和方法的创新促成了新的排名，EPI 排名可反映各个国家应对环境压力方面的能力；对环境趋势和进展的精细测量是有效制定政策的基础，数据驱动着环境决策。研究提出要建立更好的数据收集系统、环境测量与指标系统。尽快启动我国环境绩效评估试点工作，推进生态环境绩效评估制度建设，加速中国生态环境管理转型和深化生态文明制度建设探索。

关键词　环境绩效指数（EPI）　评估方法学　评估指标　绩效评价得分

Abstract　*Environmental Performance Index: 2020 Report* evaluated the environmental performance of 180 countries and regions around the world. This study explains the changes in the methodology and indicator system of EPI evaluation in 2020，and analyzes the results of China's EPI evaluation in 2020 and the general situation of global EPI evaluation. From the analysis of the results of the 2020 EPI assessment，it can be found that the innovation of EPI data and methods in 2020 has led to a new ranking. The EPI ranking can reflect the ability of each country to cope with environmental pressures；fine measurement of environmental trends and progress is effective in formulating policies. Fundamentally，data drives environmental decisions. The study proposes the establishment of better data collection systems，environmental measurement and indicator systems. Start the environmental performance evaluation pilot work as soon as possible，promote the construction of the ecological environment performance evaluation system，accelerate the transformation of China's ecological environment management and deepen the exploration of the ecological civilization system construction.

[①] 该成果得到生态环境部财政预算项目"面向高质量发展的环境质量目标绩效评估研究"项目支持。
[②] 南开大学环境学院（天津，300071）。

Keywords environmental performance index（EPI），assessment indicators，assessment methods，performance evaluation score

环境绩效指数（environmental performance index，EPI）是对国家政策中环保绩效的量化度量，用于反映某一国家或地区在资源环境领域的总体进展。EPI 由美国耶鲁大学环境法律与政策中心（YCELP）联合哥伦比亚大学国际地球科学信息网络中心（CIESIN）、世界经济论坛（WEF）每两年发布一次。2020 年 4 月 6 日，美国耶鲁大学环境法律与政策中心、哥伦比亚大学国际地球科学信息网络中心及世界经济论坛联合发布了《2020 年全球环境绩效指数（EPI）报告》（_Environmental Performance Index：2020 Report_），这是自 2006 年以耶鲁大学为首的研究组首次发布全球 EPI 报告以来，第 8 次发布该系列报告。报告分析了全球 180 个国家和地区基准年（2009 年）与 2018 年各项指标得分的变化情况，探究了全球 180 个国家和地区的环境管理短板，测量了 2018 年全球 180 个国家和地区的 EPI 分值，对比分析了基准年（2009 年）与 2018 年 EPI 改善情况。在全世界 180 个参加排名的国家和地区中，排名前五位的分别是丹麦、卢森堡、瑞士、英国、法国，排名后五位的分别是科特迪瓦、塞拉利昂、阿富汗、缅甸、利比里亚。中国以 37.3 分的得分居第 120 位，在参评国家和地区中列倒数第 61 位。在以往 7 次（2006 年、2008 年、2010 年、2012 年、2014 年、2016 年、2018 年）的全球 EPI 排名中，中国分别以 56.2 分、65.1 分、49 分、42.24 分、43.00 分、65.1 分、50.74 分，排名居第 94 位（133 个国家和地区参评）、第 105 位（149 个国家和地区参评）、第 121 位（163 个国家和地区参评）、第 116 位（共 132 个国家和地区参评）、第 118 位（178 个国家和地区参评）、第 109 位（180 个国家和地区参评）、第 120 位（180 个国家参评）。

1 评估方法学及指标体系变化情况

1.1 方法学与流程

环境绩效指数是通过选择政策目标—确定政策领域—选择评价指标—数据筛选和处理—赋权和加总等一系列步骤计算得到的综合环境绩效指数。通过一个或多个环境指标来评估每一类政策类别的表现，部分指标能够直接评估该类政策的绩效，部分则仅能近似反映。对于每一国家的每一指标，均计算其目标接近值，以反映该国当前环境状况与政策目标之间的差距。

第一步，指标选择

- 相关性：该指标广泛适用于各国的环境问题。
- 绩效导向：指标可以提供有关周围环境的经验数据或是对所关注问题的确切衡量，抑或是所能获得的最佳数据。

- 已建立的科学方法：指标是基于严格审查的科学数据或来自联合国或其他官方权威机构给予的可靠的数据。
- 数据质量：需保证数据的质量和可验证性，指标所采取的数据具备最高的可得性；无法保证数据质量的指标需要舍弃。
- 时间序列的可用性：数据已经通过时间序列的一致性检验，能够尽可能实现一致估计。
- 完备性：数据集必须从全球尺度和时间序列上来考虑。

耶鲁大学自 2006 年开始开展国家及地区环境绩效评估工作，一直以来二级指标都包括"环境健康"和"生态系统活力"两大目标，在两大目标下确定不同政策领域，政策领域下设置具体评估指标。

历年来 EPI 政策领域及具体评估指标个数情况见表 1，"环境健康"目标下历年具体政策领域及评估指标见表 2，"环境健康"及"生态系统活力"目标下历年选取率较高的指标（原则上选取出现四年及以上的指标）分别见表 3 及表 4。

表 1　历年来 EPI 政策领域及具体评估指标个数情况

类别	2006 年	2008 年	2010 年	2012 年	2014 年	2016 年	2018 年	2020 年
政策领域个数/个	6	10	10	10	9	9	10	11
指标个数/个	16	25	25	22	20	20	24	32

表 2　"环境健康"目标下历年政策领域及具体评估指标一览表

年份		政策领域及具体评估指标					
2006	政策领域	环境健康				—	—
	指标	儿童死亡率	室内空气污染	饮用水	充足的卫生设施	城市颗粒物	—	—
2008	政策领域	环境相关疾病负担	水（对人的影响）		空气污染（对人的影响）		—
	指标	环境疾病负担	饮用水	充足的卫生设施	室内空气污染	城市颗粒物	局部臭氧	—
2010	政策领域	环境相关疾病负担	水（对人的影响）		空气污染（对人的影响）		—
	指标	环境疾病负担	饮用水	充足的卫生设施	室内空气污染	室外大气污染	—	—
2012	政策领域	环境健康	空气污染（对人的影响）		水（对人的影响）		—
	指标	儿童死亡率	颗粒物质	室内空气污染	卫生设施普及率	洁净饮用水普及率	—	—
2014	政策领域	健康影响	空气质量		水与环境卫生		—
	指标	儿童死亡率	室内空气质量	$PM_{2.5}$ 的平均暴露水平	$PM_{2.5}$ 超标水平	洁净饮用水普及率	卫生设施普及率	—

年份	政策领域及具体评估指标						
2016 政策领域	健康影响	空气质量				水与环境卫生	
指标	环境风险	室内空气质量	空气污染——PM2.5的暴露平均值	空气污染——PM2.5的超标率	空气污染——NO2的暴露平均值	饮用水质量	不安全的环境卫生
2018 政策领域	空气质量			水与环境卫生		重金属	—
指标	家用固体燃料	空气污染——PM2.5的暴露平均值	空气污染——PM2.5的超标率	卫生设施	饮用水	铅暴露	—
2020 政策领域	空气质量			卫生和饮用水		重金属	废物管理
指标	固体燃料对家庭空气的污染	环境颗粒物污染	臭氧	不安全卫生设施	不安全饮用水	铅暴露	固体废物

表3　"环境健康"目标下历年选取率较高的评估指标一览表

年份	2006	2008	2010	2012	2014	2016	2018	2020
指标	室内空气污染					室内空气质量	室内空气质量	—
	饮用水					饮用水质量	饮用水	不安全饮用水
	充足的卫生设施					不安全的环境卫生	卫生设施	不安全的卫生设施

表4　"生态系统活力"目标下历年选取率较高的评估指标一览表

年份	2006	2008	2010	2012	2014	2016	2018	2020
指标	农业补贴						—	—
	生态区域保护	关键生境保护	重要栖息地保护	关键生境保护	关键栖息地保护	陆地保护区	物种栖息地指数	物种栖息地指数
	—	—	—	鱼类资源过度开发	鱼类资源	鱼类资源	鱼类资源情况	鱼类资源情况
	过度捕捞	拖网捕捞强度	拖网捕捞强度	—	—	—	—	拖网捕鱼
	—	单位发电二氧化碳排放	单位发电二氧化碳排放	每千瓦时二氧化碳排放量	每千瓦时二氧化碳排放趋势	每千瓦时二氧化碳排放趋势	二氧化碳排放量——电力行业	—
	—	—	—	—	碳排放强度趋势	碳排放强度趋势	—	二氧化碳强度趋势
	—	人均温室气体排放量	人均温室气体排放量	人均二氧化碳排放量	—	—	二氧化碳排放总量	人均温室气体排放量
	二氧化硫排放量	单位面积二氧化硫排放量	人均二氧化硫排放量	—	—	—	二氧化硫排放量	二氧化硫强度趋势

年份	2006	2008	2010	2012	2014	2016	2018	2020
指标	—	水质指数	水质指数	水质变化	废水处理	废水处理	污水处理	污水处理水平
	—	海洋保护区						
	—	—	生物保护	生物群落保护	生物群落保护（国家、全球）		—	陆地生物群落保护（国家权重、全球权重）
			森林覆盖率变化				树木覆盖损失	森林覆盖率下降
	农药管制						—	—

第二步，数据标准化处理

变量进行标准化便于不同国家和年份进行比较。例如，温室气体（GHG）排放量必须除以每个国家的经济规模（以 GDP 衡量）来计算碳浓度。

一是进行数据清理。在每个数据集都标注国家的覆盖范围、涵盖年份以及缺失数据的性质。

二是针对数据偏斜情况进行转换。偏斜的数据集让大多数国家集中在分布的一端，少数国家分布在其他分值范围内。在这种情况下，我们通常依靠对数转换来改进对结果的解释，对数转换能够将聚集在原始数据单元中的大量国家进行分散。

如图 1 所示，指标 PM$_{2.5}$ 暴露揭示了数据转换的有用性。PM$_{2.5}$ 浓度指标较好的国家冰岛和哈萨克斯坦与 PM$_{2.5}$ 浓度指标较差国家中国和巴基斯坦的 PM$_{2.5}$ 浓度差相同，均为 10 μg/m^3。PM$_{2.5}$ 环境浓度的影响实质上是不同的，如果冰岛移到哈萨克斯坦的水平，其恶化程度将比巴基斯坦移到中国的水平更为显著。进行对数转化后的数据表明，绩效的重要差异不在于领先国家和落后国家之间，而在领先国家之间。通过略微改善 PM$_{2.5}$ 的暴露程度，对哈萨克斯坦的该指标得分有利，但落后国家只能通过大幅降低环境风险来取得重大进展。对数变换根据百分比差异进行适当比较，比绝对差异更重要，对数据进行转换可以改进对国家之间差异的解释，这些国家之间的相对绩效取决于其所处的范围。

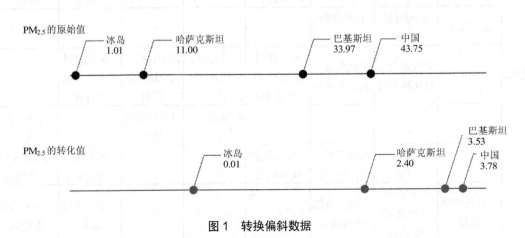

图 1　转换偏斜数据

三是将数据重新调整为 0~100 分。将所有指标放在可以进行比较和汇总到综合指数的通用数值范围内。EPI 使用目标接近法进行指标构建，该指标可以衡量使每个国家相对于目标的最差和最佳表现，分别对应 0 分和 100 分。计算该指标的通用公式：

$$指标得分 = \frac{X - \bar{\bar{X}}}{\bar{X} - \bar{\bar{X}}} \times 100$$

式中，X——国家的样本值；

$\bar{X}$——最佳绩效的目标值；

$\bar{\bar{X}}$——最差绩效的目标值。

如果一个国家的值大于 $\bar{X}$，我们将其指标得分限制为 100 分。同样，如果一个国家的值小于 $\bar{\bar{X}}$，我们将其指标得分设为 0 分。

通过简单的算术计算，指标得分可被转换为一项在 0~100 范围内的数值，其中 0 代表与目标距离最远（最差），100 代表与目标最接近（最好）。通过使用"目标接近法"（图 2），在各政策问题以及整个 EPI 评估中的指标得分具有同向性。

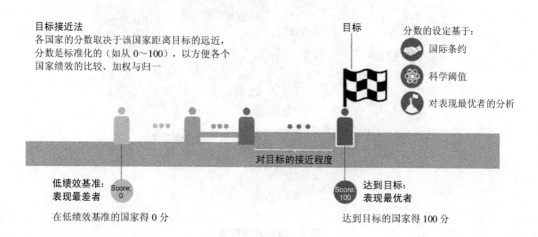

图 2　目标接近法图解

指标目标值的确定主要根据以下标准、限值或方法：

- 国际公约中的有关限定值；
- 国际组织制定的有关标准；
- 基于科学调查/实验获得的限定值；
- 基于时间序列所观察到的限值。

第三步，权重赋予

每一项指标在各政策类别下被赋予对应的权重，形成独立的指标得分。权重一般根据指标所用数据的质量设定，也与指标是否适合用于评估某一给定的政策问题有关。如果一项指标所用的数据不可靠或与其他指标相关，该指标的权重将被削减。在框架层次结构的每个层面上根据不同的权重进行聚合，将指标分数聚合到问题类别分数中，再将问题类别分数聚合到政策目标分数，最后将政策目标分数聚合到最终的 EPI 分数。

　　2020 年 EPI 中的数据和方法有创新，体现了环境科学和指标分析领域的最新进展。值得注意的是，2020 年的排名中首次加入了废物管理指标和土地覆盖变化产生的二氧化碳排放试行指标，其他的新指标将深化对空气质量、生物多样性和栖息地、渔业、生态系统服务和气候变化的分析。

　　在环境健康政策目标中，各个政策领域权重分别为：空气质量指标（20%）、卫生与饮用水指标（16%）、重金属指标（2%）和废物管理指标（2%）（图 3）。

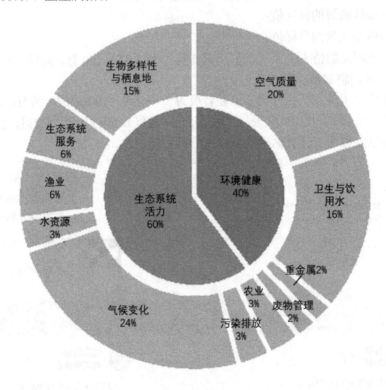

图 3　政策领域权重

　　鉴于环境健康政策目标衍生权重的经验基础，生态系统活力权重的选择更加主观，权重在每个问题类别的相对严重性和基础数据的质量之间进行平衡。根据环境安全界限模型（Rockströmet et al.，2009），对环境的两种主要威胁是生物多样性丧失和气候变化。生态系统活力各个政策领域权重分别为：生物多样性和栖息地问题类别（15%）、生态系统服务指标（6%）、渔业指标（6%）、气候变化指标（24%）、污染排放（3%）、水资源（3%）和农业（3%）。

　　第四步：进行数据准备

　　包括确定数据源，进行数据审查、筛选；确定指标目标值，进行数据的归一化或标准化处理等。对于数据来源，EPI 的评估采用与多边组织、政府机构和学术机构合作获取的一手数据和二手数据。一手数据主要包括直接由人类或设备监测得到的数据，也包括卫星得到的森林覆盖率和空气质量的估计数据。二手数据包括来自国家统计报告和根据一定质量要求从数据采集单位获取的数据，如国际能源机构（IEA）。

环境绩效指数是一个综合指数，它将许多可持续性指标的数据提炼成一个单一的数字。随着科学研究、传感方法和数据报告日益进步，现在全世界能够获取的关于环境状况的数据非常丰富，前所未有。在 EPI 的每次迭代中，我们都寻找最佳可用数据，来获取有用且可信的分数，去解决紧迫的问题。

在 2020 年 EPI 中，我们收集了 180 个国家的 32 项环境绩效指标。这些数据来自可信的第三方来源，如国际管理机构、非政府组织和学术研究中心。可靠的数据集需要用既定的方法去收集，而这些方法已由科学界同行审查，或被国际官方认可。

为了让我们的指标对广泛的受众有意义，我们接收到数据后会在 0～100 的范围内构建指标，也就是从绩效最差到绩效最优。之后我们对每个国家的指标得分进行加权和聚合，分为问题类别和政策目标，最终得到 EPI 分数。

评估数据来源主要包括下述途径：

- 政府或国际组织正式发布的统计数据；
- 研究机构或国际组织汇编的空间或卫星数据；
- 监测数据；
- 调查和问卷调查；
- 学术研究；
- 从实地测量结果和统计模型得出的估计值；
- 行业报告。

对于所收集到的数据，需要通过专家评估和数据验证进行筛选，有时需要对数据可得性进行明确规定，例如，在应用绩效导向性规则时，首要选择能够直接反映环境质量或损害的指标，当不能直接获得数据时，则考虑间接原则。

1.2　指标体系与权重

2020 年全球 EPI 在"环境健康"和"生态系统活力"两大目标下确定空气质量、卫生与饮用水、重金属、废物管理、生物多样性与栖息地、生态系统服务、渔业、气候变化、污染排放、水资源、农业 11 个政策领域共 32 个具体评估指标（表 5），以评估各个国家、地区在各方面的环境表现。

表 5　2020 年 EPI 评估指标框架与权重分配

目标	政策领域	指标
环境健康 （0.4）	空气质量（0.5）	固体燃料对家庭空气的污染（0.4）
		环境颗粒物污染（0.55）
		臭氧（0.05）
环境健康 （0.4）	卫生与饮用水（0.4）	不安全卫生设施（0.4）
		不安全饮用水（0.6）
	重金属（0.05）	铅暴露（1）

目标	政策领域	指标
	废物管理（0.05）	固体废物（1）
生态系统活力（0.6）	生物多样性与栖息地（0.25）	陆地生物群落保护——国家（0.2）
		陆地生物群落保护——全球（0.2）
		海洋保护（0.2）
		保护区代表性指数（0.1）
		物种栖息地指数（0.1）
		物种保护指数（0.1）
		生物多样性栖息地指数——维管植物（0.1）
	生态系统服务（0.1）	森林覆盖率下降（0.9）
		草地减少（0.05）
		湿地减少（0.05）
	渔业（0.1）	鱼类资源情况（0.35）
		区域海洋营养指数（0.35）
		拖网捕鱼（0.3）
	气候变化（0.4）	二氧化碳强度趋势（0.55）
		甲烷强度趋势（0.15）
		含氟气体强度趋势（0.1）
		氧化亚氮强度趋势（0.05）
		炭黑强度趋势（0.05）
		土地覆盖产生的二氧化碳趋势（0.025）
		温室气体排放强度增长速率（0.05）
		人均温室气体排放量（0.025）
	污染排放（0.05）	二氧化硫强度趋势（0.5）
		氮氧化物强度趋势（0.5）
	水资源（0.05）	污水处理水平（1.0）
	农业（0.05）	可持续氮管理指数（1.0）

EPI 权重的确定使用简单的加权算术平均值计算每个级别的总值。使用标准化数据对纳入 EPI 的 32 个指标进行的聚合统计，找出缺失值和潜在离群值。然后通过对指标、问题类别和政策目标进行相关性分析和主成分分析等多层次分析，来分析统计一致性。最后对指标进行稳健性分析，并检验关键建模假设的影响。

1.3　2020 年 EPI 的改进与创新

EPI 的每次迭代都需要对方法学进行更新。创新使 EPI 能够利用环境科学和分析方面的最新进展，引入新的数据集、更好的标准化、扩大国家覆盖面及其他更新，以提高指数的可操作性和实用性。EPI 方法学变化意味着历史 EPI 评分不具有可比性。EPI 分数的差异很大程度上是由于指标的增加和减少，新的权重方案以及方法学的其他方面，而不一定是由于绩效的下降或提高。通过对比分析 2020 年 EPI 与基线 EPI，可以更好地评估一个国家真实的绩效变化。

2020 年 EPI 的环境健康政策目标有若干变化。首先，在政策领域增加了废物管理，并引入固体废物这一指标；其次，增加了卫生与饮用水这一政策领域权重，并将卫生设施、饮用水两项指标替换为不安全卫生设施与不安全饮用水指标，权重由 2018 年各分配一半变为不安全设施 40%、不安全饮用水 60%；最后，将 2018 年空气污染指标中 $PM_{2.5}$ 的暴露平均值与 $PM_{2.5}$ 的超标率两个指标合并为指标环境颗粒物污染，移除了家用固体燃料指标并新加入臭氧指标。

2020 年，生态系统活力的几乎所有问题类别都进行了调整。一是在生物多样性和栖息地类别中，增加了生物多样性栖息地指数——维管植物指标。二是森林类别被生态系统服务类别取代，其中包括森林覆盖率下降、草地减少和湿地减少三个指标。三是在渔业指标中增加了拖网捕鱼指标。四是删除了原本气候与能源类别，新增加气候变化类别，其中包括二氧化碳强度趋势、甲烷强度趋势、含氟气体强度趋势、氧化亚氮强度趋势、炭黑强度趋势、土地覆盖的二氧化碳趋势、温室气体增长排放强度速率、人均温室气体排放量八项指标。

2　中国 EPI 评估结果分析

2020 年全球环境绩效指数中国得分为 37.30 分，中国在 180 个国家和地区中位居第 120 位。从历年 EPI 排名看，中国的环境绩效排名在全部参与排名的国家中，始终处于靠后位置（表 6）。2006 年，在参与排名的 133 个国家和地区中，中国总得分为 56.2 分（满分 100 分），居第 94 位，倒数第 40 位，低于同等收入国家的平均水平。2008 年，在参与排名的 149 个国家和地区中，中国总得分为 65.1 分（满分 100 分），居第 105 位，倒数第 45 位。2010 年在参与排名的 163 个国家当中，中国总得分为 49 分（满分 100 分），居第 121 位，倒数第 43 位。2012 年参与排名的 132 个国家中，中国排名第 116 位，倒数第 17 位。2014 年参与排名的 180 个国家中，中国排名第 118 位，倒数第 61 位。2016 年 EPI 中国总排名位于第 109 位（共计 180 个国家参评），总体得分 65.1 分（满分 100 分），倒数第 72 位。2018 年参与排名的 180 个国家中，中国排名第 120 位，倒数第 61 位。

中国历年 EPI 得分、"环境健康"及"生态系统活力"目标得分及排名变化情况见表 7，中国历年各政策领域得分及排名变化情况见表 8、图 4，中国历年选取率较高指标得分变化情况见表 9。

表 6　中国历年 EPI 得分及排名变化

	2006 年	2008 年	2010 年	2012 年	2014 年	2016 年	2018 年	2020 年
排名	94	105	121	116	118	109	120	120
得分	56.20	65.10	49.00	42.24	43.00	65.10	50.74	37.30
参与国家与地区	133	149	163	132	178	180	180	180

相对位置	0.71	0.70	0.74	0.88	0.66	0.61	0.67	0.67

表7　中国环境健康及生态系统活力方面得分及排名变化

类别	2006年	2008年	2010年	2012年	2014年	2016年	2018年	2020年
环境健康得分	61.0	71.4	58.68	46.33	42.73	59.41	31.72	41.8
排名	78	97	112	97	134	135	167	96
环境健康排名相对位置	0.43	0.65	0.69	0.73	0.75	0.75	0.93	0.53
生态系统活力得分	51.4	58.8	39.33	40.49	43.19	70.79	63.42	27.1
排名	116	129	143	97	74	59	39	137
生态系统活力排名相对位置	0.64	0.87	0.88	0.73	0.42	0.33	0.22	0.76
参与国家与地区	133	149	163	132	178	180	180	180

表8　中国历年各政策领域得分及排名变化（2020年的见图4）

年份	政策领域	得分/分	排名	相对位置
2006	环境健康	61	78	0.59
	空气质量	22.3	128	0.96
	水资源	49.6	116	0.87
	生物多样性和栖息地	68.2	26	0.20
	生产型自然资源	66.2	95	0.71
	可持续能源	50.8	111	0.83
2008	环境相关疾病负担	71.4	97	0.65
	水（对人的影响）	47.7	79	0.53
	空气（对人的影响）	48.6	118	0.79
	空气污染（对生态系统的影响）	44.9	148	0.99
	水（对生态系统的影响）	69.6	66	0.44
	生物多样性与栖息地	56.7	58	0.39
	生产性自然资源	75.2	112	0.75
	气候变化	52.7	134	0.90
2010	环境相关疾病负担	62.31	87	0.45
	水（对人的影响）	70.01	85	0.43
	空气（对人的影响）	40.07	156	0.79
	空气污染（对生态系统的影响）	30.19	210	0.90
	水（对生态系统的影响）	65.95	112	0.64
	生物多样性与栖息地	57.22	97	0.43
	林业	100	1	0.004
	渔业	56.53	140	0.80
	农业	69.05	88	0.39
	气候变化	40.18	143	0.81
2012	环境健康	67.74	89	0.46

年份	政策领域	得分/分	排名	相对位置
2012	水（对人的影响）	19.70	97	0.49
	空气（对人的影响）	30.17	115	0.61
	空气对生态系统的影响	18.16	116	0.85
	水资源对生态系统的影响	12.16	168	0.84
	生物多样性和栖息地	65.65	75	0.33
	农业	41.13	125	0.54
	林业	93.22	26	0.12
	渔业	16.07	169	0.91
	气候变化和能源	31.03	94	0.69
2014	健康影响	76.23	59	0.33
	空气质量	18.81	170	0.96
	水与环境卫生	33.15	89	0.50
	水资源	18.18	67	0.38
	农业	33.85	166	0.93
	林业	25.34	68	0.50
	渔业	14.68	89	0.67
	生物多样性与栖息地	66.63	68	0.38
	气候与能源	65.16	21	0.16
2016	健康影响	68.89	95	0.53
	空气质量	23.81	179	0.99
	水与环境卫生	85.54	70	0.39
	水资源	78.08	55	0.31
	农业	43.9	109	0.66
	林业	60.49	53	0.44
	渔业	55.45	49	0.36
	生物多样性与栖息地	77.45	90	0.50
	气候与能源	74.78	62	0.55
2018	空气质量	14.39	177	0.98
	水与环境卫生	68.24	40	0.22
	重金属	38.02	127	0.71
	生物多样性与栖息地	72.57	100	0.56
	林业	21.89	72	0.40
	渔业	70.41	17	0.09
	气候与能源	68.62	20	0.11
	空气污染	57.08	62	0.34
	水资源	80.2	66	0.37
	农业	34.64	61	0.34

表9　中国历年选取率较高指标得分变化

年份	室内空气污染	饮用水	不足的卫生设施	农业补贴	农药管制	关键生境保护	拖网捕捞强度	单位发电二氧化碳排放量	人均温室气体排放量	二氧化硫排放量	废水处理	海洋保护区	生物群落保护	森林覆盖率变化	农药管制
2006	70.00	58.50	31.90	100	—	84.30（生态保护区域保护）	0（过度捕捞）	—	—	—	—	—	—	—	—
2008	15.80	61.00	34.50	98.09	59.09	45.65	13.06	15.05	93.26	3.02	60.69（水质指数）	3.00	—	—	59.09
2010	60.72	48.39	79.31	76.09	59.09	47.73（重要栖息地保护）	13.06	4.41	75.73	33.55（单位面积SO_2排放量）	67.96（水质指数）	9.77	85.68（生物保护）	100.00	59.09
2012	10.61	43.29	17.04	38.97	45.45	68.32	—	1.95	48.67（人均二氧化碳排放量）	23.99（单位GDP SO_2排放量）	12.16（水质变化）	71.85	64.35	100.00	45.45
2014	54（室内空气质量）	46.51	19.78	15.71	52	54（关键栖息地保护）	—	51.83（每千瓦时CO_2排放趋势）	—	—	18.18	67.76	64.33、80.41（国家、全球生物群落保护）	25.34	52.00
2016	72.21（室内空气质量）	72.84（饮用水质量）	84.42（不安全的环境卫生）	—	—	79.74、86.43（陆地保护区、国家、全球生物量占比）	—	90.2（每千瓦时CO_2排放趋势）	—	—	78.08	75.90	70.9、74.28（物种保护—国家、全球）	60.49	—
2018	—	69.66	66.82（卫生设施）	—	—	71.81（物种栖息地指数）	—	45.59	63.24（CO_2排放总量）	60.12（SO_2排放量）	80.2	89.28	67.65、83.05（生物群落保护—全球、国家）	21.89（树木覆盖损失）	—
2020	—	58.20（不安全饮用水）	61.10（不安全的卫生设施）	—	—	72.2（物种栖息地指数）	3.3	—	27.7	75.80（SO_2强度趋势）	9.4（污水处理水平）	1.6	4.6、8.5（陆地生物群落保护—国家、全球）	32.60（森林覆盖率下降）	—

分析 EPI 评估结果可以看出，2010—2018 年中国总体环境现状有所改善，但 2018 年、2020 年呈现下降趋势。EPI 得分减少到 37.3 分，相对排名从 2006 年第 94/133 位变化为至第 120/180 位。在空气质量、生物多样性和栖息地等领域严重滞后，而在渔业方面表现突出，具体得分排名结果见图 4，基准年具体得分结果见图 5。

在 2020 年 EPI 评估的 11 个政策领域中，中国环境绩效表现较好的是：水与卫生（得分 59.4 分，排名 54 名）、废物管理（得分 51.8 分，排名 66 名）、污染排放（得分 58.6 分，排名 91 名）、农业（得分 49.5 分，排名 55 名），得分高于其他领域。中国在过去 10 年中，水与卫生政策领域排名由第 77 位上升至第 54 位，渔业由第 46 位上升至第 31 位，随着中国近年来经济发展、基础设施改善，中国环境管理能力的提高，也使得中国在饮用水、温室气体排放量、鱼类资源情况、区域海洋营养指数等指标评估中得分较高，但是中国在水、环境卫生政策领域仍有改善的空间，将来需要做大量的工作。

2020 年 EPI 评估中的空气质量（得分 27.1 分，排名 137 名）、重金属（得分 37.6 分，排名 129 名）、生物多样性与栖息地（得分 19 分，排名 172 名）得分及排名低于其他领域。此外，渔业、水资源等方面虽然中国的全球排名相对靠前，但得分相对较低，其中：渔业得分 18 分，排名 31 名；水资源得分 9.4 分，排名 67 名。2020 年 EPI 评估中的中国空气质量领域较差，特别是环境颗粒物污染 $PM_{2.5}$ 暴露平均值（得分 23.4 分，排名 147 名）、臭氧（得分 20.3 分，排名 169 名）；主要因为中国是在大气污染物高排放量的情况下来改善环境，大气污染物排放严重超过大气环境容量。短期内污染物排放总量的削减，不能满足容量总量控制的需求。同时，未来污染物的总量削减需要通过产业转型、污染治理技术升级等综合措施来实现，复杂的经济社会活动包括偏重的产业结构、能源结构产生严重制约。产业及能源结构优化、绿色转型发展涉及方方面面的工作，所以它需要一个过程，不可能一蹴而就。发达国家解决空气污染问题用了 20~40 年的时间，有的甚至用了 50 年的时间，所以中国既要打好攻坚战，又要打好持久战。另外，我国生物多样性与栖息地领域表现也较差，特别是陆地生物群落保护——国家权重（得分 4.6 分，排名 172 名）、陆地生物群落保护——全球权重（得分 8.5 分，排名 170 名）、海洋保护（得分 1.6 分，排名 86 名）、保护区代表性指数（得分 20.2 分，排名 118 名）、物种保护指数（得分 10.4 分，排名 150 名）；我国水资源领域的污水处理水平表现也较差（得分 9.4 分，排名 67 名），这些指标表现较差是中国在 2020 年 EPI 中得分较低的重要原因。在空气质量领域，中国位居第 137 位，"环境颗粒物污染"指标得分由 0 分提高至 23.4 分。虽然中国已成为世界 $PM_{2.5}$ 超标重灾区，但是，指标得分有所提高，空气质量有所改善，但对臭氧的排放不可忽视。

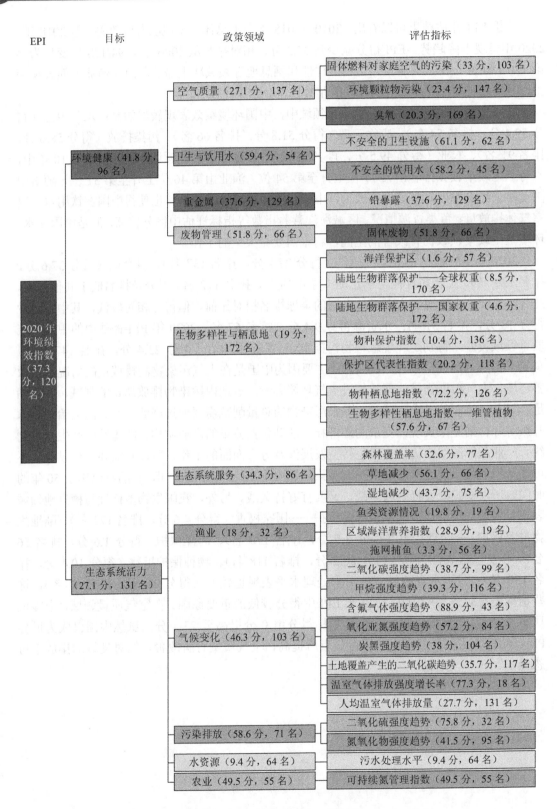

图4　2020年中国 EPI 评估结果

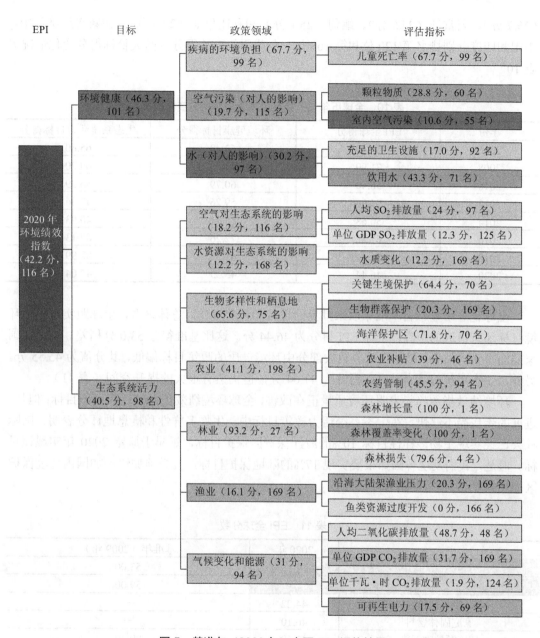

图 5　基准年（2009 年）中国 EPI 评估结果

3　全球 EPI 总况分析

2020 年 EPI 报告列出了 180 个国家在 11 大政策类别、32 个指标方面的绩效排名情况。丹麦居第 1 位，排名第 2 位至第 5 位的依次是卢森堡（82.3 分）、瑞士（81.5 分）、英国（81.3 分）和法国（80.0 分）。排名最后 5 位的国家分别为科特迪瓦（25.8 分）、塞拉利昂

（25.7 分）、阿富汗（25.5 分）、缅甸（25.1 分）和利比里亚（22.6 分）。在新兴经济体中，中国和印度分别排名第 120 位和第 168 位。全球历年 EPI 得分及两大目标得分变化情况见表 10。

表 10　全球历年 EPI 得分及两大目标得分变化情况

年份	EPI 全球得分	环境健康目标得分	生态系统活力目标得分
2006	64.50	63.40	65.60
2008	71.90	74.60	69.20
2010	58.40	60.79	56.29
2012	53.06	59.26	47.36
2014	50.68	65.31	40.93
2016	67.37	72.26	62.13
2018	56.41	61.53	52.99
2020	46.44	45.55	47.04

全球记分卡显示自基准年以来世界的现状和趋势变化。总体来看，全球距实现国际环境目标还有很远的距离，全球 EPI 得分为 46.44 分。这比基准得分 53.0 分稍差。正如在国家层面得到的结果，整体全球分数大部分中环境健康的政策目标偏低，其分值为 45.55 分。另外，生态系统的活力稍高，得分为 47.04 分，但仍然有很大的提升空间（表 11）。

环境绩效指数趋势表明环境质量正在改善，全球环境绩效正在接近其发展目标；但是，进展的步伐尚不够快。在生态系统活力政策目标中，生物多样性和栖息地评分表明，国际社会已经实现生物多样性目标 10% 的海洋保护区保护目标，远早于原定 2020 年实现该目标。但是，我们发现各国如果要实现 17% 的陆地保护目标，就必须加快增加国内边境保护区的规模。

表 11　EPI 全球分数

	2020 年	基准年（2009 年）
环境绩效指数	46.44	53.00
环境健康	45.55	59.00
空气质量	44.22	—
家庭固体燃料	46.10	—
环境颗粒物污染	42.68	89.30
臭氧暴露	46.19	—
卫生与饮用水	47.33	—
不安全饮用水	45.06	57.3（清洁饮水）
不安全卫生设施	50.74	47.20（充足的卫生设施）
重金属/铅暴露	53.00	—
废物管理/固体废物	37.10	—
生态系统活力	47.04	47.40
生物多样性和栖息地	57.64	52.30
海洋保护区	30.60	58.70
陆地生物群落的保护（全球）	67.63	52.50（生物群落保护）

	2020 年	基准年（2009 年）
陆地生物群落的保护（国家）	66.84	52.50（生物群落保护）
物种保护指数	73.31	—
保护区代表性指数	31.35	—
物种生境指数	79.56	43.30（关键生境保护）
生物多样性生境指数	54.84	43.30（关键生境保护）
生态系统服务	41.84	
森林/树木覆盖损失	38.40	75.30
草地损失	59.73	—
湿地损失	59.54	—
渔业	16.06	34.40
鱼类资源现状	11.58	29.20（过度开发的渔业资源）
区域海洋营养指数	19.65	—
拖网捕鱼	17.33	—
气候变化	49.76	44.60
二氧化碳强度趋势	40.58	44.80（单位 GDP 二氧化碳排放量）
甲烷强度趋势	64.92	
含氟气体强度趋势	90.59	
炭黑强度趋势	55.03	
土地覆盖产生的二氧化碳趋势	51.04	
温室气体排放强度增长速率	48.82	
人均温室气体排放量	50.77	61.30（人均二氧化碳排放量）
污染排放	61.19	
二氧化硫强度趋势	66.34	40.90（单位 GDP 二氧化硫排放量）
氮氧化物强度趋势	56.04	
水资源/污水处理水平	21.82	—
农业/可持续氮管理	39.33	39.30（农业）

注：基准年为 2009 年，因指标变化，故部分指标基线数据为空。

3.1　国家层面

2020 年丹麦以 EPI 得分 82.5 分领先全球。丹麦排名榜首，反映了其在大多数政策类别上的强劲表现，特别是生态系统活力领域；在环境健康领域，瑞士在家用固体燃料、重金属以及废物管理方面也很出色。丹麦生物多样性与栖息地分数为 81.70 分，居世界第 31位，但是，其物种保护指数和海洋保护排名最高。卢森堡（82.3 分）、瑞士（81.5 分）、英国（81.3 分）和法国（80.0 分）是 2020 年 EPI 排名前五的国家。在环境健康方面，瑞士、卢森堡和法国在空气质量方面表现突出。此外，瑞士和英国在水和卫生方面名列前茅，丹麦在铅暴露方面的得分最高。在生态系统活力方面，这五个国家在家用固体燃料和污染排放这两个类别中获得最高分。法国、英国和丹麦在海洋保护区和物种保护指数方面排名第一，卢森堡和法国在陆地生物群落保护（全球权重）和陆地生物群落保护（国家权重）方面排名第一。丹麦在气候变化和水资源方面排名第一，法国和英国在生物多样性和栖息地方面表现优异。日本和韩国在亚太国家中名列前茅；马绍尔群岛今年首次加入 EPI 的行列。一般来说，EPI 得分较高的国家和地区对保护公共健康、保护自然资源、温室气体排放与经济活动耦合等方面表现突出。

2020 年 EPI 排名最后五位的国家分别为科特迪瓦（25.8 分）、塞拉利昂（25.7 分）、阿富汗（25.5 分）、缅甸（25.1 分）和利比里亚（22.6 分）。EPI 得分低说明需要在若干方面开展国家可持续性工作，特别是气候变化和污染排放。一些排名最低的国家面临更广泛的挑战，例如国内动荡。我们特别关注空气质量的问题类别。2020 年空气质量 EPI 评分较低的国家，如尼泊尔（空气质量评分 14.6 分）、印度（13.4 分）和巴基斯坦（9.9 分），面临需要紧急关注的公共卫生危机。

美国在 2020 年 EPI 中排名第 24 位。美国在家用固体燃料（98.0 分）和含氟气体强度趋势（94.2 分）等问题上得分很高，但在其他方面表现不佳，包括人均温室气体排放量（4.5分）和生态系统服务（4.9 分）。这一排名使美国 EPI 排名落后于以下工业化国家，英国（第 4 位）、德国（第 10 位）、日本（第 12 位）、澳大利亚（第 13 位）、意大利（第 20 位）和加拿大（第 20 位）。

在新兴经济体中，中国和印度分别排名第 120 位和第 168 位，反映了经济快速增长对环境造成了一定的压力。巴西排名第 55 位，这表明将可持续发展作为政策优先关注事项能够带来益处，而且发展水平和发展速度只是影响环境绩效的众多因素之一。新兴经济体的可持续性结果仍然极易变化。

低 EPI 分数显示需要多方面进行国家层面上可持续发展的努力，包括空气污染、水污染、保护生物多样性以及转型使用清洁能源。由于 2020 年的 EPI 根据 2019 年公布的之前收集的数据所计算，其结果并未反映近期事件的影响，例如巴西亚马孙雨林大火、澳大利亚野火以及全球大流行的新型冠状病毒（表 12）。

表 12　部分国家的历年 EPI 得分及排名情况（得分/排名）

国家	2006 年	2008 年	2010 年	2012 年	2014 年	2016 年	2018 年	2020 年
丹麦	84.2/7	84/25	69.2/33	63.61/21	76.92/13	89.21/4	81.6/3	82.5/1
瑞典	87.8/2	93.1/2	86/5	68.82/10	78.09/9	90.43/3	80.51/5	78.7/8
法国	82.5/12	87.8/10	78.2/8	69/6	71.05/27	88.2/10	83.95/2	80/5
德国	79.4/22	86.3/13	73.2/18	66.91/11	80.47/6	84.26/30	78.37/13	77.2/10
美国	78.9/26	81/39	63.5/62	56.59/49	67.52/33	84.72/26	71.19/27	69.3/24
日本	81.9/14	84.5/21	72.5/21	63.36/23	72.35/26	80.59/39	74.69/20	75.1/12
韩国	75.2/42	79.4/51	57/95	57.2/43	63.79/43	70.61/80	62.3/60	66.5/28
中国	56.3/94	65.1/105	49/122	42.24/116	43/11	65.1/109	50.74/120	37.3/120
越南	54.3/99	73.9/76	59/86	50.64/79	38.17/136	58.5/131	46.96/132	33.4/141
印度	47.7/118	60.3/120	48.3/124	36.23/125	31.23/155	53.58/141	30.57/177	27.6/168
以色列	73.7/45	79.6/49	62.4/67	54.64/61	65.78/39	78.14/49	75.01/19	65.8/29
泰国	66.8/61	79.2/53	62.2/68	59.98/34	69.54/91	69.54/91	49.88/121	45.4/80

3.2　区域层面

欧洲国家与地区绩效表现较好。欧洲国家与地区在 EPI 排名前 30 名中占 22 位，欧洲地区排名最低的国家为摩尔多瓦，但也在全球中排名较高，排名为第 87 名。一些国家在单个温室气体减排方面表现出色，丹麦在二氧化碳排放方面、英国在甲烷方面以及挪威在氟化气体方面表现都较为出色。丹麦环境绩效指数各项指标均表现出色。丹麦在几乎所有环境健康指标方面都表现突出，长期以来一直大力改进空气质量、卫生设施及安全饮用。丹麦在固体垃圾管理方面的表现也很亮眼，几乎全国所有的垃圾都得以回收、堆肥或焚烧。此外，丹麦在应对气候变化工作的广度和深度上均居世界领先地位，例如近期宣布到 2030年将温室气体排放量减少 70%。

亚太地区的排名差距比其他任何地区都大。日本（第 12 位）、韩国（第 28 位）、新加坡（第 39 位）和文莱（第 46 位）在亚太地区领先，而柬埔寨（第 139 位）、越南（第 141位）、缅甸（第 179 位）是亚太地区和全球绩效表现较差的国家和地区。日本在亚太地区名列榜首，在各项环境政策类别均表现突出，在气候变化、空气质量、卫生和饮用水等领域在地区内处于领先地位。韩国、新加坡的排名紧随其后。值得一提的是，新加坡在 EPI有关垃圾管理新指标的表现近乎完美，几乎取得了满分（得分 99.6 分，总分 100 分）。表现突出的几个国家在渔业方面也毫不逊色。新加坡、斐济和基里巴斯在渔业方面在该地区和世界分别排名第一、第二和第三，虽然各个国家都须在此问题上作出实质性的改进。

拉丁美洲和加勒比地区发展水平差异较大，广泛分布在 2018 年 EPI 排名的中间位置。智利排名第 44 位，得分为 55.3 分，哥伦比亚排名第 50 位，得分 52.9 分，墨西哥排名第51 位，得分 52.6 分。海地在该地区获得最低分，排名第 170 位，得分为 27 分。

大中东地区排名较为分散。以色列（第 29 位）、阿联酋（第 42 位）、科威特（第 47位）和约旦（第 48 位）领先区域排名；伊拉克（第 106 位）、阿曼（第 110 位）及苏丹（第130 位）是该地区表现最差的。苏丹在空气质量、卫生和饮用水方面最为落后。中东地区环境健康方面成效较为显著，成功地开展了减少家庭使用固体燃料的运动。这种努力必须扩大到所有国家，特别是在世界正在解决空气质量差等长期存在的问题的情况下。

南亚地区全球排名较为靠后。不丹（第 107 位）、斯里兰卡（第 109 位）排名中等偏后，而印度（第 168 位）、孟加拉国（第 162 位）、阿富汗（第 178 位）是南亚地区和全球绩效表现较差的国家和地区。

美洲地区整体排名较为靠前，但仍有个别国家排名靠后。其中，加拿大（第 20 位）、美国（第 24 位）、智利（第 44 位）、哥伦比亚（第 50 位）领先区域排名，圭亚那（第 126位）、危地马拉（第 149 位）、海地（第 170 位）三个国家排名较为靠后。美国在发达国家中排名不高，主要是由于其在水资源保护和垃圾管理等方面表现不佳。虽然数据显示美国在海洋保护区和空气质量方面取得了很好的成绩，但总体排名显示，美国在工业化国家中排名靠后。

撒哈拉以南的非洲整体排名比较靠后。塞舌尔第 38 位，黑山 74 位，毛里求斯第 82位，马达加斯加第 174 位，几内亚第 175 位，科特迪瓦第 176 位，塞拉利昂第 177 位，利比里亚第 180 位（表 13）。

表 13　国家和地区 EPI 及地区排名

环境绩效指数排名	国家和地区	环境绩效指数	地区排名	环境绩效指数排名	国家和地区	环境绩效指数	地区排名	环境绩效指数排名	国家和地区	环境绩效指数	地区排名
1	丹麦	82.5	1	61	乌拉圭	49.1	9	121	萨摩亚	37.3	12
2	卢森堡	82.3	2	62	阿尔巴尼亚	49.0	16	122	卡塔尔	37.1	15
3	瑞士	81.5	3	63	安提瓜和巴布达	48.5	10	123	津巴布韦	37.0	11
4	英国	81.3	4	64	古巴	48.4	11	124	中非	36.9	12
5	法国	80.0	5	65	圣文森特和格林纳丁斯	48.4	11	125	刚果（金）	36.4	13
6	奥地利	79.6	6	66	牙买加	48.2	13	126	圭亚那	35.9	30
7	芬兰	78.9	7	67	伊朗	48.0	6	127	马尔代夫	35.6	3
8	瑞典	78.7	8	68	马来西亚	47.9	6	128	乌干达	35.6	14
9	挪威	77.7	9	69	特立尼达和多巴哥	47.5	14	129	东帝汶	35.3	14
10	德国	77.2	10	70	巴拿马	47.3	15	130	老挝	34.8	15
11	荷兰	75.3	11	71	突尼斯	46.7	7	131	苏丹	34.8	16
12	日本	75.1	1	72	阿塞拜疆	46.5	5	132	肯尼亚	34.7	15
13	澳大利亚	74.9	12	73	巴拉圭	46.4	16	133	赞比亚	34.7	15
14	西班牙	74.3	13	74	多米尼加共和国	46.3	17	134	埃塞俄比亚	34.4	17
15	比利时	73.3	14	75	黑山	46.3	17	135	斐济	34.4	16
16	爱尔兰	72.8	15	76	加蓬	45.8	2	136	莫桑比克	33.9	18
17	冰岛	72.3	16	77	巴巴多斯	45.6	18	137	埃斯瓦蒂尼	33.8	19
18	斯洛文尼亚	72.0	1	78	波斯尼亚和黑塞哥维那	45.4	18	138	卢旺达	33.8	19
19	新西兰	71.3	17	79	黎巴嫩	45.4	8	139	柬埔寨	33.6	17
20	加拿大	71.0	18	80	泰国	45.4	7	140	喀麦隆	33.6	21
21	捷克	71.0	2	81	苏里南	45.2	19	141	越南	33.4	18
22	意大利	71.0	18	82	毛里求斯	45.1	3	142	巴基斯坦	33.1	4
23	马耳他	70.7	20	83	汤加	45.1	8	143	密克罗尼西亚	33.0	19
24	美国	69.3	21	84	阿尔及利亚	44.8	9	144	佛得角	32.8	22
25	希腊	69.1	3	85	哈萨克斯坦	44.7	6	145	尼泊尔	32.7	5
26	斯洛伐克	68.3	4	86	多米尼克	44.6	20	146	巴布亚新几内亚	32.4	20
27	葡萄牙	67.0	22	87	摩尔多瓦	44.4	7	147	蒙古	32.2	21
28	韩国	66.5	2	88	玻利维亚	44.3	21	148	科摩罗群岛	32.1	23
29	以色列	65.8	1	89	乌兹别克斯坦	44.3	8	149	危地马拉	31.8	31

环境绩效指数排名	国家和地区	环境绩效指数	地区排名	环境绩效指数排名	国家和地区	环境绩效指数	地区排名	环境绩效指数排名	国家和地区	环境绩效指数	地区排名
30	爱沙尼亚	65.3	5	90	秘鲁	44.0	22	150	坦桑尼亚	31.1	24
31	塞浦路斯	64.8	6	91	沙特阿拉伯	44.0	10	151	尼日利亚	31.0	25
32	罗马尼亚	64.7	7	92	土库曼斯坦	43.9	9	152	刚果（布）	30.8	22
33	匈牙利	63.7	8	93	巴哈马	43.5	23	153	马绍尔群岛	30.8	26
34	克罗地亚	63.1	9	94	埃及	43.3	11	154	尼日尔	30.8	26
35	立陶宛	62.9	10	95	萨尔瓦多	43.1	24	155	塞内加尔	30.7	28
36	拉脱维亚	61.6	11	96	格林纳达	43.1	24	156	厄立特里亚	30.4	29
37	波兰	60.9	12	97	圣卢西亚	43.1	24	157	贝宁	30.0	30
38	塞舌尔	58.2	1	98	南非	43.1	4	158	安哥拉	29.7	31
39	新加坡	58.1	3	99	土耳其	42.6	19	159	多哥	29.5	32
40	中国台湾	57.2	4	100	摩洛哥	42.3	12	160	马里	29.4	33
41	保加利亚	57.0	13	101	伯利兹	41.9	27	161	几内亚比绍	29.1	34
42	阿联酋	55.6	2	102	格鲁吉亚	41.3	10	162	孟加拉国	29.0	6
43	北马其顿	55.4	14	103	博茨瓦纳	40.4	5	163	瓦努阿图	28.9	23
44	智利	55.3		104	纳米比亚	40.2	6	164	吉布提	28.1	35
45	塞尔维亚	55.2	15	105	吉尔吉斯斯坦	39.8	11	165	莱索托	28.0	36
46	文莱	54.8	5	106	伊拉克	39.5	13	166	冈比亚	27.9	37
47	科威特	53.6	3	107	不丹	39.3	1	167	毛里塔尼亚	27.7	38
48	约旦	53.4	4	108	尼加拉瓜	39.2	28	168	加纳	27.6	39
49	白俄罗斯	53.0	1	109	斯里兰卡	39.0	2	169	印度	27.6	7
50	哥伦比亚	52.9	2	110	阿曼	38.5	14	170	布隆迪	27.0	40
51	墨西哥	52.6	3	111	菲律宾	38.4	9	171	海地	27.0	32
52	哥斯达黎加	52.5	4	112	布基纳法索	38.3	7	172	乍得	26.7	41
53	亚美尼亚	52.3	2	113	马拉维	38.3	7	173	所罗门群岛	26.7	24
54	阿根廷	52.2	5	114	塔吉克斯坦	38.2	12	174	马达加斯加	26.5	42
55	巴西	51.2	6	115	赤道几内亚	38.1	9	175	几内亚	26.4	43
56	巴林	51.0	5	116	洪都拉斯	37.8	29	176	科特迪瓦	25.8	44
57	厄瓜多尔	51.0	7	117	印度尼西亚	37.8	10	177	塞拉利昂	25.7	45
58	俄罗斯	50.5	3	118	基里巴斯	37.7	11	178	阿富汗	25.5	8
59	委内瑞拉	50.3	8	119	圣多美和普林西比	37.6	10	179	缅甸	25.1	25
60	乌克兰	49.5	4	120	中国	37.3	12	180	利比里亚	22.6	46

注：

■ 亚太地区		■ 苏联国家		■ 大中东地区		■ 南亚
■ 东欧		■ 全球西部		■ 拉丁美洲和加勒比地区		■ 撒哈拉以南的非洲

3.3 指标分析

（1）环境健康

环境健康政策目标的环境绩效在过去 10 年中大有增加。相对于 28.16 分的基线，全球环境健康指数得分提高了 17.39 分。在全球层面上，仍需要加强环境健康管理，以保护公共卫生和实现国际目标。

空气质量仍然是公共卫生的主要环境威胁。2016 年，卫生计量与评估研究所估计，与空气污染物有关的疾病造成的生命年减少占与环境有关的死亡和残疾导致的生命年减少的 2/3。印度和中国等地的污染尤为严重，经济发展水平越高污染程度越高（世界银行和卫生计量与评估研究所，2016 年）。随着国家的发展，大城市人口增长的加剧以及工业生产和汽车运输的增加使人们面临严重的空气污染。

政府加强对水和卫生设施的管理。对卫生基础设施的投资意味着更少的人接触不安全的水，从而减少相关风险造成的死亡人数。然而，尽管全球趋势表明，随着各国工业化，全球环境法规的收紧，发展中国家的快速增长仍应是全球的优先事项。各国应继续发展能力，以确保基础设施的增长与人口增长保持同步。但是，为了永续发展，仍然需要采取相当大的行动来确保全世界都能获得安全饮用水和卫生服务。

许多国家仍在努力减少铅中毒。尽管在全球范围内，重金属暴露依然存在，全球铅产量增加，许多国家仍在努力减少铅中毒。法规已被证明有效地限制了包括汽油、油漆和管道在内的污染源的暴露。最值得注意的是，超过 175 个国家逐步淘汰含铅汽油（Landrigan et al.，2017 年）。在铅电池需求旺盛的发展中国家和城市化国家问题仍然存在（Landrigan et al.，2017）。平衡经济发展与污染法规，将是减少铅污染对健康影响的关键，并将继续推动全球趋势。

对于废物管理问题不可忽视。一些工业化国家的工业废物排放量，每年平均以 2%～4%的速度增长。近年来，随着工业化国家的城市化和居民消费水平的提高，城市垃圾的增长也十分迅速。因此，全球需要注重对废物的管理。

（2）生态系统活力

生态系统活力绩效指数略有提高。尽管取得了这些进展，世界仍远未达到生态系统活力的目标。

生物多样性和栖息地方面。世界在保护海洋和陆地生物群系方面取得了重大进展，超过了 2014 年的国际海洋保护目标。然而，衡量陆地保护区的其他指标表明，需要做更多的工作以确保高质量的栖息地不受人类压力的影响。

生态系统服务方面。少数国家的森林砍伐导致全球树木覆盖损失增加。尽管遥感技术取得了进展，但对森林缺乏普遍的定义，以及缺乏统一的监测工作限制了以全面的方式评估森林状况的能力。草地和湿地本身有其功能和价值，若其功能下降或丧失，会对生态环境产生不可估量的后果。因此，要注重对这三方面的工作。

全球渔业方面。全球渔业分数的趋势表明，各国正越来越多地过度捕捞鱼类，同时也捕捞更高等级的热带鱼物种。过度捕捞是造成全球渔业下降的主要原因。制定更好地描述捕捞对海洋生态系统影响的新指标，更详细地收集和报告数据的监测工作，对保护全球鱼类资源和依赖它们的生物群至关重要。

气候变化方面。大多数国家在过去 10 年里都改善了温室气体排放强度。参评国家与地区中 3/5 的国家与地区二氧化碳强度下降，而 85%～90% 的国家甲烷、氧化亚氮和黑碳强度下降。这些趋势给人们带来了希望，但必须加快步伐，以实现 2015 年《巴黎协定》的宏伟目标。

污染排放方面。随着全球二氧化硫（SO_2）和氮氧化物（NO_x）排放强度在十年内的下降，所有国家的空气污染评分都有所提高。尽管在全球层面取得了进展，但发达国家和发展中国家之间仍然存在巨大的不平等。煤炭消耗量大、油气储量大、炼油能力强的国家，其二氧化硫和氮氧化物排放量相对于国内生产总值的水平仍较高。

水资源方面。由于全球污水处理数据的缺乏，全球污水处理的绩效并没有从基线中改变。国家环境绩效的提高与经济发展密切相关。全球库存中大量缺失的数据表明，难以确定发展中国家的废水处理值，需要加大基础设施建设规划和数据收集工作，以实现可持续发展目标 6 中的目标。

农业方面。10 年间，氮管理的小幅进步是由于产量增加而不是提高效率的结果。整个农业行业对氮的管理不善仍然威胁着自然界的健康和可持续性。新的指标更好地考虑了氮使用的区域差异以及特定国家基准和贸易，能够改善全球监测工作。

在 20 年的经验中，EPI 揭示了可持续发展的两个基本维度之间的紧张关系：一是随着经济增长和繁荣而改善的环境健康；二是受工业化和城市化影响的生态系统活力。良好的治理是平衡这些不同维度的可持续性的关键因素。

3.4 环境绩效与经济发展的相关性分析

2020 年 EPI 得分与人均国内生产总值之间的关系呈较强的正相关，不过许多国家的经济表现超出或低于同水平国家（图 6）。好的政策结果与财富（人均国内生产总值）有关，也就是说，经济繁荣能够让各国投资产生理想结果的政策和项目。这一趋势在环境健康下的各问题类别中尤其明显，因为建设必要的基础设施、提供清洁饮用水和卫生设施、减少大气污染、控制有害废物以及应对公共卫生危机对人类福祉大有裨益。追求经济繁荣，即发展工业化和城市化往往意味着造成更多的污染、给生态系统活力带来更多的压力，尤其是在废水、废气排放量仍然很大的发展中国家。但与此同时，数据显示，各国不必为经济安全牺牲可持续性，反之亦然。在每一个问题类别中，我们都能发现在相同经济水平下，有些国家做得更好。这些领先的国家的政策制定者和其他利益相关方证明了，即便有经济增长的压力，只要专注于此，就能动员社区去保护自然资源和人类福祉。在这一方面，良好治理相关的指标，包括对法治的承诺、充满活力的新闻界和公正的法规执行都有助于获得 EPI 高分。

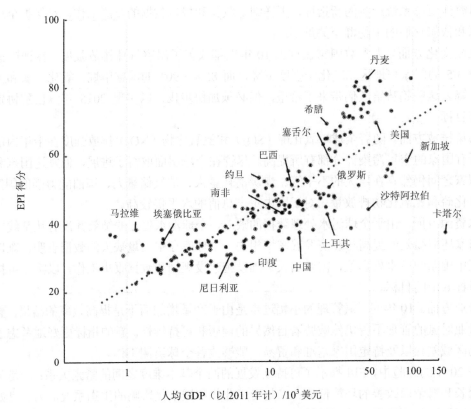

图6　2020年环境绩效与经济发展关系

4　结论与建议

4.1　研究结论

对环境趋势和进展的精细测量可为有效制定政策奠定基础。2020年EPI报告围绕环境健康和生态系统活力两大政策目标，对180个国家的11个政策领域共32项绩效指标进行排名。这些指标在国家层面上衡量了各国离既定环境政策目标的距离。EPI提供环境绩效方面领先者和落后者的计分卡，洞悉最佳实践，在可持续发展方面为领先的国家提供指导。

2020年EPI数据和方法的创新促成基于环境科学和分析最新进展的新排名。2020年EPI的环境健康政策目标有若干变化，生态系统活力的几乎所有问题类别都进行了调整。丹麦在大多数指标上表现出色，尤其是空气质量和气候保护方面领先全球。总体来说，得分高的国家对保护公共健康、保护自然资源以及将温室气体（GHG）排放与经济活动的耦合方面作出长期承诺。印度和孟加拉国排名接近垫底。环境绩效指数得分低说明国家需要在多个方面开展可持续性工作，特别是清洁空气质量、保护生物多样性和减少温室气体排放。一些得分落后国家面临更多的挑战，例如内乱，但其他国家的低分可归因于治理不力。重点关注 EPI 的决策者必须采取进一步行动的问题。

世界已经进入了由数据驱动的环境决策新时代。随着联合国 2015 年可持续发展目标的实施，政府越来越多地被要求参照量化指标解释其在一系列污染控制和自然资源管理挑战方面的表现。一种以数据为导向的环保方法，可以让我们更容易发现问题，跟踪趋势，突出政策的成功和失败，确定最佳实践，并优化投资环境保护的收益。尽管 EPI 为环境政策制定提供了更严谨的分析框架，但它也显示出一些严重的数据差距。随着 EPI 项目 20 年来的突出表现，在一系列环境问题中，研究迫切需要更好的数据收集。现有差距在可持续农业、水资源、废物管理和对生物多样性威胁方面尤其明显。因此，支持更强大的全球数据系统对于更好地管理可持续发展挑战至关重要。

整体 EPI 排名在一定程度上表明了各个国家在应对环境压力方面的能力。从政策角度来看，更大的价值来自深入分析数据以研究特定问题、策略类别、对等组和国家的性能。这种分析有助于完善政策选择，了解环境进步的决定因素，并最大限度地提高政府投资的回报。EPI 揭示了可持续发展两个基本维度之间的关系：一是随着经济增长和繁荣而上升的环境健康；二是生态系统活力受到来自工业化和城市化的压力。良好的治理是平衡这些不同维度的可持续性的关键因素。

关键指标的分析。一是空气质量仍然是公众健康的主要环境威胁。2016 年，卫生计量与评估研究所估计，与空气污染物有关的疾病造成的生命年减少占与环境有关的死亡和残疾导致的生命年减少的 2/3。在快速城市化和工业化国家，如印度和中国，空气污染问题尤其严重。二是世界在海洋和陆地生物群保护方面已取得重大进展。世界在海洋和陆地生物群保护方面超过了 2014 年的国际海洋保护目标。然而，衡量陆地保护区的其他指标表明，我们需要做更多的工作来保障高质量栖息地不受人类活动的影响。三是大多数国家温室气体排放强度有所改善。EPI 中 3/5 的国家二氧化碳浓度降低，而 85%～90% 的国家甲烷、一氧化二氮和黑炭浓度下降。这些趋势给人们带来了希望，但必须加快步伐，以实现 2015 年《巴黎协定》的宏伟目标。

4.2 政策建议

评估国家正在实施的政策是否能够使得气候变化得以缓解，是当今社会面临的最紧迫挑战之一。2015 年《巴黎协定》确立了对所有国家气候变化行动的期望，但依然难以建立稳定的指标对绩效进行评估。2018 年 EPI 评估中气候与能源指标主要用于说明国家如何实现去碳化的经济增长，而不是它们的气候变化政策是否产生了切实的影响。

环境绩效指数研究迫切需要更好的数据收集系统。现有差距在可持续农业、水资源、废物管理和对生物多样性威胁方面尤其明显。因此，支持更强大的全球数据系统对于更好地管理可持续发展挑战至关重要。EPI 利用卫星技术、遥感技术来建立全球可比的数据集，得到各国政府未能监测或报告的环境数据。主要是应用于空气质量和林业指标数据获取，这些指标比之前的模型和国家报告中的指标数据更具有可比性和综合性。

　　建议尽快启动国家环境绩效评估试点工作，促进建立国家—省级地区—市（县）三层级的生态环境绩效评估长效机制，分步有序推进生态环境绩效评估的制度建设，加速我国生态环境管理转型和深化生态文明制度建设探索。我国生态环境绩效评估工作还没有建立制度框架，各地开展的绩效评估工作整体上还处于初步探索状态，在国家层面也缺乏技术指导。为了充分发挥绩效测量在环境管理中的作用，建议生态环境部结合我国国情，在大时间尺度上对我国各地生态环境绩效进行科学的连续监测与评估，为我国及各地区进行科学的环境管理决策提供有力支撑。作为第三方生态环境绩效评估制度的试点，推进建立生态环境绩效评估制度，使生态环境绩效评估制度成为环境目标责任考核制度的补充。

　　亟须建立更好的环境测量与指标系统。每一项 EPI 指标的得分都凸显了这一结论。虽然在某些领域已经取得了进展，特别是与卫星数据有关的技术进步和创新，但是许多生态环境问题缺乏监测或具有可比性的数据。由于数据缺失，淡水质量、物种灭绝、气候适应和废弃物管理仍然是 EPI 评价体系中数据缺失的指标。缺少这些信息，EPI 评估也无法为环境管理提供支撑，环境管理能力将无法得到完善，生态系统与人类健康也会受到影响。

参考文献

[1]　WENDLING Z A，EMERSON J W，DE SHERBININ A，et al. 2020 Environmental Performance Index[EB/OL]. New Haven，CT：Yale Center for Environmental Law & Policy. 2020. http://epi.yale.edu.

[2]　Yale Center for Environmental Law and Policy，International Earth Science Information Network（CIESIN）. 2018 Environmental Performance Index[EB/OL]. Yale University，2018. http://epi.yale.edu.

[3]　Yale Center for Environmental Law and Policy，International Earth Science Information Network（CIESIN）. 2016 Environmental Performance Index[EB/OL]. Yale University，2016. http://epi.yale.edu.

[4]　Yale Center for Environmental Law and Policy，International Earth Science Information Network（CIESIN）. 2014 Environmental Performance Index[EB/OL]. Yale University，2014. http://epi.yale.edu.

[5]　Yale Center for Environmental Law and Policy. 2012 Environmental Performance Index and Pilot Trend Environmental Performance Index[EB/OL]. Yale University，2012. http://epi.yale.edu.

[6]　Yale Center for Environmental Law & Policy，International Earth Science Information Network（CIESIN）. 2010 Environmental Performance Index [EB/OL]. 2010. http://epi.yale.edu.

[7]　Yale Center for Environmental Law & Policy，International Earth Science Information Network（CIESIN）. 2008 Environmental Performance Index [EB/OL]. 2008. http://epi.yale.edu.

[8]　Yale Center for Environmental Law & Policy，International Earth Science Information Network（CIESIN）. 2006 Environmental Performance Index [EB/OL]. 2006. http://epi.yale.edu.

[9]　HSU A，JOHNSON L，LLOYD A. 2013. Measuring Progress：A Practical Guide from the Developers of the Environmental Performance Index [EB/OL]. Yale Center for Environmental Law and Policy：New Haven，CT. Available：http://epi.yale.edu.

[10]　HSU A，MIAO W. 2014，April 3. China's performance on the 2014 Environmental Performance Index：What are the key takeaways? Yale Environmental Performance Index[EB/OL]. The Metric. Available：

http://epi.yale.edu.

[11] Yale Environmental Performance Index，Indicators in Practice. Basque Country's Environmental Performance Index[EB]. 2015-02-20.

[12] 董战峰，郝春旭. 积极构建环境绩效评估与管理制度[J]. 社会观察，2015，10：34-37.

[13] 董战峰，张欣，郝春旭. 2014 年全球环境绩效指数（EPI）分析与思考[J]. 环境保护. 2015，2：55-57.

[14] 董战峰，郝春旭，王婷，等. 中国省级区域环境绩效评价方法研究[J]. 环境污染与防治. 2016，38（2）：154-157.

[15] 郝春旭，董战峰，葛察忠，等. 基于聚类分析法的省级环境绩效动态评估与分析[J]. 生态经济，2015，32（1）：154-157.

[16] 郝春旭，翁俊豪，董战峰. 基于主成分分析的中国省级环境绩效评估[J]. 资源开发与市场. 2016，32（1）：26-30.

[17] 董战峰，吴琼，李红祥，等. 我国环境绩效评估制度建设的六大关键问题[J]. 环境保护与循环经济，2013，33（9）：4-11.

[18] Zhanfeng Dong，Qiong Wu，et al. Environmental indicator development in China：Debates and challenges ahead[J]. Environmental Development，2013，7：125-127.

[19] 董战峰，郝春旭，等. 2016 年全球环境绩效指数中国得分为 65.1 分，中国在 180 个国家和地区中位居第 109 位[J]. 重要环境信息参考，2016，12（5）.

[20] 董战峰，郝春旭，张欣，等. 2014 年全球环境绩效指数中国得分为 43 分，中国在 178 个国家和地区中排名靠后居第 118 位[J]. 重要环境信息参考，2014，10（23）.

[21] 王金南，赵学涛，杨威杉，等. 2012 年中国在 132 个国家和地区中的环境绩效指数（EPI）排名后居第 116 位[J]. 重要环境信息参考，2012，8（12）.

[22] 王金南，曹颖，曹国志，等. 2010 年全球环境绩效指数（EPI）：中国排名第 121 位[J]. 重要环境信息参考，2010，6（13）.

[23] 董战峰，王金南. 2008 年全球 EPI 中国排名第 105 位：巨大环境代价[J]. 重要环境信息参考，2008，4（5）.

[24] 王金南，蒋洪强，李勇. 中国在世界环境绩效指数排名中位居第 94 位[J]. 重要环境信息参考，2006，2（2）.

[25] ROCKSTRÖMET M J，STEFFEN W，NOONE K，et al. A safe operating space for humanity[J]. Nature，2009，461（7263）：472-475.

2019 年可持续发展目标指数和指示板全球报告分析[①]

Analysis on the SDG Index and Dashboards Global Report 2019

周全　董战峰　璩爱玉　葛察忠　潘若曦　郝春旭　李娜　彭忱

摘　要　联合国可持续发展解决方案网络与贝塔斯曼基金会联合发布的《2019 年实现可持续发展目标所需转变及其指数和指示板全球报告》评估了 162 个国家和地区 17 项可持续发展目标（SDG）的实现情况，在全球具有影响力。本文分析了该报告的 SDG 指数和指示板构建的方法学变化及新增的 SDG 趋势评估情况，重点针对国别、区域层面的 SDG 实施进展以及中国的进展状况进行深入分析，认为 OECD 国家、东亚、拉丁美洲、非洲等区域可持续发展目标实现进展各有特征，中国的 SDG 指数全球排名有较大幅度上升，但 17 项 SDG 面临挑战的程度以及近年来的实现进展具有差异性，生态环境领域存在较多短板指标。中国应当尽快研究建立中国本土化 SDG 指标体系以及定期评估机制，补齐补强指标短板，推进环境治理能力与体系现代化。

关键词　2030 年可持续发展议程　SDG 指数和指示板　SDG 趋势　生态环境短板　政策分析

Abstract　The *Sustainable Development Report 2019* published by the New York: Bertelsmann Stiftung and Sustainable Development Solutions Network（SDSN）assesses the achievement of the 17 Sustainable Development Goals（SDG）in 162 countries and regions is globally influential. This paper analyzes the methodological changes in the construction of SDG index and dashboards of the report and the evaluation of the newly added SDG Trend，focusing on the SDG implementation progress at the country and regional levels as well as the progress in China，and holds the opinion that the SDG implementation progresses in OECD，East Asia，Latin America，Africa and other regions has its own characteristics.China's SDG index has risen considerably in the global rankings，but there are gaps between the performance of the 17 SDG and the trend of achieving them in recent years，especially the shortcomings in the field of ecology and environment，which makes China face severe challenges in achieving the 2030 sustainable development goals. China should study and formulate the SDG 2030 implementation roadmaps as soon as possible，localize the SDG indicator system for China，scientifically evaluate and monitor the implementation of the

① 本研究得到国家统计局重大统计专项项目"中国可持续发展目标指标体系研究"，以及世界自然基金会（WWF）资助项目"国别层面可持续发展目标指标体系研究"的支持。

UN sustainable development agenda on a regular basis，make up for the shortcomings of indicators，and promote modernization of the systems and capacity of environmental governance.

Keywords 2030 agenda for sustainable development，SDG index and dashboards，SDG trend，weakness of ecology and environment，policy analysis

2015 年，联合国可持续发展峰会正式通过了《变革我们的世界：2030 年可持续发展议程》（以下简称《2030 年议程》），建立了全球可持续发展目标（SDG），确立了 17 项总目标和 169 个具体目标，涵盖社会、经济、环境三大支柱，对 SDG 各个目标的度量和监测是执行 SDG 最重要的环节之一。联合国可持续发展解决方案网络（以下简称 SDSN）与贝塔斯曼基金会（Bertelsmann Foundation）提出可持续发展目标指数和指示板（SDG Index and Dashboards），提供了国别层面 SDG 进展的测量方法，旨在帮助各个国家在实现 SDG 的过程中找出优先问题，理解挑战，明确差距，以促进实现更加有效的可持续发展决策。可持续发展目标和指示板由 SDSN 和贝塔斯曼基金会每年发布一次。

2019 年 6 月，SDSN 与贝塔斯曼基金会联合发布《2019 年实现可持续发展目标所需转变及其指数和指示板全球报告》（*Sustainable Development Report 2019—Transformations to achieve the Sustainable Development Goals Includes the SDG Index and Dashboards*）（以下简称《2019 年可持续发展报告》），这是自 2015 年以 SDSN 为首的研究组首次发布全球可持续发展目标和指示板报告以来，第 5 次发布该系列报告。该系列报告利用 SDG 指数对各国 17 项可持续发展目标的现状进行排名，并通过颜色编码体现 17 项总目标整体实施情况，最终以可持续发展目标指示板（SDG Dashboards）展示，并为每个国家的 SDG 实施现状出具一份详细报告，为比较国家间不同的发展水平提供了可能。《2019 年可持续发展报告》新增了衡量各国可持续发展目标实现趋势的指标——SDG 趋势，较为直观地展现了各国近年来实现可持续发展目标的进程，为在长期中达到实现 2030 年可持续发展目标所需的年均增长率指明方向。

《2019 年可持续发展报告》以 2018 年相关指标的数据为基础，分析了全球 162 个国家为实现 2030 年议程作出的努力，计算了这些国家的 SDG 指数得分，得出各个国家距离实现 2030 年可持续发展目标的差距，最终以指示板的形式展现。报告中分析了每个国家近年来实现 2030 年可持续发展目标的趋势，探究了全球 162 个国家和地区的环境管理短板。在全球 162 个国家中，排名前 5 位的分别是丹麦、瑞典、芬兰、法国、奥地利，排名后 5 位的分别是马达加斯加、尼日利亚、刚果（金）、乍得、中非。2019 年中国的可持续发展目标指数得分为 73.2 分，在 162 个参评国家中排名第 39 位，比 2018 年上升了 15 个名次（2018 年共 156 个国家参评，中国居第 54 位，可持续发展目标指数得分 70.1 分），比 2017 年上升了 32 个名次（2017 年共 157 个国家参评，中国居第 71 位，可持续发展目标指数得分 67.1 分）。

1　实现可持续发展目标所需的转型

1.1　达到可持续发展目标的六个转型板块

《2019 年可持续发展报告》提出一个概念，即政府为实现可持续发展目标所需要的六种"转型"，是政府进行政策调整时的努力方向。其中每一项转型都是针对政府需要进行干预的主要社会问题，尤其是改变资源利用方式、转变经济体制、提升技术水平与建立更好的社会关系网络等方面。这些转型建议的提出考虑了"2050 年的世界"倡议（TWI2050，2018），回应了倡议中提出的实现 2030 年可持续发展目标所需的政策干预。这六项转型的实施需要各国政府以实现长期目标为导向来制定转型的清晰路径，这些转型的路径反过来则是为了给短期政策的制定提供指导。该报告认为这些转型的政策干预应当由实际利益相关方进行评价与监督，并根据他们的反馈进行持续改善，而不只是政府单方面决定。通过这样开放的方式，这些转型能够在实现可持续发展进程中促进良好的社会对话。

全球可持续发展目标的 17 项总体目标之间是存在相互关系的，政府的不同部门在特定方向的努力能够推动这些目标协同实现。例如，有一种"转型"是向"可持续粮食、土地、水和海洋"的方向发展，这一转型所针对的可持续发展目标是第 1~3 项、第 5~6 项、第 8 项和第 10~15 项总体目标。政府实际政策制定时，涉及这一转型的农业、粮食和森林、自然资源部门，在进行管理时应当注意改善粮食、农业或森林生产系统的生产力，采用恰当干预行动保护和恢复生物多样性。涉及这一转型的健康部门应当推广健康饮食来减少粮食浪费和损失。

综上，《2019 年可持续发展报告》第一次提出了政府为实现可持续发展目标需要进行政策干预的六项转型，具体内容如表 1 所示：

表 1　实现可持续发展目标所需的六项转型

转型	涉及的可持续发展目标	具体的转型路径
教育、性别和不平等	SDG 1、5、7~10、12~15、17	涉及教育部门、科学与技术、性别平等和家庭事务。该转型涵盖教育投资（幼儿期发展、中小学教育、职业培训与高等教育）、社会保障制度和劳动标准、研发。该项直接针对可持续发展目标 1、2、4、5、8、9、10，并且可以强化其他可持续发展目标结果
健康、福祉和人口统计	SDG 1、2、3、4、5、8、10	通过聚合干预确保全民医疗健康覆盖（UHC）、推广健康行为、确定健康和福祉的社会决定因素。该项直接针对可持续发展目标2、3、5，对于许多其他目标具有强大的协同效应。该项的实施需要卫生部牵头
能源脱碳与可持续产业	SDG 1~16	此项转型聚合能源获取投资；电力、运输、建筑和工业脱碳；遏制工业污染。该项直接针对可持续发展目标 3、6、7、9、11~15，并且可以强化若干个其他目标。此项的实施需要各行各业的配合，包括能源、运输、建筑和环境

转型	涉及的可持续发展 目标	具体的转型路径
可持续粮食、 土地、水和 海洋	SDG 1~3、5、6、 8、10~15	必须通过改善粮食和其他农业或森林生产系统生产力、应对气候变化恢复力的干预行动、保护和恢复生物多样性努力这三者之间的配合来推广健康饮食，从而减少粮食浪费和损失。因为这些干预行动之间存在重要的权衡取舍，所以我们建议在一项转型内识别解决和干预问题，这就需要调动各部门，如农业、林业、环境、自然资源和健康部门。这一广泛转型直接促进了可持续发展目标2、3、6、12~15 的实现。此外，此项转型的投资还可以强化许多其他可持续发展目标
可持续城市和 社区	SDG 1~16	城市、城镇以及其他社区都需要基础设施、城市服务和气候变化恢复力方面的投资。这些干预针对的是可持续发展目标 11，同时也直接作用于目标 6、9、11。几乎所有可持续发展目标都受到此项转型的间接支持，而此项转型依赖于交通运输部、城市发展部和水利部的领导
可持续发展数 字革命	SDG 1~4、 7~13、17	如果管理得当，数字技术（如人工智能和现代通信技术）基本上可对所有可持续发展目标作出重大贡献

数据来源：TWI2050（2018）和 SDSN 领导委员会成员的建议。

1.2　衡量政府为实现可持续发展目标转型作出努力的 3 项标准

　　《2019 年可持续发展报告》设定了 3 项标准，衡量各国政府为实现可持续发展目标转型所进行的政策干预的表现，即实现可持续发展目标的落实程度。

　　第一项标准主要指《2030 年议程》联合国高层政治论坛上国家自愿检视报告（VNR）的各国发表情况；VNR 强调政府和其他利益相关方如何设计为实现可持续发展目标的有效策略，例如改善政策、公共和私人投资与监管。2016—2018 年，在年度联合国高层政治论坛上已经发表了 111 份国家自愿检视报告。此外，有 73 个国家计划在 2019—2020 年发表。二十国集团（以下简称 G20）、经济合作与发展组织国家（以下简称 OECD 国家）和其他人口数量超过一亿的国家中，有 39 个国家已经提交了国家自愿检视报告，有 8 个国家计划在 2020 年前提交，美国则无提交计划。

　　第二项标准是政府为实现可持续发展目标制定的公共战略，分三种政府机制去衡量：一是国家预算做法，即政府是否在最新的国家预算文件中提及"可持续发展目标"和"2030年可持续发展议程"等关键词。实现可持续发展目标的六项关键转型都需要大规模增加公共和私人投资，《2019 年可持续发展报告》中 SDSN 的调查指出，只有两个国家（孟加拉国和印度）对实施可持续发展目标的增量融资需求进行了估算。在样本库中只有 18 个国家在其最新国家预算文件中提到了可持续发展目标或相关术语。二是国家监督机制，即国家统计部门等是否定义了相关指标去监督可持续发展目标的实施。《2019 年可持续发展报告》中 SDSN 的调查指出，各国之间用于监督可持续发展目标实施情况的相关指标数量差别很大，最少的是比利时的 34 个，最多的是加拿大的 244 个，欧盟统计局则有 100 个监测可持续发展目标实施的指标。三是利益相关方参与机制，即国家在推动可持续发展目标实现过程中是否建立了全面的利益相关方参与机制。实施可持续发展目标的转型是社会性的，需要广泛的公众支持与认同，以及众多社区部门的参与。《2019 年可持续发展报告》中 SDSN 调查指出，所有 162 个国家中有 3/4 建立了针对可持续发展目标的利益相关方参与协商机制，例如公民小组、在线协商、专家小组或利益集团会议（消费者协会、工会、商业协会等）。欧盟在 2016 年成立的多利益相关方平台，芬兰在 2018 年成立的针对可持续发展的创新 "公民小组"，都是典型的为提供可持续发展目标政策指导与社会反馈意见而建立的利益相关方参与机制。

第三项标准是利用气候行动追踪组织（CAT）的评估来衡量。CAT 会评估政府的可持续发展计划（国家自定贡献预案，INDC），以及为实现《巴黎协定》中目标（把全球气温上升保持在远低于 2℃ 的范围内）政府实际采取的行动。《2019 年可持续发展报告》指出，CAT 评估认为只有 4 个国家（不丹、埃塞俄比亚、印度和菲律宾）作出将气温上升控制在远低于 2℃ 范围内的充分承诺和努力，只有 1 个国家（摩洛哥）取得将气温上升控制在 1.5℃ 的成果。俄罗斯、沙特阿拉伯、土耳其和美国的可持续发展政府计划是严重不充分的。

中国目前在为实现可持续发展目标所需转型的政策干预力度相对来说较小。根据《2019 年可持续发展报告》中 SDSN 用来衡量政府为可持续发展转型作出的努力的标准，中国目前仅完成第一点标准即国家层面的 SDG 官方声明（中国于 2016 年提交了国家自愿检视报告）。但在预算做法、国家监督机制和利益相关方参与机制上均尚未明确体现 SDG 的实施。

《2019 年可持续发展报告》中，SDSN 还为实现可持续发展目标所需的六项转型提供了可参考的方案。第一种是商业支持；第二种是转变交易制度和价值链。实现可持续发展目标需要商业支持，世界可持续发展工商理事会（WBCSD）正在与一系列行业合作，试图采用更广泛的举措建立跨部门的商业方案来应对可持续发展的系统性挑战。我们处于高度相互依赖的世界，一个国家的行动可能会对其他国家实现可持续发展目标的能力产生积极或消极影响，这种 "国际溢出效应"，正在随着国际贸易规模扩大而迅速增长。《2019 年可持续发展报告》认为全球供应链的优化和治理有助于遏制不良的溢出效应。

2 评估方法学与指标体系变化

2.1 指标选取与数据来源

《2019 年可持续发展报告》使用联合国统计委员会批准的 17 项可持续发展目标所对应的指标。在没有足够数据时，部分计算采用了 17 项可持续发展目标所对应指标之外的其他官方指标，或其他具有可靠数据来源的非官方提供商的指标。可持续发展目标对应指标有 5 条选择标准：

相关性和普适性：所选指标应当与监测可持续发展目标实施情况相关联，且适用于绝大多数国家。这些指标还应当能够在全球范围内直接用于国家间的绩效评估和比较。

数据统计准确性：数据的收集处理基于有效和可靠的统计学方法。

及时性：数据序列必须具有时效性，近些年的数据有效且能够获取，所选指标为最新且按合理计划适时公布的指标。

数据质量：数据必须是针对某一问题最有效的测度，且来源于国家或国际上的官方数据（如国家统计局或联合国相关机构），或其他国际知名数据库。

覆盖范围：数据至少覆盖 162 个联合国成员国的 80%以上，覆盖国家的人口规模均超过百万人。

数据来源主要包括以下途径：首先是所有符合上述 5 项标准的官方可持续发展目标对应指标，若官方指标存在数据缺失等问题，则通过其他可靠数据来源和测量方法对 SDG 指数加以完善，包括世界银行统计数据库、人类发展报告（UNDP）、OECD 统计数据等国际数据库，研究机构或国际组织（如世界银行、OECD、世界卫生组织、联合国粮食及农业组织、国际劳工组织等）正式发布的统计数据和期刊文献，以及家庭调查或民间社会组织等。

2.2　构造可持续发展目标（SDG）指数的方法

SDG 指数由 17 项 SDG 目标构成，每项 SDG 目标至少有一项用于表现其现状的指标，个别情况下一项目标对应多项指标。通过两次求取平均值可以得出 SDG 指数得分，即第一次是将对应的指标分别求平均值得出每项 SDG 目标的得分，第二次是将 17 项 SDG 目标的得分加总求平均值得出该国的 SDG 指数。计算 SDG 指数的程序包括三个步骤：

第一步：从指标分布中审查极值

对于每个国家而言，各指标数据标准化之后的值会非常敏感地受到指标极值的影响，进而影响各个国家的相对排名（相对排名为该国家的排名与受评国家数量的百分比），因此需要使用一定的标准和方法去审查和剔除极值。

第二步：数据标准化

为了使不同指标的数据具有可比性，将各个指标的数据都重新标度为 0～100 的数值，0 表示与目标最远（最差），100 表示与目标最接近（最优）。该步骤旨在将所有指标的取值约束到一个通用的数值范围内，从而可以进行比较和汇总成综合指数。审查完各个指标的极值并建立上限和下限之后，运用该公式对变量进行[0，100]范围内的线性转换：

$$x' = \frac{x - \min x}{\max x - \min x}$$

式中，x 是原始数据值；max/min 分别表示同一指标下所有数据最优和最差表现的极值；x'是计算之后的标准化值。

经过这一计算过程，所有指标的数据都能够按照升序进行比较，即更高的数值意味着距离实现可持续发展目标更近。例如，某国家在一个指标上得分为 50，意味着该国家该项可持续发展目标的实施效果已达到最优值的一半，在一个指标上得分为 75，意味着该国已经完成了实现最优效果的 3/4 路程。

确定指标下限的方法是：对各项指标从低到高进行排名。有些指标数值最大，表明"水平最差"（如婴儿死亡率），而有些指标数值最大，表明"水平最优"（如预期寿命）。为确定每个指标中的最差值，剔除"最差"中 2.5%的观测值以消除异常值对评分的干扰后即得到下限，将此下限设为 0。确定指标上限则采用"五步法"来决策：

（1）对于《2030 年议程》中可明确量化的可持续发展目标，如果没有国家已经完全实现该目标，则将该目标值设为 100。例如，零贫困、普及学校教育、普及水和卫生设施、全面性别平等。除此之外，一些 SDG 目标提出了相对的变化（例如，"目标 3.4：……减少 1/3 的非传染性疾病导致的过早死亡"），这些变化不能被转化为今天的全球基线，在这种情况下使用第 5 步来决定，即将表现最好的五个国家的平均值作为临界上限值。

（2）对于《2030 年议程》中没有提出明确量化目标的情况，使用绝对目标临界值来表示每个指数分布的上限。这些变量的临界值来源于理论上可行的最大值，并且通过实现可持续发展目标来确保"不落下任何一个"原则，例如，"利用基础设施"的临界上限值设为 100。

（3）对于《2030 年议程》中以科技为基础的目标且要求在 2030 年或更晚达到的，将上限设置为 100。例如，实现 100%的可持续渔业管理；不晚于 2070 年将电力排放的温室气体造成的气温上升保持在 2℃以内。

（4）对于有几个国家的指标上限值已经超过《2030 年议程》要求的临界值的情况，使用该指标数值排在前五位的国家的平均数（例如，儿童死亡率）。

（5）对于其他指标，使用表现最好的前五位国家的平均值来设定上限。

第三步：指标加权聚合

由于 17 项可持续发展目标与其所包含的指标是一个不可分割的整体，又要求到 2030 年实现所有目标，所以选择固定的权重赋予 17 个目标下的每一项指标，并且 17 个目标也被赋予相同的权重，以此反映决策者对这些可持续发展目标平等对待的承诺，并将其作为"完整且不可分割"的目标集。这意味着为了提高可持续发展目标指数，各国需要将注意力平等集中在所有目标上，应特别关注得分较低的目标，因为这些目标距离实现最遥远，也因此预期实现进展最快。指标加权聚合主要分为两个步骤：一是利用标准化后的指标数值计算算术平均值，得出每项 SDG 目标得分；二是用算术平均值对每一项 SDG 进行聚合，得出 SDG 指数得分。

2.3 构建可持续发展目标指示板（SDG Dashboards）的方法

可持续发展目标指示板（SDG Dashboards）是利用可获取的数据，通过颜色编码来体现 17 项 SDG 的整体实施情况。在利用颜色编码表时，根据所有国家的每个指标引入量化后的临界值，再通过对每项目标进行指标聚合算出每个国家在每项可持续发展目标上的总分值。

第一步：设定 SDG 指示板的临界值

为了清晰且区别化地评估各国在某项目标上的实施进度，在"指示板"表中为每个指标引入了对应每种颜色的临界值，通过对一个 SDG 目标的所有指标进行汇总，得出每个 SDG 目标和每个国家的总体得分。附表中列出了每个指标的各种颜色所对应的临界值。为了评估一个国家在某一 SDG 目标上的进展，2019 年的报告考虑了 4 个颜色指示级别：绿色表示该国在实现 17 项 SDG 上面临的挑战较少，一些目标甚至已经达到了实现该目标所要求的临界值；从黄色到橙色再到红色表示距离 SDG 目标实现的距离越来越远，距 2030 年可持续发展目标实现存在越来越大的挑战。这些阈值来源于 SDG 或其他官方来源，阈值的设定广泛征询专家团队的建议和意见，并且所有阈值都是以绝对形式规定的，适用于所有国家。SDG 指示板的阈值见附表。

第二步：SDG 指示板的加权和聚合

可持续发展目标指示板的目的是突出那些各国需特别关注，并优先采取行动的可持续发展目标。在设计可持续发展目标指示板时，2019 年的计算采用了相关加权汇总问题。如某国在大多数指标上表现良好，但在同一可持续发展目标项下的一个或两个指标上表现堪忧，那么仅仅用所有指标的平均值可能无法指示政策需关注的领域。这尤其适用于在大多数可持续发展目标上取得重大进展，但在个别指标上表现严重欠佳的高收入和中高收入国家。

因此，SDG 指示板（2019）采用各 SDG 相应指标中得分最低的两个指标的平均值来表示该 SDG 的颜色。如果某国的一项 SDG 目标下只有一个指标，那么该指标的颜色等级决定了目标的总体评级。首先将指标值调整为 0～3，其中 0～1 是红色，1～1.5 是橙色，1.5～2 是黄色，2～3 是绿色，并保证每一个间隔的连续性。其次利用该国表现最差的两个指标经过调整后的指标平均值来确定目标的评级。新增规则：仅当两个得分最低指标都为绿色时，所对应的 SDG 目标才可以得分为绿色——否则目标将被评为黄色；同样，仅当两个得分最低指标均为红色时，所对应的 SDG 目标才使用红色。如该国的某项可持续发展目标仅有一个指标有数据可用，那么该指标的颜色等级将决定该 SDG 目标的总体评价。

2.4　可持续发展目标趋势（SDG Trend）

《2019 年可持续发展报告》采用了一项新的方法来衡量世界各国在各项可持续发展目标上的实现情况，即利用过去几年的历史数据来估算一个国家向可持续发展目标迈进的速度，并推断该速度能否保证该国在 2030 年前实现目标。判断可持续发展目标趋势的过程如下：

第一步，针对某一项可持续发展目标，根据趋势数据可用性，从中选择用来计算趋势的相应指标。不是所有细分指标都用来计算可持续发展目标趋势，并且有一些指标只用来计算特定区域的可持续发展目标趋势（通常是 OECD 国家，见附表）。

第二步，计算为了实现某一项可持续发展目标下的特定指标，2010—2030 年所需要的线性年均增长率。

第三步，计算上述目标最近一段时期（2010—2015 年）的年均增长率。

第四步，比较第二步和第三步计算出的年均增长率的差异。每个指标趋势均按照 0～4 的等级，采用与 SDG 指示板类似的方法标准化。每一等级所代表的近期年均增长率和长期为实现目标所需增长率之间的关系为：0——近期年均增长率为负；1——近期年均增长率为零；2——近期年均增长率达到长期为实现目标所需增长率的 50%；3——近期年均增长率等于长期为实现目标所需增长率；4——近期年均增长率超过了长期为实现目标所需增长率（图1）。

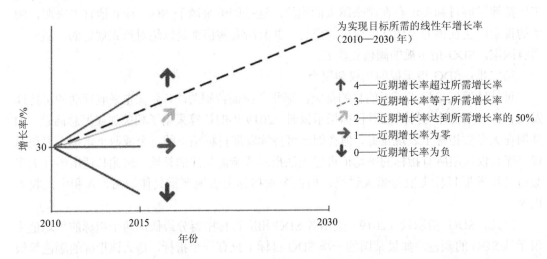

图1　用0～4等级表示近期年均增长率与长期为实现目标所需年均增长率的关系

第五步，将上述比较近期年均增长率和长期为实现可持续发展目标所需年均增长率的0～4等级结果，转换为"四箭头系统"来描述可持续发展目标实现的趋势。具体来说，红色箭头代表"下降"趋势，对应0～1等级；橙色箭头代表"停滞"趋势，对应1～2等级；黄色箭头代表"适度改善"趋势，对应2～3等级；绿色箭头代表"步入正轨趋势"，对应3～4等级。图2直观展现了描述可持续发展目标实现趋势的"四箭头系统"。

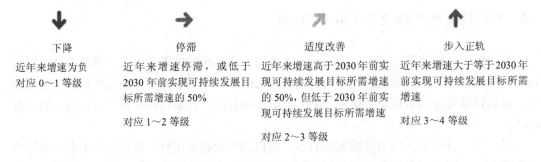

图2　描述可持续发展目标实现趋势的"四箭头系统"

第六步，根据某一项可持续发展目标下所有可计算趋势的指标的算术平均值，来决定该国在该项可持续发展目标上的实现趋势。对于某一国家，仅当某项可持续发展目标下至少有75%的细分指标具备趋势数据时，才计算目标层面的趋势。

3 全球评估结果分析

3.1 区域层面

OECD 国家整体上排名位居前列，社会经济领域可持续发展目标实现较好，环境领域可持续发展目标面临严峻挑战。OECD 成员国的 SDG 指数排名基本在前 40，其中前 20 名全部为 OECD 成员国，排在最后的是土耳其（第 79 名），详见表 2。尽管排名比较靠前，但 SDG 指示板显示每个 OECD 成员国平均有 1/3 的指标评级为红色。与世界其他地区相比，OECD 成员国在实现社会经济成果和基础设施基本准入相关目标方面表现比较优异，例如，消除贫困（SDG1）、确保健康的生活方式（SDG3）、水和环境卫生的可持续管理（SDG6）及清洁能源（SDG7）。根据 SDG 指示板可知，大多数 OECD 国家面临最严峻的挑战是应对气候变化（SDG13）和海洋与陆地生态系统保护（SDG14、SDG15），并且有明显的国际溢出效应。应当呼吁这些国家进一步开展工作来实施变革性的政策，以减轻经济增长导致的负面环境影响。OECD 国家在营养水平相关的指标上表现不佳，这反映出目前在农业可持续发展上存在挑战，需要实施改革以提高农业和土地利用系统的效率。大多数 OECD 国家存在收入、地区和性别的不平等问题，例如指标"调整后的基尼系数、palma比率和老年人贫困率"较高。

表 2 OECD 国家 SDG 指数得分及排名

国家	得分/分	全球排名	区域内排名
丹麦	85.2	1	1
瑞典	85.0	2	2
芬兰	82.8	3	3
法国	81.5	4	4
奥地利	81.1	5	5
德国	81.1	6	5
捷克	80.7	7	7
挪威	80.7	8	7
荷兰	80.4	9	9
爱沙尼亚	80.2	10	10
新西兰	79.5	11	11
斯洛文尼亚	79.4	12	12
英国	79.4	13	12
冰岛	79.2	14	14
日本	78.9	15	15
比利时	78.9	16	15
瑞士	78.8	17	17

国家	得分/分	全球排名	区域内排名
韩国	78.3	18	18
爱尔兰	78.2	19	19
加拿大	77.9	20	20
西班牙	77.8	21	21
拉脱维亚	77.1	24	22
匈牙利	76.9	25	23
葡萄牙	76.4	26	24
斯洛伐克	76.2	27	25
波兰	75.9	29	26
意大利	75.8	30	27
智利	75.6	31	28
立陶宛	75.1	32	29
卢森堡	74.8	34	30
美国	74.5	35	31
澳大利亚	73.9	38	32
以色列	71.5	49	33
希腊	71.4	50	34
墨西哥	68.5	78	35
土耳其	68.5	79	35

OECD 国家近年来的 SDG 实现趋势较好，社会经济领域明显强于生态环境领域。大多数 OECD 国家 SDG1～SDG11 近年来的实现趋势表现为黄色（"适度改善"）和绿色（"步入正轨"），尤其是清洁能源（SDG7）与促进经济可持续增长（SDG8），但没有国家在前 11 项 SDG 趋势上全表现为绿色（"步入正轨"），这警示 OECD 国家各自需要加强政策干预的可持续发展领域（表 3）。SDG13～SDG17 的表现不佳，尤其是应对气候变化的行动（SDG13），有 26 个国家在近年来的趋势表现为红色（"下降"）和橙色（"停滞"），说明近年来气候变化行动上的实现进展还远达不到 2030 年议程所需要的速度。保护海洋生态（SDG14）的情况也类似。

表 3　OECD 国家 SDG 趋势数量统计

SDG	↑ "步入正轨"	↗ "适度改善"	→ "停滞"	↓ "下降"	缺失数据
SDG1	17	18	0	0	1
SDG2	0	34	2	0	0
SDG3	17	19	0	0	0
SDG4	19	12	4	0	1
SDG5	3	24	7	0	2
SDG6	18	9	5	1	3
SDG7	18	17	1	0	0
SDG8	24	11	0	0	1
SDG9	14	21	1	0	0

SDG	↑"步入正轨"	↗"适度改善"	→"停滞"	↓"下降"	缺失数据
SDG10	8	8	15	4	1
SDG11	9	21	1	0	5
SDG12	0	0	0	0	36
SDG13	0	10	17	9	0
SDG14	0	16	13	0	7
SDG15	17	8	6	4	1
SDG16	10	22	2	1	1
SDG17	7	7	14	4	4

　　东亚、东南亚以及南亚国家的排名存在较大差异，部分国家在某项 SDG 目标的实现上具有突出表现，但总体来说生态环境领域的可持续发展目标实现进展缓慢。中国（第 39 位）、泰国（第 40 位）和越南（第 54 位）排名领先，而印度（第 115 位）、孟加拉国（第 116 位）和巴基斯坦（第 130 位）在该地区表现较差（表 4）。总体来说，该地区国家在消除贫困（SDG1）、促进教育（SDG4）和清洁能源（SDG7）上表现较好。大多数东南亚国家在消除饥饿（SDG2）、确保健康的生活方式（SDG3）和实现性别平等（SDG5）方面仍面临严峻挑战。

表 4　东亚、东南亚以及南亚国家 SDG 指数得分及排名

国家	得分/分	全球排名	区域内排名
中国	73.2	39	1
泰国	73.0	40	2
马尔代夫	72.1	47	3
越南	71.1	54	4
伊朗	70.5	58	5
新加坡	69.6	66	6
马来西亚	69.6	68	6
不丹	67.6	84	8
斯里兰卡	65.8	93	9
菲律宾	64.9	97	10
蒙古	64.7	100	11
印度尼西亚	64.2	102	12
尼泊尔	63.9	103	13
缅甸	62.2	110	14
老挝	62.0	111	15
柬埔寨	61.8	112	16
印度	61.1	115	17
孟加拉国	60.9	116	18
巴基斯坦	55.6	130	19

东亚、东南亚和南亚国家近年来的社会经济领域 SDG 实现趋势多为"逐步改善"或更好。该区域国家 SDG1～SDG11 的实现趋势表现相对于 SDG13～SDG17 较好（表5）。消除贫困（SDG1）是该区域近年来实现进展最快的目标，除了东帝汶、不丹、尼泊尔和蒙古之外的其他国家都表现为绿色（"步入正轨"）。该区域保护和可持续利用海洋和海洋资源（SDG14）和保护陆地生态系统（SDG15）近年来的实现趋势不佳，超过70%国家表现为红色（"下降"）和橙色（"停滞"）。该区域的应对气候变化（SDG13）实现趋势相较于 OECD 国家更好，除了中国、马来西亚、新加坡等国家之外基本表现为绿色（"步入正轨"）。该区域的促进教育（SDG4）和减少不平等（SDG10）等目标缺失数据较多。

表5　东亚、东南亚和南亚国家 SDG 趋势数量统计

SDG	↑"步入正轨"	↗"适度改善"	→"停滞"	↓"下降"	缺失数据
SDG1	15	3	0	1	2
SDG2	0	13	7	0	1
SDG3	0	20	1	0	0
SDG4	1	6	3	0	11
SDG5	0	11	10	1	0
SDG6	6	10	5	0	0
SDG7	3	9	5	0	4
SDG8	8	6	1	0	6
SDG9	3	9	5	0	4
SDG10	0	0	0	0	21
SDG11	2	6	6	0	7
SDG12	0	0	0	0	21
SDG13	14	0	3	4	0
SDG14	0	4	12	0	5
SDG15	0	4	6	8	3
SDG16	0	6	7	0	8
SDG17	1	3	5	1	11

东欧和中亚地区大多数国家排名位居前50%，少部分国家排名靠后。该区域排名靠前的是克罗地亚（第22位）、白俄罗斯（第23位）、马耳他（第28位），排名靠后的是黑山（第87位）、土库曼斯坦（第101位）和阿富汗（第153位），详见表6。该地区在消除贫困（SDG1）和清洁能源（SDG7）方面表现较好，特别是获得基础设施与基本服务方面——水和环境卫生的可持续管理（SDG6）和清洁能源（SDG7）正迅速取得进展。但是在维护和平、正义与强大机构（SDG16）上存在严峻挑战，这主要由于该地区一些国家腐败现象突出、言论不自由、治安较差。生态环境方面，多国在应对气候变化（SDG13）和生态系统保护（SDG14、SDG15）面临严峻挑战。特别是阿富汗，超过一半的目标都被评级为红色，在消除贫困、完善基础设施、开发可持续性能源等方面亟须采取措施。

表6   东欧和中亚地区国家 SDG 指数得分及排名

国家	得分/分	全球排名	区域内排名
克罗地亚	77.8	22	1
白俄罗斯	77.4	23	2
马耳他	76.1	28	3
保加利亚	74.5	36	5
摩尔多瓦	74.4	37	6
乌克兰	72.8	41	7
罗马尼亚	72.7	42	8
塞尔维亚	72.5	44	9
吉尔吉斯斯坦	71.6	48	10
乌兹别克斯坦	71.1	52	11
俄罗斯	70.9	55	12
阿塞拜疆	70.5	59	13
阿尔巴尼亚	70.3	60	14
塞浦路斯	70.1	61	15
波黑	69.4	69	16
北马其顿	69.4	70	16
塔吉克斯坦	69.2	71	18
格鲁吉亚	68.9	73	19
亚美尼亚	68.8	75	20
哈萨克斯坦	68.7	77	21
黑山	67.3	87	22
土库曼斯坦	64.3	101	23
阿富汗	49.6	153	24

东欧和中亚国家近年来的经济领域目标实现进展好于教育、工作等社会领域,生态环境领域目标实现进展则较为缓慢。该区域大部分国家的消除贫困(SDG1)、清洁能源(SDG7)和促进就业与经济可持续增长(SDG8)等目标的趋势表现为绿色("步入正轨"),详见表 7。促进教育(SDG4)、实现性别平等(SDG5)等目标相对来说实现进展不佳,保加利亚、克罗地亚、哈萨克斯坦等国的促进教育(SDG4)实现趋势表现为橙色("停滞"),摩尔多瓦是唯一在 SDG4 实现趋势上表现为红色("下降")的国家。东亚和东南亚国家 SDG13~SDG17 近年来的实现进展同样缓慢,大部分国家在保护海洋、陆地生态系统(SDG14、SDG15)目标上表现为红色("下降")或橙色("停滞")趋势。

表7   东欧和中亚国家 SDG 趋势数量统计

SDG	↑"步入正轨"	↗"适度改善"	→"停滞"	↓"下降"	缺失数据
SDG1	20	1	1	0	5
SDG2	0	16	7	0	4
SDG3	2	20	1	0	4
SDG4	6	3	7	1	10

SDG	↑"步入正轨"	↗"适度改善"	→"停滞"	↓"下降"	缺失数据
SDG5	1	14	8	0	4
SDG6	9	11	4	0	3
SDG7	10	12	0	0	5
SDG8	13	6	4	0	4
SDG9	0	15	6	0	6
SDG10	0	0	0	0	27
SDG11	0	16	6	0	5
SDG12	0	0	0	0	27
SDG13	12	4	9	2	0
SDG14	0	5	4	1	17
SDG15	3	4	11	3	6
SDG16	1	12	7	0	7
SDG17	1	1	5	3	17

拉丁美洲及加勒比海地区国家的排名差距非常大，个别国家排名靠前，但大多位于中后位。哥斯达黎加在该地区表现最佳，排在第33位，得分为75.0分；海地得分最低，排在第156位，得分为48.4分（表8）。海地是该地区最贫穷的国家，面临的困难和挑战最多。该地区在消除贫困（SDG1）和清洁能源（SDG7）目标上表现较好。与世界其他地区相比，该地区在减少不平等（SDG10）上面临最严峻挑战，需要努力缓解收入与财富的不平等。暴力事件频发导致和平、正义与强大机构（SDG16）的实现堪忧。该地区的经济增长尚未与负面环境影响脱钩，SDG强调生态环境的可持续性，这意味着该地区国家在采用可持续的消费和生产模式（SDG12）、应对气候变化（SDG13）、保护和可持续利用海洋和海洋资源（SDG14）和保护陆地生态系统（SDG15）等方面都面临严峻挑战。

表8　拉丁美洲及加勒比海地区国家SDG指数得分及排名

国家	得分/分	全球排名	区域内排名
哥斯达黎加	75.0	33	1
乌拉圭	72.6	43	2
阿根廷	72.4	45	3
厄瓜多尔	72.3	46	4
秘鲁	71.2	51	5
古巴	70.8	56	6
巴西	70.6	57	7
多米尼加	69.8	64	8
哥伦比亚	69.6	67	9
牙买加	68.8	74	10
玻利维亚	68.4	80	11
尼加拉瓜	67.9	82	12
特立尼达和多巴哥	67.6	85	13
巴拉圭	67.5	86	14
苏里南	67.0	88	15

国家	得分/分	全球排名	区域内排名
萨尔瓦多	66.7	89	16
巴拿马	66.3	90	17
洪都拉斯	63.4	107	18
委内瑞拉	63.1	108	19
伯利兹	62.5	109	20
圭亚那	61.4	114	21
危地马拉	59.6	122	22
海地	48.4	156	23

拉丁美洲及加勒比海地区的大部分国家近年来在社会经济领域 SDG 的实现进展"停滞"甚至"下降"。该区域的促进教育（SDG4）、实现性别平等（SDG5）和发展工业、创新与建造基础设施（SDG9）等社会经济基础层面的可持续发展目标，近年来有很大一部分国家的实现趋势表现为橙色（"停滞"）甚至红色（"下降"），详见表9。有5个国家在消除贫困（SDG1）上表现为红色（"下降"），说明该区域的基本经济发展问题尚待政策加速解决。生态环境领域的指标中，应对气候变化的（SDG13）各国家近年来的实现进展差别很大，玻利维亚、哥斯达黎加、哥伦比亚等12个国家在该项目标上表现为绿色（"步入正轨"），但也有巴哈马、秘鲁、巴西、阿根廷等17个国家在该项目标上表现为红色（"下降"）或橙色（"停滞"），这表明在应对气候变化方面拉丁美洲及加勒比海地区还需更加协同有效的治理方案。

表9 拉丁美洲及加勒比海地区国家 SDG 趋势数量统计

SDG	↑"步入正轨"	↗"适度改善"	→"停滞"	↓"下降"	缺失数据
SDG1	8	9	4	4	6
SDG2	0	20	9	0	2
SDG3	0	24	4	0	3
SDG4	2	2	7	4	16
SDG5	1	18	8	0	4
SDG6	9	12	8	1	1
SDG7	8	9	4	0	10
SDG8	8	7	3	0	13
SDG9	0	13	8	0	10
SDG10	0	0	0	0	31
SDG11	5	8	4	0	0
SDG12	0	0	0	0	31
SDG13	12	3	13	3	0
SDG14	2	12	10	1	6
SDG15	0	5	6	4	16
SDG16	0	8	12	0	11
SDG17	0	5	4		21

　　中东和北非的干旱地区国家排名差异大，总体上较为靠后。该区域表现较好的是阿尔及利亚（第53位）、突尼斯（第63位）、摩洛哥（第72位），表现较差的是叙利亚（第123位）、也门（第133位），详见表10。该地区一些国家的冲突导致大多数可持续发展目标表现不佳甚至退步，例如确保健康的生活方式（SDG3）以及和平、正义与强大机构（SDG16）。由于营养不良、发育迟缓或可持续土地利用和农业问题，该地区消除饥饿（SDG2）面临巨大挑战。埃及、伊拉克、沙特阿拉伯等国家亟待实现性别平等（SDG5）并加强国内劳工权利和标准。化石燃料出口导致二氧化碳排放量居高不下，致使该地区大多数国家应对气候变化（SDG13）面临巨大挑战，保护海洋和陆地生态系统（SDG14、SDG15）等方面也需努力。此外，该地区的高收入国家对其他国家产生极大的负面溢出效应。

表10　中东和北非的干旱地区国家SDG指数得分及排名

国家	得分/分	全球排名	区域内排名
阿尔及利亚	71.1	53	1
伊朗	70.5	58	2
突尼斯	70.0	63	3
阿联酋	69.7	65	4
摩洛哥	69.1	72	5
巴林	68.7	76	6
约旦	68.1	81	7
阿曼	67.9	83	8
卡塔尔	66.3	91	9
埃及	66.2	92	10
黎巴嫩	65.7	94	11
沙特阿拉伯	64.8	98	12
科威特	63.5	106	13
伊拉克	60.8	117	14
叙利亚	58.1	123	15
也门	53.7	133	16

　　中东和北非国家社会经济和生态环境领域的目标近年来实现进展不佳。该区域各项可持续发展目标在衡量实现趋势时的数据缺失比较严重，消除贫困（SDG1）、确保健康的生活方式（SDG3）、水和环境卫生的可持续管理（SDG6）及清洁能源（SDG7）等社会经济目标表现相对较好，实现趋势多表现为黄色（"逐步改善"）或绿色（"步入正轨"），详见表11。而消除饥饿（SDG2）、实现性别平等（SDG5）以及两项保护生态系统（SDG14、SDG15）的目标都有很大比例的国家近年来实现进展表现为红色（"下降"）。

表11　中东和北非的干旱地区国家 SDG 趋势数量统计

SDG	↑"步入正轨"	↗"适度改善"	→"停滞"	↓"下降"	缺失数据
SDG1	5	1	2	0	9
SDG2	0	5	8	3	1
SDG3	2	12	3	0	0
SDG4	1	1	6	1	8
SDG5	0	5	11	1	0
SDG6	9	6	2	0	0
SDG7	1	14	0	0	2
SDG8	2	3	5	0	7
SDG9	4	9	2	0	2
SDG10	0	0	0	0	17
SDG11	0	1	7	0	9
SDG12	0	0	0	0	17
SDG13	7	2	3	5	0
SDG14	0	6	6	2	3
SDG15	0	1	7	2	7
SDG16	0	2	4	0	11
SDG17	0	0	0	0	17

　　撒哈拉以南的非洲国家排名集中在后 40%。该地区排名最高的是加蓬，但也仅位列第 99 位；且参评国家的后 30 名中有 24 名来自该区域（表 12）。作为世界上最贫困的地区，仍几乎面临着可持续发展目标的所有挑战。尤其是与世界其他地区相比，该地区在社会基本服务和基础设施获取（SDG1～SDG9）方面表现不佳。一些国家内不安全的冲突对于 SDG16（和平、正义与强大机构）产生负面影响。同时，相对较低的消费水平使得该地区各国在采用可持续的消费和生产模式（SDG12）、应对气候变化（SDG13）和保护陆地生态系统（SDG15）方面表现略好。

表12　撒哈拉以南的非洲国家 SDG 指数得分及排名

国家	得分/分	全球排名	区域内排名
加蓬	64.8	99	1
加纳	63.8	104	2
毛里求斯	63.6	105	3
南非	61.5	113	4
纳米比亚	59.9	119	5
博茨瓦纳	59.8	120	6
津巴布韦	59.7	121	7
塞内加尔	57.3	124	8
肯尼亚	57.0	125	9
卢旺达	56.0	126	10
喀麦隆	56.0	127	11
坦桑尼亚	55.8	128	12

国家	得分/分	全球排名	区域内排名
科特迪瓦	55.7	129	13
冈比亚	55.0	131	14
刚果（布）	54.2	132	15
毛里塔尼亚	53.3	134	16
埃塞俄比亚	53.2	135	17
莫桑比克	53.0	136	18
几内亚	52.8	138	19
赞比亚	52.6	139	20
乌干达	52.6	140	20
布基纳法索	52.4	141	22
斯瓦蒂尼	51.7	142	23
多哥	51.6	144	24
布隆迪	51.5	145	25
马拉维	51.4	146	26
吉布提	51.4	148	26
安哥拉	51.3	149	28
莱索托	50.9	150	29
贝宁	50.9	151	29
马里	50.2	152	31
尼日尔	49.4	154	32
塞拉利昂	49.2	155	33
利比里亚	48.2	157	34
马达加斯加	46.7	158	35
尼日利亚	46.4	159	36
刚果（金）	44.9	160	37
乍得	42.8	161	38
中非	39.1	162	39

撒哈拉以南非洲大部分国家近年来在各项 SDG 上的实现趋势迟缓。尤其是消除贫困（SDG1）、促进教育（SDG4）这类社会经济目标与和平、正义与强大政府（SDG16）这类安全目标，绝大多数国家近年来的增速相对于实现 2030 年可持续发展目标所需要的增速是"停滞"甚至"下降"的（表 13）。

表 13　撒哈拉以南非洲国家 SDG 趋势数量统计

SDG	↑"步入正轨"	↗"适度改善"	→"停滞"	↓"下降"	缺失数据
SDG1	5	10	18	12	4
SDG2	0	19	25	2	3
SDG3	0	24	24	0	1
SDG4	2	7	8	4	28
SDG5	2	22	24	0	1
SDG6	0	5	41	3	0

SDG	↑"步入正轨"	↗"适度改善"	→"停滞"	↓"下降"	缺失数据
SDG7	0	10	13	1	25
SDG8	7	17	6	0	19
SDG9	0	13	26	0	10
SDG10	0	0	0	0	49
SDG11	0	5	25	4	15
SDG12	0	0	0	0	49
SDG13	45	0	3	1	0
SDG14	0	14	12	0	23
SDG15	8	8	16	2	15
SDG16	0	6	26	3	14
SDG17	1	3	6	0	39

3.2 国家层面

《2019年可持续发展报告》列出了162个国家的排名情况（表14）。丹麦居第1位（85.2分），排名第2位至第5位的依次是瑞典（85.0分）、芬兰（82.8分）、法国（81.5分）和奥地利（81.1分）。排名最后五位的国家分别为马达加斯加（46.7分）、尼日利亚（46.4分）、刚果（金）（44.9分）、乍得（42.8分）和中非（39.1分）。

表14 2019年全球SDG指数

排名	国家	分值/分	排名	国家	分值/分
1	丹麦	85.2	20	加拿大	77.9
2	瑞典	85.0	21	西班牙	77.8
3	芬兰	82.8	22	克罗地亚	77.8
4	法国	81.5	23	白俄罗斯	77.4
5	奥地利	81.1	24	拉脱维亚	77.1
6	德国	81.1	25	匈牙利	76.9
7	捷克	80.7	26	葡萄牙	76.4
8	挪威	80.7	27	斯洛伐克	76.2
9	荷兰	80.4	28	马耳他	76.1
10	爱沙尼亚	80.2	29	波兰	75.9
11	新西兰	79.5	30	意大利	75.8
12	斯洛文尼亚	79.4	31	智利	75.6
13	英国	79.4	32	立陶宛	75.1
14	冰岛	79.2	33	哥斯达黎加	75.0
15	日本	78.9	34	卢森堡	74.8
16	比利时	78.9	35	美国	74.5
17	瑞士	78.8	36	保加利亚	74.5
18	韩国	78.3	37	摩尔多瓦	74.4
19	爱尔兰	78.2	38	澳大利亚	73.9

排名	国家	分值/分	排名	国家	分值/分
39	中国	73.2	82	尼加拉瓜	67.9
40	泰国	73.0	83	阿曼	67.9
41	乌克兰	72.8	84	不丹	67.6
42	罗马尼亚	72.7	85	特立尼达和多巴哥	67.6
43	乌拉圭	72.6	86	巴拉圭	67.5
44	塞尔维亚	72.5	87	黑山	67.3
45	阿根廷	72.4	88	苏里南	67.0
46	厄瓜多尔	72.3	89	萨尔瓦多	66.7
47	马尔代夫	72.1	90	巴拿马	66.3
48	吉尔吉斯斯坦	71.6	91	卡塔尔	66.3
49	以色列	71.5	92	埃及	66.2
50	希腊	71.4	93	斯里兰卡	65.8
51	秘鲁	71.2	94	黎巴嫩	65.7
52	乌兹别克斯坦	71.1	95	圣多美和普林西比	65.5
53	阿尔及利亚	71.1	96	佛得角	65.1
54	越南	71.1	97	菲律宾	64.9
55	俄罗斯	70.9	98	沙特阿拉伯	64.8
56	古巴	70.8	99	加蓬	64.8
57	巴西	70.6	100	蒙古	64.7
58	伊朗	70.5	101	土库曼斯坦	64.3
59	阿塞拜疆	70.5	102	印度尼西亚	64.2
60	阿尔巴尼亚	70.3	103	尼泊尔	63.9
61	塞浦路斯	70.1	104	加纳	63.8
62	斐济	70.1	105	毛里求斯	63.6
63	突尼斯	70.0	106	科威特	63.5
64	多米尼加	69.8	107	洪都拉斯	63.4
65	阿联酋	69.7	108	委内瑞拉	63.1
66	新加坡	69.6	109	伯利兹	62.5
67	哥伦比亚	69.6	110	缅甸	62.2
68	马来西亚	69.6	111	老挝	62.0
69	波黑	69.4	112	柬埔寨	61.8
70	北马其顿	69.4	113	南非	61.5
71	塔吉克斯坦	69.2	114	圭亚那	61.4
72	摩洛哥	69.1	115	印度	61.1
73	格鲁吉亚	68.9	116	孟加拉国	60.9
74	牙买加	68.8	117	伊拉克	60.8
75	亚美尼亚	68.8	118	瓦努阿图	59.9
76	巴林	68.7	119	纳米比亚	59.9
77	哈萨克斯坦	68.7	120	博茨瓦纳	59.8
78	墨西哥	68.5	121	津巴布韦	59.7
79	土耳其	68.5	122	危地马拉	59.6
80	玻利维亚	68.4	123	叙利亚	58.1
81	约旦	68.1	124	塞内加尔	57.3

排名	国家	分值/分	排名	国家	分值/分
125	肯尼亚	57.0	144	多哥	51.6
126	卢旺达	56.0	145	布隆迪	51.5
127	喀麦隆	56.0	146	马拉维	51.4
128	坦桑尼亚	55.8	147	苏丹	51.4
129	科特迪瓦	55.7	148	吉布提	51.4
130	巴基斯坦	55.6	149	安哥拉	51.3
131	冈比亚	55.0	150	莱索托	50.9
132	刚果（布）	54.2	151	贝宁	50.9
133	也门	53.7	152	马里	50.2
134	毛里塔尼亚	53.3	153	阿富汗	49.6
135	埃塞俄比亚	53.2	154	尼日尔	49.4
136	莫桑比克	53.0	155	塞拉利昂	49.2
137	科摩罗	53.0	156	海地	48.4
138	几内亚	52.8	157	利比里亚	48.2
139	赞比亚	52.6	158	马达加斯加	46.7
140	乌干达	52.6	159	尼日利亚	46.4
141	布基纳法索	52.4	160	刚果（金）	44.9
142	斯瓦蒂尼	51.7	161	乍得	42.8
143	巴布亚新几内亚	51.6	162	中非	39.1

《2019 年可持续发展报告》中，丹麦以 SDG 指数 85.2 分高居榜首。丹麦在消除贫困、减少不平等和和平、正义与强大机构（SDG1、SDG10、SDG16）等方面成果显著，但在环境问题上仍然面临重大挑战，保护和可持续利用海洋和海洋资源（SDG14）和采用可持续的消费和生产模式（SDG12）被评级为"红色"，应对气候变化（SDG13）和促进城市可持续发展（SDG11）被评级为"橙色"。从 SDG 趋势角度看，丹麦有超过一半的目标近年来在实现上"步入正轨"，例如水和环境卫生的可持续管理（SDG6）、清洁能源（SDG7）等。其余的实现性别平等（SDG5）、促进就业与经济可持续增长（SDG8）等社会与基础设施领域的目标多表现为"逐步改善"。

2019 年 SDG 指数排名最后五位的国家分别为马达加斯加（46.7 分）、尼日利亚（46.4 分）、刚果（金）（44.9 分）、乍得（42.8 分）和中非（39.1 分）。这些国家的绝大部分 SDG 目标都被评级为"红色"，尤其是实现基础设施与基础服务提供、消除贫困与饥饿（SDG1～SDG9）。但是与环境相关的某一至两项目标表现相对较好，例如应对气候变化（SDG13）和保护陆地生态系统（SDG15）。这些国家近年来 SDG 趋势缓慢。例如马达加斯加有 40%的目标实现处于"停滞"状态，尤其是消除饥饿（SDG1）、水和环境卫生的可持续管理（SDG6）、发展工业、创新与建造基础设施（SDG9）等，不仅在 SDG 指示板表现为"面临严峻挑战"，同时近年来 SDG 趋势停滞。2019 年排名最后一位的中非相对来说在实现上"步入正轨"的目标有应对气候变化（SDG13）、保护陆地生态系统（SDG15）。

美国在 2019 年 SDG 指数中排名第 35 位。总体来看，美国在 2019 年可持续发展目标的实现上表现不佳，指示板显示美国没有一项评级为"绿色"的目标，且有 7 个目标被评级为"红色"，特别是在应对气候变化（SDG13）方面需要作出较大努力。美国近年来SDG实现趋势在各目标上的差异性大，促进教育（SDG4）、促进就业与经济可持续增长（SDG8）和发展工业、创新与建造基础设施（SDG9）的实现"步入正轨"，而减少不平等（SDG10）、应对气候变化（SDG13）、保护和可持续利用海洋和海洋资源（SDG14）以及基于可持续发展目标的全球伙伴关系（SDG17）近年来是"停滞"状态。

在新兴经济体中，排名最高的是中国（第39位），最低的是印度（第115位），巴西居中（第57位）。虽然新兴经济体国家的排名之间差距较大，但它们与生态环境相关的目标如SDG12（可持续消费与生产模式）、保护陆地和海洋生态系统（SDG14、SDG15）均被评级为"橙色"或更差，面临重大生态环境治理挑战。印度近年来的各SDG的实现趋势差异较大，消除饥饿（SDG1）、促进就业与经济可持续增长（SDG8）和应对气候变化（SDG13）已经"步入正轨"，但实现性别平等（SDG5）、发展工业、创新与建造基础设施（SDG9）等目标，尤其是保护陆地生态系统（SDG15）的实现呈"停滞"甚至"下降"趋势。

在G20国家中，排名最高的是法国（第4位），最低的是印度（第115位）。法国近年来可持续发展目标的实现趋势较好，除了应对气候变化（SDG13）和基于可持续发展目标的全球伙伴关系（SDG17）外，其余SDG的实现都已经"步入正轨"或"逐步改善"。G20国家拥有的人口数量占世界总人口的2/3，国内生产总值占全球85%，贸易占全球75%以上，并且G20国家的二氧化碳排放量占全球能源相关排放量的80%左右。在2018年12月的"建立公平和可持续发展共识"宣言中，G20领导人重申了关于支持2030年议程和可持续发展目标的坚实承诺，这一承诺至关重要。从评估结果可以看出G20国家的排名差异较大，并且在可持续发展目标实现上存在绝对表现差距，这意味着如果G20国家不作出大的改变，将导致全球可持续发展目标较难实现。

由于人口众多，中国、印度和美国在全球可持续发展目标表现差距中的占比最大。例如，仅中国和美国就占SDG13（应对气候变化）全球成绩差距的1/3（33%）。如中国将每年二氧化碳人均碳排放量减少到2 t（相当于二氧化碳排放总量减少至当前排放水平的69.1%），全球将会朝着实现SDG13前进31.4%。同样，仅印度一国就占SDG2（消除饥饿）全球成绩差距的23.1%。如印度完全解决饥饿人口问题（目前饥饿人口占印度总人口的14.8%），全球将朝着实现SDG2迈进25.2%。表15展现了G20国家实现SDG目标的绝对表现差距。

表15　2019年G20国家实现SDG目标的绝对表现差距　　　　　单位：%

国家或地区	溢出效应	SDG																
		1	2	3	4	5	6	7	8	9	10	11	12	13	14	15	16	17
阿根廷	0.20	0.10	0.50	0.40	0.20	0.30	0.40	0.20	0.70	0.60	0.80	0.30	0.70	0.50	0.70	0.70	0.60	0.20
澳大利亚	1.50	0.00	0.40	0.00	0.10	0.20	0.00	0.10	0.30	0.10	0.20	0.20	1.10	2.40	0.30	0.40	0.10	0.30
巴西	0.80	1.80	2.40	2.10	2.30	2.20	1.70	0.60	3.40	2.40	4.50	1.80	3.30	2.60	2.00	2.80	3.30	1.70
加拿大	1.60	0.00	0.10	0.10	0.00	0.10	0.10	0.10	0.30	0.20	0.20	0.30	1.30	1.70	0.40	0.50	0.20	0.40
中国	8.70	2.20	11.7	11.4	0.30	10.5	15.8	15.7	10.4	12.1	16.4	14.0	18.6	16.6	23.5	18.1	18.2	22.9
欧盟	26.50	0.30	5.40	1.50	2.10	3.60	2.40	1.70	5.70	3.50	3.70	2.90	17.3	9.10	6.50	3.50	3.40	5.70
法国	4.00	0.00	0.70	0.20	0.10	0.30	0.30	0.10	0.80	0.40	0.30	0.30	2.20	1.30	0.60	0.50	0.50	0.50

国家或	溢出	SDG																
地区	效应	1	2	3	4	5	6	7	8	9	10	11	12	13	14	15	16	17
德国	4.20	0.00	0.80	0.20	0.60	0.60	0.30	0.30	0.80	0.40	0.40	0.30	3.10	1.20	1.30	0.50	0.50	0.40
印度	1.30	23.7	23.1	23.9	19.2	28.5	23.4	22.7	13.4	21.8	19.9	26.6	5.50	11.1	17.3	22.9	18.6	15.0
印度尼西亚	1.00	4.20	3.70	4.20	1.90	3.30	3.30	3.40	3.80	4.00	5.00	3.50	1.80	2.10	3.50	5.40	2.80	4.60
意大利	3.20	0.10	0.60	0.10	0.10	0.50	0.40	0.20	0.70	0.50	0.50	0.60	2.10	13.0	0.90	0.30	0.50	0.70
日本	5.60	0.10	1.20	0.30	0.20	1.60	0.80	0.40	0.90	0.60	0.80	1.20	4.10	1.80	1.50	1.30	0.40	1.40
韩国	2.20	0.00	0.30	0.20	0.20	0.60	0.40	0.40	0.20	0.20	0.40	1.40	0.90	0.20	0.60	0.80	0.40	0.80
墨西哥	1.40	1.00	1.80	1.00	0.70	0.90	1.10	0.90	2.10	1.90	3.20	1.00	2.00	1.80	1.00	2.40	2.20	1.70
俄罗斯	4.00	0.00	2.30	1.30	0.30	1.50	0.60	0.60	2.10	1.60	1.90	1.00	3.20	3.80	2.10	1.70	2.50	1.60
沙特阿拉伯	1.00	0.10	0.50	0.20	0.10	0.60	0.40	0.20	0.50	0.30	0.30	0.80	2.00	0.40	0.60	0.40	0.40	0.30
南非	0.30	1.80	0.80	1.30	0.90	0.40	0.80	0.60	1.30	0.70	1.70	0.50	1.30	1.10	0.70	0.80	0.90	0.40
土耳其	1.20	0.00	1.10	0.60	0.40	1.40	0.60	0.40	1.30	1.00	1.40	1.00	1.60	1.20	1.60	1.30	0.90	0.80
英国	5.20	0.00	0.70	0.20	0.00	0.40	0.10	0.20	0.70	0.30	0.50	0.20	2.80	1.50	0.70	0.60	0.30	1.10
美国	25.40	0.20	3.30	1.50	2.50	2.70	1.90	1.10	2.80	1.20	4.90	2.30	15.1	16.4	3.30	2.60	2.70	4.60
合计	87.90	35.6	59.6	50.1	31.3	58.9	54.1	49.0	50.2	52.4	65.6	58.0	82.1	76.8	66.2	66.4	58.0	63.4

3.3 SDG 指数和指示板的修改及主要限制

2019 年可持续发展目标指数涵盖 162 个国家（2018 年为 156 个国家，其他国家包括科摩罗、斐济、马尔代夫、巴布亚新几内亚、圣多美和普林西比以及瓦努阿图）。2019 年纳入了几项新指标（表 16），也因计算方法和数据提供者所得估值变化而替换或修改了部分指标。表 17 展现了 SDG 的期望指标，目前为计算指标使用的数据与期望指标相比还存在差距。

表 16 2019 年 SDG 指标和指示板中包含的新指标和替代指标

指标	变化
美元/天的贫困人口比例（人口百分比%）	新增
收益率差距缩小（%）	新增
人类营养水平（最好 2，最差 3）	新增
初中完成率（%）	新增
在 25～34 岁的人中，接受过高等教育的人口占比（%）	取代接受高等教育的 25～64 岁人口（%）
儿童早期学习课程的入读率（%，4～6 岁）	新增
采用现代方法满足的计划生育需求（15～49 岁的已婚妇女占比）	取代预估的未满足避孕需求（15～49 岁的已婚妇女）
每天在无薪酬工作上花费时间的人员的性别差（分钟数）	新增
进口领域工作中的致命事故（每 100 000 人死亡事故）	新增
受气候灾害影响的人口（每 10 万人口）	取代气候变化漏洞监测（最佳 0，最差 1）
永久性砍伐森林（5 年年平均占比，%）	取代森林覆盖面积的年变化率（%）
未判决囚犯（%）	新增
新闻自由指数（最佳 0，最差 100）	新增
不包括补助的政府收入（GDP 占比）	取代税收（在 GDP 中的占比）

表 17　SDG 主要指标和数据差距

SDG	涉及的领域	期望使用的指标
2	农业和营养	资源利用效率（营养、水、能源）
2		粮食损失和浪费
2		土地使用产生的温室气体排放
2		食品和营养素缺乏
3	医疗	医疗保健的可负担性
3		全民医疗保险，包括护理范围和资金取得
4	教育	在国际层面可比的小学和中学教育成果
4		儿童早期发展
5	妇女权利	男女收入差距和其他赋权措施
5		针对女性的暴力
6	水	因环境影响而调整水交易
6		饮用水和地表水质量
8	体面工作	体面工作
8		劳工权利保护
10	不公平性	财富分配不均
10		社会等级的能动性
12	可持续消费与生产	物质流动对环境的影响
12		回收和再利用（循环经济）
12		化学物质
13	气候变化	脱碳的主要指标
13		土地使用产生的温室气体排放
14	海洋生态系统	渔业的最大可持续产量
14		公海和跨境捕鱼的影响
14		按保护等级划分的保护区域
15	陆地生态系统	生态系统健康的主要指标
15		濒危物种交易
15		按保护等级划分的保护区域
16	和平与正义	实现正义
16		针对儿童的暴力行为
16		保护民间社会组织的权利
17	实施手段	财务保密
17		无优惠发展融资
17		气候融资
17		不公平的税收竞争
17		贸易实践对发展的影响

　　因指标变化和方法改进，SDG 指数排名和分数无法与 2016 年、2017 年和 2018 年报告中的进行直接比较。虽然每一年的指标选取和数据获得方法在不断进步，但若干指标和理想的数据仍存在差距（表 17）。正如以前版本报告所强调的那样，各国政府和国际社会如想弥补这些数据差距，就必须增加对可持续发展目标数据和监测系统的投资。

4　中国的评估结果分析

4.1　中国实现 2030 年可持续发展目标的状况

中国在全球 SDG 指数和指示板报告中排名上升。2019 年中国在 162 个参评国家中居第 39 位，得分为 73.2 分，居于靠前位置，在可持续发展目标指数和指示板的表现上均呈改善趋势；2018 年可持续发展目标指数中国得分为 70.1 分，在全球 156 个受评国家中居第 54 位，居于比较靠前的位置；2017 年得分为 67.1 分，在全球 157 个受评国家中居第 71 位，居于中间位置。2019 年 SDG 指数得分相较 2018 年增长 3.1 分，提高了 4.42%，相对排名升高了 10.55%；SDG 指示板显示 17 个总目标中表现为橙色的目标占比从 2018 年的 52.94% 上升到 2019 年的 58.82%，表现为红色和绿色的目标占比不变，如表 18 所示。

表 18　2016—2019 年中国的 SDG 指示板表现

目标	2016 年	2017 年	2018 年	2019 年	目标	2016 年	2017 年	2018 年	2019 年
SDG1		●	●		SDG10	●	●	●	●
SDG2	●	●	●	●	SDG11				●
SDG3	●	●	●	●	SDG12			●	●
SDG4	●	●	●	●	SDG13	●	●	●	●
SDG5		●		●	SDG14				●
SDG6					SDG15				●
SDG7					SDG16	●		●	●
SDG8	●		●	●	SDG17	●	●	●	●
SDG9	●								

注：根据 2016—2019 年《可持续发展报告》整理。●表示距实现 2030 年的目标面临的挑战较少，一些目标甚至已经达到了实现该目标所要求的临界值；　表示距实现 2030 年的目标面临挑战、有待提升；●表示距实现 2030 年的目标面临较大挑战；●表示距实现 2030 年的目标面临严峻挑战。

中国的各项可持续发展目标全球排名情况差异明显。在 17 项可持续发展目标中，2019 年评级为绿色的目标有 2 项，评级为黄色的目标有 1 项；评级为橙色的目标有 10 项，评级为红色的目标有 4 项。评级为绿色的两项目标为促进教育（SDG4，得分 99.7 分，排名第 3 位）、促进就业与经济可持续增长（SDG8，得分 87.4 分，排名第 6 位）。中国在消除贫困（SDG1，得分 97.4 分，排名第 58 位）方面评级为黄色。在评级为橙色的目标中，与环境相关的目标排名居于中间靠后位置，如促进城市可持续发展（SDG11，得分 75.1 分，排名第 91 位）、保护陆地生态系统（SDG15，得分 62.7 分，排名第 92 位）。中国最值得重视的可持续发展目标有减少不平等（SDG10，得分 59.5 分，排名第 77 位），应对气候变化（SDG13，得分 92.0 分，排名第 72 位），保护和可持续利用海洋和海洋资源（SDG14，得分 36.2 分，排名第 104 位），和平、正义与强大机构（SDG16，得分 63.4 分，排名第 95

位）均被评级为红色。

中国实现 17 个可持续发展目标依然面临严峻挑战。2018 年中国 17 个可持续发展目标的表现情况在发生变化，一些目标表现较之前有明显改善，一些目标表现则有所变差（表 19）。其中，改善较大的目标有：确保健康的生活方式（SDG3，得分 81.1 分，排名第 54 位）由红色升级为橙色，表明中国在实现这项可持续发展目标的工作中面临的挑战减少；消除饥饿（SDG2）、促进教育（SDG4）和促进就业与经济可持续增长（SDG8）的全球排名均大幅上升，这是中国在 2019 年名次上升的主要原因。减少不平等（SDG10）被评级为红色，表明从全球视角看中国距离实现收入与财富平等、缩小差距还需要作出更多努力。

表 19   2018 年及 2019 年中国 SDG 指数评估结果

目标	SDG1	SDG2	SDG3	SDG4	SDG5	SDG6	SDG7	SDG8	SDG9
2018 年得分/排名	99.7/43	71.5/19	80/61	73.8/96	75.6/38	89.9/34	69.1/98	83.1/26	58.7/31
2019 年得分/排名	97.4/58	71.9/2	81.1/54	99.7/3	76.3/30	71.8/75	76.9/100	87.4/6	61.9/26
目标	SDG10	SDG11	SDG12	SDG13	SDG14	SDG15	SDG16	SDG17	
2018 年得分/排名	59.6/64	69.2/95	73.2/80	69.3/139	33.5/106	58.6/90	72.5/37	53.6/112	
2019 年得分/排名	59.5/77	75.1/91	82.0/86	92.0/72	36.2/104	62.7/92	63.4/95	49.5/140	

注：根据 2018—2019 年《可持续发展报告》整理。

中国在生态环境领域实现可持续发展的短板指标较多。在 2018 年和 2019 年评估的 17 项可持续发展目标中有 9 项目标（SDG2、SDG3、SDG6、SDG7、SDG11、SDG12、SDG13、SDG14、SDG15），共 31 个指标与生态环境保护直接或间接相关。结合 SDG 指示板，2018 年表现为红色的 4 项目标（SDG3、SDG10、SDG13、SDG14）有 3 项与生态环境相关，占比为 75%；2019 年表现为红色的 4 项目标（SDG10、SDG13、SDG14、SDG16）有 2 项与生态环境相关，占比为 50%，确保健康的生活方式（SDG3）由红色上升为橙色。表现为橙色的总目标中有 5 项与生态环境相关（SDG2、SDG3、SDG11、SDG12、SDG15），占比为 50%，但 SDG2 中"可持续的氮管理指数"表现为红色。

中国 17 项可持续发展目标在近年来的实现趋势上差异明显。从《2019 年可持续发展报告》对于各国新增的实现可持续发展衡量标准——可持续发展目标实现趋势来看，中国的 17 项总目标在近年的实现趋势上存在较大差异，这对于识别中国应当极力推动的可持续发展目标实现进程有方向性的意义。其中，有 3 项指标近年来的实现趋势被评为"步入正轨"，分别为消除贫困（SDG1），促进就业与经济可持续增长（SDG8）和发展工业、创新与建造基础设施（SDG9），说明中国在减贫、经济发展和工业化领域近年来的进步速度超过了达到 2030 年可持续发展目标所需的年均增长速度，呈超速发展态势。有 5 项指标近年来的实现趋势被评为"稳步改善"，分别为消除饥饿（SDG2）、确保健康的生活方式（SDG3）、实现性别平等（SDG5）、水和环境卫生的可持续管理（SDG6）、清洁能源（SDG7），说明中国近年来在这些可持续发展目标上的实现速度超过了实现 2030 年可持续发展目标所需年均增长速度的 50%，处于稳步实现的阶段。值得注意的是，有 3 项指标的实现处于"停滞"趋势，分别为应对气候变化（SDG13）、保护和可持续利用海洋和海洋资源（SDG14）、保护陆地生态系统（SDG15），这说明中国近年来在这类生态环境相关目标上的实现趋势比较缓慢，距离达到实现 2030 年可持续发展目标所需的年均增长率还有一定距离。表 20 展现了中国 17 项可持续发展目标近年来的实现趋势评估情况。

表 20　2019 年中国各项可持续发展目标的实现趋势

目标	SDG1	SDG2	SDG3	SDG4	SDG5	SDG6	SDG7	SDG8	SDG9
实现趋势	↑	↗	↗	••	↗	↗	↗	↑	↑
目标	SDG10	SDG11	SDG12	SDG13	SDG14	SDG15	SDG16	SDG17	
实现趋势	••	••	••	→	→	→	••	••	

注：↓ 表示"下降"趋势；→ 表示"停滞"趋势；↗ 表示"适度改善"趋势；↑ 表示"步入正轨"趋势；•• 表示缺失数据，未计算 SDG 趋势。下同。

中国与生态环境相关的多项指标实现趋势上表现不佳。在《2019 年可持续发展报告》新增的 SDG 趋势方面，2019 年共 31 项指标与生态环境相关，除了由于数据缺失没有计算实现趋势的部分指标外，仅有 3 项指标包括基础饮用水设施、单位化石能源燃烧排放的 CO_2 和发电量、鱼类资源过度开发在近年的实现进展表现为绿色（"步入正轨"），有望按照当前的实现速度在 2030 年前达到可持续发展目标所规定的情形。有 6 项指标近年来的表现处于橙色（"停滞"），包括获取安全自来水、能源相关的 CO_2 排放量、完全受保护海域生物多样性等，这些指标的实施需要加大政策力度和实施速度。拖网捕鱼和濒危物种红色目录这两项指标近年来的实现趋势表现为红色（"下降"），需要进行政策转型，否则很难在 2030 年前实现对应的可持续发展目标。基础卫生设施和城市 $PM_{2.5}$ 年均浓度在近年来的实现趋势表现为黄色（"适度改善"），还需要大气污染防治的进一步加强。表 21 展现了 2018—2019 年中国与生态环境相关 SDG 目标的各具体指标的得分、SDG 指示板颜色区域以及近年来的 SDG 趋势情况。

表 21　2018—2019 年中国 SDG 各项指标表现情况

目标	序号	指标	2018 年 分值	2018 年 区域	2019 年 分值	2019 年 区域	SDG 趋势
SDG2（消除饥饿）	1	可持续的氮管理指数	0.8	●	0.8	●	••
SDG3（确保健康的生活方式）	2	因家庭空气污染和环境空气污染导致的年龄标准化死亡率，每 10 万人口	169.4	●	113	●	••
SDG6（水和环境卫生可持续管理）	3	能够使用基础饮用水设施的人口比例（%）	95.8		95.8		↑
	4	能够使用基础卫生设施的人口比例（%）	NA	●	75.0		↗
	5	淡水占总可再生水源的比例（%）	29.9		29.4		••
	6	流入地下水枯竭[m^3/（a·人）]	1.6		1.6		••
	7	经过处理的人类活动产生废水（%）	16.1	●	16.1		••
SDG7（清洁能源）	8	单位化石能源燃烧排放的 CO_2 和发电量[$MtCO_2$/（TW·h）]	1.6		1.6		↑

目标	序号	指标	2018年		2019年		SDG趋势
			分值	区域	分值	区域	
SDG11（促进城市可持续发展）	9	城市地区 $PM_{2.5}$ 的年平均浓度（μg/m³）	58.4	●	52.7	●	↗
	10	获取安全自来水的比例（占城市人口的%）	90.0		90.0		→
SDG12（采用可持续的消费和生产模式）	11	城市固体废物[kg/（a·人）]	1.0		1.0		••
	12	电子垃圾（kg/人）	4.4	●	5.2		••
	13	生产排放的二氧化硫（kg/人）	25.5	●	25.5		••
	14	净二氧化硫排放（kg/人）	−5.7	●	−5.7		••
	15	活性氮生产足迹（kg/人）	22.8		22.8		••
	16	活性氮净排放量（kg/人）	−12.5	●	−12.5		••
SDG13（应对气候变化）	17	能源相关的人均 CO_2 排放量（tCO_2/人）	7.5	●	6.5	●	→
	18	技术调整后的 CO_2 排放量（tCO_2/人）	−0.8		−0.8		••
	19	化石燃料出口的二氧化碳排放量（kg/人）	20.6		25.6		••
	20	受气候灾害影响的人（每10万人）	—	—	813.2		••
SDG14（保护和可持续利用海洋和海洋资源）	21	完全受保护海域的生物多样性（%）	18.8	●	18.8		→
	22	海洋健康指数目标——清洁水体（0~100）	34.8		29.8		→
	23	海洋健康指数目标——渔业养殖（0~100）	45.4	●	—	—	••
	24	海洋健康指数目标——生物多样性（0~100）	80.1		—	—	••
	25	鱼类资源过度开发或崩溃的百分比（%）	8.6		8.6		↑
	26	拖网捕鱼（%）	60.0	●	60.0	●	↓
SDG15（保护陆地生态）	27	生物多样性完全受保护的陆地区域（%）	52.1		47.6		→
	28	生物多样性完全受保护的淡水区域（%）	41.6		36.1		→
	29	濒危物种红色名录指数（0~1）	0.8	●	0.7	●	↓
	30	永久性砍伐森林（5年年平均占比%）	—		0.0		••
	31	流入生物多样性的影响（每百万人损失的物种）	0.7	●	0.7		••

注：最后一列为《2019年可持续发展报告》新增的 SDG 趋势。

4.2 中国落实 SDG2030 年议程存在的问题

（1）中国在生态环境相关的可持续发展目标的评级普偏低

一是水和环境卫生的可持续管理（SDG6）仍面临较大挑战。中国在该领域总体表现为橙色，说明距实现 2030 年的目标仍面临较大挑战。目前中国水资源管理和可持续利用仍面临严峻的局面，农村饮用水水源地污染和污水处理设施缺失问题严重，与实现农村人居环境明显改善目标有很大差距。除此之外，对于水资源的可持续利用，例如城市工业企业中水回用、污水处理厂再利用渠道等需要加强管理。二是促进城市可持续发展（SDG11）需要加强。中国在该目标的表现为橙色。城市地区 $PM_{2.5}$ 年平均浓度（μg/m³）指标在 2018年和 2019 年连续被评级为红色，说明目前中国 $PM_{2.5}$ 污染依然严重。很多城市的拥堵、拆迁重建、"棚户区"改造等安全问题仍然存在，同时营造城市生态环境可持续发展的理念也逐渐深入，因此如何在保障城市住房、基础设施等建设加速的同时保持生态良好是之后一段时期的主要挑战。三是采用可持续的消费和生产模式（SDG12）需继续向可持续发展方向转变。2018 年和 2019 年连续两年的该项目标下的城市固体废物、生产排放的二氧化硫、活性氮生产足迹等指标都表现为橙色或黄色，说明目前经济发展中的生产消费方式仍然粗放，绝对数值偏高。近年来，企业绿色生产与居民绿色生产方式的推行促使能耗、物耗和污染物排放有所下降，需要在保持的同时进一步提高公众和企业的环保意识和环保能力。四是在应对气候变化（SDG13）方面要实现 2030 年的目标还面临巨大挑战。中国 2018 年和 2019 年在该目标的表现均为红色，说明中国正处于经济高速发展阶段，工业能耗巨大，能源消费结构高碳化，该项目标下的指标"能源相关的人均 CO_2 排放量"连续两年被评级为"红色"。中国应当继续加强碳排放权交易、环境税体系改革等市场型环境规制建设，落实碳排放和应对气候变化相关的国际承诺，推动气候变化南南合作，增强自身适应气候变化的能力。五是保护和可持续利用海洋和海洋资源（SDG14）面临严峻挑战。该目标 2018 年和 2019 年中国的整体表现均为红色，尤其是"海洋健康指数目标——清洁水体（0～100）"指标得分较低。中国的海洋开发防控生态环境破坏风险的难度较大，灾难性生态现象频发，夏季海洋富营养化海域面积呈现波动增加趋势。因此，未来需要在进一步提升保护和开发海洋资源技术能力的同时，注重海洋生态污染的预防治理工作。六是保护陆地生态系统（SDG15）需向可持续保护利用方向进一步努力。中国的生态供给与社会需求存在较大差距，如何在保护的前提下维持生态系统服务可持续性是核心问题。与 2018 年相比，2019 年中国在该项目标下的"濒危物种红色名录指数""永久性砍伐森林"等指标评级转变为绿色，应继续保持加强生物多样性保护，筑牢生态安全屏障，实现生态文明建设总体要求。

（2）SDG 2030 指标测量的统计支撑能力不足

联合国 2030 年可持续发展 17 项目标从世界政治、经济、社会和环境发展的角度出发确立，具体衡量每一项可持续发展目标时通过一系列细分指标进行。现实中各项指标的数据在不同国家会存在统计口径不一致的问题，并且数据可获得性与质量都会影响指标计算的结果，进而影响该国的可持续发展目标排名。例如，可持续发展目标消除贫困（SDG1）、消除饥饿（SDG2）和确保健康的生活方式（SDG3）中都存在与人口相关的指标，如"营养不良比例""5 岁以下儿童发育不良比例"等。中国的全国人口普查每五年进行一次，这些指标的数据在五年间没有变化，会在一定程度上影响所对应可持续发展目标的得分。《2019 年可持续发展报告》中，指标"小学净入学率"（属于 SDG4）、"5 岁以下儿童出生登记率"、"5～14 岁童工比例"（SDG16）、"政府卫生和教育开支"（属于 SDG17）等数据是缺失的，国内统计部门还没有这方面统计数据，也会影响这些指标所对应可持续发展目标的得分。

（3）SDG 评价体系不能完全体现中国在生态环境领域的工作进展

可持续发展目标是联合国从全球政治、经济、社会、环境的整体角度建立的评估体系，为衡量各国的可持续发展进程制定了统一标准。统一的可持续发展目标衡量标准有助于横向比较，但也不利于考虑各国的历史发展实际，因地制宜地给出政策导向性建议。中国在改革开放以来的经济发展进程中，从粗放型增长转向高质量增长，将生态文明建设提升到国家"五位一体"总体布局当中，在近年来的污染防治攻坚战等政策行动中取得了一系列成效。但联合国《2030 年议程》中所包含的可持续发展目标倾向于对海洋、陆地生态系统等生态保护行为的健康效益，这与我国着重环境保护基础设施建设和主要污染物"总量减排"的特色有差异。因此，中国应当以 2030 年可持续发展目标实现情况评估为导向，继续发挥适应中国特色的环境规制措施，对于具有不同特点的东部、中部、西部地区实行差异化的环境规制，如命令控制型和经济激励型。这也符合联合国所要求的：各国根据具体国情在可持续发展目标框架下制定更符合本国实际的可持续发展指标体系。

（4）中国需要根据国情构建本土化可持续发展目标指标体系

由于统计工作的固有限制，以及联合国可持续发展目标对于生态环境领域的评估与中国当前环保工作实质进展的不匹配，需要构建更合理、更具有政策指导性的可持续发展指标体系。不仅要建立本土化的可持续发展目标指标体系，还需考虑当前中国在经济建设、社会建设、生态文明建设等方面衔接相应可持续发展目标的机制，适当提升统计部门的数据支撑能力，稳步推进联合国《2030 年议程》的实现。

5　结论与建议

5.1　结论

（1）各国近年来各项 SDG 的实现趋势存在明显差异

《2019 年可持续发展报告》新增了衡量各国可持续发展目标实现趋势的标准——SDG趋势，利用实现 2030 年可持续发展目标所需的长期年均增长率和近几年实际年均增长率比较得出，用以判断某国是否在实现该项目标上步入正轨。OECD、东亚的诸多国家生态环境相关目标近年来的实现趋势表现为"橙色"或"黄色"居多（距离实现 2030 年可持续发展目标所需的长期年均增长率还存在差距），部分目标甚至表现为"红色"实现趋势（近年来实现目标的年均增长率为负）。部分撒哈拉以南非洲、东南亚国家在消除饥饿贫穷、基础设施、经济增长等可持续发展目标上的实现趋势处于"下降"或"停滞"。新增加的SDG 趋势较直观地展现了各国近年来实现可持续发展目标的进程，为在长期过程中达到实现 2030 年可持续发展目标所需的年均增长率指明方向。

（2）各国都有着面临严峻挑战的可持续发展目标

SDG 指示板显示每个国家都存在一些被评级为"红色"的可持续发展目标，在实现上存在重大挑战，也都具有较多被评级为"黄色"和"橙色"的目标，同样在实现上还面临着紧迫的挑战。大多东南亚、非洲等国家亟须在消除贫困、消除饥饿、完善社会基础设施等方面采取强制措施。相对富裕国家在实现可持续发展目标所需要做的更加具体，在生态环境相关领域尤其是应对气候变化上面临严峻挑战。发达国家还应当注意在消除不平等、构建友好、可持续的全球伙伴关系等方面付诸努力。

（3）各国生态环境相关目标表现普遍不好

一是水和环境卫生的可持续管理（SDG6），还有部分国家缺少饮用水环境基础设施建设，存在用水安全问题。中国在该指标上得分71.8分，排名第75位，评级为"橙色"。中国饮用水水源地保护、城市污水处理等问题依然严重，需要进一步开发激励机制去进行可持续管理。二是采用可持续的消费和生产模式（SDG12），大多数国家都需要加快转变能源消费结构，向绿色化转型。中国在该指标上得分82.0分，排名第86位，评级为"橙色"，推动能源转型和新能源市场化建设仍是重中之重。三是应对气候变化（SDG13），除部分非洲、东南亚国家之外的大多数国家在该指标上表现不佳，气候变化问题具有显著的时滞性和国际溢出效应，需要各国政府充分合作，将统一的气候变化治理纳入本国框架。中国在该指标上得分92.0分，排名第72位，评级为"红色"。目前中国处于经济社会高速发展阶段，很多地区能源消费结构高碳化，并且人们应对气候变化认知有待提高，地方气候变化问题相关的基础投资与制度建设有待完善。四是保护和可持续利用海洋和海洋资源（SDG14），中国在该指标上得分36.2分，排名第104位，评级为"红色"。"防止过度捕捞"指标得分较高，但海洋生物多样性、清洁水体和渔业养殖方面得分都较低。中国海洋开发潜在生态系统与环境危险较高，容易发生灾难性海洋生态现象，未来应当综合治理海洋生态、防治污染、推动海洋生态红线管控和海洋综合保护区建设。五是保护、恢复和促进可持续利用陆地生态系统，保护陆地生态系统（SDG15），中国在该指标得分62.7分，排名第92位，评级为"橙色"。中国生态资源稀缺、生态系统退化严重且质量较低，生态系统保护与经济发展矛盾较为突出，在自然资源和生态系统服务领域的管理方法与技术尚不成熟，未来应当发挥如"国家公园"等结合经济与环境保护的项目来保护恢复并促进可持续利用生态系统，遏制生物多样性下降的总体趋势。

（4）需要注意富裕国家日益显著的溢出效应

在一个高度相互依赖的世界中，富裕国家的行动可能会对其他国家实现可持续发展目标的能力产生积极或消极影响。在环境方面，"溢出"主要表现为国际贸易隐含污染转移、公海等全球公共领域使用等。在全球经济方面，主要表现为由于制度差异形成避税天堂导致的不公平税收竞争、某些国家不开放不透明的金融体系。这容易导致腐败、洗钱、逃税，不利于各国维持治理水平。在安全方面，武器贸易、国际维和行动支持不足和有组织的国际犯罪可能导致贫穷国家的不稳定，进而导致贫穷国家的稳定性降低。而对于预防冲突与维护和平的投资（包括通过联合国投资）则属于积极溢出效应。国际"溢出效应"是普遍存在的，而且随着贸易增长超过世界总产值的增长而迅速增长。因此，贫穷国家要想实现可持续发展目标，就需要更多国际发展援助。从SDG指示板可以看出，贫穷国家面临的挑战最为艰巨，在实现目标过程中同时需要本国政府领导和大量国际社会援助。援助形式包括对外直接投资、国际税收改革、技术分享、能力建设和更多的联合国官方发展援助计划。

5.2 建议

（1）研究制定中国本土化可持续发展目标指标体系的战略图和施工图

SDG的评价主体是全球和区域可持续发展进展，并不适用于对可持续发展程度各异的国家进行统一评价。建立我国本土化的可持续发展指标体系能够发现目前的薄弱环节并指明政策干预的方向，更能够促进 SDG 各项目标与"十四五"、美丽中国等发展战略相融合。在制定本土化的可持续发展指标体系时，要充分考虑指标方法学，注重 SDG 指标选取、评估和数据遗漏处理的权威性，真正做到可量化、可监测、可考核。在 SDG 目标实现过程中要特别注意指标进展实时监测与评估，充分反馈利益相关者意见，管理部门也应当创新宣传和监督工作。同时促进国家和地区层面 SDG 实施进展评估工作。

（2）补齐补强进展缓慢的短板 SDG 指标

生态环境领域存在许多短板指标，中国的广大农村地区面源污染和污水处理缺失问题给饮用水水源环境和农村人居环境带来巨大隐患。未来我国应创新发挥政策引导作用、鼓励地方拓宽资金来源和市场多方参与农村污水处理事业，加强城市工业企业中水回用等水资源可持续利用举措。城市的可持续消费与生产方式，对于在中国未来经济发展中保持生态良好是至关重要的，需利用创新驱动生产方式精细化，提高居民的绿色消费意识。陆地与海洋生态系统保护是中国实现可持续发展的关键领域。需要加强生态系统服务关系研究，动态协调生态系统服务的供需，在保护的前提下实现可持续发展。国务院机构改革后成立了跨行政区域机构的流域海域生态环境监督管理机构，应加强其在流域海域生态功能区划、重大污染事件执法追责等方面的职能，保障河流、海洋生态系统安全。

（3）积极推动全球气候治理体系建设

中国近年来在气候变化领域积极推动建立全球治理框架，2019 年 12 月 15 日闭幕的《联合国气候变化框架公约》第 25 次缔约方大会（COP25）上，中国提出应当进一步强化应对气候变化决心。但在《2019 年可持续发展报告》中，中国在 SDG13（应对气候变化）上评级为"红色"，面临严峻挑战，应当在制定更符合国情的自主减排目标基础上，从技术、决策、机制等角度融入全球治理体系，继续更好承担大国责任。

（4）在联合国 2030 年可持续发展议程框架下推进国际合作

"人类命运共同体"理念反映了中国和平发展的历程和对未来人类社会休戚相关的期望，也是 SDG17（促进可持续发展目标实现的伙伴关系）的要求，中国应当继续积极承担与推动世界经济全球化良性发展与平等的贸易关系。"一带一路"倡议要衔接联合国《2030年议程》，推进在消除贫困、经济发展与充分就业、生态环境协同治理等领域的可持续性合作，增强"一带一路"的影响力，与沿线众多发展中国家共同落实 2030 年可持续发展目标。

附表：各项细分指标的 SDG 指示板阈值和 SDG 趋势计算周期

SDG	指标	最好（值=100）	绿色	黄色	橙色	红色	最差（值=100）	是否用于计算 SDG 趋势？(Y/N) 计算趋势周期
1	1.9 美元/天贫困人口比例	0	≤2	2<x≤7.5	7.5<x≤13	>13	72.6	Y 2015—2018*
	3.2 美元/天贫困人口比例	0	≤2	2<x≤7.5	7.5<x≤13	>13	51.5	Y 2015—2018*
	税后和转移后的贫困率，贫困线 50%（人口，%）	6.1	≤10	10<x≤12.5	12.5<x≤15	>15	17.7	Y 2011—2016
2	营养不良比例	0	≤7.5	7.5<x≤11.25	11.25<x≤15	>15	42.3	Y 2012—2017
	5 岁以下儿童发育不良患病率（适龄低身高）（%）	0	≤7.5	7.5<x≤11.25	11.25<x≤15	>15	50.2	N
	5 岁以下儿童消瘦率（%）	0	≤5	5<x≤7.5	7.5<x≤10	>10	16.3	N
	肥胖率，BMI≥30（成年人口数百分比）	2.8	≤10	10<x≤17.5	17.5<x≤25	>25	35.1	Y 2012—2017
	谷物产量（t/hm²）	8.6	≥2.5	2.5>x≥2	2>x≥1.5	<1.5	0.2	Y 2012—2017
	可持续的氮管理指数	0	≤0.3	0.3<x≤0.5	0.5<x≤0.7	>0.7	1.2	N
	产量缺口闭合率（%）	77	≥75	75>x≥62.5	62.5>x≥50	<50	28	N
3	人类营养水平（最好 2，最差 3）	2.04	≤2.2	2.2<x≤2.3	2.3<x≤2.4	>2.4	2.47	Y 2013—2018
	产妇死亡率（每 1 000 名存活新生儿）	3.4	≤70	70<x≤105	105<x≤140	>140	814	Y 2011—2016
	新生儿死亡率（每 1 000 名存活新生儿）	1.1	≤12	12<x≤15	15<x≤18	>18	39.7	Y 2011—2016
	5 岁以下儿童死亡率（每 1 000 名新生儿）	2.6	≤25	25<x≤37.5	37.5<x≤50	>50	130.1	Y 2011—2016
	结核病发病率（每 10 万人）	0	≤10	10<x≤42.5	42.5<x≤75	>75	561	Y 2011—2016
	HIV 患病率（每 1 000 人）	0	≤0.2	0.2<x≤0.6	0.6<x≤1	>1	5.5	Y 2011—2016
	因心血管疾病、癌症、糖尿病和慢性呼吸道疾病引起的年龄标准化死亡率，年龄在 30~70 岁（每 10 万人）	9.3	≤15	15<x≤20	120<x≤25	>25	31	Y 2011—2016
	因家庭空气污染和环境空气污染导致的年龄标准化死亡率（每 10 万人）	0	≤18	18<x≤84	84<x≤150	>150	368.8	N
	交通死亡率（每 10 万人）	3.2	≤8.4	8.4<x≤12.6	12.6<x≤16.8	>16.8	33.7	Y 2011—2016
	健康出生时的预期寿命	83	≥80	80>x≥75	75>x≥70	<70	54	Y 2011—2016

SDG	指标	最好（值=100）	绿色	黄色	橙色	红色	最差（值=100）	是否用于计算SDG趋势（Y/N）？计算趋势周期
3	青少年生育率（每1 000名15~19岁女性）	2.5	≤25	25<x≤37.5	37.5<x≤50	>50	139.6	Y 2011—2016
	熟练医疗卫生人员参加的分娩比例	100	≥98	98>x≥94	94>x≥90	<90	23.1	Y 2011—2016
	接种2种WHO推荐疫苗的婴儿存活率	100	≥90	90>x≥85	85>x≥80	<80	41	Y 2011—2016
	全民健康覆盖跟踪指数（0~100）	100	≥80	80>x≥70	70>x≥60	<60	38.2	Y 2011—2016
	主观幸福感（阶梯分值0~10）	7.6	≥6	6>x≥5.5	5.5>x≥5	<5	3.3	Y 2015—2018*
	不同地区出生时预期寿命差距	0	≤3	3<x≤5	5<x≤7	>7	11	N
	收入与自我健康报告的差距（0~100）	0	≤20	20<x≤25	25<x≤30	>30	41.1	Y 2011—2016°
	每日吸烟者（15岁以上人口百分比）	10.1	≤20	20<x≤22.5	22.5<x≤25	>25	29.8	Y 2011—2016°
4	小学净入学率（%）	100	≥98	98>x≥89	89>x≥80	<80	53.8	Y 2012—2017
	较低的中学完成率（%）	100	≥90	90>x≥82.5	82.5>x≥75	<75	18	Y 2012—2017
	15~24岁男女识字率（%）	100	≥95	95>x≥90	90>x≥85	<85	45.2	N
	参加幼儿教育计划（占4~6岁儿童的百分比）	100	≥95	95>x≥90	90>x≥80	<70	35	N
	年龄介于25~34岁并接受高等教育的人口	52.2	≥40	40>x≥25	25>x≥10	<10	0	Y 2012—2017°
	PISA得分（0~600）	525.6	≥493	493>x≥446.5	446.5>x≥400	<400	350	N
	学生的社会经济地位解释了科学成绩变化的百分比	8.3	≤10.5	10.5<x≤15.25	15.25<x≤20	>20	21.4	N
	理科成绩低于二级的学生	9.8	≤12	12<x≤21	21<x≤30	>30	47.8	N
	有弹性的学生（%）	46.6	≥38	38>x≥29	29>x≥20	<20	12.8	N
5	采用现代方法满足的计划生育需求（15~49岁的已婚妇女占比）	100	≥80	80>x≥70	70>x≥60	<60	17.5	N
	25岁及以上接受教育的女性（男性/女性比例）	100	≥98	98>x≥86.5	86.5>x≥75	<75	41.8	Y 2012—2017
	女性参与劳动的比例（女性/男性）	100	≥70	70>x≥60	60>x≥50	<50	21.5	Y 2012—2017
	国家议会中妇女所占席位的比例（%）	50	≥40	40>x≥30	30>x≥20	<20	1.2	Y 2015—2018*
	性别工资差距（总，男性工资中位数%）	0	≤7.5	7.5<x≤11.25	11.25<x≤15	>15	36.7	Y 2012—2017
	性别差异（以每天无花在无报酬工作上的时间计）	0	≤60	60<x≤120	120<x≤180	>180	245	Y 2012—2017
6	能够使用基础饮用水设施的人口比例（%）	100	≥98	98>x≥89	89>x≥80	<80	40	Y 2010—2015
	能够使用基础卫生设施的人口比例（%）	100	≥95	95>x≥85	85>x≥75	<75	9.7	Y 2010—2015
	淡水占可再生水源的比例	12.5	≤25	25<x≤50	50<x≤75	>75	100	N

SDG	指标	最好（值=100）	绿色	黄色	橙色	红色	最差（值=100）	是否用于计算SDG趋势（Y/N）？计算趋势周期
6	输入性地下水枯竭[m³/(a·人)]	0.1	≤5	5<x≤12.5	12.5<x≤20	>20	42.6	N
	经过处理的人类活动产生废水（%）	100	≥50	50>x≥32.5	32.5>x≥15	<15	0	N
	使用安全管理卫生服务的人口（%）	100	≥90	90>x≥77.5	77.5>x≥65	<65	14.1	Y 2010—2015
	使用安全管理的供水服务的人口（%）	100	≥95	95>x≥87.5	87.5>x≥80	<80	10.5	Y 2010—2015
7	利用电力资源的人口比例（占人口的%）	100	≥98	98>x≥89	89>x≥80	<80	9.1	Y 2010—2015
	获得清洁燃料和烹饪技术（占人口%）	100	≥85	85>x≥67.5	67.5>x≥50	<50	2	Y 2010—2015
	单位化石能源燃烧排放的CO_2和发电量[$MtCO_2$/(TW·h)]	0	≤1	1<x≤1.25	1.25<x≤1.5	>1.5	5.9	Y 2010—2015
	可再生能源占最终能源消费总量的比重（%）	51.4	≥20	20>x≥15	15>x≥10	<10	2.7	Y 2010—2015°
8	调整后的GDP增长率	5	≥0	0>x≥-1.5	-1.5>x≥-3	<-3	-14.7	N
	现代奴隶制的盛行（每千人口中有1人受害）	0	≤4	4<x≤7	7<x≤10	>10	22	N
	成人（15岁以上）在银行或其他金融机构有账户或在移动货币服务提供商有账户（%）	100	≥80	80>x≥65	65>x≥50	<50	8	Y 2012—2017
	失业率（占总劳动力的%）	0.5	≤5	5<x≤7.5	7.5<x≤10	>10	25.9	Y 2012—2017
	进口领域工作中的致命事故（每10万人死亡事故）	0	≤1	1<x≤1.75	1.75<x≤2.5	>2.5	6	N
	就业与人口比例（%）	77.8	≥60	60>x≥55	55>x≥50	<50	50	Y 2012—2017
	未就业、未接受教育或培训的青年（%）	8.1	≤10	10<x≤12.5	12.5<x≤15	>15	28.2	Y 2012—2017
	使用网络的人口比例（%）	100	≥80	80>x≥65	65>x≥50	<50	2.2	Y 2011—2016
	移动宽带使用比例（每百名居民）	100	≥75	75>x≥57.5	57.5>x≥40	<40	1.4	Y 2011—2016
	物流绩效指数：贸易和交通基础设施质量（1~5）	4.2	≥3	3>x≥2.5	2.5>x≥2	<2	1.8	Y 2011—2016
9	泰晤士报高等教育前3名大学排名：前3名大学平均得分（0~100分）	91	≥20	20>x≥10	10>x>0	<0	0	N
	科学和技术期刊文章数量（每千人）	2.2	≥0.5	0.5>x≥0.275	0.275>x≥0.05	<0.05	0	Y 2011—2016
	研发支出（每一千雇佣者）	15.6	≥8	8>x≥7.5	7.5>x≥7	<7	0.8	Y 2011—2016
	研发人数（占GDP的%）	3.7	≥1.5	1.5>x≥1.25	1.25>x≥1	<1	0	Y 2011—2016°
	三合一专利申请（每百万人）	115.7	≥20	20>x≥15	15>x≥10	<10	0.1	Y 2011—2016°
	按收入划分的互联网接入差距（%）	0	≤7	7<x≤26	26<x≤45	>45	63.6	Y 2015—2018*°
	理工科女性（%）	38.1	>33	33>x≥29	29>x≥25	<25	16.2	N

SDG	指标	最好（值=100）	绿色	黄色	橙色	红色	最差（值=100）	是否用于计算SDG趋势（Y/N）？计算趋势周期
10	经过最高收入调整的基尼系数（0~100）	27.5	≤30	30<x≤35	35<x≤40	>40	63	Y 2010—2014°
	帕尔玛比值	0.9	≤1	1<x≤1.15	1.15<x≤1.3	>1.3	2.5	Y 2010—2014°
	老年人贫困率（%）	3.2	≤5	5<x≤15	15<x≤25	>25	45.7	Y 2010—2014°
11	城市地区PM$_{2.5}$的年平均浓度（μg/m³）	6.3	≤10	10<x≤17.5	17.5<x≤25	>25	87	Y 2010—2016
	改良的水源和管道（城市人口获取率%）	100	≥98	98>x≥86.5	86.5>x≥75	<75	6.1	Y 2010—2016
	对公共交通的满意程度	82.6	≥72	72>x≥57.5	57.5>x≥43	<43	21	Y 2015—2018*
	负担过重租金的比例率	4.6	≤7	7<x≤12	12<x≤17	>17	25.6	N
	城市固体废物[kg/（a·人）]	0.1	≤1	1<x≤1.5	1.5<x≤2	>2	3.7	N
12	电子垃圾（kg/人）	0.2	≤5	5<x≤7.5	7.5<x≤10	>10	23.5	N
	生产的二氧化硫（kg/人）	0.5	≤10	10<x≤20	20<x≤30	>30	68.3	N
	进口SO$_2$排放（kg/人）	0	≤1	1<x≤8	8<x≤15	>15	30.1	N
	氮生产足迹（kg/人）	2.3	≤8	8<x≤29	29<x≤50	>50	86.5	N
	进口活性氮净排放量（kg/人）	0	≤1.5	1.5<x≤75.75	75.75<x≤150	>150	432.4	N
	非循环再造都市固体废物（以每人每年产生千克固体废物为单位乘以循环再造率）	0.6	≤0.8	0.8<x≤0.9	0.9<x≤1	>1	1.5	N
13	能源相关的人均CO$_2$排放量（tCO$_2$/人）	0	≤2	2<x≤3	3<x≤4	>4	23.7	Y 2011—2016
	进口二氧化碳排放量，技术调整（tCO$_2$/人）	0	≤0.5	0.5<x≤0.75	0.75<x≤1	>1	3.2	N
	受气候灾害影响的人口（每10万人口）	0	≤100	100<x≤300	300<x≤500	>500	18 000	N
	化石燃料出口国的二氧化碳排放量（kg/人）	0	≤100	100<x≤4 050	4 050<x≤8 000	>8 000	44 000	N
	不包括生物质排放的所有非道路能源的有效碳率（欧元/t CO$_2$）	100	≥70	70>x≥50	50>x≥30	<30	-0.1	N
14	对生物多样性有重要意义的海区受保护的平均面积	100	≥50	50>x≥30	30>x≥10	<10	0	Y 2015—2018*
	海洋健康指数目标——清洁水域（0~100）	100	≥70	70>x≥65	65>x≥60	<60	28.6	Y 2015—2018*
	鱼类资源过度开发或崩溃的百分比（%）	0	≤25	25<x≤37.5	37.5<x≤50	>50	90.7	Y 2010—2014
	拖网捕鱼（%）	1	≤7	7<x≤33.5	33.5<x≤60	>60	90	Y 2010—2014
15	对生物多样性有重要意义的陆地保护区的平均面积	100	≥50	50>x≥30	30>x≥10	<10	4.6	Y 2012—2017
	对生物多样性有重要意义的淡水保护区的平均面积	100	≥50	50>x≥30	30>x≥10	<10	0	Y 2012—2017

SDG	指标	最好（值=100）	绿色	黄色	橙色	红色	最差（值=100）	是否用于计算SDG趋势（Y/N）？计算趋势周期
15	濒危物种红色名录指数（0~1）	1	≥0.9	0.9>x≥0.85	0.85>x≥0.8	<0.8	0.6	Y 2012—2017
	永久性砍伐森林（5年年平均占比%）	0	≤0.05	0.05<x≤0.275	0.275<x≤0.5	>0.5	1.5	N
	流入生物多样性的影响（每百万人损失的物种）	0.1	≤5	5<x≤10	10<x≤15	>15	26.4	N
16	谋杀犯人数（每10万人）	0.3	≤1.5	1.5<x≤2.75	2.75<x≤4	>4	38	Y 2010—2015
	未判决囚犯（%）	0.07	<0.3	0.3<x≤0.4	0.4<x≤0.5	>0.5	0.75	Y 2010—2015
	认为夜间单独在城市生活区域行走安全的人数比例	90	>80	80>x≥65	65>x≥50	<50	33	Y 2015—2018*
	财产权（1~7）	6.3	≥4.5	4.5>x≥3.75	3.75>x≥3	<3	2.5	N
	5岁以下儿童在民事机关登记注册的比例（%）	100	>98	98>x≥86.5	86.5>x≥75	<75	11.3	Y 2015—2018*
	清廉指数（0~100）	88.6	>60	60>x≥50	50>x≥40	<40	13	N
	5~14岁的童工（%）	0	<2	2<x≤6	6<x≤10	>10	39.3	Y 2015—2018*
	主要常规武器的转移（出口）（固定1990年，每10万人有100万美元）	0	≤1	1<x≤1.75	1.75<x≤2.5	>2.5	3.4	N
	新闻自由指数（最佳0，最差100）	10	≤25	25<x≤37.5	37.5<x≤50	>50	80	Y 2015—2018*
	每10万人中入狱者	25	≤100	100<x≤175	175<x≤250	>250	475	Y 2010—2015°
17	政府医疗及教育开支（本地生产总值%）	15	≥10	10>x≥7.5	7.5>x≥5	<5	0	Y 2010—2015°
	对于高收入及OECD发展援助委员会中的成员国：国际特许公共财政，包括官方发展援助（占GNI的比例）	1	≥0.7	0.7>x≥0.525	0.525>x≥0.35	<0.35	0.1	Y 2010—2015°
	其他国家：政府收入（不包括拨款）占国内生产总值的比例（%）	40	≥30	30>x≥23	23>x≥16	<16	10	Y 2010—2015
	避税天堂评分（0最好，5最差）	0	≤1	1<x≤2.495	2.495<x≤3.99	>3.99	5	N
	金融保密评分（最好0，最差100）	42.7	≤45	45<x≤50	50<x≤55	>55	76.5	N

注：根据《2019年可持续发展报告》[1]整理。

"Y"表示该指标用于计算SDG趋势；"N"表示该指标不用于计算SDG趋势；年份表示计算SDG趋势时使用的时间周期；带"*"号表示该指标计算SDG趋势时所用周期不足五年；带"°"号表示该指标仅在计算OECD国家的SDG趋势时使用。

参考文献

[1] Sustainable Development Report 2019—Transformations to achieve the Sustainable Development Goals—Includes the SDG Index and Dashboards [EB/OL]．（2019-06-28）．http://www.pica-publishing.com/.

[2] United Nations Sustainable Development Solutions Network（UNSDSN），SDG Index And Dashboards Report 2018[EB/OL]．（2018-07-09）．http://www.pica-publishing.com/.

[3] 中华人民共和国外交部．中国落实 2030 年可持续发展议程进展报告[EB/OL]．（2017-08-24）．http://www.fmprc.gov.cn/web/ziliao_674904/zt_674979/dnzt_674981/qtzt/2030kcxfzyc_686343/.

[4] 朱磊，陈迎．"一带一路"倡议对接 2030 年可持续发展议程——内涵、目标与路径[J]．世界经济与政治，2019（4）：79-100，158.

[5] 汪万发，蓝艳，蒙天宇．OECD 国家落实联合国《2030 年可持续发展议程》进展分析及启示[J]．环境保护，2019，47（14）：68-73.

[6] 朱婧，孙新章，何正．SDGs 框架下中国可持续发展评价指标研究[J]．中国人口·资源与环境，2018，28（12）：9-18.

[7] 魏彦强，李新，高峰，等．联合国 2030 年可持续发展目标框架及中国应对策略[J]．地球科学进展，2018，33（10）：1084-1093.

[8] 岳鸿飞，杨晓华，张志丹．绿色产业在落实 2030 年可持续发展议程中的作用分析[J]．城市与环境研究，2018（1）：78-87.

[9] 周全，吴语晗，董战峰，等．《2017 年全球可持续发展目标指数和指示板报告》分析及启示[J]．环境保护，2018，46（20）：63-69.

[10] 周全，董战峰，吴语晗，等．中国实现 2030 年可持续发展目标进程分析与对策[J]．中国环境管理，2019，11（1）：23-28.

环境质量改善与污染防治

◆ 以城市环境质量改善目标为导向的火电行业排污许可
  限值优化核定技术体系研究
◆ 土壤污染责任认定国际经验及其对我国的启示
◆ 我国大气污染物排放标准体系存在的问题与完善建议
◆ 我国生态环境损害赔偿案件分析与制度完善方向
◆ 2019 年度土壤环境修复咨询服务业发展分析
◆ 全国污染防治攻坚战资金需求与筹措保障研究

环境质量改善与污染防治

以城市环境质量改善目标为导向的火电行业排污许可限值优化核定技术体系研究

Study on Verification Technology System of Emission Permit Limit of Thermal Power Industry Guided by the Goal of Urban Environmental Quality Improvement

蒋春来　宋晓晖　钟悦之　董远舟　王倩　雷宇　储成君

摘　要　本文分析评估了当前我国火电行业许可排放量限值核定与管理现状，围绕核定方法、核定结果方面深入剖析主要问题，重点从如何与环境质量改善需求有效衔接的角度，研究提出火电行业许可排放量限值优化核定思路，建立以城市环境质量改善目标为导向的核定技术体系，并以"2+26"城市为例进行了定量分析，为持续完善我国许可排放限值体系、有效提升固定源精细化管理水平提供了关键性技术支撑。

关键词　许可排放量　环境质量　火电行业

Abstract　The current situation of the verification and management of the allowable emission limits of China's power industry is analyzed，the main problems in terms of the verification methods and results are maintained，and the ideas of optimizing the verification of the allowable emission limits of thermal power industry from the perspective of how to effectively connect with the needs of environmental quality improvement are addressed，a technical system guided by the goal of urban environmental quality improvement is approved，which provides key technical support for continuously improving China's allowable emission limit system and effectively improving the fine management level of fixed sources.

Keywords　allowable emission limits，environmental quality，power industry

　　排污许可制是固定污染源管理的核心制度，是《生态文明体制改革总体方案》的重要改革事项之一，随着各项改革任务的落实和推进，以排污许可制为龙头的固定源系统管理、量化管理、科学管理体系正逐步形成，排污许可制的先进性和生命力正在不断显现。许可排放量是排污许可证中最重要的许可事项，是推进城市环境质量改善，落实城市、行业减排目标的重要手段。火电行业作为排污许可制改革的排头兵，率先在 2020 年开展许可证换发工作，如何以改善大气环境质量为核心优化排污许可技术体系是此次换发工作中亟须解决的关键问题。生态环境部环境规划院围绕此项核心工作，开展了《排污许可证申请与核发技术规范 火电》（修订版）中火电行业许可排放量限值核定技术方法的修订研究工作，以期为其他行业排污许可证换发提供思路和样本。

1 固定源主要大气污染物许可排放量限值核定技术优化思路

作为我国首次在国家层面发布的排污许可制纲领性文件，国务院办公厅《控制污染物排放许可制实施方案》（国办发〔2016〕81 号）提出许可排放浓度和许可排放量的核定是以排放标准为基本依据，综合考虑总量控制指标、环境影响评价文件及批复要求等进行确定。环境质量不达标地区，要通过提高排放标准或加严许可排放量等措施，对企事业单位实施更为严格的污染物排放总量控制，推动改善环境质量。为了以最小的制度改革成本推进排污许可制的快速落地，在制度建立初期，以落实现行法律法规对企业的底线要求为基本原则，现有企业的许可排放量限值是根据排放标准和现有总量控制指标进行核定。然而，从科学建立排污许可制的长效机制来看，有效改善环境质量才应该是排污许可制作为固定源核心制度的终极目标。当前我国许可排放量限值核定方法体系明显滞后于以质量为导向的"精准施策""分区分类"的大气环境管理的改革形势需求。

许可排放量限值作为排污许可制体系中的主要许可事项之一，应当是当区域内企业全部达标排放仍无法满足环境质量要求时，进一步落实环境质量改善目标的重要手段。因此，仅仅以达标排放作为许可排放量的核定依据是远远不够的，尤其对于环境质量未达标的地区，更应当将环境质量改善目标作为首要因素，纳入许可排放量限值的核定体系中。

1.1 稳步推进、持续优化固定污染源环境管理技术体系，科学设计面向环境质量改善的主要大气污染物许可排放量限值核定技术路线图

2020 年后，我国全面进入"后小康时代"，作为固定污染源环境管理的核心制度，排污许可制度的改革也将迎来一个重要时期，尤其是以许可排放量限值核定为关键环节的制度方法与技术体系需要在"十四五"乃至"十五五"持续优化、完善，并在国家层面作出统筹长远的设计谋划。因此，有必要研究建立系统性与协调性兼具的许可排放量限值核定技术体系中长期路线图。

从当前我国大气环境形势与管理需求的角度出发，由于地形地貌、流场特征、产业结构、发展阶段等的不同，全国不同地区之间的大气环境质量目标和控制需求存在差异化特征，应当本着"环境的有效性、技术的先进性、行业的差异性"三大核定原则，统筹考虑各地区的环境质量目标、先进技术标准、产业发展战略等因素，建立差异化的许可排放量限值核定技术体系。借助大气污染排放源清单与源识别-解析等技术手段，逐步提升大气排

污许可限值管理的精度和广度，以解决城市层面，甚至更加微小控制单元的大气污染关键问题为目标，因地制宜地建立具有针对性、科学性、可落地的许可限值核定技术体系，实现控制单元内的固定污染源统一管理，为进一步优化建立精细化、一体化的空气质量管理体系提供技术支撑。

1.2 制度优化中期（2020—2025 年）：以火电行业排污许可证首次换发为契机，优化构建基于城市大气环境质量改善目标的许可排放量限值核定技术体系

按照生态环境部的排污许可制度改革工作安排，2020 年率先启动火电行业排污许可证的换发工作，如何在新发排污许可证中进一步体现环境质量的要求，是排污许可制度改革工作面临的最核心的技术问题。立足我国排污许可制度改革的目标要求，结合当前全国各地区固定污染源的管理与技术基础，以充分体现环境质量为核心目标，构建城市—行业—企业三位一体的固定污染源许可排放量限值核定技术体系。

一是坚守城市空气质量目标的前置性硬约束。以城市作为排污许可管理的最小控制单元，坚守城市大气环境质量改善目标的底线地位，充分发挥好其在许可排放限值管理中的前置性、约束性作用。统筹考虑城市的环境质量现状、行业污染贡献等因素，根据城市大气环境质量改善目标确定行业主要大气污染物排放总量控制目标，以此作为企业许可排放量核定红线。城市内全部企业许可排放量总和不得超过以环境质量目标为约束的总量控制要求。

二是遵循技术导向的精细化排放绩效标准。以推动产业升级、优化产业能源结构为基本出发点，综合考虑各城市主要涉气行业的污染特性、污染防治技术的可达控制水平、减排潜势与效率以及行业发展战略等因素，依据污染防治技术的可达控制水平设置分级级别，制定各行业精细化排放绩效标准，以此作为企业许可排放量限值核定的技术依据。

三是实施分区分类、精准施控的管控策略。对于重点区域，按照"靶向管理"的原则，综合采用空气质量模型与源识别手段，定量确定各城市重点涉气行业对区域空气质量的影响程度与敏感度，以此设置区域内各城市重点行业的管控级别，对照各行业排放绩效标准，确定各级别许可排放量核定标准与技术依据。对于其他地区，以各城市基准年或核定期前三年的空气环境质量平均水平为依据进行质量评定，并实施滚动更新。依据各城市评定的空气质量超标程度进行城市分级，对照各行业排放绩效标准，确定各级别许可排放量核定标准与技术依据。

1.3 制度深化后期（2025 年以后）：以解决突出大气环境问题为目标，针对精细化大气环境管控单元，因地制宜地实施多维化排污许可技术管理

2025 年以后，我国城市空气环境质量全面改善，如何更加精准关联环境目标需求与固定源排污许可技术要求将成为有待解决的主要科学问题。在管控尺度上，基于地形、气象、源的特征设置更加细化的管控分区；在核定标准上，聚焦控制单元内的关键环境问题，精

准量化以环境目标为约束的许可排放目标；在管理模式上，为满足精细化的环境质量管理需求，进一步丰富排污许可限值管理系统。

针对更加细化的管控单元。相比于城市控制单元，在更加细化的空间尺度上实现排污许可管理。以地形地貌特点、流场特征、主要排放源空间布局等为出发点，结合各地生态环境管理基础和能力的差异性，因地制宜地选择科学可行的技术方法，合理确定各城市的大气环境管控分区，以此作为排污许可限值核定与管理的基本控制单元。

面向更加精准的环境问题。以大气环境分区管控单元内最主要的环境问题为着手点和发力点，确定排污许可管理目标与限值分配方案。借助排放源清单与源识别-解析等技术手段，识别管控单元的首要污染因子、污染源，科学诊断突出环境问题，围绕环境目标确定管控单元的污染源排放目标，进而确定排污许可管理目标，结合不同类型污染源的污染防治技术可达性、减排潜势、政策要求等因素，完成许可排放量限值分配。

建立更加科学的管理系统。2025 年后我国环境空气质量将整体改善，在城市空气质量全面达标的基础上，通过深度探索排放、气象、地形等多因素对大气环境的影响规律，进一步提升许可排放量限值管理系统的精度与科学性。例如，为有效规避不利气象条件对管控单元环境质量的影响，针对有条件的典型涉气行业，以管控单元的气象变化规律为出发点，综合考虑行业工艺与产品特点，确定季度许可排放量、月许可排放量或日许可排放量等短期许可排放量限值。

2 2020—2025 年火电行业许可排放量限值核定技术体系与方案设计

2.1 行业现状与背景分析

2.1.1 火电行业高位发展，具备以环境质量改善为导向实施排污许可精细化管理的条件

（1）火电装机与发电规模总体持续增长

截至 2019 年年底，全国火电装机容量约 11.9 亿 kW，同比增长 4.1%。其中，火电装机容量最高的省份分别是山东和江苏，装机容量均超过 1 亿 kW。2019 年全国有 80%以上的省（区、市）火电装机容量相比于 2018 年显著增长，同比增速最快的是宁夏，为 13.2%，其次是陕西和新疆，增长率均高于 10%（图 1）。2019 年全国火电发电量 50 450 亿 kW·h，同比增长 2.4%。全国火力发电量排名前三的省份分别是山东、内蒙古和江苏，发电量分别为 4 680 亿 kW·h、4 564 亿 kW·h 和 4 364 亿 kW·h，其次是广东、山西、新疆等 14 个省（区、市），发电量均在 1 000 亿 kW·h 以上。2019 年全国有近 65%的省（区、市）火力发电量同比增长，其中海南、湖南和贵州增速最快，分别为 24.0%、17.3%和 12.2%（图 2）。

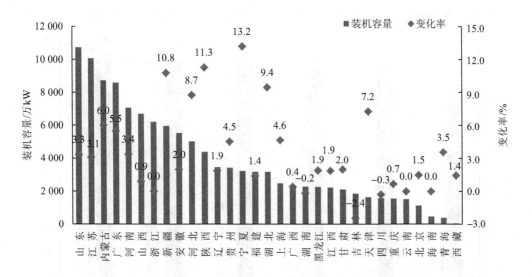

图1 2019年全国各省（区、市）火电装机容量及变化情况

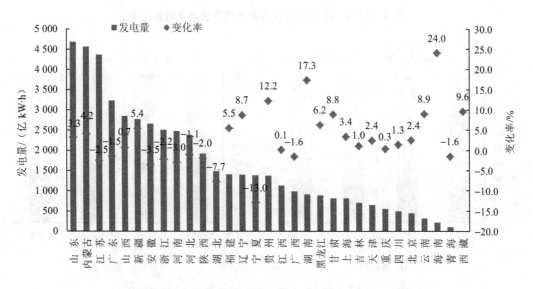

图2 2019年全国各省（区、市）火力发电量及变化情况

（2）先进的治理水平奠定了实现精细化许可目标管理的基础

自2015年《全面实施燃煤电厂超低排放和节能改造工作方案》（环发〔2015〕164号）发布以来，全国各地燃煤电厂积极开展超低排放改造。近年来，全国煤电机组超低排放改造规模持续增长。2015—2019年，全国超低机组占比从3%跃升至86%，2016年、2017年更是每年增长近30个百分点（图3）。随着超低排放改造工程的快速推进，电力行业主要大气污染物排放量显著降低。根据总量减排统计数据显示，2016—2018年二氧化硫和氮氧化物排放量占比逐年降低，到2018年，电力行业两项污染物排放量分别占工业企业总排放量的21%和36%，相比于2015年均下降8个百分点左右（图4）。

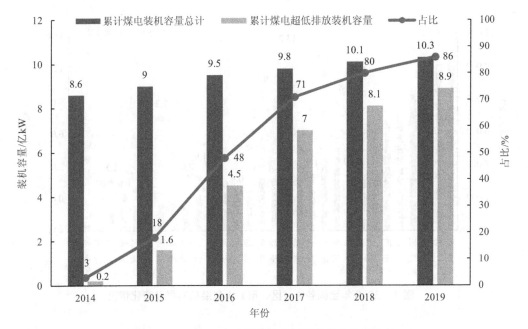

图3　2014—2019 年全国煤电超低排放装机容量占比

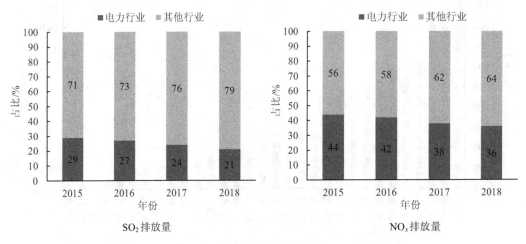

图4　2015—2018 年全国电力行业 SO_2、NO_x 排放占比

2.1.2　优化火电行业许可排放限值核定技术方法迫在眉睫

（1）许可排放量明显高于实际排放情况

截至 2019 年年底，全国共发放排污许可证 165 841 份，其中火电行业核发排污许可证 2 373 份。2017—2019 年，我国火电行业二氧化硫有组织许可排放量分别为 218.1 万 t、217.7 万 t 和 221.3 万 t，氮氧化物有组织许可排放量分别为 215.3 万 t、219.4 万 t 和 226.9 万 t，颗粒物有组织许可排放量分别为 44.7 万 t、44.7 万 t 和 45.4 万 t。三年间的微小差距主要是由于个别地区在 2017 年年底前未能全部完成发证工作，导致 2018 年、2019 年的发

证企业个数略高，也不排除存在极个别企业三年内发生了产能变化或各年度总量指标存在差异。通过对比分析 2018 年发证火电企业许可排放量与年度执行报告中的实际排放量可以发现，全国持证火电企业二氧化硫、氮氧化物、颗粒物的许可排放总量分别是实际排放量的 3.1 倍、1.8 倍、3.2 倍。除北京、辽宁、新疆等个别地区外，几乎所有省份三项污染物的许可排放量均远远高于实际排放水平（表 1）。

表 1　2018 年全国火电企业许可排放量与实际排放量对比　　　　　单位：t

地区	二氧化硫		氮氧化物		颗粒物	
	许可排放量	实际排放量	许可排放量	实际排放量	许可排放量	实际排放量
北京	0	99	5 595	2 567	0	144
天津	14 917	2 993	28 576	7 605	5 572	377
河北	36 732	12 243	55 633	24 402	11 205	1 706
山西	159 933	26 228	154 108	34 769	29 431	2 697
内蒙古	197 158	87 696	177 426	120 240	40 417	8 271
辽宁	120 875	187 825	101 184	290 933	24 537	55 729
吉林	73 031	12 422	59 879	13 164	13 633	1 113
黑龙江	103 482	17 332	97 926	27 704	19 577	2 685
上海	5 211	2 149	10 119	4 812	1 343	278
江苏	97 640	23 933	165 812	51 315	29 060	5 127
浙江	43 086	13 564	70 307	33 890	12 150	1 736
安徽	98 791	15 231	98 422	25 485	28 194	2 218
福建	58 663	6 624	62 275	14 730	13 495	1 175
江西	58 773	7 384	43 255	12 205	10 437	1 000
山东	106 038	57 088	164 462	91 478	19 663	2 933
河南	51 849	15 757	82 239	30 592	15 279	2 013
湖北	83 601	7 001	77 123	15 457	18 653	1 539
湖南	51 420	6 260	50 207	10 218	9 982	575
广东	88 356	13 756	123 211	85 843	24 301	1 920
广西	111 829	12 654	50 437	12 189	10 757	772
海南	5 259	1 004	5 490	2 252	1 359	172
重庆	27 400	11 399	17 606	11 135	3 226	1 261
四川	74 444	12 746	36 297	9 176	7 716	937
贵州	188 348	49 540	96 718	41 653	17 514	2 019
云南	53 712	7 495	49 077	9 681	8 858	1 033
西藏	0	0	0	0	0	0
陕西	51 872	11 162	60 937	20 784	14 598	2 028
甘肃	48 859	8 699	42 003	12 730	10 389	1 374
青海	12 539	1 644	11 626	2 510	3 035	388
宁夏	26 003	9 418	34 419	15 637	6 406	1 426
新疆	56 982	38 588	67 735	148 288	16 777	28 450
新疆生产建设兵团	22 227	5 403	26 946	11 244	7 741	1 436
合计	2 129 029	685 339	2 127 047	1 194 687	435 304	134 532

（2）许可排放量限值与环境质量改善需求严重脱节

通过全国排污许可证管理信息平台选取火电企业排污许可证数据信息（数据采集时间为 2018 年 5 月 18 日），对比研究全国各地级及以上城市发证企业许可排放量核定的平均排放绩效（年利用小时数按 5 000 h 计）与《火电行业排污许可证申请与核发技术规范》中规定的排放绩效标准值 [二氧化硫按一般地区规模≥750 MW 的新建燃煤锅炉计，为 0.35 g/（kW·h）；氮氧化物按一般地区 2003 年 12 月 31 日之后建成投产的、W 型火焰锅炉和现有循环流化床锅炉之外的且规模≥750 MW 的燃煤锅炉计，为 0.35 g/（kW·h）；颗粒物按一般地区规模≥750 MW 的新建燃煤锅炉计，为 0.105 g/（kW·h）]。主要结论如下：

全国共有 176 个地级及以上城市核发的火电企业二氧化硫许可排放量平均排放绩效值比一般地区的排放绩效标准值宽松，约占统计的 281 个城市总数的 63%。重点控制区中有 40 个城市的平均排放绩效比重点控制区的绩效标准值宽松（图 5）。93 个地级及以上城市核发的火电企业二氧化硫许可排放量平均排放绩效值比高硫煤地区的排放绩效标准值更为宽松，其中，黑河市、金昌市、桂林市和佳木斯市的平均绩效值均在 1.9 g/（kW·h）以上。南平市、中山市、三亚市、上海市、玉溪市和东莞市核发的火电企业二氧化硫许可排放量平均排放绩效值最严，均低于 0.1 g/（kW·h）。从省层面来看，采用较宽松绩效值核定许可排放量的省份主要包括贵州、四川、青海、黑龙江、广西和湖北等。其中，贵州省最宽松，平均约为 1.3 g/（kW·h）。严于重点控制区绩效标准值核定许可排放量的城市共 45 个，主要集中在上海、河北、河南、浙江、广东。此外，青海、四川、黑龙江、广西、辽宁和陕西的各城市核定许可排放量时采用的绩效值差异较大。

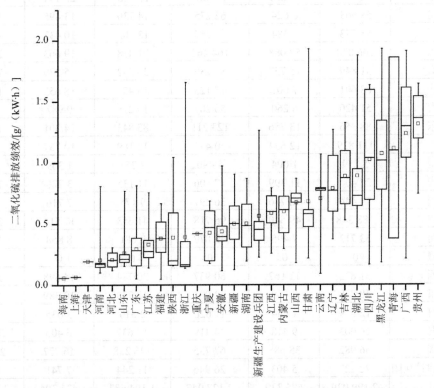

图 5　各省（区、市）基于火电企业许可排放量的二氧化硫平均排放绩效值分布

全国共有 196 个地级及以上城市核发的火电企业氮氧化物许可排放量平均排放绩效值较为宽松，高于一般地区的排放绩效标准值，约占统计的 282 个城市总数的 70%（图 6）。其中，丽水市、海西蒙古族藏族自治州、十堰市、崇左市、黑河市、绥化市、金昌市的平均核定绩效值最高，均大于 1.5 g/（kW·h）。南平市、玉溪市、上海市、滁州市、和田地区、石家庄市、舟山市、阳江市和平顶山市核定许可排放量采用的绩效值最严格，均低于 0.2 g/（kW·h）。从省层面来看，平均核定绩效值较为宽松的省份主要包括北京、青海、贵州、黑龙江、湖北、广西、吉林等地。青海、湖北、黑龙江、新疆和广西等省（区）的各城市核定许可排放量时采用的绩效值差异较大。

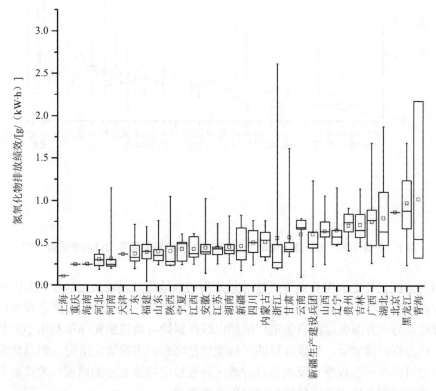

图 6　各省（区、市）基于火电企业许可排放量的氮氧化物平均排放绩效值分布

全国共有 145 个地级及以上城市的火电企业烟尘许可排放量的平均排放绩效值宽松于一般地区的标准绩效值，约占统计的 281 个城市总数的 52%（图 7）。其中，荆州市、海西蒙古族藏族自治州、佳木斯市、绥化市、金昌市、丽水市、武汉市、黑河市的平均绩效值最高，均高于 0.3 g/（kW·h）。74 个城市绩效值严于重点控制区绩效标准值。其中，江门市、玉溪市、南平市的平均绩效值最低，低于 0.02 g/（kW·h）。重点控制区中，有 24 个城市的平均排放绩效比重点控制区的绩效标准值宽松。从省级层面来看，较高绩效值的地市主要集中在青海、黑龙江、陕西和湖北等省，且青海、湖北等地各城市的绩效值差异较大。

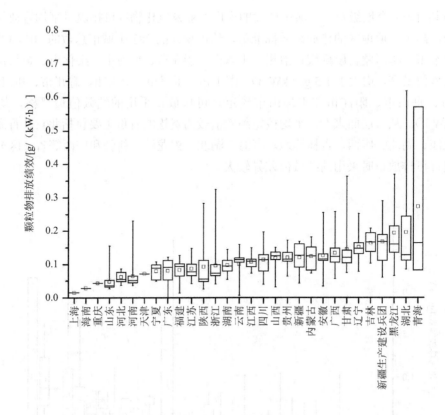

图7　各省（区、市）基于火电企业许可排放量的颗粒物平均排放绩效值分布

全国各地区已核定火电企业许可排放量采用的绩效值差距较大。从客观原因的角度分析，一方面是由于各地区的燃料特点、炉型分布、发电锅炉投产时间等因素导致绩效值选取的差异性，另一方面也存在自备电厂或热电联产锅炉可能按照实际年利用小时数（高于5 000 h）核定许可排放量，导致计算的平均绩效值略高于实际核定情况。但总体来看，上述分析结果可以在一定程度上反映出部分地区存在核定标准宽松的问题，尤其是个别环境质量较差的地区存在核定许可排放量明显偏高的现象。

综上，当前我国火电行业许可排放量按照排放标准、环评批复或已分配的总量指标进行核定，既未考虑企业所在区域大气环境质量现状，也无法体现火电行业污染排放对当地空气质量的影响，全国火电行业许可排放量限值管理水平整体低于大气环境质量改善需求下的污染源管控目标。

2.2　优化思路与技术路线

（1）沿用排放绩效法作为许可排放量的基本核定方法

排放绩效法作为我国目前火电行业许可排放量限值核定的基本方法，在反映企业技术的先进性、推动行业结构优化升级方面具有显著优势，在国内外固定污染源排放管理中应用广泛。此外，由于方法本身应用便捷、灵活性强，可以通过引入约束系数或调整参数将技术、成本、环境质量等多因素综合纳入限值核定体系，为基于环境质量建立许可排放量核定技术体系提供有利条件。

（2）以城市为基本控制单元，围绕城市环境质量设计许可排放量核定方案

改变过去全国或省（区、市）层面统一采取国家或地方排放标准作为唯一控制标准的模式，将火电行业许可排放量限值的管控范围深化到城市层面，以城市为基本单元，综合考虑城市环境空气质量状况及火电行业排放的环境影响，分区、分类确定不同城市火电行业许可排放量分级管控要求，进而实现更加精细化的许可量核定与分配。

（3）建立技术导向为核心、兼顾公平与效率的排放绩效分级控制标准

统筹考虑火电行业污染控制特征及经济技术可达性等因素，以火电行业大气污染物一般排放标准、特别排放限值以及超低排放限值为基本限值依据，针对不同燃料、不同规模、不同类型的发电锅炉，综合确定火电行业主要大气污染物分级控制绩效标准体系，以此作为不同控制级别的城市火电行业许可排放量核定标准。

（4）针对重点地区基于环境影响"精准施控"

京津冀及周边地区"2+26"城市等重点区域，受大气环流、地形等自然条件制约，区域内的各城市火电排放易跨越行政区相互影响，需作为一个整体予以考虑。因此，有必要通过采用数值模拟等技术手段定量评估各城市火电行业对区域空气质量的贡献与影响程度，研究区域内各城市火电行业污染排放的传输路径，据此对区域内不同城市进行精准分级，明确不同级别的火电行业许可排放量控制标准，以满足重点地区大气环境精细化管理需求。

（5）针对一般地区基于环境状况"分类管控"

由于模型模拟对相关的技术条件与管理基础要求较高，针对一般地区环境质量改善需求迫切程度相对较低的城市，可根据各城市的实际情况采取半定量或定性的技术方法建立环境质量与火电行业许可排放量管理之间的关联机制。建议根据核定期基准年空气质量超标程度进行城市分级，以此确定各城市火电行业许可排放量控制标准。

技术路线见图8。

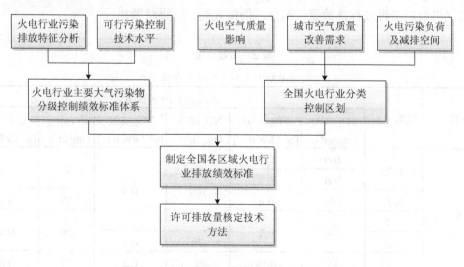

图8　火电行业许可排放限值核定方法体系

2.3 优化技术方法

2.3.1 建立火电行业排放绩效分级控制标准

本研究将火电行业排放绩效值细化为五类：以超低排放浓度对应的排放绩效为上限，设定为一类排放绩效值；以达标排放浓度对应的排放绩效为下限，设定为五类排放绩效值；特别排放限值浓度对应的排放绩效设为三类排放绩效值；按照达标浓度加严一定程度以及特别排放限值浓度加严一定程度对应的排放绩效分别设定为四类和二类排放绩效。排放绩效计算及取值见式（1）。

$$GPS_i = Q_i \times A_i \times C \times \alpha \times 10^{-3} \tag{1}$$

式中，Q_i——第 i 台机组的标态干烟气量，m^3/h，针对不同燃料，按规模大于等于 750 MW、小于 750 MW 进行取值；

A_i——第 i 台机组的发电燃料消耗量，g/（kW·h）或 m^3/（kW·h）；

C——浓度限值，mg/m^3，分别按达标浓度、达标加严浓度、特排浓度、特排加严浓度、超低浓度取值；

α——折标系数。

测算绩效分级结果见表 2。以数量最多的现有 750 MW（不含）以下规模机组为例，对于数量最多，分布最广，污染减排技术路线及管理水平差异最大的燃煤机组，第五类 SO_2 绩效分为高硫煤地区排放绩效及非高硫煤地区排放绩效，同时在第五类绩效浓度的基础上按减少 50%增加第四类排放绩效，即 100 mg/m^3 对应的排放绩效 0.4 g/（kW·h）；NO_x 排放绩效在第三类绩效浓度的基础上按减少 25%增加二类排放绩效，即 75 mg/m^3 对应的排放绩效 0.3 g/（kW·h）；烟尘排放绩效在第五类绩效浓度的基础上按减少 17%增加四类排放绩效，即 25 mg/m^3 对应的排放绩效 0.10 g/（kW·h）。对于数量较少、技术路线较为单一的燃油及燃气机组，不再进行排放绩效细分，仍按五类、三类绩效执行。

表 2 绩效分级

a. 750 MW（不含）以下规模

燃料	绩效类别	浓度及对应基础绩效					
		SO_2浓度/（mg/m^3）	SO_2绩效/[g/（kW·h）]	NO_x浓度/（mg/m^3）	NO_x绩效/[g/（kW·h）]	烟尘浓度/（mg/m^3）	烟尘绩效/[g/（kW·h）]
煤	五类	400	1.6[1]	100	0.4	30	0.12
		200	0.8				
	四类	100	0.4			25	0.10
	三类	50	0.2			20	0.08
	二类			75	0.3		
	一类	35	0.14	50	0.2	10	0.04

燃料	绩效类别	浓度及对应基础绩效					
		SO₂浓度/(mg/m³)	SO₂绩效/[g/(kW·h)]	NOₓ浓度/(mg/m³)	NOₓ绩效/[g/(kW·h)]	烟尘浓度/(mg/m³)	烟尘绩效/[g/(kW·h)]
油	五类	200	0.46	100	0.46	30	0.069
	三类	50	0.115	200	0.23	20	0.046
燃料气 [2]	三类	35	0.175	100	0.50	5	0.025

注1：为高硫煤地区 SO₂ 绩效；
注2：燃料气 NOₓ 绩效为天然气锅炉绩效。

b. 750 MW（含）以上规模

燃料	绩效类别	浓度及对应基础绩效					
		SO₂浓度/(mg/m³)	SO₂绩效/[g/(kW·h)]	NOₓ浓度/(mg/m³)	NOₓ绩效/[g/(kW·h)]	烟尘浓度/(mg/m³)	烟尘绩效/[g/(kW·h)]
煤	五类	400	1.4[1]	100	0.35	30	0.105
		200	0.7				
	四类	100	0.35			25	0.09
	三类	50	0.175			20	0.07
	二类			75	0.26		
	一类	35	0.12	50	0.18	10	0.035
油	五类	200	0.46	100	0.46	30	0.069
	三类	50	0.115	50	0.23	20	0.046
燃料气	三类	35	0.175	100	0.50	5	0.025

注1：为高硫煤地区 SO₂ 绩效；
注2：燃料气 NOₓ 绩效为天然气锅炉绩效。

2.3.2　依据 PM₂.₅ 环境浓度超标状况对一般地区城市分级

　　环境空气质量二级标准是城市环境空气质量管理工作的标杆和基准，PM₂.₅ 是目前关注重点。PM₂.₅ 达到二级标准是现阶段全国大部分城市大气环境改善的迫切需求，也是大气环境管理工作的目标。PM₂.₅ 超标程度综合体现了当前区域大气污染物排放与大气环境容量的差距。根据 2019 年各城市 PM₂.₅ 标况数据，全国 337 个地级及以上城市中，有 178 个城市 PM₂.₅ 年均浓度达到或低于 PM₂.₅ 环境空气质量二级标准 35 mg/m³ 的水平，占比为 52.8%；有 57 个城市超标幅度在 20% 以内，占比为 16.9%；有 70 个城市超标幅度在 20%～60%，占比为 20.8%；有 32 个城市超标幅度超过 60%，占比为 9.5%（图 9）。

　　本研究以 2019 年各城市 PM₂.₅ 超过二级标准的比例作为城市分类控制区分级依据。省直管县、无空气质量国控站点等特殊地区根据原属地级行政区或距离最近的地级行政区空气质量情况进行划分。

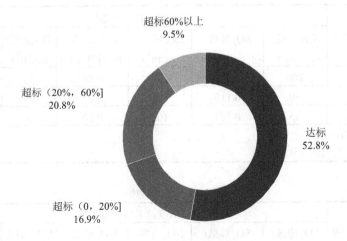

图9　2019年337个城市 PM$_{2.5}$超标情况

2.3.3　依据火电行业排放传输影响对重点地区城市分级

　　京津冀及周边地区"2+26"城市是目前我国空气污染最为严重的地区之一。区域内各城市污染排放相互影响，常常形成连片污染趋势，仅使用城市本身的 PM$_{2.5}$浓度进行分级无法体现城市间的传输影响。因此，本研究以《大气污染源优先控制分级技术指南（试行）》（环境保护部公告 2014 年第 55 号）推荐方法为基础，根据数据可获得性对方法进行适当修改，采用空气质量模型量化分析各城市排放对区域环境空气质量的影响程度，结合各城市火电行业排放负荷对区域内各城市进行综合分级。考虑到"2+26"城市已经开始实行特别排放限值，因此将区域内各城市划分为三级。具体方法如下：

　　城市污染源分级指数（PGI）由归一化后的空气质量敏感因子（SI）及等标污染负荷构成，计算方法见式（2）。

$$PGI_{i,j} = k_1 \times SIN_{i,j} + k_2 \times EIN_{i,j} \qquad (2)$$

式中，SIN——空气质量敏感因子（SI）归一化指数（N），量纲一；

　　　　EIN——等标污染负荷（EI）归一化指数（N），量纲一；

　　　　k_1、k_2——权重，取值范围 0～1，两项权重之和为 1；

　　　　i——排放区域或排放源；

　　　　j——污染物种类，当 $j=1$ 时，用于针对某一种污染物进行分级；当 $j>1$ 时，用于针对多种污染物进行分级。

　　PGI 分级指数越高，意味着排放区域越优先控制。k_1 主要反映了当前科学认知和技术水平下，对污染物排放传输特征及其对环境质量影响规律的判别；k_2 主要反映了在当前污染物排放控制技术与环境管理水平下，对污染物排放总量对环境质量影响程度的判别；鉴于现阶段环境管理水平与减排重点，建议 k_1 取值 0.6，k_2 取值 0.4。

　　其中：

$$SI_{i,j} = \sum_j \frac{SF_{i,j}}{S_j} \tag{3}$$

式中，$SF_{i,j}$——排放区域 i 排放的 j 污染物对所有受体点的敏感系数，即单位浓度贡献值
（$\mu g/m^3$）/（$\mu g/m^3$）；

S_j——区域内 j 污染物年平均浓度值，$\mu g/m^3$。

$$EI_{i,j} = \sum_j \frac{E_{i,j}}{N_j} \tag{4}$$

式中，$E_{i,j}$——排放区域 i 排放的 j 污染物的年排放量，t/a；

N_j——污染物 j 的环境质量浓度二级标准（年均值），$\mu g/m^3$。

采用极差法对空气质量敏感因子（SI）与污染负荷（EI）进行归一化处理，使所有值均处在 0～1，分别得到空气质量影响敏感因子归一化指数 SIN 与等标污染负荷 EIN。以 SI 为例：

$$SIN = \frac{SI - \min(SI)}{\max(SI) - \min(SI)} \tag{5}$$

EIN 及 PGI 同理。

（1）SIN 确定方法与结果

为确定空气质量敏感系数 SI，构建 WRF-CAMx 耦合模型，建立适合"2+26"城市、可反映污染物排放与大气环境质量响应关系的三维大气环境数据模拟系统，结合颗粒物来源识别技术（PSAT）识别不同城市的污染源对目标区域 $PM_{2.5}$ 浓度的贡献，最终为城市区划分级提供区域—城市污染源—贡献浓度多维度高分辨率的数值矩阵。

本研究采用 2017 年"2+26"城市工业源清单数据，农业、机动车、居民源以及模拟区域以外的数据均采用清华大学建立的 2016 年 MEIC 清单。模型模拟采用双层嵌套，外层网格 54 km×54 km，内层网格为 18 km×18 km。标记的排放区域为"2+26"共 28 个城市，以及区域以外内层网格之内的区域；标记的污染源包括火电厂、钢铁、工业锅炉、平板玻璃、石化、水泥和其他行业七类。根据空气质量监测站点分布情况及"受体点基本均匀分布"原则，在每个城市内各选城区一个网格作为受体点。基于 CAMx-PSAT 模块的"2+26"城市 $PM_{2.5}$ 污染源识别模拟在空气质量内层网格内进行。

选取研究区域内处于代表性地理位置特征的典型城市，收集 2017 年 $PM_{2.5}$ 逐小时浓度监测数据，用以进行模型模拟结果的验证。本研究采用三个统计指标来具体评估模拟结果准确性：相关系数（R）、归一化平均偏差（NMB）和归一化平均误差（NME）。表 3 以 1 月和 7 月为例，展示了典型城市 $PM_{2.5}$ 模拟浓度与观测数据的对比结果。结果显示：大部分城市相关系数不低于 0.5，NMB 在 ±50%内，NME 小于 50%。

表3 典型城市 PM$_{2.5}$ 模拟浓度与观测数据对比

城市	验证参数	1月	7月
北京	R	0.73	0.54
	NMB（%）	−15.73	3.63
	NME（%）	42.27	60.49
鹤壁	R	0.52	0.55
	NMB（%）	−45.53	−45.44
	NME（%）	50.87	52.46
济南	R	0.51	0.63
	NMB（%）	−38.24	−3.04
	NME（%）	42.89	47.27
太原	R	0.66	0.66
	NMB（%）	−41.92	−11.47
	NME（%）	41.62	39.17
沧州	R	0.52	0.48
	NMB（%）	−32.43	−44.65
	NME（%）	56.26	50.28

从模型模拟结果中将火电行业单独提取，得到"2+26"各城市火电行业对各受体点平均的空气质量影响，即空气质量敏感系数 SF，见表4。根据式（3）、式（5）将 SF 转换为 SIN，见表5。SIN 反映了污染源对环境空气质量影响的大小，综合体现了污染源排放的不同污染物以及传输对空气质量的影响，其值越大，表示污染源对目标区域环境污染物平均浓度贡献越大。"2+26"城市 SIN 较大的城市包括天津市、石家庄市、聊城市、淄博市、德州市、郑州市等。

表4 "2+26" 城市火电行业对区域空气质量影响

单位：μg/m^3

城市	安阳市	石家庄市	邯郸市	邢台市	焦作市	保定市	开封市
火电排放对区域的贡献度	0.057 1	0.518	0.063 3	0.085 6	0.044 6	0.024 8	0.038 7
城市	阳泉市	菏泽市	太原市	沧州市	淄博市	滨州市	德州市
火电排放对区域的贡献度	0.038 7	0.093 8	0.057 2	0.033 7	0.267	0.31	0.12
城市	濮阳市	郑州市	衡水市	新乡市	聊城市	晋城市	唐山市
火电排放对区域的贡献度	0.023 5	0.257	0.012 9	0.084 9	0.375	0.071 3	0.091 6
城市	鹤壁市	长治市	济南市	廊坊市	天津市	北京市	济宁市
火电排放对区域的贡献度	0.113	0.131	0.070 1	0.046 5	0.556	0.028 9	0.289

表5 "2+26" 城市火电行业 SIN

城市	安阳市	石家庄市	邯郸市	邢台市	焦作市	保定市	开封市
SIN	0.001	0.930	0.093	0.134	0.058	0.022	0.048
城市	阳泉市	菏泽市	太原市	沧州市	淄博市	滨州市	德州市
SIN	0.048	0.149	0.082	0.038	0.468	0.038	0.468

城市	濮阳市	郑州市	衡水市	新乡市	聊城市	晋城市	唐山市
SIN	0.020	0.449	0.000	0.133	0.667	0.108	0.145
城市	鹤壁市	长治市	济南市	廊坊市	天津市	北京市	济宁市
SIN	0.184	0.217	0.105	0.062	1.000	0.029	0.058

（2）EIN 确定方法与结果

根据式（4），火电行业污染负荷 EI 取决于火电行业 SO_2、NO_x 和 $PM_{2.5}$ 排放量，为与 SI 数据来源保持一致，使用 2017 年源清单数据，见图 10。火电三项污染物排放较大的城市包括天津市、石家庄市、郑州市、聊城市、滨州市等；排放量较小的城市包括衡水市、濮阳市、开封市等。

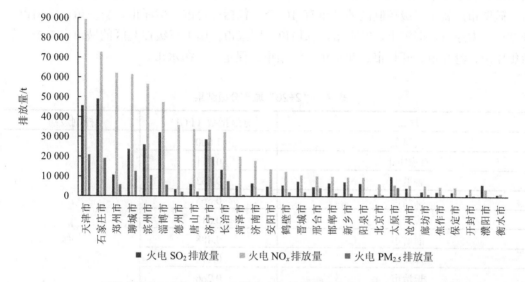

图 10 2017 年 "2+26" 城市火电行业主要大气污染物排放量

按照式（4）、式（5）计算得到 EIN，见表 6。EIN 反映了污染源多种污染物排放量相对于相应标准的大小，即等标污染负荷，其值越大，表示多种污染物的综合等标污染负荷越大。"2+26" 城市 EIN 较大的城市包括天津市、石家庄市、聊城市、滨州市、郑州市、济宁市等。

表 6 "2+26" 城市火电行业 EIN

城市	安阳市	石家庄市	邯郸市	邢台市	焦作市	保定市	开封市
EIN	0.107	0.884	0.099	0.111	0.038	0.027	0.022
城市	阳泉市	菏泽市	太原市	沧州市	淄博市	滨州市	德州市
EIN	0.085	0.155	0.108	0.045	0.517	0.593	0.271
城市	濮阳市	郑州市	衡水市	新乡市	聊城市	晋城市	唐山市
EIN	0.038	0.521	0.000	0.098	0.633	0.111	0.271
城市	鹤壁市	长治市	济南市	廊坊市	天津市	北京市	济宁市
EIN	0.114	0.338	0.147	0.044	1.000	0.039	0.519

2.4 核定方案

2.4.1 重点地区

按照式（2）及式（4），以 SIN 占 60%、EIN 占 40%计算区域内城市分级指数 PGI，并以之对各城市进行分级。按照 PGI[1，0.15]、（0.15，0.06]、（0.06，0]将区域内各城市划分为三级，见表 7。PGI 数值越大，表示此区域污染源越应优先控制，按优先控制程度从大到小设置为一级、二级和三级。"2+26"城市中属于一级控制区域的城市有 11 个，包括天津市、石家庄市、聊城市、滨州市、济宁市、淄博市、郑州市、长治市、德州市、唐山市、鹤壁市；属于二级控制区的城市有 10 个，包括邢台市、菏泽市、新乡市、济南市、晋城市、太原市、邯郸市、安阳市、廊坊市、阳泉市；属于三级控制区的城市有 7 个，包括焦作市、沧州市、开封市、北京市、濮阳市、保定市、衡水市。

表 7   "2+26"城市分级结果

城市	分级指数（PGI）	控制级别
天津市	1.000	一级
石家庄市	0.911	
聊城市	0.653	
滨州市	0.565	
济宁市	0.512	
淄博市	0.488	
郑州市	0.478	
长治市	0.266	
德州市	0.227	
唐山市	0.195	
鹤壁市	0.156	
邢台市	0.125	二级
菏泽市	0.151	
新乡市	0.119	
济南市	0.122	
晋城市	0.109	
太原市	0.092	
邯郸市	0.095	
安阳市	0.092	
廊坊市	0.055	
阳泉市	0.063	
焦作市	0.050	三级
沧州市	0.041	
开封市	0.037	

城市	分级指数（PGI）	控制级别
北京市	0.033	
濮阳市	0.027	三级
保定市	0.024	
衡水市	0.000	

在"2+26"城市分级控制级别的基础上根据表2-2取值，确定分级管理绩效。"2+26"城市属于重点区域，已经开始执行特别排放限值，因此在上限一类绩效和下限三类绩效之间增加二类绩效。SO_2按第三类绩效浓度的基础上按减少20%，即40 mg/m³对应的许可排放绩效；烟尘按第三类绩效浓度的基础上按减少50%，即15 mg/m³对应的许可排放绩效。各级别控制区使用对应级别许可排放绩效。对于完成超低排放改造的燃煤机组，仍假设享受超低电价并按超低运行，使用一类绩效。"2+26"城市超低分级控制绩效见表8。

表8 "2+26"城市分级控制绩效

城市	控制级别	超低排放机组占燃煤机组比例/%	SO_2绩效/ [g/（kW·h）]		NO_x绩效/ [g/（kW·h）]		烟尘绩效/ [g/（kW·h）]	
			≥750 MW	<750 MW	≥750 MW	<750 MW	≥750 MW	<750 MW
天津市		93						
石家庄市		94						
聊城市		42						
滨州市		53						
济宁市		50	煤 0.12	煤 0.14	煤 0.18	煤 0.2	煤 0.035	煤 0.04
淄博市	一级	50	油 0.115	油 0.115	油 0.23	油 0.23	油 0.046	油 0.046
郑州市		95	气 0.175	气 0.175	气 0.25	气 0.25	气 0.025	气 0.025
长治市		85						
德州市		50						
唐山市		89						
鹤壁市		100						
邢台市		78	非超低煤电机组：	非超低煤电机组：	非超低煤电机组：	非超低煤电机组：	非超低煤电机组：	非超低煤电机组：
菏泽市		54	煤 0.14	煤 0.16	煤 0.26	煤 0.3	煤 0.053	煤 0.061
廊坊市		67	油 0.115	油 0.115	油 0.23	油 0.23	油 0.046	油 0.046
济南市		71	气 0.175	气 0.175	气 0.25	气 0.25	气 0.025	气 0.025
晋城市		99	超低同上	超低同上	超低同上	超低同上	超低同上	超低同上
太原市	二级	98						
邯郸市		100	煤 0.12	煤 0.14	煤 0.17	煤 0.2	煤 0.035	煤 0.04
安阳市		100	油 0.115	油 0.115	油 0.23	油 0.23	油 0.046	油 0.046
新乡市		100	气 0.175	气 0.175	气 0.25	气 0.25	气 0.025	气 0.025
阳泉市		100						

城市	控制级别	超低排放机组占燃煤机组比例/%	SO₂绩效/[g/(kW·h)]		NOₓ绩效/[g/(kW·h)]		烟尘绩效/[g/(kW·h)]	
			≥750 MW	<750 MW	≥750 MW	<750 MW	≥750 MW	<750 MW
焦作市	三级	90	非超低煤电机组：煤 0.175 油 0.115 气 0.175 超低同下	非超低煤电机组：煤 0.2 油 0.115 气 0.175 超低同下	非超低煤电机组：煤 0.35 油 0.23 气 0.25 超低同下	非超低煤电机组：煤 0.4 油 0.23 气 0.25 超低同下	非超低煤电机组：煤 0.07 油 0.046 气 0.025 超低同下	非超低煤电机组：煤 0.08 油 0.046 气 0.025 超低同下
保定市		68						
衡水市		100	煤 0.12 油 0.115 气 0.175	煤 0.14 油 0.115 气 0.175	煤 0.18 油 0.23 气 0.25	煤 0.2 油 0.23 气 0.25	煤 0.035 油 0.046 气 0.025	煤 0.04 油 0.046 气 0.025
沧州市		100						
开封市		100						
北京市		100						
濮阳市		100						

2.4.2　一般地区

$PM_{2.5}$ 达标城市大气环境容量较大，从火电运营成本角度，本研究认为无须进行过于严格的控制，达标即可，因此对应五类绩效值。$PM_{2.5}$ 严重超标的城市大气环境容量较小，需进行严格控制，对应一类绩效值。$PM_{2.5}$ 轻度超标城市，对应五类或四类绩效值。$PM_{2.5}$ 中度超标城市，对应三类或二类绩效。

在基础排放绩效的基础上，根据排放标准中燃料、区域、污染物、炉型的细化规定进一步进行明确。对于 750 MW（含）以上机组，四类及二类许可排放绩效细化程度与 750 MW 以下机组保持一致。对于新建燃煤机组及承诺实现超低排放并享受超低排放电价的现有燃煤机组，统一为一类许可绩效，其中新建机组按照 750 MW 以上燃煤机组对应的一类许可绩效取值，承诺实现超低排放并享受超低排放电价的现有燃煤机组按照实际机组规模大小分别选取不同的一类许可绩效。对于燃气机组，除天然气锅炉外，还存在少量的其他燃料气锅炉以及燃气轮机组，其二氧化硫、烟粉尘统一执行天然气锅炉三类许可绩效，$PM_{2.5}$ 达标或超标 60% 以内城市的非天然气燃气轮机氮氧化物统一为 100 mg/m³ 对应的许可排放绩效（非天然气燃气轮机组四类许可绩效）。对于 W 火焰及 CFB 机组二氧化硫绩效，统一为燃煤机组三类许可绩效。

一般地区火电行业二氧化硫、氮氧化物、烟粉尘绩效标准见表 9～表 11。

表 9　火电机组二氧化硫许可排放绩效标准

燃料	地区	城市分级条件	SO₂绩效/[g/(kW·h)]			对应绩效类别
			新建	现有		
				≥750 MW	<750 MW	
煤	高硫煤地区	$PM_{2.5}$ 达标城市	0.12	1.4	1.6	五类（高硫煤地区）
		$PM_{2.5}$ 超标（0，20%]城市		0.7	0.8	五类
		$PM_{2.5}$ 超标（20%，60%]城市		0.175	0.20	三类
		$PM_{2.5}$ 超标 60% 以上城市[1]		0.12	0.14	一类

燃料	地区	城市分级条件	SO$_2$绩效/[g/（kW·h）]			对应绩效类别
			新建	现有		
				≥750 MW	<750 MW	
煤	其他地区	PM$_{2.5}$达标城市	0.12	0.7	0.8	五类
		PM$_{2.5}$超标（0，20%]城市		0.35	0.4	四类
		PM$_{2.5}$超标（20%，60%]城市		0.175	0.2	三类
		PM$_{2.5}$超标60%以上城市 [1]		0.12	0.14	一类
油	全部	PM$_{2.5}$达标或超标（0，60%]城市	0.23	0.46		五类
		PM$_{2.5}$超标60%以上城市		0.115		三类
燃料气		全部城市	0.175			三类 [2]

注：[1] 承诺实现超低排放并享受超低排放电价的现有燃煤机组执行此级别城市现有燃煤机组绩效值。

[2] 统一为天然气三类许可排放绩效，即将其他气体燃料锅炉及其他气体燃料燃气轮机组达标浓度100 mg/m^{3}统一为35 mg/m^{3}对应的许可排放绩效。

表10 火电机组氮氧化物许可排放绩效

燃料	城市分级条件	NO$_x$绩效/[g/（kW·h）]			对应绩效类别
		新建	现有		
			≥750 MW	<750 MW	
煤	PM$_{2.5}$达标或超标（0，20%]城市	0.18	0.35	0.4	三类 [1]
	PM$_{2.5}$超标（20%，60%]城市		0.26	0.3	二类
	PM$_{2.5}$超标60%以上城市 [2]		0.18	0.2	一类
油	PM$_{2.5}$达标或超标（0，60%]城市	0.23	0.46		五类
	PM$_{2.5}$超标60%以上城市		0.23		三类
燃料气	全部城市（天然气燃气轮机组）				五类
	超标60%以上城市（非天然气燃气轮机组）	0.25			三类
	全部城市（所有燃料气锅炉）				三类 [3]
	PM$_{2.5}$达标或超标（0，60]城市（非天然气燃气轮机组）	0.5			四类 [4]

注：[1] 统一为燃煤机组三类许可排放绩效，即将W火焰及CFB机组的达标/特排浓度200 mg/m^{3}统一为100 mg/m^{3}对应的许可绩效。

[2] 承诺实现超低排放并享受超低排放电价的现有燃煤机组执行此级别城市现有燃煤机组绩效值。

[3] 统一为天然气锅炉三类许可排放绩效，即将其他气体燃料锅炉达标浓度由200 mg/m^{3}统一为100 mg/m^{3}对应的许可排放绩效。

[4] 在非天然气燃气轮机组达标浓度120 mg/m^{3}的基础上按减少20%，即100 mg/m^{3}对应的许可排放绩效设定为非天然气燃气轮机组四类许可绩效。

表 11　火电机组烟粉尘排放绩效值

燃料	城市分级条件	烟尘基础绩效/[g/（kW·h）]			对应绩效类别
		新建	现有		
			≥750 MW	<750 MW	
煤	PM$_{2.5}$达标城市	0.035	0.105	0.12	五类
	PM$_{2.5}$超标（0，20%]城市		0.09	0.1	四类
	PM$_{2.5}$超标（20%，60%]城市		0.07	0.08	三类
	PM$_{2.5}$超标60%以上城市 [1]		0.035	0.04	一类
油	PM$_{2.5}$达或超标（0，60%]城市	0.046	0.069		五类
	PM$_{2.5}$超标60%以上城市		0.046		三类
燃料气	全部城市	0.025			三类 [2]

注：[1] 承诺实现超低排放并享受超低排放电价的现有燃煤机组执行此级别城市现有燃煤机组绩效值。
　　[2] 统一为天然气三类许可排放绩效，即将其他气体燃料锅炉及燃气轮机组达标浓度由 10 mg/m³ 统一为 5 mg/m³ 对应的许可排放绩效。

2.5　结果讨论

2.5.1　重点地区

　　根据 2.4.1 的方案设计，经测算，"2+26" 城市二氧化硫、氮氧化物、烟尘许可排放量分别为 17.87 万 t、27.63 万 t、4.99 万 t。与仅按城市 PM$_{2.5}$ 超标程度进行分级相比，天津、唐山、廊坊、晋城、太原、长治、济南、济宁、德州、滨州等城市绩效值及许可排放量有所加严，同时保定、邢台、菏泽、焦作有所放宽。与一般地区分级方法测算的 "2+26" 城市许可排放量相比，综合考虑区域火电传输影响后，在区域内城市管控程度有所调整的情况下，"2+26" 城市 SO$_2$、NO$_x$、烟尘 3 项污染物许可排放总量仍分别减少了 0.81 万 t、0.71 万 t、0.69 万 t，具有一定减排效益（表 12）。

表 12　"2+26" 城市许可排放量测算结果

城市	控制级别	SO$_2$许可排放量/t	NO$_x$许可排放量/t	烟尘许可排放量/t
天津市	一级	12 923.2	23 587.1	3 210.1
石家庄市		7 017.0	10 013.3	1 920.8
聊城市		15 996.0	22 851.4	4 570.3
滨州市		30 067.7	42 953.9	8 590.8
济宁市		19 718.9	28 469.1	5 510.7
淄博市		15 240.8	21 972.0	4 369.2
郑州市		9 385.9	13 487.1	2 548.8
长治市		5 850.5	8 650.8	1 642.0
德州市		5 242.9	7 570.5	1 489.8
唐山市		6 225.5	8 893.5	1 778.7
鹤壁市		2 610.3	3 729.0	745.8

城市	控制级别	SO$_2$许可排放量/t	NO$_x$许可排放量/t	烟尘许可排放量/t
邢台市		3 040.0	4 400.0	869.2
菏泽市		5 075.8	8 369.4	1 689.5
廊坊市		2 443.1	3 883.0	782.1
济南市		7 752.4	13 187.0	2 342.2
晋城市	二级	3 790.8	6 198.0	1 007.2
太原市		6 223.1	12 010.4	1 475.5
邯郸市		4 109.2	5 869.5	1 168.1
安阳市		1 789.9	2 552.4	476.2
新乡市		3 779.2	5 398.8	1 079.8
阳泉市		2 199.9	3 142.7	628.5
焦作市		5 316.6	8 129.7	1 614.9
沧州市		3 555.1	5 078.7	1 015.7
开封市		970.2	1 386.0	277.2
北京市	三级	5 260.8	14 213.1	827.4
濮阳市		1 339.8	1 914.0	382.8
保定市		2 126.1	3 528.8	705.8
衡水市		1 053.4	1 504.8	301.0

2.5.2　一般地区

综合 2019 年总量减排数据、排污许可数据、超低排放数据等，建立全国各城市火电基础数据库。2019 年全国火电装机容量 130.7 万 MW，其中煤电 121.8 万 MW（超低排放煤电机组 95.2 万 MW），气电 8.2 万 MW，油电 0.04 万 MW，以生物质、垃圾等作为燃料的火电机组 0.7 万 MW。煤电机组中，单机规模 750 MW（不含）以下的机组共106 万 MW，单机规模 750 MW 以上的机组共 15.6 万 MW。全国火电装机容量超过 1 万 MW的城市有 24 个，滨州市、昌吉州、上海市、榆林市、苏州市、聊城市、济宁市装机容量超过 2 万 MW。

假设除"2+26"城市外的一般地区所有经过超低排放改造的现有燃煤机组均享受超低排放电价并按超低运行，按年均运行 5 500 h 测算，二氧化硫、氮氧化物、烟尘许可排放量分别为 144.3 万 t、147.9 万 t、30.4 万 t（表 13）。

表 13　除"2+26"城市外的一般地区各城市火电许可排放量

城市	PM$_{2.5}$超标程度	SO$_2$许可排放量/t	NO$_x$许可排放量/t	烟尘指标许可排放量/t
汇总	—	1 443 501.0	1 479 794.0	303 962.0
承德市	达标	1 380.5	1 962.0	393.0
张家口市	达标	4 573.8	6 534.0	1 306.8
秦皇岛市	17%	1 384.2	1 969.0	394.8
定州市	80%	1 940.4	2 772.0	554.4
辛集市	80%	39.4	56.0	8.3

城市	PM$_{2.5}$超标程度	SO$_2$许可排放量/t	NO$_x$许可排放量/t	烟尘指标许可排放量/t
晋中市	29%	5 070.8	7 921.0	1 499.2
大同市	达标	16 645.2	14 014.0	3 328.6
吕梁市	11%	6 789.2	9 063.0	1 871.7
朔州市	11%	6 227.1	8 613.0	1 755.6
运城市	74%	3 670.2	5 243.0	1 014.4
临汾市	77%	3 734.5	5 335.0	1 067.0
忻州市	17%	5 249.4	7 080.0	1 464.9
呼和浩特市	6%	7 484.4	10 692.0	2 138.4
包头市	9%	10 002.7	14 107.0	2 666.0
呼伦贝尔市	达标	9 649.6	9 409.0	2 117.5
兴安盟	达标	1 217.7	1 331.0	288.2
通辽市	达标	13 072.4	11 084.0	2 625.5
赤峰市	达标	14 770.8	9 530.0	2 529.1
锡林郭勒盟	达标	9 598.6	10 190.0	2 227.7
乌兰察布市	达标	13 351.8	10 608.0	2 577.5
鄂尔多斯市	达标	29 387.1	25 808.0	6 032.5
巴彦淖尔市	达标	2 508.0	2 541.0	564.3
乌海市	达标	2 733.9	3 947.0	777.0
阿拉善盟	达标	1 447.6	1 839.0	380.2
沈阳市	23%	3 542.0	5 137.0	1 135.2
大连市	达标	10 220.4	8 324.0	2 002.7
鞍山市	23%	862.4	1 927.0	224.9
抚顺市	29%	2 508.0	3 640.0	807.8
本溪市	6%	1 218.3	2 028.0	291.6
丹东市	达标	1 205.6	1 575.0	323.0
锦州市	34%	631.4	911.0	195.4
营口市	23%	2 454.3	4 163.0	637.1
阜新市	6%	2 264.9	2 737.0	605.6
辽阳市	17%	995.4	1 328.0	276.5
铁岭市	17%	4 198.5	5 526.0	1 160.3
朝阳市	6%	1 869.5	3 001.0	489.6
盘锦市	11%	758.1	1 041.0	213.1
葫芦岛市	34%	3 167.9	4 750.0	995.1
长春市	9%	14 935.8	16 744.0	3 884.7
吉林市	9%	6 840.9	7 359.0	1 753.4
四平市	3%	5 611.1	6 340.0	1 463.6
辽源市	3%	1 260.6	1 478.0	333.3
通化市	达标	3 922.2	2 562.0	629.2
白山市	达标	462.0	660.0	132.0
松原市	达标	3 926.7	2 549.0	657.6
白城市	达标	8 472.2	5 480.0	1 452.7
延边州	达标	5 981.8	3 749.0	1 008.0

城市	PM$_{2.5}$超标程度	SO$_2$许可排放量/t	NO$_x$许可排放量/t	烟尘指标许可排放量/t
哈尔滨市	20%	6 918.6	8 235.0	1 839.3
双鸭山市	达标	2 775.7	2 781.0	611.8
牡丹江市	达标	1 937.1	1 691.0	396.1
鹤岗市	达标	7 898.0	4 807.0	1 310.1
大兴安岭地区	达标	307.3	154.0	46.1
黑河市	达标	757.4	461.0	125.6
齐齐哈尔市	达标	1 713.3	2 448.0	489.5
绥化市	3%	1 053.8	1 285.0	282.7
七台河市	达标	2 189.0	2 453.0	526.9
伊春市	达标	913.0	957.0	210.1
大庆市	达标	5 165.6	4 300.0	978.7
佳木斯市	达标	1 702.8	1 280.0	318.1
鸡西市	达标	4 408.8	2 204.0	661.3
上海市	达标	18 622.4	37 557.0	4 242.6
南京市	14%	8 058.5	15 011.0	1 950.4
无锡市	11%	6 709.0	11 248.0	1 713.3
徐州市	63%	8 133.1	11 807.0	2 336.3
常州市	34%	4 241.3	10 334.0	787.7
苏州市	11%	21 638.2	35 248.0	5 283.8
南通市	6%	6 115.5	9 298.0	1 683.2
连云港市	20%	1 949.4	2 894.0	563.4
淮安市	26%	4 177.9	7 175.0	1 110.7
盐城市	11%	3 899.9	5 666.0	1 122.1
扬州市	23%	4 933.0	10 053.0	1 112.9
镇江市	29%	7 791.7	11 508.0	2 257.6
泰州市	26%	6 069.6	8 985.0	1 994.5
宿迁市	34%	1 259.0	1 799.0	359.7
杭州市	9%	5 558.7	14 689.0	900.3
宁波市	达标	13 071.1	21 603.0	3 476.2
温州市	达标	17 258.0	14 265.0	3 332.0
嘉兴市	达标	5 329.9	8 077.0	1 429.5
湖州市	达标	3 339.6	6 251.0	797.1
绍兴市	9%	2 281.2	4 377.0	517.1
金华市	达标	2 347.4	3 600.0	643.6
衢州市	达标	1 436.1	3 004.0	260.8
舟山市	达标	3 124.2	3 498.0	745.5
台州市	达标	5 140.6	7 629.0	1 492.4
丽水市	达标	71.7	90.0	18.7
合肥市	26%	3 470.4	4 958.0	991.5
六安市	17%	207.9	297.0	59.4
淮北市	54%	3 719.3	5 315.0	1 065.7
亳州市	51%	1 331.6	1 997.0	388.3

城市	PM$_{2.5}$超标程度	SO$_2$许可排放量/t	NO$_x$许可排放量/t	烟尘指标许可排放量/t
宿州市	43%	2 076.3	2 967.0	595.1
阜阳市	46%	1 036.4	1 481.0	296.1
淮南市	51%	10 820.5	15 561.0	3 113.0
蚌埠市	46%	2 208.3	3 163.0	644.4
滁州市	37%	518.2	740.0	148.1
马鞍山市	23%	3 899.0	6 131.0	1 064.6
芜湖市	26%	2 762.0	4 083.0	784.9
铜陵市	34%	3 609.1	5 335.0	1 115.1
宣城市	17%	993.3	1 419.0	283.8
池州市	20%	492.8	704.0	140.8
安庆市	29%	1 951.4	2 882.0	565.4
福州市	达标	36 559.6	23 742.0	6 282.3
厦门市	达标	7 957.1	6 691.0	1 324.0
漳州市	达标	25 762.8	16 247.0	4 350.2
泉州市	达标	28 400.1	21 572.0	4 763.6
三明市	达标	3 562.8	2 539.0	596.1
莆田市	达标	2 145.2	2 955.0	590.9
南平市	达标	1 056.0	1 472.0	296.3
龙岩市	达标	6 411.9	4 085.0	1 090.3
宁德市	达标	13 028.4	8 316.0	2 217.6
南昌市	达标	4 665.4	3 493.0	845.6
景德镇市	达标	1 174.8	1 640.0	321.4
萍乡市	14%	1 176.1	1 766.0	322.3
九江市	31%	4 931.9	7 443.0	1 635.3
新余市	达标	3 327.8	2 404.0	532.1
鹰潭市	6%	1 460.8	2 081.0	416.9
赣州市	达标	644.6	823.0	169.8
吉安市	达标	1 624.3	2 198.0	446.2
宜春市	3%	2 300.1	3 251.0	651.5
抚州市	达标	1 364.0	2 002.0	391.6
上饶市	达标	1 040.6	1 450.0	291.9
青岛市	11%	10 344.7	11 463.0	2 679.4
枣庄市	71%	4 960.3	7 086.0	1 417.2
东营市	37%	4 912.6	7 187.0	1 674.6
烟台市	9%	21 472.6	24 821.0	5 674.7
潍坊市	60%	12 105.9	18 101.0	4 286.4
泰安市	63%	5 548.6	7 927.0	1 578.7
威海市	达标	14 880.4	9 556.0	2 541.3
日照市	31%	6 548.0	10 328.0	2 179.0
临沂市	63%	6 908.1	9 869.0	1 966.9
洛阳市	77%	6 851.5	9 788.0	1 957.6
平顶山市	71%	3 769.5	5 482.0	1 085.1

城市	PM$_{2.5}$超标程度	SO$_2$许可排放量/t	NO$_x$许可排放量/t	烟尘指标许可排放量/t
许昌市	71%	1 963.9	2 806.0	561.1
漯河市	71%	636.4	909.0	181.8
三门峡市	57%	4 579.3	6 688.0	1 470.7
南阳市	71%	2 086.3	2 980.0	596.1
商丘市	60%	2 510.2	3 586.0	717.2
周口市	60%	1 044.1	1 492.0	298.3
驻马店市	49%	2 872.9	5 177.0	713.6
济源市	80%	3 427.7	4 991.0	983.8
信阳市	37%	1 509.2	2 156.0	431.2
武汉市	29%	4 634.5	8 592.0	1 144.3
黄石市	14%	2 281.1	3 070.0	636.0
十堰市	11%	2 534.4	2 765.0	652.9
襄阳市	71%	2 080.1	2 972.0	594.3
宜昌市	49%	1 193.2	1 709.0	347.8
荆州市	31%	1 948.1	2 809.0	598.4
荆门市	60%	1 565.3	2 239.0	451.9
鄂州市	20%	2 388.4	3 603.0	680.6
孝感市	23%	2 711.7	3 973.0	790.3
黄冈市	14%	985.6	1 408.0	281.6
咸宁市	3%	7 143.4	8 021.0	1 886.5
长沙市	34%	2 276.3	3 346.0	801.2
株洲市	34%	1 447.6	2 068.0	413.6
湘潭市	37%	1 400.0	2 001.0	401.0
衡阳市	20%	1 786.4	2 004.0	464.8
邵阳市	23%	1 016.4	1 452.0	290.4
岳阳市	23%	2 402.3	3 445.0	706.9
常德市	37%	1 997.3	2 856.0	575.4
益阳市	54%	1 435.5	2 054.0	415.8
郴州市	达标	1 650.0	2 112.0	435.6
娄底市	14%	1 894.2	2 706.0	541.2
广州市	达标	5 128.7	9 192.0	1 278.8
深圳市	达标	7 660.3	17 448.0	1 556.3
珠海市	达标	3 984.8	8 525.0	855.3
汕头市	达标	4 099.0	5 643.0	1 127.7
佛山市	达标	2 455.5	3 687.0	659.5
韶关市	达标	9 389.2	7 219.0	1 718.1
河源市	达标	924.0	1 320.0	264.0
梅州市	达标	3 451.8	4 686.0	950.4
惠州市	达标	4 629.1	10 709.0	930.3
汕尾市	达标	4 646.4	6 831.0	1 343.7
东莞市	达标	8 155.8	10 577.0	1 629.9
中山市	达标	5 135.6	13 474.0	801.3

城市	PM$_{2.5}$超标程度	SO$_2$许可排放量/t	NO$_x$许可排放量/t	烟尘指标许可排放量/t
江门市	达标	4 533.1	6 763.0	1 209.3
阳江市	达标	1 940.4	2 772.0	554.4
湛江市	达标	2 479.4	3 542.0	708.4
茂名市	达标	889.4	1 271.0	254.1
肇庆市	达标	2 169.5	5 429.0	386.9
潮州市	达标	2 244.0	3 300.0	649.0
揭阳市	达标	3 168.0	4 620.0	913.0
云浮市	达标	2 957.9	2 101.0	534.6
南宁市	达标	12 239.7	3 960.0	1 032.9
柳州市	达标	546.9	772.0	154.6
桂林市	达标	5 632.0	1 408.0	422.4
北海市	达标	1 209.1	984.0	197.1
防城港市	达标	2 275.4	3 663.0	608.9
钦州市	达标	2 531.3	3 711.0	729.3
贵港市	达标	1 077.1	1 548.0	288.7
百色市	达标	26 501.2	6 952.0	2 046.0
贺州市	达标	1 320.0	1 980.0	385.0
来宾市	达标	15 937.9	5 790.0	1 518.2
澄迈县	达标	1 722.6	1 333.0	327.4
东方市	达标	1 078.0	1 540.0	308.0
乐东县	达标	3 179.0	2 090.0	550.0
儋州市	达标	794.6	1 742.0	166.3
文昌市	达标	115.5	330.0	16.5
三亚市	达标	127.1	363.0	18.2
重庆市	9%	28 399.4	24 767.0	4 672.3
成都市	23%	1 158.9	1 931.0	303.6
自贡市	29%	13.2	20.0	5.3
攀枝花市	达标	5 356.7	2 228.0	424.9
泸州市	17%	3 504.6	2 181.0	512.3
德阳市	14%	79.2	40.0	9.9
绵阳市	9%	6 732.0	4 224.0	990.0
广元市	达标	211.2	53.0	15.8
内江市	达标	8 905.6	2 226.0	667.9
乐山市	20%	188.8	357.0	45.3
眉山市	3%	67.3	34.0	8.4
宜宾市	34%	2 468.3	3 636.0	880.6
广安市	达标	6 676.6	3 303.0	792.8
达州市	31%	1 782.8	3 620.0	445.3
巴中市	达标	5.3	1.0	0.4
凉山州	达标	23.1	66.0	3.3
毕节市	达标	66 653.4	18 678.0	5 359.2
贵阳市	达标	10 560.0	2 640.0	792.0

城市	PM$_{2.5}$超标程度	SO$_2$许可排放量/t	NO$_x$许可排放量/t	烟尘指标许可排放量/t
黔东南苗族侗族自治州	达标	10 560.0	2 640.0	792.0
安顺市	达标	10 560.0	2 640.0	792.0
铜仁市	达标	462.0	660.0	132.0
六盘水市	达标	22 641.8	11 224.0	2 691.4
黔南布依族苗族自治州	达标	10 560.0	2 640.0	792.0
黔西南布依族苗族自治州	达标	28 336.0	7 084.0	2 125.2
昆明市	达标	8 179.6	4 519.0	1 289.6
曲靖市	达标	31 791.1	17 666.0	5 019.3
昭通市	达标	10 560.0	5 280.0	1 584.0
红河哈尼族彝族自治州	达标	8 839.6	4 420.0	1 325.9
玉溪市	达标	78.9	226.0	11.3
普洱市	达标	88.0	44.0	13.2
西安市	63%	2 690.4	3 843.0	768.7
宝鸡市	46%	2 480.9	3 544.0	708.8
咸阳市	89%	1 351.0	1 930.0	386.0
铜川市	34%	1 463.0	2 090.0	418.0
渭南市	60%	3 864.7	5 531.0	1 119.8
延安市	达标	1 441.0	1 650.0	352.0
榆林市	达标	28 547.1	30 954.0	6 131.6
汉中市	31%	570.8	905.0	154.1
商洛市	达标	1 016.4	1 452.0	290.4
韩城市	60%	1 934.8	2 782.0	551.0
杨凌示范区	89%	539.0	770.0	154.0
兰州市	3%	7 177.8	8 522.0	1 898.9
嘉峪关市	达标	3 882.6	4 716.0	940.9
金昌市	达标	1 590.6	1 954.0	407.9
白银市	达标	10 597.4	8 316.0	2 030.6
天水市	达标	3 412.2	2 178.0	580.8
武威市	达标	548.2	783.0	156.6
张掖市	达标	500.5	715.0	143.0
酒泉市	达标	602.9	861.0	172.3
平凉市	达标	4 441.3	4 956.0	1 065.9
临夏州	达标	132.0	66.0	19.8
西宁市	达标	6 175.4	4 961.0	1 200.1
海北藏族自治州	达标	1 188.0	594.0	178.2
海西蒙古族藏族自治州	达标	2 239.6	1 120.0	335.9
银川市	达标	16 983.8	22 367.0	4 554.4
石嘴山市	达标	8 655.9	6 523.0	1 619.2
吴忠市	达标	4 145.9	5 898.0	1 181.0
固原市	达标	531.3	759.0	151.8
中卫市	达标	2 922.5	2 451.0	583.0
伊犁哈萨克自治州	20%	1 180.0	1 549.0	325.1

城市	PM$_{2.5}$超标程度	SO$_2$许可排放量/t	NO$_x$许可排放量/t	烟尘指标许可排放量/t
塔城地区	达标	1 199.0	1 500.0	311.5
昌吉回族自治州	63%	18 578.3	26 540.0	5 307.5
和田地区	77%	207.9	297.0	59.4
吐鲁番市	31%	2 555.3	3 729.0	855.8
哈密市	达标	6 763.9	8 723.0	1 795.2
巴州	达标	2 526.5	2 271.0	525.3
阿克苏地区	11%	3 049.7	3 730.0	817.2
乌鲁木齐市	43%	5 060.6	7 299.0	1 556.5
喀什地区	83%	616.0	880.0	176.0
克拉玛依市	达标	862.9	1 368.0	202.9
第一师阿拉尔市	11%	541.3	773.0	154.7
第二师铁门关市	达标	1 208.8	624.0	184.1
第三师图木舒克市	83%	643.0	919.0	183.7
第四师可克达拉市	20%	1 344.2	1 377.0	338.8
第五师双河市	20%	683.1	693.0	171.6
第六师五家渠市	80%	2 674.4	3 924.0	772.8
第七师	77%	412.7	590.0	117.9
第八师石河子市	77%	6 594.7	9 421.0	1 884.2
第九师	达标	120.9	62.0	18.4
第十师北屯市	达标	1 208.8	624.0	184.1
第十三师	达标	1 010.6	2 162.0	217.0

结合 2.5.1 重点地区的测算结果，全国二氧化硫、氮氧化物、烟尘许可排放量合计分别为 162.2 万 t、175.6 万 t、35.4 万 t，相比于 2019 年已核发的 221.3 万 t、226.9 万 t、45.4 万 t，可形成二氧化硫、氮氧化物、颗粒物许可目标削减量分别为 59.1 万 t、51.3 万 t、10 万 t。

2.6 结论和建议

总体来看，通过综合考虑环境质量改善需求优化后的火电行业许可排放量限值核定方法体系，从国家层面具有较好的指导性和可操作性，可以更加有效地反映不同城市的环境管理目标，从而获得更大的预期环境效益，也为其他行业许可排放量核定方法体系的建立提供参考。由于火电行业生产工艺单一、排污节点少、污染物排放成分相对简单，在设计其他行业许可排放量限值核定技术方法时应根据行业自身排放特征（尤其工艺流程长、产污环节多、环境影响复杂的钢铁、石化等行业）选择不同的城市分级依据和不同的绩效标准设定方法。此外，本研究只基于单一行业的污染物排放对城市环境质量的影响核定许可排放量，缺乏对城市内全部固定污染源环境影响的综合统筹，也无法落实不同行业对城市环境质量的减排责任，建议国家尽快出台企事业单位改革方案，明确企事业单位总量控制与排污许可制的衔接机制，出台固定源排污许可量限值（总量控制指标）核定技术指南，从区域和城市层面综合统筹建立固定源许可排放量核定技术方法体系。

段>>>

参考文献

[1] 国务院关于印发《控制污染排放许可制实施方案的通知》（国办发〔2016〕81号）[EB/OL]．（2016-11-21）．http://www.gov.cn/zhengce/content/2016-11/21/content_5135510.htm.

[2] 王金南，高树婷．排放绩效——电力减排新机制[M]．北京：中国环境科学出版社，2006.

[3] 朱法华，王圣．SO$_2$排放指标分配方法研究及在我国的实践[J]．环境科学研究，2005（4）：36-41.

[4] 许艳玲，杨金田，蒋春来，等．排放绩效在火电行业大气污染物排放总量分配中的应用[J]．安全与环境学报，2013，13（6）：108-111.

[5] 万寅婧，郑伟，余洲．火电行业许可排放量核算生态环境适应性研究——以江苏省为例[J]．环境生态学，2019，1（1）：37-42.

[6] 胡知田，张明，朱庚富．燃煤电厂大气污染物许可排放量核算方法[J]．环境与发展，2017，29（5）：4-8.

[7] 徐振，莫华，周英，等．衔接环评和排污许可的火电行业大气污染物源强核算探讨[J]．环境保护，2017，45（Z1）：87-89.

[8] 生态环境部．关于发布《大气细颗粒物一次源排放清单编制技术指南（试行）》等4项技术指南的公告（环境保护部公告2014年第55号）[EB/OL]．（2014-08-28）．http://www.mee.gov.cn/gkml/hbb/bgg/201408/t20140828_288364.htm.

[9] 国电环境保护研究院．电力行业超低排放改造实施情况评估报告[R]．2016.

土壤污染责任认定国际经验及其对我国的启示

International Experience of Soil Pollution Liability Identification and Its Edification to China

於方　田超　赵丹　韩梅　孙倩　吴畏达　刘倩　孙晟①

摘　要　2019 年《中华人民共和国土壤污染防治法》正式实施。法律明确提出要对土壤污染责任人进行认定。由于我国土壤污染责任认定的理论研究基础薄弱，缺少责任认定的实践经验，在认定规则的制定上面临诸多困难。为依法顺利开展责任认定工作，梳理分析了美国、欧盟、英国、德国、荷兰、日本、韩国有关土壤污染责任认定的法律规定，研究涉及土壤污染责任的"溯及既往"制度、调查认定机构、认定程序和责任承担等核心制度，提出我国土壤污染责任认定制度的建议。

关键词　土壤污染　责任人　责任认定

Abstract　Soil Pollution Prevention and Control Law had been implemented on January 1，2019. The law clearly proposes that the responsible party for soil pollution should be identified. Because of the weak foundation of theoretical research and the lack of practical experience in the identification of soil pollution liability，there are many difficulties in the establishment of identification rules. In order to carry out the responsibility cognizance work smoothly according to law，this paper sorts out and analyzes the legal provisions about the responsibility cognizance of soil pollution in the United States，the European Union，the United Kingdom，Germany，the Netherlands，Japan，the Republic of Korea，this paper studies the retroactivity system，investigation and determination organization，determination procedure and responsibility bearing system of soil pollution liability，and puts forward some suggestions on China's soil pollution liability determination system.

Keywords　soil pollution，responsible party，the identification of liability

　　2019 年《中华人民共和国土壤污染防治法》（以下简称《土壤污染防治法》）正式实施，我国土壤污染责任追究正式有了专门的法律制度依据。根据《土壤污染防治法》要求，土壤污染责任人不明确或者存在争议的情况下，按照建设用地和农用地的性质，由地方人民

---

① 美国佛蒙特法学院（南罗利尔顿，05068）。

政府生态环境、自然资源、农业农村或林业草原等行政主管部门予以认定。土壤污染责任认定是《土壤污染防治法》立法过程中社会各界关注的一个焦点，也是需要在实践中探索的一个难点。法律出台之前，国内土壤污染责任认定的实践经验和案例较少。本文通过梳理美国、欧盟、英国、德国、荷兰、日本、韩国有关土壤污染责任认定的法律规定，研究涉及土壤污染责任的"溯及既往"制度、管辖与调查认定机构、认定资质要求和认定程序、土壤污染责任的承担等核心制度，并开展了土壤污染修复对国家财政与企业运行的资金负担研究，提出我国土壤污染责任认定的相关制度建议。

1　美国的土壤污染责任认定和分配

1.1　美国土壤相关法律概况

美国的污染场地修复可追溯到 1978 年的拉夫运河事件，随后针对污染场地修复进行了多项专门立法。美国针对不同类型的污染场地制定了相关的法律法规和政策，主要包括：①《资源保护和恢复法案》（RCRA）主要对由有毒物质泄漏导致的在用污染场地做了规定；②《综合环境反应、赔偿与责任法》（CERCLA，1980，又称《超级基金法》），主要针对危险废物堆放、泄漏导致的不受控制或废弃的污染场地制定；③《地下储油罐计划》（UST，1984），针对地下储油罐导致的污染场地制定；④《小型企业责任减轻及棕地更新法案》（SBLR&BRA，2002）主要针对潜在的可用财产，目的在于对污染场地进行再开发利用。此外，还有针对突发污染事件的应急响应计划和主要针对能源部、国防部等其他联邦机构管辖的联邦设施污染。本报告主要针对涉及历史遗留污染场地的《超级基金法》和《地下储油罐计划》对美国的土壤污染责任追究制度进行总结。

1.2　超级基金法

1.2.1　潜在责任方

1.2.1.1　潜在责任方的定义

1980 年《超级基金法》授权超级基金执行计划（Superfund Enforcement program）通过查找需要对污染负责的公司或人员来清理超基金场地，并与责任方进行谈判（negotiating），让他们实施清理，或者向负责清理的其他单位或机构（EPA，州或其他责任方）支付清理费用。

如果责任方不同意进行清理，环保局（EPA）可以下达命令要求其开展某些工作，或者与司法部（DOJ）联合通过联邦法院追究其责任。如果责任方不遵守命令或协议，超级基金执法计划可以采取行动使其遵守。这种行动可能包括将案件移送给司法部执法，处罚和/或接管工作。

CERCLA 颁布以来，超级基金强制执行计划致力于通过和解协议（settlements agreements）和环保局的命令（orders），使责任方遵守对超级基金场地进行清理或支付清理费用的承诺（commitments）。

此外，EPA 通过解决责任问题，鼓励污染设施的清理，支持污染场地的清理和再利用。通过使用针对责任保护的指南和针对特定场地的执法工具，EPA 可以协助寻求清理、再利用或重新开发受污染设施的相关方。

《超级基金法》规定，四类潜在责任方（potential responsible party，PRP）包括：

①场地当前的所有者和经营者；

②场地处置危险物质、污染物时的所有者、经营者；

③任何生产或安排将危险物质、污染物在场地进行处置的人；

④将危险物质、污染物运送至场地的运输者。

1.2.1.2　潜在责任方的免责条款

可能减轻责任承担责任的因素包括：①贡献的废物量小；②废物的危害有限；③市政管理者、房主、市政固体废物处理者或仅含水层受到污染、污染为迁移所致的设施所有者；④无力支付清理费用。

此外，如果污染物释放是由以下原因导致的，不需要承担责任：①不可抗力；②战争行为；③与潜在责任方没有合同关系的第三方的行为或疏忽。

（1）关于潜在责任方责任豁免的规定

如果潜在责任方属于以下情形，可以豁免其责任：

1）市政固体废物产生者。2002 年超级基金章程修正案规定，可以适当豁免国家优先名录（NPL）上的场地的某些居民、小型企业和非营利市政固体废物产生者的清理责任。

2）回收者。根据安排回收某些材料的人，只要符合特定标准，可以免予承担产生者和运输者责任。

对于以下情形，也可以免于超级基金场地清理责任：

1）清理活动承包商。根据已经签订的合同在超基金场地进行调查或清理活动的公司和个人不需承担超级基金法律责任，但因疏忽或故意不当行为导致的责任除外。

2）土地所有者和购买者。2002 年，国会增加了对符合某些标准的土地所有者的责任保护。具体来说，符合善意潜在购买者，无辜土地所有者，或连续业主等标准的土地所有者不需承担超级基金法律责任。

3）贷款者。一般而言，对于向可能受到污染的设施贷款的公共和私人贷款机构，有一定的保护，免受所有者/经营者的责任。

4）提供护理、援助或咨询的人。根据国家应急计划（NCP）提供护理、援助或咨询过程中采取的行动或不作为而导致的费用或损害，相关人员不承担责任。

5）州和地方政府。州和地方政府不承担应急响应过程导致的危险物质释放或潜在释放所产生的费用（除非涉及重大过失或故意的不当行为）。此外，如果州或地方政府"非自愿"收购超级基金场地或其他受污染的设施，可免予承担责任（前提是它不会导致或促成污染）。

（2）关于潜在责任方责任减免的特殊规定

1）少量废物贡献者。贡献量通常小于 1%，EPA 通常会尽早与他们和解，并将重点放在主要的废物贡献者身上。

2）微量废物贡献者。这些责任方向场地贡献了极少量的废物，通常不需要他们参与清理工作。

3）无力支付者。对于那些证明自己可能无法支付全部清理费用的责任方，EPA 通常会作出一些特殊的安排或者减少他们的支付数额。

4）共同处置城市固废和危废的场地所有者和经营者。对于共同处置城市固体废物和危险废物的场地当前或过去的所有者和/或经营者，EPA 有特殊的判定规则。

5）仅含水层受到污染、污染为迁移导致的场地所有者。一般来说，如果有害物质是通过地下水从其他地方迁移到该场地来的，EPA 不会要求该场地的业主承担清理责任，但可能会向业主提出要求进入该场地进行采样或清理。

6）住户。一般来说，EPA 不会要求位于超级基金场地上或其附近的住宅物业的业主承担清理责任。

1.2.1.3　法律责任的溯及力

美国《超级基金法》（1980 年 12 月 11 日）被认为是最早确定土壤污染责任"溯及既往"制度的法律。美国司法实践中，法官根据 107 条土壤污染责任界定条款的规定，确定责任的"溯及既往"。如"拉夫运河案"（Love Canal），该案也催生了《超级基金法》的出台。所有的危险物质都是在《超级基金法》颁布前，即 20 世纪四五十年代倾倒的，然而其泄漏和造成损害是在法规生效后，《超级基金法》中的污染清理、土壤修复等责任仍可适用于当时的行为人。实践中，出现了"孟山都公司案""东北制药和化学公司案""奥林公司案"等著名的"溯及既往"案例。[①]

19 世纪初，美国工业化就开始发展。较早的工业开发，使得污染排放经历时间长，累计体量大，同时，由于环境污染的复杂性、潜伏性、长期性等特点，很多历史的污染积累，在一定时间后会集中爆发。在美国，环境相关法律属于行政法范畴，应该沿袭"法不溯及既往"的基本原则，但如果不突破"法不溯及既往"的规则，纳税人就要为污染者付费，这明显不符合"污染者担责"的环保基本原则，也有违公平。因此，《超级基金法》采用了民事法律有关"特殊、危险"情形的无过错担责的法理，将该法理应用到了专业性更强的现代环境法当中，演变出了超级基金法的责任认定和分配体系。因此，《超级基金法》中的责任认定的构成要件不是行政法思维，而是普通法或民商法思维，构成要件的关键不在于致害行为的发生时间，而在于危险废物排放导致的侵害本身。

1.2.2　潜在责任方的查找

1.2.2.1　潜在责任方查找的启动情形和工作主体

（1）启动查找潜在责任方的情形

根据《超级基金法》107（a），满足以下条件时，需要启动 PRP 查找：

- 存在污染物排放或可能的排放；

---

① United States v. Monsanto Co.，858 F. 2d 160（4th Cir. 1988），cert denied，490 U.S. 1106（1989）；United States v. Northeastern Pharmaceutical & Chemical Co.，Inc.，810 F. 2d 726（8th Cir. 1986），cert. denied，484 U.S. 848（1987）；United States v. Olin Corp.，107 F. 3d 1506（1997）。

- 排放物属于危险物质；
- 从设施排放了污染物到环境中；
- 排放导致发生了响应成本。

（2）查找潜在责任方的工作主体

《超级基金法》授权美国国家环境保护局（USEPA）查找高风险污染地块（NPL）的潜在责任方，USEPA 有权向任何可能知晓场地或危险物质信息的主体开展调查、访谈或发布责令修复请求函。一般污染地块根据地块的管辖职责由地方政府或相关职能部门开展调查并发布责令修复请求函，涉及危险废物、地下储油罐等的污染地块由地方环保部门主导开展调查并发布修复通知。每个地区的 EPA 都有其特定的组织结构和程序来执行 PRP 查找，并且执行查找任务的人员因地区而异，可能由以下一类或多类人员共同执行：民事调查员、修复工程项目经理、现场协调员、案例开发者、律师、律师助理、执法专员、执法人员、执法项目经理、成本回收专家、环保专家等。

1.2.2.2 潜在责任方的查找时限

PRP 查找应该在场地被列入国家优先名录（NPL）之前尽可能早地启动，通常都是在清除响应期间或在初步评估/场地检查（PA/SI）期间启动的。

出于规划目的，PRP 查找的时间一般为 2~5 个季度，对于容易确定的责任方，如当前业主/经营者、运营多年的前业主/经营者，责任认定的时间较短；而对于一些复杂的情况，如需要对企业继任者进行分析、需要进行历史污染分析以确定造成污染的责任方，责任认定可能需要数年时间。

在执法人员和资源允许的情况下，初步的 PRP 查找报告应在修复调查/可行性研究（RI/FS）启动前 90 天完成，最终的 PRP 查找报告应该在发布修复设计/修复实施特别通知函（RD/RA SNL）前 90 天完成。

1.2.2.3 潜在责任方的查找程序

《超级基金法》规定的潜在责任方查找程序与场地调查程序同步开展，以便尽早地识别出足够的潜在责任方，并对潜在责任方进行分类，就修复调查、和解方案、责任份额等进行协商。具体包括制订计划、档案收集、档案管理、发送信息请求函、访谈、产权确认、财务分析、场地总结、建立废物清单、潜在责任方归类、报告编写。

（1）制订计划

EPA 制订潜在责任方查找计划，组建查找小组，明确查找期限和任务。

（2）档案资料收集

从联邦政府、州政府、地方政府、企业管理者、现任员工、前员工或已退休员工、供应商、承包商、客户、公共图书馆或大学图书馆、博物馆、历史学会、当地居民等来源，查找与该场地和潜在责任方相关的所有档案资料，包括通信、照片、音频、磁带、计算机备份、图纸、危险废物清单、数据、技术报告、许可、违规通知、投诉、调查、场地所有者记录、诉讼文件、破产文件、当地报纸和记录、胶卷胶片和网页信息等。

（3）档案资料管理

综合考虑资料类型、文件数量、保存时间、安全保密需求、用户性质等，通过建立索引、构建数据库、开发应用程序等方式，对已经获取的档案资料进行存储和管理，并与潜在责任方和其他各方共享相关信息。

（4）发送信息请求函

《超级基金法》104（e）授权 EPA 向任何可能知晓场地信息的主体（包括商业实体和政府机构）发布信息请求函，而不仅仅是可能为潜在责任方的人。信息请求函针对每个潜在责任方或信息源进行定制，内容可能涉及场地所有权、场地运行、财务状况、送到场地的废物、可能的产生者和运输者以及是否有相关记录等。信息请求函中应对场地进行简要描述，解释发送信息请求函的原因、基于总体情况的关系，援引 EPA 的法定信息请求权限，明确回复的形式和期限，并要求接收方在信息披露时进行补充回复。

（5）访谈

访谈可以在档案资料收集的基础上补充获取潜在责任方查找所需的其他相关信息，包括场地历史、危险废物处置方式、处置地点等，还可以辅助确定相关文件的存在，如商业和运输许可证、垃圾填埋许可证、建筑许可证等。受访者可以是场地运营者、现在和过去的员工、承包商、运输者（卡车司机）、供应商、回收人员、客户、联邦政府官员、联邦法院、州政府官员、环保机构、专业许可委员会、公共卫生部门、警察、周边居民等。

（6）实施产权搜索

通过查看公共记录，确定场地当前和过去的所有者、经营者、租赁者的情况。实施产权搜索应明确时间范围和空间范围，是否需要提供所有权文件或契约副本。如果发现污染已迁移到场地外，还需要对周边的产权进行搜索。建立"产权树"，清晰地记录和表现产权的历史变革情况。

（7）开展企业现状与财务研究

EPA 需弄清潜在责任方是否仍存在，还需确定潜在责任方所在的公司董事、股东、员工、继承者、母公司、子公司等情况，并根据企业组织形式和所在地的法律规定，分别确定所需承担的责任，同时确定各个主体的财务状况和清理责任承担能力。

（8）进行场地总结

基于前面所开展的调查工作，对场地从最初被作为危险废物处置场地到目前为止的历史进行总结，包括在场地上开展的所有活动的细节，包括场地地址、规模、每一阶段的所有者与运营者、运营时间、运营类型、场地储存或处理的物质种类、许可情况、收到的警告或违法通知等情况，并尽可能确定场地的危险物质数量。若存在信息缺漏或未完成的任务，应继续补充查找需要的信息。

（9）编辑入场废物清单

基于所掌握的信息，建立入场废物清单，明确每个潜在责任方所产生的危险物质的性质和数量，并根据各自排放量进行排名。当 EPA 根据《超级基金法》122（e）（1）发出特殊通知函时，应向潜在责任方提供入场废物清单、排放量排名、潜在责任方清单。废物清单和排放量排名是促使潜在责任方达成和解的重要手段。

（10）潜在责任方分类

对已确定的潜在责任方进行类别划分，比如属于所有者、运营者、组织者或运输者，然后再进行细分，如是否为微小贡献者、是否资不抵债、是否倒闭、是否为市政固体废物产生者和处置者、是否为住宅房主等。形成潜在责任方清单，明确所有责任方的姓名、地址、电话号码（如果有的话）、法定联系人的姓名（如果有的话）、日期等信息。

（11）形成潜在责任方查找报告

潜在责任方查找报告应包含有关所有者、运营者、安排者、运输者的相关信息，并且提供场地历史、潜在责任方确定依据、需承担责任等内容。

1.2.3 责任方的责任分配

EPA通常会追踪所有的主要责任方和相关方，鼓励主要责任方就责任分担进行协商，责任较小的相关方可通过协商免除责任，支付超过其原本责任份额清理费用的责任方可以向其他责任方追偿。EPA也有权对责任进行分配，建议各方应承担的责任，与不同的责任方达成和解等。EPA在确定责任份额时，主要考虑以下因素：

①废物产生者运送到场地的废物量；

②有害物质的相对排放量；

③场地经营的年数；

④使用的污染物种类；

⑤土壤样品中污染物浓度；

⑥地下水样品中污染物浓度；

⑦通过约谈之前的员工或其他人获取的相关信息。

1.2.4 责任方的责任执行

1.2.4.1 责任范畴

责任人需要承担：

①政府已经支付的清理费用；

②对自然资源（如渔业）的损害；

③某些健康评估的费用；

④对一些可能会立即造成严重危害的场地采取禁令的补偿（如执行清理）。

1.2.4.2 责任告知

（1）通知

EPA使用两种类型的信函（一般通知函和特别通知函）与潜在责任方就以下信息进行沟通，包括告知他们被识别为潜在责任方，他们对于超级基金场地的潜在责任，有关场地和其他潜在责任方的信息，以及就场地清理进行谈判。

一般通知函主要是告知收到函件的人员，他们被识别为超级基金场地的潜在责任方，他们可能要承担场地清理费用，并且解释与EPA就场地清理进行谈判的过程，还包括超级基金和场地的相关信息。

特别通知函是当EPA准备与潜在责任方就场地清理进行协商时，会发出的信函。特别通知函为潜在责任方提供了有关EPA认为其负有责任的理由以及EPA场地清理计划的信息。特别通知函还用于邀请各方参加与EPA的谈判，以进行未来的清理工作，并向EPA支付已经发生的任何与现场相关的费用。EPA通常都会发出这种特别通知函，以下情况例外：过去与潜在责任方沟通的经验表明不太可能达成和解；尚未确定潜在责任方；或潜在责任方缺乏执行清理工作所需的资源。

（2）协议

EPA 更倾向于与潜在责任方达成协议，让他们清理超级基金场地，而不是发出清理场地的命令或付款进行清理并收回清理成本。发出特别通知函意味着 EPA 在一定时期内不再单方面命令潜在责任方进行清理，而是鼓励潜在责任方之间迅速协商，达成和解协议。通常会给予潜在责任方 60 天的时间向 EPA 提供承诺，进行清理或支付清理费用。如果潜在责任方提供承诺，通常还有 60 天的谈判时间。如果潜在责任方在 60 天内未提供承诺，EPA 可以开始执行清理或单方发出行政命令，要求潜在责任方进行清理。

超级基金清理协议通常是以行政和解协议和同意书（administrative settlement agreement and order on consent，ASAOC）或司法同意令（judicial consent decree，CD）的形式发布的。

1）行政和解协议和同意书。ASAOC 不需要法院批准，但是一份法律文件，是 EPA 和一个或多个 PRP 之间达成的正式协议。ASAOC 的内容主要是针对部分或全部责任方对场地的清理责任，包括短期清理、调查、修复调查和可行性研究、修复设计，也可包括 EPA 已经支付的清理费用的偿还。

2）司法同意令。CD 是通过 EPA 和司法部与潜在责任方签署并提交给法院的法律协议，存放在法院。CD 是超级基金场地最后修复阶段的唯一和解方式，EPA 从潜在责任方获得已经支付清理费用的赔偿或者收取即将发生的费用也可能会用到 CD，污染清除或修复调查/可行性研究阶段偶尔也会用到。由地方法院批准的司法同意令就是最终决定。

从内容上看，和解协议包括以下类型：

1）行政协议。行政协议是一份法律文件，是 EPA 与一个或多个 PRP 之间达成的正式协议，以偿还 EPA 在超级基金场地发生的费用或支出将要发生的费用。行政协议不需要法院批准。不包括工作执行的所有类型的支付协议通常都以行政协议的形式体现。

2）"工作"协议。EPA 更倾向于由潜在责任方负责调查、清理和维护超级基金场地清理工作。EPA 与潜在责任方协商达成一份协议（以 ASAOC 或 CD 的形式），概述潜在责任方将要完成的工作，包括现场调查（修复调查和可行性研究），短期清理（清除行动），长期清理（修复设计/修复实施）。

3）成本回收协议。EPA 执行了调查或清理工作后，可以通过成本回收协议从潜在责任方收回这些成本。当协议只涉及偿还 EPA 费用时，称为成本回收协议，并采用行政协议（Administrative Agreement）的形式。

有关工作的行政同意令（administrative order on consent，AOC）也可能包括要求潜在责任方偿还 EPA 已经开展的清理工作的费用，并规定由潜在责任方支付 EPA 未来监督其工作的费用。

4）"兑现"协议。在某些情况下，潜在责任方不适于参与场地清理工作。在这种情况下，EPA 可能会与其谈判，形成一个"兑现"协议，让他们在启动清理之前支付一定费用用于清理工作。

（3）命令

如果潜在责任方不同意按照 CD 或 AOC 执行清理工作，或拒绝执行根据和解协议他们之前同意履行的工作，EPA 可以命令相关责任方执行清理工作，即单方行政命令（UAO）。当 EPA 发现可能对公共健康或环境造成迫切和实质性的危害时，可以发布 UAO。如果潜在责任方不执行 UAO，可以移交司法，法庭可以对其进行处罚，要求其支付高达三倍 EPA 清理费用的金额或发出要求清理的司法命令。

1.2.4.3 责任履行

如果 EPA 使用超级基金进行清理工作，需从责任方收回这些成本，并将收回的费用存入超级基金信托基金内的"特别账户"，以支付场地清理活动的费用。EPA 必须记录其支出的所有清理费用，包括直接费用（如薪金和合同）和间接费用（如管理费用）。由 EPA 委托承包商开展的工作的相关费用必须有文件证明该工作获得了授权并已经完成，此外，必须证明是由政府支付的。

EPA 根据以下因素进行成本追偿，其中包括：

①与潜在责任方清理责任相关的证据的强度；

②潜在责任方的财务实力；

③需要追偿的金额。

潜在责任方通常会试图就其需要偿还的清理费用进行谈判。如果潜在责任方同意向 EPA 赔偿费用，则可以通过 CD 或行政和解来记录和解结果。

EPA 跟踪会计系统中潜在责任方所欠的金额。一般来说，潜在责任方有一定的时间来支付这部分金额。如果付款逾期，或者拒绝偿还 EPA 的费用，或者无法达成和解协议，司法部将向法院提交费用追偿诉讼。在成本回收期间，EPA 会根据由 EPA 进行的额外清理工作、EPA 和司法部发生的法律费用以及所追讨金额的应计利息定期更新其追偿的金额。

EPA 可以追偿与国家应急计划（NCP）"不矛盾"的所有成本，具体包括：

①清理行动计划和实施费用；

②调查和监测费用；

③限制进入场地的行动的费用；

④支持清理工作所需的间接成本；

⑤EPA 付给承包商的成本；

⑥年度拨付费用。

EPA 追偿清理费用也有相应的法定失效，其中污染源清除行动的费用追偿通常应在清除行动完成后的 3 年内启动；修复行动的费用追偿通常应在修复系统开始建设的 6 年内启动；后续行动的费用追偿可以在任何时候启动，但必须在所有的响应行动完成后 3 年内启动。

1.2.5 超级基金的使用管理

（1）超级基金的资金来源

为了保障无法确定责任主体或责任主体无力承担污染场地治理费用的历史遗留场地得到有效修复，《超级基金法》创设了超级基金。超级基金资金主要源自政府拨款、针对石油和化学产品征收的特殊税种、针对一定规模（年收入 200 万美元）企业征收的环境税、向《超级基金法》违法者征收的罚款和惩罚性赔偿、从污染责任方收回的场地修复成本以及基金的利息收益。

（2）超级基金的运行

从美国超级基金运行情况看，1995 年后，由于没有新的授权，超级基金中新的资金来源仅有向潜在责任方追讨的修复和管理费用，基金利息所得以及罚款所得。从 2001 年开始，拨款成为信托基金的主要来源，1999—2013 年，清理联邦 NPL 场地的经费约 80%来自年度拨款，剩余 20%来自特殊账户（来自潜在责任方协议支付的费用）和各州，且 1999—2013 年，联邦给超基金计划的年度拨款从 20 亿美元下降到了 11 亿美元，花在非联邦 NPL 场地修复上的经费从 7 亿美元下降到了 4 亿美元。从 2016 年（截至 9 月 30 日）的情况看，超级基金的收入远低于需要分配的资金，差额超过 4 亿美元。

正是由于经费的减少，虽然每年新列入 NPL 的场地数量有所减少，但每年从 NPL 上移除的场地数量也明显减少，1996 年最多，达到 32 个，2016—2017 年最少，分别仅有 2 个，导致 NPL 上的场地数量维持在一个较稳定的水平。2009 年，人体暴露风险不可接受的场地平均每年拨款约为 300 万美元，暴露情况不明确的场地平均每年拨款约为 50 万美元，人体暴露已经受到控制的场地平均每年拨款约为 20 万美元。完全从 NPL 上移除的场地数量仅占 29.4%，可见经费需求仍然很大，基金的维持仍然是重要的限制因素。

1.3 储油罐污染责任认定

地下储油罐的污染管控由 EPA 和州政府共同负责，州政府是地下储油罐污染管控的主要执行者。州政府对地下储油罐的污染管控力度与 EPA 相似，并且有时候会比 EPA 更为严格。与超级基金法对于责任的认定不同，只要发现地下储油罐出现了泄漏，并且泄漏的物质为管控物质，那么不管储油罐的拥有者或经营者有没有造成这种物质的泄漏，他们都要负责进行清理。1986 年，国会创建了 LUST 信托基金来支持地下储油罐污染的清理，但是 LUST 信托的基金只能用于所有者或经营者不明，不愿或无法支付清理费用的情况。

储油罐污染责任认定的过程，实质上是执行机构确定和识别储油罐所有者和经营者的过程，主要包括以下内容：

（1）资料查询

资料查询的目的是获取能够帮助识别地下储油罐所有者和经营者的文件，并且提供其最新的联系信息。可以请求 EPA 或州政府提供相关的资料。

（2）所有权搜索

所有权搜索的目的是查询地下储油罐场地的所有者。如果场地所有者同时也是地下储油罐所有者，此信息很有帮助；如果场地所有者不是地下储油罐所有者，那么进行现场调查时也需要此信息。

（3）业务状态研究

如果所有者或经营者是一家企业，则企业的类型（公司、合伙企业等）可以帮助确定企业以及其高级管理人员和董事的责任。业务状态的研究可以提供关于财产、地下储油罐所有者、运营商或是租赁者的信息。

（4）开展访谈

如果所有权问题很复杂，那么访谈对于收集或澄清有关所有者和经营者的信息很有用。采访还可以帮助确定相关文件的存在，例如营业执照、经营许可证和建筑许可证。

（5）联系所有者或经营者

电话和信息信函可以确认地下储油罐所有者或运营商的身份，也可以为责任人的搜索提供其他信息。一些州会向潜在的所有者或运营商发送信函，要求他们确认或拒绝与地下储油罐场地的隶属关系。当所有者或运营商的身份不确定时，执行机构可以选择向多个潜在的所有者和运营商发送信件。

（6）信息记录

所有用于识别所有者或经营者的信息都应被记录下来，尽管其不是联邦政府确立所有者或经营者的要求，州的要求可能会有所不同。

（7）当找不到责任方时

当无法确定所有者或经营者，如果依然怀疑存在污染释放，可以通过以下方式开展清理修复工作：①通过州基金或州废弃场地计划，由州来组织污染清除工作；②通过 LUST基金获得联邦资金，开展污染清除工作；③通过棕地石油赠款，委托第三方进行清理和重建工作；④借助国家自愿清理计划实施污染清除。

2　欧洲国家的土壤污染责任认定和分配

2.1　英国土壤污染责任认定和分配

2.1.1　英国土壤污染责任与溯及力

根据英国《环境保护法案》第 2A 部分，任何造成污染土地之上或之下的物质或其中一种物质存在（该土地因该物质的存在而成为污染土地）或明知而允许该物质存在的人（A类责任人）需要承担修复责任。若没有任何人被认定为上述要承担修复责任的人，则污染被发现时的土地所有者或占有者（B 类责任人）需要承担修复责任。

如果有两个或两个以上的人是需要承担修复责任的适当人员，执行当局应根据相关指南，确定可以排除其中任何一个人的责任。如果有两个或两个以上的人需要承担修复责任，那他们应当根据执行当局按照相关指南确定的比例承担修复费用。

如责任人（A、B 两类责任人）无法认定，责任人不履行修复责任，或责任人与主管部门达成协议由主管部门进行修复责任人承担修复费用等情形。主管部门进行修复的，可以向责任人追偿修复费用。

实际上，在英国，大多数历史遗留污染场地通常是在再规划过程中通过"受益者付费"的原则由土地开发商自愿承担修复责任的。

由于英国的《环境保护法案》（1990）2A 部分仅适用于 1990 年以后的情形，所以对于 1990 年以前的土地所有者或占有者不具有溯及力。

2.1.2 英国土壤污染责任认定

2.1.2.1 责任认定主体

根据英国《环境保护法案》（1990）2A 部分，对于特殊污染场地，土壤污染责任认定由环境署负责；对于其他污染场地，土壤污染责任认定由地方政府负责。

有时地方政府可能会委托第三方（通常是咨询机构）来进行责任认定工作，尤其是当他们认为政府内部没有足够的资源或专业知识的情况下。尽管诸如"国家质量标志计划"和"我的废物定义工作守则"之类的计划已开始引入技术能力认证的概念，但目前还没有正式的土地质量专业人员认证系统。

2.1.2.2 认定原则

通过生产经营状况和污染调查结果，根据污染链（污染物、途径和受体），确定潜在责任人。如果可能存在 1 个或多个污染链，根据每个污染链分别查找潜在责任组。

（1）寻找每个污染链对应的责任组

首先，应确定所有需为污染链修复治理行动付费的责任人，所有在土地上造成污染或故意排放污染的人构成污染链的"A 类责任组"，所有受污染土地的现有使用人或占用人构成污染链的"B 类责任组"，如果找不到任何 A 类或 B 类责任组，那么就视为"孤立链"。同一个责任人可能同时属于多个污染链责任组。

（2）责任豁免

在确定潜在责任组后，可参照以下原则进行责任豁免：

①A 类责任人可豁免因废弃矿场水体污染而产生的法律责任［允许、已经允许或可能允许来自废弃矿山或其一部分的水进入受控水体，或进入某一个地方，执行当局认为是或者可能是（视情况而定）从该地方进入受控水域的］。

②B 类责任人可豁免污染物从一个地块迁移至其他土地所引起的法律责任，除非是 B 类责任人引起的或故意造成的污染迁移［有人安排或故意准许有关物质进入任何土地（A）之内、之上或之下，该土地（A）的所有者或占有者只要不是污染者，不需要对该土地（A）的修复承担责任；有人安排或故意准许有关物质进入任何土地（A）之内、之上或之下，该物质逃逸到另一土地（B），该土地（A）的所有者或占有者只要不是污染者，也不是土地（B）的所有者或占有者，不需要对该土地（B）的修复承担责任］。

③豁免任何"行使相关职权的人"（从事破产清算的人，执行破产清算的官员，以接管人兼管理人的身份行使职权的官员，以特别经理人身份行使职权的人等）。

2.1.3 英国土壤污染责任分配

2.1.3.1 选择修复措施

如果只有一条污染链，针对性地选择一种合适的修复措施。如果有多条污染链，可以选择针对单个污染链实施一种修复措施即"单链行动"，或者多种联合修复措施。联合修复措施又分为"共同行动"和"集体行动"。"共同行动"指所有污染链一起修复和拆分成单独污染链进行修复，工艺和费用没有差异的情况；"集体行动"是指所有污染链一起修复和拆分成单独的污染链进行修复，工艺和费用存在差异的情况。

2.1.3.2 责任组之间的责任分配

如果只有一条污染链，则该污染链的责任组承担全部费用。如果是孤立链，执行当局自行开展修复并承担全部费用。

对于有两个或两个以上的污染链，如果实施"单链行动"，则每一条污染链的责任组承担开展相应修复行动的费用；如果实施联合修复措施，应当对责任组之间进行责任分配：

1）如果只有一个 A 类责任组，那么由这个 A 类责任组承担所有的费用；

2）如果有两个或两个以上的 A 类责任组，那么由这些 A 类责任组分摊全部费用，分配原则如下：

①估算联合修复措施的总费用；

②估算每个污染链采取单独修复措施的费用，即"假设估计"；

③计算每个污染链的"假设估计"费用占污染链"假设估计"费用总和的比例；

④将实施联合修复措施的总费用按照上述比例在责任组间进行分配。

3）如果没有 A 类责任组，且有一个或多个 B 类责任组，那么执行当局应该将这些责任组视为整体，承担全部费用。

4）如果"孤立链"的修复治理措施与其他"污染链"不相关，那么"孤立链"的修复治理行动和费用全部由执行当局承担。如果"孤立链"与其他"污染链"（有 A 类责任小组）采取联合修复措施，执行当局应将执行该修复行动的所有费用归该 A 类责任小组。如果"孤立链"与其他"污染链"（有 B 类责任小组）采取联合修复措施，执行当局应采取以下方法进行责任分配：

①如果修复措施为"共同行动"，执行当局应将执行该行动的全部费用归 B 类责任小组；

②如果修复措施为"集体行动"，执行当局应估计集体修复治理行动费用和每个"污染链"单独修复治理的"假设估计"费用，将费用在执行当局本身与 B 类责任组之间分配。

在执行当局的"修复治理通知"送达之前，如果责任人能够证明执行当局对责任组责任分配是不公正的，执行当局应与其他相关人协商，重新调整责任小组之间的责任归属。

2.1.3.3 责任组内的责任人排除

（1）有两个或两个以上成员的 A 类责任组责任人排除

通过参与活动、修复费用支付、销售信息、污染物变化、污染物迁移、引入污染途径 6 项排除测试逐步排除 A 类责任人。

对每个污染链单独实施责任人排除测试，被排除在一条污染链之外的人员仍有可能因为其是另一个责任组的成员而承担开展修复行动的全部或部分费用；按照所列出的顺序实施排除测试；如果实施测试的结果是排除责任组中经过之前的排除测试后剩余的所有成员，则不再进行进一步的测试。

1）排除测试 1——参与活动

执行当局应排除仅仅由于以下一项或多项活动而成为责任组成员的任何责任人：

➤ 以一种或多种形式向另一人（不论是否该责任组的成员）提供金融援助；

> 污染责任保险的承保人；
> 作为责任人金融援助的提供者或保险人，为决定是否提供此类金融援助或承保上述保险政策而进行调查活动，且不涉及重大污染链；
> 根据合同，将污染物作为废物委托另一人进行处置，另一人明知污染而在委托人未知情况下在该土地上进行处置和管理；
> 将土地租赁给另一人，之后另一人造成或明知而允许存在的污染；
> 作为土地所有者，另一人根据其许可或批准占用土地并造成或明知而允许存在的污染；
> 因执行当局不作为而发出的许可或批准造成或明知而允许存在的污染；
> 执行当局认为是另一人（无论是否找到该人）造成或明知而允许存在的污染；
> 作为受委托人，提供污染土地相关法律、财务、工程、科学或技术咨询；
> 作为受委托人，对土地进行侵入性调查，但不造成重大污染，同时委托人非责任组成员；
> 作为承包人，根据合同为雇主（责任组成员）提供服务或货物。

2）排除测试2——修复费用支付

将那些实际上已经履行其责任的人排除在赔偿责任范围之外，如已向责任组的其他成员支付足额的修复费用，包括以下情形：

> 根据针对特定修复费用的索赔，自愿或履行合同义务支付费用；
> 在民事诉讼或仲裁、调解或争议解决过程中，根据庭外和解或根据法庭命令支付特定修复措施的费用；
> 作为土地所有权转让合同的一部分，在合同中明确规定降低价格以支付实施特定修复措施的费用。

3）排除测试3——销售信息

如一责任人从另一责任人那里购买土地，在某种情况下，该责任人（买方）应承担修复土地的责任，另一责任人（卖方）被排除责任，具体应满足以下条件：责任组成员之一（卖方）已将所涉土地出售给同时也是该责任组成员的人（买方）；交易是按照公平原则进行的（按照卖方和买方在公开市场上销售所期望的条款）；在正式出售之前，买方知道有关土地上存在污染物的信息以及相关措施，而且卖方没有故意隐瞒这一污染物存在所产生的影响；在出售之后，卖方不保留有关土地的任何权益以及占有或使用该土地的任何权利。

4）排除测试4——污染物变化

作为责任组的成员（第一人），如果仅仅因为造成或允许某种物质（A）排放了在场地中，并且这种物质与另外一个人（第二人）排放到场地的物质（B）相互作用而导致产生污染物C，那么第一人的责任可以被排除。具体应满足以下条件：构成污染的物质C只是由于物质A发生化学反应、生物过程、放射性衰变或其他变化（"干预性变化"）而导致，并且作为责任组成员的"第一人"，只造成了物质A在场地的出现，但没有引入后来的物质B；作为责任组成员的"第二人"（或多人），造成了物质B在场地的出现；在物质B出现在场地之前，第一人不能合理地预见到物质B将被引入场地中，不能合理地预见到可能发生的干预变化，及时采取了一些合理的预防措施，防止后来的物质发生干预性变化，即使这些预防措施已证明是不够的；在物质 B 出现在场地之后，第一人没有致使或明知而准许任何更多物质 A 出现在场地中，没有做任何有助于促成干预变化条件的事情，并且做了他能够做的事情来阻止发生的干预变化。

5）排除测试 5——污染物迁移

因其他土地上逃逸过来的物质而造成土地污染的责任人可免除责任，而导致污染物逃逸的人应承担责任。满足以下条件时，造成或明知而允许该污染物在原土地上存在的人可免除责任：在受污染的土地存在全部或部分从其他土地上逃逸出来的污染物；该污染物所属污染链的责任组成员造成或明知而允许该污染物在原土地上存在，且仅因该原因是该责任组的成员；该责任组的一个或多个其他成员由于其行为和措施疏漏造成污染物从原土地迁移过来。

6）排除测试 6——引入污染途径和受体

如果因为其他人随后引入了重要的污染链中的相关途径或受体，可免除污染者责任。满足以下条件时，应排除"较早的行动"者责任：责任组中的一个或多个成员的行动或疏忽（"后来的行动"）引入途径或受体，构成了污染链的一部分；该责任人仅因前期的行为或疏忽（"较早的行动"）而成为责任组成员。

（2）有两个或两个以上成员的 B 类责任组责任人排除

对于有两个或两个以上责任人的 B 类责任组成员，排除以下 B 类责任人的责任：

①根据许可证或协议，所占有土地没有市场价值或在法律上不能转让；

②为其所占用的土地缴付高额租金，而在该土地上并无除该租金相关的租用以外的任何其他权益。

如果上述条款将导致责任组的所有成员被排除，则不应予以排除。

2.1.3.4　责任分摊

对于任何责任组经过责任豁免后，只有一个剩余成员的，该人承担属于该责任组的所有费用。对于有两个或两个以上剩余成员的任何责任组，需要进行责任分摊。

（1）单个 A 类责任小组成员之间的责任分摊

如果没有有效的资料可对各个责任人的责任进行评估，应让责任组成员分摊同等份额的责任。

其他责任分摊情况如下：

1）符合部分排除测试要求的责任人

对责任组的任何成员而言，如果部分满足上文任何排除试验所规定的情况，但并未被排除，则执行当局应评估该人满足排除试验的情况，适当降低其责任。例如，在排除测试 2 中，该责任人可能已支付了一笔费用，足以支付当时所需修复措施费用的一半，则执行当局可以将责任人的付费责任减少一半。

2）造成污染物排放的责任人与允许污染持续存在的责任人

在评估已造成或明知准许将重大污染物排放在土地中的人（"第一人"）以及明知而允许污染物继续存在该土地中的人（"第二人"）的相对责任时，执行当局应考虑第二人有何种程度的手段和合理机会处理所涉污染物的存在，或减少严重性污染物存在的影响。执行当局应在下列基础上评估相关责任：（a）如果第二人有必要的手段和机会，他们应承担与第一人相同的责任；（b）如果第二人没有手段和机会，则应大幅减少其相对于第一人的责任；（c）如果第二人有某种但不足的手段或机会，则其相对于第一人的责任应适当减少。

3）对于造成或明知而允许排放重大污染物的责任人

（a）修复治理措施的性质不同，污染区域不同；

（b）污染物排放量大小；

（c）根据类似产污行为的持续时间、规模、影响面积等估计污染排放相对数量；

（d）根据产污活动的性质、范围、时间。

4）对于明知而允许污染物的存在土地中的责任人

（a）每个人使用土地的时间长短；

（b）每个人使用的土地面积；

（c）每个人在多大程度上有能力和机会处理有关污染物，或减少该污染物存在的严重性。

5）公司和人员

执行当局应将公司及其有关人员视为一个单位，与其他责任人进行责任分摊；确定了属于公司及其有关人员的责任份额后，执行当局应根据相关人员的个人责任程度以及这些人员和公司为满足责任可利用的相对资源水平，在公司以及人员之间进行责任分摊。

（2）单个 B 类责任小组成员之间的责任分摊

①修复治理行动"污染链"相关的特定区域的拥有或占有人承担相关责任。

②执行当局根据有关土地权益的资本价值，包括土地上的任何建筑物或构筑物，在 B 类责任小组的部分或全部成员之间分摊责任：

若责任组成员拥有或占有不同的土地面积，则每名该类成员须承担其土地面积的资本价值在所有土地的资本价值总额所占比例的责任；

若责任组成员在同一土地范围内均有权益，则每名成员须承担其所拥有权益的资本价值对所有上述权益的资本价值总额所占比例的责任；

若责任组成员占有不同土地，拥有不同权益，应首先在不同的土地面积之间分摊总责任，然后在同一土地不同权益之间分摊。

③执行当局根据现有资料估计土地资本价值，不考虑是否存在任何污染。土地资本价值应按执行当局首次发送"修复治理通知"日期前的价值进行估算。如有关土地在性质和舒适度上相当，并在若干业主占用人之间划分，则按各占地面积进行近似估算分摊。

④如果在污染土地的部分土地上没有使用人或占有人，在确定赔偿责任之前，执行当局应根据该土地和其他土地的各自资本价值，扣除该部分土地的费用份额。

⑤如果没有适当的资料提供给执行当局对土地的资本价值进行评估，执行当局应在责任组的所有成员中分摊同等份额的责任。

2.2 荷兰土壤污染责任认定和分配

2.2.1 荷兰土壤保护相关法律的历史沿革

荷兰是欧盟成员国中最早进行土壤保护专门立法的国家。1980 年莱克尔克（Lekkerker）土壤污染事件发生后，荷兰于 1983 年制定发布了《土壤修复（暂行）法案》，并于 1987 年修订发布了《土壤保护法》，树立了"全面清理"的概念。1997 年开始，基于风险的"目标性"修复政策得以推行，污染场地管理的公共责任逐步转移给地方当局。2007 年出台相关政策，规定地籍管理记录中须包括土壤条件，房产购买者可以通过查询地籍记录了解存在哪些使用限制、控制要求或修复义务。2008 年，颁布了《土壤质量法》，对轻度污染土壤、疏浚污泥和其他建筑材料的使用进行了规范。2009 年，颁布了污染场地修复标准，以识别直接的和具有不可接受风险而需要优先修复的污染场地。2009 年开始，加速制定与国家、省、市政府和水管理委员会之间的"土壤管理和紧急修复场地"协议，2015 年完成制定，处理尚未修复的危害公众健康的场地。2015 年，国家政策从污染场地修复转移到更广泛的土壤和空间规划，未修复污染场地的管理是其中的一部分。

2.2.2 荷兰土壤污染责任

2.2.2.1 责任人的界定

在土壤上或土壤中从事以下活动的任何人，如果知道或怀疑这种行为可能污染或损害土壤，应采取合理的措施防控土壤污染。为了防止土壤被污染或损害，或者在发生污染或损害后，应采取相应的补救措施，限制和消除污染、损害或其直接后果。如果发生突发性的污染事件，应立即采取措施。

①在土壤中贮存污染物；

②在土壤上处置污染物；

③将污水或污泥排放到土壤中；

④将遗体埋葬在土壤中；

⑤将火化的遗体灰烬撒在土壤上；

⑥在土壤上沉积会影响土壤纳污能力的物质；

⑦在土壤中添加肥料；

⑧土方工程和基础工程；

⑨土壤调查；

⑩铺设管道；

⑪安装储罐或建设水库；

⑫土地清理、土壤清除或挖掘；

⑬深层土壤处理；

⑭与排水、井口排水或地下水抽取有关的工程；

⑮用管道或其他导管运输污染物；

⑯污染物的转运；

⑰用车辆运输污染物；

⑱使用防滑剂；

⑲用污染物进行表面处理；

⑳加工处理过程中产生污染物。

2.2.2.2 责任的溯及力与免责

荷兰主要通过判例法确立了土壤污染责任方的溯及原则，即按照污染发生时间对污染场地进行分类管理，可以归纳为：

1975 年以前，关于土壤污染的研究很少，个人或公司不可能意识到其活动可能污染土壤，因此 1975 年之前的污染修复费用基本由中央政府承担。但如果污染者已经意识到污染物的危险性，仍然将这些物质直接或间接排放到土壤中，需要承担修复责任，实践表明这种情况很难证明。

1975—1987 年，关于土壤污染的研究成果陆续出版，因此专业人员应该注意并采取措施保护土壤。如果专业人员没有注意并采取措施保护土壤，雇用这些专业人员的污染者需要对其造成的土壤污染负责，只有证据表明土地所有者购买时知晓污染，所有者才应承担责任。如果因为不知晓污染而购买了房产，政府为其提供修复资金。

1987 年《土壤保护法》发布以后，污染者和土地所有者原则上应该承担责任。

2.2.2.3 土壤污染责任的豁免

（1）除工业用地以外的土地

根据《土壤保护法》第 46 条，当满足以下条件时，土地（工业场址除外）所有者和经营者可豁免责任：

1）若在污染发生期间，与污染者没有持续的法律关联；

2）并未直接或间接地导致污染发生，且在购买或获得该土地财产权时并不知晓，也不可能知晓污染情况；

3）住宅的长期承租者不承担修复义务。

若在污染发生期间，所有者或长期承租者与污染者有持续的法律关联，但不是污染的主要贡献者；可能直接或间接地导致污染的发生，但不是污染的主要贡献者；如果他们经与当局协商愿意支付相应份额的修复费用，省级行政长官不得命令其开展调查或修复。

（2）工业用地

工业用地的所有者或者长期承租者，在接到污染清理的指令后，必须按照指令中规定的期限对严重污染的工业用地土壤进行清理。土地所有者或租赁者应采取临时安全措施，或在不存在风险时采取必要的土壤保护措施。也就是说，工业用地的所有者或者长期承租者不能豁免修复责任。如果所有权或租赁权被转让，则修复义务应继续由转让所有权或租赁权的人承担，除非继任的所有者或租赁权人提供修复费用担保，省级行政当局也接受该担保。

（3）农业用地

经农业、自然与食品质量部长同意，并在咨询土壤技术保护委员会之后，部长可以通过部长令豁免法规中的某些行为，只要与土壤保护利益不冲突即可。如果规则是为了使土壤肥沃或通过添加材料来改善土壤结构而发生的行为，由农业、自然和食品质量部长与环境部长达成协议，并在听取土壤保护技术委员会的意见后，为了保护土壤，可以豁免相关规定。

2.2.3 荷兰土壤污染责任认定

（1）责任认定主体

荷兰一般规定由地方政府（包括 12 个省或 29 个市）根据现场调查（历史分析和采样分析）结果确定修复责任，提出修复要求，并颁发特别许可证。地方政府需要所有相关方的合作，与环境部、省、市和行业协会签署协议，以解决历史遗留的污染土地问题。

土地所有者和经营者有权对责任认定提出质疑，如果污染超出当前所有者/经营者的责任范围，主管部门可通过与所有者/经营者以及其他当事方进行磋商以确定修复责任。尤其是在确定历史性污染责任时，政府或相关部门往往需要参与。

政府或主管部门通常会委托咨询公司进行调查，由采样专家进行现场采样，并将样品运输到专门的环境检测实验室。咨询公司拿到分析检测结果后，编制调查报告，提交给委托方。如果发现存在严重污染，应进行详细调查，并通知主管部门。详细调查可以委托同一家咨询公司，但是通常会委托给另一家公司。如果要进行修复，还会委托咨询公司编制修复方案，通常不会委托之前参与调查的公司。有关部门正式决定实施修复后，会委托承包商或联合体开展修复。相关从业的公司必须都是经过认证的。

（2）责任分担原则

如果存在多个污染者，当前土地所有者或经营者有责任根据民法向其他污染者寻求赔偿，这属于民事问题。若主管当局紧急启动修复措施，土地所有者或经营者可以分摊成本。

2.2.4 土壤污染责任方与政府部门的责任与义务

（1）潜在责任人的报告义务

在土壤上或土壤中从事相关活动，并且意识到由于这些行为而造成土壤污染或损害时，必须尽快通知省级行政长官，并说明其计划采取或已经采取的措施。

计划采取补救措施或采取行动以减少或消除土壤污染的任何人，应将其计划通知有关省的省级行政长官，除非被污染的土壤或被污染的地下水分别不超过 50 m^3 或 1 000 m^3，或土壤只是被暂时移除，在去除污染后将会回填。省级行政长官应该在 15 周内作出回复。

如果修复计划有变更，进行土壤修复的一方应在实施计划前至少两周向省级行政长官报告。

（2）省级行政部门发出调查和修复指令

接到关于土壤污染的报告后，省级行政长官可以就必须采取的措施给出指示。命令只能发给对该财产拥有所有权，并同时使用该财产或将其用于经营业务的人。省级行政长官将其所作出的通知尽快告知发生污染或损害的自治市的市长、副市长以及检查员。

1）停止污染指令。对于实施省级行政长官认为是造成污染或损害的唯一或共同原因的行为的人，必须命令其停止该行为，或其在不遵守省级行政长官要求的情况下命令其停止该行为。

2）允许进入指令。对于造成污染或损害的原因位于其财产上的人，或发生污染、损害或直接后果的财产上的人，指令中应包括允许指定的人进入其财产。

3）调查指令。污染所在地或直接后果所在地的省级行政长官可以下达开展现场调查的命令。

4）风险评估指令。省级行政长官如果认为存在严重污染，应确定根据土壤的现有或规划用途，污染物的潜在扩散是否会对人、植物或动物产生危害，以致需要紧急修复。

5）可行性研究。省行政长官还可以发布指令，委托以该指令中确定的方式对受污染土壤修复的可行性进行研究。除非事件非常紧急，否则省级行政长官只有在对土壤修复的可行性研究结果有所了解之后，才能指示对污染土壤进行开挖。

6）修复和保护措施指令。如果省级行政长官认为存在风险，应责令相关责任人在决定生效后尽早启动修复，并在决定中规定修复计划的最迟提交时间。在该决定中，行政长官可以阐明在补救之前必须采取的临时性保护措施，并规定这些措施执行情况报告提交的方式和频率。如果省级行政长官认为不存在风险，则可以在决定中阐明必须采取的保护土壤的措施，并规定这些措施执行情况报告提交的时间。

（3）责任人开展修复

除非紧急情况，省级行政长官一般命令污染者或者污染所在地、直接后果所在地的财产所有者或长期承租者，开展现场调查，评估风险；或在严重污染的情况下进行修复调查，采取修复措施；或在无风险的情况下采取土壤保护措施。责任人在向省级行政长官报告污染和修复计划并收到其回复后，才能启动修复计划，除非省级行政长官未在 15 周内作出决定。在收到报告之日起的 6 周内，省行政长官可以将上述期限延长，不超过 15 周。

（4）省级行政部门开展修复

除非情况紧急，另有规定，否则省级行政长官和土壤保护技术委员会专员应先将污染、损害或直接后果通知检察员和自治市市长，让他们提供建议，并优先让责任人进行修复。如果没有相应的承担责任的人，则省级行政长官应负责对省内严重污染场地进行初步调查、现场评估、修复调查和修复。如果由于异常事件导致土壤受到或可能受到严重污染或损害，省级行政长官应立即采取其认为必要的措施，以尽可能多地消除和补救污染或损害以及其直接后果。

此外，对于重大污染事件，政府可先行调查修复，即造成公众健康、环境风险或污染扩散的事件被视为公共风险，根据《土壤质量法》，国家和地方政府可先行调查和修复，然后向污染者要求经济补偿。

（5）省级行政部门征用污染土地的权利

应省级行政长官要求，如果有必要对污染严重的场地进行修复，环境部长可以通过友好协商要求取得位于造成污染的地点、污染发生的地点或其直接后果所在地的不动产的所有权、使用权或有限的管辖权、使用权。省级行政长官应与各授权方进行磋商，并将磋商报告提交给国会。在确定赔偿时，不应考虑土壤污染，除非损害是由有权得到赔偿的人导致的或该人将不公平地从这种赔偿中受益。征用财产的当局应当按照 1962 年《财产征用法》第 17 条的规定，向在协商中未与之就赔偿额达成协议的相关方或未参与协商的相关方支付赔偿金，该赔偿金预付款占给其赔偿金的 90%。

（6）政府购买污染土地的义务

市政府有义务以合理的价格购买土地，如果住所位于市政当局边界内，土地上有严重污染的场地或构成严重污染场地的一部分，且在当前或拟定的用途下污染物扩散可能对人、植物、动物构成风险，应尽快修复，该土地在污染后被出售用于住房或长期出租。该义务仅在以下情况下才有效：土地或房屋的所有者提出购买请求；拥有土地或住宅的长期租赁权、建筑物和种植权、使用权或住宅使用权的人提出购买请求。请求方必须证明：与污染者并无持续的法律关联，未直接或间接导致污染的发生，在购买或获得该土地财产权时并不知晓也不可能知晓污染情况。此外，权利持有人必须表明不可能在市场上以合理的价格出售房屋。他必须证明已在确定存在不可接受的土壤污染风险后 6 个月内，在报纸上以合理的价格将房屋出售 3 次，但没有销售出去，所以在土壤现有或预期用途下污染物的扩散将对人、植物或动物构成风险，需要尽早进行修复。如果污染仅涉及地下水，政府无义务购买。已经通过友好协商要求取得所有权或使用权、有限的管辖权或使用权的情况除外。

（7）省级行政部门调整土地利用规划

如果按照修复计划，要在某时间段内储存土壤或其他材料，与发展规划有冲突，那么省级行政长官在与市长、副市长协商后，经省计划委员会批准，可根据《自然规划法》的规定，请市长、副市长暂时豁免当地发展规划，但该期限不得超过 5 年。如果市长、副市长在 8 周内未就此作出回应，则省级行政长官可以直接豁免。

（8）许可制度

荷兰通过环境许可制度对土壤/地下水污染和修复进行管理，即工业/制造/商业活动过程中的土壤、地下水污染管理和修复活动都应该事先征得当局许可，许可条件定期更新。

2.2.5 费用的承担

（1）政府可以向责任方追偿调查修复费用

国家可以（在法院的调解下）向责任人（其非法行为造成了土壤污染或损害，并且按照民法以合同或其他方式负有责任）追回由省或市级政府承担、在受到严重污染的场所进行调查、修复调查和修复的费用。在国家不行使此权力的情况下，省或市可以行使权力。如果造成污染或损害的人由于没有对任何公共当局采取非法行动，如果适用以下条件，则该款所指的费用仍可由国家追偿：造成污染或损害时的污染者，知道或应该知道造成该污染或损害的物质可能产生严重危害；考虑到这些严重危害的污染者，没有采取必要措施避免这些污染或损害行为，如果这些行为是在工业或贸易中发生的，则必须考虑以下因素：当时其他同类企业的商业惯例，当时是否有适用于污染者的替代方式。

荷兰还规定，污染调查和修复责任被归入环境损害，即调查和修复费用的（财务）责任在法律上被认为是"环境损害"，受损害的当事方（包括支付这些费用的当事方，含公共机构），可以基于民法以及《土壤质量法》中的相关规定向污染获益方索赔。

（2）环境部向地方政府提供开展调查的费用

环境部长可以为各省提供为期 5 年的预算，以资助需要开展的场地调查，修复调查以及严重污染场地的修复。

应市长、副市长的要求，省级行政长官应向市政当局批给其回购受污染土地（已出售用于住房或长期出租）价格的 22.5%的款项，前提是该市政当局可以证明：在该期间内与污染者之间没有可持续的法律关系；没有直接或间接参与污染；在获得财产所有权时不知道或不可能知道污染。

（3）对责任方的救济

为了促进对工业用地的修复，并确保在 2030 年之前对所有具有高风险的土地进行控制，《土壤修复法令》财务条款有 4 项不同的财务规定。除了刺激实际的修复外，这些措施还旨在防止因土壤修复成本而使本来财务状况良好的公司破产。根据这些规定，政府提供的财政资助最多可达到修复费用的 70%。

（4）受益者付费

如果修复后的土地利用方式改变并伴随额外的修复要求，应由开发商负责修复，包括土地购置费、土壤调查检测分析费、土壤修复设备费等。根据实际情况，政府或专项资金也会补助部分费用。

国家、省或自治市可根据有关不正当得利的规则，向从调查或修复中获得不正当利益的人追回其费用，但这种追偿不适用于以下 3 种情况：①在污染发生期间与污染者没有持续的法律关联，没有直接或间接导致污染的发生，在购买或获得该土地财产权时并不知晓或不可能知晓污染情况的住宅所有者；②购买土地、房屋、土地或房屋所有权的自治市；③从自治市政府手里购买土地、房屋、土地或房屋所有权的人（除非其使用或一直在使用该土地或房屋）。

2.3 德国土壤污染责任认定

2.3.1 德国土壤保护相关法律的历史沿革

德国土壤污染公法责任的主要立法文件有 3 项，一是《防止土地不利改变和污染场地修复法》（以下简称《土壤保护法》）（1998 年通过，1999 年 3 月 1 日实施）（Gesetz zum Schutz vor schädlichen Bodenveränderungen und zur Sanierung von Altlasten，BBodSchG）；二是 1999 年依据《土壤保护法》制定的《联邦土壤保护及污染场地条例》（以下简称《土壤保护条例》）（Bundes-Bodenschutz- und Altlastenverordnung，BBodSchV）；三是基础性的环境责任法，《环境损害预防及恢复法》（2007 年）（以下简称《环境损害法》）（Gesetz über die Vermeidung und Sanierung von Umweltschäden，Umweltschadensgesetz）。

《环境损害法》是对 2004 年出台的欧盟指令予以国内法转化之结果（第 1 条），于 2007 年颁布。该法颁布后对《土壤保护法》的效力产生影响。根据《环境损害法》第 2 条的规定，《土壤保护法》的规定若不满足《环境损害法》的要求时，须适用后者。

2.3.2 土壤污染责任人

（1）历史污染责任人

德国《土壤保护法》明确了有限的"溯及既往"的规则，并作出了严格的限制适用的规定。德国《土壤保护法》规定，如果土壤有害变化和污染发生在 1999 年 3 月 1 日之后，污染物应该被清除，对此之前发生污染，请求清除污染同样是合理的，即在法律生效前发生的污染，也可以请求土壤污染责任人进行污染清理。德国《土壤保护法》对"溯及既往"的适用要求非常严格，污染发生时，已经履行法律规定义务的当事人不适用"溯及既往"，不对其追究历史上的污染责任。

（2）责任人的排除规则

德国《土壤保护法》确定土壤污染责任人的适用要求非常严格，一是规定通过个案方式（具体情况具体分析）予以确定，需要司法机关在裁决时充分考虑当事人的排污的违法性、当时的科技水平、当事人对污染后果的预见力、公众对污染的一般性认知。因此，污染发生时，已经履行法律规定的义务，且无法预料其行为会发生土地污染的诚实可信的当事人不追究污染责任。

2.3.3　调查认定的主体和程序规定

2.3.3.1　主体和对象

根据德国《土壤保护法》的规定，土壤污染调查认定主体是由土壤保护部门（县级行政部门的一部分，在一些大的城市是市级行政部门的一部分）负责。按照《土壤保护法》第 4（3）条规定，造成有害土壤变化或污染场地的当事人及其全财产继承人，以及相关的财产所有者和相关不动产的占有者，有义务修复土壤和污染场地，以及有害土壤变化或污染场地导致的水污染。该法同样适用于放弃污染场地或存在有害土壤变化的财产的所有权人。

2.3.3.2　专家和调查机构

根据德国《土壤保护法》的规定，土壤保护部门需要借助专家和专业调查机构开展调查的，专家和调查机构应当具备相应的软件和硬件要求。根据《土壤保护法》第 18 条规定，执行调查任务的专家和调查机构应具备执行相关调查任务所需的专业知识和能力，并应具备适当的设施设备。对于专家和调查机构有关资格条件的要求，由各州根据《土壤保护法》的规定予以细化。细化的内容包括专家和调查机构调查任务的性质和范围、符合条件的正式的专家名单。

2.3.3.3　调查认定程序和期限规定

污染场地识别以及责任方认定包括三个步骤：

1）历史调查（historical investigation）：在过往较长一段时间内，该土地是否曾进行过污染物（pollutants）的处理。

2）初步调查（exploratory investigation）：根据历史调查结果，进行现场勘察（on-site examinations），评估是否超出了某项风险触发值。

3）详细调查（detailed investigation）：全面调查并进行风险评估，确定：污染程度和污染物空间分布；可迁移组分和活性组分；在土壤、水和空气中传播的可能性；人类、动物和植物摄入的可能性，评估是否超出了行动值，以及是否有必要采取预防危险的行动。

历史调查和初步调查必须由相关土壤保护部门进行。如果初步调查结果证明该土地极有可能发生有害的土壤变化，则土壤保护局可以责令污染者、所有者或实际运营者进行详细调查。

4）调查认定时间。一般情况下，确定责任方需要几个月到几年时间，取决于需要开展的调查的范围和深度。

2.3.4　土壤污染责任的范围和承担

（1）责任范围

德国的相关土壤污染责任人的责任主要包括：一是污染调查义务，如果存在土地有害变化和受污染的线索，主管当局应采取适当的方法进行核实。二是风险评估义务，如果有足够证据认为存在土壤有害变化和污染，主管当局应要求相关土壤污染责任的当事人进行相关的调查和风险评估。三是污染清理和修复义务，包括消除（eliminate）或减少土壤污染物质（净化措施）；如不能清除污染物质，则采取持续预防和减少污染物扩散的措施（安全隔离措施）；采取措施消除或减少土壤物理、化学、生物特性的不利变化。

（2）责任承担

德国《土壤保护法》规定，土壤污染的行为人及其继承人，以及土地所有人和占有人均有义务按照法律规定承担土壤污染的治理、清理或修复的义务。另外，在涉及多个责任人的案件中，不论其承担责任的方式如何，这些责任人可以协商承担责任。在协商没有达成一致意见的情况下，根据一方或另一方造成的危害或损害的程度而定。

（3）赔偿请求的时效

德国《土壤保护法》规定，主要的土壤污染责任人在承担了土壤污染损害责任后，按照德国《民法典》规定，可以在责任承担完成时起，3 年内对其他责任人提起赔偿请求；如果土壤污染损害的措施是有行政主管部门采取的，那么行政机关对主要责任人收取采取措施的费用之时起 3 年内，主要责任人可以向其他责任人请求赔偿。对于赔偿权的保护，最长期限是 30 年。

（4）费用承担

根据德国《土壤保护法》的规定，污染地块的调查评估、风险管控、土壤修复、监督性监测、自行监测等费用由负有采取以上措施的责任人承担。在不能找到或不能及时找到相关当事人开展以上措施，或者污染场地的污染物存在广泛扩散风险等情况下，行政主管部门可以采取相关措施，费用则由相关的责任人承担。

如果通过调查发现被要求开展调查的单位没有责任，或者不是污染责任人，那么应当补偿其调查费用。

（5）污染责任的免除

1990 年《环境指南法》规定，有意从事商业活动的商业或工业地产的所有者，不承担因 1990 年以前发生的工业活动污染而造成的修复成本。

有意从事商业活动的业主向土地管理局（LAF）申请免责证明书，以证明他无须承担修复成本。他提出自己的投资计划，承诺进行投资和创造就业。

LAF 评估具体情况。如果所有条件都符合，LAF 与业主进行协商。在签发免责证明书以前，双方就修复成本的分割达成一致意见（如 LAF 承担 90%，私营公司承担 10%）。业主承诺在一定时间内兑现他的投资。

在计划的商业活动中，业主和 LAF 将就具体的修复概念达成一致意见，概念在经济上和生态上都是合理的。

业主自行实施修复措施，并提交其花费的证明，确保得到足够的报销。

（6）不动产权所有人责任

所有者也可以对在法律颁布之前造成的污染负责，但在某些情况下（如污染是未知的），赔偿金额不应大于不动产的公开市值。《土壤保护法》第 4（6）条规定，如果不动产的前所有者在 1999 年 3 月 1 日（法律颁布日期）之后转让了财产，如果他知道或应该知道相关的有害土壤变化或污染场地，那么他有义务实施修复；如果在购买不动产时，当事人被告知不存在此类有害土壤变化或污染场地，那么他不需要实施修复。

（7）土地性质变更的责任承担

污染地块如果从工业用地变更为住宅，责任方是否需承担全部修复责任需要视情况而定。

如果土地是依法被用于工业用途的，责任方只需要将土地修复到满足工业用途即可（涉及权利的延续）。

对于近期才开始工业活动的情况，由于责任方有义务将土地重新恢复到初始状态，因此，责任方需要对土地进行修复，恢复其作为住宅用地的功能。

如果责任方自己想将土地用于住宅用途，则他有责任采取必要的修复措施，以供住宅使用。

（8）责任的行政监督

根据德国《土壤保护法》规定，行政主管部门认为有必要的，可以对受污染场地和疑似受污染的场地进行监测。对于污染场地的情况，行政主管部门可以在必要时要求责任方自行采取监测措施，重点针对土壤和水进行调查，并确保监测站的建设安装和运行。责任人自行监测的结果应记录在案，并存档五年。在有需要的情况下，行政主管部门可下令延长储存记录的期限。责任方应根据要求向行政主管部门提供自行监测措施的结果。行政主管部门可以在进行土壤净化、安全管控和限制措施后，要求责任方采取自行监测措施。监测需要专业人员进行的，按照法律的规定执行。

（9）责任人依法诉讼

如果根据初步勘察，负责的土壤保护部门认为存在不良土壤变化或污染场地存在污染物，可以责令其所有者等进行进一步调查或采取修复措施；同时，土壤保护部门可能会因为这些命令而被责任人起诉。

2.4 意大利土壤污染责任认定的相关规定

意大利没有针对土壤污染责任的"溯及既往"的法律规定。针对土壤污染责任，意大利将土壤污染责任人和相关当事人进行了责任区分。造成土壤污染的责任人根据"污染者付费"原则，需要支付土壤污染清理、修复等各项费用。污染地块的相关当事人只需要采取土壤污染的预防措施，以确保人体健康和环境受体处于可接受的风险中（意大利第 152/2006 号立法令第 245 条）。

3 日本和韩国的土壤污染责任认定与分配

3.1 日本的土壤污染责任认定

3.1.1 责任人的范围

日本土壤污染防治法律体系包括《土壤污染对策法》以及《农业用地土壤污染对策法》。日本还形成《矿山保安法》《金属矿业等矿害对策特别措施法》等专门性的法律，对矿山修复作出系列规定。

结合日本《土壤污染对策法》第 3 条的规定，曾利用已被废止的特定设备，生产、使用或处理特定有害物质的工厂或企业所在地的所有者、经营者、占有者均为法律规定的责任主体。日本《土壤污染对策法》不具有"溯及既往"的效力，仅适用于法律生效之后的污染行为。责任人的义务主要包括：开展土壤污染状况调查；允许相关部门进入场地开展调查；采取清除污染、防止污染扩散等措施；报告地块的污染状况、污染去除措施的实施等必要事项。

3.1.2 管辖部门

日本关于土壤污染防治的管辖权属于环境大臣，都、道、府、县知事，内阁法令任命的市长（包括一些特殊城市）和农林水产大臣。具体职责的划分如下：

（1）都、道、府、县知事的职责

日本地方政府的职责主要包括：指定"划定区域"，对"划定区域"的土壤污染状况调查、污染清除行为进行监督管理等。根据日本《土壤污染对策法》第 7 条的规定，当发现某划定区域特定有害物质造成的土壤污染达到环保部法令规定的标准时，都、道、府、县知事可以依据内阁法令的规定，在防止污染的必要限度内，命令该地块的所有者等采取清除污染、防止污染扩散或其他措施。此外，结合《土壤污染对策法》第 54 条的规定，都、道、府、县知事可以对清除污染的实施情况进行检查。

（2）环境大臣的职责

日本环境大臣的职责主要包括制定相关标准、针对重要的"特别区域"委托专业机构开展土壤污染状况调查。根据《土壤污染对策法》第 54 条的规定，环境大臣与都、道、府、县知事均负有对清除污染的实施情况进行监督管理的职责，其中，环境大臣主要负责"特别区域"的监督管理，都、道、府、县知事主要对本行政区域的"划定区域"开展监督管理。此外，环境大臣负有对地方的监督职责，当环境大臣认为有迫切必要采取措施，预防因特定有害物质造成的土壤污染导致人体健康损害发生时，可以命令都、道、府、县知事或内阁法令任命的市长（包括一些特殊城市）履行相关职责。

（3）农业用地的管辖

日本《农用地土壤污染对策法》在管辖机构方面增加了农林水产大臣。与建设用地类似，关于农业用地土壤污染的调查测定的一般职责属于都、道、府、县知事。同时，环境大臣、农林水产大臣或都、道、府、县知事为了调查测定农田土壤的特定有害物质引起污染的状况认为必要时，可以在其必要的限度内，派职员进入农田，对土壤或农作物等实施调查测定，或者为了调查测定而免费采集必要的、最少量的土壤或农作物样品等。

3.1.3 土壤污染状况调查机构的资质

日本采用行为人申请、环境部委派的方式确定土壤污染状况调查机构。日本《土壤污染对策法》第 29 条对委派机构的申请作了规定。

日本对土壤污染状况调查机构采取资质管理，管理部门是环境部。2004 年，日本专门出台《基于〈土壤污染对策法〉的指定研究机构和指定支持公司的部长条例》（日本环境部第 23 号条例），该条例共计 27 条，对指定调查组织的指定申请、指定调查组织的指定标准、技术管理的证书、考试与申请、审查与变更等进行了详尽规定。

其中，技术经理证书有效期为 5 年，可以获得技术经理证书的条件包括：（a）已通过技术管理员测试；拥有三年以上对土壤的污染调查情况的经验；（b）负责地质调查业务或建筑咨询业务的技术管理的人员（仅限于与地质或土壤相关的人员）；（c）被认为具有与（a）和（b）中所列的关于土壤污染状况调查相同或更高的知识和技能的人。该条例同时规定了除外情形，对于违反规定被判处有期徒刑、执行结束不满 2 年，或结束强制执行之日起不满 2 年，或者根据《土壤污染对策法》第 42 条的规定已被撤销其指定并且自撤销之日起未超过 2 年的人，均无法取得技术经理证书。

3.1.4 矿山修复资金保障

日本《金属矿业等矿害对策特别措施法》旨在解决矿山关闭后的污染源封堵、废水治理与农用地土壤修复问题，依据该法，针对还在开采的矿山和已经关闭、需要治理的矿山分别制定了矿害防止公积金制度和矿害防止事业基金制度。其中，矿害防止公积金旨在筹集将来矿山关闭后的坑道和堆积场的矿害防止事业资金，公积金的用途包括坑道坑口的封闭、矸石或矿渣堆积场的覆土和植栽、矿坑水处理设施的设置与维护管理；矿害防止事业基金旨在筹集已关闭矿山的废水治理与矿山修复资金，对于有主矿山，由矿业权人造成的污染实施 PPP 原则，他人造成的污染部分由国家和地方给予补助金（地方 1/4，国家 3/4），对于无主矿山，采用国家和地方缴纳基金（地方 1/4，国家 3/4）的方式。

3.2 韩国的土壤污染责任认定

3.2.1 韩国土壤环境保护历史

韩国的土壤环境保护大致分为三个阶段。第一阶段即 1980 年以前。该时期韩国的土壤环境保护以农用地管理为核心，旨在提高作物产量；对土壤环境缺乏基础理解；没有针对污染土壤的相关政策。第二阶段是 1980—1995 年。1980 年，韩国在环境部设立了土壤管理部门；1987 年建立了土壤监测网络；1990 年韩国将土壤管理部门改为土壤保护部门；1995 年颁布了土壤环境保护法案（SECA）。第三阶段是 1996 年至今。在该阶段，韩国提出"污染者付费"原则和基于风险的管理模式，将土壤中的关注污染物从 11 种增加到 21 种，并对土壤和地下水修复和调查的企业实行资质管理。截至 2017 年，韩国有资质的土壤污染调查企业共 79 家、泄漏检测企业 19 家、土壤环境评估企业 43 家、土壤风险评估企业 7 家、土壤修复企业 80 家、地下水污染调查 6 家、地下水修复企业 60 家。

3.2.2　责任人的范围

按照韩国《土壤污染保全法》第 10-4 条第 1 款规定，土壤污染责任人的范围包括四类主体，一是通过泄漏、溢出、倾倒、忽视或以其他方式传导土壤污染物而造成土壤污染的人；二是在土壤污染时造成土壤污染的土壤污染控制设施的所有者、占用者或经营者；三是因合并、继承或其他原因全面继承了第一、第二类主体的权利和义务的人；四是土地的所有者、占有者。

韩国的《土壤污染保全法》不具有"溯及既往"的效力。该法在新修订过程中，增加了第 10-4 条第 2 款的免责条款，将 1996 年之前的土地所有者、受让者排除在外。先前，由于旧法关于"所有者和受让人也应该承担修复责任"的规定引起了较大的争议，因此韩国宪法法院对该条款进行裁决，于 2012 年 8 月 13 日取消了该条款的应用。排除在责任人范围之外的四类情形包括：①在 1996 年 1 月 5 日之前该土地不是由于出让或其他原因拥有的；②在 1996 年 1 月 5 日之前受让该土地的；③土地转让时对土地污染善意或没有过失（过错）责任；④因第三人原因发生的土壤污染。

土壤污染责任人承担的义务主要有，土壤详细调查、土壤修复及损失补偿等。根据《土壤污染保全法》第 10-4 条第 6 款的规定，土地的所有者、占有者（非土壤污染责任人）在接到土壤修复的命令时，若无正当理由，应当给予协助；实际的相关责任人应当对土地所有者或者占有者因协助发生的损失予以赔偿。

3.2.3　管辖部门

韩国关于土壤污染防治的管辖权属于市、道知事或者市长、郡守、区长。管辖部门的职责主要包括：开展土壤污染实际情况调查，对相关责任人的土壤详细调查、修复进行监督管理等。根据韩国《土壤污染保全法》第 15 条第 1 款规定，市、道知事或者市长、郡守、区长可以命令相关责任人开展土壤详细调查，该调查应由土壤相关专业机构负责并在总统令规定的期限内完成。第 15 条第 3 款明确，如果常规检测、土壤污染状况调查或土壤详细调查的结果显示，土壤污染达到了可能对人体及动植物健康和财产造成损害的程度，市、道知事或市长、郡守、区长可以命令责任人在总统令规定的期限内采取修复受污染土壤等一系列措施。

3.2.4　调查机构

韩国《土壤污染保全法》第 23-2 条专门规定，土壤污染调查机构是指开展以下工作的组织：A. 土壤调查；B. 根据第 13 条第 3 款进行的土壤污染检测；C. 根据第 15-6（1）条对土壤修复后评估；D. 根据第 19 条第 1 款对污染土壤改良项目进行指导和监督。在改变土地利用类型前，也需要由有资质的企业开展土壤调查。调查机构的选定应当在法定的范围之内，具体包括：当地环境办公室；国家公共研究所；大学《高等教育法》第 2 条第（1）款至第（6）款规定的学校；根据特殊法律成立的特殊公司；获得环境部长设立许可的非营利法人。

3.2.5　确定土壤修复责任

土壤环境评估的对象通常包括设施遭受土壤污染的场地、工业场地、军事场地、垃圾填埋场等场地。评估的具体程序为：A. 初步调查，判断污染的可能性。B. 一般情况调查，确认是否存在污染。C. 详细调查，识别主要的污染物，确定污染的范围和量。前两个阶段不需要由有资质的单位完成，详细调查需要由联邦政府授权的有资质的独立的第三方机构完成。

韩国开展土壤修复不是基于风险，而是基于污染水平（总量）。只有符合《土壤污染保全法》中规定的少数情况，才基于风险进行修复。如果污染物浓度超过标准，即使风险水平可接受，大部分情况也应开展修复。

土壤环境评估和基于评估的修复都是法律程序，任何违反法律的人都可能受到 2 年监禁的惩罚，或者高达 50 万美元的罚款，并且在污染场地上的所有活动都需要暂停。在房地产交易之前，土壤环境评估有助于买卖双方了解场地的土壤污染现状，厘清土壤污染导致的财产损失责任，有效避免冲突。

在韩国，由于责任认定通常需要花费数月甚至数年的时间，为了及时修复土壤，当责任方不明确或者存在多个责任方时，政府可以自行开展调查和后续修复，再向责任方追偿相关费用。

政府开展修复费用来源主要有：向排污者征收的费用；运输税、能源税、环境税；国家财政预算。

4　关于我国土壤污染责任认定的思考

4.1　土壤污染责任认定的关键问题

4.1.1　责任认定的问题起源

《土壤污染防治法》对土壤污染责任的认定只确定了认定的前提和认定主体。根据第四十五条规定，土壤污染责任人负有实施土壤污染风险管控和修复的义务。在土壤污染责任人无法认定的情况下，污染地块的土地使用权人应当履行土壤污染风险管控和修复的义务。《土壤污染防治法》第四十八条规定，土壤污染责任人不明确或者存在争议的，农用地由地方人民政府农业农村、林业草原主管部门会同生态环境、自然资源主管部门认定，建设用地由地方人民政府生态环境主管部门会同自然资源主管部门认定。

根据以上所列法律相关规定，责任人认定在我国为法定的程序。从法条文义上解释，仅指确定责任人，不涉及责任份额的判断。美国、英国虽存在独立的责任人认定程序，但其内涵比我国的责任人认定范围更广，属于责任的认定。USEPA 在实务操作手册中明确了潜在责任人查找程序，在查找过程中不仅追查各类责任人，也需判断贡献度大小、责任人支付能力等内容，最终形成完整的潜在责任人查找报告；英国《环境保护法》将责任认定程序明确为法定程序，包括对责任组的判断、责任份额的分配、免责情形的判断等。

根据以上分析，我国《土壤污染防治法》只对责任人的认定作了原则性的规定，而对于责任人的概念、范围等需要法律层面解决的基础性问题未作明确的规定。因此，在生态环境部门编制土壤污染责任人认定办法时，需要替法律进行前期的探索，在实践中探索解决需要法律明确的问题。

4.1.2 责任人的界定

《土壤污染防治法》没有对责任人给出明确的定义和范围。土壤污染责任人包括哪些？责任人的范围多大？是否包括历史上的土壤污染责任人？哪些土壤污染行为人可以不承担风险管控或修复责任？在制定认定办法时需要给予明确。根据一般法律"法不溯及既往"的原则，土壤污染责任人应该为 2019 年《土壤污染防治法》颁布后造成土壤污染的责任人或土地所有者，但土壤污染问题有其自身的特殊性。目前的土壤污染问题都是历史积累所形成的，如果对 2019 年之前的污染行为人不予追究，那土壤污染责任认定就没有意义。相反的，如果对 2019 年以前的污染行为人进行责任追究，又与"法不溯及既往"的基本原则冲突，并且《土壤污染防治法》也没有"溯及既往"的法律规定。因此，行政机关制定土壤污染责任人认定办法时如果确定追溯历史排污者责任，缺乏法律依据。

对于历史上的土壤污染行为人的排污行为是否需要确定合法性，也是需要重点讨论的问题。历史上，土壤污染有的是恶意倾倒危险废物或填埋危险废物等非法排污引起的，有的是企业在正常生产经营过程中无意产生的跑冒滴漏，此外，长期达标排放也可能由于历史累积造成土壤污染问题。合法的排污造成的土壤污染损害的行为人是否应当作为土壤污染责任人？如果合法排污者属于责任人范围，也可能因为时过境迁，调查取证困难在实践中难以操作。对无法区分合法排污和非法排污的，根据"疑罪从无"的原则，则很多历史遗留土壤污染无责任人承担，难以令社会公众信服，同时会加重财政负担，增加社会成本。但如果不加区分，即无论历史上是合法排污还是非法排污，均应承担土壤污染防治责任，则对合法经营的企业不公平，容易打击企业的经营投资信心，不利于经济和就业稳定。

从上述相关国家的法律和相关规定来看：①美国、德国确定了"溯及既往"制度，其中，德国的土壤保护相关法律中明确了溯及力的条款；美国在《超级基金法》中借用普通法的法理，确定了"溯及既往"的制度。②荷兰作为大陆法系国家，通过判例明确了历史追溯的时间节点和责任承担方式。这些国家确定土壤污染责任的"溯及既往"规则有其工业发达、危险废物产生行业较多的特定历史背景，以及相应的资金保障措施作为支撑。综上所述，相关国家的"溯及既往"的追责方式较好地解决了土壤污染的危险问题，值得我们学习借鉴。

美国除明确了追溯责任以外，还明确了严格责任，即使排放行为者在排放时由于非专业原因无法预知危险物质排放可能造成的污染问题，即使行为发生时是合法的，即使处置时使用了当时最先进的方法，也应按照法律规定的比例承担相应责任。这里需要强调的是，这种严格责任仅针对危险废物造成的污染责任，不涉及一般性的污染责任。

4.1.3　认定主体

《土壤污染防治法》只规定了责任人认定办法由国务院生态环境主管部门会同有关部门制定。责任人的认定工作根据土地性质，由地方人民政府生态环境、自然资源、农业农村、林业草原等主管部门负责。具体由哪一层级的地方行政机关层级负责认定？行政机关和技术机构在认定中的分工如何？认定过程中，开展调查和认定需要的技术机构或人员的资质如何要求？ 由于调查和修复涉及土壤污染物性质检测、历史污染调查、污染因果关系判定等情况复杂、专业性强的活动，由行政主管部门开展认定难度较大，因此，需要专业的调查认定技术力量辅助行政机关进行认定工作。而开展土壤污染调查、责任认定的技术机构是否应当具备相应的土壤污染调查的技术能力或资质？具备什么样的资质条件？以及资质条件由谁来确定？也需要在责任认定办法中予以适当明确。

相关国家对责任认定的主体均为行政机关，具体形式有两种：一是中央和地方分别认定，从美国、英国和日本的法律规定来看，列入优先管控地块清单或特定地块的调查和修复责任由联邦或国家[①]环境行政主管部门承担，此类地块占比很少，其他一般污染地块的责任调查由地方政府负责，具体执行中环境主管部门予以协助，其中，日本农用地土壤污染责任由农业行政主管部门主要负责；二是地方认定，其中，以德国、荷兰为代表的国家是地方政府、行政机关或官员进行调查认定，如果地块涉及两个以上初级行政部门的，由共同上级部门管辖。

从相关国家法律来看，土壤污染认定的主体均为行政机关。在实践中，各国地方政府或主管部门都需要依赖第三方机构对土壤污染调查评估、责任认定以及修复提供技术支持，但从已收集到的相关国家的资料来看，均没有单独对开展土壤污染责任认定工作的机构进行资质管理，仅对开展土壤污染调查评估和修复的机构或人员进行管理。其中，美国和英国均没有对从事相关业务的机构进行资质管理，主要通过行业协会对相关从业人员进行考核培训；日本、韩国均明确规定由国家层面的环境部门对从事土壤污染调查和修复的机构和人员进行资质管理；德国由地方土壤保护部门开展调查评估和修复机构或人员的管理。

针对调查中涉及土壤污染物性质检测、历史污染调查、污染因果关系判定等情况复杂、专业性强的活动，地方行政主管部门开展认定难度较大，因此，需要专业的调查认定技术力量辅助行政机关进行认定工作。

---

① 在英国，特殊地块由英格兰和威尔士的环境行政主管部门负责，一般地块由郡、市负责；但在苏格兰，没有区分地块类型，都由苏格兰的环境行政主管部门负责。

4.1.4 认定程序

土壤污染责任的认定工作如何开展？涉及污染性质、因果关系等复杂的技术鉴定如何委托或指定？土壤污染状况调查、风险评估、修复工作如何衔接？我国《土壤污染防治法》只要求地方行政主管部门对责任人进行认定，并没有进一步确定认定的程序和要求。《土壤污染防治法》规定对土壤污染状况普查、详查和监测、现场检查表明有土壤污染风险的建设用地地块，地方人民政府生态环境主管部门应当要求土地使用权人按照规定进行土壤污染状况调查。另外，用途变更为住宅、公共管理与公共服务用地的，变更前应当按照规定进行土壤污染状况调查。对土壤污染状况调查报告评审表明污染物含量超过土壤污染风险管控标准的建设用地地块，土壤污染责任人、土地使用权人应当按照国务院生态环境主管部门的规定进行土壤污染风险评估，并将土壤污染风险评估报告报省级人民政府生态环境主管部门。因此，土壤污染责任人认定办法必须就认定主体以及与调查评估的衔接作出规定，既要保证责任人的认定合规有序以及调查修复工作的顺利推进，还要充分保障当事人的合法权利。

在土壤污染责任人认定过程中，可能存在的纠纷情形包括：一是生态环境主管部门对责任认定申请作出无法认定的决定；二是涉及土壤污染责任的当事人对认定不服。因此，如何确定认定的程序，既要实现科学客观的调查和认定，又要降低责任人认定的"寻租空间"，降低诉讼风险和廉政风险。通过有效的制度设计，运用好"查定分离"的规则，是至关重要的问题。另外，如何衔接好行政主管部门和技术机构的关系并确立工作衔接规则，实现土壤污染责任认定与土壤污染状况调查、风险评估、风险管控、土壤修复等工作程序的有机融合，避免由于衔接不畅所导致的证据破坏或重复调查，确保土壤污染责任认定工作和土壤污染管控修复工作的顺利开展，都需要在制度设计上作出精细的设计和安排。

从域外经验来看，土壤污染责任认定与土壤污染调查评估工作都有制度安排。其中，美国的土壤污染责任认定工作手册就潜在责任人查找与土壤调查评估作了比较完善的规定，美国通常要求在场地被列入国家优先名录前尽早启动责任方查找，在修复调查/可行性研究启动前 90 天提交初步的潜在责任方查找报告，并在修复设计/修复实施特别通知函下达前 90 天完成最终的潜在责任方查找报告，以便尽早地识别出足够的潜在责任方和对潜在责任方进行分类，就修复调查、和解方案、责任份额等进行协商。英国的《环境保护法》1990：第ⅡA章 污染土地法律指南系统阐明了责任认定的程序，包括地方当局对其辖区土地进行调查，识别污染土地；对责任人的初步识别，确定"A类责任组"或"B类责任组"；找不到责任人（孤立链），无法确定 A 类或 B 类责任人时，通过单独程序处理；根据指南进行责任分配等调查认定环节。

4.1.5 认定和修复经费

关于土壤污染责任认定工作经费，我国《土壤污染防治法》作了明确规定，根据第七十条第一款第二项规定，由各级政府安排资金用于土壤污染责任人认定工作，不另行收费。关于责任人无法认定、由土地使用权人实际承担风险管控和修复义务的情形，第七十一条规定可以申请土壤污染防治基金。在具体实施过程中，可能面临的问题包括：如果认定过程中发现前期土壤污染责任人或土地使用权人开展土壤污染状况调查不充分，造成责任认定依据不足的问题如何处理？污染责任人存在但无力承担相关责任，如何处理？目前关于土壤污染防治基金的来源、管理和使用尚未作出规定。

根据欧美国家的经验来看，土壤污染调查评估、责任认定以及后期的管控修复费用原则上由认定的污染者或土地所有者、使用者承担，对于无力承担或责任人消失以及责任人无法认定的情形，美国通过基金的制度设计来保障污染的及时清理与场地修复或管控。韩国政府开展修复的费用主要来源于排污费、运输税、能源税、环境税以及国家财政预算。英国污染场地相对集中于城市地区，主要利用"受益者付费"原则，通过城市重新规划提升污染地块的再开发利用价值，解决了大部分无责任主体历史遗留地块的调查修复问题；荷兰和德国综合利用污染者付费、政府出资、受益者付费等多种渠道，分别解决责任人明确与无主地块的修复管控责任。日本分别针对在产和闭矿的矿山修复问题，作出中央和地方财政、责任人不同承担比例的规定。

我国《土壤污染防治法》已经明确土壤污染责任人认定工作经费由政府承担，在很大程度上减轻了潜在责任人的负担，针对认定过程中发现前期土壤污染责任人或土地使用权人开展土壤污染状况调查不充分，造成责任人认定依据不足的问题，应作出由责任人补充调查费用的制度设计。

4.1.6　责任分配

土壤污染责任认定工作中争议最大的是如何确定责任和分配责任？在涉及多个责任人的情况下，基于目前的技术水平及经济合理性，准确认定所有的责任人并划分责任，在很多时候都比较困难，而且行政成本很高，如何有效解决这个问题，需要土壤污染责任人认定办法予以创新和突破。

关于责任分配的问题，美国、荷兰和德国虽然法律体系不同，但都作出了通过责任人自行协商确定责任分担比例的规定，其中，美国基于本国的行政司法制度，采用协商解决的办法，鼓励相关责任人确定各自的责任份额。荷兰和德国也在本国的土壤保护相关法律中引入了责任人协商制度，并根据欧盟《环境责任法》的规定，将污染调查和修复责任归入"环境损害"，包括政府在内的代履行调查和修复义务的当事方可以基于民法等相关法律的规定向污染获益方索赔污染造成的修复和管控责任。英国按照污染行为人和土地所有者、占有者两个链条确定责任分配原则，合理详尽。被欧美国家普遍采用的责任认定协商规则以及责任分配原则，可以减少或避免"费时耗力"的责任分配纠纷，在我国制定责任人认定办法与技术规范时值得借鉴。

此外，美国还规定了连带责任，即任何一方都可能承担全部清理费用，无论该潜在责任方的实际份额是多少；如果损害是可以分割的，那么赔偿责任也可以相应的分割；支付费用的任何一方有权向未支付费用的其他潜在责任方追偿；如果责任方有合理的依据来确定每一种原因对损害的贡献，可以就承担全部连带责任提出抗辩。关于责任人界定，荷兰和德国等大陆法系国家虽然采纳了"溯及既往"的严格责任原则，但对"合法排污""善意排污""少量微量排污"等情形作了免责规定，确立了主要针对"恶意、故意排污"的"有限严格责任"原则。

4.2 建设用地责任人认定办法编制思路

4.2.1 编制的整体思路

由于国内尚未有土壤污染责任认定的实践经验和案例，同时土壤污染责任认定还涉及很多理论和实践方面的困难。概括起来，土壤污染责任认定主要面临四方面的挑战：一是就法律角度而言，涉及"溯及既往"等复杂法律问题。一般而言，"法不溯及既往"。但不少建设用地土壤污染涉及历史遗留问题。土壤污染责任认定若不溯及既往，则大量历史遗留土壤污染无责任人承担。二是对当事人而言，涉及较大的切身利益。依据《土壤污染防治法》第四十五条规定，责任人一旦被认定，则需要承担土壤污染风险管控和修复义务；土壤污染责任人无法认定的，则土地使用权人应当实施土壤污染风险管控和修复。而且，土壤污染风险管控和修复通常涉及较高费用。三是对生态环境等行政部门而言，在土壤污染责任认定过程中，不可避免会面临寻租风险；当事人不服责任认定的，生态环境部门还将面临行政诉讼压力。四是就技术角度而言，不少污染地块的土壤污染历史长，涉及历史上多个当事人，如何判断现存土壤污染与历史当事人的因果关系、认定责任人和区分责任技术复杂。

在制定土壤污染责任人认定办法时，既要注意把握积极稳妥的探索原则，又要切实保障责任人认定工作的推进，确保为后期的土壤污染风险管控和修复奠定基础。因此，在认定制度设计上应当遵循以下原则：一是积极稳妥，扎实推进。针对土壤污染责任认定的突出问题，积极探索，力求突破。对一些看不准的，为进一步实践留下探索空间。二是尊重历史，实事求是。既把污染担责落到实处，管控和修复受污染土壤环境，又兼顾公平合理的社会预期以及经济社会承受能力。三是客观公正，公开透明。通过设计"调查认定分离""责任协商""鼓励修复"等制度设计，保障涉及土壤污染责任的当事人的合法权益，并最大限度化解行政部门的廉政风险和被诉讼的风险。土壤污染责任认定的具体规则设计应当围绕以上《土壤污染防治法》尚需进行实践探索的土壤污染责任人范围、责任人认定的主体、认定的程序、多个责任人的污染责任分配等核心问题提出具体的解决建议和方案。

4.2.2 责任人的界定

参考美国、德国、荷兰的经验，土壤污染责任人范围可以追溯至《中华人民共和国环境保护法（试行）》生效后，由造成土壤污染，需要依法承担风险管控、修复责任的单位和个人承担土壤污染风险管控和修复责任。《中华人民共和国环境保护法（试行）》第六条已明确规定："一切企业、事业单位的选址、设计、建设和生产，都必须充分注意防止对环境的污染和破坏……已经对环境造成污染和其他公害的单位，应当按照谁污染谁治理的原则，制定规划，积极治理。"因此，追溯至最早的环保法生效之时有制度上的合理性。另外，针对恶意排污、危险废物填埋等违法行为，即使是我国《土壤污染防治法》制定前的环境保护类法律也是禁止的，这种污染一经发现，根据之前的法律规定也可以要求相关违法责任人采取法律措施予以处置。因此，我国可以从实际情况出发，对于非法填埋危险废物、恶意排污等违法造成土壤损害的进行"溯及既往"或者依据之前相关法律进行污染追责。

另外，根据美国、德国、荷兰对历史责任人的责任承担差异看，均对合法排污的土壤污染责任人进行了免除或者减少责任，因此，基于公平合理的原则，我国历史上的土壤污染责任认定也应当对合法排污造成的土壤污染和违法排污造成的土壤污染的不同责任人有所区别，对于历史污染责任的可以参照美国《超级基金法》局限于危险废物造成的土壤污染损害责任认定以及德国关于危险性责任的规定，并排除合法排污造成的土壤污染责任，或者对于合法排污造成的损害减少责任承担的份额。

4.2.3　认定主体

尽管各国对土壤污染责任调查和认定的主体有不尽相同的规定，但是，基本都是行政主管部门负责调查认定。根据我国《土壤污染防治法》第四十八条规定，建设用地由地方人民政府生态环境主管部门会同自然资源主管部门认定。因此，根据法律的规定，需要明确地方行政机关认定的层级安排。考虑到省级行政主管部门人力资源有限，而县级行政主管部门能力有限且县级生态环境部门正在改革为设区的市级生态环境主管部门的派出机构，由设区的市级行政主管部门负责责任人认定有利于提高行政效率。因此，建设用地的土壤污染责任人认定由土壤污染所涉及地块的所在地设区的市级生态环境主管部门会同自然资源主管部门负责比较合适。

此外，建设用地土壤污染责任人认定活动涉及生态环境主管部门和自然资源主管部门。根据两个部门的职责分工，生态环境部门主要负责调查建设用地历史上污染事故情况，经营活动中污染物及其排放情况，生态环境及有关行政处罚情况等；由自然资源主管部门负责调查建设用地使用权人历史信息、土地、矿产等资源开发利用情况及有关行政处罚的情况、水文地质信息等。

4.2.4　认定程序

土壤污染责任认定涉及历史污染调查、污染因果关系判定等，情况复杂、专业性强，需要规范认定程序，并组织专业力量辅助行政机关进行认定工作。同时，为了减少认定工作中的廉政风险，增强权力制约和监督，可以将调查和认定由不同的部门分别承担。

1）开展调查。参考《生产安全事故报告和调查处理条例》关于组织调查组进行安全事故调查的规定和经验，可以指定或委托技术调查机构开展调查。调查机构的主要职责是：调查污染行为，判断污染行为与建设用地土壤污染之间的因果关系，提出土壤污染责任人，提交调查报告等。调查机构可以向生态环境和自然资源主管部门调取相关资料。

2）审查调查报告。针对专业性较强的调查报告，设区的市级生态环境主管部门会同同级自然资源主管部门成立土壤污染责任人认定委员会（由行政机关专职人员和有关专家组成），对调查报告进行审查；审查通过的，土壤污染责任人认定委员会将调查报告及审查意见报送主管部门。

3）批复调查报告作出决定。经过专业的调查报告审查，生态环境主管部门可以根据认定委员会报送的调查报告及审查意见，会同自然资源主管部门进行批复作出决定。

针对开展土壤调查时可能忽略责任认定的问题，建议在修订《工矿用地土壤环境管理办法》《污染地块土壤环境管理办法》《农用地土壤环境管理办法》时，对土壤污染状况调查与土壤污染责任人认定作出衔接程序的规定。

4.2.5　认定经费

我国《土壤污染防治法》已经明确土壤污染责任认定工作经费由政府承担，参考国外由污染责任人、土地所有者、使用者承担，或者对于无力承担或责任人消失以及责任人无法认定的情形，通过基金保障的经验。我国土壤污染责任人认定时，针对认定过程中发现前期土壤污染责任人或土地使用权人开展土壤污染状况调查不充分，造成责任认定依据不足的，应作出由土壤污染责任人或申请人承担补充调查的费用。

4.2.6　责任分配

责任分配是认定工作中的重点和难点，也是矛盾集中的主要方面。借鉴美国、英国、荷兰和德国的经验，鼓励多个当事人之间按照各自对土壤的污染程度划分责任份额，进行协商，达成责任承担协议。各自对土壤的污染程度无法确定的，参考《中华人民共和国侵权责任法》，难以确定责任大小的，原则上可以平均分担责任份额。通过责任协商和平均分配的方式，减少或避免认定"费时耗力"浪费行政资源，也可以减少行政机关进行责任分配可能产生的纠纷。

4.3　农业用地责任人认定办法编制思路

农用地土壤污染成因复杂，包括上游水体污染、地下水迁移、大气沉降、污水灌溉，以及农药、化肥的滥用等。根据《全国土壤污染状况调查公报》统计，全国耕地、林地、草地受到不同程度的污染，主要污染物为镉、镍、铜、砷、汞、铅、六六六、滴滴涕、多环芳烃等。农用地土壤污染责任人认定与建设用地的不同点在于：

一是责任人的范围，主要涉及周边排污企业、矿山以及农药、化肥的使用者。①关于工矿等活动造成的农用地污染，责任人主要是在农用地及周边排放、倾倒、堆存、填埋、泄漏、遗撒、渗漏、流失、扬散污染物或者其他有毒有害物质等，造成农用地土壤污染，需要依法承担土壤污染风险管控和修复责任的单位和个人。②关于农药、化肥等农业投入品造成的农用地污染，主要是违法使用农药、肥料等农业投入品造成农用地土壤污染，需要依法承担土壤污染风险管控和修复责任的农业生产经营组织。从国际上看，目前尚未发现有对农药、肥料导致的土壤污染追责的案例。考虑我国农药化肥滥用的问题严重，实践中区分是否违法使用农药、肥料具有可操作性，可以将农业生产经营组织纳入责任人范围。对于个体农户，则不纳入责任人认定范畴。主要考虑是个体农户使用农药、肥料等农业投入品造成农用地土壤污染的，不属于当前的突出问题；且多数情况下，由个体农户承担农用地土壤污染风险管控和修复责任，不具有经济技术可行性。

二是启动认定的情形和条件。按照我国《土壤污染防治法》的规定，农用地土壤污状况调查、土壤污染风险评估、农用地分类管理，主要由政府部门主导，也就是说农用地土壤污染状况及其风险，主要由政府部门掌握。因此，依职权启动是现阶段工作的重点。依职权启动就需要明确启动责任人认定的条件：①土壤污染责任人不明确或存在争议的。如农用地周边存在多个污染源的情况下，可能出现上述情况。②需要开展风险管控或修复的。按照农用地分类管理的有关规定，对于划分为优先保护类农用地的，无须采取后续风险管控和修复，不存在责任人认定的问题。划分为安全利用类或严格管控类的农用地地块，才有认定责任人的必要。

5 结论与建议

5.1 按照行为恶意性和后果严重性区别历史责任

"法不溯及既往"是各国法律的基本原则，但土壤污染有其自身的特殊性，如不追究恶意排污者的责任，则危害状态将长期存在并对公众健康造成威胁，如果此类责任由政府完全承担难以令社会公众信服，同时会加重财政负担，增加社会成本。在实践中，关于土壤污染法律生效前的污染行为如何确定责任，相关国家的法律和具体实践各不相同，通过总结，我们发现通常有三种做法：①美国、德国通过"溯及既往"制度追究责任人的责任，其中，美国《超级基金法》采用了民事法律有关"特殊、危险"情形的无过错担责的法理，演变出了《超级基金法》的责任认定和分配体系；②荷兰、日本在法律中没有对土壤污染历史责任作出规定，但通过案例或判例在实践中要求有能力的责任人对历史危险性排污承担相应责任；③意大利、韩国在法律中明确不追究历史排污者的责任。这些国家对于确定土壤污染责任的"溯及既往"规则，或者以污染造成的危险状态以土壤保护法律生效之前的行政管理类法律进行管理，或者不再追究历史污染者的责任，都有其特定的历史背景、法治传统和社会需要。

长期以来，我国缺乏专门的土壤污染防治法律规范，且涉及土壤污染的规定在相关环境保护法律制度中存在分散、笼统、缺乏针对性的问题，导致土壤污染防治工作管理流程不明确、责任分担不清晰、责任追究难落实、监督管理缺乏依据。同时，由于环境污染的复杂性、潜伏性、长期性等特点，我国经过几十年的高速发展，很多历史的污染积累，在一定时间后会集中出现，因此，在土壤污染责任认定规则中，应当积极落实"污染者担责"的环保基本原则，适当突破"法不溯及既往"的规则，才能解决历史污染责任的问题。根据相关土壤污染修复的经济影响的分析，如果土壤修复资金的 1/3 由企业承担，对工业企业净利润的负担可以接受，对国家工业经济整体运营不会产生不能承受的影响。

综上，我们建议将最早确立"谁污染谁治理原则"的《中华人民共和国环境保护法（试行）》生效之日作为追溯的起点。对于追溯的范围，建议将历史土壤污染责任人划分为两类，结合历史污染的实际情况区别对待：第一，对非法填埋危废、恶意排污等违法造成土壤损害的进行追责，要求其承担清除污染和修复土壤的责任，减少政府财政压力，降低纳税人的负担，这也符合社会公平和群众的合理期待；第二，对于历史上合法达标排污造成累积性污染的企业，可以减免其土壤污染责任，或者只承担土壤风险管控责任，这有利于保护合法经营企业的合理预期，体现了保护守法、维护公平的法律精神。

5.2 地方政府是土壤污染责任认定的实施主体

从有关国家来看，土壤污染责任认定主要有两种方式：一是中央和地方分别管辖，美国、英国、荷兰、日本根据地块的性质或污染程度和影响，将污染地块分为特殊（或优先）管控地块和一般地块两类，分别由中央和地方监管，其中中央层面主要由环境保护主管部门负责，日本规定农用地由农业主管部门负责；二是由地方管辖，德国、韩国是地方政府、行政机关或官员进行土壤污染责任调查、修复的监管，环境保护或土壤保护部门在其中发挥主要作用。

根据我国《土壤污染防治法》的规定，土壤污染责任人认定由地方人民政府的生态环境、自然资源、农业农村、林业草原等主管部门开展认定。针对建设用地，由土壤污染所涉及地块的所在地设区的市级生态环境主管部门会同自然资源主管部门负责，更符合实际情况，有利于调查土壤污染状况及地块历史使用权人信息。省级生态环境主管部门会同自然资源主管部门可以针对跨市的土壤污染责任人进行认定。农业用地由于县级行政主管部门掌握农用地实际情况，将认定权下放至县级有利于提高行政效率。

行政机关在责任认定过程中需要借助第三方技术机构开展污染调查、责任人查找、因果关系判定等专门性工作，需要判定第三方机构的能力和资质满足认定工作的需要。同时，由于第三方机构的资质问题涉及行政许可，在我国《土壤污染防治法》没有相关规定的情况下，没有设定许可的依据，可以建立与土壤污染调查认定相关的推荐鉴定机构名录，并通过编制技术规范、工作手册等文件，规范技术机构的调查、鉴定行为。

5.3 实现责任认定与调查修复工作的有效衔接

美国对责任认定与调查修复作了比较完善的规定，规定潜在责任方查找与场地调查并行开展。美国在场地被列入国家优先名录前尽早启动潜在责任方的查找，还明确潜在责任方查找报告需在修复设计/修复实施特别通知函下达前90天完成，以便尽早地识别潜在责任方，并就调查和修复的责任承担等进行协商。我国《土壤污染防治法》将土壤污染状况调查评估和修复与责任人认定作了相对分离的规定，调查、风险评估、修复由土壤污染责任人或者土地使用权人承担，责任人认定费用由政府部门承担。从实际工作程序来看，土壤污染状况调查与责任人认定无法完全分离，因此就需要在责任人认定办法中予以细化，建立土壤污染责任人认定与调查修复工作的衔接机制。

一是制定鼓励自行协商确定责任的条款，当事人在调查开始前根据其对地块的了解或者在调查过程中发现存在其他当事人的，由当事人之间协商确定调查与修复义务，提高认定效率，减少政府部门的工作负担与经费支出；二是政府部门依当事人申请开展土壤污染责任人认定，在当事人对承担调查、修复义务有异议的情况下，开展责任认定，并在认定过程中充分运用已有的土壤污染状况调查报告作为证据，减少重复性调查；三是认定结论应及时送达土壤污染责任人，由其实施土壤污染风险管控和修复，无法认定的，及时告知土地使用权人，由土地使用权人实施土壤污染风险管控和修复；四是推进认定机构与调查、修复执法部门之间的联动，生态环境主管部门内部的认定机构及时将土壤污染责任人信息移交处罚部门，认定的责任人不及时开展修复的，处罚部门应当责令开展修复。

5.4　建立合理可实施的土壤污染责任分担原则

从各个发达国家土壤污染责任认定的经验来看，土壤污染责任人的查找及其责任份额的确定是紧密关联的，尤其是英国，对如何排除责任人、多个土壤污染责任人如何分担修复责任等进行了明确且详细的规定，美国虽然不是由国家环境保护局或地方政府确定潜在责任人的责任份额，但《超级基金法》给出了存在多个责任人的情况下责任如何划分的原则，即任何一方都可能承担全部清理费用，无论该潜在责任方的实际份额是多少，且支付费用的任何一方有权向未支付费用的其他潜在责任方追偿。

从美国《超级基金法》的执行情况来看，仅认定责任人，不对其责任份额进行确定，必然会引起大量的法律纠纷，耗费大量的人力、物力、财力，且经济实力差的相关方必然处于劣势，破坏公平原则，最终使得修复责任难以得到履行。因此，建议我国在土壤污染责任人认定办法中对存在多个土壤污染责任人时责任如何划分给出明确的原则，综合考虑责任人类型、对污染的贡献、是否主观故意、是否积极挽救、经济能力等因素确定责任份额。

5.5　分类别多渠道解决土壤修复资金筹集问题

欧美国家解决土壤污染问题的成功经验在于灵活多样的资金保障制度。结合我国具体实情，应推动责任认定与生态环境损害赔偿制度、环境公益诉讼制度统筹，建立统一的专门账户或基金。针对历史遗留的污染地块，一是构建包括国家财政支出、地方财政支出、环境税费、损害赔偿金在内的类似美国超级基金的固定资金筹集制度；二是充分调动开发者的积极性，借鉴英国土壤污染防治过程中受益者负担原则的运用，鼓励企业自愿开展土壤修复，并对该类企业给予一定税收优惠；三是扩大资金来源渠道，借鉴日本矿山修复的经验，建立由国家承担 1/3、地方政府承担 1/3、污染责任人承担 1/3 的"三三制"原则，共同解决历史污染地块的修复问题。

为预防未来可能发生的土壤污染，应建立风险防范的理念，探索预付保证金制度，构建环境污染强制责任保险制度，针对高污染、高环境风险行业企业，建立行业环境污染责任基金，采取以重大环境污染事故高发行业企业注资为主、其他方式补充的资金筹集方式，为未来可能发生的土壤污染修复提供充足的资金保障。

由于《土壤污染防治法》没有对土壤污染责任认定后的具体情形进行规定，应尽快作出相应的资金保障制度设计。如果污染责任人已经不存在或如果都由财政资金负担，这样加大了社会的成本和税收的压力，因此，后续的土壤风险管控和修复责任应由污染责任人承担，以减轻各级政府财政负担。

致谢

本报告特别感谢生态环境部土壤环境保护司钟斌副司长的指导。感谢中国政法大学胡静教授为本研究提供了丰富的国外法律资料。感谢华东政法大学张长绵老师对德国、意大利土壤保护相关法条原文的翻译和指导。

本报告在编制过程中还得到了诸多国际友人的帮助。特别感谢英国土壤修复产业联盟联合经理 Nicholas Willenbrock 先生、德国土壤修复专家 Martin Keil 先生、意大利国家环境部污染区现场研究专家 Marco Falconi 先生、荷兰规划国土城建部执法应急管理部门前高级顾问 Chris Dijkens 先生、日本神户市外国语大学樱井次郎教授、武汉大学法律学院博士后韩承勋先生（韩国籍）提供原始资料与邮件咨询。

参考文献

[1]   GAO（United States Government Accountability Office）. Trends in Federal Funding and Cleanup of EPA's Nonfederal National Priorities List Sites[R]. GAO-15-812，2015.

[2]   Office of Inspector General，Department of the Treasury. Audit Report：report on the bureau of the fiscal service funds management branch schedules for selected trust funds as of and for the year ended september 30，2016 [R]. U.S.A.，2016.

[3]   GAO（United States Government Accountability Office）. EPA's Estimated Costs to Remediate Existing Sites Exceed Current Funding Levels，and More Sites Are Expected to Be Added to the National Priorities List[R]. GAO-10-380，2010.

[4]   USEPA. Superfund. Number of NPL Site Actions and Milestones by Fiscal Year [EB/OL]. https://www.epa.gov/superfund/number-npl-site-actions-and-milestones-fiscal-year.

[5]   Marc van Liedekerke，Gundula Prokop，Sabine Rabl-Berger，Mark Kibblewhite，Geertrui Louwagie. Progress in the management of Contaminated Sites in Europe[R].European Commission，2014.

[6]   USEPA，Office of Underground Storage Tanks. Semiannual Report of UST Performance Measures Mid Fiscal Year 2019（October 1，2018 - September 30，2019）[R].USEPA，2019.

[7]   USEPA. RCRA Corrective Action：Case Studies Report[R]. USEPA，2013.

[8]   USEPA. Superfund. National Priorities List [EB/OL]. https://www.epa.gov/superfund/superfund-national-priorities-list-npl.

[9]   刘静. 预防与修复：荷兰土壤污染法律责任及资金保障机制评析[J]. 法学评论，2016，34（3）：163-172.

[10]   秦榕璘，张驰. 我国土壤修复产业现状及市场趋势[J]. 广东化工，2018，45（6）：135-136.

[11]　胡静. 污染场地修复的行为责任和状态责任[J]. 北京理工大学学报（社会科学版），2015，17（6）：129-137.

[12]　贾峰. 美国超级基金法研究[R]. 北京，2010.

[13]　生态环境部，国土资源部，等. 全国土壤污染状况调查公报[R]. 北京，2014.

我国大气污染物排放标准体系存在的问题与完善建议

Issues of China's Air Pollutant Emission Standard System and Suggestions for Its Improvement

卢亚灵　张鸿宇　程曦　杜慧滨　彭彬彬　张增凯　郭雅倩　王媛[①]

摘　要　本文回顾和分析了我国大气污染物排放标准现状，并与国外大气污染物排放标准相关规定进行对比，总结了我国大气污染物排放标准制定和实施等方面存在的问题。为完善我国大气污染物排放标准体系，提出了完善部分行业工业炉窑等大气污染排放标准、设立以行业排放标准为主的VOCs排放标准体系、制定配套的可行性技术指南和规范、设置考虑了污染物排放特征的控制指标、做好保障标准实施的顶层法律和制度设计、地方根据实际情况制（修）订地方标准体系等六条建议。

关键词　排放标准　标准体系　大气　政策建议

Abstract　The history and current situation of air pollutant emission standards in China are reviewed and analyzed，and compared with the relevant regulations of air pollutant emission standards in foreign countries. Issues in the formulation，implementation and other related aspects of China's air pollutant emission standards are therefore summarized. In order to improve the current system for China's air pollutant emission standards，six recommendations are proposed in this paper，which are improving the air pollution emission standards of industrial furnaces for certain industries； setting up a VOCs emission standard system based on industrial emission standards； developing supporting feasible technical guidelines and specifications； setting control indicators that take into account the characteristics of pollutant emissions； achieving recognition on the top-level legal and institutional design to ensure the implementation of the standards； and accelerating the local development and revision of standard system according to the actual situation.

Keywords　emission standards，standard system，atmosphere，policy recommendation

---

① 生态环境部环境规划院（北京，100012）；天津大学管理与经济学部（天津，300072）；天津大学环境科学与工程学院（天津，300350）。

生态环境标准是依法开展生态环境保护工作的技术依据，是实现污染物减排、改善环境质量、防范环境风险等生态环境管理目标的重要手段。近几十年来，我国在加强生态环境立法的同时，积极制定生态环境标准，逐渐发展成为涵盖了国家标准、地方标准和行业标准的多层次、多形式、多用途的完整的生态环境标准体系，成为生态环境法体系中不可缺少的部分。随着大气污染防治工作的推进，我国大气污染物排放标准体系也已经建立。当前我国生态环境管理工作已经从以控制环境污染为目标导向，向以改善生态环境质量为目标导向转变，逐步建立起以排污许可为核心的固定污染源环境管理制度。为满足新的生态环境管理需求，大气污染物排放标准体系需要随之完善。

1 大气污染物排放标准现状分析

生态环境标准是国家生态环境政策和法规在技术方面的具体体现，是生态环境保护法律体系的重要组成部分，同时也是技术法规体系中的重要组成部分。目前我国已形成两级五类的生态环境标准体系。两级指国家级和地方级标准；五类包括环境质量标准、污染物排放（控制）标准、环境监测规范类标准、环境管理规范类标准和环境基础类标准。在大气环境标准中，环境空气质量标准和大气污染物排放标准是生态环境标准体系中的重要构成。大气污染物排放标准是根据环境质量标准、污染控制技术和经济条件，对排入环境有害物质和产生危害的各种因素所作的限制性规定，是对大气污染源进行控制的标准，它直接影响到我国空气质量目标的实现。[1]

国外对大气污染物排放标准的规定各有不同。美国大气污染物排放标准将常规污染物与有害大气污染物分开进行控制。[2] 为控制光化学烟雾和臭氧层破坏等环境问题，对大气污染物的排放作了详细的规定，尤其对 VOCs 的排放作了详细规定，包括制定行业排放标准，针对分工艺排气、设备泄漏、废水挥发、储罐、装载操作五类源，分别规定了排放限值、工艺设备和运行维护要求。欧盟的相关标准以指令形式发布。针对固定源排放控制，欧盟对综合污染预防与控制指令（96/61/EC、2008/1/EC）、大型燃烧装置指令（2001/80/EC）、废物焚烧指令（2000/76/EC）、有机溶剂使用指令（1999/13/EC）、二氧化钛指令（78/176/EEC、82/883/EEC、92/112/EEC）进行了整合，发布了统一的《工业排放（综合污染预防与控制）指令》（2010/75/EU），它以最佳可行技术（BAT）为依据，规定了 6 大行业污染源和 13 类污染物的排放限值，限值指标有排放浓度、单位产品排放量、无组织排放逸散率等。[3] 德国《空气质量控制技术指南》将气态有机污染物（Ⅰ类 176 种，Ⅱ类 10 种）、致癌物（20 种）划分为几个类别，分别规定了各级排放限值。

近年来，我国大气污染物排放标准体系逐渐完善。[4,5] 大气污染源分为固定源和移动源，固定源大气污染物排放标准体系由行业型、通用型和综合型排放标准构成，共约 46 项，其中包括《大气污染物综合排放标准》（GB 16297—1996）、《挥发性有机物无组织排放控制标准》（GB 37822—2019）等 4 项综合标准，钢铁、有色、建材、煤炭、石化、有机精细化工、无机化工、电力热力等 12 类 42 项行业标准。目前，我国正在修改《硫酸工业污染物排放标准》（GB 26132—2010），《印刷工业大气污染物排放标准》和《餐饮业油烟污染物排放标准》两项标准制定正处于征求意见稿阶段。

为进一步加强大气污染防治工作，切实加大京津冀及周边地区大气污染防治工作力度，新制修订的重点行业大气污染物排放标准都增加了适用于重点区域的特别排放限值。在我国现行的固定源大气污染物排放标准中，有28项标准规定了特别排放限值。根据《重点区域大气污染防治"十二五"规划》的相关规定，自 2010 年以后，我国政府提出了需要重点防控的区域、行业和污染物，在重点控制区的火电、钢铁、石化、水泥、有色、化工六大行业以及燃煤锅炉项目执行大气污染物特别排放限值，其控制区范围涉及京津冀、长三角、珠三角等"三区十群"19 个省（区、市）47 个地级及以上城市；2018 年 1 月 15日，环境保护部发布《关于京津冀大气污染传输通道城市执行大气污染物特别排放限值的公告》（2018 年第 9 号），确定京津冀大气污染传输通道城市的火电、钢铁、石化、化工、有色（不含氧化铝）、水泥、炼焦化学工业现有企业以及在用锅炉执行标准二氧化硫、氮氧化物、颗粒物和挥发性有机物特别排放限值。

由于现行管理要求无法满足更严格生态环境需求，且存在特别排放限值不严、无组织监管无法落实等问题，我国开始在能源和资源消耗大的密集型产业实行超低排放标准，如电力行业和钢铁行业，并开始在燃煤锅炉和生物质锅炉方面实行超低排放改造；地方上，很多省份发布了地方的超低排放标准，如河北省发布水泥、平板玻璃、锅炉大气污染物超低排放标准。

大气污染物特别排放限值的特别之处不仅在于其标准严格，更重要的是，特别排放限值的执行地域，一般是指"在国土开发密度已经较高，环境承载能力开始减弱，或环境容量较小，生态环境脆弱，容易发生严重环境污染问题而需要采取特别保护措施的地区"；而大气污染物超低排放标准比大气污染物特别排放限值要求更高，且超低排放是钢铁行业和电力行业打赢污染防治攻坚战的关键。

经过 40 多年的发展，我国大气污染物排放标准在制度、理论和体系建设方面均取得了丰硕成果。然而，尽管近年来我国大气污染物排放标准体系逐渐完善[6, 7]，有力支撑了污染防治行动计划，但是仍存在一些问题[8]，主要包括：部分标准范围适用模糊，污染物控制指标设置缺乏科学性，主要污染物标准及配套可行性技术指南与规范缺失，部分行业标准限值设置宽松，同一区域不同地方的标准差异大等。不完善的大气污染物排放标准不利于有效控制污染物的排放，同时容易造成生态环境管理部门的执法依据模糊和执法障碍。基于这一认识，本文结合国内外对比和实际调研情况，通过研究固定源大气污染物排放标准体系现状，提出完善固定源大气污染物排放标准体系的思路。

2　大气污染物排放标准制定和实施问题

2.1　部分行业标准限值设置宽松和缺失

针对 VOCs 排放标准，我国印刷包装行业和家具制造业执行的国家综合标准《大气污染物综合排放标准》（GB 16297—1996），存在标准限值宽松的问题。如表 1 所示，在印刷包装行业，国家 NMHC 标准为 120 mg/m³，欧盟为 75 mg/m³ 和 100 mg/m³，国家标准限值宽松于欧盟标准；在家具制造业，国家非甲烷总烃（NMHC）标准为 120 mg/m³，而欧盟标准据不同情况分别为 50 mg/m³、75 mg/m³ 和 100 mg/m³，国家标准限值宽松于欧盟标准。因为这些行业执行《大气污染物综合排放标准》（GB 16297—1996），标准滞后导致标准宽松。

从地方标准来看，各省份的标准限值差异较大，且均比国家标准严格。以家具制造工业为例，如表 1 所示，北京 NMHC 标准为 10 mg/m³，河北为 60 mg/m³，而欧盟标准为 50 mg/m³、75 mg/m³ 和 100 mg/m³；以 VOCs 污染排放量较高的涂料制造工业为例[9]，北京的排放标准最严格，NMHC 排放限值为 20 mg/m³，比天津严格 4 倍，比欧盟标准还严格 7.5 倍。各省份的标准限值宽严程度不同是由于各省份产业发展背景有差异及减排目标不同所致，不同的排放标准可能会导致高污染企业的区域转移。

表 1 VOCs 国内外重点污染行业最高排放限值对比   单位：mg/m³

行业	中国	欧盟	德国
印刷与包装[1]	国家—NMHC：120[2] 北京—NMHC：30 天津—VOCs：50 河北—NMHC：50 山东—VOCs：50	75/100[3]	—
家具制造	国家—NMHC：120[4] 北京—NMHC：10 天津—VOCs：60 河北—NMHC：60 山东—VOCs：40	50/75/100	致癌物： Ⅰ级：0.05 Ⅱ级：0.5 Ⅲ级：1 非致癌物： Ⅰ级：20 Ⅱ级：100
涂料制造工业	国家—NMHC：100/60[5] 北京—NMHC：20 天津—TVOC：80	TOC：150[10]	—

注：[1] 指转轮凹版印刷。
[2] 执行《大气污染物综合排放标准》（GB 16297—1996）。
[3] 分别为出版物凹版印刷和其他凹版印刷。
[4] 执行《大气污染物综合排放标准》（GB 16297—1996）。
[5] 分别为一般地区和重点地区。

针对 NO_x、颗粒物和 SO_2 排放标准，我国部分行业的工业炉窑、危险废物焚烧和生活垃圾焚烧存在标准宽松问题。如表 2 所示，我国部分行业工业炉窑排放标准宽松。截至 2020 年，已制定或即将制定发布的涉及工业炉窑的行业标准共有 28 个（含尚未发布的 4 个标准），包括钢铁、水泥、焦化、玻璃、有色、陶瓷、砖瓦、氯碱、石油炼制、再生有色金属等行业，这些行业均执行更严格的《工业炉窑大气污染综合治理方案》（环大气〔2019〕

56 号），但是针对工业炉窑污染物排放，以文件方式规定其限值，效力不强；部分行业的工业炉窑（矿物棉、铸造、日用玻璃、稀有金属冶炼等）仍执行《工业炉窑大气污染物排放标准》（GB 9078—1996），该标准于 1996 年发布实施之后未再修改，由于工业炉窑种类多，燃料种类多，该标准对炉窑种类、燃料的考察不全面，原标准中烟尘排放标准 100～150 mg/m³、SO₂ 的 850 mg/m³ 等已不再适用；从国外标准制定情况来看，欧盟及美国均在 20～50 mg/m³。可见，这些行业炉窑排放限值或法律效力不强，或要求宽松，与当前的污染治理技术要求不相称。另外，我国危险废物焚烧标准和生活垃圾焚烧标准较国外标准宽松。其中危险废物焚烧标准 2001 年颁布，距今已有 19 年，标准已经滞后；与欧盟比较，SO₂ 与 NOₓ 标准都宽松。生活垃圾焚烧的颗粒物、SO₂ 与 NOₓ 标准浓度也都比欧盟高。具体见表 2 所示。

表 2　颗粒物、SO₂、NOₓ 国内外重点污染行业最高排放限值对比　　单位：mg/m³

行业	国家/地区	颗粒物	SO₂	NOₓ
火电厂（燃煤）	中国 [1]	20	50	100
	欧盟	20	200	200
	美国[11]	18	190	110
钢铁行业 [2]	中国	40	180	300
	欧盟	15/40	500/100	500
	日本	100	—	220
水泥	中国	20	100	水泥窑 320 烘干机 300
	美国	—	80	300
	欧盟	20	400	450
	日本	一般：100 特殊：50	—	500/700
锅炉	中国	燃气：20 燃油：30 燃煤：30	燃气：50 燃油：100 燃煤：200	燃气：150 燃油：200 燃煤：200
	美国	—	—	燃气：250 燃油：250 燃煤：169
	欧盟			燃气：100
工业炉窑 [3]	中国	熔炼炉： 100（二区） 150（三区） 熔化炉： 150（二区） 200（三区） 铁矿烧结炉： 100（二区） 150（三区）	有色金属冶炼：850 钢铁烧结冶炼：2 000 燃煤炉窑：850	—
	美国	20～50		
	欧盟	20～50		

行业	国家/地区	颗粒物	SO₂	NOₓ
危险废物	中国	—	200	500
焚烧	欧盟	—	50	200
生活垃圾	中国	20	80	250
焚烧	欧盟	10	50	200

注：¹ 根据《关于京津冀大气污染传输通道城市执行大气污染物特别排放限值的公告》，"2+26" 城市在火电、钢铁、石化、化工、有色（不含氧化铝）、水泥行业现有企业以及在用锅炉执行特别排放限值。

² 指烧结机头。

³ 指部分工业炉窑，如矿物棉、铸造、日用玻璃、稀有金属冶炼等。

对于其他行业，我国标准限值整体上严于国外标准。从火电厂来看，与欧美相比，我国火电行业主要大气污染物排放控制要求整体上处于国际领先水平，只有颗粒物较欧美相关法规中的最严要求相对宽松；从钢铁行业和工业锅炉来看，与国外相比，我国钢铁行业主要大气污染物排放限值要求与国外持平，工业锅炉标准除了燃气锅炉较欧盟宽松外，其他均比国外严格；从水泥行业来看，我国水泥工业排放标准严于欧洲、日本等绝大多数国家标准，仅略宽松于美国标准。[12] 考虑到我国考核的是污染物浓度一小时均值，国外一般为日均值（甚至月均值），相同限值水平下我国标准要严格很多。

2.2 铸锻工业等行业主要污染物标准缺失

部分污染物国家排放标准缺失。目前，我国 VOCs 污染物排放标准缺乏主要集中在家具制造、表面涂装行业以及印刷与包装印刷等行业；NOₓ 在铸锻工业和部分行业的工业炉窑缺乏行业标准；颗粒物在铸锻工业缺乏标准。

针对地方行业标准缺失的情况，目前北京在地方生态环境标准制定方面走在全国前列，已初步形成一个系统的标准体系，但总体上说，地方大气污染物排放标准制定工作比较滞后，尤其体现在地方支柱性产业上。

针对配套可行性技术指南与规范缺失的情况，国家层面均缺乏与大气主要污染物排放标准相应的可行性技术指南和规范，主要集中在石油化工、有色金属冶炼和表面涂装行业；相对来说，地方则更缺乏。

下面主要通过 VOCs、NOₓ、颗粒物和 SO₂ 4 种大气主要污染物在行业和地方两个层面的对比进一步说明标准缺失的问题。

（1）铸锻工业、铝型材工业等 10 个行业缺乏 VOCs 排放标准

国家层面，VOCs 行业排放标准缺失主要集中在铸锻工业、铝型材工业、有机化工业、汽车制造与维修、汽车制造涂装生产线、印刷与包装印刷、防水卷材行业、木材加工业、家具制造、表面涂装 10 个行业。如表 3 所示，梳理了我国国家以及京津冀及周边地区的 6 个省份 22 个行业 VOCs 标准最高排放浓度限值。可以看到，我国 VOCs 标准存在缺失的问题。虽然根据《大气污染物综合排放标准》（GB 16297—1996）的规定，缺乏自身标准的行业需执行该标准，但是鉴于不同行业大区污染物排放的特征不同，国家的综合标准未必完全适用于行业污染的治理。

地方层面，各省份 VOCs 地方标准缺失分别集中在医药行业、电子制造、汽车制造行

业、石油化学工业。VOCs 污染来源主要分为工业生产和以 VOCs 为原料的制造业，其中，生产行业主要有石油炼制、有机化工、医药、食品、日用品、轮胎制造等工业；制造行业主要有包装印刷、机械制造、电子产品制造、交通设备制造、人造板与家具制造等。从产业结构来看，北京市正逐步形成以汽车、电子和医药为代表的工业产业体系，从表 3 可以看出，与其他地方相比，北京市在医药行业缺乏 VOCs 地方控制标准；河南省以装备制造、食品制造、新型材料制造、电子制造、汽车制造为主导产业，其中电子工业、汽车制造与维修、汽车制造涂装生产线行业，缺乏 VOCs 地方控制标准[13]；山东省的优势产业集中在资源开发和加工行业，例如煤炭、化工、有色金属冶炼加工等工业，从表 3 可以看出，山东省在石油化学工业缺乏地方标准。

表3　国家和京津冀及周边地区省份大气污染物 VOCs 标准最高排放浓度限值　单位：mg/m³

行业	国家	北京市	天津市	河北省	河南省	山东省	山西省
铸锻工业	—	NMHC: 20/30[1]	NMHC: 20	—			
钢铁工业	NMHC: 80	—		NMHC: 50		VOCS: 50	
炼焦化学工业	NMHC: 80	—		NMHC: 50			
石油化学工业	NMHC: 120	苯: 4	VOCs: 20/80	NMHC: 100			
石油炼制工业	NMHC: 120			NMHC: 100			
铝型材工业						VOCs: 40	
有机化工业	—	NMHC: 20		NMHC: 80			
制药工业制造	NMHC: 100	—	VOCs: 40	NMHC: 60		VOCs: 60	
橡胶制品制造	NMHC: 100/10		VOCs: 10/80			VOCs: 60/10	
涂料与油墨制造	NMHC: 100[2]		VOCs: 80			VOCs: 50	
合成树脂工业	NMHC: 100						
塑料制品制造	NMHC: 100		VOCs: 50				
烧碱、聚氯乙烯工业	NMHC: 50						
电池工业	NMHC: 50						
电子工业	—	NMHC: 20/10	VOCs: 20/50				
汽车制造与维修	—	NMHC: 25	VOCs: 50/40	NMHC: 50		VOCs: 30/50	
汽车制造涂装生产线		VOCs: 20/35/80	VOCs: 35/55/70/150			VOCs: 35/55/70/150	
印刷与包装印刷		NMHC: 30	VOCs: 50	NMHC: 50		VOCs: 50	
防水卷材行业		NMHC: 10					
木材加工业				NMHC: 60			
家具制造	—	NMHC: 10	VOCs: 60/40	NMHC: 60	—	VOCs: 40	
表面涂装		NMHC: 50	VOCs: 60/50	NMHC: 60		VOCs: 5	
合成革与人造革工业	VOCs: 200					VOCs: 40	
黑色金属冶炼	NMHC: 80	—	VOCs: 100			VOCs: 20	

注：[1] 表示工艺或技术不同，下同。
　　[2] 指涂料、油墨及类似产品制造与胶粘剂制造工业，天津市与山东省的标准指树脂/乳液生产、原料混配、分散研磨等工艺.

（2）铸锻工业和部分行业工业炉窑等缺乏 NO$_x$ 排放标准

国家层面，NO$_x$ 行业排放标准缺失主要集中在铸锻工业和部分行业的工业炉窑。表 4 梳理了我国国家以及京津冀及周边地区的 6 个省份的 27 个行业 NO$_x$ 行业标准最高排放浓度限值。其中，主要行业工业炉窑执行《工业炉窑大气污染综合治理方案》，但部分行业工业炉窑（矿物棉、铸造、日用玻璃、稀有金属冶炼等）仍执行《工业炉窑大气污染物排放标准》，但该标准缺乏 NO$_x$ 排放限值。总结可知，我国在铸锻工业和部分工业炉窑缺乏 NO$_x$ 排放标准。

地方层面，NO$_x$ 地方行业排放标准缺失主要集中在水泥行业。NO$_x$ 污染主要来自火电、水泥、有色金属及黑色金属冶炼以及工业炉窑、汽车尾气排放等。其中，火电实行超低排放限值，且各省份均有火电行业的地方排放限值；对于水泥行业，通过国内外比较，可知我国水泥工业的排放标准很严格，除非地方对此行业有特殊要求，否则执行国家标准就能达到地方治理要求。从表 4 可以看出，相对于其他省份，河南省和山西省这两个省份在水泥行业缺乏地方排放标准；对于工业炉窑，根据《工业炉窑大气污染综合治理方案》，我国对大部分工业炉窑的标准限值已经很严格；对于有色金属冶炼工业，根据生态环境部门发布的有色金属相关工业的修改单，其已对冶炼行业的相关标准进行修订。

表 4　国家和京津冀及周边地区省份大气污染物 NO$_x$ 标准最高排放浓度限值　　单位：mg/m^3

行业	国家	北京市	天津市	河北省	河南省	山东省	山西省
火葬场	200/300	200/300	—	—	—	—	—
石油炼制工业	150/180 [1]；200 [2] TB [3]：100	100	—	—	—	100/150 [4]	—
石油化学工业	150/180；TB：100		—	—	—	100/150	
合成树脂工业	180；TB：100	—	—	—	—	100/180	
铅、锌工业	TB：100					—	
再生铜、铝、铅、锌工业	200；TB：100		100				
烧碱、聚氯乙烯工业	200；TB：120	—					
锅炉	300/250/200 [5] TB：200/200/150	30	150/80/80	200	—	—	50/150/100
无机化学工业	200；TB：100						
锡、锑、汞工业	200；TB：100						
镁、钛工业	TB：100						
钒工业	TB：100						
铜、镍、钴工业	100/80；TB：100						
水泥工业	400；TB：320/300	200	—	260/300	—	800	
电池工业	30					30/30	
砖瓦工业	200		200			150	
电子玻璃工业	700						
轧钢工业	300；TB：300			150		150	
炼铁工业	300；TB：300	—		150		150	
钢铁烧结、球团工业	300；TB：300	—		50		50	—

行业	国家	北京市	天津市	河北省	河南省	山东省	山西省
炼焦化学工业	500/200；TB：150	—	—	130/150	—	100/150	—
火电厂	100/200；TB：100	30	30	50	50	50	50
	100/120；TB：100					100	
	100/200；TB：100					100	
平板玻璃工业	700	—	500	600/500	—	—	—
稀土工业	200/160；TB：100	—	—	—	—	—	—
陶瓷工业	240/450/300	—	300	—	—	—	—
电子工业	100/150	50/100	—	—	—	—	—
铸锻工业	—	150	100	—	—	—	—
工业炉窑	—	—	—	400	—	—	—
铝工业	TB：100	—	—	—	—	300	—
汇总/个	25	7	7	9	1	11	1

注：[1] 指工艺加热炉。

[2] 指催化裂化催化剂再生烟气。

[3] 指行业国家特别限值。下同。

[4] 指山东省标准的重点控制区与一般控制区。下同。

[5] 分别指燃煤锅炉、燃油锅炉和燃气锅炉。火电厂划分与此相同。

（3）铸锻工业和冶金等行业缺乏颗粒物排放标准

国家层面，我国在铸锻工业缺乏颗粒物排放标准。表5梳理了我国国家以及京津冀及周边地区的6个省份20个行业的颗粒物行业排放标准最高排放浓度限值，可以看到，我国在19个行业设置了颗粒物排放标准，但在铸锻工业缺乏颗粒物排放标准。

地方层面，颗粒物排放地方标准缺失分别集中在石油化学工业、钢铁行业、电子玻璃行业、砖瓦工业和冶金工业。颗粒物主要来源于钢铁、有色金属冶炼、火力发电、水泥、石油化工和城市垃圾焚烧场等的燃料燃烧和生产过程。从产业结构来看，天津市主要以电子信息、汽车、化工、冶金、医药和新能源产业为主，对比表5可以看出，天津市在石油化学工业缺乏地方排放标准；河北省主要以装备制造、钢铁、石化、食品、医药、建材和纺织服装产业为主，对比表5可以看到，河北省在钢铁工业（除炼钢工业）、石化工业、电子玻璃和砖瓦工业缺乏地方排放标准；而山东省在石油化工行业缺乏地方排放标准；山西省以煤炭、焦炭、电力和冶金行业为主，由于国家炼焦工业和电力工业标准较为严格，地方无须制定相关标准，但从表5可以看出，山西省缺乏冶金行业地方标准。

（4）铸锻工业和石化等行业缺乏 SO_2 排放标准

国家层面，我国在铸锻工业缺乏 SO_2 排放标准。表6梳理了我国国家以及京津冀及周边地区6个省份20个行业的 SO_2 行业标准最高排放浓度限值，可以看到，我国在19个行业设置了 SO_2 排放标准，但在铸锻工业缺乏 SO_2 排放标准。

地方层面，SO_2 地方排放标准缺失主要集中在石化行业、水泥行业和锅炉方面。SO_2 主要来源于含硫煤的燃烧、有色金属的冶炼、石油的燃烧等。从表6可以看到，除了北京市在石油炼制工业有标准，其他省份在石油化学工业和石油炼制工业均没有标准；天津市、河北省和山东省的主导产业均有石化行业，而从表6可以看出，三地均在该行业缺乏标准。

表 5　国家和京津冀及周边地区省份大气污染物颗粒物标准最高排放浓度限值　　单位：mg/m³

行业	国家	北京市	天津市	河北省	河南省	山东省	山西省
火电厂	30/5；TB：20/5	5	5	10	10	5/20/5	5/10
炼钢工业	50/20/30/100/20 TB：50/15/30/100/15	—	—	10	—	10	—
钢铁烧结、球团工业	50/30；TB：40/20	—	—	—	—	—	—
炼铁工业	20/25；TB：15/10	—	—	—	—	—	—
轧钢工业	30/30/20；TB：20/30/15	—	—	—	—	—	—
铁合金工业	50/30；TB：30/20	—	—	—	—	—	—
无机化学	30；TB：10	—	—	—	—	—	—
水泥	20/30/20/20；TB：10/20/10/10	20	—	20	—	20	—
平板玻璃	50/30	—	—	30/20	—	25	—
电子玻璃	50	—	—	—	—	—	—
陶瓷工业	50/30	—	—	—	—	10	—
砖瓦工业	30	—	—	—	—	30	—
合成树脂工业	30；TB：20	—	—	—	—	—	—
烧碱、聚氯乙烯工业	80/60/30； TB：60/50/20	—	—	—	—	—	—
硫酸工业	50；TB：30	—	—	—	—	50	—
锅炉[1]	20/30/50 TB：20/30/30	5	10/30	5/10	—	10/20	5/10/20
铝工业	50/100/20/30； TB：10	—	—	—	—	30	—
再生铜、铝、铅、锌工业	30	—	—	—	—	—	—
锡、锑、汞工业	TB：10	—	—	—	—	—	—
铅、锌工业	80；TB：100	—	—	—	—	—	—
铜、镍、钴工业	100/80/50；TB：10	—	—	—	—	—	—
镁、钛工业	10	—	—	—	—	—	—
稀土工业	50/40/40/50/50； TB：10/10/10/10/10	—	—	—	—	—	—
钒工业	10	—	—	—	—	—	—
炼焦化学工业	50/30；TB：30/15	—	—	70/30/80/15/30	—	30	—
铸锻工业	—	10	15	—	—	—	—
石油化学工业	20；TB：20	—	—	—	—	—	—
石油炼制工业	20/50；TB：20/30	20/30	—	—	—	—	—
生活垃圾焚烧	100/80	30	—	—	—	—	—
电子工业	—	10	—	—	—	—	—
工业炉窑	100/150/200	—	—	50/80	—	—	—

注：[1] 分别为燃气锅炉、燃油锅炉与燃煤锅炉。

表6　国家和京津冀及周边地区省份大气污染物 SO₂ 标准最高排放浓度限值　　单位：mg/m³

行业	国家	北京市	天津市	河北省	河南省	山东省	山西省
火电厂	100/35 TB：50/35	20/10	10	35	35	35/50/35	35
钢铁烧结、球团工业	200；TB：180	—	—	35/50	—	35/50	—
炼铁工业	100；TB：100	—	—	—	—	—	—
轧钢工业	150；TB：150	—	—	—	—	—	—
无机化学工业	400/100；TB：100/100	—	—	—	—	—	—
水泥	200/600 TB：100/400	20	—	50	—	100	—
平板玻璃	400	—	—	250	—	150	—
电子玻璃	400	—	—	—	—	—	—
陶瓷工业	300/100	—	—	—	—	35	—
砖瓦工业	300	—	—	—	—	150	—
合成树脂工业	100；TB：50	—	—	—	—	—	—
烧碱、聚氯乙烯工业	100；TB：50	—	—	—	—	—	—
硫酸工业	400 TB：200	—	—	—	—	300	—
锅炉	50/200/300 TB：50/100/200	—	20/50/200	—	200	50/100/200	35/100/30
铝工业	200/400；TB：100	—	—	—	—	100/200/300	—
再生铜、铝、铅、锌工业	150；TB：100	—	—	—	—	—	—
锡、锑、汞工业	400；TB：100	—	—	—	—	—	—
铅、锌工业	400；TB：100	—	—	—	—	—	—
铜、镍、钴工业	400；TB：100	—	—	—	—	—	—
镁、钛工业	400；TB：100	—	—	—	—	—	—
稀土工业	300；TB：100	—	—	—	—	—	—
钒工业	400；TB：100	—	—	—	—	—	—
炼焦化学工业	100/50 TB：70/30	—	—	70/80/30/15/30	—	50	—
铸锻行业	—	20	20	—	—	—	—
石油化学工业	100；TB：50	—	—	—	—	—	—
石油炼制工业	100/400 TB：50/100	20/30/30	—	—	—	—	—
生活垃圾焚烧	30/20	200	—	—	—	—	—
工业炉窑	850/2 000/850	—	—	400	—	—	—

2.3 部分行业配套可行性技术指南和规范缺失

在我国，国家和地方层面均缺乏与大气主要污染物排放标准相应的可行性技术指南和规范。对于国家而言，主要集中在石油化工、有色金属冶炼和表面涂装行业；相对来说，地方更缺乏。具体情况如下：

通过搜集 33 个行业的标准和相关可行性技术指南与规范可知，从国家角度来看，上述 4 种主要大气污染物涉及的国家行业标准有 46 项，与之相对应的可行性技术指南与规范只有 21 项，接近于标准数量的 1/2。其中，缺失的行业主要有电子工业，火葬场[14]，铝工业，铸造工业，石油化学，橡胶制品工业，涂料与油墨制造工业，合成树脂工业，合成革与人造革工业，玩具工业，烟草工业，危险废物焚烧，无机化学工业，锡、锑、汞工业，砖瓦工业，稀土工业，硫酸工业，再生铜、铝、铅、锌工业，钒工业，镁、钛工业，铜、镍、钴工业这 21 个行业。从地区角度来看，对于行业标准和相关可行性技术指南和规范，北京市在生活垃圾处理行业和火葬场两个行业有规定；天津市在生活垃圾处理行业有规定；河南省在铝工业和涂料与油墨制造工业有规定；山东省在钢铁行业和电子工业有规定；山西省在制药工业和涂料与油墨制造工业有规定；河北省在制药工业有规定。

2.4 污染物控制指标设置缺乏科学性

VOCs 的控制只有浓度控制，缺乏处理效率控制。通过搜集京津冀及周边地区 VOCs 污染物排放标准，发现大多数标准从污染物浓度限值层面对 VOCs 进行控制。但 VOCs 通风排放具有气量规模大、浓度低的特点，浓度达标容易；只采用浓度控制，容易导致企业采用稀释排放的手段达标，但污染物总量并未减少。

以燃煤标准监管生物质成型燃料燃烧排放缺乏严谨性。从国家层面看，《火电厂大气污染物排放限值》（GB 13223—2011）、《锅炉大气污染物排放标准》（GB 13271—2014）等标准指出：燃烧生物质燃料的电厂及燃烧生物质成型燃料的锅炉排放限值及基准氧含量参照燃煤执行。就颗粒物排放而言，设计结构不同的生物质锅炉与热功率相近的燃煤锅炉相比较，排放特征存在显著差别。然而，以上排放标准并未基于生物质成型燃料锅炉的燃烧特点和排放特征给予有针对性的控制因子和排放要求。另外，从地方层面看，在已经出台的各地方标准中，天津市制定了《生物质成型燃料锅炉大气污染物排放标准》（DB 12/765—2018），山西省制定了《锅炉大气污染物排放标准》（DB 14/1929—2019），文件里有专门针对燃生物质锅炉污染物排放的标准限值，其他省份基本上都是参照国家标准中燃煤锅炉的排放限值及基准氧含量来规范生物质锅炉。考虑到生物质锅炉具有过剩空气系数与理想状况差距大，烟气温度高等特点，而且生物质锅炉燃烧机理与燃煤、燃气锅炉不同，参照燃煤标准控制燃生物质锅炉污染物排放缺乏严谨性。

2.5 地方标准差异大易导致污染企业转移

目前针对"2+26"城市，国家出台了《关于京津冀大气污染传输通道城市执行大气污染物特别排放限值的公告》（"2+26"城市执行），这意味着"2+26"城市执行大气污染物特别排放限值，而周边城市因不在"2+26"城市范围内，执行普通限值，这就造成"大气污染物传输通道城市"与"大气污染物非传输通道城市"之间标准执行上的差异；除此之外，由于各省制定的地方标准不一致，各地级市因地方标准严于国家标准，往往优先执行地方标准，这就造成"2+26"城市内部不同省份城市之间的标准存在差异。除了北京等特大型城市存在因产业疏解的需要而制定较严的标准，由于各地标准的差异，会造成企业在区域内进行跨省、跨市迁移，从标准严苛的地方迁移到标准相对宽松的地方。从整个区域的污染防治工作讲，对大气环境的改善没有起到积极作用。

以砖瓦行业为例，济宁市和德州市为"2+26"通道城市，按照规定，两市应该执行更加严格的地方标准，即两市砖瓦行业的 NO_x、SO_2 最高排放标准为 150 mg/m³；同为大气污染物传输通道城市的河北省衡水市、邢台市，以及大气污染物非传输通道城市江苏省徐州市没有地方标准，所以执行国家排放标准，即 NO_x、SO_2 最高排放标准分别为 200 mg/m³ 和 300 mg/m³。可见，"大气污染物传输通道城市"与"大气污染物非传输通道城市"之间存在标准执行上的差异，这种邻近城市标准的差异不利于地方政府对企业进行统一监管。

2.6 标准实施执行不到位问题突出

标准实施过程中法律效力不明。我国尚未颁布专门的生态环境标准的法律，原国家环境保护总局制定了《环境标准管理办法》（国家环境保护总局令第 3 号，以下简称 3 号局令），从 1999 年 4 月 1 日起施行。3 号局令设置的标准结构已不能适应现有的标准体系，成了从法律法规到生态环境标准管理制度体系中的"瓶颈"。生态环境部于 2019 年对新的《生态环境标准管理办法》（征求意见稿）征求了意见，但是一直未正式发布。目前生态环境标准上位法较多，这些上位法的制定时间不同、适用领域不同，需要出台相关的管理办法，明确不同标准的法律效力。目前大气污染排放标准效力等级不高，实际执行过程中很多属于政策性治理，而非依法治理；现行大气环境法律法规对违反排放标准文件的法律责任规定较少，只能定性在行政责任层面，而不能溯及民事法律责任。政府的监管缺乏法律依据，造成地方政府监管困难。

不同标准存在交叉和宽严尺度不一、标准更新滞后等问题。标准交叉方面，除生态环境部门外，其他部门支持编制的各类标准中也有大量涉及生态环境的内容。[15] 但在制定相关标准时，部门之间缺乏应有的协调和沟通，致使标准交叉重叠。鉴于部分大气标准已不适应于生态环境监管需要，近年来生态环境部门陆续出台了标准修改单、大气污染物特别排放限值。建设项目环评及批复中的确定的排放标准，也可以成为企业监测或验收选择的排放限值标准，客观上造成了多套标准共用局面。[16] 以计算污染物允许排放总量为例，引用不同标准计算结果不同，排放量计算存在随意性。标准滞后方面，以《大气污染物综合排放标准》（GB 16297—1996）为例，引用了《环境空气质量标准》（GB 3095—1996）作为排污标准的制定依据，已经严重滞后于标准体系的更新，造成标准衔接的不匹配。

个别地区存在标准执行不到位的问题。主要有几种表现：①选择性执行，国家要考核的指标就执行。如在氮氧化物、二氧化硫等这几项考核指标相关标准上认真执行，不考核的不认真执行。②不执行。如钢铁行业，受盈利驱动，部分钢铁企业规避执行生态环保标准，有的地方还把执行环保标准视为阻碍地方经济发展的绊脚石。[17]③难以执行。部分污染物由于标准规定过高，导致在实际实施过程中存在困扰，如《大气污染物综合排放标准》（GB 16297—1996）中的排放限值，苯并[a]芘很难达到标准。

3 完善大气污染物排放标准的政策建议

3.1 完善部分行业工业炉窑等大气污染排放标准

建议提高部分行业工业炉窑、印刷包装行业、家具制造业、危险废物焚烧和生活垃圾焚烧污染物排放标准。可借鉴我国地方标准和国外标准，适当提高这些行业的排放标准。[18]以部分行业工业炉窑为例，由于工业炉窑平均容量小、分布广、数量多，烟气设备不完善，其污染物排放浓度较高。从大气污染程度和大气环境保护全局来看，进一步严格工业炉窑的大气污染物排放标准是治理大气污染的有效措施。以工业炉窑的颗粒物排放标准为例，国家排放标准限值为 $100\sim200$ mg/m^3，而河北省的标准限值为 $50\sim80$ mg/m^3，河南省的标准限值为 10 mg/m^3，美国和欧盟的标准限值为 $20\sim50$ mg/m^3，建议结合我国各地工业炉窑实际情况，提高国家排放标准限值。

3.2 设立以行业排放标准为主的 VOCs 排放标准体系

标准制定过程中应考虑控制重点行业的特征污染物。目前，我国在家具制造、表面涂装行业以及印刷与包装印刷行业这类 VOCs 排放量较大的行业，缺乏国家行业标准，只能执行国家综合排放标准。在地方没有更加严格的行业标准前提下，使用综合排放标准的局限性较大，例如综合排放标准并未包括部分重点行业的特征污染物、排放限值无法满足治理技术的要求。因此，建议建立以行业排放标准为主的 VOCs 排放标准体系，[19]制（修）订汽车涂装、集装箱制造、印刷包装、家具制造、人造板、纺织印染、船舶制造、干洗等行业大气污染物排放标准，支持面源污染治理，修订餐饮业油烟污染物排放标准，加强餐饮油烟污染防治。

3.3 完善排放标准体系，制定配套的可行性技术指南和规范

完善我国主要污染物排放标准和地方排放标准，并制定配套的可行性技术指南和规

范。[20] 尽快制（修）订家具制造业、表面涂装行业、印刷与包装印刷行业以及工业炉窑行业主要污染物排放标准。立足于地方产业结构和经济发展现状，补充地方排放标准。建议国家完善与标准配套的可行性技术指南和规范，为地方标准制（修）订和执行提供技术支持。

3.4 综合考虑污染物排放特征，科学设置控制指标

以改善空气质量、服务于大气环境质量考核为导向，遴选特征污染物，增补到大气相关标准评判体系内。增设浓度和排放限值，通过完善标准修改单、过渡性标准来确定大气污染物特别排放限值，将关键指标及标准统一到大气污染物排放修订体系中。VOCs 控制标准方面，在坚持排放浓度达标的基础上，针对 VOCs 通风排放的特点，对 VOCs 排放量大的企业实施重点管控；加快建立 VOCs 排放科学的核算方法体系，采用"排放浓度+处理效率"双重控制指标，促使这些企业实现 VOCs 排放量的实质性削减。

3.5 国家层面做好顶层的法律和制度设计，保障标准实施

首先，加强生态环境标准制定和执行的法律保障。通过推动出台相关的法律、完善更新生态环境标准管理办法等方式，形成生态环境标准的法律体系，确定排放标准的法律关系，明确排放标准的性质及效力；同时在环境法系中增加处罚手段，增加职业限制、替代性补偿措施、生态修复责任等，实现追责形式多样化。其次，确立标准的适用原则和条件。在现有相关法律法规基础上进一步明确各种标准的适用条件，改变我国生态环境标准"重制定，轻执行"的现状，建立一定的标准选择适用原则，特别是明确在标准滞后或者空白时的适用规则。注重标准制（修）订的统一和规范。尽快统一、规范、完善现行的环境空气质量标准体系和污染物排放标准体系；在生态环境标准颁布实施一段时间后对实施效果进行评估分析，对需要进行修订的标准适时提出修订建议。

3.6 地方政府考虑地方实际情况制（修）订地方标准体系

一方面，地方政府在制定大气污染排放标准时，应该基于改善整体大气污染环境的考虑，而不是只基于改善本区域内的大气环境。在这个前提下，地方政府应考虑到邻近地方标准差异过大导致的污染企业转移的问题，可以从制（修）订本地排放标准时考虑邻近省份排放标准方面着手解决；另一方面，地方政府应基于地方污染企业可承受的改造范围制定地方标准，同时注意地方标准的更新频率，减缓企业提标改造的压力。

针对某些省份缺乏地方大气污染物排放标准的问题，建议先结合地方工业发展现状，在污染物排放的重点行业制定地方标准。其中，重点行业大气污染物排放标准应按生产工艺的特点设置，体现从原、辅材料到产品生产过程中各个污染环节控制技术要求以及行业的经济技术政策导向和污染治理技术水平等。对未制定行业标准的污染源，其大气污染物排放通过综合性大气污染物排放标准控制执行。

参考文献

[1] 李洪枚. 环境学[M]. 北京：知识产权出版社，2011.

[2] 张国宁，周扬胜. 我国大气污染防治标准的立法演变和发展研究[J]. 中国政法大学学报，2016（1）：97-115.

[3] 孙雪丽，胡正新，王圣. 欧盟排放指令对我国火电厂大气污染物排放标准修订的启示[J]. 环境保护，2019，47（7）：62-65.

[4] 王文兴，柴发合，任阵海，等. 新中国成立 70 年来我国大气污染防治历程、成就与经验[J]. 环境科学研究，2019，32（10）：1621-1635.

[5] YUAN X L, ZHANG M F, WANG Q S, et al. Evolution analysis of environmental standards：Effectiveness on air pollutant emissions reduction [J]. Journal of Cleaner Production，2017，149：511-520.

[6] 王金南，董战峰，蒋洪强，等. 中国环境保护战略政策 70 年历史变迁与改革方向[J]. 环境科学研究，2019，32（10）：1636-1644.

[7] MA G X, WANG J N, YU F, et al. An assessment of the potential health benefits of realizing the goals for PM_{10} in the updated Chinese Ambient Air Quality Standard[J]. Frontiers of Environmental Science & Engineering, 2016, 10（2）：288-298.

[8] 姚文辉. 大气环境标准实施中的一些问题及分析[J]. 新疆环境保护，2018，40（3）：28-31.

[9] 吴健，高松，陈曦，等. 涂料制造行业挥发性有机物排放成分谱及影响[J]. 环境科学，2020，41（4）：1-12.

[10] 梁国庆，朱磊，包翠荣，等. 国外标准对建筑涂料 VOCs 的要求与解读[J]. 中国高新科技，2019（17）：123-126.

[11] 宋国君，赵英煦，耿建斌，等. 中美燃煤火电厂空气污染物排放标准比较研究[J]. 中国环境管理，2017，9（1）：21-28.

[12] CAI B F, WANG J N, HE J, et al. Evaluating CO_2 emission performance in China's cement industry：An enterprise perspective [J]. Applied Energy, 2016, 166：191-200.

[13] 邹文君，修光利，鲍仙华，等. 汽车零配件涂装过程 VOCs 排放特征与案例分析[J]. 环境科学研究，2019，32（8）：1358-1364.

[14] 刘杰，翟晓曼，陈曦，等. 火葬场场所 $PM_{2.5}$ 和 VOCs 排放特征及控制对策分析[J]. 环境科学学报，2020，39（12）：1-8.

[15] 张晏，汪劲. 我国环境标准制度存在的问题及对策[J]. 中国环境科学，2012，32（1）：187-192.

[16] 王海棠. 污染物排放标准在环境监测中存在的问题[J]. 中国资源综合利用，2016，34（9）：50-53.

[17] 范例，李鹏，梁健. 钢铁行业污染物排放标准执行过程中应注意的几点问题研究[J]. 环境科学与管理，2017，42（7）：13-15.

[18] DENG H B, YANG O, WANG Z S, et al. Considerations of applicable emission standards for managing atmospheric pollutants from new coal chemical industry in China [J]. International Journal of Sustainable

Development and World Ecology，2017，24（5）：427-432.

[19] 江梅，邹兰，李晓倩，等. 我国挥发性有机物定义和控制指标的探讨[J]. 环境科学，2015，36（9）：3522-3532.

[20] 邹兰，江梅，周扬胜，等. 京津冀大气污染联防联控中有关统一标准问题的研究[J]. 环境保护，2016，44（2）：59-62.

我国生态环境损害赔偿案件分析与制度完善方向

Case Analysis and System Improvement Direction of Ecological Environmental Damage Compensation in China

於方 齐霁 韩梅 赵丹 田超 徐伟攀 张衍燊 马依伊

摘　要　建立健全生态环境损害赔偿制度是生态文明制度体系建设的重要组成部分，是党中央、国务院作出的重大决策。截至 2019 年 12 月，全国共开展 945 个生态环境损害赔偿案件，本文梳理分析了相关案件，分析了案例实践中遇到的制度与实施技术问题，并从生态环境损害赔偿的制度建设、专门立法、能力建设、技术研究、资金使用等方面提出建议。

关键词　生态环境损害赔偿　案件分析　制度完善方向

Abstract　Establishing and improving the compensation system for ecological and environmental damage is an important part of the building of an ecological civilization system and a major decision made by the CPC Central Committee and The State Council. By December 2019，a total of 945 cases of compensation for ecological environmental damage had been carried out. The article sorted out relevant cases，analyzed the institutional and implementation technical problems encountered in case practice，and put forward suggestions from the aspects of institutional construction，special legislation，capacity building，technical research，and fund use of ecological environmental damage compensation.

Keywords　ecological and environmental damage，case analysis，system improvement direction

建立健全生态环境损害赔偿制度是生态文明制度体系建设的重要组成部分，是党中央、国务院作出的重大决策。2017 年 12 月，中共中央办公厅、国务院办公厅印发《生态环境损害赔偿制度改革方案》（中办发〔2017〕68 号）（以下简称《改革方案》），自 2018 年 1 月起，在全国试行生态环境损害赔偿制度。生态环境损害赔偿制度改革得到全国各省（区、市）政府的高度重视，改革工作推进顺利，目前已经初步建立了覆盖全国的制度框架，技术支撑能力逐步完善，案例实践不断丰富。同时，在改革过程中也表现出地方政府主观能动性不强，存在"不敢为，不愿为"的心态；与党政领导干部推进生态环境损害责

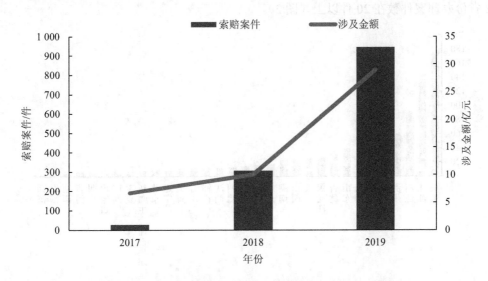

任追究、检察机关提起公益诉讼、公安机关办理环境刑事犯罪案件等相关工作之间缺乏衔接；生态环境损害鉴定评估的鉴定技术、方法和体系仍不完善，鉴定评估能力"供需不匹配"等问题。2020年是生态环境损害赔偿制度改革全国试行的收官之年，改革制度将面临从专项改革到日常环境管理工作的转化。如何提高改革成效，固化改革成果，切实发挥人民环境权益的坚实保障作用，是下一阶段生态环境损害赔偿制度建设的重要工作。

本文通过对生态环境损害赔偿制度改革启动以来全国各地政府推动开展的945件生态环境损害赔偿案件以及2014年以来前两批次29家生态环境部环境损害鉴定评估推荐机构接收委托开展的2 326件环境损害鉴定评估案件进行梳理，针对典型案件中的共性问题和环境损害鉴定评估技术需求开展分析，并提出生态环境损害赔偿制度改革与鉴定评估相关工作建议。

1 全国生态环境损害赔偿案件与鉴定评估委托总体评价

1.1 生态环境损害赔偿案件情况

生态环境损害赔偿制度旨在建立以政府为主导的生态环境损害赔偿责任追究体系，以使造成生态环境损害的违法者承担应有的赔偿责任，及时修复受损生态环境。2015年，中共中央办公厅、国务院办公厅印发《生态环境损害赔偿制度改革试点方案》（中办发〔2015〕57号），并在2016年4月批准吉林、江苏、山东、湖南、重庆、贵州、云南7个省份部署开展改革试点。2017年12月的《改革方案》，自2018年1月起，在全国试行生态环境损害赔偿制度。各地积极开展配套制度建设与案例实践，生态环境损害赔偿案件数量和累计赔偿金额增长迅速（图1）。

图1　全国生态环境损害赔偿累计案件数量和涉及赔偿金额

2016 年至 2017 年年底，吉林等 7 省份对符合生态环境损害赔偿启动条件的 27 个案件启动了生态环境损害赔偿程序，涉及总金额约 6.4 亿元；2018 年，生态环境损害赔偿制度在全国试行，全国各地共计开展生态环境损害赔偿案件 306 件，累计涉及赔偿金额接近 10 亿元；截至 2019 年 12 月，生态环境损害赔偿制度改革在全国进展顺利，共办理生态环境损害赔偿案件 945 件，涉及赔偿金额超过 29 亿元，推动有效修复超过 1 150 万 m³ 土壤、2 000 万 m² 林地、600 万 m² 草地、4 200 万 m³ 地表水体、46 万 m³ 地下水体，清理固体废物约 2.28 亿 t。

（1）2019 年生态环境损害赔偿案件数量大幅增长

自全国改革试行以来，生态环境损害赔偿案件的数量增长迅速，主要有两方面原因：一是由于生态环境损害赔偿权利人范围的扩大。生态环境损害赔偿权利人从试点时期的 7 个省级政府扩大为全国 31 个地区和新疆生产建设兵团在内的 474 个的省级和市地级生态环境损害赔偿权利人；二是由于生态环境损害赔偿制度适用范围的细化：国家《改革方案》规定的适用范围，包括"较大及以上突发环境事件；在国家和省级主体功能区规划中划定的重点生态功能区、禁止开发区发生的环境污染、生态破坏事件；其他严重影响生态环境的事件"，在全国试行之后，各级权利人根据各地实际情况，综合考虑造成的环境污染、生态破坏程度以及社会影响等因素，细化了生态环境损害赔偿制度的适用情形。例如河北、广东、四川等省份将生态环境损害赔偿范围与《最高人民法院 最高人民检察院关于办理环境污染刑事案件适用法律若干问题的解释》进行对接，将造成生态环境损害并涉及环境犯罪的情形纳入改革制度适用范围；吉林、上海、浙江等省份结合生态保护红线、自然保护区、区域内重要生态环境资源，将在上述区域内发生的环境污染、生态破坏事件纳入启动情景。

（2）重庆是全国办理案件数量最多的地区

从办理案件数量的地区分布上来看，已启动的生态环境损害赔偿案例大部分集中在重庆、山东、浙江等早期试点和东部沿海发达地区，西部地区中除贵州省外，案例实践相对较少。从数量上来看，重庆共计办理 176 件生态环境损害赔偿案件，为全国办理案件最多的省份，江苏、浙江、贵州、河北、安徽、云南、山东、吉林、黑龙江、天津、山西、湖南 12 省份办理案件数在 20 件以上（图 2）。

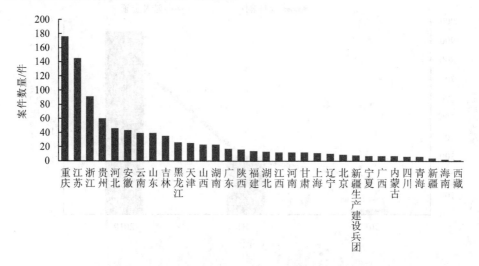

图 2　截至 2019 年 12 月全国生态环境损害赔偿案件地区分布

（3）赔偿金额低于 100 万元的案件占比最高，约占 40%

从案件涉及的赔偿金额来看，赔偿金额在 1 亿元及以上的案件有 6 件，占总案件数的 0.6%；赔偿金额在 5 000 万元至 1 亿元的案件有 5 件，占总案件数的 0.5%；赔偿金额在 1 000 万元至 5 000 万元的案件有 42 件，占总案件数的 4.4%；赔偿金额在 100 万元至 1 000 万元的案件有 146 件，占总案件数的 15.4%；赔偿金额小于 100 万元的案件有 382 件，占总案件数的 40.4%；没有明确金额数的案件有 364 件，占总案件数的 38.5%。江苏、内蒙古开展的生态环境损害赔偿案件累计赔偿金额均超过 5 亿元；山东、广东、重庆、山西、贵州、安徽 6 省份赔偿金额均在 1 亿元以上；西藏、青海、湖北、黑龙江、福建、广西、江西、海南 8 省份赔偿金额较少，均在 1 000 万元以下（图 3）。

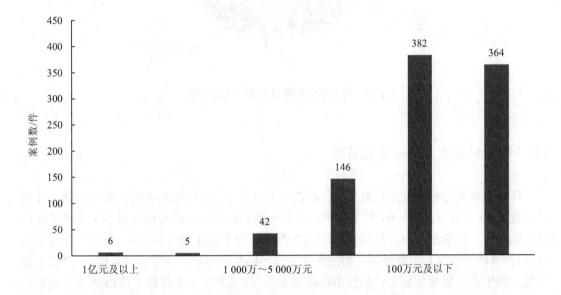

图 3　全国生态环境损害赔偿案件个案金额分布

（4）目前案例类型以环境污染类为主，约占 77%

全国已启动的生态环境损害赔偿案件从类型上大致可以分为环境污染类和生态破坏类（毁坏森林、非法开采等无污染物排放进入外环境的案件），其中环境污染类案件占比约 77%，生态破坏类案件约占 23%。在环境污染类案件中，涉及水污染的案件占环境污染类案件数的 43%；涉及土壤污染的案件占环境污染类案件数的 58%；涉及大气污染的案件占环境污染类案件数的 5%（部分案件同时涉及多种环境要素）。而从事件的发生原因来看，已启动的生态环境损害赔偿案件主要包括污染物非法倾倒类、污染物超标排放类、安全事故引发的环境污染类、生态破坏等类型，非法倾倒类案件 377 件，约占总案件数的 40%；超标排放案件 50 件，约占总案件数的 5%；安全事故次生案件 59 件，约占总案件数的 6%；生态破坏案件 218 件，约占总案件数的 23%；其他案件 241 件，约占总案件数的 26%（图 4）。

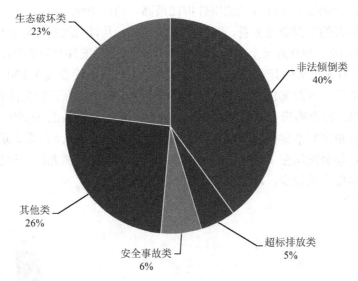

图 4　生态环境损害赔偿案件类型分布

1.2　环境损害鉴定评估委托情况

环境损害鉴定评估工作自原环境保护部下发《关于开展环境污染损害鉴定评估工作的若干意见》（环发〔2011〕60 号）以来，从原来的科研领域逐渐转化为服务于环境管理的业务化工作。特别是生态环境损害赔偿制度改革作为生态文明体制改革"6+1"方案正式启动后，《改革方案》明确提出"加快推进生态环境损害鉴定评估专业力量建设""建立健全统一的生态环境损害鉴定评估技术标准体系"，环境损害鉴定评估工作得到迅速发展。此外，由于环境检察公益诉讼制度改革的实施以及公安机关打击环境资源犯罪的实际需求，环境损害鉴定评估不仅为生态环境损害赔偿磋商、突发环境事件定级等环境管理工作提供技术服务，也为解决环境纠纷、打击环境犯罪提供了技术支持。

（1）目前全国共有 42 家环境损害鉴定评估推荐机构，121 家环境损害司法鉴定机构

为满足社会对环境损害鉴定评估的需要，环境保护部（现生态环境部）于 2014 年 1 月、2016 年 2 月和 2020 年 4 月分别印发了《环境损害鉴定评估推荐机构名录（第一批）》（环办〔2014〕3 号）、《环境损害鉴定评估推荐机构名录（第二批）》（环办政法〔2016〕10 号）、《生态环境损害鉴定评估推荐机构名录（第三批）》（环办法规函〔2020〕211 号），三个批次共推荐了 42 家机构，其中前两批次入选机构基本为部属或省级综合性环境科研院所，具备较为全面的鉴定评估业务能力；第三批次吸纳了部分企业公司和大学等机构，并根据其能力按照鉴定评估类别进行了推荐。

2016 年下半年，司法部、环境保护部共同推动了环境损害鉴定司法鉴定机构登记管理工作，并在全国范围内登记了超过 121 家环境损害司法鉴定机构，其中，有 21 家推荐机构也取得了环境损害司法鉴定资质。目前的环境损害司法鉴定机构主要包括四类：①综合性环境科研院所；②高校；③企业公司；④传统的司法鉴定机构。总体来看，由于实践经

验和专业能力相比环境保护部环境损害鉴定评估推荐机构存在差距,环境损害鉴定评估推荐机构仍然是全国环境损害鉴定评估工作的主要力量。根据对推荐机构的调研,部分推荐机构虽然已取得司法鉴定资质,但由于司法鉴定相关管理规定与环境损害鉴定评估实际工作缺乏衔接,大部分取得司法鉴定资质的推荐机构仍以推荐机构身份出具鉴定评估报告。截至 2019 年 12 月,环境损害鉴定评估推荐机构(前两批次)鉴定评估人员数量超过 800名,全国范围内累计开展的环境损害鉴定评估案例 2 326 件。山东省环境保护科学研究设计院有限公司、浙江省环科院环境污染损害评估中心、山西省环境污染损害司法鉴定中心等 8 家环境损害鉴定评估机构评估案例数超过 100 件,大部分环境损害鉴定评估机构评估案例数在 10~50 件。

(2)环境损害鉴定评估业务年均增长 74%,近一半来自生态环境部门委托

从环境损害鉴定评估机构接受委托开展的案例数量来看,2011 年全国环境损害鉴定评估试点机构(包括河北、江苏、山东、河南、湖南、重庆、昆明 7 家试点机构,除河北省监测站外,试点机构均成为环境损害鉴定评估推荐机构)共计接受委托开展了 28 件环境损害鉴定评估案例实践,且全部服务于环境管理;2012—2015 年,环境损害鉴定评估试点机构和第一批环境损害鉴定评估推荐机构共计开展了 505 件环境损害鉴定评估实践。截至2019 年 12 月,前两批次 29 家推荐机构已经累计开展了 2 326 件环境损害鉴定评估案例实践,年均业务需求增长率达到 74%(图 5)。其中,接近 50%的案件来自生态环境部门的委托,29%的案件来自公安、检察院和法院系统的委托。

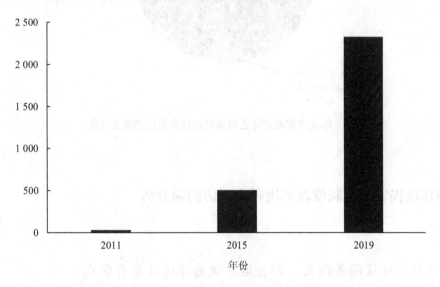

图 5　环境损害评估推荐机构接受委托开展案例实践情况

(3)污染物性质鉴别与土壤和地下水生态环境损害是主要案件类型

根据环境损害鉴定评估的执业分类,环境损害鉴定评估案例的类型主要包括污染物性质鉴定、地表水与沉积物、空气污染、土壤与地下水、近海海洋与海岸带、生态系统等环境损害鉴定。在已经开展的 2 326 件环境损害鉴定评估案件中,污染物性质鉴别和土壤与地下水损害鉴定评估的案例占比较高,分别占总鉴定评估案例的 38%和 32%。主要原因是

由于我国长期以来有关固体废物监管的法律不健全、土壤污染防治法律缺失，很多地区固体废物处置能力有限、处置费用较高，导致非法倾倒、堆放、掩埋固体废物甚至危险废物的现象比较普遍，固体废物与土壤和地下水问题往往相伴而生；[1] 此外，工业生产跑冒滴漏现象也较严重，由此造成污染物性质鉴别和土壤与地下水环境损害鉴定评估案件较多。根据《最高人民法院 最高人民检察院关于办理环境污染刑事案件适用法律若干问题的解释》规定，非法排放、倾倒、处置"危险废物""有毒有害物质"等属于"严重污染环境"行为，而此类案件也是公安机关打击环境犯罪的重点案件类型。此外，地表水和沉积物损害鉴定评估案件和空气污染类损害鉴定评估案件分别占总鉴定评估案例的 22% 和 3%（图6）。

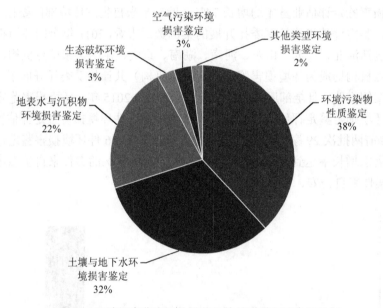

图6　环境损害鉴定评估推荐机构接受委托的类型比例

2　生态环境损害赔偿制度改革进程出现的问题分析

2.1　案件数量地区间差距大，部分地方政府推进改革有顾虑

一是缺少专职人员推进改革。截至 2019 年 12 月，全国共计开展了 945 件生态环境损害赔偿案件，总体案件数量与改革要求存在明显差距；而且生态环境损害赔偿案件的主体是环境污染案件，说明生态环境部门是推进这项改革的主力军，其他相关部门的参与度较低。主要原因是各级政府对这项工作的重视程度不够，压力传导不足；大多数地方没有设置专门人员从事生态环境损害赔偿工作；有些地方鉴定评估能力较弱、案件办理经验不足等。[2]

二是政府部门推进改革有顾虑。很多地方出现的生态环境损害都是政府代行修复，没有追究损害责任人的赔偿修复责任，生态环境损害赔偿没有得到贯彻落实，"企业污染、政府埋单"的问题仍然突出。[3] 由于《党政领导干部生态环境损害责任追究办法》《领导干部自然资源资产离任审计规定（试行）》规定了领导干部的生态环境损害责任。部分地方担心环境污染和生态破坏事件会追究主要领导成员责任，宁愿动用行政手段解决或掩盖问题，也不愿意启动索赔程序，对已经掩盖的问题"揭盖子"。这些情况导致了地方在开展索赔工作中心存顾虑，工作态度消极，缺乏推进改革的决心和主观能动性，甚至有抵触情绪。

2.2　生态破坏类案件涉及多个利益主体，自然资源等部门参与度低

一是自然资源等相关部门参与不够。生态环境损害赔偿制度改革工作涉及自然资源、生态环境、住房和城乡建设等职能部门，但相关部门尚未形成有效合力，目前各省份主要由生态环境部门推动工作，自然资源、农业农村、林草等部门主动参与不够。突出体现在开展的案件实践中，生态环境部门办理的案件以环境污染类案件为主，占总案件数的77%，而涉及自然资源的生态破坏类案件占比仅为23%。从检察机关办理的环境公益诉讼案件情况发现，自然资源类案件数量较多。据了解，截至目前，全国检察机关提起生态环境和资源保护公益诉讼案件1 000多起，其中，自然资源类生态破坏案件超过四成。可以看出，各地资源管理部门没有积极响应改革要求，提起的生态环境损害赔偿案件偏少。

二是部分案件利益链复杂，基层部门不敢触及。由于涉及违法占用土地的案件，基本都涉及自然资源管理部门，很多房地产或旅游休闲类开发项目涉及的利益相关部门更多，基层生态环境部门不愿触及，大部分项目以政府简单粗暴拆除了之，最多追究领导干部行政或刑事责任，生态环境损害赔偿民事责任无法追偿，政府埋单的情况没有改变。以秦岭北麓生态破坏为例，西安市动用大量政府资金修复环境，但不敢触碰大案要案，未提起生态环境损害赔偿，实际上是政府为破坏生态者埋单。在其他省份开展的调研中也发现，地方工作人员表示此类重大案件情况复杂，不敢触及。包头市生态环境局某分局在日常执法中发现区内有非法采石者开挖山体，本来准备针对采石场经营者提起赔偿磋商，但由于涉及自然资源管理部门的行政责任追究，案件最终以出台加强非法自然资源开采管理办法的方式了结。

2.3　环境执法线索转化率低，与生态环境损害赔偿的衔接不足

一是环境执法案件与生态环境损害赔偿启动衔接不足。由于基层生态环境部门由不同部门分别开展日常的行政执法工作和生态环境损害赔偿工作，两项工作之间缺乏有效衔接，导致案件线索少、移送难、开展不顺畅。行政执法和生态环境损害赔偿之间的渠道不打通，难以实现"应赔尽赔"的目标，还会造成生态环境损害案件"以罚代赔"的问题，不能有效履行索赔职责。[4]

二是部分地方没有贯彻改革方案要求，未及时启动突发环境事件损害赔偿。由于突发

事件应急部门和生态环境损害赔偿部门未建立起有效的案件信息沟通机制，突发事件应急部门未按照突发环境事件处置的相关规定开展事后评估与索赔工作。如宁夏 2017 年发生一起较大突发环境事件（2017 年 7 月，宁夏吴忠市盐池县含油废水倾倒事件），2018 年发生一起重大突发环境事件（2018 年 9 月，宁夏盐池县储油罐原油泄漏事件），两起案件均未提起生态环境损害赔偿。

三是《中华人民共和国土壤污染防治法》规定了土壤污染责任人的修复义务，和生态环境损害赔偿义务人的修复存在竞合。《中华人民共和国土壤污染防治法》规定，对于土壤污染责任人不履行修复义务的，行政机关可以责令修复，这是行政法上的责任。而按照《改革方案》的规定，行政机关没有责令修复的职责，而是作为赔偿权利人与责任人进行民事磋商，磋商不成的提起诉讼，属于民事赔偿责任。由于两者存在重叠，因此需要进行衔接，防止浪费行政资源，出现不同修复目标和责任承担要求的矛盾。

2.4 环境刑事犯罪类赔偿责任缺乏统筹，阻碍受损生态环境恢复

一是生态环境部门难以介入环境刑事犯罪类案件。大部分严重的环境污染类案件均涉及刑事责任，而检察机关在刑事案件的审查起诉过程中，通常将一并提起附带民事公益诉讼，生态环境部门再开展磋商的难度非常大。例如，广东中山市沙溪镇非法倾倒垃圾案是一起集行政处罚、刑事犯罪和生态环境损害赔偿于一体的案件。该案中，公安机关已将犯罪嫌疑人逮捕，生态环境部门开展调查与鉴定评估、组织与赔偿义务人磋商，面临"无人可商"的窘境。再如，山西蒲县伟业工业胶有限公司厂区内地下储罐在挖掘过程中破损致使罐内物质泄漏污染环境案中，案件涉及刑事、民事责任，生态环境损害赔偿涉及调查、鉴定评估、磋商、起诉等环节，时间较长，生态环境损害赔偿责任还未完全落实，公安部门或司法机关就已经对赔偿义务人采取关押措施或作出判决，对落实生态环境损害赔偿资金或生态环境修复责任形成阻碍。

二是赔偿责任界限不明确，不利于生态环境的修复。由于部分小型企业资金有限，很难同时承担刑事、行政罚金和民事赔偿责任，这实际上不利于生态环境的修复，也不利于环境保护与经济发展的统一。对于像大气和水环境本身流动性强、污染物扩散快、可快速自我恢复，没有对人身、财产和生态环境本身造成实质性损害的超标排放行为，企业是否需要在承担行政处罚、刑事责任的基础上，另行承担生态环境赔偿责任成为需要明确界定的问题。

2.5 生态环境损害赔偿资金使用分散，赔偿制度实施效果打折扣

一是生态环境损害案件可能同时涉及行政罚款、刑事罚金和民事赔偿。实践中，三种责任在承担上没有直接的关系，而且互不影响，但实际上三者之间会发生关联。由于责任人的承担能力有限，在判罚巨额刑事罚金或承担大额的按日计罚后，往往无力承担损害赔偿和修复责任。而罚金按照规定会进入财政，结果是一个案件产生的责任资金巨大，却没有进入修复程序。

二是环境公益诉讼和生态环境损害赔偿制度并存导致资金的分散。目前，环境公益诉讼由社会组织或检察机关提起，而生态环境损害赔偿的索赔工作由生态环境或自然资源等行政机关开展。同样都是关于生态环境损害的赔偿资金，分散在法院、行政机关的账户上，而且由于没有资金使用和监管的具体规定，资金的使用效果不佳，没有实现及时有效修复受损环境的目的。

三是生态环境损害赔偿制度改革的风险预防与资金筹措功能没有发挥作用。在国外立法实践中，通过环境责任保险、环境责任信托基金、预付保证金等金融制度的强制立法，成功实现了高环境风险行业责任主体在从业前风险意识的建立，也确保了风险转化为损害事实后的赔偿到位。目前正在实施的生态环境损害赔偿制度与环境公益诉讼制度改革，都是重在事后赔偿责任的落实，忽略了事前风险预防机制与意识的建立，生态环境损害赔偿资金的使用与事前风险防控和事后污染修复被人为割裂，制度"碎片化""孤岛化"导致制度的实施效果大打折扣。

3 生态环境损害鉴定评估工作面临的技术难题与需求

3.1 生态环境损害鉴定评估面临的主要技术问题

3.1.1 因果关系明确、损害数额低的小案件多，技术方法不能满足办案需求

目前已经发布的环境损害鉴定评估技术文件中的评估方法更适用于针对复杂案件的完整评估，通过这些方法开展的完整环境损害评估可以在复杂案例中得到相对科学、精确的评估结果。但实践中由于上述方法需要开展大量研究以确定环境损害的确切程度、性质，以及环境造成的损害价值，因此评估数据需求量相对较大，数据收集成本高、需要大量专业人员参加，导致成本较高。从我国的案例特点来看，目前生态环境损害赔偿与环境公益诉讼案件以因果关系明确、损害数额较低的小型简单案件为主，依据已发布技术文件中的推荐方法开展评估，时间成本、经济成本较高，无法满足公安办案、法院审判等实际需求。因此，大量的地表水污染、空气污染、污染物倾倒类案例由于基础数据获取难度大，实践中此类案件大多采用虚拟治理成本法计算，例如我国山东德州振华玻璃大气污染案、江苏海德公司水污染案、北京多彩联艺钢结构公司大气污染案等均使用了虚拟治理成本法对环境损害进行快速评估。然而，由于虚拟治理成本法适用情形、单位治理成本核算方法和环境功能敏感系数确定原则缺乏明确规定，导致评估结果争议较多。[5]

3.1.2 污染物性质鉴别类型案件占比高，现有方法和标准不完全适用

常见的污染物性质鉴别内容主要为危险废物鉴别和危险废物以外的有毒物质鉴别。现行的危险废物鉴别标准体系主要用于规范产废单位的管理，强调污染物来源和产生过程的分析，要求采集的样品份数多，检测程序耗时长，而生态环境损害鉴定涉及的危险废物鉴

定往往难以确定具体污染来源，或存在多种污染物混合、环境介质混合、长期堆放导致性质发生变化等多种复杂情况。[6] 因此，"两高"关于环境资源犯罪的司法解释出台以来，危险废物鉴别受到工作周期长、检测费用高等问题的困扰，由于经费和检测机构能力所限，各地危险废物鉴别案例较多集中在废酸和矿渣等性质明确、成分简单的污染物。自 2020 年起实施的《危险废物鉴别标准　通则》（GB 5085.7—2019）和《危险废物鉴别技术规范》（HJ 298—2019），对采样数量进行了优化，并针对环境事件和产生来源不明的固体废物鉴别提出了较为原则的技术要求，但目前的技术标准框架给予了鉴定机构较高的自由度，需要鉴定机构具备更强的专业技术分析能力。在缺乏细化的技术规范指导和约束的情况下，可能出现鉴定机构以迎合公安立案需求为目的，而采取保守或激进的工作方式，导致鉴定结果出现偏差的情况。

有毒有害物质以及有毒有害物质鉴定，主要来自相关法律以及司法部门的司法解释，《中华人民共和国环境保护法》第四十九条规定，"应当采取措施，防止重金属和其他有毒有害物质污染环境"，在《最高人民法院　最高人民检察院关于办理环境污染刑事案件适用法律若干问题的解释》中，"有毒物质""其他有害物质"等表述多次出现。虽然生态环境部也于 2018 年、2019 年分别发布了《有毒有害大气污染物名录》和《有毒有害水污染物名录》，但在法律条文以及司法部门和生态环境部等相关部门的技术文件中，并未对"有毒物质"和"有害物质"的概念作出明确解释，且两个名录规定的化学物质仅 10 余种，旨在指导开展相关环境监测、纳入企业排污许可管理。

目前，有毒有害物质鉴定主要依据《最高人民法院　最高人民检察院关于办理环境污染刑事案件适用法律若干问题的解释》及《最高人民法院　最高人民检察院　公安部　司法部　生态环境部关于办理环境污染刑事案件有关问题座谈会纪要》。上述两个文件都采用了列举的方式，前者规定有毒物质包括危险废物、持久性有机污染物、重金属和其他具有毒性的物质；后者更为宽泛，既从物质来源角度包括了一般工业固体废物和未经处理的生活垃圾，也从物质名称角度包括了有害大气污染物、受控消耗臭氧层物质和有害水污染物，还将"在利用和处置过程中必然产生有毒有害物质的其他物质、国务院生态环境保护主管部门会同国务院卫生主管部门公布的有毒有害污染物名录中的有关物质"纳入其中。从规定的内容看，由于缺乏鉴定程序、污染物含量和超标样品数量的判定标准不明，司法部门的《会议纪要》单纯从来源判定某种物质为"有害物质"，存在明显的不合理性。

3.1.3　土壤环境与生物多样性研究基础薄弱，生态环境损害基线判定难度大

生态环境损害确认需要将污染环境或破坏生态行为发生后的环境介质或生态环境状况与基线水平进行对比，基线水平即污染环境或破坏生态行为发生前环境介质中的污染物浓度水平，或者包括生物多样性在内的各项生态系统服务功能。生态环境损害案件主要集中于土壤与地下水污染以及生态系统破坏两种类型，但我国土壤与地下水环境监测基础薄弱，在全国农用地与重点行业企业用地调查开展之前，没有全面的土壤与地下水基线调查数据。同时，我国陆地和海洋生态系统的调查基础也非常薄弱。第一次全国森林和湿地资源调查分别于 1973 年和 2000 年开展，其目的主要在于查清植被的分布、种类、数量、质量，湿地调查兼顾了生物多样性、生态状况、利用和受威胁状况调查，总体来说，现有陆

地生态系统调查更偏重于植物调查，缺乏关于动物群落、种群、结构、数量的基础调查，局地江河湖库水生生物的调查散布于相关研究机构。在国家层面上，1958—1960 年开展了海洋综合调查，其中包含生物生态部分。20 世纪八九十年代开始近海局部范围的海洋生态调查。部分省份从 2000 年前后开展过本省域范围内的海洋生物状况调查。因此，土壤与地下水环境以及生物多样性基础调查的匮乏，给生态环境损害的基线确认带来一定的难度。其中，前者可以通过调查对照区的情况而获取基线水平，而包括生物多样性在内的生态系统服务功能的改变通常是区域性且不可逆的，生态服务功能基线水平的确认难度相对更大。[7]

3.1.4 快速检测筛查标准与技术设备缺失，损害调查准确性与时效性受制约

生态环境损害鉴定评估实践中，快速检测技术常用于污染物类型的识别和污染程度的初步判断。对于污染易扩散的情况，例如在突发水污染或大气污染事件损害鉴定评估中，快速检测技术能够迅速获取数据，识别环境污染情况，为后续鉴定评估工作提供依据；对于污染事实不清的情况，也可以通过环境有机污染物高通量快速检测技术，为土壤和地下水污染物类型的识别和污染程度的评估提供依据。与传统实验室检测方法相比，快速检测设备小、测量周期短、省时省力且效率高，检测种类多、范围广，具有明显的简捷性、经济性和便携性特点，在一定程度上弥补了实验室检测的局限性。尽管快速检测仪器在环境应急监测领域有了一定程度的应用，但快速检测技术的应用也有限制。一方面，快速检测设备本身存在检测指标范围有限、便携性不足、难以保证稳定性和准确性等多方面问题；另一方面，快速检测技术的质量保证和质量控制缺乏明确的技术规定。在法律层面，快速检测结果的证据有效力也面临着十分尴尬的境地。我国相关法律法规仅明文规定了传统检测结果的具体法律效力，而对于快速检测结果的法律效力始终处于否定的态度或者模糊状态，这也制约了快速检测技术在生态环境损害鉴定评估中的应用。

3.1.5 环境污染迁移转化过程复杂，因果关系判定技术难度大

因果关系判定是环境损害鉴定评估过程中难度最大的环节。对于大气和水环境而言，事故性排放或泄漏事件的污染源通常较为明确，但对于非事故性排放或泄漏事件，如工业园区周边大气和水环境损害、流域水环境损害等，由于可能同时存在多个具有相同或相似排污特征的企业或污染源，且大气或水环境具有较大的流动性，污染物进入这类环境介质后，会在短时间内迁移扩散，导致难以及时准确捕捉污染来源。

对于土壤和地下水环境而言，可能存在污染来源不明确、存在多个污染来源或者污染来源明确但证据不足等多种情况，均需要开展因果关系判定。土壤本身具有高度异质性，污染物从源端进入土壤后，其迁移扩散过程往往呈现明显的不规律性，难以追踪迁移路径。此外，污染物在土壤和地下水环境中，会发生一系列复杂的物理、化学、生物转化过程，导致受体端污染物相比源端污染物变异可能性更大，增加了同源性分析难度。由于损害成因的多样性、损害过程的复杂性以及损害后果的累积性、隐蔽性等，加之土壤和地下水是一个"黑箱"，要还原损害过程，构建"污染源—迁移途径—受体"的完整证据链，技术难度较大。

对于大气、水、土壤环境污染导致的生物损害而言，由于存在污染的迁移性、暴露的累积性、响应的延迟性、不同损害源效应的叠加性等特点，污染物排放行为和损害后果可能发生在不同时间和地点，且环境污染物生物效应的研究基础薄弱，导致这类损害的因果关系判定难度加大。

3.1.6 治理修复和恢复方案影响因素多，难以形成模式化的方案筛选

根据现有生态环境损害鉴定评估技术规范，对于能恢复的受损生态环境，优先基于恢复方案实施成本对其损害价值进行量化。因此，生态环境恢复方案的决策及其费用的估算是损害价值量化的关键环节。

对于土壤、地下水等环境污染类损害而言，涉及的污染物众多，修复方案决策难度大。目前广泛采用的焚烧、填埋、抽出处理等技术存在成本高、拖尾效应或无法彻底清除污染等问题，一些新型修复技术则多停留在研究、中试、示范应用层面，未进行大规模推广应用，导致损害恢复决策范围受限。此外，对于同一种损害情形而言，可选择的修复技术众多，如何综合考虑技术成熟度、修复效率、周期、成本、公众可接受度等诸多因素，客观科学合理地进行决策，也是面临的重大挑战。修复方案涉及系统安装、设备、材料、能源、人力等多种投入，且不同的修复技术对应的工程元素差异很大，目前损害评估对于恢复费用的测算存在两个问题：①未开展详细的环境调查，就给出环境修复费用作为行政磋商或司法审判的依据，导致实际修复费用不足或超出应赔偿数额；②现有技术规范给出的修复技术实施成本推荐值区间值较宽，生态环境损害赔偿数额的不确定性较高。开展生态环境损害数额计算对于修复方案决策和费用计算，需要精准性更高的决策工具支持。

对于生态系统和生物受体的损害而言，由于生态系统资源、结构和功能的多样性，以及不同类型资源和服务价值量化方法的差异性，导致生物受体、生态系统服务功能损害量化结果的不确定性较大。由于基本恢复的决策会影响补偿性恢复的规模和费用，补偿性恢复的决策也会影响期间损失的量化方式和补偿性恢复规模的确定，因此，选取恰当的针对生物多样性与生态系统服务功能损害的量化指标并进行科学量化是生态损害评估要首先解决的问题。此外，现阶段在利用等值分析方法进行损害量化评估时，对于恢复速率和恢复周期的预估往往是线性的，未充分考虑不同区域、不同自然环境条件下生物的生长规律，导致评估结果的变异范围较大，研究建立针对典型生物受体和生态系统的恢复模型，提高损害评估结果的精细化水平，是生态系统损害量化面临的另一个重大挑战。

3.2 生态环境损害鉴定评估工作的技术需求

3.2.1 开发生态环境损害赔偿工作平台与生态环境基线数据库

针对生态环境损害赔偿案件线索收集难、追踪难的问题，应加快开发生态环境损害赔偿案件线索筛查与工作平台，汇集生态环境行政执法与"12369"环境举报信息平台数据以及其他专项调查数据，开展案件线索筛查条件与智能筛查技术研究，梳理案件追踪办理节点，开发生态环境损害赔偿案件"人工+智能"筛查功能与案件追踪办理功能。根据工

作需要，逐步完善现有平台的生态环境损害赔偿案件上报与汇总分析功能，细化案例库分析指标与功能，推动案件的及时办理、跟踪以及鉴定评估结果的验证分析。针对生态环境基线数据缺失的问题，建议各地结合生态环境监测网络体系建设，统筹推进覆盖自然资源、生态系统与环境质量的生态环境基线云数据平台构建。

一是规范统一自然生态资源数据观测与统计标准，生态环境损害鉴定评估涉及矿产、地表水、地下水、农业资源、林业资源、生物多样性、太阳能资源、风能资源、生物质能源等多种自然生态资源，统计清查职能散落在自然资源、水利、农业农村、林业草原等部门，部分资源目前尚未形成统一规范的核算或统计标准，卫星遥感与地面观测等不同观测方法获取数据的验证标准尚未达成共识，亟待构建统一的监测、统计、核算与验证标准。

二是构建跨行业—跨地域—跨部门—多主体参与的生态环境数据共享、验证与工作机制，建议由各地统计或生态环境部门负责整合分散在生态环境、林业草原、自然资源、农业农村、水利等部门的生态环境、自然资源与生物多样性基础数据，避免由于部门职能变更造成地下水、草原、海洋等资源统计资料的遗失，广泛收集相关高校、科研机构、第三方社会组织关于资源调查科研课题的研究成果，构建生态环境云数据平台，逐步建立数据共享与验证工作机制，为区域生态环境基线数据库的建立提供制度保障。

三是构建区域生态环境基线数据库，汇总生态环境、林业草原、自然资源、农业农村、水利等相关部门的各类统计、调查、清查、遥感和监测数据，提出数据筛选清洗标准与数据处理原则，建立涵盖环境质量（环境空气、地表水、地下水、土壤、沉积物、噪声、辐射等）、生态系统（森林、草原、湿地、农田、海洋、荒漠、冻原等）与自然资源（土地、矿产、水、生物等）的生态环境基线数据库，实现环境质量、生态系统与自然资源空间分布以及结构、数量、水平等基础数据的云查询与计算功能。

3.2.2 开展重点行业污染物治理成本专项调查与污染物图谱数据库建设

目前，虚拟治理成本法主要应用于来源不明的危险废物、常规大气污染物超标排放或有毒有害气体事故性排放，以及化工、染料、医药等行业半成品的废液倾倒，也有部分一般工业固体废物倾倒与一般工业废水和生活污水倾倒的案例，根据《环境损害数额计算推荐方法》（第 II 版）以及《关于虚拟治理成本法适用情形与计算方法的说明》，推荐采用实际调查法、收费标准法和成本函数法来确定污染物的单位治理成本，理论上对于非常规污染物采用实际调查法、对于常规污染物采用成本函数法最为科学合理，但实践中由于大多数鉴定评估机构缺乏专业技术能力，或为了节约成本往往不开展实际调查，对于危险废物大多采用危险废物处置企业的报价，对于工业废水采用园区废水处置企业与排污企业的协议处理价格，对于常规污染物采用排污税费标准，单位污染物处理成本的确定随意性较大，导致不同机构得出的评估结果差异较大，不利于生态环境损害赔偿磋商以及环境司法审判工作的开展。

针对虚拟治理成本法的主要技术"瓶颈"，有必要开展重点行业污染物治理成本专项调查，按照重点大气污染物排放行业（钢铁、火电、有色冶炼、化工、制药、石化、垃圾焚烧、危险废物焚烧）、重点废水污染物排放行业（化工、染料、皮革、石化、造纸、食品、有色冶金、生活污水）以及固体废物处置行业（主要工业固体废物处置、填埋，危险废物焚烧、填埋，生活垃圾处置、填埋）分地区、规模、工艺开展处理或处置成本调查，建立分地区、分行业、分工艺的典型污染物单位治理成本数据库，并定时更新调整。同时，针对上述重点行业开展原辅材料和工艺调查，形成重点行业污染物图谱库，为污染溯源和损害因果关系判定建立技术基础。

3.2.3　开展有毒有害物质清单与筛查检测技术设备专项研究

针对司法实践关于"有毒有害"特性的现实需求，生态环境管理部门应开展有毒有害物质清单以及有毒有害特性判断标准的专项研究，制定有毒有害物质鉴定的工作程序、污染物有毒有害特性的判断标准，从污染物质毒性和含量、污染物质产生来源等不同维度制定有毒有害物质清单或名录。结合污染物性质鉴别工作的特点，在已有危险废物鉴别技术规范和标准的基础上，研究制定筛选特征污染物的指导性技术文件，明确污染物筛选的技术流程、方法，解决实际中盲目依靠检测来确定污染物，开展大量检测却无法确定特征污染物，或仅仅检测环境质量标准中规定的少量指标而忽略其他污染物的情况。

设立环境污染物快速检测筛查技术标准与设备研发专项，突破现有仪器技术的"瓶颈"，提高快速检测技术的效率，满足生态环境损害鉴定评估中快速识别污染物类型、高效准确测定污染物浓度的需求，解决传统实验室检测样品采集时间长、前处理过程繁琐、分析周期长等问题。制定环境样品现场快速监测/检测相关技术标准，规范快速检测技术的适用范围或情形、监测程序、设备选择、技术选择、质量保证和质量控制要求等，以保证快速检测结果的准确性和有效性。

3.2.4　针对环境污染和生态破坏类型案件开展责任认定原则与标准方法研究

针对生态环境损害因果关系判定的复杂性，需要开展专项研究，充分考虑大气、水、土壤、地下水、生物等不同损害要素的特点，区分污染来源不明、多污染来源等不同情形，分别构建特征污染物识别、同源性分析、迁移路径识别、责任份额计算的技术方法体系，明确责任认定和责任分配的原则，同时研究制定相应技术指南，保障因果关系判定和责任分配过程的规范性。

对于多来源大气和地表水环境损害的因果关系判定，应充分利用污染源排放清单、污染源普查、重点行业企业基础信息采集等工作基础，研究构建不同类型、不同来源、不同企业污染物指纹图谱库，通过对损害事件源端和受体端污染特征的检测分析，结合多元统计分析等方法的应用，将污染特征与相应的指纹图谱进行匹配，实现污染源的定向追踪。

对于土壤和地下水环境损害因果关系判定，应系统研究同位素检测、污染物定性定量检测、多元统计分析、指纹图谱等手段在同源性分析中的应用方法以及地理信息系统、迁移转化模拟、同位素示踪等手段在迁移路径识别中的应用方法，明确不同方法的适用范围，以及在不同情景下的集成方式，建立典型损害情形下的因果关系判定模式方法。

对于大气、水、土壤等环境污染导致的生物损害，系统研究不同类型、不同浓度污染物在不同暴露方式下对不同类型生物受体的毒性效应，建立基于响应特征的代表性表征指标筛选方法，构建不同特征污染源和代表性指标响应之间的定性和定量关系，通过对代表性指标的特征分析和对应关系的查询，实现污染源的快速判别。

3.2.5 开发生态环境治理修复和生态恢复模型与方案筛选决策工具

针对单一污染来源、单一污染物的环境污染损害类型，构建分类别的污染物—环境介质—生物受体或简单生态系统的单一或多暴露途径的普适性损害鉴定评估模型，针对不同类型污染损害提出治理或恢复技术库，研究确定模型关键技术参数；针对多污染来源、多污染物类型、多环境介质的复杂情景环境污染损害，构建典型情景的多污染物—多环境介质—多生物受体或复杂生态系统的多暴露途径的损害鉴定评估概念模型。

针对复合污染体系和复杂生态系统的生态环境损害鉴定评估所面临的溢出效应、非线性效应、时滞效应等问题，基于大数据和人工智能技术进行典型生态环境损害情景恢复模拟系统开发，开发高分辨率空间、中长时间尺度、难以通过经验数据分析得到的复杂生态环境动态模拟系统，开展基于情景分析的未来生态环境系统格局和时空动态的生态环境损害恢复模拟，为复杂生态环境损害恢复方案筛选提供模型工具。

基于环境损害的程度与范围、不同恢复技术和方案的难易程度、恢复时间和成本等因素，充分考虑恢复目标、备选恢复方案实施全过程的环境、经济、社会成本和效益，以及基本恢复和补偿性恢复实施时间与成本的相互影响，构建分阶段的生态环境恢复方案评价指标体系，开发"智能+人工"的生态环境恢复方案比选决策支持系统，实现快速科学决策。

3.2.6 形成生态—环境—资源要素价值量化标准技术体系

目前生态环境恢复费用的估算缺乏统一标准，建议基于大数据手段广泛收集已有环境修复和生态恢复案例信息，通过对现有案例费用数据的统计分析，开展不同损害类型恢复费用关键影响因素和敏感度的研究，构建不同生态环境损害类型恢复费用估算函数，制定恢复方案的参数取值标准，降低费用估算的不确定性，提高损害评估结果的可接受度。

针对不可恢复的生态环境资源损害，需要开展不同适用情景下的生态环境与资源定价理论与标准研究，进一步明确资源财产损害与生态环境损害的内涵外延。针对生态环境资源价值量化方法种类多、参数取值缺少标准、量化结果差异大的问题，开展直接市场、替代市场、虚拟市场等不同生态环境资源价值量化方法的适应性研究，编制生态环境资源价值量化技术规范，构建不同情形生态系统服务功能损害对应的评估指标筛选方法，提出不同类型资源和生态系统服务功能损害的适用方法和模型，规范评估参数调查与取值方法，确保价值量化结果的一致性。

4 继续完善生态环境损害赔偿制度的若干建议

4.1 通过出台系列配套制度解决制度改革困境

生态环境损害赔偿制度在全国试行取得了比较显著的效果，各地通过案例实践对相关索赔制度进行了检验，应当充分总结各地经验，将相关实践经验落实为制度规范。同时需要梳理各地在推进生态环境损害赔偿工作中办案积极性不高和配套制度不足等问题的内在原因，加快推进基础性的配套制度建设，突破改革工作的困境。[8]

4.1.1 建立重大案件追踪工作机制，推动改革工作良性发展

一是明确赔偿案件的线索来源与立案条件。认真梳理典型生态环境执法案件、各级环保督察案件以及蓝天保卫战、黑臭水体、绿盾、清废与入海排污口检查等专项行动发现案件的表现形式，结合环境公益诉讼、生态环境损害赔偿主要案件类型，归纳总结我国生态环境损害赔偿案件的主要特点，进一步明确生态环境损害赔偿制度的适用情形与立案条件。明确线索来源包括中央和省级生态环境保护督察发现的案件、较大及以上突发环境事件、资源与环境行政处罚案件、涉嫌构成破坏环境资源保护犯罪的案件以及在国家和省级主体功能区规划（或者国土空间规划）中划定的重点生态功能区、禁止开发区发生的环境污染、生态破坏事件等，通过规范线索的来源，实现环境执法案件、刑事犯罪案件与赔偿之间的衔接。

二是构建生态环境损害赔偿案例线索筛查和报告制度，建立生态环境部门内部法规、督察、执法、土壤、生态、应急、监测等各部门之间的信息共享机制。以生态环境云信息平台为支撑，推动地方开发天、地、空一体化生态环境案件线索筛查系统，实现对于超标排污、突发环境事件、林地损毁等生态破坏事件的实时监控以及对违规建设项目、污染责任纠纷等事件的全面掌握，相关部门及时将案件线索提供给损害赔偿机构，及时固定证据，启动赔偿磋商。

三是建立部级层面的重大案件实施台账式管理制度。开发全国性的生态环境损害赔偿案件线索筛查与追踪办理数据平台，摸清工作底数，为改革制度的贯彻落实提供数据与工具支撑。将中央生态环境保护督察的案件、重大突发环境事件、生态环境部各类督察发现的案件线索纳入台账清单，各省份根据生态环境部核准下发的重要案件台账，负责核实、组织处理，反馈信息；对各省份上报的生态环境损害重要案件实行"编号制"，对重要案件的落实办理责任实行"挂号制"，对已处理完毕的案件实行"销号制"。

四是强化赔偿磋商部门与司法部门的联动机制。建议生态环境部门加强与立法和司法部门的沟通，就"有毒有害物质鉴别"、"环境资源犯罪入刑标准"、环境损害鉴定评估工作周期等问题进行充分沟通，对现有法律和司法解释不尽合理的规则作出调整与修改。在具体办案过程中，生态环境部门可邀请检察机关参加赔偿磋商，磋商不成的，由检察机关以支持起诉人身份参与赔偿诉讼；与公安机关协作健全落实信息共享、案件移送、案件双向咨询等制度。此外，对社会组织已经提起公益诉讼、法院已经立案的案件，法院可及时通知相关的赔偿权利人，推动实现损害赔偿与环境公益诉讼之间的衔接。探索与公安、法院、检察院案件信息与办理系统有机结合，完善地方生态环境案件线索筛查功能。

4.1.2 出台《生态环境损害赔偿制度实施办法》，固化改革成果

建议出台"生态环境损害赔偿制度实施办法"，就案件线索来源、调查、磋商、修复与执行的监督等内容进行细化规定。其中，针对磋商程序，一是明确磋商的简易程序，各

地方可以确定损害情况简单、事实清楚、涉及金额较小的案件不需要委托鉴定评估机构开展鉴定评估，可以自行评估或咨询专家意见确定损害数额和修复方式，减少行政成本，提高磋商效率。二是明确磋商的时限，可设定整个磋商过程中赔偿权利人和义务人正面协商质证不超过三次，赔偿义务人无故不参与协商质证的，可视为拒绝磋商。三是磋商过程中可以引入人民调解组织等第三方主体主持磋商，磋商过程中赔偿权利人与赔偿义务人为平等民事主体，磋商协议需经第三方主体认可方为有效。对经第三方主体认可的协议，可以向人民法院申请司法确认。

4.1.3　强化党政领导干部责任追究，提高地方的积极性和主动性

对赔偿权利人及其指定的部门或机构的负责人、工作人员在索赔工作中存在滥用职权、玩忽职守、徇私舞弊的，依纪依法追究责任；涉嫌犯罪的，移送监察机关、司法机关，真正达到"督促尽责"的管理目标，促进各地政府对生态环境损害赔偿"应提尽提"。同时，为了鼓励地方工作人员积极开展工作，根据《中华人民共和国环境保护法》第十一条有关"对保护和改善环境有显著成绩的单位和个人，由人民政府给予奖励"的规定，对在生态环境损害赔偿工作中，有显著成绩的单位或个人，各级赔偿权利人及其指定的部门或机构应给予相应的奖励，提高赔偿工作的积极性和主动性。

4.2　推动生态环境责任与损害赔偿法律融合

配合立法机关做好"长江保护法""国家公园法"的制定以及《中华人民共和国矿产资源法》《中华人民共和国草原法》《中华人民共和国渔业法》的修订工作，推动将生态环境损害赔偿制度纳入相关单行法律；建议在条件成熟时研究制定我国"生态环境责任与损害赔偿法"，对生态环境风险预防与损害赔偿的立法目的、适用范围、基本原则、主体制度、配套制度等进行"一揽子"规定。开展生态环境责任与损害赔偿综合立法的目的是建立生态环境事件"事前风险防范—事中有效应对—事后赔偿到位"的全链条管理模式，并通过合理的金融制度设计落实企业防范风险的主体责任，改变"保姆式政府"的管理模式，重点解决相关突出问题。

4.2.1　明确预防与赔偿责任的具体制度安排

具体制度构建包括主体制度与配套制度两大部分，主体制度是确立企业和政府生态环境风险防范、事中应对、损害赔偿工作中具体职责和工作流程等实体和程序规定，配套制度是为保障责任确立和赔偿顺利开展而做的辅助设计。

主体制度内容包括：①明确企事业单位和其他生产经营者的生态环境损害预防、事件应对和事后修复责任。②确立生态环境主管部门在生态环境损害预防、应对及索赔过程中的职责。③完善企事业单位和其他生产经营者、生态环境主管部门在生态环境损害风险预防、事件应对和损害修复的具体工作程序。

配套制度内容包括：①健全生态环境损害调查与鉴定评估制度，为评估生态环境风险、调查生态环境损害事实、确定损害责任主体、制定修复方案等提供技术依据。②在责任者

灭失、责任者无力承担赔偿费用或责任者无法确认等情况下，综合运用政府财政、污染责任保险、专门基金等社会化责任分担机制，保障生态环境主管部门代为开展相关预防、应对和修复工作的费用。③创新公众参与方式，邀请专家和利益相关的公民、法人、其他组织参加生态环境损害赔偿磋商、修复等工作，完善生态环境损害赔偿的公众参与制度。

4.2.2　统筹生态环境损害民事、行政与刑事责任

生态环境责任与损害赔偿法不仅突出民事侵权责任和环境损害修复责任的承担，还应当全面统筹环境损害的民事、行政和刑事责任，合理安排责任大小和关系，立法确认生态环境损害赔偿优先的原则，同时应当制定相关的保障程序，解决三类责任之间缺乏统筹的问题。

建议在法律中明确行政处罚、刑事犯罪与损害赔偿的衔接规则。一是做好生态环境损害赔偿责任追究与环境刑事诉讼衔接，对政府尚未提起生态环境损害赔偿诉讼时，可由同级检察机关通知作为赔偿权利人的政府。当政府审查案件符合开展生态环境损害赔偿条件，并决定开展磋商或提起诉讼时，检察机关暂时中止环境刑事诉讼，督促赔偿义务人积极磋商，主动修复受损环境。二是与各执法部门开展行政执法衔接，发现符合生态环境损害赔偿启动条件的，生态环境、自然资源、农业农村等相关行政执法部门及时将案件情况和证据等材料移交给赔偿权利人，并由赔偿权利人指定磋商部门，做好生态环境损害案件信息和证据的衔接。另外，针对土壤污染修复责任这类受损生态环境在可以修复的情况下，"责令修复+行政强制代履行"是尽职履责的标准，而在受损生态环境不能修复或难以修复的情况下，责令修复的行政命令无法施行，需要开展替代修复或者索赔生态环境损害期间损害时，行政机关可以提起生态环境损害赔偿、替代修复等救济手段保护生态环境。三是在生态环境损害赔偿案件涉及环境行政处罚或者刑事犯罪的量刑时，明确将赔偿义务人积极开展损害赔偿磋商和修复作为当事人有积极主动减轻后果，根据行政和刑事法律相关从轻或减轻处罚的情形，应当进行从轻或减轻处罚。四是对于因污染物快速扩散、环境本身得到快速自我恢复，没有对人身、财产和生态环境实质性损害的超标排放行为，可以只进行行政或刑事处罚，赔偿权利人不必再提起生态环境损害赔偿，通过生态环境秩序管理规则进行调整即可，节省索赔单位的行政资源。[9]

4.2.3　合理划分各相关部门的制度实施职责

为了全面追究生态环境损害赔偿修复责任，减少不同主体开展生态环境损害赔偿导致的不足和冲突，建议在立法中明确生态环境部门与自然资源部门在生态环境损害赔偿工作中的衔接。可以采取以下方式：

一是可以通过区分案件的性质，把生态环境损害案件分为环境污染和生态破坏两种类型，分别由地方生态环境和自然资源部门分别承担生态环境损害索赔工作；如果存在职能交叉的，即环境污染同时涉及自然资源损害或者生态破坏同时涉及生态环境服务功能损害的，由生态环境主管部门或自然资源主管部门会同开展赔偿工作。

二是地方赔偿权利人组建或指定专门的生态环境损害索赔机构，概括承担生态环境损害赔偿权利人职责，开展生态环境损害索赔工作。指定的索赔机构可以由生态环境和自然

资源等部门的人员组成。

三是承担索赔具体工作的部门加强与司法机关的沟通，与检察机关就生态环境损害赔偿的法律、证据材料、技术方面的支持做好衔接，与人民法院就环境民事公益诉讼做好沟通对接工作。

4.2.4　建立社会化分担机制，规范赔偿资金的统一管理与使用

一是为保障受损的生态环境得到及时有效的修复，确保资金的保障作用，可以从法律层面统筹行政罚款和刑事罚金的使用，将部分或者全部的罚款和罚金纳入生态环境损害修复的资金范围，保证修复资金的充足。

二是针对生态环境损害赔偿、环境公益诉讼建立统一的专门账户或基金，统一使用生态环境损害赔偿资金，达到修复效果。[10]

三是建立具体规则，将高风险行业企业预付保证金，环境污染强制责任保险资金，以及高污染、高环境风险行业企业建立的行业环境污染责任基金根据相关责任情况，确保纳入生态环境损害赔偿或修复当中，为可能发生的生态环境损害提供充足的资金保障。

四是创新生态环境损害赔偿资金使用制度。与生态投融资政策制度相融合，鼓励不需要修复的生态环境损害赔偿资金用于湿地银行、森林银行、土壤银行、水银行（水权交易）投资，将生态产品转化为经济产品，融入市场体系，提高生态产品的补充供给能力，促进生态产品价值实现。

4.3　进一步提升环境损害鉴定评估工作能力

可以支持实际工作需要的环境损害鉴定评估能力是生态环境损害赔偿制度改革的重要保障。当前正是生态环境损害赔偿制度从试行到全面开展的重要过渡时期，对于固化改革所取得的成果，持续推进生态环境损害赔偿制度建设和案例实践尤为重要，因此亟待进一步从机构建设、人员队伍等方面提升环境损害鉴定评估工作能力。

一是建立专门的人员队伍。生态环境损害赔偿是一项全新的生态环境管理业务工作，专业性强，需要稳定的人员队伍。目前各地基本是生态环境局法规部门工作人员兼职承担该项工作，法规部门已有行政复议、诉讼、合法性审查和立法等工作已经超负荷运转，无法保质保量完成改革任务。建议参照浙江绍兴等地经验，在全国各级生态环境保护部门成立专门处室，配置专职人员，明确职能，负责生态环境损害赔偿工作推进。

二是强化环境损害鉴定评估机构推荐机构管理。建议持续开展环境损害鉴定评估机构推荐和动态管理工作。针对业务量高、鉴定机构少的地区，遴选有能力的鉴定评估机构进入推荐名录，研究起草推荐机构信用评价制度、推荐机构动态管理规定，明确环境损害鉴定评估推荐机构的审核和推出机制，进一步提高推荐机构的业务能力。

三是加强技术培训和帮扶。当前生态环境损害赔偿工作由省级和地市级权利人组织开展，由于案件线索获取等因素，未来生态环境损害赔偿权利人可能进一步下沉到区（县）级，建议加强针对地市级及以下生态环境损害赔偿制度相关工作人员的技术培训，加强一线人员实际工作能力。同时，生态环境部联合相关单位定期以片会、现场帮扶等形式为全

国生态环境损害赔偿工作进展相对缓慢地区提供技术指导。

4.4　设立生态环境损害鉴定评估技术标准研究专项

针对目前生态环境损害鉴定评估技术方法体系不能完全满足简单案件评估需求，有毒有害物质性质判别技术方法缺失，在一定程度上导致鉴定评估费用高、周期长的问题，同时生态环境损害鉴定评估涉及的生态环境基线确定、因果关系判定、损害价值量化、恢复方案筛选决策，都是生态环境领域的前沿学科，需要深入研究和探索。建议设立专项研发污染物筛查与溯源技术和设备，构建适应办案实际、覆盖全生态环境要素、指导全流程关键技术环节的环境损害鉴定评估技术方法体系。

一是开展生态环境损害快速评估技术方法研究。构建涵盖各种环境要素与生态系统类型的快速评估技术方法体系，开展典型行业废气、废水、固体废物处置成本与典型生态系统维护成本调查，构建技术参数库，提出适用于虚拟治理成本法的关键参数选取方案，编制相关技术指南，提高虚拟治理成本法的科学性和准确性。

二是开展有毒有害物质筛查检测技术方法与标准研究。开发有毒有害物质清单与有毒有害物质数据库，开展有毒有害物质判定标准与筛查检测技术设备研发，提出复杂/复合污染物的生物综合毒性评估方法，为环境刑事案件量刑、有毒有害物质管理提供技术依据。

三是开展生态环境损害因果关系判定技术方法研究。针对环境损害因果关系判定环节，从损害原因、涉及的污染物类型等角度对环境损害情景进行合理分类，结合不同类别损害案例的特点，制定差异化的因果关系判定程序，研究不同技术方法的集成应用方式，构建分类别的因果关系判定标准，构建集成指纹图谱、同位素、多元统计分析、污染物迁移转化模拟等传统溯源技术与地理信息、遥感等新型空间信息技术与 eDNA 污染溯源技术的环境损害因果关系判定技术体系。制定相关技术指南，推动因果关系判定与损害责任分配工作的开展。

四是开展生态环境损害恢复方案筛选与量化技术方法研究。研究形成基于恢复费用和等值分析原理、耦合传统环境资源价值量化方法的生态环境损害量化技术方法体系，开发典型生态环境损害修复/恢复模拟模型，为生态环境损害评估与恢复方案制定提供智能化、专业化工具，提高生态环境损害赔偿相关案件的磋商与审判效率以及准确率。

五是开展生态环境损害修复效果评估技术标准研究。针对不同环境污染与生态破坏类型受体，构建生态环境损害修复效果评估指标体系，开展生态环境修复效果评估技术与标准研究，提出生态环境修复效果评估标准与技术规范。

参考文献

[1]　YU F, ZHAO D, QI J, et al. Environmental Damage Assessment Methods for Soil and Groundwater Contamination[C]. Collection for The 5th International Conference on Soil Pollution and Remediation. 2016: 80-94.

[2] 何军，刘倩，齐霁. 论生态环境损害政府索赔机制的构建[J]. 环境保护，2018，46（5）：21-24.

[3] 齐霁，於方. 环境损害赔偿行路难，难在评估[J]. 中华环境，2014，10：60-61.

[4] 田超，张衍燊，於方. 环境损害司法鉴定：打开环境执法与环境司法新局面[J]. 环境保护，2016，44（5）：62-64.

[5] 赵丹，徐伟攀，朱文英，等. 土壤地下水环境损害因果关系判定方法及应用[J]. 环境科学研究，2016，29（7）：1059-1066.

[6] 王金南，於方，齐霁，等. 环境损害鉴定评估：环境监察执法的一把"钢尺"[J]. 环境保护，2015，43（14）：12-15.

[7] 於方，张衍燊，齐霁，等. 环境损害鉴定评估关键技术问题探讨[J]. 中国司法鉴定，2016，1：18-25.

[8] 王金南，刘倩，齐霁，等. 加快建立生态环境损害赔偿制度体系[J]. 环境保护，2016，44（2）：26-29.

[9] 於方. 环境损害赔偿立法，该解决哪些难题？[J]. 环境经济，2015，Z8：16-17.

[10] 於方，刘倩，牛坤玉. 浅议生态环境损害赔偿的理论基础与实施保障[J]. 中国环境管理，2016，1：50-53.

2019 年度土壤环境修复咨询服务业发展分析

Research on the Development of Soil Environmental Remediation Consulting Service Industry in 2019

孙宁　丁贞玉　徐怒潮　郝占东①

摘　要　土壤环境修复咨询服务业的发展规模和水平是衡量土壤环境修复产业发展成熟度的重要标准，也是土壤环境治理体系现代化的重要内容。本文分析了 2019 年国家相关政策和技术文件发布实施对土壤环境修复咨询服务业发展的影响和作用，从多角度调研分析了咨询服务行业发展现状，提出了行业发展中存在的主要问题和健康良性发展的对策建议。

关键词　土壤修复　咨询服务　技术导则

Abstract　The development scale and level of the soil environmental remediation consulting service industry are important criteria to measure the maturity of the soil environmental remediation industry and an important part of the modernization of the soil environmental governance system. This paper analyzes the impact and role of the release and implementation of relevant national policies and technical documents on the development of the soil environmental remediation consulting service industry in 2019，and investigates and analyzes the development status of the consulting service industry from multiple perspectives. The main problems existing in the development of the industry and the countermeasures and suggestions for healthy and sound development are put forward.

Keywords　soil remediation，consultation service，technical guidelines

　　2019 年是《中华人民共和国土壤污染防治法》（以下简称《土壤污染防治法》）实施的第一年，2020 年我国将迎来《土壤污染防治行动计划》的大考。土壤环境修复产业是支撑我国土壤污染防治目标指标和各项任务完成的重要支撑和物质保障，产业发展状况和水平直接决定了目标和任务的完成水平。本文以土壤环境修复产业中的咨询服务业为研究对象，对 2019 年出台的政策从需求拉动、提升水平、规范市场、财政支持 4 个方面进行了

---

① 生态环境部环境规划院，生态环境工程咨询中心（北京，100014）；污染场地安全修复技术国家工程实验室（北京，100015）。

全面梳理，从中探寻政策与市场之间的关系；对 2019 年咨询服务市场进行了全方位立体分析；提出了行业发展中存在的主要问题；结合《关于构建现代环境治理体系的指导意见》精神，提出了促进修复咨询服务业健康良性发展的对策建议。

1 咨询服务业的范围与主要特点

土壤环境修复的范围主要包括污染农用地和建设用地修复，在此基础上还可进一步拓展为矿山环境生态修复、固体废物和生态垃圾堆放场所修复、尾矿库修复等。土壤环境修复咨询服务是指围绕上述对象开展的规划与政策制定、管理咨询、科研、调查（普查）、风险评估、环境监测与检测、工程地质勘察、方案编制、可行性研究、环境影响评价、工程设计、环境监理、效果评估、修复技术研发、教育培训、会务、信息服务及其他与土壤环境修复相关的服务活动。从事土壤环境修复药剂材料提供、设备租赁等不计入咨询服务业范围，其核心是为土壤环境风险管控和土壤环境质量改善提供服务。

土壤环境修复咨询服务业的发展规模和发展水平是土壤环境修复业成熟的重要标志。2016 年国务院发布《土壤污染防治行动计划》后，土壤环境修复咨询服务得到了全面和加速发展。根据我国生态环境事业发展和环境服务业发展规律，我国土壤环境修复咨询服务业占土壤修复业的比重将不断提高。

土壤环境问题的特点决定土壤环境修复咨询服务业的特点，包括：①咨询服务的成效具有隐蔽性，很难从表面上直接体现出咨询服务乃至土壤环境修复工程活动的成效；②咨询服务成果具有一定的不确定性，但这是科学的、合理的和事实上的不确定性，这是由土壤环境污染特点决定的，具有不同于大气、水体环境咨询服务的特点；③提供"一地一策"的咨询服务，很难将某个项目的成果经验完全复制到另一个项目上；④多学科交叉和集成特点突出，这对从业人员提出较高的专业知识和技能要求。

2 2019 年土壤环境修复咨询服务发展政策分析

2.1 行业需求释放型政策分析

2019 年 1 月 1 日实施的《土壤污染防治法》确定了我国土壤污染预防、防控、修复的主要制度要求、相关部门和各级政府的法律责任，正式建立起建设用地土壤风险管控与修复名单制度，提出启动土壤环境调查的 3 种情形，提出了定期开展土壤环境普查、重点区域调查等制度。从此我国土壤污染防治正式步入法治轨道，土壤污染防治修复产业的发展有了法律依据和法律保障；预示着土壤环境修复咨询服务行业将快速打开市场空间，各项有利于咨询服务业快速、规范发展的政策、制度、标准等将陆续出台。

《土壤污染防治法》揭示出我国土壤污染防治咨询服务的潜在市场类型，如表 1 所示，共计包括 8 种类型，其中土壤环境调查既包括定期开展的较大尺度的摸底调查，也包括农用地地块、建设用地地块、尾矿库及周边、生活垃圾填埋场及周边、固体废物堆存场所及周边、城镇污水处理设施及周边等不同类型的环境调查、风险评估、方案编制、效果评估等咨询服务。随着我国《土壤污染防治法》的不断实施，土壤污染防治咨询服务市场需求必将不断释放，为咨询服务业不断发展提供根本保障。

表 1　《土壤污染防治法》中提出的土壤污染防治咨询服务潜在市场

序号	服务类型	咨询服务工作要求
1	规划标准制定	设区的市级以上地方人民政府生态环境主管部门编制土壤污染防治规划
		省级人民政府可以制定地方土壤污染风险管控标准。土壤污染风险管控标准的执行情况应当定期评估，并根据评估结果对标准适时修订
2	土壤环境调查与监测	国务院生态环境主管部门会同国务院农业农村、自然资源、住房城乡建设、林业草原等主管部门，每十年至少组织开展一次全国土壤污染状况普查
		国务院有关部门、设区的市级以上地方人民政府可以根据本行业、本行政区域实际情况组织开展土壤污染状况详查
		地方人民政府农业农村、林业草原主管部门对特定农用地地块进行重点监测
		地方人民政府生态环境主管部门应当对特定类型建设用地地块进行重点监测
3	环境影响评价	涉及土地利用的规划和可能造成土壤污染的建设项目，应当依法进行环境影响评价
4	在产企业土壤污染防治咨询服务	土壤污染重点监管单位履行法定责任带来的潜在项目
		土壤污染重点监管单位拆除设施、设备或者建筑物、构筑物的，应当制定包括应急措施在内的土壤污染防治工作方案
		危库、险库、病库以及其他需要重点监管的尾矿库的运营、管理单位，应当按照规定进行土壤污染状况监测和定期评估
		地方人民政府生态环境主管部门应当定期对污水集中处理设施、固体废物处置设施周边土壤进行监测；对不符合法律法规和相关标准要求的，应当根据监测结果，要求污水集中处理设施、固体废物处置设施运营单位采取相应改进措施
5	启动农用地调查	需要开展调查的情形包括：（1）未利用地、复垦土地等拟开垦为耕地的；（2）对土壤污染状况普查、详查和监测、现场检查表明有土壤污染风险的农用地地块
	实施农用地风险评估与效果评估	土壤污染风险评估、方案编制、风险管控或修复效果评估、后期管理等活动
6	启动污染地块环境调查	（1）对土壤污染状况普查、详查和监测、现场检查表明有土壤污染风险的建设用地地块；（2）用途变更为住宅、公共管理与公共服务用地的，变更前实施调查；（3）土壤污染重点监管单位生产经营用地的用途变更或者在其土地使用权收回、转让前
	实施污染地块风险评估与效果评估	土壤污染风险评估、风险管控或修复效果评估、后期管理等活动
7	突发事件土壤环境调查评估与修复	发生突发事件可能造成土壤污染的，地方人民政府及其有关部门和相关企业事业单位以及其他生产经营者应当立即采取应急措施，防止土壤污染，并依照本法规定做好土壤污染状况监测、调查和土壤污染风险评价、风险管控、修复等工作
8	科研	土壤污染防治的科学技术研究开发

除《土壤污染防治法》以外，2019 年各省加快省级土壤污染防治条例、办法等规范性文件的出台。广东省是国家土壤污染防治法实施后第一个实施省级条例的省份，山东、山西、天津等省份也发布了省级土壤污染防治条例，并均于 2020 年 1 月 1 日实施，部分省份发布了征求意见稿。如表 2 所示。

表2　部分省份发布的省级土壤污染防治条例现状

文件名称	生效时间
天津市土壤污染防治条例	2020 年 1 月 1 日起实施
山东省土壤污染防治条例	2020 年 1 月 1 日起施行
山西省土壤污染防治条例	2020 年 1 月 1 日起施行
广东省实施《中华人民共和国土壤污染防治法》办法	2019 年 3 月 1 日起实施
河南省土壤污染防治条例（草案）（征求意见稿）	
重庆市建设用地土壤污染防治办法	2019 年 12 月 8 日起实施

各省级条例进一步创造和释放土壤环境修复咨询服务潜在市场，具体可从如下方面体现：

（1）促进省级工程技术规范的咨询服务：山东条例第 11 条和山西条例第 6 条提到了技术规范的相关内容，鼓励各省制定急需的省级工程技术规范。此为咨询服务的一种类型。

（2）启动土壤环境调查服务的情形：山东条例提出 3 种情形；山西条例提出了 7 种情形，除山东条例规定的 3 种情形外，增加了 4 种情形；天津条例提出了 3 种情形，除山东条例前两种以外，第 3 种是有色金属冶炼、石油开采、石油加工、化工、焦化、电镀、制革、制药、农药等可能造成土壤污染的行业企业以及污水处理厂、垃圾填埋场、危险废物处置场、工业集聚区等关停搬迁的。土壤环境调查在何种情况下按下"启动键"对于开启土壤环境咨询服务是非常重要的，各省规定的类型越多、要求越细致，对于提高咨询服务市场规模来说越有利。

（3）地方特色要求形成特定的咨询服务：山东条例第 30 条是针对石油勘探开发单位提出的全过程管理要求，这是对这一特定行业提出的特定要求。山东条例第 17 条提出四种规划编制时若涉及土地利用应当依法进行环境影响评价。山西条例第 19 条提出省人民政府自然资源主管部门应当会同农业农村、生态环境等有关部门，制定利用工业固体废物填充复垦造地和生态修复的技术规范。这些内容也体现出咨询服务的市场需求和服务类型。

2.2　提升技术水平的政策分析

2019 年国家和各省份出台了多项技术标准和指南（含征求意见稿）。这些标准、指南进一步促进了我国土壤环境修复咨询服务技术水平的提升。主要体现在如下方面：

（1）HJ 25 系列技术导则的修订体现了近年来对实践经验的总结与提升。2019 年 12 月生态环境部发布了污染地块调查、监测、风险评估、修复技术 4 个 HJ 25 系列的技术导则。这些技术导则是 2014 年发布的技术导则的升级版，结合过去几年土壤环境调查监测中遇到的一些问题，提出了解决途径。如进一步明确了土壤纵向方向上采集样品的判断方法，增加了 NAPL 污染物样品采集技术要求，突出了经验判断法在土壤环境采样布点中的重要性等，进一步体现出土壤环境调查的针对性、差异性、灵活性等特点，以及土壤环境采样全过程的规范性和质量控制要求。

（2）地方风险管控标准的出台扩大了筛选值与管控值的特征污染物范围，丰富了特征污染物对人体健康风险的认识。2019 年江西省和深圳市发布了省级和市级土壤风险管控标准的征求意见稿，在国家规定的 85 种污染物以外，分别新增了 47 项和近 50 项污染物的筛选值和管制值，扩大了污染物类型和数量，对我国其他省份开展复杂场地污染超标分析和风险评估具有积极意义。深圳市是自 2016 年以来第一个公开土壤环境背景值标准的城市，目前虽然公开的是征求意见稿，但其导向和鼓励意义重大。

（3）团体标准的出台丰富了土壤环境咨询服务的技术依据。2019 年化工行业标准《铬盐污染场地处理方法》（HG/T 5541—2019）、《镍铬盐污染场地处理方法》（HG/T 5542—2019）发布，均自 2020 年 4 月 1 日起实施。浙江省生态与环境修复技术协会团体标准《农用地土壤污染风险评估技术指南》（T/EERT 001—2019）自 2019 年 6 月 1 日起实施。土壤环境修复团体标准的发布将会很大程度上解决我国土壤环境修复技术标准缺乏、出台速度慢等现实问题，对推动修复技术的发展必将发挥积极作用。同时，化工行业 2 项团体标准分别针对铬盐和镍铬盐污染类型，具有很好的针对性；浙江省的团体标准正好填补了我国农用地土壤环境风险评估技术方法的空白，非常及时和必要。

（4）污染地块岩土工程勘察技术得到了进一步规范。江苏省地方标准《污染场地岩土工程勘察标准》（DB32/T 3749—2020）于 2020 年 5 月 1 日正式实施。该标准是继北京市《污染场地勘察规范》（DB11/T 1311—2015）和上海市《建设场地污染土勘察规范》（DG/TJ 08-2233—2017）之后，国内第三个关于污染场地勘察的地方性标准。化工行业标准《污染场地岩土工程勘察标准》（HG/T 2017—2019）于 2019 年 12 月发布，自 2020 年 7 月 1 日实施。上述标准体现出污染场地岩土工程勘察的专业性和重要性，对规范我国污染场地岩土工程勘察评价、有效进行污染场地修复工程及再开发利用具有重要的指导意义。

（5）环境监理和工程技术规范性文件实现了突破。2019 年 12 月 9 日江苏省生态环境厅公布了《污染地块修复工程环境监理规范（征求意见稿）》及编制说明，是 2019 年在环境监理方面唯一公开的技术文件。修复工程规范文件方面，国家公开了《原位热脱附修复工程技术规范》征求意见稿，这是生态环境部公开的第一个修复工程技术规范性文件，具有重要意义。

（6）重点行业企业用地调查系列技术规范文件的出台必将对咨询服务从业单位技术水平产生深远影响。2019 年我国重点行业企业用地调查全面开展，并在 2019 年 11 月左右全国总体完成了第一阶段调查工作。该项调查工作涉及 11 万余家在产企业和遗留工业地块，有 500 多家第三方调查单位加入了调查工作，量大面广，影响力大。2017—2019 年围绕重点行业企业用地调查全流程工作，制定了包括信息采集、空间信息采集、风险关注度划分、布点方案、现场采样、质量控制等多达 20 多个的一整套的技术规范、指南、工作通知、答疑文件等。尤其是布点方案编制、现场采样、质量控制等的技术要求非常细致，是我国 HJ 25 系列标准非常重要的细化和补充，2020 年承担第二阶段调查的各家技术单位都将按照细化的方法要求开展工作并全面接受各级质量控制，这对全面提升调查、采样、监测、地勘等咨询服务从业单位技术水平必将产生深远影响。

（7）重点区域不断强化土壤环境监管。作为土壤环境管理的重点区域，2019年天津市、广州市出台的土壤环境咨询服务方面的文件较多，重点放在围绕重点行业企业用地调查所需的规范文件、工程实施过程中环境监管、环境监测的规范管理方面，以及不断完善各类技术报告的评审管理上。如天津市发布的《加强企业拆除活动环境监管工作通知》《污染地块再开发利用管理工作程序通知》《进一步做好土壤污染重点监管单位环境监管工作的通知》《技术报告评审通知》等；如广州市发布的《再开发利用相关活动中环境监测工作质量监督检查的通知》《工业企业场地再开发利用相关活动有关事项的通知》《强化污染地块再开发利用环境管理工作通知》《广州市工业企业场地环境保护技术文件专家咨询论证工作程序（试行）》。

2.3　规范从业单位的管理政策分析

2019年12月17日，生态环境部会同自然资源部发布了《建设用地土壤污染状况调查、风险评估、风险管控及修复效果评估报告评审指南》（环办土壤〔2019〕63号）（以下简称《评审指南》），作为指导和规范省市级生态环境主管部门会同自然资源主管部门组织建设用地土壤污染状况调查报告、风险评估报告、效果评估报告评审活动的主要依据，要求遵照执行。该评审指南的主要内容如表3所示。

表3　《评审指南》的主要要求

内容	要求
组织评审方式	指定或委托第三方专业机构评审或者组织评审
有关原则	整体性原则和实事求是原则。举一反三，保持建设用地土壤污染防治全过程管理工作的一致性和准确性，污染物种类、主要技术路线、修复目标等重要参数的变更和调整必须开展相应补充调查和评估工作
申请材料	明确了风险评估报告和效果评估评审前应提交的各项材料。风险评估报告评审过程中，可以不单独提交水文地质报告，将其含在调查报告中即可。效果评估报告评审前，根据需要可提交风险管控/修复设计方案和施工过程中的相关关键资料
专家审查的形式	会议召开前查阅资料，一般为会议审查，并结合必要的现场踏勘。可根据需要开展抽样检测
专家应具备的条件	具有高级以上专业技术职称或者取得相关行业职业资格证书，且从事相关专业领域工作3年以上
专家组成	提出不少于3人的最低要求
	建设用地土壤污染涉及有色金属冶炼、石油加工、化工、焦化、电镀、制革等行业及从事危险废物贮存、利用、处置等相关企业的，至少有1名熟悉相关工艺流程的行业专家参加评审
	专家组组长原则上应有建设用地土壤污染风险评估的从业经验
关于评审意见	新增了"土壤污染状况调查遵循分阶段调查的原则，土壤污染状况调查报告为根据国家相关标准规范可以结束调查时的完整调查报告"
	各种技术报告均新增了"报告是否通过"的三种情形

内容	要求
档案、信息管理	档案保存期限不少于 30 年。体现了终身责任追究的要求
	提出了土壤污染状况调查报告上传信息系统的要求
报告质量信息公开	组织评审的部门应当定期将报告评审通过汇总情况在其官网上予以公布（每年至少一次），公开内容包括但不限于以下内容：报告编制单位名称、提交报告次数、一次性通过率

　　评审指南提出了"整体性原则"和"实事求是原则"两项原则，这两项原则在若干土壤环境调查评估等技术或管理性文件中是第一次提出，具有重要意义。"整体性原则"的提出表明了土壤环境调查工作从客观上是一个不断推进和深入的过程，满足了土壤环境调查阶段和评审要求的项目，仍可能在风险评估阶段不能满足该阶段的工作要求和评审要求，为此需要开展补充性调查。通过这些论述，再次认识到土壤环境调查本身所具有的不确定性的客观特点，土壤环境调查不能一味强调"一次调查定终身"。"实事求是原则"的提出，突出了土壤环境调查的难度和特殊性，现实实践中可能会出现前一阶段未调查到的污染区域或者污染物，若在后续阶段重新发现了，这时不能"一棍子打死"，就一定认定是前一阶段工作的失职，而是应该对前一阶段调查工作开展的方法、程序、合同约定等客观、公正地进行分析，在客观原因造成的调查不确定性和主观的弄虚作假、故意回避问题之间实事求是地做出分类判断，分类进行认定。

　　2019 年广东、上海、河南、福建、安徽、天津、浙江等省（市）和南京、深圳、茂名、东莞等地级市分别制定了省级和市级土壤环境调查报告、风险评估报告、修复效果评估报告评审指南、评审工作规程等规范性文件（发布稿或征求意见稿）。结合各省实际情况对评审前后各项活动要求进行了细化，规范了咨询服务单位和评审组织管理部门的相关行为。一些省、市还制定了评审技术要点，明确评审过程中需要把握和重点评审的技术要点。

　　各省、市发布的评审管理和技术要点都充分体现出严格评审、严格把关的导向。目前土壤修复咨询服务没有门槛方面的要求，但通过提高成果质量和严格把关，同时加上国家评审指南要求的每年度评审管理部门公开评审通过率等信息，促进咨询服务单位不断提高成果质量，间接对目前从业机构发挥"优胜劣汰"的作用。

　　部分省、市文件体现出地方特点和认识。广东省、河南省和茂名市注重项目实施过程中，地方管理部门可委托开展土壤和地下水的抽测活动，并将抽测结果作为管理的依据之一。如广东省规定：地级以上市生态环境主管部门根据工作需要开展现场抽样检测工作；河南省规定抽测结果可作为省级部门开展效果评估评审活动的依据之一；茂名市也提出主管部门对污染地块开展的日常监测结果可作为地块调查报告评审的依据。广东省还提出"基于安全因素需要提前进行基坑回填，或者由于施工需要继续清挖已有基坑的，申请人可申请阶段性评估。阶段性评估由省固环中心组织专家开展，确认基坑底部和侧壁修复效果达到修复目标值后，方可进行下一步施工。申请人需采取有效措施确保基坑安全"。上述规定是一个非常有开创性的规定，开挖的基坑可以开展阶段性效果评估，且重要的是达到修复目标要求后，基坑可以开展下一步工程施工工作，而不必非要等到整个地块完成治理修复后才能进行开发建设工作。安徽省规定初步调查结果为污染地块的，可直接开展详细调查而无须进行初步调查报告的评审。南京市在调查报告评审管理办法中提出评审专家对出具的审查意见终身负责。东莞市提出"调查报告评审过程中检测单位和地勘单位均需要现场介绍工作开展情况，评审结果单独出具，从业部门在出具评审结果时需回避"，从而更进一步明确了调查单位、地勘单位和分析检测单位在土壤环境调查中各自的职责范围，不同单位为各自出具的报告分别负责，改变了过去调查单位还一并承担的水文地质调查和分析检测的责任。

2.4 中央财政专项资金拉动政策分析

2019 年 5 月生态环境部下发《关于开展 2019 年度中央环保投资项目储备库建设的通知》，要求各省（区、市）上报包含土壤污染防治项目类型在内的环保建设项目，纳入国家储备库进行综合管理，为提高中央土壤污染防治专项资金投资效率创造基础。本次土壤污染防治项目申报中，首次将污染农用地和建设用地的调查评估项目纳入了支持范围，且同时明确中央资金不支持"污染有主"和修复后通过地产开发等方式能获得投资回报的项目。

2019 年各省（区、市）获得的中央财政专项资金额度与当年环境修复项目（咨询服务和修复工程之和）金额之间的比例如图 1 所示。

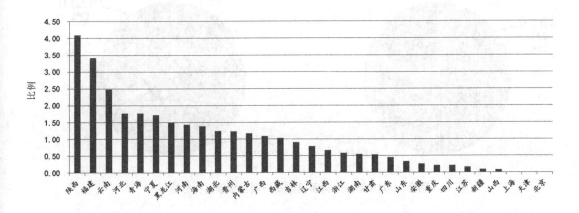

图 1　2019 年各省（区、市）获得的中央财政资金与当年修复项目金额之间的比例

通过该比例大致可以体现出各省份土壤环境修复市场金额与中央财政资金之间的关系趋势。2019 年陕西、福建、云南、河北、青海、宁夏、黑龙江等省份获得的中央财政资金与当年修复项目金额之间的比例大于 1.5，总体表明这些省份对中央财政专项资金的依赖；广东、山东、安徽、重庆、四川、江苏、上海、天津、北京等省份获得的中央财政资金与当年修复项目金额之间的比例低于 0.5，这些省份主要依靠社会投入资金推动土壤环境修复。

3 2019 年行业市场状况分析

3.1 市场规模

3.1.1 2019 年总体市场分析[①]

2019 年全国正式启动土壤治理修复项目 1 783 项（仅为已招标项目，不含流标项目），总项目金额约为 120.1 亿元，项目覆盖 31 个省份。其中，修复工程项目数量为 354 个（占全国启动项目数量的 20%），项目金额为 95.1 亿元（占全国启动项目总金额的 79.2%）；工程咨询服务类项目 1 429 个（占全国启动项目数量的 80%），总项目金额为 25 亿元（占全国启动项目总金额的 20.8%）（图 2）。

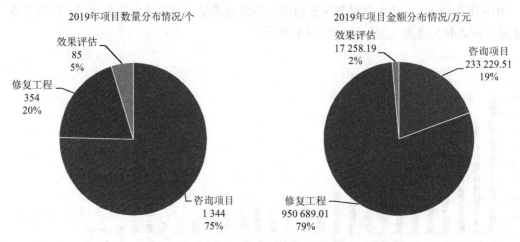

图 2 2019 年三大类项目数量与项目金额对比分析

工程咨询服务类型项目中，前期咨询服务类项目（包含调查评估、方案编制、技术服务等）数量为 1 344 个（占 1 429 个咨询服务类项目数量的 94%），项目金额为 23.3 亿元（占 25 亿元咨询服务类项目的 93%）；单体项目每个项目金额平均为 173 万元。后期效果评估类型项目数量为 85 个（占 1 429 个咨询服务类项目数量的 6%），项目金额为 1.7 亿元（占 25 亿元咨询服务类项目金额的 7%），每个效果评估类项目的项目金额为 200 万元。

根据美国环境商务国际有限公司（EBI）2018 年发布的《美国环境修复产业报告：修复与产业服务》，2018 年美国修复产业前端咨询服务工作（包括咨询、解决方案或设计、分析、监测，不含效果评估等，虽然我国和美国之间对于前期咨询项目的分类可能不完全一致，但均以现场采样分析、实验室监测等作为前期咨询工作的主要组成部分）等项目的

① 根据北京高能时代环境技术股份有限公司和生态环境部环境规划院共同掌握的 2019 年中标项目库中的数据进行分析。

项目金额占修复行业总项目金额的 40.7%（数据来源：守沪净土，《2019 美国修复市场权威发布》）。2019 年我国前期咨询业项目金额占当年修复行业项目金额的 15.1%，与美国 40.7% 的数据相比，我国前期咨询服务业的市场还有很大的提升空间。

将我国 2017—2019 年前期咨询服务类项目三年数据进行对比分析（图 3），发现无论是在项目金额还是在项目数量上均呈逐年增长趋势。2018 年较 2017 年的项目数量和项目金额的增长率分别为 111% 和 143%，2019 年较 2018 年的项目数量和项目金额增长率分别为 33% 和 28%。2018 年是我国土壤修复前期咨询服务业增长非常显著的一年，2019 年的增长速度虽然减低，但由于已经是在较高水平基础上增长，所以仍显示出可观的绝对总量。

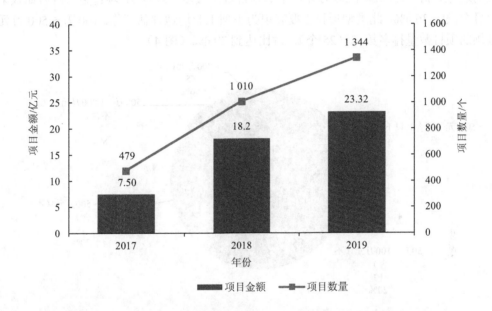

图 3   2017—2019 年前期咨询服务业项目数量和项目金额对比图

3.1.2   按照项目类型的分析

2019 年前期咨询项目共计招标项目 1 344 个（含 1 560 个标段），项目总金额 23.2 亿元。各类型项目情况见表 4。

表 4   2019 年前期咨询服务项目类型分析

项目类型	数量/个	数量占比/%	金额/万元	金额占比/%	备注
重点行业企业详查类项目	372	24	76 515.55	32.8	
污染地块调查评估类项目[1]	1 125	72.1	148 083.3	63.5	
土壤及地下水检测类项目	51	3.3	6 559.68	2.8	单个项目金额均较小，多为 100 万元以下项目

项目类型	数量/个	数量占比/%	金额/万元	金额占比/%	备注
地质勘查类项目	12	0.8	2 070.94	0.9	主要为矿山和水域用地类型
合计	1 560		233 229.5		

注：[1] 此类型项目中含有实验室分析检测和现场地质勘查等内容，但总体由于不是单独的分析测试和地勘项目，所以并入调查评估类项目。

2019 年启动后期效果评估类型项目 85 个，项目金额为 1.7 亿元。按照项目金额的不同区间进行分析，合同额在 50 万元以下的项目数量最多（31 个），项目金额占后期效果评估项目金额的 36.4%，此类型项目主要表现为小型工业场地评估工作。100 万～500 万元项目金额的项目数量排名第二（25 个），占比达到 29.4%（图 4）。

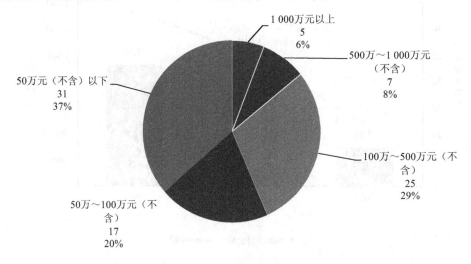

图 4　2019 年后期效果评估类项目单体项目金额分布

重点行业企业用地详查是 2019 年非常重要的一种项目类型。28 个省份开展的 372 个项目形成的项目金额是 7.7 亿元，约占 2019 年 1/3 的市场容量（图 5）。从项目金额看，广东、内蒙古、江苏、山东和云南五省位居全国前五名，从项目数量来看，山东、江苏、广东、四川和浙江位居全国前五名。广东、江苏、山东等是我国重点行业企业用地调查的重点省份，调查数量多，通过重点行业企业调查，未来潜在的土壤污染咨询服务和土壤修复市场空间也较为突出。

（1）广东省：重点企业详查类项目共计 53 个，总项目金额为 19 309.21 万元，占广东省前期咨询项目总金额的 44%，是全国重点企业详查类项目金额最大的省份。

（2）山东省：重点企业详查类项目共计 79 个，占山东省前期咨询项目总招标项目数量的 66.4%，总项目金额 8 115.89 万元，是全国重点企业详查类项目招标数量最多的省份。

（3）江苏省：重点企业详查类项目共计 66 个，总项目金额为 9 239.65 万元，其全国重点企业详查类项目招标金额和项目数量均排在全国前三名。

（4）内蒙古自治区：2019 年重点企业详查类项目仅 3 个，总项目金额为 11 234.34 万元，其中，内蒙古自治区重点行业企业用地土壤污染状况调查技术资格入围项目单体金额最大，为 9 966.9 万元，这也是内蒙古自治区虽然只招标了 3 个重点企业详查类项目，但总金额排名第二的主要原因。

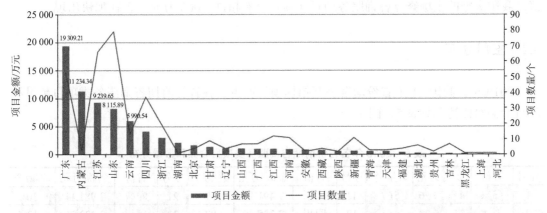

图 5　2019 年各省（区、市）重点企业详查项目数量和项目金额对比

3.1.3　按金额区间进行分类

2019 年合同额在 50 万元以下的项目数量最多（635 个），项目金额占前期咨询服务项目金额的 41%，此类型项目主要表现为初步阶段的调查工作。100 万～500 万元项目金额的项目数量排名第二（482 个），占比达到 31%，其中 100 万～300 万元的项目数量为 386 个，占比为 24.7%；300 万～500 万元的项目数量为 96 个，占比为 6.2%（图 6）。由此可见，2019 年启动了较多数量的初步调查工作，项目金额普遍在 50 万元以下。

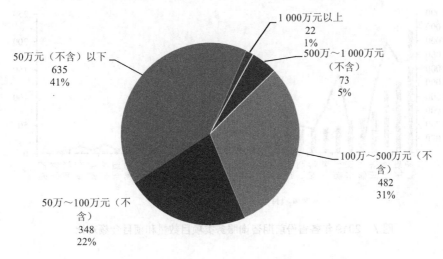

图 6　2019 年前期咨询服务类项目单体项目金额分布

2019 年项目金额超千万元的前期咨询项目数量达到 22 个，其中以内蒙古自治区重点行业企业用地土壤污染状况调查技术资格入围项目单体招标金额最大，达到 9 966.9 万元。

回顾过去，2011 年国内土壤修复市场产生了第一个超千万元的单体咨询服务项目，即大化集团搬迁及周边改造（钻石湾）项目环境补充调查及风险评价、修复技术测试项目，2018 年济钢厂区环境污染调查、风险评估及修复方案项目将咨询服务项目金额提升至 4 000 万元级。我国大型的土壤修复咨询服务项目（项目金额超过 1 000 万元）正在加快出现。

3.2 空间分布

2019 年，我国 31 个省份均有公开招标项目产生。各省份前期咨询服务类项目数量和项目金额对比情况见表 5、图 7。

表5　2019 年各省份前期咨询服务类项目金额和数量分布

序号	省份	金额/万元	数量/个	序号	省份	金额/万元	数量/个	序号	省份	金额/万元	数量/个
1	广东	44 029.26	167	11	江西	7 491.17	59	21	安徽	2 981.11	30
2	天津	25 429.23	161	12	四川	7 335.45	87	22	贵州	2 223.75	13
3	江苏	22 229.36	197	13	湖北	7 054.14	56	23	陕西	1 695.53	14
4	山东	14 526.88	119	14	北京	7 036.00	29	24	新疆	1 432.29	16
5	内蒙古	12 180.04	8	15	重庆	5 483.42	40	25	黑龙江	1 225.75	5
6	云南	11 521.08	36	16	山西	4 528.53	37	26	吉林	1 007.45	17
7	浙江	9 530.40	141	17	甘肃	4 013.86	30	27	青海	920.06	5
8	上海	9 150.96	84	18	河南	3 591.61	53	28	福建	864.87	13
9	河北	8 675.00	44	19	湖南	3 566.13	20	29	西藏	859.20	5
10	广西	8 461.81	47	20	辽宁	3 240.65	20	30	宁夏	740.72	4
								31	海南	203.80	3

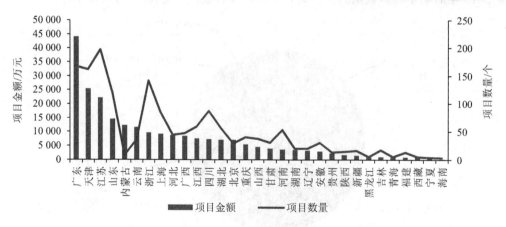

图7　2019 年各省份前期咨询服务类项目数量和项目金额对比

3.2.1 重点区域分析

第一梯队分析：珠三角、长三角、京津冀三大经济圈是我国土壤修复的三大特点区域。其中每个区域中的代表性省份，即广东、江苏和天津 3 省（市）的项目数量为 525 个，占全国项目数量的 33.7%；项目金额为 9.2 亿元，占全国项目金额的 39.3%，每个省（市）的项目金额均超过了 2 亿元，其中广东省为唯一超过 4 亿元的省份。无论是从咨询服务业来看还是从修复工程来看，这是我国土壤修复最具特点的 3 个省（市），是我国土壤修复的第一梯队。

第二梯队分析：包括山东、云南、浙江、上海、河北、广西 6 个省份，每个省份的项目金额均在 8 000 万元以上。其中云南、河北和广西等依靠国家土壤污染防治专项资金的强有力支持成为 2019 年重要省份。第一梯队的广东、江苏和天津三省（市）及第二梯队的山东、浙江和上海三省（市）是我国经济发展活跃的省份，对土地的需求量大，城乡土地二次开发利用迫切，同时这些省份土地价格较高，污染场地修复之后可以通过土地买卖市场快速弥补修复投资的回报，无论是土地开发利用迫切的外部因素，还是修复项目投资回报较快的内在保障和驱动，提高了当地政府或土地开发商开展污染场地修复项目的主动性和积极性，“地产驱动”在当前土壤治理修复市场上仍是显性的驱动力量。

2019 年全国 GDP 排名前 10 的省（区、市）累计产生 937 个前期咨询服务项目，总全国前期项目数量的 60%，项目金额合计为 121 879.1 万元，占总全国前期项目金额的 52.3%，可见经济发达的省（区、市）无论是在项目数量上还是在项目金额上均凸显优势。GDP 总量排名前 4 位的广东、江苏、山东、浙江等省份在项目数量和项目金额上均处于领先地位，说明土壤修复行业市场规模和 GDP 规模总体呈正相关关系（表 6）。

表 6　GDP 排名前 10 的省（区、市）前期咨询服务类项目总金额和数量分布

2019 年 GDP 排名	省（区、市）	项目金额/万元	项目数量/个
1	广东	44 029.26	167
2	江苏	22 229.36	197
3	山东	14 526.88	119
4	浙江	9 530.40	141
5	河南	3 591.61	53
6	四川	7 335.45	87
7	湖北	7 054.14	56
8	福建	864.87	13
9	湖南	3 566.13	20
10	上海	9 150.96	84
合计		121 879.10	937

3.2.2　热点城市分析

2019 年我国共计 287 个城市有公开招标前期咨询项目产生。按照项目总金额排名，前 10 名的城市分别是广州市、呼和浩特市、东莞市、昆明市、天津北辰区、佛山市、南京市、济南市、苏州市和青岛市（表 7）。10 个城市的项目数量共计 277 个，项目金额合计为 74 591.23 万元，分别占全国项目数量的 17.8%，占全国项目金额的 32%，287 个城市中，10 个城市的前期咨询服务项目金额占全国项目金额的 1/3 左右。我国城市层面上土壤环境修复咨询服务和土壤环境修复市场空间的差距还是明显的。

10 个城市均来自项目总金额排名前 10 的省份，包括广州等 5 个省会城市的优势比较突出，另外东莞、昆明、南京、苏州、青岛 5 个城市为新一线城市，广东省有 3 个城市上榜且排名均比较靠前，广州市遥遥领先。城市层面主要还是依靠经济发展较为活跃的地区对土地资源和二次开发利用的迫切需求形成的市场驱动力。

表7　2019 年项目总金额排名前 10 个城市的基本情况

项目金额排名	城市	所在省份	项目数量	项目金额/万元
1	广州市	广东	42	12 499.80
2	呼和浩特市	内蒙古	2	11 206.04
3	东莞市	广东	41	9 950.91
4	昆明市	云南	12	7 457.88
5	北辰区	天津	37	7 170.77
6	佛山市	广东	38	7 033.74
7	南京市	江苏	43	6 272.65
8	济南市	山东	18	4 748.86
9	苏州市	江苏	32	4 202.12
10	青岛市	山东	12	4 048.46

3.3　业主单位构成

对 2019 年全年招标的 1 344 个前期咨询服务项目进行分析后发现，项目业主单位类型多样，总体可分为五种类型（图 8），即：①政府管理部门［包括生态环境部门、自然资源部门（含土地储备中心）、地方人民政府、市政城管部门、住建部门等］；②政府投资公司；③污染责任人（包括污染责任方、工业园区管理部门）；④大型工程项目部和房地产开发建设公司；⑤其他。

（1）政府管理部门（招标项目数量 947 个，占全国项目数量的 70.5%）

根据《土壤污染防治法》的规定，土壤环境基础性调查项目和无法确定污染责任人或土地使用权人的污染土壤咨询服务项目，地方政府（包括相关管理部门）应作为业主单位。2019 年我国启动了 372 个重点行业企业调查项目，这些项目均由地方生态环境部门作为项目业主单位。2019 年政府管理部门作为项目业主的项目数量为 947 个，占全国项目数量的70.5%。

生态环境部门：生态环境部门作为业主的招标项目数量为 647 个，占全国项目数量的48.1%，主导了大量的咨询项目。

自然资源部门（含土地储备中心）：全年招标项目 155 个，占全国项目数量的 11.5%，项目数量排名第二，项目体量相对较大。一方面，各地土地储备中心依然是土壤修复市场的重要业主类型，虽然按照《土地储备管理办法》（2018 年 1 月 3 日印发）的规定，污染土地应在完成修复、达到预定修复目标后才能进入土壤收储环节，但我国仍有相当数量的污染地块在 2018 年 1 月之前就完成了土地收储工作，为此根据《土壤污染防治法》的要求，应由土地收储部门作为业主单位对污染地块组织开展调查评估和修复活动。另一方面，土地储备部门的项目启动与房地产需求有直接关系，招标项目最多的为上海市杨浦区土地储备中心，2019 年共计开展了 25 个项目，佛山市顺德区土地储备发展中心开展了 11 个项目。

地方人民政府：全年招标项目数量为 105 个。组织实施土壤污染风险管控和修复工作的招标业主均为镇级（乡、街道）人民政府。

市政城管部门：全年招标项目数量为 25 个，项目类型多为非正规填埋场的调查评估。

住建部门：全年招标项目数量为 15 个，主要为保障性住房开发建设所需要的用地。

（2）污染责任人（招标项目数量为 150 个，占全国项目数量的 11.2%）

包括污染责任方、权利人、工业园区管理部门等，释放了较多的前期咨询项目。2019 年招标项目数量为 150 个，项目数量排名第三。

（3）政府投资公司（招标项目数量 133 个，占全国项目数量的 9.9%）

全年招标项目数量为 133 个，大多是作为政府融资平台组织开展地块开发建设，由此作为项目业主单位开展土壤前期咨询服务项目。

（4）大型工程项目部（招标项目数量 89 个，占全国项目数量的 6.6%）

全年招标项目数量为 89 个，是由铁路、公路、民航等大型基建项目建设形成的修复咨询需求，大型工程项目部大多通过邀请招标的形式确定咨询服务单位。

（5）其他单位（招标项目数量 25 个，占全国项目数量的 1.9%）

全年招标项目数量为 25 个，包括学校、幼儿园、医院、工信部门、体育部门、市场监管部门、农业部门等不同类型的单位。

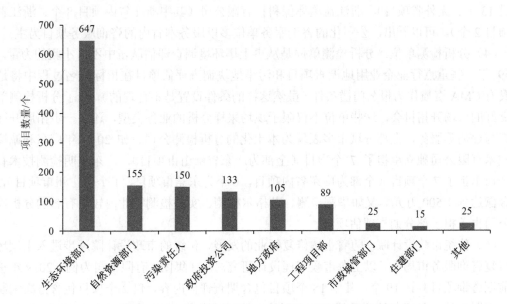

图 8　2019 年不同类型业主的前期咨询项目数量对比

3.4　咨询服务提供单位分析

3.4.1　单位类型

行业的初期发展阶段和业主单位类型的多样性，决定了咨询服务提供单位的多样性和低集中度。2019 年 1 344 个咨询服务项目中，共有超千家的企事业单位承接。总体来看，开展咨询服务的单位类型主要包括（表 8）：

（1）环保科研院所：包括生态环境部下属的科研院所和地方省、市环科院所。其中省级环科院中，以广东省、上海市、北京市、浙江省、福建省、四川省和江西省等省级环科院比较活跃；地级市环科院所中沈阳环境科学研究院、南京市环境科学研究院、广州市环境保护科学研究院等比较活跃。同时，中科院南京土壤研究所、中科院沈阳生态环境研究所也是中科院系统内比较活跃的咨询单位。

（2）高校队伍：如南京大学（重点包括南京大学环境规划研究院）、中国矿业大学（北京）、北京师范大学、大连理工大学、华东理工大学、重庆理工大学、南开大学等。

（3）具有一定影响力的社会公司：这种类型的单位中，部分从事环境分析检测，部分从事土壤环境调查、风险评估、方案编制、效果评估等，或者部分同时开展分析检测工作和咨询服务等。开展咨询服务的公司中，比较有影响力的单位包括如易景环境科技（天津）股份有限公司承接项目最多，高达 26 个（其中天津市内项目 24 个、天津市外项目 2 个），总金额超 4 000 万元；另外承担项目超过 10 个的还有江苏环保产业技术研究院股份公司（其中江苏省内项目 15 个、江苏省外项目 1 个）、江苏龙环环境科技有限公司（其中江苏省内项目 13 个、无外省项目）、浙江益壤环保科技有限公司（其中浙江省内项目 8 个、浙江省外项目 2 个）。可以看出，公司化的咨询服务单位多以服务本省内的咨询服务项目为主。

（4）分析检测单位：分析检测单位是从事土壤环境调查评估队伍中不可小觑的力量。2019 年一些重点行业企业用地调查项目和污染地块调查评估项目在招标报名过程中将是否具有 CMA 资质作为报名门槛条件（虽然这样的条件设置是不合理的），给了分析检测单位良好的市场开拓机会，这些单位不仅限于现场采样分析的业务类型，还进一步拓展开展调查与评估等服务，在部分城市多表现为本土化的分析检测公司。如 2019 年广东利诚检测技术有限公司独立承担了 7 个项目（全部为广东省佛山市项目），广东正明检测技术有限公司承担了 7 个项目（全部为广东省内项目，6 个为东莞市项目，1 个为广州市项目），总金额达到 1 500 万元。又如华测检测、英格尔检测、实朴检测等业内较为有名的分析检测公司也承担了部分调查评估项目。

（5）传统市政设计院：随着土壤修复行业的发展，传统的市政设计院逐步进入土壤环境修复咨询服务市场中。以上海市政工程设计研究总院（集团）有限公司为例，2019 年承担前期咨询项目共计 19 个，其中 18 个项目包含调查评估内容，仅 2 个项目包含方案编制和施工图设计，且服务的项目基本为小型的工业/商服用地，19 个项目中上海市内项目 9 个，总金额达到 3 477 万元；中国市政工程西北设计研究院有限公司等也承担了少部分前期咨询项目。

3.4.2 热点城市从业集中度分析

从业单位集中度低是当前咨询服务业市场中的突出特点。2019 年广州、东莞、青岛、北京和上海等地公布了从业单位调查评估报告通过率等信息，从公布信息来看，广州市生态环境局在 2019 年度共计对 35 家咨询服务单位提交的 106 份报告进行评审；在 2019 年 7 月 1 日至 12 月 31 日，上海市生态环境局组织对 16 家单位提交的 34 份报告进行了评审；2019 年度北京市生态环境局对风险评估报告、风险管控/修复效果评估报告共计进行了 36 次报告评审，分别由 10 家单位开展。

广州市是我国土壤修复咨询服务和修复工程实施最为活跃的地区。2019 年评审的 35 家从业单位、106 份技术报告中，科研院所是广州当地的主力军，平均每家单位完成了 7 份左右的报告；其次为分析检测单位，这是广州市咨询服务从业单位的特点之一；26 家公司类单位在广州开展业务，但每家单位平均提交的报告在 2 份左右。35 家从业单位中，包括 25 家广东省内单位和 9 家省外单位，从业单位的"本地化率"为 70%；25 家省内单位提交 94 份报告，由省内单位提交报告的"本地化率"为 88%。广州市场可以反映出我国土壤修复咨询服务业从业单位数量多、竞争较为激烈，同时科研院所具有较好的集聚度的现状。

表 8　2019 年广州市提交调查报告单位和数量分析　　　　　　　　　单位：份

从业单位类型	从业单位数量	提交报告数量	平均每家单位完成数量
科研院所	4	29	7
分析检测单位	4	15	4
公司类单位（不含分析测试公司）	26	61	2
地质勘查单位	1	1	1
合计	35	106	3

根据上海市生态环境局公布的 2019 年 7 月 1 日至 12 月 31 日提交的土壤污染状况风险评估或修复效果评估报告评审信息，16 家从业单位注册地点均在上海，本地从业率为 100%。其中科研院所（1 家）、公司类企业（9 家）、分析检测单位（4 家）、市政设计院（1 家）、勘查机构（1 家）。"地方保护主义"色彩更加明显。项目集中度非常显著，明显集中在上海市环境科学研究院和上海纺织节能环保中心 2 家单位，其他 14 家单位分别承担 1~2 个项目。

3.4.3 科研院所分析

2019 年生态环境部直属 6 家事业单位——生态环境部南京环境科学研究所（以下简称南京所）、生态环境部华南环境科学研究所（以下简称华南所）、生态环境部环境规划院、中国环境科学研究院、生态环境部土壤与农业农村生态环境监管技术中心、生态环境部固体废物与化学品管理技术中心共计中标 70 个前期咨询服务项目，项目金额共计 3.79 亿元，占全国前期咨询服务项目金额的 16.2%（6 家单位中标的前期咨询服务项目占全国前期咨询服务市场的 1/6 左右）。其中南京所和华南所两家单位承担了项目总数的 44.3% 和项目金额总额的 60%。南京所和华南所两家单位因为发展起步较早，同时又位于我国土壤环境修复业最为活跃的广东省和江苏省内，占据市场优势。

各省、市环科院所作为地方队伍也承担了大量咨询服务工作。2019 年共计中标了 66 个项目，项目金额共计 12 977.52 万元，占比前期咨询项目总金额的 5.6%。2019 年广东省内的环科院所（包括广东省环科院、广州市环科院、顺德环科院、番禺环科院等）中标前期咨询服务项目数量最多（11 个），且金额最大（3 868.59 万元），占省、市环科院所项目金额的 29.8%；江苏省内环科院所（包括江苏省环科院、长三角环科院等）中标项目数量 12 个，占省、市环科院所项目金额的 18.2%。

3.5 招标时间分析

2019 年除 1 月、2 月和 12 月数量较少外，其他月份每个月的招标数量均在 100 个以上（图 9）。分析认为 2 月恰逢春节期间，1 月和 11 月为年初和年末，项目招标数量总体较少。发生在上半年和下半年的招标项目数量分别占全年的 38.3% 和 61.7%，招标项目主要集中在下半年开展，6 月至 12 月项目数量出现逐月递增的趋势，以 11 月招标项目数量最多，占全年项目招标总量的 13.5%。

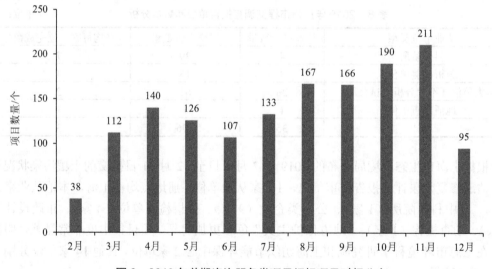

图 9 2019 年前期咨询服务类项目招标项目时间分布

对招标项目数量最多的生态环境部门的招标时间进行分析，2019 年下半年招标项目共计 647 个，占比 72.2%，以第四季度招标项目数量最多，占比 40.5%（图 10）。这与国家土壤污染防治专项资金下达时间有较大关系，2019 年 7 月国家下达土壤污染防治专项资金 50 亿元，这些资金支持的项目需要尽快落地实施，同时需要提高资金执行率所致。对比生态环境部门招标时间和总招标时间曲线，两者为正相关。

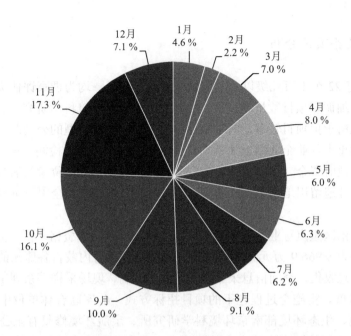

图 10　2019 年生态环境部门招标项目时间分布

3.6　土壤污染防治先行区项目分布

　　2019 年全国六大污染防治先行区（包括浙江省台州市、湖南省常德市、湖北省黄石市、广东省韶关市、广西壮族自治区河池市、贵州省铜仁市）启动项目较多，前期咨询服务项目启动 15 个，项目金额 2 095.93 万元；修复效果评估项目启动 4 个，项目金额 1 761.91 万元（表 9）。

表 9　2019 年国家 6 个土壤污染防治先行区咨询项目分布统计

先行区	前期咨询服务项目		工程修复类项目		后期效果评估服务项目	
	项目金额/万元	项目数量/个	项目金额/万元	项目数量/个	项目金额/万元	项目数量/个
浙江台州	334.4	5	0	0	0	0
湖南常德	298	1	1 901.44	3	29.68	1
湖北黄石	649	4	5 165.74	2（6 个标段）	274	2
广东韶关	445.63	2	262	1	0	0
广西河池	358.84	2	14 606.09	9	1 458.23	1
贵州铜仁	10.06	1	9 930.01	5	0	0
总计	2 095.93	15	31 865.28	18	1 761.91	4

　　前期咨询服务类项目以湖北省黄石市项目金额最大，4 个项目总计 649 万元。修复效果评估项目方面，广西壮族自治区河池市项目金额最高，为 1 458.23 万元。

3.7 典型咨询服务项目分析

2019 年共计有 22 个千万元级以上的前期咨询服务项目，均为调查评估类型，其中重点行业企业用地详细调查项目数量为 8 个，生态环境部南京环境科学研究所、生态环境部华南环境科学研究所承担项目较多，同时中标单位中分析检测类型的公司凸显，尤其在云南 2 个超千万元的重点行业企业用地调查项目上中标单位均为分析检测公司。千万元级项目资金来源主要为政府资金，中标单位多为联合体，院所类型的单位参与居多。类别上以面积较大的工业企业遗留用地为主，其中广东省共有 4 个项目，是全国数量最多的超千万元项目的省份。

（1）内蒙古自治区重点行业企业用地土壤污染状况调查技术资格入围公开招标项目：项目招标控制价格为 9 966.9 万元。共计划分为 6 个分包，对内蒙古各盟州的土壤污染重点行业企业开展信息收集、空间信息采集、采样方案编制、现场采样等系列工作，完成污染地块优先管控名单。实施全过程包干的项目招标方式。6 家联合体单位中标，包括中国环境科学研究院、生态环境部南京环境科学研究所、宝航环境修复有限公司等牵头单位。与该项目一并招标的还有内蒙古自治区重点行业企业用地土壤污染状况调查全过程技术指导和质量控制服务，招标控制价格在 1 250 万元左右。若将前述调查和后者质量控制项目加和在一起，该项目的招标控制价格超过 1 亿元，是 2019 年体量最大的咨询服务项目。

（2）湖南株洲污染地块治理修复规划编制项目：湖南株洲清水塘工业园区是我国典型的化工工业园区。随着经济社会发展需求和城市规划调整，该工业园区内的企业和各生产设施实施关停并转，对区域进行二次开发利用。本规划是国内第一个大型遗留工业场地治理修复的规划项目，具有重要的开创意义。项目业主单位为株洲市清水塘投资集团有限公司。该规划力图创建国内领先的污染场地修复工程、风险管控、先进技术、绿色金融和政策保障体系，打造成为我国老工业区绿色生态转型的示范样板。规划贯彻分区分类推进、治理管控结合、加强试点示范、创新技术应用、优化土地利用、投资收益最佳的思路和技术路线。

（3）杭钢及炼油厂退役场地整体治理修复规划和技术方案编制项目：对杭钢半山基地场地（约 2 671 亩）及炼油厂（约 405.7 亩）污染地块开展治理修复规划编制、总体修复技术方案的编制、评审和备案，明确区域土壤和地下水治理修复策略、工程技术控制要求和区域土地利用规划及开发时序优化等，在此基础上再开展单个地块的治理修复技术方案编制、评审与备案等，并在土壤治理过程中为业主单位提供为期 5 年的技术支持和跟踪服务。项目业主单位是杭州市运河综合保护开发建设集团有限责任公司，招标控制价格为 1 500 万元。这个项目的重要意义，一是体现该咨询服务项目体量较大，关注度高；二是体现大型污染场地修复前的规划统领作用；三是一定程度上采用了全过程的咨询服务模式，为业主单位提供五年的技术、经济、策略、规划等方面的咨询服务。

（4）中国石化销售股份有限公司贵州石油分公司全省库站土壤地下水污染调查与监测项目：对贵州石油全部油库、加油站土壤地下水污染的调查与监测工作，本项目分为对库站土壤地下水环境调查与监测和编制土壤地下水环境调查总体报告 2 个子项目。要求按照《中国石化加油站、油库土壤地下水环境初步调查工作技术指南（试行）》《销售企业土壤及地下水自行监测技术指南（试行）》完成对贵州石油全部油库、加油站的土壤地下水污染调查与监测工作。要求投标人具备质量监督部门（或国家政府职能部门）颁发的与土壤地下水监测相关的资质证书、地质勘察资质证书或环保专业承包三级及以上资质。业主单位是中国石化销售股份有限公司贵州石油分公司，招标控制价格为 1 865.25 万元。中标单位是青岛诺城化学品安全科技有限公司（第一名）、贵州博联检测技术股份有限公司（第二名）、湖南中大检测技术集团有限公司（第三名）。本项目的意义在于全面开展加油站和油库等此类污染源的土壤和地下水污染调查工作，开展初步排查和摸底，这类项目目前在我国开展较少。

（5）黄石东钢土壤修复治理试点工程实施方案编制及施工图设计项目：本项目主要内容包括编制实施方案及施工设计、编制小试和中试方案、开展初步设计及概算编制、开展施工图设计、预算及工程实施过程中的跟踪服务。联合体投标单位要求具有中国工程咨询协会颁发的生态建设和环境工程专业的甲级资信证书和原建设部颁发的环境工程设计（污染修复工程）甲级或工程设计综合甲级资质。项目业主单位是黄石市环境投资有限公司。招标控制价格为 350 万元。本项目的重要意义在于明确要求开展修复工程初步设计和施工图设计工作，根据设计成果开展工程实施。

2019 年一些地方生态环境部门开展了与土壤环境管理密切相关的咨询服务招标工作，如表 10 所示。

表 10   2019 年支撑环境管理的部分咨询服务项目

序号	项目名称	承担单位
1	广东省土壤污染防治基金设立前期研究项目	广东省环境科学研究院
2	广东省建设用地污染地块信息系统项目	广东省环境科学研究院
3	2019 年韶关市土壤污染综合防治先行区建设技术咨询服务项目	广东省环境科学研究院
4	东莞市土壤环境背景值调查研究项目	广东省环境科学研究院
5	深圳土壤环境背景值调查项目	中科院南京土壤研究所
6	台州土壤污染防治先行区建设评估项目	生态环境部环境规划院
7	常德土壤污染防治先行区建设评估项目	生态环境部环境规划院

部分项目工作内容简介如下：

（1）广东省土壤污染防治基金设立前期研究项目：业主单位是广东省生态环境厅。主要研究内容包括：国内外土壤污染相关专项基金研究及启示，系统梳理国内外土壤污染防治专项基金设立情况，研究其资金来源、使用模式、投资受益、管理运作等情况，并提出借鉴特点及建议。提出设立土壤污染防治专项基金的初步构想，主要包括资金来源、基金设立模式、基金责任形式、基金的管理与运行等以及与有关法律、法规的衔接情况。成果为《广东省设立土壤污染防治专项基金研究工作方案》《广东省设立土壤污染防治专项基金研究报告》。中标单位广东省环境科学研究院。招标控制价为 100 万元。

（2）广东省建设用地污染地块信息系统项目：业主单位是广东省生态环境厅。主要研究内容包括：在省"数字政府"建设框架下，建立功能完备、业务协同的全省污染地块土壤环境管理系统，实现从业单位的全过程留痕监管、重要监管环节的拇指化应用，以及省部级系统的数据同步。①开发一套污染地块土壤环境管理信息系统和App。结合实际情况及业务特点，借助移动互联网等技术，着力建设广东省污染地块土壤环境管理系统，支撑地块土壤污染状况调查、风险评估、效果评估、专家评审等环节的全过程业务信息化支撑，建立App加强土壤污染风险管控和修复活动过程性监管。②提供污染地块土壤环境管理系统运维技术服务。结合污染地块土壤环境管理系统开发运维过程，提供污染地块土壤环境管理系统运行技术支持，支撑广东省各级有关部门系统管理和应用技术服务需求。本项目计划于2019年12月底启动，2020年7月底完成验收，历时7个月。中标单位广东省环境科学研究院。招标控制价为200万元。

（3）2019年韶关市土壤污染综合防治先行区建设技术咨询服务项目：完成韶关市本年度中央财政土壤污染防治专项资金相关方案的技术预审，并提出明确的修改建议；组织开展1次重点项目的集中专家评审；完成韶关市土壤污染防治行动计划实施情况2019年自评估报告的编制；完成韶关市2020年土壤污染综合防治先行区建设工作计划的编制；针对翁源、仁化、曲江、乐昌这4个重点县（市、区），分别提供土壤污染防治相关技术咨询2次。中标单位广东省环境科学研究院。招标控制价为70万元。

2019年项目金额超千万元的后期效果评估项目数量达到5个，其中以河池市土壤污染综合防治先行区建设治理修复类项目第三方治理效果评估（2016—2020年度）项目单体招标金额最大，达到1 458.23万元。

部分项目工作内容简介如下：

（1）河池市土壤污染综合防治先行区建设治理修复类项目第三方治理效果评估（2016—2020年度）项目：项目招标控制价格为1 458.23万元。项目服务内容较多，包括：①编写河池市土壤污染综合防治先行区建设治理修复类和风险管控类项目第三方治理效果评估工作方案（2016—2020年度）；②编写第三方治理效果评估技术要点等；③对专项资金支持的土壤治理修复类和风险管控类项目开展第三方治理效果评估；④开展项目长期监控检测工作。该项目由生态环境部固体废物与化学品管理技术中心和广西南环环保科技有限公司作为联合体参与，是2019年体量最大的效果评估项目。

（2）桃浦智创城核心区603地块（染化八厂）污染治理修复工程效果评估项目：项目中标价格为1 265万元。项目服务内容主要为桃浦智创城核心区603地块污染治理效果评估，用地面积约9万m^2，涉及污染土壤21万m^3，污水13万m^3。项目由上海市环境科学研究院独自承担。

（3）天津农药股份有限公司地块污染土壤及地下水修复项目修复效果评估（验收）项目：项目中标价格为1 128万元。项目服务内容主要为天津农药厂红线范围以内全部污染土壤及地下水，包括但不限于场调报告中体现的污染土壤1 581 591.9m^3及地下水232 813m^2的污染修复和风险管控效果评估。

（4）天津市河西区陈塘科技商务区7号地块修复—效果评估服务项目：项目中标价格为1 155.56万元。项目服务内容主要为天津市河西区郁江道（陈塘科技商务区）7号地块的污染土壤和地下水修复效果评估，工作范围总面积 63 491.8 m²。

3.8 社会服务机构和培训机构活跃

2019 年 11 月 11 日，中国化工环保协会土壤修复专业委员会成立大会在南京顺利召开。专委会以应用为导向，以产业为主线，以技术为核心，以创新为动力，以推动石油化工行业绿色发展为努力方向，致力于建设引领行业发展的政策、标准、技术、人才、金融新高地，构建产管学研用相结合的技术创新平台，预示着我国化工类遗留污染地块治理修复拉开了新的序幕。2019 年 12 月 13 日，江苏省土壤修复标准化技术委员会成立大会在南京召开。土壤修复标委会的主要职责和作用包括：发挥技术平台作用，重点构建具有江苏特色的土壤修复行业标准体系；引导土壤修复行业从业单位着力提升江苏土壤修复产业的整体水平和核心竞争力；抢占技术标准高地，努力推动江苏土壤修复领域标准化发展与国际接轨；着力培养土壤修复产业标准化人才，加强管理规范，提升凝聚力，促进标委会各项工作落地见效。2019 年 12 月，生态环境部发文正式成立国家土壤生态环境保护专家咨询委员会，由来自土壤、地下水、农业农村生态环境领域的 60 余名知名专家学者组成，为土壤、地下水、农业农村生态环境保护重大政策、重大规划、重大问题提供决策咨询，提升管理决策的专业化、精细化水平，为打好净土保卫战提供高水平的智力支持。

中关村土壤环境创新技术联盟是我国从事国内外土壤环境修复技术交流、培训，促进环境修复产业不断发展的非常活跃的社会公益组织。2019 年先后共计组织多次大型技术交流和培训活动。易修复学院致力于培养专业的从业单位和修复工程经理，2019 年先后组织了 4 次系列培训，被认为是土壤环境修复技术人员的"黄埔军校"。2019 年 6 月中国环保产业协会组织第三届中国环境修复大会，设置了一个主会场和八个分会场，参会人员首次突破千人，是我国土壤环境修复里最有影响力的全国性技术交流盛会。

3.9 2019 年土壤环境修复咨询服务市场特点小结

2019 年土壤环境修复咨询服务市场表现出如下特点：

（1）2019 年土壤环境管理政策驱动发挥了至关重要的作用，市场规模得到了快速发展。2019 年发布了五个修订后的调查评估等技术规范，很好地总结了过去实践经历，进一步推动咨询服务技术水平的规范和提升。落实《土壤污染防治行动计划》要求的农用地土壤污染全国性调查和重点工业行业企业详细调查第一阶段调查任务的实施，既是全国土壤环境管理的基础性工作，同时很大程度上推动了 2019 年咨询服务业的发展。2019 年我国工程咨询服务类项目 1 429 个，总项目金额为 25 亿元，其中前期咨询服务类项目为 23.3 亿元，后期效果评估类型项目金额为 1.7 亿元，分别占 2019 年咨询服务项目金额的 93% 和 7%。2017—2019 年每年的项目金额增长率分别为 143% 和 28%。

（2）重点行业企业用地调查发挥了重要作用，并产生了深远影响。2019 年全国重点行业企业用地调查第一阶段项目（项目金额 7.7 亿元）贡献了当年咨询服务业市场规模的 1/3，广东、江苏、山东等是我国重点行业企业用地调查的重点省份，未来潜在的土壤污染咨询服务和土壤修复市场空间也较为突出。此项调查工作不仅成为支撑咨询服务市场的重要力量，也成为 2020 年重要的项目类型，其成果将不断转化为"十四五"期间的潜在市场；更重要的是其对全面提升我国咨询服务从业单位技术水平、建立各级专家队伍、提高各级政府不同部门土壤污染防治协调配合能力和生态环境管理人员管理能力具有重要作用和深远影响。

（3）省、市间市场空间差别较大，经济发展的土地开发需求仍是现阶段土壤修复业发展的第一刚需。第一梯队的广东、江苏和天津三省（市）占据了全国项目金额近 2/5 的市场，其中广东省为唯一超过 4 亿元的省份。第二梯队是山东、云南、浙江、上海、河北、广西 6 个省（区、市），每个省（区、市）的项目金额均在 8 000 万元以上。其中云南、河北和广西等省份依靠国家土壤污染防治专项资金的强有力支持，山东、浙江和上海等省（市）与第一梯队一样仍主要是依靠省（区、市）以土地二次开发驱动形成的服务市场。2019 年前十名的热点城市贡献了 1/3 的市场份额，分别是广州市、呼和浩特市、东莞市、昆明市、天津市北辰区、佛山市、南京市、济南市、苏州市和青岛市，我国城市层面上的差距还是明显的，主要还是依靠经济发展较为活跃的地区对土地资源和二次开发利用的迫切需求形成的市场驱动力。

（4）目前地方各级管理部门是土壤修复的主要埋单者。2019 年政府管理部门作为项目业主单位的项目数量占 70.5%，其中生态环境部门占 48.1%，其次为自然资源部门（含土地储备中心）；污染责任人作为业主单位的项目数量为 11.2%；政府投资公司作为业主单位的项目为 9.9%，大型工程项目部总占比 6.6%。体现出房地产开发和土地二次开发利用的强大需求。

（5）2019 年从业单位数量多，但项目集中度较为突出，大多从业单位表现出"分羹"状态。各级环保科研院所是第一主力军，生态环境部下属 6 家科研事业单位在 2019 年前期咨询服务的市场占全国 1/6 左右。社会化公司和分析检测单位是重要队伍，公司化的咨询服务单位多以服务本省的咨询服务项目为主。其中不乏承担数量较多的公司，分析检测单位是从事土壤环境调查评估队伍中不可小觑的力量。传统的市政设计院已经开始进军土壤环境修复咨询服务市场，这是重要苗头。广州市内科研院所和分析检测单位是广州当地的主力军，从业单位的"本地化率"为 70%；提交报告的"本地化率"为 88%。2019 年上海从业单位注册地点均在上海，本地从业率为 100%，"地方保护主义"色彩更加明显；项目集中度非常显著，明显集中在上海市环境科学研究院和上海纺织节能环保中心 2 家单位，其他 14 家单位分别承担 1~2 个项目。

（6）大型项目加快出现并呈现一些新特点。2019 年共计出现 22 个超千万元的前期咨询服务项目和 5 个超千万元的效果评估项目。其中最值得关注的是我国大型（甚至超大型）污染地块治理修复项目开始出现以规划编制为统领的趋势，提供项目全过程的咨询服务，这无疑对解决高难度的地块修复、更加科学合理的开展项目组织管理、促进修复与二次开发密切衔接配合的"环境修复+开发建设"模式、促进绿色可持续修复理念的落地实践具有重要导向作用。

4　咨询服务业发展的主要问题

分析当前咨询服务市场存在的问题，可从从业队伍和市场环境、技术水平、服务模式、人才队伍四个方面进行分析。

（1）从业队伍和市场环境：咨询服务从业单位门槛低，从业单位多而小；缺乏咨询服务指导价格，低价竞争较为突出，咨询服务核心价值得不到认可和体现；业主单位缺乏专业背景，招投标过程乱象较多，对行业健康持续发展非常不利

"十三五"以来，国家高度重视土壤污染防治，近年来转型开展土壤污染防治的单位数量快速增加，不少环保类的国企、央企也在拓展土壤业务。本报告通过对北京、上海、广州等热点区域从业单位的前述分析可以看出，开展土壤污染防治咨询服务的从业机构表现出既多又小的状况。从事污染土壤调查评估缺乏指导价格，实际工作中项目价格差异非常大。据不完全统计，根据场地复杂程度及工作深度不同，目前前期咨询项目的服务价格在 4 000~12 000 元/亩不等，跨度较大，部分项目低价中标诱导低价的形成，导致业主单位抓住从业单位多和竞争激烈的特点不断压低价格，形成恶性循环，破坏该地区价格生态和工程质量的平衡。目前社会认为土壤环境调查评估没有太多的技术含量，扣除土壤采样分析检测、水文地质勘查等硬支出后，调查单位开展产污分析、点位布设、数据分析、原因分析和报告编制的费用占项目总经费的比例往往不到 25%，咨询服务的重要性和价值得不到足够认可。一些调查报告的深度停留在对调查数据与标准对比的超标状况分析和污染信息空间绘制上，对布点方案、数据分析、污染成因分析、污染趋势分析等技术性和经验性都非常突出的内容在报告中得不到充分体现，不利于我国土壤环境调查事业的发展。长此以往，人们越发不重视报告技术水平的提升，而是将精力放在评审中如何找到适宜的评审专家确保评审通过。

我国土壤环境管理和工程项目管理发展时间较短，很多业主缺乏环境保护专业背景，特别是对土壤污染不确定性特点和工程实施系统性特点的认识，对环境修复咨询服务和工程项目实施简单要求为价格要低、周期要短。项目匆忙完成招投标后，工程实施条件发生变化、工程量和工程范围发生调整、不同单位之间沟通衔接不畅等问题不断发生，尤其是工程项目各种变更比较普遍。业主单位普遍对土壤环境修复缺乏清晰和正确认识成为目前修复咨询服务和工程项目推进出现各种困难的根本原因之一。招投标过程中的乱象较多，设置一些明显与项目需求和体现技术能力无关的得分条件，如将具有环境管理体系和安全健康管理体系作为得分条件；项目负责人必须要求具备环境影响评价工程师资格；价格因素的评分比重偏高，如达到总分值的 30%甚至更高；一些调查类项目将是否具有 CMA 资质作为投标报名的门槛条件，或者评分条件中将 CMA 资质设置成较高分数，这些都是明显不合理的。近期原重庆钢铁厂焦化地块治理修复工程施工招标项目引起业内广泛关注，招标过程中质疑不断，招标文件不断澄清，最后以地块发生规划调整为由终止了该招标活动。该项目招标条款在公平性和公开性等方面存在的问题值得各级管理部门开展调研和深入分析。

（2）技术水平：现有与土壤环境咨询服务相关的技术导则、指南等不能很好体现对新方法、新设备、新仪器使用的鼓励和导向作用；现实中较多的技术性和管理性问题不能得到有效解决；土壤修复短工期的要求造成不确定性问题非常突出，既不符合土壤环境修复本身的特点，也不利于我国修复产业的健康发展

土壤环境调查技术导则主要体现的是钻孔采样的方法，但现实中一些大型复杂场地往往需要借助于各种间接的土壤环境调查方法，首先开展定性分析和判断，再聚焦主要问题区域进一步开展钻孔采样和实验室的定量方法。目前国家和各省市级层面的土壤环境调查技术导则中都没有体现此类方法，间接采样技术和设备在我国发展较慢，不利于多元化调查技术体系的发展。我国风险评估技术导则仍没有给精细化风险评估技术方法的发展和应用留出"口子"，很大程度上造成了精细化风险评估长期以来停留在科研层面上，难以在实践中开展更多的验证。新技术、新设备缺乏现有政策制度的驱动，土壤污染防治国家试点项目的管理导向是突出要稳，不能出问题，按部就班照搬现有导则是比较稳妥的方法。上述因素都造成了新技术、新设备的验证与实践推动缓慢，调查和风险评估技术含量低，总体处于保守状态，创新性较差。

目前土壤修复咨询服务中争论较多的问题包括：①土壤修复实施方案在土壤修复全过程技术文件中的定位和作用不清，实施方案和初步设计之间的边界和关系不清，编制深度没有确切到位的规范性要求。②实施方案编制的重要性得不到制度上的支持。《土壤污染防治法》提出实施方案的编制和审核由项目业主单位自行组织，不需要管理部门组织评审，实施方案成果报告报地市级生态环境部门备案即可。该项内容降低了对实施方案编制质量的客观要求。项目业主很难真正从质量和深度上进行把控，尤其是开发利用迫切的业主单位，更是希望加快进度尽快进入施工阶段，将很多问题在实施方案编制阶段进行模糊处理，留给了工程施工阶段，造成了当前实施过程中工程变更较为频繁的现状，工程施工方作为"兜底"单位承担了很多风险，也给效果评估增加了技术难度。③效果评估与竣工验收的关系和定位不甚清晰，导致目前各地管理部门将工程监理和环境监理工作质量的评判都交给效果评估进行"兜底"，违背了效果评估的初衷和目的。④现有政策体系即便是阶段性效果评估达到要求后也不允许开展局部的土地开发建设活动，需要待污染地块完成整体性效果评估才可以开展土地开发利用，这样的要求造成了现实中较多的矛盾和问题。同时还需要注意的是，修复过程中业主单位一味强调工期要短、成本要省，完全忽略土壤污染调查和修复工程本身实施的特点，修复效果不确定性风险进一步加大，给后续土壤环境安全利用监管者、修复从业单位和个人造成的风险越来越大。近年来，我国每年完成效果评估的修复工程项目的数量越来越多，造成的潜在风险也越来越大，需要引起高度关注。

（3）实施模式：人为分阶段并由不同单位承担的污染防治和项目管理传统思路不能适应土壤污染特点，组织管理模式单一，缺乏系统化和一体化管理思维，体现不出咨询服务价值。现有政策不适应土壤污染修复产业新模式发展需要

从污染防治角度出发，我国土壤环境项目划分为调查评估阶段、方案编制阶段、施工阶段、效果评估阶段，分成不同阶段分别开展招投标，强调前端调查评估单位与后续效果评估单位应由不同单位承担。这种分阶段的组织实施方式和前后端由不同单位实施的要求看似合理、有序，但事实上违背了土壤污染的特点，且由于缺乏整体设计和统筹实施，可

能会造成过度调查、过度修复和高投入等问题。土壤环境污染的核心特点是不均匀性和隐蔽性，决定了土壤环境调查评估、方案编制与后期效果评估之间的关联性非常强，人为划分为各个阶段，并由不同单位实施是传统工程项目的特点，不一定能适应土壤污染的特点。前端调查阶段，调查者或者管理部门希望调查越细越好，不关心或者不关注如何与修复工程更好衔接，一味强调调查到底，忽略了土壤环境调查是为修复工程服务的这一初衷和根本目的。修复工程实施方也希望"高污染、深污染"，这样修复工程公司才有可能获得更高的利润空间。效果评估技术导则有一个核心思想，即通过不断深化的污染场地概念模型指导效果评估的采样布点，但现实中由于强调调查评估与效果评估要由不同单位承担，客观上造成了效果评估单位对该场地的特点不是很熟悉，很难在污染模型的深化和修正上下功夫，而是直接套用导则中对布点的要求机械执行。

美国等发达国家的污染场地尤其是大型污染场地主要采用的是全过程咨询服务方式，聘请专业性咨询服务公司代表业主更好地将前期调查评估、工程实施和后期跟踪监测与管理作为一个整体进行谋划和设计，尽量在技术、经济和工程周期三要素中找到最佳结合点。美国做法虽然有其特定国情和管理习惯，但这种系统化、一体化管理思路与土壤污染特点更加契合，不仅可以全程把控质量和节省资金，也可以有效地培育出咨询服务领域里既大又强的从业单位，还能充分体现出修复咨询服务的价值和贡献。

《关于构建现代环境治理体系的指导意见》明确提出鼓励采用"环境修复+开发建设"模式，该模式的核心是想解决治理修复资金来源的问题，将污染土壤治理修复后恢复的土地价值与治理修复的投入挂钩，以土地价值的收益弥补前期治理修复的投入，这对污染地块治理修复产业可持续发展和高质量发展具有重要意义。我国现有污染土壤环境管理政策主要是从污染防治角度提出的，很难考虑产业发展和落地执行过程中的现实情况和灵活需要，不同部门出台的政策也有不协调甚至矛盾的问题。一些地方污染土壤环境管理要求提出必须"净地出让"，若仅仅从污染防治角度考虑，这必然是有利的，但现实中却直接造成了"环境修复+开发建设"模式难以实施。2017年，国土资源部在制定的《土地储备管理办法》（国土资规〔2017〕17号）中规定：入库储备标准为："储备土地必须符合土地利用总体规划和城乡规划。存在污染、文物遗存、矿产压覆、洪涝隐患、地质灾害风险等情况的土地，在按照有关规定由相关单位完成核查、评估和治理之前，不得入库储备。"根据上述要求，污染地块必须完成治理后才能入库储备，才有后续进一步开展土地流转和挂牌出让销售的可能性，人为将治理修复阶段和土地流转销售阶段划分为前后两个阶段，难以实现"环境修复+开发建设"模式所要体现的用开发建设实现的收入反哺环境修复所需要的投入。

目前在土壤环境咨询服务中，土壤环境质量修复是其中产业链上的某个环节，项目单一，规模很小，不能很好地与区域土地规划、区域土壤开发建设、区域生态环境整治等构成一个整体，就事论事地做土壤环境调查和修复，市场小，影响力小。

（4）人才队伍：从业单位和人员数量总量不少，但专业从业经验超过5年的人才和专家非常有限；人才队伍的培养缺乏总体设计，商业化的短期培训效果不佳；获取工程实践经验的渠道和途径非常有限。人才队伍短缺已经成为制约行业发展的重要"瓶颈"问题

我国土壤环境治理修复业发展较为迅猛，很多单位和从业人员都是转型发展而来。事

实上，支撑土壤治理修复管理、咨询服务和工程实施需要多学科的专业背景、知识和技能。从各省公布的省级土壤治理修复专家库的组成和结构来看，专业从业时间不够长是普遍问题。对比 2019 年 12 月 17 日生态环境部会同自然资源部发布的《建设用地土壤污染状况调查、风险评估、风险管控及修复效果评估报告评审指南》与征求意见稿中关于评审专家组组长的描述可以看出，评审专家应具备的条件从征求意见稿的 5 年修改为发布稿的 3 年，发布稿中专家组组长的要求是"原则上应有建设用地土壤污染风险评估从业经验"，取消了征求意见稿中提出的 3 年及以上的要求。这些文字修改都体现出我国当前具有高水平、实战经验丰富的人才队伍和专家队伍的缺乏问题。

目前我国土壤环境修复从业人员专业技能培训需求突出，但多年来仍没有一套专业的、由浅入深的系统性培训教材可供各级各类人员学习。目前对专业人员的培训活动是零星、随机的，主要是通过为期 1～2 天的主题发言形式进行技术交流，培训交流效果很难保证。

生态环境部、中国环保产业协会或者一些技术平台单位定期开展土壤环境治理修复先进适用技术与装备的征集和评选活动，但最后获选技术公开的信息量非常有限，如该技术的应用场景、优缺点、技术经济性能参数，以及结合场地污染特点阐述该技术的适用性、有效性、安全性等方面的信息没有进行公开，在一定程度上也成为新技术、新设备推广应用受到限制的原因。

5　推动修复咨询服务业健康良性发展的政策建议

土壤污染防治作为重大环境保护和民生工程，已经纳入国家环境治理体系。土壤污染问题已经成为亟须解决的重大环境问题和全面建成小康社会的突出问题。土壤环境修复业虽然在我国发展较晚，但随着《土壤污染防治法》《土壤污染防治行动计划》等国家顶层设计文件的实施，实现包括土壤修复咨询服务在内的修复行业健康良性发展成为全社会的共同需要。结合目前行业发展中存在的主要问题，提出如下政策建议：

5.1　积极推动业主单位对土壤环境修复更加理性的认识

土壤环境修复业若要健康持续发展，首先的改变应来自业主单位。建议：

高度重视业主单位对修复产业发展的重要影响。业主单位对我国土壤污染防治法规和技术标准、土壤污染特点、工程项目实施不同于其他类型项目实施的特点等问题应有一个正确认识，充分尊重土壤污染风险管控与修复工程项目实施的规律和特点，在合同金额、资金拨付时间、工程建设周期、不可预见情况发生后的资金保障等方面给予合理和充分保障，回归科学合理的对土壤环境修复本身需求的认识，为咨询服务和工程项目营造一个良好的外部环境。只有这样，包括修复咨询服务在内的土壤污染修复行业才能具备健康良性发展的根本环境和根本前提。

建议各级生态环境管理部门积极组织面向业主单位的培训交流活动。编制专门针对土壤环境修复业主单位的知识读本，通过对土壤污染防治特点、修复工程技术、修复工程项目案例分析等内容学习，提高各级各类业主单位对土壤污染防治的认识，进而深化其对修复项目的组织管理和产业发展的影响。

5.2 积极推动土壤污染修复市场环境更加规范有序、公开透明

《关于构建现代环境治理体系的指导意见》提出"规范市场秩序，减少恶性竞争，防止恶意低价中标，加快形成公开透明、规范有序的环境治理市场环境"，为此建议：

委托社会团体积极开展工程招投标市场的规范管理。可委托中国环保产业协会等组织重点加强招投标重点环节的规范，并对明显低价中标、招标条件设置明显不合理的典型案例进行公开曝光。鼓励加大招投标过程中对类似项目从业业绩的权重分数；尽量减少专家的主观评判，对标的金额较高的项目鼓励采取面对面答辩方式；地方生态环境部门纪检干部等加入答辩过程中进行全程监督。

鼓励社会团体发挥更大的作用。重点在行业自律、人才培养、标准制定、价格规范以及成为业主单位与修复从业单位之间的桥梁作用五个方面发挥更大作用。鼓励社会组织开展我国土壤环境咨询服务、修复工程实施、工程设计方面专业培训教材的编制，按照土壤环境修复"大学"进行人才培训的思路系统开展土壤修复各类专业人员的社会化培训。鼓励社会团体组织开展土壤环境调查、分析监测、地质勘查、方案编制、小试中试、效果评估等不同咨询服务活动收费价格的研究，制定指导价格。

加大技术服务报告质量的抽查管理。委托相关单位对土壤环境管理信息系统上的相关技术报告进行重点抽查，尤其是初步调查报告和效果评估报告质量。对编制质量低下的报告，及时在相关网站上进行公开曝光。督促各级生态环境部门加快落实 2019 年各类技术报告评审通过情况的信息公开。

加强对土壤污染防治信息公开的依法管理力度。信息公开和方便查询与统计是促进行业健康发展的重要基础。建议加强对全国土壤环境信息依法公开的进一步规范，按照土壤污染防治法提出的信息公开要求（表 11）督促加快落实。建议在生态环境部网站上形成每年全国建设用地风险管控与修复汇总名单；各省级生态环境部门应在每年年底经汇总后公布该省疑似污染地块名单、污染地块名录、各地级市重点监管企业名单和省级层面上的名单。

表 11　土壤污染防治相关法律法规中对环境信息公开的要求汇总

依据	主要要求
《土壤污染防治法》第二十一条	设区的市级以上地方人民政府生态环境主管部门制定本行政区域土壤污染重点监管单位名录，向社会公开并适时更新
《土壤污染防治法》第五十八条	建设用地土壤污染风险管控和修复名录由省级人民政府生态环境主管部门会同自然资源等主管部门制定，按照规定向社会公开，并适时更新
《土壤污染防治法》第七十六条	省级以上人民政府生态环境主管部门应当会同有关部门对土壤污染问题突出、防治工作不力、群众反映强烈的地区，约谈设区的市级以上地方人民政府及其有关部门主要负责人，约谈整改情况应当向社会公开

依据	主要要求
《土壤污染防治法》第八十条	对从业单位和个人的执业情况，纳入信用系统建立信用记录，将违法信息记入社会诚信档案，并纳入全国信用信息共享平台和国家企业信用信息公示系统向社会公布
《土壤污染防治法》第八十一条	生态环境主管部门和其他负有土壤污染防治监督管理职责的部门应当依法公开土壤污染状况和防治信息
"土十条"第十八条	各地确定土壤环境重点监管企业名单，实行动态更新，并向社会公布。列入名单的企业每年要自行对其用地进行土壤环境监测，结果向社会公开
"土十条"第二十三条	责任单位要委托第三方机构对治理与修复效果进行评估，结果向社会公开
"土十条"第二十四条	各省（区、市）要委托第三方机构对本行政区域各县（市、区）土壤污染治理与修复成效进行综合评估，结果向社会公开
"土十条"第三十条	根据土壤环境质量监测和调查结果，适时发布全国土壤环境状况。各省（区、市）人民政府定期公布本行政区域各地级市（州、盟）土壤环境状况。重点行业企业要依据有关规定，向社会公开其产生的污染物名称、排放方式、排放浓度、排放总量，以及污染防治设施建设和运行情况

5.3　创新土壤治理修复的咨询服务和投融资模式

模式创新对行业发展具有根本性、深远性意义。当前我国土壤环境修复和咨询服务业面临模式缺乏的根本问题，创新驱动难以体现。未来各方应更加注重模式创新。建议：

鼓励对大型污染场地积极探索以规划编制为龙头的全过程咨询服务模式。大型污染场地风险管控和修复对咨询服务提出了更高要求和挑战，需要在综合性、协调性、可操作性和经济性等方面更加统筹。未来大型污染地块的修复应首先从规划入手，对地块污染特点、修复策略设计、技术比选、土石方平衡、开发时序等问题开展总体性研究，编制治理修复总体规划，然后在总体规划的指导下，根据开发时序有序开展各个子地块的详细调查和治理修复。鼓励业主单位采取新的服务模式，引进综合咨询服务能力较强、社会声誉较好的单位代表业主开展项目全过程管家式服务，将除了工程实施以外的其他服务内容交给项目总管家，由总管家进行项目组织实施的设计，对承担分项任务的单位进行技术指导和技术把关。

扫清现有政策障碍，积极为"环境修复+开发建设"模式实施创造条件。将当前制约该模式发挥的一些政策"瓶颈"因素进行修改和调整，如目前一些管理部门提出的必须"净地出让"的要求；明确分阶段效果评估要求；考虑地下水修复和跟踪监测的客观周期较长，对土壤和地下水一体化修复的污染地块退出省级风险管控和修复名录的具体要求做细化规定。加强修复工程设计咨询服务和开发建设规划设计、建筑设计咨询服务之间的联系互动；将修复工程实施与区域土地规划发展密切结合，形成新的投资模式和盈利模式，大力吸引社会资本的投入。积极组织开展区域性污染土壤集中处置中心建设的可行性研究。

5.4　加强对土壤咨询服务中突出技术与管理问题的研究和规范

我国土壤环境修复相关的管理制度体系和技术标准体系不断完善，但面对实践工程中形形色色的问题，仍有诸多不适应、不明确的问题。建议：

增强制度和技术要求在执行过程中的弹性和灵活性。建议不断跟踪和研究现实过程中出现的主要问题，政策制度设计过程中还要兼顾操作和执行过程中的灵活性和弹性，赋予省级生态环境部门解决现实问题的弹性管理权，积极鼓励各地大胆实践，通过多方协商共同推动问题解决。

强化土壤环境调查目标导向下的调查行为。土壤环境调查中，应明确鼓励根据污染识别结果采用经验判断法进行布点，除了查明污染情况为目的的布点以外，还要加强以划明污染边界为目的的布点。土壤调查深度和调查精度的把握上要引导向着更好支撑后续土壤环境风险管控或修复工程实施的需要开展，不是为了调查而盲目地、不求代价地开展调查。

面对土壤环境调查的不确定性特点，应以客观态度和积极推动项目继续实施为目的，避免过分纠缠在责任追究上。若完成了土壤环境调查报告、风险评估报告的编制和专家评审，后续工程实施过程中发现了前面程序未发现的污染物或污染区域，在对前面程序进行客观、公正分析后，不要一味停留在追求调查者的责任，更多的是面对新调查出来的污染物或者污染区域，在工程实施过程中去加强新污染与过去发现污染的衔接、补充必要的技术方案进行污染处置，积极推动工程项目不断实施。

赋予项目业主自行确定工程设计的组织必要性和相应的成果管理权。对目前讨论较多的修复工程实施方案与工程设计之间如何定位和衔接的问题，建议国家和各省级层面上明确提出具有弹性的管理规定，即是否开展工程设计交由项目业主单位根据项目具体需求自行确定，对于大型复杂场地，鼓励项目业主单位开展充分咨询后再确定。工程设计成果和项目实施方案的管理一致，均交由项目业主单位组织评审，报地方生态环境部门备案。鼓励项目业主单位积极组织开展小试和中试，加强中试环节相关程序和技术要求的编制，以使中试工作有章可循。

明确分阶段效果评估且达到相应标准后的局部区域可以开展土地的开发利用。建议进一步明确现实中采取污染土壤清挖并进行异位修复的基坑，达到风险管控或者修复目标后是否可以进行开发利用的现实突出问题。《土壤污染防治法》规定，"未达到土壤污染风险评估报告确定的风险管控、修复目标的建设用地地块，禁止开工建设任何与风险管控、修复无关的项目"，根据该要求，若一个污染地块内的部分区域采取了污染土壤清挖并原位异地进行污染土壤的处置，开挖后基坑经效果评估单位确认达到了土壤污染风险评估报告确定的风险管控、修复目标，且项目业主明确保证开挖后的污染土壤能在规定时间内完成安全处置，这种情况下应该允许部分区域进行后续开发利用，而不必等到整个地块全部完成效果评估后再开展后续的土地开发利用。

对《土壤污染防治行动计划》提出的"治理与修复工程原则上在原址进行"的策略进行再思考。污染土壤原位修复或者异位修复策略的选择应是具体工程项目结合各自工程实施条件、周边设施条件等具体分析后作出具体比选，异位修复和原位修复一样，本身是污染土壤风险管控或者修复的有效方法。国家层面上不宜强行提出"原则上在原址进行"的要求，而是宜给地方实践操作留出可选择的空间，鼓励具体项目结合具体情况在充分比选后作出选择。

加强土壤污染防治应急管理和技术标准体系的建设。结合本次新冠肺炎疫情突发生态环境应急体系建设的思考，建议高度重视突发土壤环境污染应急处置能力建设，包括现场应急调查各种设备仪器、现场人员防护装备、现场应急监测设备等各种装备的应急储备，同时建设专业化的应急处置技术队伍和专家指导队伍，定期组织应急能力和技能培训，将应急能力建设作为一项重要任务抓紧落实。

5.5　加大《土壤污染防治法》重点内容的监督执法

开展"一名单二名录"制度落实情况的专项调查。"一名单二名录"制度是我国特色的土壤环境管理制度，对促进土壤环境咨询服务和修复行业发展具有重要作用。建议各省、市对制度要求的落实程度开展一次专项调查，重点对名单和名录的完整性、全面程度、及时性、信息公开的规范性等进行调查，重点关注疑似污染地块是否及时启动了土壤环境初步调查等程序性工作。通过严格落实制度，进一步释放土壤修复业的市场发展空间。

开展《土壤污染防治法》执行情况的监督执法。《土壤污染防治法》中确定了若干法律责任，对土壤环境监管方、生产企业、污染方、修复从业单位等均提出了不履行相应法律责任的处罚措施。建议尽快组织开展一次土壤污染防治监督执法活动，对《土壤污染防治法》提出的法律责任落实情况进行一次检查。既可以掌握目前法律实施中的问题，也为"十四五"土壤污染防治方向和重点任务奠定基础，并为修复行业持续发展提供动力。

参考文献

[1]　中华人民共和国土壤污染防治法[M]. 北京：法律出版社，2018.

[2]　中央政府门户网站. 国土资源部财政部中国人民银行关于印发《土地储备管理办法》的通知[EB/OL].（2007-12-04）. http://www.gov.cn/gzdt/2007-12/04/content_824212.htm.

[3]　中央政府门户网站. 关于印发《建设用地土壤污染状况调查、风险评估、风险管控及修复效果评估报告评审指南》的通知[EB/OL].（2019-12-20）. http://www.gov.cn/zhengce/zhengceku/2019-12/20/content_5462706.htm.

[4]　新华社. 国务院印发《土壤污染防治行动计划》[EB/OL].（2016-05-31）. http://www.gov.cn/xinwen/2016-05/31/content_5 078 467.htm.

[5]　天津日报. 天津市土壤污染防治条例[EB/OL].（2019-12-13）. http://epaper.tianjinwe.com/tjrb/html/2019-12/13/content_158_2 037 283.htm.

[6]　山东省人民政府. 山东省土壤污染防治条例[EB/OL].（2019-12-02）. http://www.shandong.gov.cn/art/2019/12/2/art_2269_77022.html.

[7]　山西人大网. 山西省土壤污染防治条例[EB/OL].（2019-12-02）. http://www.sxpc.gov.cn/276/954/cwhcs14_1141/hywj/201912/t20191202_9668.shtml.

[8]　新华网. 中共中央办公厅、国务院办公厅印发《关于构建现代环境治理体系的指导意见》[EB/OL].（2020-03-30）. http://www.mee.gov.cn/zcwj/zyygwj/202003/t20200303_767074.shtml.

[9]　刘阳生，李书鹏，邢轶兰，等. 2019年土壤修复行业发展评述及展望[J]. 中国环保产业，2020（3）：

26-30.

[10] 中国土壤环境修复产业技术创新战略联盟. 中国土壤修复技术与市场发展研究报告（2016—2020）[R]. 北京，2016.

[11] 环保在线. 行业视角，分析了 873 个项目，土壤修复市场原来是这样的[EB/OL].（2020-02-28）. http://www.hbzhan.com/news/detail/133847.html.

[12] 陈进斌，陈建宏，刘洋，等. 我国土壤修复现状与产业发展趋势[J]. 科技创新与应用，2019（2）：65-66.

[13] 李干杰. 坚决打好污染防治攻坚战[N]. 人民日报，2019-01-08（014）.

[14] 生态环境部. 关于印发《土壤污染防治基金管理办法》的通知 [EB/OL].（2020-02-28）. http://www.mee.gov.cn/xxgk2018/xxgk/xxgk10/202002/t20200228_766623.html.

[15] 生态环境部. 环境保护大事记（2019 年 12 月）[EB/OL].（2020-01-20）. http://www.mee.gov.cn/xxgk/dsj/202001/t20200120_760558.shtml.

[16] 张红振，陆军，等. 我国土壤修复产业预测分析和发展战略[M]. 北京：中国环境出版集团，2020.

[17] 陆浩，李干杰，等. 中国环境保护形势与对策[M]. 北京：中国环境出版集团，2018.

[18] 生态环境部法规与标准司.《中华人民共和国土壤污染防治法》解读与适用手册[M]. 北京：法律出版社，2018.

全国污染防治攻坚战资金需求与筹措保障研究

Research on the Funding Demand and Raising Guarantee of the National Pollution Prevention and Control Battle

万军　逯元堂　陈鹏　徐顺青　秦昌波　雷宇　赵越　徐敏

饶胜　李志涛　李新　汪旭颖　张伟

摘　要　本文围绕污染防治攻坚战任务和目标，分别开展全社会、重大任务和重点工程、公共财政和中央环保专项资金需求测算。结果表明，污染防治攻坚全社会宏观资金需求约 7.41 万亿元，蓝天保卫战、碧水保卫战、净土保卫战、生态保护与修复四大任务总资金需求约 6.44 万亿元，十大重点工程资金需求约 2.33 万亿元。亟须发挥政府、企业、社会资本、金融机构等主体作用，遵循"市场主导、政府调控，需求牵引、工程带动"等原则，全面保障资金筹措。

关键词　污染防治　资金需求　资金筹措　重大工程

Abstract　Focusing on the tasks and goals of the tough battle of pollution prevention and control，we have carried out the calculation of the needs of the whole society，major tasks and key projects，public finance and special funds of the central government for environmental protection. The calculation results show that the total capital requirement of the whole society for pollution prevention and control is about 7.41 trillion yuan；the total capital requirement for the four major tasks of the defense of the blue sky，the defense of the clear water，the defense of the pure land，and the ecological protection and restoration is about 6.44 trillion yuan，and the ten key projects is about 2.33 trillion yuan. It is urgent to give full play to the main roles of the government，enterprises，social capital，and financial institutions，and follow the principles of "market-led，government-controlled，demand-driven，and project-driven" to fully guarantee fund raising.

Keywords　pollution prevention and control，fund demand，fund raising，major project

2018 年 6 月，中共中央、国务院发布《关于全面加强生态环境保护　坚决打好污染防治攻坚战的意见》，对 2018—2020 年生态环境保护工作重点进行了全面部署，提出"坚决打赢蓝天保卫战、着力打好碧水保卫战、扎实推进净土保卫战、加快生态保护与修复"四大重要任务。为支撑以上重大任务落地实施，基于攻坚战具体任务目标，围绕资金需求，开展全社会、重大任务和重点工程、公共财政和中央环保专项资金需求测算，并提出保障投入的对策措施，为打赢污染防治攻坚战提供技术支撑。

1 全社会生态环境保护资金需求测算

1.1 生态环境保护资金投入现状

2011 年以来，全社会生态环境保护投资规模不断提升，但增速有所放缓（图 1）。"十二五"期间生态环境保护总投资为 5.04 万亿元，年均投资约 1 万亿元，除 2015 年略有下降外（增速 −6.1%），其余年份均呈增长状态。2016 年、2017 年分别完成生态环境保护投资 1.13 万亿元、1.16 万亿元，增长率分别为 4.7%、2.0%，相较于"十二五"初期生态环境保护投资的高速增长，"十三五"前两年增速有很大下降，2016 年与 2011 年增速相差 29.8 个百分点，2017 年与 2012 年增速相差 8.7 个百分点。

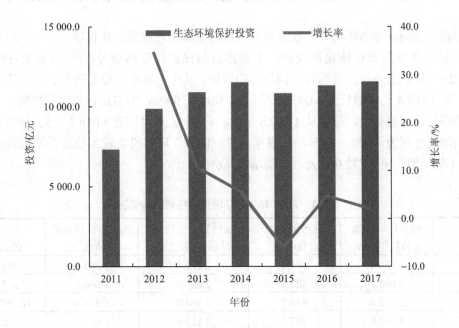

图 1 2011—2017 年生态环境保护投资规模与增长情况

从相对规模看，生态环境保护投资占 GDP、占固定资产投资的比重呈现波动下降趋势（图 2）。2011—2017 年生态环境保护投资占 GDP 的比重范围为 1.39%～1.86%，从 2011 年的 1.51%波动降至 2017 年的 1.39%，在 2013 年达到最高值 1.86%，在 2017 年降到近年最低值 1.39%；2011—2017 年生态环境保护投资占固定资产投资的比重范围为 1.80%～

2.63%，从 2011 年的 2.35%波动降至 2017 年的 1.80%，在 2012 年达到最高值 2.63%，在 2017 年降到近年最低值 1.80%。

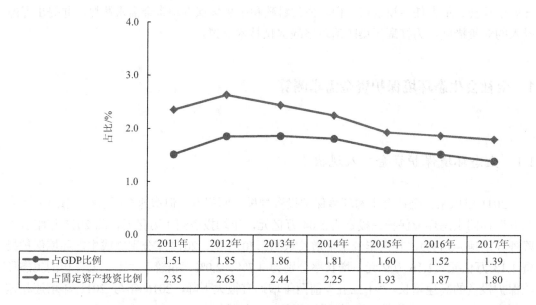

年份	2011年	2012年	2013年	2014年	2015年	2016年	2017年
占GDP比例	1.51	1.85	1.86	1.81	1.60	1.52	1.39
占固定资产投资比例	2.35	2.63	2.44	2.25	1.93	1.87	1.80

图2　2011—2017 年环保投资占 GDP 和固定资产投资比重情况

　　根据使用去向，生态环境保护投资包括工业污染源治理投资、建设项目"三同时"环保投资、城市环境基础设施建设投资、生态建设与保护投资四部分。[1] 从资金规模看（表 1），2011 年以来各项投资均有不同程度的增加。其中，城市环境基础设施建设投资增幅较大，从 3 469.4 亿元增长至 6 085.8 亿元，年均增长 9.8%，生态建设与保护投资、工业污染源治理投资增速相当，分别从 1 302.5 亿元、444.4 亿元增长至 2 016.3 亿元、681.0 亿元，年均增速分别为 7.6%、7.4%，建设项目"三同时"环保投资较为稳定，增幅较小，从 2 112.4 亿元增长至 2 772.0 亿元，年均增速 4.6%。

表 1　2011—2017 年生态环境保护投资结构情况

年份	城市环境基础设施投资/亿元	工业污染源治理投资/亿元	建设项目"三同时"环保投资/亿元	生态建设与保护投资/亿元	合计/亿元
2011	3 469.4	444.4	2 112.4	1 302.5	7 328.7
2012	5 062.7	500.5	2 690.4	1 604.1	9 857.7
2013	5 223.0	849.7	2 964.5	1 870.6	10 907.8
2014	5 463.9	997.7	3 113.9	1 948.0	11 523.5
2015	4 946.8	773.7	3 085.8	2 017.2	10 823.5
2016	5 412.0	819.0	2 988.8	2 110.0	11 329.8
2017	6 085.8	681.0	2 772.0	2 016.3	11 555.3

　　从投资占比看（图3），各子项投资比重较为稳定，其中，城市环境基础设施投资占比最高，比重均值 48.6%；其次是建设项目"三同时"环保投资，比重均值 27.0%；生

态建设与保护投资排第三位，比重均值 17.5%；工业污染源治理投资比重最低，比重均值 6.8%。

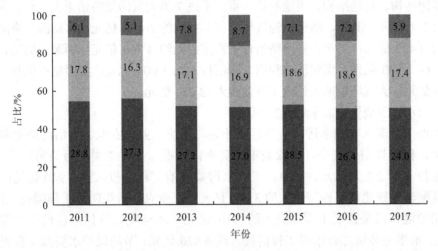

图 3　2011—2017 年生态环境保护投资结构

图例：
- 建设项目"三同时"环保投资
- 生态建设与保护投资
- 工业污染源治理投资

1.2　生态环境保护资金总需求

根据国际经验，生态环境保护投资占 GDP 比重达到 1%～1.5%时，基本遏制环境恶化趋势，环境状况大体能够保持在人们可以接受的水平，占 GDP 比重达到 2%～3%时才能实现生态环境质量持续好转。参照此标准，基于生态环境保护投资占 GDP 比重指标，对 2018—2020 年全社会生态环境保护投资需求水平进行模拟测算。攻坚战期间，加大投入力度，生态环境保护投资占 GDP 比重力争达到 2.5%，各年投资需求分别为 2.30 万亿元、2.48 万亿元、2.63 万亿元，三年资金总需求为 7.41 万亿元，基本满足大气、水、土壤污染防治和生态保护建设的需求。

2　基于污染防治攻坚任务工程的资金需求测算

2.1　重大任务资金需求

《关于全面加强生态环境保护 坚决打好污染防治攻坚战的意见》提出，到 2020 年，持续开展蓝天保卫战、碧水保卫战、净土保卫战、生态保护与修复四大任务，经测算，为实现以上重大任务，总投资需求约 6.44 万亿元，详细资金需求测算如下：

（1）蓝天保卫战资金需求约 2.3 万亿元

蓝天保卫战以京津冀及周边、长三角、汾渭平原等重点区域为主战场，调整优化产业结构、能源结构、运输结构、用地结构，重点推进 7 类大气污染防治重大工程，共需资金投入约 2.3 万亿元。其中，清洁能源替代工程需投入约 6 400 亿元；移动源污染防治工程需投入约 7 430 亿元；工业企业污染治理工程需投入约 4 200 亿元；面源污染综合整治工程需投入约 3 100 亿元；煤炭清洁利用工程需投入约 1 000 亿元；加强集中供热工程需投入约 560 亿元；大气环境能力建设工程需投入约 250 亿元。

（2）碧水保卫战资金需求约 2.2 万亿元

碧水保卫战深入实施水污染防治行动计划，加快工业、农业、生活污染源和水生态系统整治，保障饮用水安全，消除城市黑臭水体，重点推进 7 类水污染防治重大工程，共需资金投入约 2.2 万亿元。其中，工业水污染防治工程需投入约 3 940 亿元；城镇污水处理及配套设施建设工程需投入约 3 900 亿元；农业农村污染防治工程需投入约 3 210 亿元；船舶港口污染控制工程需投入约 110 亿元；水环境监管体系建设工程需投入约 580 亿元；水生态环境综合治理工程需投入约 6 820 亿元；节约保护水资源工程需投入约 3 400 亿元。

（3）净土保卫战资金需求约 0.84 万亿元

净土保卫战将全面实施《土壤污染防治行动计划》，突出重点区域、行业和污染物，有效管控农用地和城市建设用地土壤环境风险，重点推进 4 类土壤污染防治重大工程，共需资金投入约 0.84 万亿元。其中，土壤污染详查等基础能力建设工程需投入约 326 亿元；农用地和污染地块土壤污染风险管控工程需投入约 5 015 亿元；土壤污染防治试点示范工程需投入约 600 亿元；尾矿库整治、废弃农药包装容器和废弃农膜回收利用、重金属污染防治、非正规垃圾填埋点和固体废物堆存场所污染整治等源头预防工程需投入约 2 470 亿元。

（4）生态保护与修复资金需求约 1.1 万亿元

生态保护与修复工程以自然恢复为主，统筹开展全国生态保护与修复，全面划定并严守生态保护红线，提升生态系统质量和稳定性。2012—2015 年生态保护与修复治理总投入 1.1 万亿元，其中 2015 年投入 3 277 亿元，较 2014 年增长 4.2%。2018—2020 年，生态保护与修复重大工程将持续推进，预计总资金投入约 1.1 万亿元。2018 年，我国生态保护红线完成初步划定，面积将占国土面积的 25%以上，涉及生态保护红线的保护修复投入将占生态保护与修复工程总投入的 50%左右，即生态保护红线区域的保护投资预计在 5 000 亿元。

2.2　重点工程资金需求

针对污染防治攻坚战重大任务，需要实施十大攻坚具体工程。经测算，重点工程总投资需求约 2.33 万亿元，工程名称及投资需求见表 2。

表2 污染防治攻坚战重点工程与投资

序号	攻坚重点工程	总投资需求/亿元
1	重点地区大气污染防治	2 010
2	能源清洁利用	5 200
3	保障饮用水安全	660
4	城市黑臭水体整治	2 116
5	城镇污水管网建设	1 880
6	农村环境整治	3 075
7	土壤污染防治	2 832
8	城镇垃圾分类与处理设施	1 890
9	生态保护与修复	3 070
10	基础能力保障	560
	合计	23 293

详细资金需求测算如下：

（1）重点地区大气污染防治重点工程资金需求约2 010亿元

重点地区大气污染防治重点工程任务包括推进重点区域产业结构和布局调整，强化固定源和移动源污染防治，加强区域联防联控联治等，2018—2020年总投资需求约2 010亿元。其中，固定污染源污染防治投资需求约1 410亿元，主要任务措施包括：①完成石化、化工、工业涂装、印刷等重点行业挥发性有机物治理；②冶金、建材等非电行业和工业锅炉进一步提标改造，推进工业行业无组织排放治理；③完成加油站、储油库、油罐车油气回收治理。移动源污染防治投资需求约600亿元，主要任务措施包括对车用柴油、普通柴油、江海直达和内河船用燃料油完成升级并轨，将京津冀及周边地区铁路货运比例提高到30%。

（2）能源清洁利用重点工程资金需求约5 200亿元

能源清洁利用重点工程任务包括推进散煤治理、煤炭消费减量替代、实施能源清洁利用等，2018—2020年总投资需求约5 200亿元。其中，发展清洁能源资金需求约4 400亿元，任务措施包括清洁能源基础设施建设，天然气和电力的可靠供给保障，推进城乡天然气管网和调峰储气库等设施的建设，结合农网改造，完成600万户农户的电网升级增容工程；清洁供暖工程采暖设施采购资金需求约800亿元，任务措施为结合北方地区清洁采暖推进，完成1 000万户的"电代煤"和"气代煤"工作。

（3）保障饮用水安全重点工程资金需求约660亿元

2018—2020年重点在长江经济带9省2市完成集中式饮用水水源保护区划定及设立标志标识、一级保护区实现封闭式管理、拆除关闭二级保护区、加强农村分散式水源保护建设项目等任务，投资需求约660亿元。

（4）城市黑臭水体整治重点工程资金需求约2 116亿元

城市黑臭水体整治重点工程任务包括实现地级及以上城市基本消除黑臭水体和京津冀、长三角、珠三角县城以上城市基本消除黑臭水体，总投资需求约2 116亿元。其中，在地级及以上城市黑臭水体治理方面，依据《"十三五"全国城镇污水处理及再生利用设施建设规划》，地级及以上城市建成区黑臭水体共 2 032 条，总长度约 5 800 km，需投资 1 700 亿元，按"水十条"实施情况 2016 年度考核结果，297 条黑臭水体已完成整治工程，同时在 2016—2017 年环境保护部通过环境卫星等技术手段、公众举报等识别了一批黑臭水体，因此，2018—2020 年地级及以上城市建成区黑臭水体在 2 000 条左右，投资需求仍不低于 1 700 亿元。京津冀、长三角、珠三角区域县级城市建成区黑臭水体按每个县 6 km，共 231 个县，黑臭长度约 1 386 km，按每千米整治资金约 3 000 万元，测算县级城市建成区黑臭水体整治投资需求约 416 亿元。

（5）城镇污水管网建设重点工程资金需求约 1 880 亿元

城镇污水管网建设重点工程任务包括新增污水管网、改造老旧污水管网和改造合流制管网三项，总投资需求约 1 880 亿元。根据《"十三五"全国城镇污水处理及再生利用设施建设规划》，"十三五"期间，新增污水管网 12.59 万 km，改造老旧污水管网 2.77 万 km，改造合流制管网 2.87 万 km，三项管网投资分别为 2 134 亿元、494 亿元、501 亿元，按照投资年均完成计算，2018—2020 年尚需资金需求约 1 880 亿元。

（6）农村环境整治重点工程资金需求约 3 075 亿元

农村环境整治重点工程任务包括农村污水垃圾治理、畜禽养殖污染治理等重点任务，总投资需求约 3 075 亿元。根据农村环境整治全覆盖原则，2017 年年底已完成整治 12.9 万个行政村，"十三五"期间还需整治约 41 万个行政村，每年完成 8.2 万个，按照每个行政村投资需求 100 万～150 万元测算，2018—2020 年总投资需求约 3 075 亿元，任务重点是强化农村生活污水治理，实施河塘沟渠清淤疏浚、生态修复，以及非规模化畜禽养殖场（小区）配套建成粪便污水处理及资源化利用设施等工作。

（7）土壤污染防治重点工程资金需求约 2 832 亿元

土壤污染防治重点工程任务包括污染地块风险管控和整治、历史遗留污染源治理、试点示范设立等，总投资需求约 2 832 亿元。其中，污染地块风险管控和整治涉及约 2 800 块污染地块风险管控、约 2 500 块污染地块整治，投资需求约 1 260 亿元；历史遗留土壤污染源整治投资需求约 970 亿元；试点示范设立包括 200 个土壤污染治理与修复技术应用试点、6 个土壤污染防治先行区建设、技术应用试点和先行区示范，投资需求约 600 亿元；农产品超标区域面积排查和风险评估投资需求约 2 亿元。

（8）城镇垃圾分类与处理设施重点工程资金需求约 1 890 亿元

城镇垃圾分类与处理设施重点工程任务目标为 2020 年年底前，所有城镇生活垃圾处置设施全覆盖、密闭式垃圾收运、完成非正规生活垃圾堆放点集中整治，总投资需求约 1 890 亿元。其中，无害化处理设施建设投资 1 275 亿元，收运转运体系建设投资 193 亿元，餐厨垃圾专项工程投资 140 亿元，存量整治工程投资 181 亿元，垃圾分类示范工程投资 71 亿元，监管体系建设投资 30 亿元。

（9）生态保护与修复重点工程资金需求约 3 070 亿元

生态保护与修复重点工程重点任务包括实施山水林田湖示范工程和自然保护区规范化建设，总投资需求约 3 070 亿元。其中，①山水林田湖示范工程投资需求约 3 000 亿元，2016 年、2017 年国家支持开展山水林田湖示范项目 10 项，总投资约 1 100 亿元。2018—2020 年建议进一步扩大试点范围，在全国重点生态功能区和生态保护红线历史遗留问题较多区域优先实施山水林田湖生态保护与修复工程 25 项，总投资约 3 000 亿元。②自然保护区规范化建设工程投资需求约 70 亿元。2019 年全国建成国家级自然保护区 463 个，初步评估约 70 个满足国家级自然保护区的规范化建设要求。到 2020 年，国家级自然保护区规范化建设水平要达到 90%，需要完成 347 个国家级自然保护区规范化建设。自然保护区规范化建设主要包括保护管理站（点）建设、勘界确权、科研监测设施建设、宣传教育设施建设、办公及附属设施建设、外来入侵物种控制等，单个自然保护区规范化建设需要 0.1 亿～0.3 亿元，平均每个自然保护区规范化建设需要 0.2 亿元。完成 347 个国家级自然保护区规范化建设需要投资 70 亿元。

（10）生态环境能力保障重点工程资金需求约 560 亿元

生态环境能力保障重点工程任务包括天地一体化生态环境监测运行及建设、环境应急及风险防控能力建设、环境监察执法能力建设等内容，总投资需求约 560 亿元。其中，天地一体化生态环境监测运行及建设投资需求 70 亿元；环境应急与风险防控能力建设投资需求 60 亿元；环境监察执法能力建设投资需求 35 亿元；核与辐射安全监管能力建设投资需求 10 亿元；重大科技专项约 215 亿元（包括京津冀重大项目 50 亿元、大气专项 40 亿元、土壤专项 25 亿元、水专项 50 亿元、生态专项 50 亿元）；第二次污染源普查项目约 100 亿元；生态保护红线划定、建设监测预警和管理平台，开展勘界定标和确权登记等投资需求约 50 亿元；气候变化应对与示范投资需求约 20 亿元。

3 公共财政和中央专项资金需求测算

3.1 公共财政资金总需求

2007—2017 年，全国财政累计投入生态环境保护支出（包括污染防治、生态保护、能源资源节约利用等领域的支出）约 3.53 万亿元，支出规模逐年增加（表 3），支出额由 2007 年的 995.8 亿元增长至 2017 年的 5 780.0 亿元，增长近 6 倍，年均支出约 3 212 亿元。从增速看，年均增长率（19.2%）高于全国财政支出平均增长率（15.1%）4.1 个百分点，分别在 2008 年、2016 年达到了增长高峰（45.7%）和增长低谷（0.8%）。从相对规模看，全国财政生态环境保护支出占财政支出的比重从 2007 年的 2.0%增长至 2017 年的 2.8%，提升 0.8 个百分点。占 GDP 的比重也呈现同样的趋势，从 2007 年的 0.4%增长至 2017 年的 0.7%，且一直保持在 0.7%的水平。从中央和地方看，2010—2017 年[①]，中央财政累计投入生态环境支出 1.42 万亿元，占财政生态环境保护总支出的 46.0%；地方本级财政累计投入生态环境支出 1.67 万亿元，占财政生态环境保护总支出的 54.0%。

---

① 未查询到 2007—2009 年中央和地方支出数据。

表3　2007—2017 年全国财政生态环境保护支出总体情况

年份	全国财政生态环境保护支出			全国财政支出/亿元	占财政支出的比例/%	占 GDP 比例/%
	规模/亿元	年增加额/亿元	增长率/%			
2007	995.8			49 781.4	2.0	0.4
2008	1 451.4	455.5	45.7	62 592.7	2.3	0.5
2009	1 934.0	482.7	33.3	76 299.9	2.5	0.6
2010	2 457.1	523.0	27.0	89 874.2	2.7	0.6
2011	2 659.1	202.0	8.2	109 247.8	2.4	0.5
2012	2 987.8	328.7	12.4	125 953.0	2.4	0.6
2013	3 464.1	476.2	15.9	140 212.1	2.5	0.6
2014	3 856.8	392.7	11.3	151 785.6	2.5	0.6
2015	4 851.7	994.9	25.8	175 877.8	2.8	0.7
2016	4 892.7	40.9	0.8	187 755.2	2.6	0.7
2017	5 780.0	887.3	18.1	203 085.5	2.8	0.7
合计	35 330.4	—	—	1 372 465.2	—	—
平均值	3 211.9	478.4	—	124 769.6	2.5	0.6

攻坚战期间（2018—2020 年），按照全国财政支出年均增长 8.0%计算，三年总计约为 71.8 万亿元，生态环境保护支出占全国财政支出比例较 2017 年水平增长 0.5 个百分点，即按照 3.3%计算，全国财政支出中生态环境保护支出需求约 2.37 万亿元，平均每年约 7 895 亿元。按照中央和地方支出结构（40%∶60%），三年约需中央财政投入 0.95 万亿元、地方财政投入 1.42 万亿元。

3.2　中央财政环保专项资金需求

为实现污染防治攻坚目标，围绕大气、水、土壤污染防治以及农村环境保护等重点工作任务，测算 2018—2020 年中央财政环保专项资金总需求约 3 240 亿元，平均每年 1 080 亿元，详细资金需求如下：

（1）大气污染防治专项资金每年安排 300 亿元

大气污染防治重大工程平均每年总需求约 7 600 亿元，按照中央和地方资金 1∶3 的比例测算，需中央财政每年投入约 1 900 亿元。除中央财政节能减排、工业企业结构调整、可再生能源等资金渠道外，每年需大气污染防治专项资金约 300 亿元，主要用于燃煤污染控制、工业污染治理、机动车船舶污染治理等。

（2）水污染防治专项资金每年安排 300 亿元

根据 2017 年度水污染防治中央储备库项目清单，各地市实施方案涉及总投入约 3 000 亿元，实施期一般为 3 年，每年资金投入需求约 1 000 亿元，按照中央和地方投入 1∶3 测算，每年中央财政资金需求为 250 亿元，鉴于 2017 年水污染防治专项资金仅安排 115 亿元，且后续仍有项目入库，建议以后年份提高支持力度，每年安排中央资金 300 亿元，主要用于污水处理设施建设、污泥处置、黑臭水体治理、良好湖泊保护、集中式饮用水水源地保护、地下水污染防治等。

（3）土壤污染防治专项资金每年安排 80 亿元

按照《土壤污染防治行动计划》总体要求，土壤污染防治应坚持预防为主、保护优先、风险管控，突出重点区域、行业和污染物，实施分类别、分用途、分阶段治理。[2] 2016 年以来，一批重要的技术标准规范，如农用地土壤环境质量标准、建设用地土壤环境质量标准、受污染耕地安全利用技术指南等尚未出台。特别是在污染耕地治理修复方面，国家重点项目——湖南长株潭地区重金属污染耕地修复与农作物种植结构调整项目，尚处于试点阶段，科学合理、可推广可复制重金属污染耕地修复路线尚在探索之中。因此，土壤污染防治项目总体储备不足，资金需求偏小，这种情况可能会持续一段时间。根据相关省（区、市）项目储备库建设情况，2017 年具备实施条件的土壤污染防治项目总投资需求约 50 亿元。建议以后年度增加支持力度，每年安排资金约 80 亿元，三年总资金安排约 240 亿元。支持各省（区、市）农用地污染治理与修复、污染地块治理与修复、重金属污染防治、土壤污染状况详查、危险废物和化学品环境管理等工作。

（4）农村环境整治资金每年安排 400 亿元

攻坚战期间，农村环境整治重点工程资金需求约 3 075 亿元，年均投资需求 1 025 亿元，按照中央财政和地方财政 1：1.5 投入测算，每年需中央财政投入约 400 亿元。主要用于支持农村污水治理、农村垃圾治理、非规模化畜禽养殖污染治理和饮用水源地保护等。

4 投资的社会经济影响与效益分析

4.1 经济影响与效益

生态环境补短板攻坚战需要集中量、增加投入，提高环境治理水平。在当前的社会经济发展阶段，攻坚战对经济的影响主要体现在促进供给侧结构性改革、促进"散乱污"整治，促进环保产业发展，对社会的影响体现在显著增强全社会环境保护意识，提高环境保护社会参与水平，增强人民生态环境保护的获得感和幸福感。[3]

实施污染防治攻坚战，可有效推进供给侧结构性改革，带动环保产业加快发展，创造就业机会，增加社会财富积累，尤其是增加自然资源资产和绿色财富积累。[4] 具体体现在：

一是提升绿色发展质量。通过攻坚战，以更大的工作力度，确保供给侧结构性改革任务完成，淘汰环境污染重、资源消耗大、排放不达标且整改无效的过剩产能和"散乱污"企业。上述措施虽在短期内对地方经济以及劳动就业带来一定负面影响，但考虑到社会产品总需求不变，根据波特假说理论，长期来看，攻坚行动将有利于加快传统产业实现优胜劣汰，倒逼产业升级和绿色改造，最终从供给侧促进产业良性发展，提高产品质量和竞争力。例如，2010 年前后浙江通过加严环境标准，依法淘汰全省 273 家铅蓄电池企业中的 224 家，而行业生产总值较整治前增长 41.3%，利润增长 75%。

二是增加绿色产品供给。攻坚战将有助于大幅降低污染密集行业排放强度。经初步测算，重污染工业行业（钢铁、水泥、造纸、化工等）排放强度将下降 40%～60%，考虑到叠加效应，攻坚战期间将促使汽车、电子电器、建筑、服饰等终端消费品全生命周期排放水平降低 50%～70%。另外，全国每年将有超过 17 亿亩种植面积的农产品为无公害绿色有机农产品，绿色、高效、节能产品市场占有率将提高到 60%以上。总体来说，全社会产品供给更加绿色低碳。

三是带动宏观经济增长。攻坚战实施燃煤锅炉升级改造、绿色交通体系建设、农村清洁供暖工程、黑臭水体治理与生态恢复、农村环境综合整治、污水管网建设、垃圾分类收集处置体系建设等重大任务与重点工程，都将显著拉动我国相关产业发展。按照三大行动计划（气、水、土）投入产出测算系数，预计攻坚战三年将累计带动 GDP 增长 7.5 万亿～8.5 万亿元，占全国 GDP 总量的 2%～3%；攻坚战在带动相关产业发展同时，提供大量新增就业，预计年均新增就业岗位 215 万～320 万个。

四是推动环保产业发展。实现攻坚战目标，预计三年累计带动环保产业增加值达到1.8 万亿～2.6 万亿元，到 2020 年，新能源和节能环保产业产值预计达到 10 万亿元，其中，节能环保装备制造业产值规模将超过 1 万亿元，从业人数将超过 400 万人，我国环保产业将显著发展。

五是增加环保固定资产投入。2015 年全国环境管理业固定资产投资（不含农户）2 249亿元，占当年全社会环境保护投资（8 809 亿元）的 25.4%。随着大规模环境基础设施建设越过高峰，未来环保服务业在环保投资中的比例将不断增加，按照固定资产投资占环保投资比例 20%测算，三年攻坚战将增加固定资产投资 1.3 万亿～1.4 万亿元。

4.2　社会影响和效益

生态环保攻坚战投资需求产生经济影响和效益的同时，也将产生深远的社会影响和效益，具体体现在：

一是改善环境质量，增加人民获得感、幸福感。经过努力，生态环境质量得到总体改善，尤其是人民群众反映强烈的重污染天气得到大幅减少，城市黑臭水体基本消除，农村"散乱污""脏乱差"问题得到基本整治，人民群众身边的环境问题得到集中清理和缓解，城乡生态空间、绿色空间增加，提供更多亲近大自然、留住乡愁的生态空间，增加优质生态产品供给，提高人民获得感和幸福感。重点地区重污染天气大幅削减，直接受益人群超过 3 亿人，农村环境综合整治新增整治村庄约 40 万个，直接受益人口超过 5 亿人，长三角、珠三角地区黑臭水体基本得到清理整治，直接受益人群超过 2.3 亿人。

二是增加人民群众环境健康福利。攻坚战将使得我国生态环境质量得到总体改善，尤其是秋冬季重污染天气、城市黑臭水体及散乱污问题的解决，将大幅降低人民群众遭受的环境暴露风险，间接减少人民群众医疗防护支出，提高劳动力效率，尤其是在京津冀、长三角、珠三角等人口集中区。从全社会的成本收益来看，攻坚战带来的环境质量改善将显著提高人民群众隐形福利。

三是增强全社会环境意识，自觉保护生态环境。公众不仅是生态环境保护的受益者、监督者，更是参与者、行动者。通过攻坚战，开展大规模生态环境宣传与科普教育，增进人民群众对生态环境保护的科学认识，合理引导全社会对环境保护的预期，从身边做起，从自身做起，引导全社会自觉节水、节电、节能，绿色出行、绿色生活，自觉支持和参与生态环境保护，合法有序的参与生态环境保护决策、实施和监督。

四是促进社会和谐发展。通过攻坚战，守住生态环境质量安全底线，集中消灭一批突出环境问题，尤其是饮水安全、"散乱污"、"脏乱差"等影响人群健康的环境问题，大幅提升环境信息公开水平，通过网站、微信、举报热线、曝光台等，让社会公众参与和监督环境保护，强化政府、企业、社会的沟通渠道，促进社会和谐发展。

5 加强生态环境保护投资的对策措施

5.1 明确未来生态环境保护投资总体思路

补齐生态环境保护短板，实现攻坚战环境质量根本改善目标，资金投入是保障。按照全面建成小康社会的环境目标要求，贯彻落实党中央、国务院关于加强生态文明建设和投融资体制改革的总体部署，着力推进供给侧结构性改革，充分发挥市场在资源配置中的决定性作用和更好发挥政府作用，遵循"市场主导、政府调控，机制驱动、政策引领，需求牵引、工程带动，强化监管、规范有序"的原则，明确各类主体的环保投入责任，加大政府、企业环境治理投资，吸引社会资本投入，建立多元化投融资格局；瞄准全面建成小康社会环境短板，调整生态环境保护投资方向，打赢污染防治攻坚战；实施"系统化""精准化""高效化"的环保投资政策，全面提升环保投资效率。

5.2 加大环境短板领域生态环境保护投资支持力度

优化投资方向和结构，加大对当前重点区域、重点流域、城市群以及水、大气、土壤、固体废物、生态修复等环境短板领域的支撑，加强对跨区域、跨流域等重大规划实施、重大项目建设、重大政策实施、环境保护薄弱环节和领域等方面的引导，确保资金投向与未来阶段环境短板攻坚重点任务的一致性。加大对雾霾、黑臭水体、地下水、近岸海域、土壤污染治理，以及农村环境保护、重点生态保护修复治理、生物多样性保护的支持力度。重点加强京津冀及周边地区、长三角、珠三角、长江经济带、南水北调沿线、6 个土壤污染综合防治先行区、国家重点贫困与生态脆弱地区等重点区域的资金投入，保障重大工程项目实施与环境质量目标的实现。

5.3 多层次多渠道加大中央和地方政府生态环境投入

借鉴 20 世纪 70 年代至 80 年代美国联邦财政承担污染治理主要支出责任的经验，加大中央政府环保投入规模和引导力度。建立常态化稳定的财政资金来源渠道，提高资金保障能力，[5, 6] 建议将成品油消费税增量的 10%和彩票公益金的一定比例用于环境保护。加大中央和地方一般公共预算生态环境保护投入。落实地方政府环境保护投入，坚持"党政同责、一岗双责"，明确地方各级人民政府是本辖区环境质量改善的责任主体。进一步加大中央环保督察和环保专项督察力度，推进地方落实环保责任。完善环保投资统计制度，对各省（区、市）环境质量改善情况、生态环境保护投资占 GDP 的比例进行排名，对各地区投资情况进行信息公开，倒逼地方政府加大投入。

5.4　落实企业污染治理责任，倒逼企业加大污染治理投资

全面推行排污许可制，完善污染治理责任体系，生态环境部门对照排污许可证要求对企业排污行为实施监管执法，推动环境治理投入。按照环境影响评价制度要求，加大企业新建、扩建及改建项目"三同时"环境保护投资力度，促进企业不欠新账。积极发挥环境保护促进供给侧结构性改革，贯彻落实新的环境保护法，严格执法监管，促进环境成本内部化，通过制（修）订污染排放标准，大幅提高违法成本，确保企业履行污染治理责任。建立企业环境信用评价和违法排污黑名单制度，企业环境违法信息将记入社会诚信档案，向社会公开。建立上市公司环保信息强制性披露机制，对未尽披露义务的上市公司依法予以处罚。支持符合条件的企业积极公开发行企业债、中期票据和上市融资，拓宽企业融资渠道。制定环保"领跑者"重点行业和领域实施路线图，建立"领跑者"产品名单，加大政策支持力度，推动形成绿色发展方式和生活方式。

5.5　充分发挥市场机制作用，吸引社会资本投入

一是大力推行 PPP 与第三方治理模式。推进环境保护领域政府和社会资本合作模式，在城镇生活污水处理厂及管网建设、城镇生活垃圾处置、水质较好湖泊保护、饮用水水源地保护、污染场地修复与生态建设、环境监测、北方地区冬季清洁取暖、畜禽养殖污染治理、环水有机农业等环境保护基本公共服务领域引入社会资本，采取单个项目、组合项目、连片开发等多种形式，提高环境公共产品供给质量与效率。在工业园区、工业污染治理领域大力推进环境污染第三方治理。加大财政资金向第三方治理、PPP 项目倾斜，支持和引导环保投融资机制创新，鼓励社会资本投入。

二是完善价格形成和补贴机制。加快完善生活污水、生活垃圾、医疗废物、危险废物等领域收费价格形成机制。落实污水处理收费调整要求，城镇污水处理收费标准要补偿污水处理和污泥处置设施的运营成本并合理盈利。在有条件的地区探索实行污水垃圾处理农户缴费制度，建立财政补贴与农户缴费合理分摊机制。因生活污水、生活垃圾以及医疗废物处置收费确实不能弥补项目成本和收益的，可由地方政府通过部门预算或设立财政专项资金给予补贴，落实优惠政策。

三是推进资源产业融合创新试点。通过项目打包、"肥瘦搭配"等方式，开展环境治理与其他资源组合开发，以经营性收益反哺生态环保公益性投入。在城市黑臭水体治理、河道整治、土地修复、湿地建设、良好湖泊保护等领域与城市经营相结合，释放和提升资源品质，推行与旅游资源、商业开发等资源组合开发模式。推进农村人居环境整治与乡村

旅游、生态农业等相关产业深度融合，依托各地自然生态、名胜古迹、风情民俗等资源，在城镇近郊、自然田园景观较好的村庄发展乡村旅游、休闲娱乐、养老度假、观光农业，开发农家乐、渔家乐等特色项目，以特色生态产业发展带动村容村貌改变，实现村庄整洁，提升农村人居环境质量。开展重大环保工程项目实施机制创新研究，开展重大环保工程项目实施投资回报机制创新试点。

5.6 大力发展绿色金融，提高环保项目融资能力

一是加快建立国家绿色发展基金。针对环保投入不足问题，创新政府环保投资安排方式，建立国家绿色发展基金，采用财政资金引导、社会资本投入为主、市场运作的方式，重点支持政府和社会资本合作项目、环境污染第三方治理项目融资，采取低息贷款、股权投资等投入方式，充分调动地方和市场活力。

二是推进金融产品和服务创新。结合国家绿色金融改革试点，鼓励开发贷款周期长、融资成本低的创新金融产品，鼓励金融机构为相关项目提高授信额度、增进信用等级。在国家层面建立国家环境银行，引导更多资源投入环境保护行业。支持开展排污权、收费权、购买服务协议质（抵）押等担保贷款业务，探索利用污水垃圾处理等预期收益质押贷款。[7]积极鼓励政府、金融机构、担保公司等设立联合担保基金，对污染治理项目、环保企业发展提供融资担保服务。鼓励银行与担保公司提供政策性拨款预担保服务。探索土壤、地下水修复等环境保护领域采用租赁方式进行融资。

5.7 建立绩效导向的资金使用机制，提高资金使用效率

一是建立基于绩效导向的资金分配机制。建立大气污染防治、土壤污染防治、农村环境整治、重点生态保护修复治理等专项资金绩效评价制度，对财政专项资金支持的项目开展常态化的绩效评价。建立基于绩效的专项资金分配机制与奖惩机制，在大气、水、土壤、农村环境综合整治等专项资金分配中，建立竞争立项与因素分配相结合的资金分配方式，将项目实施成效与地方资金安排、项目投资补助额度、竞争立项等挂钩，建立联动机制。

二是强化财政资金依效付费机制。推进建立环境 PPP 项目依效付费机制，加大对运营维护效果的绩效考核，将项目绩效评价结果与政府全部付费（可用性付费与运营绩效付费）相挂钩，实行优质优价。建立生态环境部门与财政、发展改革等部门的联审机制，在环境 PPP 项目实施方案与物有所值评估审查等环节强化生态环境部门的参与。向社会公开污染治理绩效结果、服务费用支付情况等，接受公众监督，建立公平、公开、透明的市场环境，提高供给方服务质量与效率。

三是加强环境治理项目储备库建设。结合落实污染防治攻坚等重大环境治理项目，推动地方提前谋划大气、水、土壤、农村、生态保护等领域项目，做好顶层设计，建立完善中央和地方各级项目储备库，夯实项目实施基础。建立中央项目储备库管理系统，建立项目储备约束机制，做到"无储备无资金、多储备多得补助资金"，倒逼地方提前做好项目储备。组织科研院所加强对地方环保部门的专业技术指导与培训，提高地方项目管理能力，

提高项目申报与实施质量。

参考文献

[1]   逯元堂，王金南，吴舜泽，等. 中国环保投资统计指标与方法分析[J]. 中国人口·资源与环境，2010，
       20（S2）：96-99.

[2]   孙宁，朱文会，孙添伟，等. 加强土壤污染防治资金和工程项目管理的建议[J]. 环境保护科学，2017，
       43（5）：17-22.

[3]   王金南，董战峰，蒋洪强，等. 中国环境保护战略政策 70 年历史变迁与改革方向[J]. 环境科学研
       究，2019，32（10）：1636-1644.

[4]   蒋洪强，程翠云，徐毅，等. 关于统筹推进三大攻坚战，打好污染防治攻坚战的思考[J]. 环境保护，
       2018，46（16）：7-10.

[5]   逯元堂，吴舜泽，陈鹏，等. 环境保护事权与支出责任划分研究[J]. 中国人口·资源与环境，2014，
       24（S3）：91-96.

[6]   王金南，万军，王倩，等. 改革开放 40 年与中国生态环境规划发展[J]. 中国环境管理，2018，10
       （6）：5-18.

[7]   吴婷婷，肖晓. 供给侧结构性改革视角下中国绿色金融体系的构建研究[J]. 西南金融，2018（1）：
       3-11.

碳达峰与碳中和

◆ 中国2060年碳中和目标下的二氧化碳排放路径研究

◆ 中国碳情速报（CCW）方法与实证研究

中国 2060 年碳中和目标下的二氧化碳排放路径研究

Study on Carbon Dioxide Emission Path under China's 2060 Carbon Neutralization Target

蔡博峰　曹丽斌　雷宇　王灿　张立　朱建华

李明煜　吕晨　蒋含颖　朱淑瑛　董政　严刚　宁淼　王金南

摘　要　习近平总书记在联合国大会上提出中国 2030 年前碳达峰，2060 年前碳中和目标。为推动目标的落实，本研究采用自上而下（基于中国中长期排放和强度目标并参考 IPCC-SSPs 排放情景）和自下而上（基于 CHRED 50 km 网格分部门排放）的方法相结合，建立生态环境部环境规划院版中国 2020—2060 年二氧化碳排放路径（Chinese Academy of Environmental Planning Carbon Pathways，CAEP-CP 1.0）。研究结果显示，中国二氧化碳排放在 2027 年达到峰值（约 106 亿 t），2035 年排放约为 102 亿 t，2035—2050 年快速下降，2060 年排放量约为 6 亿 t，为建立可科学计算、可精准研判和可落地分析的二氧化碳排放管控路径和措施提供重要支撑。

关键词　碳中和　生态环境部环境规划院版中国 2020—2060 年二氧化碳排放路径　空间公平趋同模型　碳达峰峰值

Abstract　The Chinese President proposed that China's carbon peak should be reached by 2030 and carbon neutrality should be achieved by 2060 at the UN General Assembly. In order to promote the implementation of the objectives，the top-down（based on China's medium and long-term emission and intensity objectives and referring to the IPCC SSPs emission scenario）and bottom-up（based on the sectoral emission of CHRED 50 km grid）methods are combined to establish the Chinese Academy of Environmental Planning Carbon Pathways（CAEP-CP 1.0）. The results show that China's carbon dioxide emissions will peak in 2027（about 10.6 billion tons）and will be about 10.2 billion tons in 2035，decreasing rapidly from 2035 to 2050 with emissions of about 600 million tons in 2060. This research provides important support for the establishment of carbon dioxide emission control paths and measures that can be scientifically calculated，accurately studied and analyzed in practice.

Keywords　carbon neutralization; Chinese Academy of Environmental Planning Carbon Pathways，CAEP-CP 1.0; spatial-equity based emission convergence model（SEECM）; peak carbon dioxide emissions

1 研究中国二氧化碳排放路径的重要意义

研究建立中国 2060 年二氧化碳排放路径是落实习近平总书记联合国大会承诺的基础性工作。积极应对气候变化是中国实现可持续发展的内在要求，是加强生态文明建设、实现美丽中国目标的重要抓手，是中国履行负责任大国责任、推动构建人类命运共同体的重大历史担当。习近平总书记在第七十五届联合国大会一般性辩论上宣布二氧化碳达峰目标与碳中和愿景，是党中央、国务院统筹国际国内两个大局作出的重大战略部署。为坚决贯彻习近平总书记的宣示要求，落实应对气候变化国家战略，统筹应对气候变化与经济社会深度融合，开展中国 2020—2060 年二氧化碳排放路径研究，明确"十四五"、美丽中国、碳中和等每一阶段的目标和路径，是保证中国在联合国大会承诺全面落实的基础性工作。

中国二氧化碳排放路径是推动中国社会经济高质量发展的关键路线图。中国 2060 年二氧化碳排放路径以习近平总书记在联合国重要宣示目标为锚点，充分考虑 2100 年全球升温控制在 1.5℃，和中国现阶段以工业为主的产业结构、以煤为主的能源结构、以公路为主的运输结构调整周期，以及新技术研发和投入使用周期，明确 2020—2060 年中国不同发展阶段的二氧化碳排放水平和排放特征，协同推进温室气体与污染物控制，倒逼产业结构、能源结构和交通结构等优化调整，推进产业结构转型升级，形成清洁低碳的现代能源体系，构建低碳绿色的交通运输体系，践行低碳绿色生活，推动区域低碳协调发展，为实现中国社会经济高质量发展提供重要路线支撑。

研究建立 CAEP 排放路径是推动中国低碳、零碳路径清晰、明确和可科学计算、可精准研判和可落地分析的重要基础。CAEP-CP 1.0 借鉴 IPCC 路径情景方法学，自上而下（基于中国中长期排放和强度目标并参考 IPCC-SSPs 排放情景）和自下而上（基于 CHRED 50 km 网格的分部门排放，利用空间公平趋同模型），建立中国 2020—2060 年二氧化碳排放情景路径。空间化排放情景数据可以和 IPCC-SSPs（0.5°网格）比对和分析，数据可计算性和逻辑自洽性强（部门和区域对标分析和横纵向比较，国家—区域—部门—网格数据联动和双向反馈），可追溯性强（可分析每个 50 km 空间网格分部门排放和相关排放情景参数），便于研究者根据实际发展（最新为 2020 年排放数据）、国家重大决策变化和排放路径认知提升等动态调整和迭代升级情景数据，有利于决策者在国家—区域（省、区、市等）部门层面模拟和推演不同政策措施下的排放情景，为二氧化碳排放管控科学化、精准化提供重要支撑。

2 研究方法和数据

2.1 研究技术框架

国家碳达峰是指国家二氧化碳排放（以年为单位）在一段时间内（至少 10 年）达到

最高峰值，之后进入平台期（可以出现排放量的上下波动，但不能超过峰值），最后进入平稳下降阶段。碳中和是指国家在一定时间（一般是 1 年）内排放的二氧化碳，与其通过植树造林等方式吸收的二氧化碳相互抵消，实现二氧化碳"净零排放"。

CAEP-CP 1.0 研究中的二氧化碳排放仅考虑化石能源燃烧 CO_2 排放。借鉴 IPCC 路径情景方法学、排放机理模型、统计学模型和 GIS 空间分析模型等方法，结合文献分析、数据挖掘和专家研讨等多种形式，开展研究工作，详细研究方案如图 1 所示。

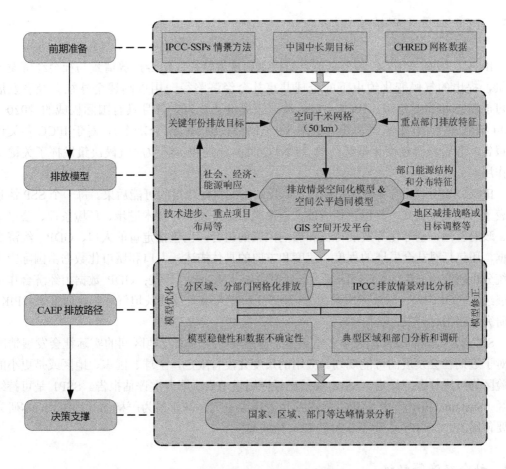

图 1　CAEP-CP 1.0 研究技术路线

2.2　中国二氧化碳排放数据

中国 CO_2 排放基准年（2018 年）数据来自中国高空间分辨率排放网格数据库（CHRED）。CHRED 参考国际主流自下而上的空间化方法，结合中国的实际情况和数据特点，建立基于点排放源自下而上的空间化方法，结合点排放源（工业企业、污水处理厂、垃圾填埋场、畜禽养殖场/小区、煤矿开采、水运船舶等）和其他线源（交通源）、面源（农业、生活源等）数据，实现 1 km CO_2 排放网格数据及数据的空间精度和不确定性分析方法。本研究采用 CHRED 中 50 km 排放清单数据，分 5 个部门：火电、工业（非火电）、交通、建筑（农村生活、城镇生活、服务业）和农业。

中国 2020 年 CO_2 排放数据利用中国碳情速报（China Carbon Watch，CCW）研究数据中 2020 年 1～3 季度数据，外推得到中国 2020 年全年 CO_2 排放数据。

CHRED 空间化数据使用 50 km 分辨率网格，与 IPCC-SSPs 全球排放情景数据（0.5°空间分辨率）保持一致，也便于 CAEP-CP 1.0 情景数据与 IPCC 情景数据的比对分析。

2.3　IPCC 二氧化碳排放数据

IPCC-SSPs 是 IPCC 基于全球升温控制和排放特征，结合排放情景与社会经济发展情景，提出的气候变化约束下的全球共享社会经济路径，用以阐述全球社会经济发展的可能状态和演变趋势。IPCC-SSPs 数据库提供了较为完善且具有国际权威的 2020—2100 年全球空间化温室气体排放数据（0.5°网格，约 50 km 分辨率），对于 IPCC 各类评估报告、联合国气候变化框架公约（UNFCCC）谈判和各国政府气候决策发挥了关键支撑作用。

IPCC-SSPs 主要有 5 种典型路径，以反映不同气候政策的可能后果。每一个 SSP 情景代表了一种发展模式，既包括相应的人口增长、经济发展、技术进步、环境条件、公平原则、政府管理、全球化等发展特征和影响因素的组合，也包括定量的人口、GDP、经济等数据，还包括对社会发展的程度、速度和方向的具体描述。人口和城市化数据由国际应用系统分析研究所（IIASA）和国家大气研究中心（NCAR）开发；GDP 数据由经济合作及发展组织（OECD）、国际应用系统分析研究所（IIASA）及波茨坦气候影响研究所（PIK）的研究小组进行开发。

SSPs 具体情景综合考虑了多重因素，包括现阶段国家及地区间的实际社会发展情况和对于近期社会发展的可能规划。应用的尺度并没有限定，全球、国家、地区或是更小的试验区均可进行合理设定。SSPs 情景已经应用于 IPCC 第五次评估报告。SSP1 是可持续路径（Sustainability），也是 IPCC-SSPs 情景中温室气体减排最为严格的一种情景。本研究主要使用 IPCC-SSP1 中典型年份的 CO_2 排放数据。

2.4　社会经济等数据

中国 1 km 人口（2015 年）和 GDP（2015 年）数据来源于中国科学院资源环境科学数据中心（http://www.resdc.cn）。本研究利用 2019 年各省人口和 GDP 数据更新空间网格数据，并且利用空间分析将数据融合至 50 km 空间分辨率。

2.5　植被碳汇

根据最新的国家温室气体清单，中国 2016 年碳汇量约为 12.1 亿 t 二氧化碳当量。其中森林植被贡献约 6.1 亿 t 二氧化碳当量。结合已有学术研究成果，中国森林植被的碳汇量有可能在 2020—2030 年达到峰值,之后会呈下降趋势,预计 2060 年中国碳汇量很可能会降至 6 亿 t 二氧化碳当量(保守估计)。2040—2060 年中国碳汇潜力可能会受到多重因素的影响,主要包括:

(1)未来新增森林面积。中国近 30 年来通过大规模造林和森林恢复,森林覆盖率已经达到 22.96%,为提升中国森林碳汇功能作出了重要贡献。按照规划,中国森林覆盖率将于 2035 年达到 26%,相当于新增森林面积 3 000 万 hm²。但中国现有宜林地面积十分有限,且主要集中在西部干旱半干旱地区,多数只适宜于营造灌木林。加之与农业生产、人口增长和城市发展等存在土地利用竞争,2035 年后中国森林面积几乎没有增长空间,因而未来通过增加森林面积来增加碳汇的潜力有限。

(2)林业政策影响下的森林管理。近 30 年来中国森林面积大幅增长,从而形成了以中、幼龄林为主的龄组结构特征,正处于生长较为快速的阶段,因而表现出较高的固碳能力。中国将进一步加大实施严格的森林保护与禁伐政策措施,这很可能导致中国现有森林的龄组结构逐步趋于成熟和老龄化,生长速率下降,从而降低固碳功能。

(3)木产品生产与进出口。目前中国木产品自给能力不足,约 50%依靠进口。木产品是一个重要的碳储存库,其碳储量的变化与木产品生产量、进口量和出口量密切相关。未来中国有可能进一步加大生物质能源开发利用、使用木材产品替代高耗能材料等,这可能导致国内木产品生产量和进口量进一步增加,有利于增加木产品碳储存。同时也存在国际木材市场供应短缺的风险,这势必会提高国内木材生产的自给率,加大森林采伐,从而导致森林现有碳储量的下降。

(4)农田和草地管理政策与措施。农田和草地碳汇主要来自土壤有机碳储量的增加。目前中国已采取的秸秆还田、施用有机肥、草地禁牧、休牧等措施,均有利于农田和草地土壤有机碳的恢复和积累。但即便在理想状态下,土壤有机碳的积累也是一个缓慢且逐步趋于饱和的过程,未来农田和草地管理政策与措施持续增汇的功能有限。

(5)气候变化的影响。有研究表明,未来气候变暖和大气 CO_2 浓度升高对于森林生长有着明显的促进效果,这将有助于提升森林的碳汇功能。但是气候变化带来的不确定性较高,诸如森林火灾、森林病虫害以及其他极端气候灾害事件的发生频率和严重程度也有可能会增加,这又会导致森林固定的碳重新释放回大气中。

2.6　空间公平趋同模型

建立空间公平趋同模型(Spatial Equity-efficiency based Emission Convergence Model,SEECM),基于 2018 年基准年 CHRED 50 km 分部门的 CO_2 排放网格,结合全国总量和分部门排放量目标,实现 CAEP-CP 1.0 情景下未来不同年份的排放空间网格。SEECM 模型主要基于 3 个原则:

(1)国家主义(又称祖父原则)。现有排放格局有其合理性,按照现有排放格局对未来的温室气体排放权进行管控。祖父原则是《京都议定书》中对具有强制性减排义务的"附件一:国家分配减排义务"所采用的方法。在国家主义的指导下,现有排放格局得以维持,降低了减排的社会成本。

（2）人均公平原则（人均排放趋同）。人均排放的起点为当前的人均排放水平现状，终点为统一的人均排放目标，两者间呈线性逐年趋同，因而称为紧缩与趋同方法。Bows 等（2008）在此基础上对该方法进行改进，使用碳排放份额代替人均排放作为线性趋同的对象，这可以保障各分配单元配额加总起来符合排放总量约束要求，并使排放路径更加平滑而没有突变。这一方案所提供的碳排放份额计算方式如下：

$$\chi_{i,t}^{P} = \chi_{i,t_s} + \frac{\chi_{i,t_e}^{P} - \chi_{i,t_s}}{t_e^{P} - t_s}(t - t_s) \tag{1}$$

其中 $\chi_{i,t_s} = \dfrac{E(i,t_s)}{\sum\limits_{i=1}^{n} E(i,t_s)}, \quad \chi_{i,t_e}^{P} = \dfrac{P(i,t_e)}{\sum\limits_{i=1}^{n} P(i,t_e)}$

（3）减排效率原则（碳排放强度趋同）。排放单元以当前的碳排放强度（单位 GDP 二氧化碳排放）水平为起点，以未来某一时间下设定的碳强度目标为终点，逐渐完成趋同的过程。为保证碳排放总量目标，本研究采用碳排放份额线性趋同的方式，到趋同年份各排放单元碳排放强度将达到一致，即碳排放份额与 GDP 占比相同。本研究碳排放份额计算方式如下：

$$\chi_{i,t}^{GDP} = \chi_{i,t_s} + \frac{\chi_{i,t_e}^{GDP} - \chi_{i,t_s}}{t_e^{GDP} - t_s}(t - t_s) \tag{2}$$

其中 $\chi_{i,t_s} = \dfrac{E(i,t_s)}{\sum\limits_{i=1}^{n} E(i,t_s)}, \quad \chi_{i,t_e}^{GDP} = \dfrac{GDP(i,t_e)}{\sum\limits_{i=1}^{n} GDP(i,t_e)}$

人均公平原则（人均排放趋同）和减排效率原则（碳排放强度趋同）很难同时满足。近期发表的较具有国际影响力的代表性分配研究通常会包含多种配额分解方案。通过进行多元文献分析或综合模型分析，以弥合不同分解方案中所体现的各方矛盾，Muller 就提出了一种在祖父法和人均排放方案之间进行偏好打分的方法，可以直观地表达对二者的综合。参照这一思路，本研究同时考虑人均公平原则和减排效率原则，并对两者分别赋予一定权重，公式如下：

$$E(i,t) = Q(t) \times (\alpha \times \chi_{i,t}^{P} + \beta \times \chi_{i,t}^{GDP}) \tag{3}$$

其中 $\alpha + \beta = 1$。

考虑到本研究中的分配对象在时间尺度上属于中长期（2020—2060 年），因而可将趋同年份设定至足够远的未来（2070 年），以反映碳排放格局从现状至理想情况逐渐转变的过程。选定 2070 年作为两个趋同年份 t_e^{P} 和 t_e^{GDP}。本研究选定权重均为 0.5，表明在分解方案中同等程度地考虑两种公平维度。

3 CAEP-CP1.0 排放路径分析

3.1 全国排放

CAEP-CP 1.0 关键年份 CO_2 排放分析见表 1。

表 1 CAEP-CP 1.0 CO_2 排放分析

年份	IPCC-SSP1 情景/亿 t	CAEP-CP 1.0/亿 t	参考文献
2020	108	99	[A]
2025	103	103	[B][C][D]
2027—2028	—	106	[E][F]
2030	97	105	
2035	80	102	[G]
2050	39	39	[E]
2060	19	6	[H]

注：[A]：生态环境部环境规划院，中国碳情速报研究，2020；
　　[B]：生态环境部环境规划院，"十四五"规划相关研究，2020；
　　[C]：Cui et al.，2020；
　　[D]：Zhang et al.，2020，Resources，Conservation & Recycling；
　　[E]：IIASA Energy Program，https://tntcat.iiasa.ac.at/SspDb/dsd?Action=htmlpage& page=citation#sspdata，2020；
　　[F]：提高国家自主贡献力度，http://www.xinhuanet.com/politics/leaders/2020-11/17/c_1126751523.htm，2020；
　　[G]：中国共产党第十九届中央委员会第五次全体会议公报，2020；
　　[H]：习近平在第七十五届联合国大会一般性辩论上的讲话，2020。

2020 年：基于 2019 年全年和 2020 年 1～3 季度《中国碳情速报研究》，外推 2020 年全年 CO_2 排放量为 99 亿 t。

2021—2025 年：基于中国全口径地级行政单位 2005—2019 年 CO_2 排放基础数据，以"十四五"生态环境规划前期研究成果为参考，利用中国城市碳排放演化模型（Evolution based City Emission Scenarios，ECES）（http://wxccg.cityghg.com/cluster/）和城市标杆法（https://wxccg.cityghg.com/report/ChartV2/trend?menuId=4），2025 年 CO_2 排放量约为 103 亿 t（图 2）。

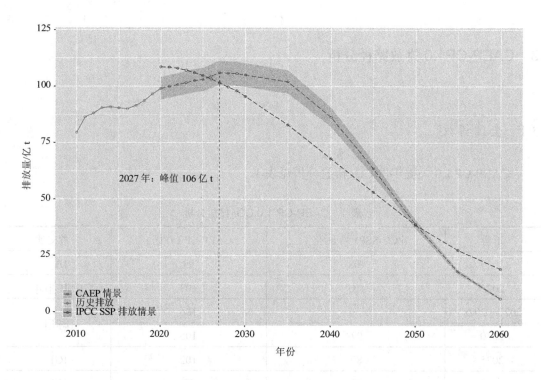

图 2　CAEP-CP 1.0 CO_2 排放路径

2025—2035 年：2000—2020 年，中国基本每 5 年的 CO_2 排放增长量呈持续下降趋势，从"十五"期间的 25.8 亿 t、"十一五"的 20 亿 t、"十二五"的 13.9 亿 t，到"十三五"的 8.1 亿 t，每 5 年二氧化碳增长量的平均下降幅度为 5.9 亿 t。2027—2028 年预计增长达到峰值，IPCC-SSP1 情景下 CO_2 峰值为 108 亿 t（2020 年）。CAEP-CP 1.0 情景的达峰峰值在 106 亿 t 左右（2027—2028 年）；基于国际经验，CO_2 达峰后经历 5～7 年达峰平台期，同时考虑强化的国家自主贡献目标（2030 年碳排放强度比 2005 年下降 65%以上），2030 年 CO_2 排放量为 105 亿 t。

2035—2050 年：基于党的十九届五中全会的目标（CO_2 排放稳中有降）和缩短达峰平台期，CO_2 排放下降到"十四五"水平，2035 年 CO_2 排放量为 102 亿 t 左右。考虑 IPCC-SSP1 情景排放和中国进入 CO_2 快速下降阶段，2050 年 CO_2 排放量约为 39 亿 t。

2050—2060 年：考虑努力争取 2060 年前实现碳中和，参考 2060 年植被碳汇量，2060 年排放量约为 6 亿 t。

基于 CAEP-CP 1.0 情景，参考《中长期能源发展战略规划纲要 2035》（征求意见稿）、《BP 世界能源展望》、《2050 年世界与中国能源展望》等文件，咨询相关行业领域专家，明确中国能源消费结构（表 2）。

表2　CAEP-CP 1.0 对应的能源消费量

年份	能源占比/%				能源消费量（用于燃烧）			
	煤炭	石油	天然气	非化石能源	能源消费量/亿 t（标准煤）	煤炭/亿 t	石油/亿 t	天然气/亿 m³
2020	57[A, B]	19[A, B]	8[A, B]	16	49.6	39.5	6.5	2 980.8
2025	52[C, D]	18[C, D]	10[C, D]	20	54.8	39.9	6.8	4 123.6
2030	47[E, F]	17[E, F]	12[E, F]	24	60.3	39.7	7.0	5 444.6
2035	39[G]	15[G]	17[G]	30	62.9	34.4	6.5	8 044.1
2050	6[H]	15[H]	13[H]	66	63.2	5.3	6.5	6 179.3
2060	0[G]	1[G]	5[G]	94	63.5	0.0	0.3	2 387.9

注：[A]: 国家发展改革委员会，2014，能源发展战略行动计划（2014—2020年）;
　　[B]: 生态环境部环境规划院，2020，中国碳情速报研究;
　　[C]: 国家发展改革委员会，2016，能源生产和消费革命战略（2016—2030）;
　　[D]: 中国能源研究会，2016，中国能源展望2030;
　　[E]: 英国石油公司（BP），2019，BP世界能源展望;
　　[F]: 世界能源署，2020，2020世界能源展望;
　　[G]: IIASA Energy Program，https://tntcat.iiasa.ac.at/SspDb/dsd?Action=htmlpage &page=citation#sspdata，2020;
　　[H]: 中国石油经济技术研究院，2019，2050年世界与中国能源展望。

3.2　部门排放

CAEP-CP 1.0 中的部门包括火电、工业（非火电）、交通、建筑（农村生活、城镇生活、服务业）和农业部门。根据部门的历史排放特征（2010—2019年数据）、中国碳情速报研究数据（2020年数据），参考国内外研究文献中关于中国相关部门排放情景分析，以及相关政策和行业专家判断，确定不同年份部门 CO_2 排放量（图3、表3）。

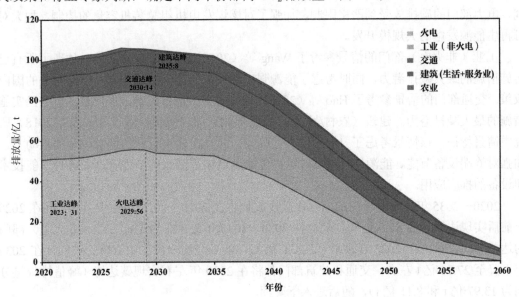

图3　CAEP-CP 1.0 中分部门排放路径

表3　CAEP-CP 1.0 分部门排放数据　　　　　　　　　　　单位：亿t

年份	火电	工业	交通	建筑	农业	总量
2020	50.63	29.41	9.41	7.58	1.98	99.00
2023	51.60	31.00	10.31	7.70	0.97	101.59
2025	53.06	29.57	11.36	7.72	1.29	103.00
2027	55.39	28.89	12.46	7.78	1.47	106.00
2029	55.60	28.44	13.32	7.95	0.32	105.63
2030	54.03	28.40	13.97	8.11	0.50	105.00
2035	52.48	27.34	13.56	7.87	0.75	102.00
2040	41.06	23.95	12.92	7.43	1.04	86.40
2050	10.00	13.40	9.65	5.34	0.61	39.00
2060	0.00	2.68	1.93	1.07	0.32	6.00
参考文献	[A][B]	[C][D][E]	[F][G]	[H][I]	—	—

注：[A] Liu et al.，2018；[B] Zhao et al.，2017；[C] Wang et al.，2016；[D] Du et al.，2019；[E] Wu et al.，2020；[F] Hao et al.，2015；[G] Yin et al.，2015；[H] Tan et al.，2018；[I] Yang et al.，2017。

　　火电是中国最大的 CO_2 排放行业，超低排放改造措施在 2019 年已基本完成，通过控制大气污染物排放进一步减排 CO_2 的空间有限。实现火电部门的低碳减排，需要使用多种转型方案组合，这些方案组合可能带来不同的脱碳路径。其一，燃煤发电厂需要在预期寿命前逐步淘汰，以满足气候变化挑战下深度脱碳要求。其二，利用煤电厂掺烧生物质并采用 CO_2 捕集、利用与封存（CCUS）技术可以很好地帮助电厂实现低碳转型，是中国实现碳中和目标的重要技术之一。火电部门的情景参考了 Liu 等（2018）和 Li 等（2020）的研究，电力部门的碳排放受到严格限制，加强了对燃煤发电机组总装机容量的控制，加大对可再生能源发电的大规模开发。

　　工业（非火电）部门的情景参考了 Wang 等（2016）研究中情景走势，体现了所有已实施措施的最大减排潜力，同时考虑了能源强度和经济活动这两个因素，以及相关的国内政策。交通部门的情景参考了 Hao 等（2015）相关研究中情景走势，也反映了所有已实施措施的最大减排潜力。建筑（农村/城镇生活/服务业）部门情景参考了 Tan 等（2018）研究中情景特征。该情景考虑了 18 项代表性政策，并且在建筑行业的低碳政策的推动下，加强对终端设备节能、能源结构调整、可再生能源增加等因素的节能管理和各种节能技术和设备的推广应用。

　　2020—2035 年：火电部门的二氧化碳排放量将在 2020—2028 年逐步上升，并在 2029 年前后实现达峰（约 55.6 亿 t），随后在 2030—2035 年进入平台期；工业（非火电）部门的达峰时间较早，在 2023 年前后（约 31 亿 t），随后经历一段稳中有降的过程，在 2035 年下降至 27.34 亿 t 左右。交通和建筑部门都将在 2030 年左右实现碳达峰（峰值排放量分别为 13.97 亿 t 和 8.11 亿 t），随后进入下降期。

　　2035—2050 年：火电部门的 CO_2 排放量在 2035—2050 年将快速下降，并最终在 2060 年前后实现碳中和；工业（非火电）部门从 2035 年开始快速下降，并最终在 2060 年前后达到近零排放（约 2.7 亿 t）。交通和建筑部门在 2040 年前后进入快速下降期，最终在 2060 年前后实现近零排放（排放量分别为 1.9 亿 t 和 1.1 亿 t）。

4 CAEP 排放路径与国内外相关研究比较分析

比较分析 CAEP 排放路径与清华大学、国网研究院、能源研究所、国际能源署、国家应对气候变化战略研究和国际合作中心等机构对中国 2020—2035 年 CO_2 排放量及相关能源数据，"十四五"期间除能源研究所预测 CO_2 排放比较低外，其他机构的预测结果相近，CO_2 排放量都在 100 亿～109 亿 t 范围，能源研究所 CO_2 排放预测中值在 79.7 亿 t。未来时间越长，各机构的预测结果差异越大，2035 年预测值差异最大，即使同一机构根据不同情景所作出的预测结果区间范围差异也很大。

能源研究所预测 2035 年 CO_2 排放最低，预测中值为 43.8 亿 t，煤炭消费量预测中值在 11.3 亿 t 标准煤，占能源消费总量的 20.5%，非化石能源占比在 53%。国际能源署 2035 年 CO_2 排放量预测中值在 77.2 亿 t，煤炭消费量预测中值在 22.3 亿 t 标准煤，占能源消费总量的 37%，非化石能源占比在 36.5%。清华大学 2035 年 CO_2 排放量预测中值在 82.2 亿 t，煤炭消费量预测中值在 13.4 亿 t 标准煤，占能源消费总量的 23.5%，非化石能源占比在 51%。国家应对气候变化战略研究和国际合作中心 2035 年 CO_2 排放量预测中值在 91.9 亿 t，煤炭消费量预测中值在 23.6 亿 t 标准煤，占能源消费总量的 38.1%，非化石能源占比在 34.6%。国网研究院 2035 年 CO_2 预测在 95 亿 t 左右，煤炭消费量预测中值在 20.4 亿 t 标准煤，占能源消费总量的 35%，非化石能源占比为 34.5%。CAEP 情景 CO_2 排放最高，为 102 亿 t，煤炭消费量预测在 26.6 亿 t 标准煤，占能源消费总量的 43%，非化石能源占比在 27%。

5 CAEP-CP1.0 排放路径分析

2030 年的排放格局和 IPCC 的排放空间格局基本一致。2030 年排放总量相比 2018 年基准年排放总量略有增加，重点部门排放陆续达峰或者已经进入平台期和下降期，2030 年排放空间格局与 2018 年基准年排放空间格局没有显著差异。河北、山东、广东、长三角等都是排放重点区域，重点城市和城市群仍然是排放的热点。由于 CAEP-CP 1.0 中的数据是基于排放源自下而上建立，因而 50 km 空间分辨率真实性更强，空间可辨识度高。

CAEP-CP 1.0 中的 2060 年排放情景相比 IPCC 排放情景，显示出了较为显著的差异。由于 CAEP-CP 1.0 是基于中国 2060 年碳中和的目标，相比 IPCC 情景碳减排力度更强。2060 年排放格局下，中国全国基本实现超低排放，绝大部分区域（50 km×50 km）排放量都低于 100 万 t，少量区域排放量在 100 万～500 万 t，仅北京和上海（主要由于航空和道路交通排放）的排放量超过 1 000 万 t。而在 IPCC 的情境下，中国 2060 年仍有不少区域处在千万吨以上水平。

6　结论与建议

生态环境部环境规划院自上而下（基于中国中长期排放和强度目标并参考 IPCC- SSPs 排放情景）和自下而上（基于 CHRED 50 km 网格的分部门排放）建立环境规划院版中国 2020—2060 年 CO_2 排放路径（CAEP-CP 1.0），该路径体系可以实现全国、分省、分部门的排放达峰路径分析与情景模拟。

CAEP-CP 1.0 中，中国 2027 年左右达峰，CO_2 排放峰值为 106 亿 t，达峰后经历 5~7 年达峰平台期，2030 年 CO_2 排放量为 105 亿 t。CAEP-CP 1.0 空间格局（50 km）在 2030 年和 IPCC 排放情景基本一致，但 2060 年差异较为显著，主要由于 CAEP-CP 1.0 是基于中国 2060 年碳中和的目标，相比 IPCC 情景碳减排力度更强。2060 年排放格局下，中国全国基本实现超低排放，绝大部分区域（50 km×50 km）排放量都低于 100 万 t，而在 IPCC 的情境下，中国 2060 年仍有不少区域处在千万吨以上水平。

CAEP-CP 1.0 仍在不断完善和升级中，当前版本（1.0）仍存在诸多不足，例如对未来重点能源布局调整、新能源的开发利用和新兴技术突破等考虑不足，后期将加速完善和技术迭代，从而更好支撑国家和地方排放达峰与碳中和研究和决策。近期将重点研究：①开发能源消耗—碳排放—大气污染物排放—空气质量耦合模拟模型，定量评估中长期碳排放路径与空气质量协同关系；②基于 CAEP-CP1.0 全国碳达峰和重点部门碳达峰情景，模拟提出全国重点区域和 31 个省（区、市）的碳达峰路线图；③建立中长期碳达峰和碳中和途径的技术方案以及相应的成本效益分析。

参考文献

[1]　BOWS A，ANDERSON K. Contraction and convergence：an assessment of the CC options model[J]. Climatic Change，2008，91（3-4）：275-290.

[2]　CALVIN K，BOND-LAMBERTY B，CLARKE L，et al. The SSP4：a world of deepening inequality[J]. Global Environmental Change，2017，42：284-296.

[3]　CANEY S. Justice and the distribution of greenhouse gas emissions[J]. Journal of Global Ethics，2009，5（2）：125-146.

[4]　CHEN Y，GUO F，WANG J，et al. Provincial and gridded population projection for China under shared socioeconomic pathways from 2010 to 2100[J]. Scientific Data，2020，7（1）：1-13.

[5]　CUI C，WANG Z，CAI B，et al. Evolution-based CO_2 emission baseline scenarios of Chinese cities in 2025[J]. Applied Energy，2020，281：116116.

[6]　DU PONT Y R，MEINSHAUSEN M. Warming assessment of the bottom-up Paris Agreement emissions pledges[J]. Nature Communications，2018，9（1）：1-10.

[7]　DU Q，SHAO L，ZHOU J，et al. Dynamics and scenarios of carbon emissions in China's construction

industry[J]. Sustainable Cities and Society，2019，48.

[8]　FRICKO O，HAVLIK P，ROGELJ J，et al. The marker quantification of the Shared Socioeconomic Pathway 2：A middle-of-the-road scenario for the 21 st century[J]. Global Environmental Change，2017，42：251-267.

[9]　FUJIMORI S，HASEGAWA T，MASUI T，et al. SSP3：AIM implementation of shared socioeconomic pathways[J]. Global Environmental Change，2017，42：268-283.

[10]　GIDDEN M，RIAHI K，SMITH S，et al. Global emissions pathways under different socioeconomic scenarios for use in CMIP6：A dataset of harmonized emissions trajectories through the end of the century[J]. Geoscientific Model Development Discussions，2019，12（4）：1443-1475.

[11]　HAO H，GENG Y，LI W，et al. Energy consumption and GHG emissions from China's freight transport sector：Scenarios through 2050[J]. Energy Policy，2015，85：94-101.

[12]　HÖHNE N，DEN ELZEN M，ESCALANTE D. Regional GHG reduction targets based on effort sharing：A comparison of studies[J]. Climate Policy，2014，14（1）：122-147.

[13]　INSTITUTE G C. GCI Briefing：Contraction-Convergence[M]. London，the United Kingdom. 2005.

[14]　International Energy Agency（IEA）. World Energy Outlook 2020[EB/OL].（2020-10）[2020–12–01]. https://www. iea. org/reports/world-energy-outlook-2020.

[15]　KRIEGLER E，BAUER N，POPP A，et al. Fossil-fueled development（SSP5）：An energy and resource intensive scenario for the 21st century[J]. Global Environmental Change，2017，42：297-315.

[16]　LI J，CAI W，LI H，et al. Incorporating health cobenefits in decision-making for the decommissioning of coal-fired power plants in China[J]. Environmental Science & Technology，2020，54（21）：13935-13943.

[17]　LIU Q，ZHENG X，ZHAO X，et al. Carbon emission scenarios of China's power sector：Impact of controlling measures and carbon pricing mechanism[J]. Advances in Climate Change Research，2018：27-33.

[18]　MÜLLER B. Justice in Global Warming Negotiations：How to Obtain a Procedurally Fair Compromise[M]. Oxford Institute for Energy Studies，1998.

[19]　NIE Y，CHANG S，CAI W，et al. Spatial distribution of usable biomass feedstock and technical bioenergy potential in China[J]. GCB Bioenergy，2020，12（1）：54-70.

[20]　PAN X，DEN ELZEN M，HÖHNE N，et al. Exploring fair and ambitious mitigation contributions under the Paris Agreement goals[J]. Environmental Science & Policy，2017，74：49-56.

[21]　RIAHI K，VAN VUUREN D P，KRIEGLER E，et al. The shared socioeconomic pathways and their energy land use and greenhouse gas emissions implications：An overview[J]. Global Environmental Change，2017，42：153-168.

[22]　ROGELJ J，POPP A，CALVIN K V，et al. Scenarios towards limiting global mean temperature increase below 1.5℃[J]. Nature Climate Change，2018，8（4）：325.

[23]　TAN X C，LAI H P，GU B H，et al. Carbon emission and abatement potential outlook in China's building sector through 2050[J]. Energy Policy，2018.

[24]　VAN VUUREN D P，STEHFEST E，GERNAAT D E H J，et al. Energy，land-use and greenhouse gas emissions trajectories under a green growth paradigm[J]. Global Environmental Change，2017，42：

237-250.

[25] WANG J，ZHAO T，WANG Y N. How to achieve the 2020 and 2030 emissions targets of China：Evidence from high，mid and low energy-consumption industrial sub-sectors[J]. Atmospheric environment，2016.

[26] WANG R，CHANG S，CUI X，et al. Retrofitting coal‐fired power plants with biomass co‐firing and carbon capture and storage for net zero carbon emission：A plant-by-plant assessment framework[J]. GCB Bioenergy，2020.

[27] WINKLER H，SPALDING-FECHER R，TYANI L. Comparing developing countries under potential carbon allocation schemes[J]. Climate Policy，2002，2（4）：303-318.

[28] WU F，HUANG N Y，ZHANG F，et al. Analysis of the carbon emission reduction potential of China's key industries under the IPCC 2℃ and 1.5℃ limits[J]. Technological Forecasting and Social Change，2020，159.

[29] YANG T，PAN Y，YANG Y，et al. CO_2 emissions in China's building sector through 2050：A scenario analysis based on a bottom-up model[J]. Energy，2017，128：208-223.

[30] YIN X，CHEN W，EOM J，et al. China's transportation energy consumption and CO_2 emissions from a global perspective[J]. Energy Policy，2015，82：233-248.

[31] ZHAO Y，LI H，XIAO Y，et al. Scenario analysis of the carbon pricing policy in China's power sector through 2050：Based on an improved CGE model[J]. Ecological Indicators，2017，35.

[32] 国家发展改革委员会. 能源发展战略行动计划（2014—2020 年）[R/OL].（2014-12-03）. http://www.nea.gov.cn/2014-12/03/c_133830458.htm.

[33] 国家发展改革委员会. 能源生产和消费革命战略（2016—2030）[R]. 国家发展改革委员会，2016.

[34] 林洁，祁悦，蔡闻佳，等. 公平实现《巴黎协定》目标的碳减排贡献分担研究综述[J]. 气候变化研究进展，2018，14（5）：529-539.

[35] 生态环境部环境规划院. 中国碳情速报[R]. 生态环境部环境规划院，2020.

[36] 中国能源研究会. 中国能源展望 2030[R]. 中国能源研究会，2016.

[37] 中国石油经济技术研究院. 2050 年世界与中国能源展望[R]. 中国石油经济技术研究院，2019.

[38] 王金南，蔡博峰，严刚，等. 排放强度承诺下的 CO_2 排放总量控制研究[J]. 中国环境科学，2010，1568-1572.

[39] 王金南，蔡博峰，曹东，等. 中国 CO_2 排放总量控制区域分解方案研究[J]. 环境科学学报，2011，680-685.

[40] 新华社. 习近平在第七十五届联合国大会一般性辩论上发表重要讲话[EB/OL].（2020-09-22）[2020-11-30]. http://www.gov.cn/xinwen/2020-09/22/content_5546168.htm.

[41] 新华社. 中国共产党第十九届中央委员会第五次全体会议公报[EB/OL].（2020-10-29）[2020-11-30]. http://www.gov.cn/xinwen/2020-10/29/content_5555877.htm.

[42] BP. BP Energy Outlook 2019[EB/OL].（2019-02-14）[2020-12-01]. https://www.bp.com/en/global/corporate/news-and-insights/press-releases/bp-energy-outlook-2019.html.

中国碳情速报（CCW）方法与实证研究

Method and Empirical Study of China Carbon Watch （CCW）

曹丽斌 蔡博峰 张立 雷宇 严刚 王金南

王军霞 敬红 庞凌云 张哲 朱淑瑛 董政 谢紫璇

摘　要　实现碳达峰碳中和，是贯彻新发展理念、构建新发展格局、推动高质量发展的内在要求，是党中央统筹国内国际两个大局作出的重大战略决策。准确统计核算碳排放是这项工作的基础和前提。目前，中国核算能源相关 CO_2 排放主要依靠国家和各省（区、市）公布的能源统计数据等，数据时效性较差，往往滞后半年左右，导致 CO_2 排放核算延迟时间长，无法及时反映最新排放特征和水平。对于突发事件（如新冠肺炎疫情）对全国及各省层面的化石能源消费和 CO_2 排放影响，传统数据和核算方法也无法满足高时效精准管理的需求。本研究建立了中国碳情速报（CCW）技术体系，评估了 2020 年第一季度各省的碳排放强度和碳排放量，极大地提高了 CO_2 排放快速核算的时效性、准确性和科学性。

关键词　中国碳情速报　碳排放强度　不确定性分析

Abstract　Realizing carbon peak and carbon neutralization is the internal requirement of implementing the new development concept，building a new development pattern and promoting high-quality development. It is a major strategic decision made by the Central Committee of CPC to coordinate the domestic and international situation. Accurate statistical accounting of carbon emissions is the basis and premise of this work. At present，China mainly relies on national and provincial energy statistics to account for energy related CO_2 emissions. The timeliness of the data is poor，often with a lag of about one year，resulting in a long delay in accounting for CO_2 emissions and failing to reflect the latest emission characteristics and levels in a timely manner. For the impact of emergencies（such as COVID-19）on fossil energy consumption and carbon dioxide emissions at the national and provincial levels，traditional data and accounting methods cannot meet the needs of high timeliness and accurate management. This study established the technical system of China Carbon Watch（CCW）to access the carbon emission intensity and carbon emission of each province in the first quarter of 2020，which greatly improved the timeliness，accuracy and scientificalness of rapid accounting of carbon dioxide emissions.

Keywords　China Carbon Watch，carbon emissions intensity，uncertainty analysis

中国目前核算能源相关的二氧化碳（CO_2）排放主要依靠国家和各省（区、市）公布的能源统计数据等。然而，这些数据公布时间较晚，往往滞后半年至 1 年的时间，导致 CO_2 排放核算延迟时间长，无法及时掌握最新的生产过程导致的 CO_2 排放。面对突如其来的形势变化（如新冠肺炎疫情）对人民生产生活的影响，如何及时识别和掌握 CO_2 排放情况，实现精细化有针对性的管控，对推动中国和各省份实现绿色高质量发展起着至关重要的作用。因此，快速、准确地评估能源消费 CO_2 排放量，是实现精细化管控、制定管理措施的基础和前提。本研究旨在基于环境大数据，包括中国高空间分辨率排放网格数据库（CHRED）、第一次全国污染源普查基础数据、第二次全国污染源普查基础数据、工业产品数据、工业分行业用电量、企业在线监测系统（CEMS）、高空间分辨率土地利用数据、Suomi-NPP-VIIRS 遥感数据、能源统计数据、社会经济活动大数据等，建立中国分省、分部门（工业、农业、服务业、城镇生活、农村生活、交通，其中工业分行业）、分月份的化石能源消费量和 CO_2 排放速报体系，从而实现中国 CO_2 排放数据的快速、精准获取和评估，极大地提高数据时效性，支撑国家和地方应对气候变化的决策。

1 CO_2 排放快速报告和评估的重要性

2020—2030 年是中国 CO_2 减排的关键时期。2015 年中国提交了应对气候变化国家自主贡献文件《强化应对气候变化行动——中国国家自主贡献》，并承诺在 2030 年前后实现我国 CO_2 排放达到峰值并争取尽早达峰；而且，2020 年年底中国要向国际社会提交低排放发展战略、2023 年参与全球温室气体排放盘点和 2025 年更新国家自主贡献（NDC）目标（目标年为 2035 年）。目前，部分国际机构对中国 CO_2 排放测算结果显示，中国 CO_2 排放总量已超过美国与欧盟总和，人均碳排放高于世界平均水平，这些数据往往比中国实际排放要高。2019 年 7 月，联合国秘书长倡议"到 2030 年将温室气体排放量较 2010 年水平削减 45%，到 2050 年基本实现碳中和"，2019 年 9 月底联合国气候行动峰会上，65 个国家及次经济体承诺在 2050 年前实现温室气体净零排放。面对国际的 CO_2 减排压力，快速、准确地测算中国及各省份的 CO_2 排放，将推动中国在国际气候谈判中扮演越来越重要的角色。

2016 年，国务院印发了《"十三五"控制温室气体排放工作方案》（国发〔2016〕61号），明确提出要将控制温室气体排放作为切实推进生态文明建设的重要途径，并将 CO_2 排放强度作为考核各省份温室气体减排的约束性指标。现阶段考核主要是各省份根据能源统计年鉴、能源消费量等数据测算 CO_2 排放强度。然而，这些数据公布时间较晚，往往滞后半年至 1 年的时间，导致 CO_2 排放核算延迟时间太久，无法及时掌握最新 CO_2 排放的变化，无法调整 CO_2 减排政策和措施。通过快速、准确地测算各省份的 CO_2 排放，可以为地方政府及时调整 CO_2 减排策略、国家对地方的工作指导提供分析依据，为地方和国家完成减排目标提供支持。

更重要的是，面对突发事件（如新冠肺炎疫情），会导致哪些 CO_2 排放较高的工业生产过程可能会受到重大影响，这些信息需要及时准确地掌握并作出判断，因此，快速、准

确地测算各省份的 CO_2 排放在未来的应对气候变化工作中将变得越来越重要。

2 中国碳情速报方法体系

2.1 核算模型

基于 IPCC（联合国政府间气候变化专门委员会）清单方法学指南，利用第一次全国污染源普查、第一次全国污染源普查动态更新、历年环境统计结果、第二次全国污染源普查和 CHRED 等环境大数据，结合社会经济活动大数据、Suomi-NPP-VIIRS 遥感数据、高空间分辨率土地利用数据等，研发中国分省、分部门（工业、农业、服务业、城镇生活、农村生活、交通，其中工业分行业）、分月份的化石能源消费量和 CO_2 快速核算和评估模型，建立中国碳情速报体系（China Carbon Watch，CCW），CCW 技术框架见图 1。

图 1 CCW 技术体系框架

工业分行业 CO_2 排放速报：基于 CHRED 中分行业、分空间网格的基准年 CO_2 排放数据、工业产品数据、工业行业用电量、企业在线监测系统（CEMS），建立核算模型。选取有煤炭、油品、天然气消费量的所有行业（重点行业包括 55 个，非重点行业 550 多个），建立高时效参数与化石能源消费量之间的函数关系，根据能源消费量得到 CO_2 排放量。

（1）首先获取基准年份的各省份、各行业的煤炭、油品、天然气的化石能源消费量：

$$\text{Consumption\_Base}_j = \begin{bmatrix} \text{Coal\_Base}_{1,j} & \text{Oil\_Base}_{1,j} & \text{Gas\_Base}_{1,j} \\ \vdots & \vdots & \vdots \\ \text{Coal\_Base}_{i,j} & \text{Oil\_Base}_{i,j} & \text{Gas\_Base}_{i,j} \end{bmatrix}_{i \times 3} \tag{1}$$

式中，$\text{Coal\_Base}_{i,j}$，$\text{Oil\_Base}_{i,j}$，$\text{Gas\_Base}_{i,j}$ 为省份 j 的行业 i 的基准年份的煤炭、油品、天然气的化石能源消费量。

（2）将行业名称与工业产品、CEMS 及行业用电量进行匹配：

$$f\left(\text{Industry}_i\right) = g\left(\text{Product}_i, \text{CEMS}_i\right) = \begin{cases} \text{Product}_i \\ \text{CEMS}_i \\ \text{Electricity}_i \end{cases} \tag{2}$$

式中，Industry_i 为行业 i，Product_i 为行业 i 所对应的工业产品 i，CEMS_i 为行业 i 所对应的 CEMS_i。需要注意的是，每一个行业 i 有且只有一种匹配关系。

（3）基于上述函数对应关系，获取各省份各行业对应的工业产品产量、CEMS、用电量月度数据以及基准年份数据，将月度数据根据基准年份的年度数据进行归一化：

$$\text{Industry}_j = \begin{bmatrix} \text{Industry}_{1,j,1} \cdots \text{Industry}_{1,j,t} \\ \vdots \quad \ddots \quad \vdots \\ \text{Industry}_{i,j,1} \cdots \text{Industry}_{i,j,t} \end{bmatrix}_{i \times t} \tag{3}$$

$$\text{Industry\_Base}_j = \begin{bmatrix} \text{Industry\_Base}_{1,j} \\ \vdots \\ \text{Industry\_Base}_{i,j} \end{bmatrix}_{i \times 1} \tag{4}$$

$$\text{Industry\_Normalized}_j$$
$$= \begin{bmatrix} \text{Industry}_{1,j,1}/\text{Industry\_Base}_{1,j} \cdots \text{Industry}_{1,j,t}/\text{Industry\_Base}_{1,j} \\ \vdots \quad \ddots \quad \vdots \\ \text{Industry}_{i,j,1}/\text{Industry\_Base}_{i,j} \cdots \text{Industry}_{i,j,t}/\text{Industry\_Base}_{i,j} \end{bmatrix}_{i \times t} \tag{5}$$

式中，$\text{Industry}_{i,j,t}$ 和 Industry_Base_j 分别为省份 j 的行业 i 对应工业产品产量、CEMS 及用电量月份为 t 的数据和基准年份的年度数据。

（4）建立基于基准年数据、工业产品数据、CEMS 和行业能源消费量之间的函数关系，计算过程如下：

$$\text{Consumption}_{\text{Industry}_{\text{Coal}_j}} = \begin{bmatrix} \text{Coal}_{1,j,1} & \cdots & \text{Coal}_{1,j,t} \\ \vdots & \ddots & \vdots \\ \text{Coal}_{i,j,1} & \cdots & \text{Coal}_{i,j,t} \end{bmatrix}_{i \times t} =$$

$$\begin{bmatrix} \text{Coal\_Base}_{1,j} \times \text{Industry}_{1,j,1} / \text{Industry\_Base}_{1,j} & \cdots & \text{Coal\_Base}_{1,j} \times \text{Industry}_{1,j,t} / \text{Industry\_Base}_{1,j} \\ \vdots & \ddots & \vdots \\ \text{Coal\_Base}_{i,j} \times \text{Industry}_{i,j,1} / \text{Industry\_Base}_{i,j} & \cdots & \text{Coal\_Base}_{i,j} \times \text{Industry}_{i,j,t} / \text{Industry\_Base}_{i,j} \end{bmatrix}_{i \times t}$$

$$\text{Consumptio}_{\text{Industry}_{\text{Oil}_j}} = \begin{bmatrix} \text{Oil}_{1,j,1} & \cdots & \text{Oil}_{1,j,t} \\ \vdots & \ddots & \vdots \\ \text{Oil}_{i,j,1} & \cdots & \text{Oil}_{i,j,t} \end{bmatrix}_{i \times t} =$$

$$\begin{bmatrix} \text{Oil\_Base}_{1,j} \times \text{Industry}_{1,j,1} / \text{Industry\_Base}_{1,j} & \cdots & \text{Oil\_Base}_{1,j} \times \text{Industry}_{1,j,t} / \text{Industry\_Base}_{1,j} \\ \vdots & \ddots & \vdots \\ \text{Oil\_Base}_{i,j} \times \text{Industry}_{i,j,1} / \text{Industry\_Base}_{i,j} & \cdots & \text{Oil\_Base}_{i,j} \times \text{Industry}_{i,j,t} / \text{Industry\_Base}_{i,j} \end{bmatrix}_{i \times t}$$

$$\text{Consumption}_{\text{Industry}_{\text{Gas}_j}} = \begin{bmatrix} \text{Gas}_{1,j,1} & \cdots & \text{Gas}_{1,j,t} \\ \vdots & \ddots & \vdots \\ \text{Gas}_{i,j,1} & \cdots & \text{Gas}_{i,j,t} \end{bmatrix}_{i \times t} =$$

$$\begin{bmatrix} \text{Gas\_Base}_{1,j} \times \text{Industry}_{1,j,1} / \text{Industry\_Base}_{1,j} & \cdots & \text{Gas\_Base}_{1,j} \times \text{Industry}_{1,j,t} / \text{Industry\_Base}_{1,j} \\ \vdots & \ddots & \vdots \\ \text{Gas\_Base}_{i,j} \times \text{Industry}_{i,j,1} / \text{Industry\_Base}_{i,j} & \cdots & \text{Gas\_Base}_{i,j} \times \text{Industry}_{i,j,t} / \text{Industry\_Base}_{i,j} \end{bmatrix}_{i \times t}$$

式中，$\text{Coal}_{i,j,t}$，$\text{Oil}_{i,j,t}$，$\text{Gas}_{i,j,t}$ 为推算的省份 j 的行业 i 的月份 t 的煤炭、油品和天然气消费量。

（5）对各行业的煤炭、油品、天然气消费量进行归类汇总，得到各省（区、市）的总化石能源消费量，并依据煤炭、油品、天然气的 CO_2 排放系数，完成对各省工业各行业月度 CO_2 排放量的快速预测。

$$\begin{bmatrix} \text{Carbon}_{j,1} & \cdots & \text{Carbon}_{j,t} \end{bmatrix}_{1 \times t}$$

$$= \begin{bmatrix} \text{EF}_{\text{Coal}} & \text{EF}_{\text{Oil}} & \text{EF}_{\text{Gas}} \end{bmatrix}_{1 \times 3} \times \begin{bmatrix} \text{Coal\_Sum}_{j,1} & \cdots & \text{Coal\_Sum}_{j,t} \\ \text{Oil\_Sum}_{j,1} & \cdots & \text{Oil\_Sum}_{j,t} \\ \text{Gas\_Sum}_{j,1} & \cdots & \text{Gas\_Sum}_{j,t} \end{bmatrix}_{3 \times t}$$

$$= \begin{bmatrix} \text{EF}_{\text{Coal}} \times \text{Coal}_{\text{Sum}\,j,1} + \text{EF}_{\text{Oil}} \times \text{Oil}_{\text{Sum}\,j,1} + \text{EF}_{\text{Gas}} \times \text{Gas}_{\text{Sum}\,j,1} & \cdots & \text{EF}_{\text{Coal}} \times \text{Coal\_Sum}_{j,t} + \\ \text{EF}_{\text{Oil}} \times \text{Oil\_Sum}_{j,t} + \text{EF}_{\text{Gas}} \times \text{Gas\_Sum}_{j,t} \end{bmatrix}_{1 \times t}$$

式中，$\text{Carbon}_{j,t}$ 为省份 j 的月份 t 的 CO_2 排放量；EF_{Coal}、EF_{Oil}、EF_{Gas} 分别代表煤炭、油品、天然气的 CO_2 排放因子；$\text{Coal\_Sum}_{j,t}$，$\text{Oil\_Sum}_{j,t}$，$\text{Gas\_Sum}_{j,t}$ 为推算的省份 j 的全部工业行业的月份 t 的煤炭、油品和天然气消费量。

农业、服务业、城镇生活、农村生活、交通 CO_2 排放速报分析方法：基于 CHRED、

2005—2017 年中国能源统计数据、Suomi-NPP-VIIRS 遥感数据，建立空间化模型，实现高时效地计算农业、服务业、生活 CO_2 排放量。Suomi-NPP-VIIRS 数据是 Suomi-NPP 搭载的可见光近红外成像（VIIRS）传感器数据，能够高时空（逐日、500 m 分辨率）探测到夜间灯光，甚至小规模居民地产生的低强度夜间灯光，是计量人类活动强度的良好数据来源。

2.2 不确定性分析方法

中国碳情速报采用蒙特卡罗法（Monte Carlo simulation）分析速报计算结果具有不确定性。蒙特卡罗法是 IPCC 清单方法学指南中优先推荐的方法（对于计算因子的不确定性范围和分布没有要求，适用性强）。CCW 根据 IPCC 指南建议使用 95% 的置信区间，每次计算以蒙特卡罗模拟（100 000 次模拟）不确定性，其中 α=0.05（95% 的置信区间）。全国以及各省 2020 年 1—5 月 CO_2 排放分月计算结果的不确定性如图 2～图 6 所示。

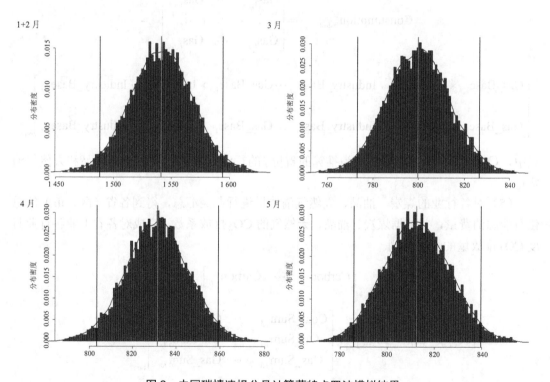

图 2　中国碳情速报分月计算蒙特卡罗法模拟结果

注：柱形图表征蒙特卡罗法模拟结果的概率密度，曲线是概率密度函数曲线；2 条黑线是 95% 置信区间边界，浅灰线是平均值，深灰线是中间值。

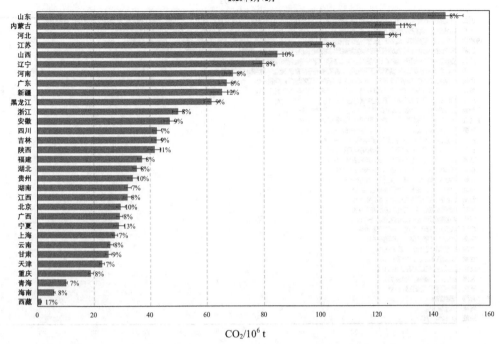

图 3　CCW 各省份 2020 年 1 月+2 月 CO_2 排放计算不确定性范围（95%置信度）

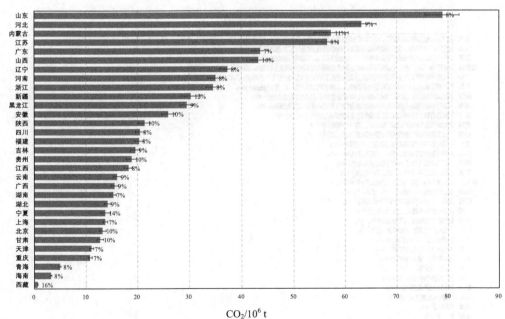

图 4　CCW 各省份 2020 年 3 月 CO_2 排放计算不确定性范围（95%置信度）

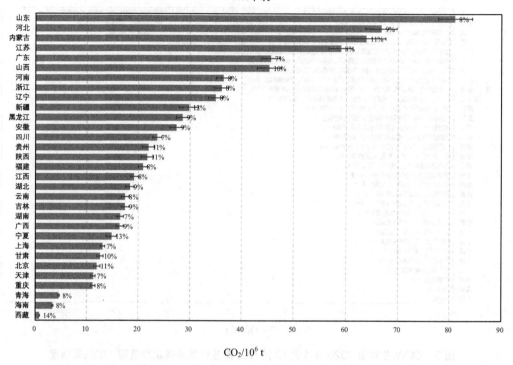

图 5　CCW 各省份 2020 年 4 月 CO_2 排放计算不确定性范围（95%置信度）

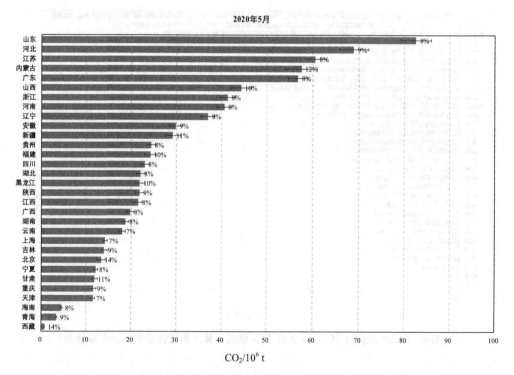

图 6　CCW 各省份 2020 年 5 月 CO_2 排放计算不确定性范围（95%置信度）

3　中国 2020 年 CO_2 排放分析

3.1　全国逐月排放比较

2020 年第一季度全国 CO_2 排放量较 2019 年同期下降 5%，其中 3 月下降幅度最大，同比下降了 5.9%。2020 年第一季度全国 CO_2 排放量为 23.40 亿 t，2019 年同期排放为 24.63 亿 t，下降了 1.23 亿 t，降低 5%。2020 年 1—5 月全国 CO_2 排放量 40.3 亿 t，2019 年同期排放 40.75 亿 t，下降了 0.45 亿 t，降低 1.1%。新冠肺炎疫情期间，全国 CO_2 排放量较同期下降明显。2020 年 1—2 月全国 CO_2 排放量为 15.42 亿 t，2019 年同期排放为 16.17 亿 t，下降了 0.75 亿 t，降低 4.6%。2020 年 3 月全国 CO_2 排放量为 7.97 亿 t，2019 年同期排放量为 8.47 亿 t，下降了 0.5 亿 t，降低 5.9%，下降幅度最大。

2020 年 4 月和 5 月全国 CO_2 排放量和 2019 年同期相比呈现上升趋势，5 月涨幅最大，同比增长 8.8%。从 2020 年 4 月起，全国 CO_2 排放量和同期相比显著增长。2020 年 4 月全国 CO_2 排放量为 8.26 亿 t，2019 年同期排放为 8.16 亿 t，增加了 0.1 亿 t，上升了 1.2%。2020 年 5 月全国 CO_2 排放量为 8.65 亿 t，2019 年同期排放为 7.95 亿 t，增加了 0.7 亿 t，上升了 8.8%，如图 7 所示。

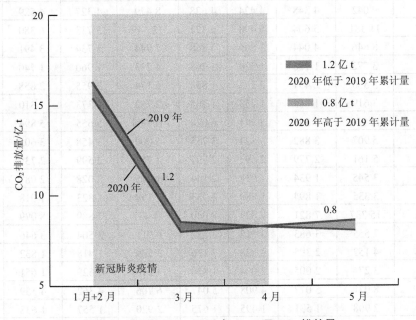

图 7　中国 2019—2020 年 1—5 月 CO_2 排放量

3.2 分省排放比较分析

由表 1 可知，内蒙古、吉林、黑龙江、福建、广西、云南和西藏 7 省份每月 CO_2 排放与 2019 年同期相比都在上升，天津、河北和上海 3 省（市）在 2020 年 1—5 月，CO_2 排放量每月与 2019 年同期相比都在下降。2020 年 1—5 月与 2019 年同期能源相关的 CO_2 排放相比，每个月 CO_2 排放量都在上升的省份有内蒙古、吉林、黑龙江、福建、广西、云南和西藏，每个月排放都在减少的省（市）有天津、河北和上海；北京 2020 年 1—4 月排放增加，5 月排放下降；其余 17 个省份包括辽宁、江苏、浙江、安徽、江西、山东、河南、湖北、湖南、广东、海南、重庆、四川、贵州、陕西、甘肃、新疆排放均呈现先下降后上升的趋势，大部分省份从 2020 年 4 月开始排放增加，少部分省份从 2020 年 5 月开始排放增加。山西、青海、宁夏 3 个省份 2020 年 1—5 月排放与 2019 年同期相比，呈现上下波动趋势。

表 1 中国各省份 2019—2020 年分月 CO_2 排放量 单位：万 t

省份	2019 年				2020 年			
	1 月+2 月	3 月	4 月	5 月	1 月+2 月	3 月	4 月	5 月
北京	2 753	1 264	1 163	1 330	2 960	1 320	1 200	1 235
天津	2 548	1 314	1 194	1 282	2 277	1 100	1 129	1 165
河北	12 697	6 514	6 809	7 094	12 273	6 322	6 665	6 959
山西	9 042	4 348	4 424	4 628	8 479	4 327	4 529	4 474
内蒙古	11 381	5 604	5 498	5 321	12 649	5 733	6 380	5 796
辽宁	8 646	4 044	3 809	3 368	7 944	3 734	3 491	3 720
吉林	3 772	1 708	1 529	1 268	4 233	1 960	1 740	1 431
黑龙江	5 580	2 437	2 285	1 858	6 174	2 955	2 858	2 227
上海	3 619	1 863	1 758	1 765	2 752	1 373	1 310	1 448
江苏	11 936	6 348	5 944	6 074	10 064	5 655	5 894	6 102
浙江	5 907	3 882	3 821	3 755	5 000	3 458	3 605	4 178
安徽	5 161	2 779	2 692	2 797	4 713	2 599	2 739	3 021
福建	3 545	1 934	1 918	2 144	3 715	2 028	2 087	2 326
江西	3 335	1 894	1 889	1 933	3 198	1 823	1 918	2 174
山东	15 337	7 821	7 823	8 040	14 437	7 889	8 099	8 312
河南	7 555	3 683	3 512	3 822	6 911	3 504	3 646	4 117
湖北	4 152	2 395	2 228	2 176	3 529	1 418	1 832	2 264
湖南	3 274	2 005	2 004	1 830	3 210	1 529	1 651	1 855
广东	8 071	5 077	4 908	5 047	6 706	4 362	4 559	5 731
广西	2 908	1 531	1 495	1 675	2 920	1 557	1 638	1 990
海南	648	351	347	372	588	318	328	457
重庆	2 161	1 226	1 241	813	1 885	1 074	1 124	1 248
四川	4 403	2 566	2 667	2 010	4 244	2 049	2 365	2 503
贵州	3 612	2 507	2 382	1 640	3 379	1 885	2 196	2 480

省份	2019 年				2020 年			
	1 月+2 月	3 月	4 月	5 月	1 月+2 月	3 月	4 月	5 月
云南	2 576	1 434	1 435	1 392	2 591	1 608	1 742	1 901
西藏	85	44	53	45	119	62	75	79
陕西	4 605	2 331	2 137	2 119	4 160	2 137	2 175	2 222
甘肃	2 687	1 388	1 165	974	2 521	1 273	1 266	1 189
青海	1 182	479	356	354	1 005	491	450	348
宁夏	2 706	1 395	1 276	1 392	2 897	1 375	1 484	1 348
新疆	7 055	3 186	2 817	2 403	6 544	3 031	2 978	2 948

注：根据国家针对各省碳排放强度考核要求，各省碳排放核算需要考虑外调电力导致的间接排放，因此本研究针对各省排放核算，都考虑了各省间接排放，即每月排放包括直接排放（工业、农业、服务业、农村生活、城镇生活、交通）+间接排放（外调电力导致的排放）。

北京、内蒙古、吉林、黑龙江、福建、广西、云南、西藏和宁夏 9 省份在 2020 年第一季度 CO_2 排放相比 2019 年同期呈现上升趋势，其他省份 CO_2 排放相比 2019 年同期则均在下降。从各省份的 CO_2 排放来看，2020 年第一季度能源相关的 CO_2 排放量与 2019 年同期相比，将近 2/3 的省份 2020 年 CO_2 排放量均有不同程度的下降，只有 1/3 的省份 CO_2 排放量有所升高，分别是北京、内蒙古、吉林、黑龙江、福建、广西、云南、西藏和宁夏。2020 年 1—5 月 CO_2 排放量与 2019 年同期相比，约有 39% 的省份 CO_2 排放量有所升高。2020 年 1—2 月、3 月与 2019 年同期相比，均仅有不到 1/3 的省份 CO_2 排放量比 2019 年同期有所上升，超过 20 个省份 CO_2 排放量下降。2020 年 4 月有 18 个省份排放比 2019 年高、13 个省份排放比 2019 年低。2020 年 5 月有超过 2/3 的省份 CO_2 排放量比 2019 年同期有所上升，不到 10 个省份 CO_2 排放量下降。

2020 年 1—5 月，CO_2 排放量与 2019 年同期相比，增幅最大的省份是西藏，增长了 47.8%；降幅最大的省份是上海，下降了 23.6%。从 CO_2 排放量变化情况来看，2020 年第一季度 CO_2 排放量较 2019 年同期降低 1 000 万 t 以上的省份主要有上海、江苏、浙江、湖北、广东。2020 年第一季度 CO_2 排放量较 2019 年同期降低 1 000 万 t 以下的省份最多，包括山东、河南、四川、贵州、新疆、河北、山西、安徽、湖南、陕西、天津、重庆、甘肃、江西、青海和海南。2020 年第一季度 CO_2 排放量较 2019 年同期增加的省份主要有广西、云南、西藏、宁夏、北京、内蒙古、吉林、黑龙江和福建，其中，内蒙古、吉林和黑龙江 CO_2 排放量增加较多，内蒙古增加了 1 398 万 t，黑龙江增加了 1 112 万 t。2020 年 1—5 月同 2019 年 1—5 月 CO_2 排放量相比，有 12 个省份总 CO_2 排放量增加，19 个省份排放量下降。其中，CO_2 排放量增加最多的省份是内蒙古，增加了 2 754 万 t；CO_2 排放量降低最大的省份是江苏，降低了 2 587 万 t；增幅最大的省份是西藏，增长了 47.8%；降幅最大的省份是上海，下降了 23.6%。

3.3　分部门排放比较分析

2020 年第一季度同 2019 年同期比较，农业和农村生活 CO_2 排放分别增加了 3.9% 和 6.2%，工业、服务业、城镇生活和交通 CO_2 排放量分别下降了 4.6%、10%、3.8% 和 10%。

结合图 8 可看出，2020 年第一季度与 2019 年同期比较，农业部门和农村生活部门 CO_2 排放量增加，分别增加了 3.9%和 6.2%。工业部门、服务业部门、城镇生活部门和交通部门 CO_2 排放量均在下降，分别下降了 4.6%、10%、3.8%和 10%。分月来看，2020 年相比 2019 年，全国 1 月和 2 月、3 月总 CO_2 排放量分别下降了 4.6%和 5.9%，其中工业 CO_2 排放下降了 5.1%和 3.8%，服务业 CO_2 排放下降了 4.8%和 19.2%，交通 CO_2 排放下降了 3.1%和 21.6%。相比之下，农业 CO_2 排放上升了 3.3%和 5.2%，农村生活 CO_2 排放上升了 2.3%和 13.5%。4 月工业、农业和农村生活 CO_2 排放同比上升 4%、7.7%和 12.7%，而服务业和交通 CO_2 排放同比下降 7.8%和 17%。5 月同比增幅为 8.8%，各部门都同比上升。其中工业部门 CO_2 排放量由 6.55 亿 t 上升了 9%至 7.14 亿 t，农业、服务业、城镇生活、农村生活和交通分别上升了 15.5%、3.5%、14.6%、15.6%和 5.1%（图 8）。

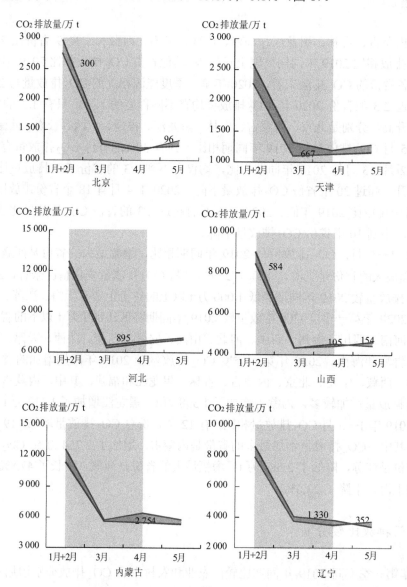

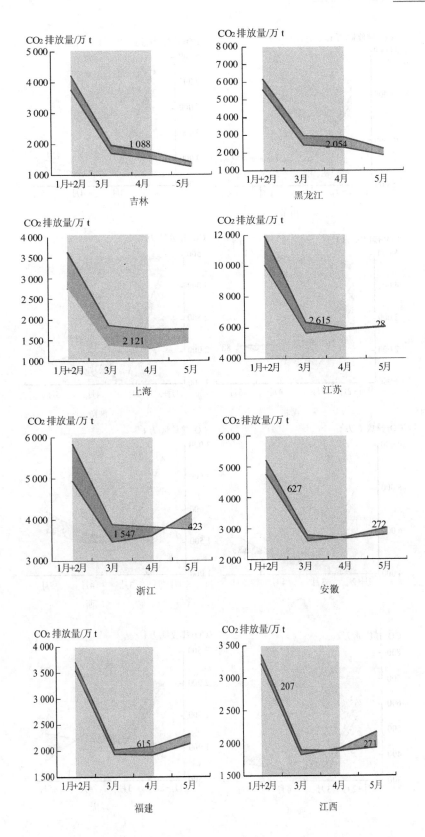

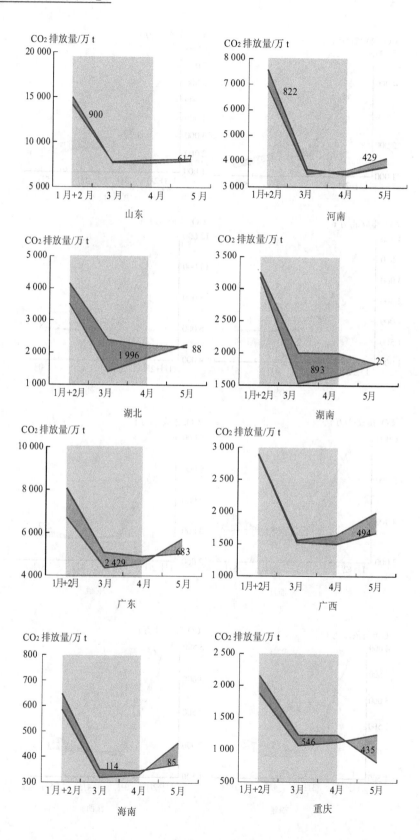

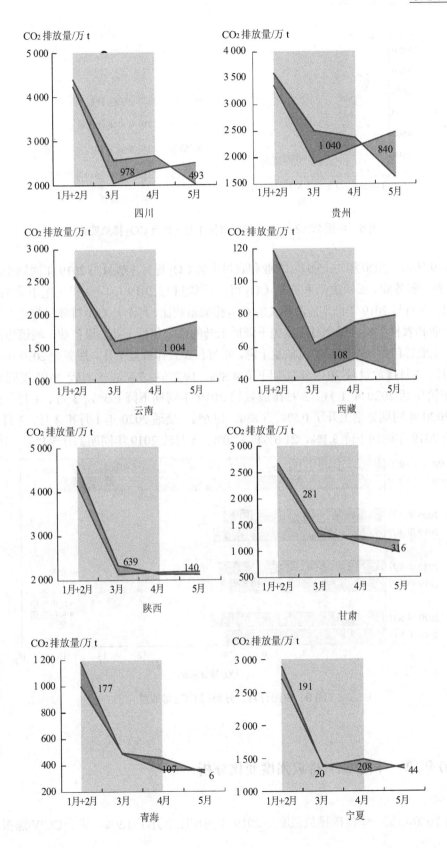

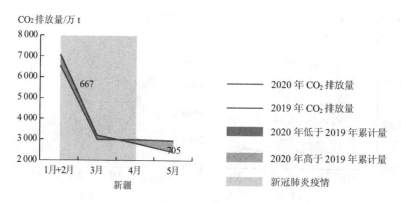

图8　中国2019—2020年各省份1月—5月CO$_2$排放变化

　　如图9所示，2020年1—5月，农业和农村生活CO$_2$每月排放量与2019年同期相比都在上升，工业、服务业、城镇生活和交通CO$_2$每月排放量与2019年同期相比先下降后上升。2020年1—5月与2019年同期能源相关的CO$_2$排放量相比，每个月CO$_2$排放量都在上升的部门包括农业和农村生活，每个月排放先下降后上升的部门包括工业、服务业、城镇生活和交通部门，工业部门第一季度CO$_2$排放量下降，4月和5月排放量上升。服务业2020年1月和2月、3月、4月排放量较2019年同期下降4.8%、19.2%和7.8%，5月较2019年同期上升3.5%。城镇生活2020年1月、2月排放量较2019年同期下降6.3%，3月、4月、5月排放量较2020年同期分别上升了0.5%、1.8%、14.6%。交通2020年1月和2月、3月、4月排放量较2019年同期下降3.1%、21.6%和17.0%，5月较2019年同期上升5.1%。

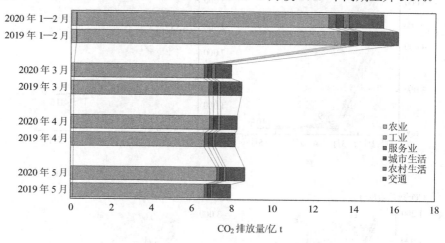

图9　中国分月、分部门CO$_2$排放量

4　2020年第一季度CO$_2$排放强度变化分析

　　全国2020年第一季度碳排放强度与2019年同期比上升了1.9%。基于CCW速报体系，

分别核算每月、分部门农业、工业、服务业、城镇生活、农村生活和交通 CO_2 排放量，2020 年全国第一季度 CO_2 排放量为 23.39 亿 t，2019 年同期排放量为 24.63 亿 t，第一季度 GDP 同比下降 6.8%。经测算，全国 2020 年第一季度碳排放强度与 2019 年同期比上升了 1.9%。

如图 10 所示，北京、黑龙江、湖北、吉林、内蒙古、西藏、福建在 2020 年第一季度碳排放强度上升均超过 10%，完成"十三五"碳强度下降目标压力较大。2020 年第一季度与 2019 年同期相比，单位国内生产总值 CO_2 排放量（碳强度）升高的省份包括西藏、湖北、黑龙江、吉林、内蒙古、北京、福建、云南、宁夏、广西、河北、山东和山西。2020 年第一季度与 2019 年同期比，碳强度降低的省份包括上海、贵州、广东、江苏、湖南、浙江、青海、四川、重庆、新疆、海南、陕西、甘肃、天津、安徽、河南、辽宁和江西。基于"十三五"各省份的碳强度下降目标，分解到年度下降目标，比较 2020 年第一季度碳强度下降率同 2020 年度碳强度目标下降率可以发现，北京、黑龙江、湖北、吉林、内蒙古、西藏、福建完成"十三五"年度下降目标任务压力较大。黑龙江、吉林和内蒙古还是 CO_2 排放量增加幅度较大的区域。

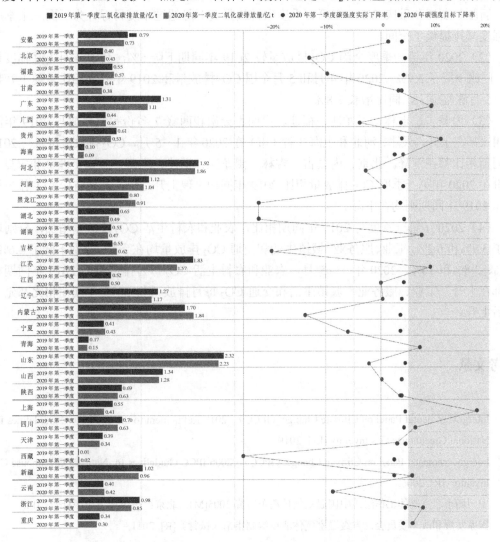

图 10　中国 2019—2020 年第一季度 CO_2 排放量和碳强度变化

2020 年第一季度碳排放强度下降超过年度目标，为后面三个季度碳强度减排提供了空间。基于"十三五"各省碳强度目标，分解到各省份年度目标，将 2020 年第一季度碳强度下降率同年度目标比较，广东、贵州、海南、湖南、江苏、青海、上海、四川、新疆、浙江和重庆 2020 年第一季度碳排放强度下降超过年度目标，其中，上海碳强度下降程度远高于年度目标，这为后面三个季度的 CO_2 减排提供了空间。

5 结论及建议

（1）全国 2020 年第一季度碳排放强度与 2019 年同期相比上升了 1.9%。北京、黑龙江、湖北、吉林、内蒙古、西藏、福建在 2020 年第一季度碳排放强度上升均超过 10%，完成"十三五"碳强度下降目标压力较大。广东、贵州、海南、湖南、江苏、青海、上海、四川、新疆、浙江和重庆 2020 年第一季度碳排放强度下降超过年度目标，为后面三个季度碳强度减排提供了空间。

（2）2020 年第一季度全国 CO_2 排放量较 2019 年同期下降 5%，其中 3 月下降幅度最大，同比下降了 5.9%。2020 年 4 月和 5 月全国 CO_2 排放量和 2019 年同期相比呈现上升趋势，5 月涨幅最大，同比增长 8.8%。

（3）内蒙古、吉林、黑龙江、福建、广西、云南和西藏 7 省份每月排放与 2019 年同期相比都在上升，天津、河北和上海 3 省（市）在 2020 年 1—5 月，CO_2 排放量每月与 2019 年同期相比都在下降。北京、内蒙古、吉林、黑龙江、福建、广西、云南、西藏和宁夏 9 省份在 2020 年第一季度 CO_2 排放量相比 2019 年同期呈现上升趋势，其他省份 CO_2 排放量相比 2019 年同期则均在下降。

（4）2020 年第一季度与 2019 年同期相比，农业和农村生活 CO_2 排放量增加，分别增加了 3.9%和 6.2%，工业、服务业、城镇生活和交通 CO_2 排放量均在下降，分别下降了 4.6%、10%、3.8%和 10%。2020 年 1—5 月，农业和农村生活 CO_2 每月排放量与 2019 年同期相比都在上升，工业、服务业、城镇生活和交通 CO_2 每月排放量与 2019 年同期相比都先下降后上升。

参考文献

[1] Intergovernmental Panel on Climate Change（IPCC）. 2019 Refinement to the 2006 IPCC Guidelines for National Greenhouse Gas Inventory[R]. 2019.

[2] Intergovernmental Panel on Climate Change（IPCC）. 2006 IPCC Guidelines for National Greenhouse Gas Inventory[R]. 2006.

[3] 中国城市温室气体工作组. 中国温室气体清单研究 2005[M]. 北京：中国环境出版社，2014.

[4] 国家发展和改革委员会. 省级温室气体清单编制指南（试行）[R]. 2011.

[5] IPCC. Climate change 2013：The physical Science Basis[M]. Contribution of Working Group I to the Fifth

Assessment Report of the Intergovernmental Panel on Climate Change[M]. Cambridge，United Kingdom and New York，USA：Cambridge University Press，2013.

[6] ZHENG B，GENG G，CIAIS P，et al. Satellite-based estimates of decline and rebound in China's CO_2 emissions during COVID-19 pandemic. Preprint（PDF Available）June 2020[EB/OL]. https://www.researchgate.net/publication/342197883_Satellite-based_estimates_of_decline_and_rebound_in_China%27 s_CO_2_emissions_during_COVID-19_pandemic.

[7] LIU Z，CIAIS P，DENG Z，et al. COVID-19 causes record decline in global CO_2 emissions[EB/OL]. 2020. Preprint at https://arxiv.org/abs/2004.13614 .

[8] TIAN H，LIU Y，LI Y，et al. An investigation of transmission control measures during the first 50 days of the COVID-19 epidemic in China[J]. Science，2020，368：638-642.

[9] LE QUÉRÉ C，JACKSON R，JONES M，et al. Temporary reduction in daily global CO_2 emissions during the COVID-19 forced confinement[J]. Nature Climate Change，2020（10）：647-653.

[10] CHEN Q，CAI B，DHAKAL S，et al. CO_2 emission data for Chinese cities[J]. Resources，Conservation and Recycling，2017，126：198-208.

[11] CUI H，ZHAO T，WU R. CO_2 emissions from China's power industry：Policy implications from both macro and micro perspectives[J]. Journal of Cleaner Production，2018，200：746-755.

[12] ZHAO Y， CAO Y， SHI X，et al. How China's electricity generation sector can achieve its carbon intensity reduction targets?[J]. Science of the Total Environment，2020，706：135689.

[13] WANG J，YANG Y. A regional-scale decomposition of energy-related carbon emission and its decoupling from economic growth in China[J]. Environmental Science and Pollution Research，2020，27：20889–20903.

[14] YANG J，CAI W，MA M，et al. Driving forces of China's CO_2 emissions from energy consumption based on Kaya-LMDI methods[J]. Science of The Total Environment，2020，711：134569.